"十三五"国家重点出版物出版规划项目

中国油气重大基础研究丛书

南海天然气水合物成藏理论

Research on Gas Hydrate Accumulation in South China Sea

杨胜雄 等 著

科学出版社

北京

内 容 简 介

本书主要反映国家重点基础研究计划（973 计划）项目"南海天然气水合物富集规律与开采基础研究"的重要研究成果，针对南海北部典型天然气水合物藏，分别从微观、介观及宏观角度深入揭示天然气水合物开采方法的传热和传质机理，在天然气水合物成核机制、海域天然气水合物的综合识别方法、南海水合物成藏类型和形成机制，以及南海北部天然气水合物富集规律等重大基础问题上取得一系列重要研究成果和创新性认识。这些重要的理论成果正在逐渐被南海水合物勘查工作所证实，也必将对我国海域水合物勘探开发起到重要的理论指导作用。

本书可供从事天然气水合物调查与研究的专业人员阅读，也可作为高等院校相关专业的参考用书。

图书在版编目（CIP）数据

南海天然气水合物成藏理论＝Research on Gas Hydrate Accumulation in South China Sea / 杨胜雄等著. —北京：科学出版社，2019
（中国油气重大基础研究丛书）
"十三五"国家重点出版物出版规划项目
ISBN 978-7-03-056448-1

Ⅰ.①南… Ⅱ.①杨… Ⅲ.①南海–天然气水合物–油气藏形成–研究 Ⅳ.① P618.13

中国版本图书馆 CIP 数据核字（2018）第 014853 号

责任编辑：吴凡洁 / 责任校对：彭 涛
责任印制：师艳茹 / 封面设计：黄华斌

科 学 出 版 社 出版
北京东黄城根北街 16 号
邮政编码：100717
http://www.sciencep.com

三河市春园印刷有限公司 印刷
科学出版社发行 各地新华书店经销
*
2019 年 5 月第 一 版 开本：787×1092 1/16
2019 年 5 月第一次印刷 印张：38 3/4
字数：876 000
定价：480.00 元
（如有印装质量问题，我社负责调换）

"中国油气重大基础研究丛书"编委会

丛 书 序

石油与天然气是人类最重要的能源，半个世纪以来油气在一次能源消费结构中占比始终保持在 56%～60%。2015 年，全球一次能源消费总量 130 亿 t 油当量，其中石油占 31%、天然气占 27%。据多家权威机构预测，2035 年一次能源消费总量 162 亿 t，油气占比仍将在 60% 左右；随着全球性碳减排趋势加快，天然气消费总量和结构性占比将逐年增加，2040 年天然气有望超过原油成为主要一次消费能源。

根据以美国地质调查局（USGS）为代表的多家机构预测，全球油气资源丰富，足以支持以油气为核心的全球能源经济在 21 世纪保持持续繁荣。USGS 研究结果表明：全球常规石油可采储量 4878 亿 t，已采出 1623 亿 t，剩余探明可采储量 2358 亿 t，剩余待发现资源 897 亿 t；全球常规天然气可采资源量 471 万亿 m^3，已采出 95.8 万亿 m^3，剩余探明可采储量 187.3 万亿 m^3，剩余待发现资源 187.9 万亿 m^3。近年来美国成功开发了新的油气资源——非常规油气，据多家机构评估全球非常规油可采资源量 5100 亿 t，非常规气可采资源量 2000 万亿 m^3，油气资源将大幅增加，全球油气资源枯竭的威胁彻底消除。与此同时，全球油气资源变化的另一个趋势是资源劣质化，油气经济开发将要求更新、更复杂的技术，以及更低的生产成本。油气资源的大幅增加和劣质化已成为影响石油工业发展的重大因素，并将长期起作用。

石油工业的繁荣依赖于油气资源、技术、市场和政治、经济、社会环境。在一定的资源条件下，理论技术是最活跃、最具潜力的变量，石油工业的历史就是一部石油地质学与勘探开发技术发展史。非常规油气依靠水平井和体积压裂技术进步得以成功开发，揭示了全球石油工业未来油气资源大幅度增加和大幅度劣质化的资源前景，也揭示了理论技术创新的巨大威力和理论技术未来发展的无限可能性。所以回顾历史、展望未来，石油工业前景一定是持续发展和前景辉煌的，也一定是更高度依赖石油地质理论和勘探开发技术进步的。

石油天然气地质学（geology of petroleum），是研究地壳中油气成因、成藏的原理和油气分布规律的应用基础学科，是油气勘探开发的理论基础。人类认识和利用油气的历史由来已久，但现代油气勘探开发一般以 1859 年美国成功钻探的世界上第一口工业油井作为标志。1917 年，美国石油地质学家协会（AAPG）成立，并出版了《美国石油地质学家协会通报》（*AAPG Bulletin*）。1921 年，Emmons 出版 *Geology of Petroleum*，标志着石油天然气地质学成为一门独立的学科。20 世纪 30 年代，McCollough 与 Leverson 正式提出"圈闭学说"，成为常规油气地质理论的核心内容。1956 年，Levorsen 的 *Geology of Petroleum* 问世，实现了石油天然气地质学理论的系统化和科学化，建立了完善的圈闭分类体系，将圈闭划分为构造、地层和复合圈闭，指出储集层、盖层和遮挡条件是油气藏形成的必要条件，圈闭油气成藏是常规油气聚集机理的理论核心。经典的石油天然气地质学的理论核心包括盆地沉降增温增压、有机质干酪根生烃与油气系统理论；由岩石骨架、有效孔隙及充注的可动流体构成的油气储集层理论；含油气盆地、区带、圈闭与油气藏的油气分布理论；能量与物质守恒，由人工干预形成油气储集层不同部位流体压差，从而形成产生和控制流动的油气开发理论。

石油天然气地质学历经百年历史，其发展史深受石油工业勘探开发实践、地质学相关基础学科进展和探测与计算机技术发展的推动。石油工业油气勘探从背斜圈闭油气藏发展到岩性地层油气藏；从陆地推进到海洋，进而到深水；从常规发展到非常规，这些都推动了石油天然气地质学理论的重大突破和新理论、新概念的出现。而地质学基础学科不断出现的重大进展，包括板块构造理论、层序地层学理论、有机质生烃理论都被及时融入石油天然气地质学核心理论之中。地震与测井等地球物理学勘探技术、地球化学分析技术与计算机技术的飞速发展推动了油气勘探开发技术进步，也推动了石油天然气地质学理论的进步与完善。纵观百年石油天然气地质学发展历史，可以看到五个重要节点：①背斜与圈闭理论（19世纪80年代～20世纪30年代）；②有机质生烃与油气系统理论（20世纪60～70年代）；③陆相油气地质理论（20世纪40年代～21世纪初）；④海洋深水油气地质理论（20世纪80年代～21世纪初）；⑤连续型油气聚集与非常规油气地质理论（2000年至今）。

近年来，随着全球油气产量增长和勘探开发规模不断扩大，勘探领域主要转向陆地深层、海洋深水和非常规油气。新的勘探活动不断揭示了新的地质现象和新的油气分布规律，许多是我们前所未知的，如陆地深层8000m的油气砂岩和碳酸盐岩储层、海洋深水陆棚的规模砂体分布、非常规油气的"连续性分布"成藏规律，都突破了传统的石油地质学、沉积学认识，揭示了基础理论的突破点和新理论的生长点，石油地质理论正面临着巨大变革的前景和机遇。

深层、深水、非常规勘探地质领域的发展同时也对地球物理和钻井等工程技术提出了更高、更难的技术需求和挑战，刺激石油工业工程技术加速技术创新和发展。与此同时，全球材料、电子、信息和工程制造等学科快速发展，极大地推动了工程技术和装备的更新。地球物理勘探的陆地和海洋反射地震三维技术，钻井工程的深井、水平井钻井和体积压裂技术，3000m水深的海洋深水开发作业能力，以人工智能为特征的信息化技术等都是近年工程技术创新发展的重点和亮点。预期工程技术发展方兴未艾，随着科技创新受到极大重视和科技研发投入持续增加，工程理论技术必将进入快速发展期，基础理论与基础技术已受到关注，也将进入发展黄金期。

我国石油工业历经六十余年快速发展，形成了独立自主的石油工业体系和强大的科技创新能力，油气勘探技术水平已进入全球行业前列。2015年我国原油产量2.15亿t，世界排名第四位，天然气产量1333亿m^3，世界排名第六位。目前，我国油气勘探开发理论技术水平已经总体达到国际先进水平，其中陆相油气地质理论一直居国际领先地位，在陆上复杂地区的油气勘探技术领域，我国处于领先水平；我国发展了古老海相碳酸盐岩成藏地质理论与勘探配套技术，在四川盆地发现安岳气田，是我国地层最古老、规模最大的海相特大型气田，累计探明地质储量 8500 亿 m^3；发展了前陆冲断带深层天然气成藏理论，复杂山地盐下深层宽线大组合地震采集和叠前深度偏移、超深层复杂地层钻完井提速等勘探配套技术，油气勘探深度从 4000m 拓展到 8000m，在塔里木盆地库车深层发现 5 个千亿立方米大气田，形成万亿立方米规模大气区；在油气田开发提高采收率技术领域，大庆油田发展的二次、三次采油提高采收率技术，在全球原油开发技术界一直处于国际领先地位。在海洋油气勘探开发和工程技术领域，我国在近海油气勘探开发方面处于同等先进水平；在深水油气方面，我们已获得重大突破，但在深水工程技术和装备方面，与全球海洋工程强国相比仍有重大差距；在新兴的非常规油气开采技术领域，我国石油工业界起步迅速，已经基本掌握了页岩气、煤层气开采技术，成功开发了四川盆地志留系龙马溪组页岩气田。在油气勘探开发专业服务技术及装备领域，我国近年快速发展，在常规专业技术和装备方面已经全面实现了国产化，高端技术服务和装备已初步具有独立研发先进、新型、高端装备的能力。在技术进步助推下，中国石油集团东方地球物理勘探有限责任公司已成为全球最大物探技术服务公司。但我国石油科技界油气勘探开发方面临重大挑战：深层油气成藏富集规律与科学问题；低渗透 - 致密油气提高采收率技术与理论问题；非常规油气（页岩气、致密油气、煤层气）勘探生产先进技术与科学问题；海洋及深水油气勘探生产重大科学问题；勘探地球物理、测井、钻井压裂新技术与科学问题等。我们也清醒地看到我国要成为真正的石油工业技术强国依然任重道远，我们要正视差距、继续努力，特别是要大力加强基础理论和基础技术。

1997 年 3 月，我国政府高度重视科学技术，确定了建立"创新型国家"的战略方向，采纳科学家的建议，决定开展国家重点基础研究发展计划（973 计划）。973 计划是具有明确国家目标、对国家的发展和科学技术的进步具有全局性和带动性的基础研究发展计划，旨在解决国家战略需求中的重大科学问题，以及对人类认识世界将会起到重要作用的科学前沿问题，提升我国基础研究自主创新能力，为国民经济和社会可持续发展提供科学基础，为未来高新技术的形成提供源头创新。这是我国加强基础研究、提升自主创新能力的重大战略举措。自 1998 年实施以来，973 计划围绕农业、能源、信息、资源环境、人口与健康、材料、综合交叉与重要科学前沿等领域进行战略部署，2006 年又启动了蛋白质研究、量子调控研究、纳米研究、发育与生殖研究四个重大科学研究计划。十几年来，973 计划的实施显著提升了中国基础研究创新能力和研究水平，带动了我国基础科学的发展，培养和锻炼了一支优秀的基础研究队伍，形成了一批高水平的研究基地，为经济建设、社会可持续发展提供了科学支撑。自 973 计划设立以来，能源领域油气行业共设置 27 项（表 1），对推动油气地质理论的研究与应用起到了至关重要的作用，带动了我国油气行业的快速发展。

表 1　国家 973 计划油气行业立项清单

序号	项目编号	项目名称	首席	第一承担单位	立项时间
1	G1999022500	大幅度提高石油采收率的基础研究	沈平平 俞稼镛	中国石油勘探开发研究院	1999
2	G1999043300	中国叠合盆地油气形成富集与分布预测	金之钧 王清晨	中国石油大学（北京）	1999
3	2001CB209100	高效天然气藏形成分布与凝析、低效气藏经济开发的基础研究	赵文智 刘文汇	中国石油勘探开发研究院	2001
4	2002CB211700	中国煤层气成藏机制及经济开采基础研究	宋岩 张新民	中国石油集团科学技术研究院	2002
5	2003CB214600	多种能源矿产共存成藏（矿）机理与富集分布规律	刘池阳	西北大学	2003
6	2005CB422100	中国海相碳酸盐岩层系油气富集机理与分布预测	金之钧	中国石油化工股份有限公司石油勘探开发研究院	2005
7	2006CB202300	中国西部典型叠合盆地油气成藏机制与分布规律	庞雄奇	中国石油大学（北京）	2006
8	2006CB202400	碳酸盐岩缝洞型油藏开发基础研究	李阳	中国石油化工股份有限公司石油勘探开发研究院	2006
9	2006CB705800	温室气体提高石油采收率的资源化利用及地下埋存	沈平平 郑楚光	中国石油集团科学技术研究院	2006
10	2007CB209500	中低丰度天然气藏大面积成藏机理与有效开发的基础研究	赵文智	中国石油天然气股份有限公司勘探开发研究院	2007
11	2007CB209600	非均质油气藏地球物理探测的基础研究	王尚旭	中国石油大学（北京）	2007
12	2009CB219300	火山岩油气藏的形成机制与分布规律	陈树民	大庆油田有限责任公司	2009
13	2009CB219400	南海深水盆地油气资源形成与分布基础性研究	朱伟林	中国科学院地质与地球物理研究所	2009
14	2009CB219500	南海天然气水合物富集规律与开采基础研究	杨胜雄	中国地质调查局	2009
15	2009CB219600	高丰度煤层气富集机制及提高开采效率基础研究	宋岩	中国石油集团科学技术研究院	2009
16	2010CB226700	深井复杂地层安全高效钻井基础研究	李根生	中国石油大学（北京）	2010
17	2011CB201000	碳酸盐岩缝洞型油藏开采机理及提高采收效率基础研究	李阳	中国石油化工股份有限公司石油勘探开发研究院	2011
18	2011CB201100	中国西部叠合盆地深部油气复合成藏机制与富集规律	庞雄奇	中国石油大学（北京）	2011
19	2012CB214700	中国南方古生界页岩气赋存富集机理和资源潜力评价	肖贤明	中国科学院广州地球化学研究所	2012
20	2012CB214800	中国早古生代海相碳酸盐岩层系大型油气田形成机理与分布规律	刘文汇	中国石油天然气股份有限公司勘探开发研究院	2012
21	2013CB228000	中国南方海相页岩气高效开发的基础研究	刘玉章	中国石油集团科学技术研究院	2013

续表

序号	项目编号	项目名称	首席	第一承担单位	立项时间
22	2013CB228600	深层油气藏地球物理探测的基础研究	王尚旭	中国石油大学（北京）	2013
23	2014CB239000	中国陆相致密油（页岩油）形成机理与富集规律	邹才能	中国石油集团科学技术研究院	2014
24	2014CB239100	中国东部古近系陆相页岩油富集机理与分布规律	黎茂稳	中国石油化工股份有限公司石油勘探开发研究院	2014
25	2014CB239200	超临界二氧化碳强化页岩气高效开发基础	李晓红	武汉大学	2014
26	2015CB250900	陆相致密油高效开发基础研究	姜汉桥	中国石油大学（北京）	2015
27	2015CB251200	海洋深水油气安全高效钻完井基础研究	孙宝江	中国石油大学（华东）	2015

这 27 个项目选题涵盖了我国石油工业上游和石油地质基础理论、基础技术方面的重大科学问题，既是石油工业当前发展面临的重大挑战，也是石油地质基础理论和基础技术未来的发展方向。这批重大科学问题的研究解决，必将大大推动我国石油天然气勘探开发储量产量的增长，保障国家油气供应安全和社会经济增长的能源需求；同时支持我国石油地质科学技术的进步与深入发展，推动基础研究进入新的阶段。

这 27 个项目现在已基本完成计划合同规定的研究内容，取得丰硕的成果，相当部分研究成果已经被中国石油天然气集团有限公司、中国石油化工集团有限公司和中国海洋石油集团有限公司应用于勘探生产，取得了巨大的经济效益；在科学理论方面的成果也在逐渐显现，我国石油地质学家在非常规油气地质理论方面已逐渐赶上国际前沿，先进理论技术进步渗透石油界与科学界，未来将进一步发挥其效能，显现其深远影响。

这 27 个 973 项目及其成果主要集中在以下几个方面。

（1）大幅度提高采收率技术（2 个项目），在大型砂岩油田化学驱提高石油采收率基础理论技术研究方面取得了国际领先的成果，并成功应用于大庆油田。

（2）我国天然气地质理论（3 个项目），针对我国复杂地质条件背景，在形成高丰度构造型气藏和低丰度大面积岩性地层型气藏的成藏机理、富集规律及开发理论技术方面取得重大进展，支撑我国天然气快速增长。

（3）海相碳酸盐岩油气地质理论（4 个项目），针对我国古老层系海相碳酸盐岩多期演化与高热演化成熟度特点，在古老碳酸盐岩沉积层序恢复、古老油气系统演化、储层分布规律及成藏特征等重大地质基础理论，以及深层复杂气藏勘探开发技术方面取得重大进展。

（4）我国西部叠合盆地构造与油气成藏理论（3 个项目），在我国西部塔里木等盆地"叠合"特征分析、盆地构造演化解析及多源油气系统长期演化的规律研究中，在盆地构造学和石油地质学基础理论方面取得重大进展。

（5）非常规油气地质（8 个项目，包括煤层气、致密油气、页岩油气、天然气水合物），非常规油气是近年出现的新油气资源，其成功开发既表现出巨大的经济意义，也揭示了非常规油气地质是一个全新的理论技术领域，是石油地质基础理论和技术新突破和取得重大进展的良好机遇，因此973计划给予了重点部署。这批成果包括建立了独具特色的高煤阶煤层气地质理论与开发技术；在古老海相页岩气地质理论和技术上取得重大进展，支持四川盆地志留系龙马溪组页岩气成功大规模开发；在陆相致密油和页岩油地质理论取得重大进展，发展了我国陆相非常规油气地质理论；在天然气水合物地质上取得进展。这批成果追踪和接近国际前沿，显示了我国科学家的学术水平和创造力，未来有进一步扩大的潜力。

（6）深井、深水钻井与地球物理勘探理论技术（5个项目），针对油气勘探转向深层、深水与非常规，在深井、深水钻井和地球物理反射地震勘探基础理论技术方面取得重大进展，从工程技术上支撑了我国近年油气勘探开发。

（7）南海深水石油天然气地质理论（1个项目），在南海构造沉积演化与深水油气富集规律理论领域取得重大成果。

（8）沉积盆地多种能源矿产共存机理（1个项目），在沉积盆地中油气、煤与铀等矿产共存富集机理方面取得重大成果。

石油作为人类社会最重要的能源战略资源，将在一段相当长的时期内发挥无可替代的作用，石油工业仍然是最强大和最具生产力的工业部门。科学技术是石油工业生存发展的永恒动力，基础理论和基础技术创新是动力的不竭源泉，相信石油科技未来必将有更伟大的创新发现，推动石油工业走向更辉煌的未来。

我本人有幸在2007～2015年期间成为973计划第四、五届专家顾问组成员，并担任能源组召集人，亲身经历了这一段石油地质科学蓬勃发展的珍贵时光。回顾历史，十分感慨。感谢科学技术部关注石油工业科技发展，设立27个973计划项目，系统开展石油地质基础理论研究，有效推动了我国油气勘探开发理论技术创新，促进了油气行业的快速发展；感谢这批973计划项目首席科学家及相关研究人员立足岗位、积极奉献，为我国石油科技进步做出了突出贡献；感谢各承担单位在项目研究过程中给予的支持，保障项目顺利实施。"科学技术是第一生产力"，希望我们广大石油地质工作者能够立足行业重大科学问题，持之以恒、开拓进取，不断推进石油地质基础理论研究，为我国油气勘探开发提供不竭的动力。

本套丛书是对973计划油气领域27个项目在基础理论和基础技术方面攻关成果的总结，将陆续出版。相信本套丛书的出版，将会促进研究成果交流，推动我国石油地质理论领域发展。

中国科学院院士

2018年12月

序　一

　　天然气水合物是水分子和天然气分子在高压低温条件下形成的固体结晶化合物，广泛分布于全球多年冻土区和大陆边缘海底沉积层中，是一种重要的潜在能源和环境影响因子，是近 30 年来地球科学界最关注的研究热点之一。《南海天然气水合物成藏理论》专著总结了 2009 年执行的 973 计划及后续研究的主要成果，作为该项目结题验收专家组长，我深刻地认识到我国近十多年来在天然气水合物基础研究方面取得了重大进步。专著以东沙、神狐、西沙、琼东南为重点研究区域，开展地震、地质、地球化学研究，提出以还原型生物气和深部热解气为主要气源，以构造、沉积、温压、海底地形和微生物为主要控制要素的南海天然气水合物形成与富集成矿条件；提出以沉积条件控制为主体的侧向运移聚集成藏、以构造和沉积共同控制的侧向-横向混合运移聚集成藏和受构造控制的垂向运移聚集成藏三种天然气水合物成藏模式；提出在南海北部存在两个天然气水合物成矿带，一是受盆地边缘构造控制、埋藏深度在 800~1300m、以热解气和混合气为主要气源的新生代沉积盆地成矿带，二是发育于海底古斜坡区、埋藏深度在 2000m、以生物气为主体气源的新生代小型沉积盆地成矿带。此外，专著对天然气水合物形成的热力学和动力学、天然气水合物开采基础理论等方面研究成果也进行了总结。

　　总之，该专著把我国近年来最新的天然气水合物的研究成果介绍给从事相关研究的科教人员，是一本在天然气水合物研究领域很有价值的著作。

金承造

中国科学院院士

2018 年 10 月

序　二

　　天然气水合物是由天然气与水在高压低温条件下形成的结晶物质，广泛分布于海底陆坡及陆地永久冻土带沉积物中，具有储量巨大、燃烧值高、清洁无污染的特点，是一种潜力巨大的能源资源。

　　早在 1810 年，英国化学家 Davy 在实验室发现天然气水合物。1934 年，美国科学家首次在输气管道里发现由于天然气水合物的形成而堵塞输气管道的现象。20 世纪中后叶，随着国际深海钻探计划（DSDP）及大洋钻探计划（ODP）的实施，先后在秘鲁陆坡、中美洲陆坡（哥斯达黎加、危地马拉、墨西哥）、美国东南大西洋海域、美洲西部太平洋海域、日本海域、阿拉斯加近海和墨西哥湾等海域钻获天然气水合物岩心样品，证实天然气水合物藏的存在。

　　位于俄罗斯西西伯利亚盆地北部永久冻土带的麦索亚哈气田是第一个也是迄今为止唯一一个对天然气水合物藏进行商业性开采的气田，该气田区常年冻土层厚度超过 500m，具有天然气水合物赋存的有利条件。气田上部发育水合物层，下部为常规气藏，由于开采天然气水合物藏之下的常规天然气，天然气水合物层压力降低并发生分解，天然气水合物藏得以被动开采。苏联专家发现这一现象后，对天然气水合物注入甲醇等化学试剂，进一步促进天然气水合物的分解，极大地提高了气田的产气量。

　　21 世纪以来，一些国家和地区针对天然气水合物藏开展了针对性的试开采工作，其中由加拿大地质调查局、日本石油公团、德国地球科学研究所、美国地质调查局、美国能源部、印度燃气供给公司、印度石油与天然气公司等多个国家组织共同实施的麦肯齐三角洲天然气水合物试开采工作引起全世界广泛关注。麦肯齐三角洲试开采工作已进行多期试验，近期日本成功地对海底天然气水合物进行了测试性开采，积累了重要的水合物开采经验、技术及宝贵的实验参数。

　　我国天然气水合物调查工作自 1999 年启动以来，先后获得海陆域水合物赋存的地质、地球物理和地球化学等一系列重要证据，2007 年、2008 年分别在南海北部神狐海域和青藏高原木里地区采获水合物岩心样品。2009 年启动的 973 计划项目"南海天然气水合物富集规律与开采基础研究"，依托我国天然气水合物调查取得的丰富资料和数据，开展基础理论研究，在水合物成核作用、地质、地球物理、地球化学、微生物响应机理、南海北部水合物成藏机制、富集规律及水合物开采基础研究等方面取得重要进展。本专著是对该项目启动以来取得的重要成果的一个总结，包括天然气水合物形成的热力学条件和动力学，南海天然气水合物识别标志、成藏特征和分布规律，天然气水合物开采的基础理论等方面内容，代表了项目甚至我国在天然气水合物形成富集机理、开采基础研究领域的科学水平，其创新性显而易见，并将推动我国天然气水合物研究更上一个台阶。适逢《南海天然气水合物成藏理论》专著出版之际，我对天然气水合物研究过程梗概做一介绍，为之序。

中国工程院院士

2018 年 8 月

序　三

我第一次接触天然气水合物概念是在 1996 年召开的院士大会期间，时任中国科学院地学部主任涂光炽先生在作报告时指出，当前有两件事应引起我们的关注：一是纳米科技在地学中的应用；二是天然气水合物。当时我即意识到天然气水合物的形成与分布乃至开采条件都与温度密切相关，应当也是地热学研究的内容。1999 年，中国地质调查局邀请我观看南海北部西沙海槽高分辨率地震剖面上显示的天然气水合物地球物理证据——似海底反射（BSR）层，我高兴地看到天然气水合物同样在我国南海海域存在，开始从地热角度考虑南海天然气水合物赋存的地质环境，特别是因为南海是一个"热盆"，应该说对天然气水合物的形成是不利的。2009 年，中国地质调查局邀请我参加国家 973 计划"南海天然气水合物富集规律与开采基础研究"项目专家组，我欣然接受并开始思考我国海域天然气水合物形成分布等基础科学问题。

自 1999 年以来，广州海洋地质调查局在南海北部西沙海槽、东沙海域、神狐海域和琼东南海域开展了以地震、地质、地球化学等为主的多学科综合调查，发现了一系列地球物理、地球化学、地质和生物学的异常标志，所有这些都预示着南海海域存在天然气水合物。2007 年南海北部神狐海域实施天然气水合物钻探，发现并取得了高饱和度的天然气水合物实物样品，不仅验证了前述综合性地质、地球物理和地球化学调查成果的正确性，为天然气水合物成藏机理和分布规律研究奠定了基础，还显示出南海北部陆坡具有巨大的天然气水合物资源的远景。

依托国家专项调查，973 计划设立了"南海天然气水合物富集规律与开采基础研究"项目，其意义十分重大。它不仅对我国天然气水合物调查评价起到重要的指导作用，在我国天然气水合物学科发展方面也将做出特殊贡献。

专项调查成果证实了天然气水合物在南海存在的事实，同时天然气水合物钻探也仅仅在神狐海域一个点上取得突破，要科学地认识南海北部整个海域的天然气水合物形成机理和分布规律，尚有许多科学问题需要解决。例如，我国钻探获得的细粒沉积物中高充填率的天然气水合物在世界上是首次发现，但它是如何形成的？除此之外，南海北部陆坡其他海域还有其他天然气水合物类型吗？如果有，那么它们又是如何形成的？南海北部陆坡具有独特的地质构造、沉积、生物活动和环境条件，它们是如何影响天然气水合物成藏系统的？其地球物理、地球化学异常形成机理怎样？如何开采？开采的基础科学问题又是什么？显然，这些问题的解决首先依赖于对南海北部陆坡天然气水合物成藏系统的深入理解及相关基础科学理论的突破。这些科学问题得不到解决，将会直接影响对天然气水合物分布规律的客观认识，影响对天然气水合物资源的科学评价，也就不能满足我国海域天然气水合物专项调查的要求。

必须指出，天然气水合物及其环境效应是当今地球科学研究的前沿课题，天然气水合物不仅是一种新型的能源，还是一种能影响全球变化和引发诸如海底滑坡等地质灾害产生的因素。因此被动大陆边缘的天然气水合物成藏机理和分布规律是多项国际计划关注的焦点。例如，国际大陆边缘计划（InterMARGINS）和综合大洋钻探计划（IODP）都将天然气水合物作为优先研究领域，许多国家也将这一领域作为科学研究的重点方向。美国能源部围绕天然气水合物的资源特征、开发、全球碳循环、安全及海底稳定性四个主题，制定了长达 20 年的详细计划。日本先后制定了两个天然气水合物研究计划，最近又推出 21 世纪甲烷水合物勘探计划，主要是开展试生产实验，为商业生产做技术准备，同时强调应重视水合物的基础研究。欧洲科学基金会的海洋综合研究科学计划对天然气水合物的研究工作也非常重视，提出三个亟待解决的问题：一是天然气水合物的生物地球化学成因，二是水合物、沉积物、水、气体系统的物理、化学、环境特征，三是调查技术。

南海处于印度板块、欧亚板块和太平洋板块的交汇处，夹持在西部特提斯构造域与东部太平洋构造域之间，南海北部陆坡同时具有被动大陆边缘和活动大陆边缘的特点。南海北部大陆边缘中、新生代从主动边缘到被动边缘属性转换过程和晚新生代从扩张到俯冲成因的机制，造成南海北部现代被动大陆边缘的深部热流体活动异常活跃，形成了有别于世界其他构造环境的天然气水合物成藏系统，是一个研究天然气水合物成藏的理想天然实验室。

可喜的是，经过多年的研究，国家 973 计划"南海天然气水合物富集规律与开采基础研究"项目取得了重要进展。这本专著是对项目多年研究的一个总结，必将对今后天然气水合物基础科学问题的进一步研究起到很大作用，对其他相关地球科学研究亦有参考价值。我期待着专著的早日问世。

项目专家组副组长，中国科学院院士

2018 年 9 月

前　言

天然气水合物（natural gas hydrate，简称 gas hydrate）是由天然气与水在高压低温条件下形成的结晶物质，在标准状态下，单位体积的天然气水合物可分解产生 164 单位体积的甲烷气体，天然气水合物在自然界广泛分布在海底陆坡及陆地永久冻土带。天然气水合物具有能量密度高、分布广、规模大、埋藏浅、成藏物化条件优越等特点，且产出的天然气能满足能源、经济、环境和效率的需要，是未来较理想的战略替代能源，美国政府顾问马克斯预言："天然气水合物将可能改变现在的地缘政治模式，美国、日本、印度等国家可能实现能源自给，这一事件强烈影响着国际事务及对外政策……一旦天然气水合物被开发利用，现存的世界能源市场将彻底改变。"

天然气水合物巨大的能源开发前景已引起世界各国尤其是发达国家及能源短缺国家的高度重视。从 20 世纪 60 年代开始，以苏联和美国为代表的少数国家以发现天然气水合物为目的，开始了陆地冻土区和海洋天然气水合物资源调查；80 年代，许多国家通过制定国家级计划，系统开展本国天然气水合物资源调查评价，调查范围几乎遍及可能成藏的绝大部分海域及陆地冻土区；21 世纪以来，美国、加拿大、日本、俄罗斯及印度等国家都进一步加大了对水合物资源的勘查研究的投资力度，并开始了对水合物开发工艺的研究和开采试验。加拿大地质调查局联合德国、印度和国际大陆科学钻探组织（ICDP）等国家和国际组织，先后于 2002 年、2007 年、2008 年在麦肯齐三角洲进行了多轮水合物试开采工作，积累了丰富的数据和开采经验；2013 年 3 月，日本在其南海海槽进行天然气水合物试开采，首次在海域采集到水合物甲烷气，为最终实现商业性开发进行有益探索。

我国政府和科技界也非常重视天然气水合物的勘探开发和相关的科学研究，在《国家中长期科学和技术发展规划纲要（2006—2020 年）》中，天然气水合物研究被列为前沿技术之一。中国地质调查局于 1999 年率先在南海北部陆坡开展天然气水合物调查工作，并于当年在南海北部西沙海域获取天然气水合物地震标志——似海底反射（bottom simulating reflector，BSR），随后在南海北部西沙海槽、东沙海域、神狐海域和琼东南海域开展以地质、地震、地球化学等为主的多手段综合调查，发现水合物赋存的多层次、多信息异常标志。并于 2007 年、2013 年在南海北部实施天然气水合物钻探，其中 2007 年首次在神狐海域钻获水合物实物样品，证实南海确实赋存天然气水合物。2013 年利用世界先进的深潜器、随钻测井、保压取心等技术，实现了 600～1100m 水深条件下的钻孔精确定位、钻进实时监控和矿层目标锁定。在 10 个取心孔钻探获取大量的层状、块状、结核状、脉状及分散状等多种类型天然气水合物实物样品，其中甲烷气体含量超过 99%。钻探控制矿藏面积 55km^2，天然气储量高达 1000 亿～1500 亿 m^3，相当于特大型、高丰度常规天然气田规模，证实我国南海海域巨大的天然气水合物资源远景，为进一步锁定试开采目标区、建设战略接替能源基地奠定了坚实的基础。

依托南海水合物调查取得的丰富资料和数据，我国 973 计划项目"南海天然气水合物富集规律与开采基础研究"从 2009 年 1 月正式启动。中国地质调查局为第一承担单位，广州海洋地质调查局、中国科学院广州地球化学研究所、中国科学院广州能源研究所、中国地质科学院矿产资源研究所、中国科学院地质与地球物理研究所、中国地质大学（北京）、中海石油（中国）研究中心等国内优势单位共同参加研究工作。项目重点围绕我国南海北部陆坡与天然气水合物有关的成藏条件、成藏过程动力学、成藏富集规律等关键科学问题开展深入研究，经过 5 年的努力，取得一系列重要研究成果和创新性认识，这些重要的理论成果，不仅逐渐被南海水合物勘查工作所证实，还对我国南海水合物勘查起到重要的理论指导作用。

（1）提出渗漏型天然气水合物重要概念。根据成因类型，将天然气水合物矿藏划分为扩散型和渗漏型两种。其中，扩散型水合物分布广泛，饱和度相对较低；渗漏型水合物产出集中、含量高，在局部地区甚至可观测到块状天然气水合物。研究认为，南海北部具备形成上述两种类型水合物的地质条件，两者具有密切的成藏关系。

（2）揭示南海北部天然气水合物富集规律。研究认为，我国南海北部天然气水合物在空间展布上受断层控制明显，横向上具有南北成带的特征。研究团队创新性地提出南海北部两个主要水合物成矿带，其中第一成矿带位于 800～1300m 水深范围的新生代大型沉积盆地发育的区域，以热解气源水合物为主要类型，部分为混合气源；第二成矿带位于水深大于 2000m 的新生代中小型沉积盆地发育的古斜坡区域，以生物气源水合物为主。

（3）首次提出天然气水合物成核机制的笼子吸附假说。该假说预测了天然气水合物在成核过程中首先形成水合物非晶相的新观点。这一假说与国际同类假说相比，能够更准确地描述水合物晶体的形成过程。在此基础上，研究团队还建立了笼子识别方法，并定量确认非晶相的存在，实测出天然气水合物成核发生时溶解甲烷的临界浓度为 0.05（摩尔分数，约每立方纳米 1.7 个分子）。由此验证笼子吸附假说，受到国际同行的高度关注。

（4）建立南海北部天然气水合物的综合识别方法。在天然气水合物地球物理响应机理研究上，发现纵横波速度增量是识别水合物引起的高速异常的重要地球物理参数，且利用精细处理的纵横波速度增量比剖面能更准确地刻画水合物空间分布形态。在地球化学及生物学机理研究方面，首次获得水合物稳定带中不同甲烷相态的微生物及宏生物组合特征，以及冷泉环境下氧化–还原界面附近生物地球化学响应特征。

（5）开展南海北部天然气水合物开采基础理论研究。采用主流的数值模拟方法——格子玻尔兹曼方法对天然气水合物分解过程的流动特性进行研究，深入讨论其多相流动机理及相关基础物性理论，针对南海北部典型天然气水合物藏，分别从微观、介观及宏观角度，成功揭示了目前常用的天然气水合物开采方法的传热和传质机理。

为系统梳理总结项目的研究成果，促进我国天然气水合物基础理论创新和进步，更好地服务和指导我国天然气水合物勘查及开采，在项目首席科学家、课题负责人及骨干成员的共同努力下，将项目成果整理成专著公开出版。专著共十章，第一章由杨胜雄、王宏斌、郭光军撰写；第二章由梁德青、郭光军、刘昌岭、吕万军撰写；第三章由梁金强、苏新、龚跃华、王力峰撰写；第四章由祝有海、何家雄、黄霞、雷怀彦撰写；第五章由苏新、陈芳、陈忠撰写；第六章由吴能友、邬黛黛、管红香、王家生、冯东和韩喜球撰写；第七章由刘学伟、李灿苹、李传辉、刘怀山、张宝金和王秀娟撰写；第八章由杨胜雄、陈多福、王宏斌撰写；第九章由杨胜雄、张光学、吴能友撰写；第十章由喻西崇、李清平、庞维新、刘瑜、李刚、赵佳飞和张郁撰写。项目首席科学家杨胜雄为本书撰写前言，并对全书统一修改定稿。

作　者

2017 年 3 月

目　　录

丛书序

序一

序二

序三

前言

第一章　天然气水合物研究进展 ·· 1

　　第一节　天然气水合物的微观特征 ·· 1

　　第二节　天然气水合物成藏的地质环境 ·· 2

　　　　一、构造条件 ·· 4

　　　　二、沉积条件 ··· 11

　　　　三、温压条件 ··· 15

　　第三节　国内外天然气水合物勘探开发进展 ····································· 17

　　　　一、国外天然气水合物勘探开发现状 ·· 17

　　　　二、国内天然气水合物调查与开发研究 ····································· 25

　　参考文献 ··· 30

第二章　天然气水合物形成的分子机制和相平衡条件 ····························· 32

　　第一节　水合物成核的分子机制 ··· 32

　　　　一、水合物形成机制的研究进展 ··· 32

　　　　二、水合物形成的分子动力学模拟 ·· 35

　　　　三、笼子吸附成核机制 ··· 39

　　　　四、温度、压力、溶解度对水合物成核的影响 ··························· 42

　　第二节　水合物成藏的相平衡条件研究 ··· 45

　　　　一、实验方法 ··· 46

　　　　二、离子－水－气体－水合物体系相平衡 ·································· 47

　　　　三、沉积物－水－气体－水合物体系相平衡 ······························ 51

　　　　四、沉积物－离子－水－气体－水合物体系相平衡 ····················· 57

　　　　五、南海北部海区实际沉积物中水合物相平衡 ··························· 58

　　参考文献 ··· 60

第三章　天然气水合物形成的热力学条件和动力学机制 ·························· 68

　　第一节　水合物结晶生长动力学研究 ··· 68

一、TBAB 水合物晶体形状及生长特性 ·········· 68

二、甲烷水合物膜厚度测量及膜生长研究 ·········· 71

第二节 水合物形成动力学实验与理论 ·········· 78

一、水合物形成动力学过程及理论 ·········· 78

二、水合物形成动力学实验 ·········· 83

三、甲烷–二氧化碳混合水合物形成分子动力学 ·········· 88

第三节 沉积物中水合物形成动力学 ·········· 95

一、沉积物中扩散体系水合物形成动力学 ·········· 95

二、沉积物中渗漏体系水合物形成动力学 ·········· 103

三、沉积物中水合物形成动力学模拟 ·········· 115

参考文献 ·········· 126

第四章 南海天然气水合物成藏的控制因素 ·········· 130

第一节 区域背景 ·········· 130

一、海底地形地貌 ·········· 130

二、构造背景 ·········· 132

三、沉积环境 ·········· 134

第二节 水合物成藏的构造控制因素 ·········· 135

一、断裂对水合物形成分布的影响 ·········· 135

二、泥底辟构造对水合物形成分布的影响 ·········· 141

三、气烟囱构造对水合物形成分布的影响 ·········· 144

四、海底滑坡对水合物形成分布的影响 ·········· 147

第三节 天然气水合物成藏的沉积环境 ·········· 152

一、神狐钻探区天然气水合物成藏的沉积控制因素 ·········· 152

二、东沙海域水合物成藏的沉积条件 ·········· 164

第四节 温压场对水合物成藏的控制作用 ·········· 172

一、南海北部陆坡热流分布特征 ·········· 172

二、热流演化历史及其对水合物成藏的影响 ·········· 174

三、温压条件及其对水合物成藏的影响 ·········· 179

四、南海北部陆坡水合物稳定域特征 ·········· 185

参考文献 ·········· 189

第五章 南海天然气水合物的成矿气源 ·········· 193

第一节 烃类气体的成因及来源 ·········· 193

一、烃类气体成因分类 ·········· 193

二、神狐地区天然气水合物的成矿气源 ·········· 195

三、南海其他地区天然气水合物的成矿气源 ·········· 204

四、南海与祁连山冻土区天然气水合物成矿气源对比 ·········· 206

第二节　非烃气体及其成藏贡献…………………………………………… 210

一、非烃气体成因类型……………………………………………………… 210

二、非烃气体分布特征……………………………………………………… 220

三、非烃气体成藏贡献……………………………………………………… 229

第三节　南海北部天然气水合物分解事件…………………………………… 232

一、天然气水合物分解事件………………………………………………… 232

二、南海天然气水合物分解证据…………………………………………… 233

参考文献………………………………………………………………………… 246

第六章　南海北部沉积物和生物对冷泉甲烷渗漏的响应……………………… 252

第一节　冷泉区沉积学研究…………………………………………………… 252

一、沉积物年代地层学研究………………………………………………… 253

二、晚更新世异常沉积与甲烷渗漏………………………………………… 254

三、沉积物特征及变化……………………………………………………… 258

四、磁学特征及甲烷喷溢关系……………………………………………… 260

五、有机化合物的分布及意义……………………………………………… 262

第二节　微体古生物识别标志………………………………………………… 268

一、冷泉区底栖有孔虫指示甲烷喷溢机理………………………………… 268

二、南海北部底栖有孔虫壳体同位素对甲烷喷溢的指示………………… 268

第三节　微生物与冷泉甲烷渗漏和水合物分布关系研究…………………… 270

一、冷泉区微生物与甲烷和天然气水合物相关机理……………………… 270

二、冷泉区微生物对甲烷渗漏和水合物响应……………………………… 271

参考文献………………………………………………………………………… 274

第七章　南海北部天然气水合物的地球化学异常特征研究…………………… 275

第一节　东沙海域沉积物地球化学异常特征………………………………… 275

一、孔隙水地球化学异常和硫酸盐－甲烷作用界面……………………… 275

二、底栖有孔虫及其碳、氧同位素………………………………………… 285

第二节　神狐海域沉积物地球化学异常特征………………………………… 303

一、烃类有机质……………………………………………………………… 303

二、自生矿物及其碳、氧、硫同位素……………………………………… 310

第三节　冷泉碳酸盐岩地球化学异常特征…………………………………… 315

一、矿物学及岩石学………………………………………………………… 315

二、碳、氧、锶同位素及冷泉流体来源…………………………………… 322

三、U/Th年龄及冷泉活动诱发因素………………………………………… 326

四、烟囱状冷泉碳酸盐岩成岩模式………………………………………… 329

五、生物标志物、微生物种群特征及其控制因素………………………… 336

参考文献………………………………………………………………………… 344

第八章　南海北部天然气水合物的地球物理异常特征研究 ⋯⋯⋯⋯⋯⋯ 360

　第一节　水合物地球物理特征研究 ⋯⋯⋯⋯⋯⋯⋯⋯⋯⋯⋯ 360

　　一、含水合物地层速度特征 ⋯⋯⋯⋯⋯⋯⋯⋯⋯⋯⋯⋯ 360

　　二、含水合物地层渗透率特征 ⋯⋯⋯⋯⋯⋯⋯⋯⋯⋯⋯ 369

　第二节　羽状流特征研究 ⋯⋯⋯⋯⋯⋯⋯⋯⋯⋯⋯⋯⋯⋯ 386

　　一、含气泡水体声学特征研究 ⋯⋯⋯⋯⋯⋯⋯⋯⋯⋯⋯ 386

　　二、羽状流数值模拟研究 ⋯⋯⋯⋯⋯⋯⋯⋯⋯⋯⋯⋯⋯ 391

　　三、羽状流地震响应特征研究 ⋯⋯⋯⋯⋯⋯⋯⋯⋯⋯⋯ 398

　　四、小结 ⋯⋯⋯⋯⋯⋯⋯⋯⋯⋯⋯⋯⋯⋯⋯⋯⋯⋯⋯ 409

　第三节　水合物识别技术研究 ⋯⋯⋯⋯⋯⋯⋯⋯⋯⋯⋯⋯ 410

　　一、含水合物地层渗透率估计 ⋯⋯⋯⋯⋯⋯⋯⋯⋯⋯⋯ 410

　　二、CRS 成像技术研究 ⋯⋯⋯⋯⋯⋯⋯⋯⋯⋯⋯⋯⋯⋯ 418

　　三、高精度速度反演技术研究 ⋯⋯⋯⋯⋯⋯⋯⋯⋯⋯⋯ 431

　　四、天然气水合物识别方法 ⋯⋯⋯⋯⋯⋯⋯⋯⋯⋯⋯⋯ 436

　第四节　南海水合物地球物理响应及地质特征分析 ⋯⋯⋯⋯ 457

　　一、试验线羽状流探测及地质认识 ⋯⋯⋯⋯⋯⋯⋯⋯⋯ 457

　　二、试验线水合物探测及地质认识 ⋯⋯⋯⋯⋯⋯⋯⋯⋯ 463

　　三、孔隙充填型水合物地球物理响应及地质特征分析 ⋯⋯ 478

　　四、裂隙充填型水合物地球物理响应及地质特征分析 ⋯⋯ 484

　参考文献 ⋯⋯⋯⋯⋯⋯⋯⋯⋯⋯⋯⋯⋯⋯⋯⋯⋯⋯⋯⋯ 493

第九章　南海北部天然气成藏系统 ⋯⋯⋯⋯⋯⋯⋯⋯⋯⋯⋯ 499

　第一节　天然气水合物成藏系统 ⋯⋯⋯⋯⋯⋯⋯⋯⋯⋯⋯ 499

　　一、概念 ⋯⋯⋯⋯⋯⋯⋯⋯⋯⋯⋯⋯⋯⋯⋯⋯⋯⋯⋯ 499

　　二、天然气水合物成藏系统的组成 ⋯⋯⋯⋯⋯⋯⋯⋯⋯ 501

　　三、天然气水合物成藏系统研究的意义 ⋯⋯⋯⋯⋯⋯⋯ 504

　第二节　南海北部天然气水合物成藏模式与分布 ⋯⋯⋯⋯⋯ 505

　　一、神狐海域天然气水合物成藏地质模式 ⋯⋯⋯⋯⋯⋯ 506

　　二、琼东南海域天然气水合物成藏地质模式 ⋯⋯⋯⋯⋯ 508

　　三、东沙海域天然气水合物成藏地质模式 ⋯⋯⋯⋯⋯⋯ 511

　　四、南海北部天然气水合物成藏分布特征 ⋯⋯⋯⋯⋯⋯ 513

　第三节　南海神狐钻探区天然气水合物成藏特征 ⋯⋯⋯⋯⋯ 514

　　一、水合物产出特征 ⋯⋯⋯⋯⋯⋯⋯⋯⋯⋯⋯⋯⋯⋯⋯ 514

　　二、水合物富集层位 ⋯⋯⋯⋯⋯⋯⋯⋯⋯⋯⋯⋯⋯⋯⋯ 519

　　三、水合物储层特征 ⋯⋯⋯⋯⋯⋯⋯⋯⋯⋯⋯⋯⋯⋯⋯ 520

　　四、地层温度 ⋯⋯⋯⋯⋯⋯⋯⋯⋯⋯⋯⋯⋯⋯⋯⋯⋯⋯ 521

　　五、流体活动 ⋯⋯⋯⋯⋯⋯⋯⋯⋯⋯⋯⋯⋯⋯⋯⋯⋯⋯ 522

第四节　神狐海域天然气水合物开发潜力评价研究·································· 524

　　一、开发潜力评价模型 ··· 525

　　二、开发潜力评价 ··· 527

参考文献··· 534

第十章　天然气水合物开采中的多相流动机理和相关基础理论研究············· 538

第一节　天然气水合物藏开发技术和方法·· 538

　　一、降压法开采技术··· 538

　　二、加热法开采技术··· 538

　　三、注化学药剂法开采技术··· 539

　　四、新型天然气水合物藏开采技术··· 539

第二节　水合物沉积物渗透率和热导率测定研究···································· 540

　　一、渗透率测定研究··· 540

　　二、热导率测定研究··· 543

第三节　水合物沉积物分解渗流特性的核磁共振实验研究···························· 544

　　一、填砂模拟沉积层中水合物分解特性的 MRI 实验及分析······················· 544

　　二、填砂模拟沉积层中单相、气液两相流体流动的 MRI 成像测速实验········· 548

　　三、多孔介质内气、水两相流场与温度场的 MRI 成像实验模拟··············· 550

第四节　LBM 数值模拟技术应用于沉积物中水合物分解渗流特性研究············· 553

　　一、LBM 数值模型的建立与验证 ··· 553

　　二、LBM 方法应用于复杂微通道内单相和多相流动的初步研究··············· 559

　　三、含水合物均匀多孔介质孔渗饱特性的 LBM 数值模拟研究 ················· 563

　　四、LBM 模拟单相流体在多孔介质中的流场 ··································· 565

　　五、对 MRI 图像处理后进行水合物分解过程模拟 ······························· 567

第五节　水合物相态变化过程传热和传质的分子模拟研究····························· 574

　　一、天然气水合物微观性质的分子动力学模拟研究 ······························· 574

　　二、天然气水合物热激法分解的传热、传质分子动力学模拟分析··············· 576

　　三、天然气水合物降压法分解的传热、传质分子动力学模拟分析··············· 578

　　四、天然气水合物注剂法分解的传热、传质分子动力学模拟分析··············· 579

第六节　沉积物中水合物分解动力学研究··· 581

　　一、沉积物中水合物分解动力学实验模拟··· 581

　　二、沉积物中水合物分解动力学模型分析··· 584

本章小结··· 588

参考文献··· 589

第一章 | 天然气水合物研究进展

第一节　天然气水合物的微观特征

　　天然气水合物（又称"可燃冰"）是一种水合数不固定的笼形化合物。其中水分子是主体，通过形成氢键互相连接成笼形的多面体孔穴，不同类型的笼子孔穴再通过共享笼子面（即四边形、五边形、六边形的水环）无缝镶嵌整个三维空间。水合物的其他分子是客体，充填于这些多面体笼子中。水合物的笼子并不能被全部充填，而且空笼子的数量和位置也不确定，因此水合物的水合数不固定，或者说是非化学计量的。

　　水合物笼子孔穴的形状有成百上千种，常见的主要有 5 种，即 5^{12}、$5^{12}6^2$、$5^{12}6^4$、$5^{12}6^8$ 和 $4^35^66^3$ 笼子。它们的不同组合构成了水合物常见的 3 种结构类型，即 SI、SII 和 SH 结构（图 1-1）。SI 型水合物是体心立方结构，单位晶胞中包含 46 个水分子，由 2 个 5^{12} 笼子和 6 个 $5^{12}6^2$ 笼子组成。SII 型水合物是面心立方结构，单位晶胞中包含 136 个水分子，由 16 个 5^{12} 笼子和 8 个 $5^{12}6^4$ 笼子组成。SH 型水合物是六方结构，单位晶胞中包含 34 个水分子，由 3 个 5^{12} 笼子、2 个 $4^35^66^3$ 笼子 和 1 个 $5^{12}6^8$ 笼子组成。

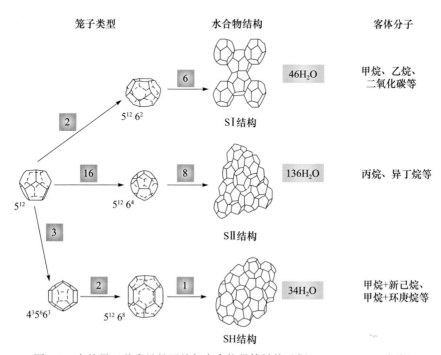

图 1-1　自然界三种常见的天然气水合物晶体结构（据 Sloan，2003，改编）

客体分子在水分子所形成的笼形孔穴中随机分布，只有当孔穴的填充率达到一定值时，水合物晶格才能稳定存在。形成水合物的客体分子种类繁多，通常是甲烷（CH_4）、乙烷（C_2H_6）、丙烷（C_3H_8）、丁烷（C_4H_{10}）等烃类同系物，以及二氧化碳（CO_2）、硫化氢（H_2S）、氢气（H_2）、稀有气体、四氢呋喃（THF）等。客体分子的大小决定了水合物的晶体结构类型，如较小的客体分子（CH_4、C_2H_6、CO_2 等）形成 SI 型水合物，中等大小的客体分子（C_3H_8、C_4H_{10} 等）形成 SII 型水合物，而较大的客体分子（如新己烷、环庚烷等）与小分子（如甲烷）一起形成 SH 型水合物。

天然气水合物的形成过程主要包括水合物的成核和生长两个阶段。在实现结晶成核前需要经过相当长的一段时间，这段时间被称为诱导时间，这一时期内系统的宏观特征不会发生大的变化。水合物成核的驱动力越大，诱导时间越短，越有利于水合物的形成。实验发现同一气体／水体系二次或多次生成水合物的诱导时间要比首次形成水合物的诱导时间短很多，这一现象称为记忆效应。产生记忆效应的原因还没有统一定论，就目前研究来看，主要存在以下两个可能的原因：①水合物分解后溶液中依然有残余的笼形结构或水环存在，使水合物成核的诱导时间缩短（Gao et al., 2005）；②水合物分解后，溶液中有过剩的甲烷分子，这些过剩甲烷促使体系快速达到甲烷溶解的过饱和状态（Rodger, 2000; Buchanan et al., 2005），直至局部达到临界状态（Guo and Rodger, 2013），从而诱发水合物成核。

第二节 天然气水合物成藏的地质环境

天然气水合物的形成必须有充足的天然气源和低温高压地质环境，这些条件决定了天然气水合物的分布范围。已有的资料显示，天然气水合物主要分布在水深 300～4000m 范围的海底松散的沉积物中和陆地高纬度永冻土带中。从全球范围来看，海域天然气水合物储量占绝对优势。

世界海洋主动陆缘的增生楔和海岭、被动陆缘的陆坡地区，均具有优越的水合物成藏地质构造条件。目前，世界海洋已调查发现并圈定存在天然气水合物的地区主要分布在西太平洋海域的白令海、阿留申海盆、鄂霍次克海、千岛海盆、日本海盆、四国海盆、南海海槽、菲律宾海盆、苏拉威西海、新西兰北岛，以及我国南海、东海陆坡，东太平洋海域的中美海槽、北加利福尼亚-俄勒冈近海、秘鲁海槽，大西洋海域的美国东海岸外北卡罗来纳洋脊、布莱克海台、墨西哥湾、加勒比海、南美东海岸外陆缘、非洲西海岸海域，印度洋的阿曼湾，北极的巴伦支海和波弗特海，南极的罗斯海和威德尔海，以及黑海、里海、贝加尔湖等。截至 2009 年年底，世界上已直接或间接发现天然气水合物矿点共 155 处（图 1-2），其中海洋及少数深水湖泊有 116 处、陆地永冻带有 39 处。

总体而言，海洋天然气水合物主要分布在北半球，且以太平洋边缘海域最多，其次是大西洋。陆坡、陆隆区是形成天然气水合物的最佳地区，这里沉积物较容易发育，有机质丰富，以甲烷为主的气体来源充足，有利于天然气水合物生成。

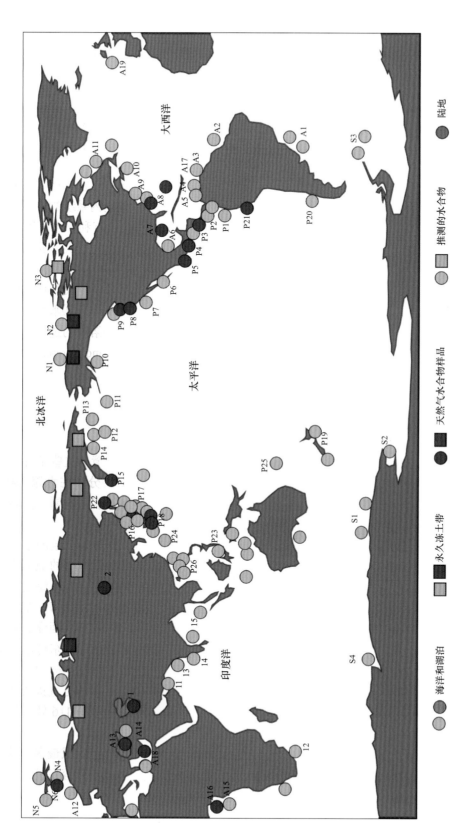

图1-2 世界天然气水合物分布图

一、构造条件

在全球范围内，两类大陆边缘均发现丰富的天然气水合物资源，地质构造及成矿条件各具特色。在主动大陆边缘中，增生楔是水合物大规模发育的有利区域，典型的海区有南设得兰海沟、智利西部边缘、秘鲁海沟、中美洲海槽、北加利福尼亚外海、俄勒冈滨外、温哥华岛外等海域。在被动大陆边缘中，断裂褶皱系、底辟构造、海底重力流、滑塌体等地质构造环境与天然气水合物的形成分布密切相关，典型的海区有布莱克海台、北卡罗来纳洋脊、墨西哥湾、挪威西部巴伦支海、印度西部陆缘、非洲西部岸外等。

（一）主动大陆边缘——增生楔

增生楔是水合物发育较常见的特殊构造之一，这与其独特的成矿地质环境密切相关。由于板块的俯冲运动，随着俯冲带附近沉积物不断加厚，浅部富含有机质物质被带到增生楔内；同时，由于构造的挤压作用，在俯冲带形成一系列叠瓦断层，增生楔内部压力得以释放，使深部气体不断沿断层向上运移，这些活动均为天然气水合物的形成提供了较为充足的物质条件，在适宜的温压条件下聚集形成天然气水合物矿藏（图1-3）。其中沿太平洋东西岸狭长的俯冲边缘、印度洋西北部的增生楔中均有大量的水合物赋存（表1-1）。

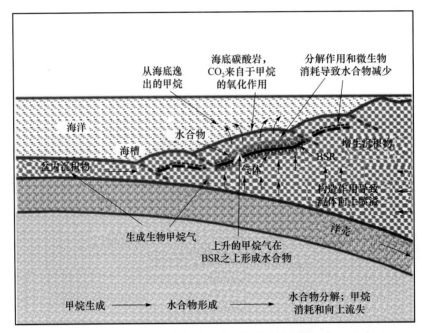

图1-3　卡斯凯迪亚水合物形成模式图

表1-1　发现天然气水合物之增生楔列表

序号	增生楔位置	构造背景	发现方式	发现组织（国家/地区）	发现时间
1	南设得兰海沟的东南侧	南极板块内的费尼克斯微板块向东南俯冲至设得兰板块之下	识别BSR	澳大利亚	1989～1990年

续表

序号	增生楔位置	构造背景	发现方式	发现组织（国家/地区）	发现时间
2	智利西海岸智利三联点附近	纳兹卡板块、南极洲板块俯冲与南美洲板块之下	识别 BSR 并经钻探证实	ODP 组织	ODP 第 141 航次
3	秘鲁海沟	太平洋板块俯冲于南美板块之下	获取水合物样品，后重新处理地震资料，识别 BSR	ODP 组织	1986 年（ODP 第 112 航次）
4	中美洲海槽区		钻遇水合物，后识别 BSR	DSDP 组织、美国得克萨斯大学海洋科学研究所	1979 年
5	秘鲁海沟经中美洲边缘向北延伸至北加利福尼亚边缘加积体及弧前新生代沉积盆地（伊尔河盆地）	门多西诺断裂带北部板块聚敛	识别 BSR 并于海底地球化学岩样中见水合物	美国地质调查局	1977 年、1979 年、1980 年
6	俄勒冈滨外	卡斯凯迪亚俯冲带南延部分	识别 BSR，后经 ODP 钻探证实	美国迪基肯地球物理勘探公司、ODP 组织	1989 年、1992 年（ODP 第 146 航次）
7	温哥华岛外	卡斯凯迪亚俯冲带南延部分	识别 BSR，后经 ODP 钻探证实	美国迪基肯地球物理勘探公司、ODP 组织	1985～1989 年、1992 年（ODP 第 146 航次）
8	日本海东北部北海道岛滨外	菲律宾板块向西北方向俯冲	钻遇水合物后地震资料处理识别 BSR	ODP 组织	1989 年（ODP 第 127 航次）
9	日本南海海槽变形前缘	菲律宾板块向西北方向俯冲	钻遇水合物后地震资料处理识别 BSR	ODP 组织	1990 年（ODP 第 131 航次）
10	台湾碰撞带西南近海	南中国海洋壳向东俯冲于吕宋岛弧之下	识别 BSR	中国台湾	1990 年、1995 年
11	苏拉威西海北部及西里伯海周边	西里伯海洋壳在苏拉威西西北部海沟处俯冲至苏拉威西岛之下	识别 BSR	德国与印尼在西里伯海执行的地质科学调查计划（GIGICS）SO98 航次	1998 年
12	印度洋西北阿曼湾内莫克兰	阿拉伯板块、印度洋板块向北俯冲至欧亚板块之下，形成自霍尔木兹至卡拉奇的东西向俯冲带	识别 BSR	英国剑桥大学贝尔实验室	1981 年

1. 东太平洋

沿太平洋东岸，南起南设得兰群岛，经由秘鲁海沟、中美洲、北加利福尼亚直至俄勒冈边缘海的狭长地带，均广泛发育增生楔，并赋存丰富的天然气水合物。

南设得兰群岛是增生楔中发育水合物的重要地区，该群岛边缘属于宽阔复杂的大陆边缘，陆坡上发育一套杂乱反射与向岸倾斜的高振幅、低频率反射交替变化的楔状增生体。澳大利亚于 1989～1990 年间在该地区采集了高分辨率地震剖面，在南设得兰海沟东南侧的增生楔内，识别出强振幅较连续似海底反射（BSR）层，BSR 之下发育游离气。

往北至智利西海岸外的智利三联点附近，增生楔浅部地层也有 BSR 显示。该处为纳兹卡板块、南美洲板块和南极洲板块交汇处。俯冲脊俯冲至南美板块之下，使后者底部遭受构造侵蚀，在海沟东侧形成增生楔。大洋钻探计划（ODP）在该地区执行第 141 航次任务，首次发现水合物 BSR，并经钻孔得到证实。

位于智利海岭以北的秘鲁海沟是水合物发育的理想场所。秘鲁大陆边缘构造受太平洋板块和南美洲板块聚敛活动的影响，形成秘鲁海沟，海沟东侧朝陆方向的陆坡下部，发育一个宽 15km 的增生杂岩体。1986 年，ODP 执行第 112 航次的钻探任务时，在南美陆坡沉积物地层中识别出较为连续的 BSR，ODP 第 112 航次 688 站位于 BSR 之上多套地层钻获水合物，井震对比结果十分理想。

中美洲海槽是发现增生楔中赋存天然气水合物的较早区域之一。美国得克萨斯大学海洋科学研究所在海槽采集的地震资料显示，海槽东侧陆坡发育增生楔，增生楔中地震反射界面向大陆方向倾斜，并发育切穿地震反射界面的强振幅高连续 BSR，BSR 与海底近似平行。1979 年，深海钻探计划（DSDP）第 66 航次实施了深海钻探，完成的 20 个钻孔中有 9 孔见到水合物。

美国地质调查局为了考察北加利福尼亚边缘地质格架及地质活动过程，于 1977 年、1979 年和 1980 年采用深穿透及高分辨率地震调查方法，对该地区进行调查，认为门多西诺断裂带北部板块的聚敛产生巨大的消减带及增生楔，并在增生楔中识别出平行海底的强反射层 BSR 与向陆倾斜的反射层斜交，BSR 深度范围 0.15～0.35s（双程走时），多为 0.25s（225m）。后来采集的 74 个海底沉积物样品中有 7 个见到水合物。

俄勒冈陆缘也存在水合物并经钻探得到证实，构造上位于喀斯凯迪亚俯冲带的南延部分，在近南北向展布的俯冲带东侧发育增生楔。1989 年，美国迪基肯地球物理勘探公司在地震剖面发现 BSR。1992 年，ODP 第 146 航次 892 站位钻穿 BSR，在 BSR 之上 2～17m 处钻获块状水合物。Mackay 等（1994）据垂直地震剖面（vertical seismic profiling，VSP）和测井记录，发现 BSR 界面下速度剧烈降低，推测 BSR 之下赋存游离气，分析认为该区水合物的形成与增生楔遭受挤压及含气流体释放有关。

温哥华岛外的喀斯凯迪亚俯冲带及增生楔也是地质调查及天然气水合物调查研究的重点地区。早在 1971 年，DSDP 于第 18 航次开展该地区活动边缘俯冲带的研究，发现胡安·德富卡板块与探险家板块向东俯冲于北美大陆之下，大洋板块沉积物被刮落下来，堆积于海沟的陆坡上形成增生楔。1985～1989 年，为了弄清喀斯凯迪亚前弧地壳结构，美国迪基肯地球物理勘探公司在地震实验过程中揭示了前弧地区的几个重要特征，Tréhu 等（1995）利用上述资料重新处理解释，在斜坡部位发现较连续的强反射 BSR，水深在 600～1500m。ODP 第 146 航次（1992 年）在相应测线上布设的 889 井（水深 1320m），在海底之下 275ms（双程走时）钻获水合物，与地震 BSR 较吻合。

2. 西太平洋

在西太平洋岸，也同样发育大量的赋存于增生楔的天然气水合物，包括日本南海海槽、台湾西南近海、苏拉威西海北部及西里伯海南部等。

由于菲律宾海板块的西北向俯冲，形成了日本南海海槽增生楔，地震资料清晰地揭示了俯冲洋壳基底、拆离断层及其上覆增生楔等构造单元。从增生楔的变形前缘一直到陆坡盆地均发现 BSR 的分布。1990 年，ODP 第 131 航次为调查增生楔内流体活动的性质，了解断层在流体运移中的作用，在日本南海海槽变形前缘处实施 808 井钻探，获取水合物样品。台湾西南近海的增生楔内也识别出 BSR。增生楔位于欧亚板块与菲律宾板块之间，在此处南海洋壳向东俯冲在吕宋岛弧之下，增生楔西以马尼拉海沟为界，东至北吕宋海沟的前弧盆地。1990 年和 1995 年采集的地震资料均清楚地显示在增生楔的被斜顶部、泥底辟构造及断层两侧发育 BSR。

往南至苏拉威西海北部及西里伯海南部俯冲带中的增生楔中也有 BSR 显示。西里伯海周边存在多个俯冲带，近邻有苏禄海、马鲁古海及班达海几个海盆，表现为挤压构造环境，其中西里伯海洋壳在苏拉威西西北部海沟处俯冲至苏拉威西岛之下，形成一沿东西向展布的增生楔，地震资料显示该增生楔内有水合物的地震标志 BSR。

3. 印度洋西北

位于印度洋西北的阿曼湾内莫克兰俯冲带及增生楔也是水合物发育的理想场所。这里是多个板块汇集的地区，由于阿拉伯板块、印度板块向北俯冲至欧亚板块之下，形成自霍尔木兹至卡拉奇长达 900km 的东西向俯冲带。1979 年，White（1979）在阿曼湾内发现水合物层及其圈闭的游离气。

（二）被动大陆边缘

在被动大陆边缘中，断裂褶皱系与天然气水合物的形成分布密切相关，典型的海区有布莱克海台、北卡罗来纳洋脊、墨西哥湾、挪威西部巴伦支海、印度西部陆缘、非洲西部岸外等。被动大陆边缘内巨厚沉积层塑性物质流动及张裂作用形成泥火山、泥底辟、滑塌体等，也是天然气水合物成藏的有利构造环境。

1. 断裂带

断裂带是天然气水合物赋存的有利场所之一（表 1-2）。早在 1970 年，Mark 等（1970）就指出在美国东部大西洋的布莱克脊地区出现与海底近平行的强振幅 BSR。20 世纪 70 年代末期，美国地质调查局在该地区进行高分辨率地震调查，显示该断裂构造非常发育，特别是构造高部位发育多条正断层，为深部气体向上运移提供通道，在浅部形成天然气水合物。地震剖面显示构造高部位 BSR 和振幅空白带非常发育，从脊部到两侧逐渐减弱。由于断层的切割，BSR 呈断续分布，脊部 BSR 较强，至两侧翼部 BSR 较弱。1983 年 DSDP 533 站位、1995 年 ODP 第 164 航次在该处实施钻探，均钻获水合物样品。

表 1-2 发育天然气水合物的断裂带

序号	名　　称	序号	名　　称
1	布莱克脊	6	阿根廷盆地
2	北卡罗来纳洋脊	7	沿印度西部被动大陆边缘下斜坡中部海隆区
3	墨西哥湾路易斯安那陆坡	8	北极地区的波弗特海
4	加勒比海南部陆坡	9	挪威西北巴伦支海内的熊岛盆地
5	南美东部海域亚马孙海扇		

在北卡罗来纳洋脊采集到与布莱克洋脊特征相类似的地震剖面，水深达 3km，海底以下 0.5s 出现双相位的强反射 BSR，上部发育厚层"空白带"。

另外，在墨西哥湾路易斯安那陆坡、加勒比海南部陆坡、南美东部海域亚马逊海扇及阿根廷盆地也发现 BSR 及"空白带"，其特征与美国东部海域布莱克洋脊相似，分析认为这些地区水合物形成可能与断裂作用有关。

沿印度西部被动大陆边缘下陆坡中部海隆区也发现水合物地震标志 BSR 和"空白带"，分析认为海隆区发育的断层与水合物的形成有关。该大陆边缘属离散型被动大陆边缘，具有垒堑式构造特征。1998 年，印度国家海洋研究所采集到高分辨率地震剖面，发现海底之下 0.35s 处有 BSR 显示，BSR 之上发育振幅"空白带"，BSR 之下为声波混浊带（ATZ）。由于浅层沉积扭曲变形及断裂作用，形成复杂的气体运移通道，为气体向上运移及水合物形成提供有利的构造条件。

北极地区的波弗特海也是与被动陆缘内断裂带相关的水合物产区。早在 1972 年，阿可公司和埃克森公司在阿拉斯加州北歧地区埃琳 2 号井深度为 666m 的岩心中发现水合物。1988 年，Collett 等（1988）对该地区 445 口井的测井资料进行分析，认为其中 50 口探井可能存在水合物，且部分井中水合物呈多层分布。Kvenvoden 和 Mcmenamin（1980）、Grantz（1990）对美国地质调查局 1977 年采集的地震反射资料进行分析，认为阿拉斯加波弗特海北部陆坡、陆坡外缘及陆隆上部广泛聚集水合物。水合物层主要集中于新近系的萨加瓦纳托克组和坎宁组，其下发育了一系列的犁式正断层，成为深部热成因气向浅部运移的良好通道，并与原地的生物气混合聚集于构造或地层圈闭中形成水合物。

挪威西北巴伦支海内的熊岛盆地是一个半地堑盆地，断层发育。1977 年，挪威石油勘探公司在熊岛盆地采集的多道地震资料表明海底以下 160～1000m 的地层中识别强振幅 BSR，BSR 之下存在明显的振幅"下拉效应"。水合物主要聚集于大断裂之上或附近，显示了断裂对水合物气源的疏导作用（张光学等，2001）。

2. 泥、盐底辟（泥火山）

底辟构造是在地质应力的驱使下，深部或层间的塑性物质（泥、盐）垂向流动，致使沉积盖层上拱或刺穿，侧向地层遭受牵引，在地震剖面上呈现轮廓明显的反射中断。被动陆缘内巨厚沉积层中的塑性物质、高压流体及张裂作用为泥火山、底辟发育提供了较为有利的地质环境。如美国东部大陆边缘南卡罗来纳、非洲西海岸刚果扇北部盐底辟构造，地中海、挪威海、巴巴多斯陆缘、日本南海海槽、尼日利亚陆缘、墨西哥湾、里海等泥火山、泥底辟构造，能引致构造侧翼或顶部的沉积层倾斜，便于流体排放形成水合物。

在美国东部陆缘的南卡罗来纳地区，穿过底辟构造的深穿透多道地震剖面显示泥岩上拱侵入上覆地层，沿底辟两侧的牵引地层中发现强反射 BSR，BSR 之上的地层因层间波阻抗差降低出现振幅空白带，底辟顶部有亮点显示，BSR 之下局部聚集游离气。水合物 BSR 与底辟构造伴生。

非洲西海岸外的被动陆缘广泛发育底辟构造，尼日利亚陆缘及刚果扇地区，泥底辟和盐底辟构造均有发育，相邻底辟间的浅地层中发育强反射 BSR。1997 年，德国科学家 Uenzelmann-Neben 等对该区前人采集的地震资料重新解释，发现海底以下 0.3s 附近的底辟中出现 BSR，切穿由于底辟作用而导致的倾斜地层，分析水合物形成可能与底辟作用引起的气体向上运移有关。

1996 年，"Gelendzhik" 号 TTR-6 航次对位于黑海北部 Crimea 大陆边缘东南面的 Sonokin 海槽采样，结果显示 5 个含有泥质角砾岩的岩心中均观察到气体水合物，证实该地区水合物与底辟构造密切相关。

Håkon Mosby 泥火山位于挪威－巴伦支海－斯瓦尔巴特群岛西缘。该区为洋壳，上覆宽阔的扇体，扇体上发育滑塌峡谷。新生代地层厚度巨大，其中更新世及晚上新世主要为碎屑沉积。热流测量结果表明，泥火山中心地温梯度可能高达 30℃/m，并随距泥火山中心距离增大而减小（图 1-4）。天然气水合物的发育明显受温度场环境控制，中心最热的地带不发育水合物，该地带的直径约为 200m，该区带的外侧为一含少量水合物的沉积区，沉积区往外，为水合物高值区（平均为 10%～20%），位于该区内的 45 站位，观察到块状水合物样品，长度在 0～225cm 均有发现。距离泥火山中心较远的地方，沉积物中水合物含量一般在 0～10%（平均为 5%）（图 1-5）。

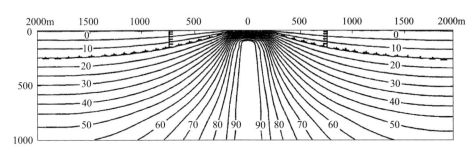

图 1-4　Håkon Mosby 泥火山温度剖面图

图中等值线单位为℃，上方一条标有刻度线的等值线为水合物稳定域的基底，两条标有水平刻度线的竖线为水合物边界线，水合物在竖线的外侧发育，内侧没有水合物

3. 滑塌

滑塌构造（slump structure）又称滑陷构造，是已沉积的沉积层在重力作用下发生运动和位移所产生的各种同生变形构造的总称。滑塌构造除塑性变形，还伴随小型断裂和角砾化及岩性的混杂等。滑塌构造往往局限于一定的层位中，与上、下层位的岩层呈突变接触，其分布的范围可以是局部的，延伸数百米甚至几千米。滑塌构造是识别水下滑坡的良好标志。引起滑塌构造的原因较多，沉积斜坡、同沉积断裂、沉积物快速

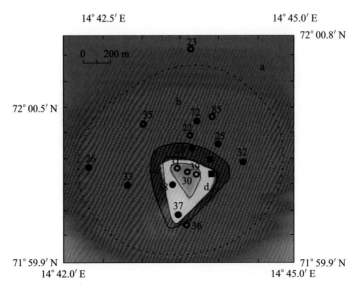

图 1-5　Håkon Mosby 泥火山钻孔位置及水合物含量变化图

a 为无水合物区；b～d 为水合物发育区：b，0%～10%，c，10%～20%，d，少量；虚线所示为水合物外围边界；
空心圆表示未发现水合物站位；实心圆为发现水合物站位；实心正方形为海底，即见到水合物的站位

的堆积及地震波的冲击等均可引起沉积层顺坡向下滑动，但重力是其形成的主要原因，常见于大陆斜坡、同沉积断陷的沉积层及震积岩中。

目前，国内外对海底滑坡引发机制的研究表明，有相当一部分海底滑坡与水合物的失稳有关。Kvenvolden 和 Mcmenamin（1980）、Kvenvolden（1993）、Paull 等（1996）、Reed（2004）等先后指出，海洋沉积物中大量的甲烷水合物影响其他海洋地质作用，包括块体坡移和全球气体变化模式。例如，甲烷水合物能作为胶结物，增强 BSR 之上的沉积物机械强度。然而，BSR 之下的未固结沉积物可能更容易块体滑动，并向斜坡下运动，因而在海洋沉积物中形成不整合面，引起海底块体滑坡或位移。再者，孔隙流体压力减小或沉积物温度升高使水合物层底部分解，导致沉积物的剪应力降低，沉积物不稳定并发生块体滑移。Paull 等（1996）采用海底浅表层沉积物上部 7m 处的岩心同位素资料分析，发现美国东南部海底局部沉积物与周围岩性存在较大差异，推测可能是海平面降低导致水合物分解，从而引发滑塌导致的结果。

北美东部陆坡、阿拉斯加波弗特海陆坡均存在水合物分解形成的大型海底滑坡。北美东部陆坡分布有 200 个大型沉积物滑坡，这些滑坡多数分布于水深 500～700m 的水合物发育区。

挪威中部陆缘 Storegga 滑塌体中 BSR 分布面积近 4000km²。1998 年，德国基尔大学海洋地质科学研究中心 Mienert 等为了研究水合物与滑塌构造之间的关系，应用高频海底地震仪，获得挪威中部陆缘 Storegga 滑塌区高频广角地震反射资料，该资料显示在海底之下 0.1s 和 0.35s 处出现两组强反射，构成双 BSR 结构，且浅层 BSR 与滑移面处于同一深度。相邻的巴伦支海斯匹兹卑尔根地区在海底之下 0.25s 处出现一组斜切地层的强反射层 BSR。综合分析认为该区水合物形成与深部断裂及浅地层处的滑塌构造关系密切，反映了滑塌构造与天然气水合物成藏间的密切关系（图 1-6）。

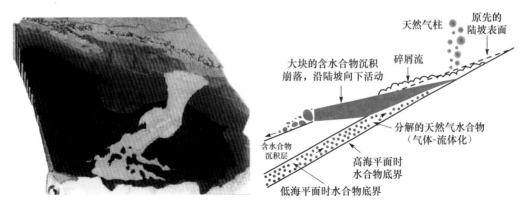

图 1-6　Storegga 滑塌体及滑塌作用与水合物分解关系模式

二、沉积条件

（一）沉积相

　　天然气水合物的成矿不仅与构造环境密切相关，还与沉积条件存在一定的内在联系。与深水油气相比，海域水合物往往富集于海底之下较浅的深水沉积体中，一般为海底之下几百米的范围，称为"浅层深水沉积体"。由于这些沉积体赋存层位较浅，受后期的改造和破坏作用较小，其几何形态和内部充填能够较为完整地保存下来。

　　从已发现的水合物分布区来看，三角洲、扇三角洲及浊积扇、斜坡扇和等深流等沉积环境有利于水合物的形成，因为这些环境中的沉积速率较高，所形成的沉积物厚度较大，砂泥比适中（35%～55%），所形成的沉积相带是水合物发育较为有利的相带。如加拿大西北部麦肯齐三角洲地区的水合物主要形成于三角洲前缘，布莱克海台含水合物沉积物是高沉积速率（350m/Ma）等深流活动的结果。由于浊积扇、斜坡扇和等深流沉积具有储集物性好、气源充足和流体运移条件优越等特点，对水合物的形成较为有利，因此，在浊流和等深流沉积作用强烈的海区往往是水合物的有利富集区。

（二）沉积速率

　　沉积速率是控制水合物聚集的最主要因素，Kvenvolden 和 Mcmenamin（1980）、Claypool 和 Kaplan（1974）对美国大西洋边缘水合物的进行研究，认为含水合物的沉积物沉积速率一般都超过 30m/Ma。因为沉积速率高的沉积区易形成欠压实区，可构成良好的流体输导体系，有利于水合物的形成。在东太平洋边缘的中美海槽区，赋存水合物的新生代沉积层的沉积速率高达 1055m/Ma，西太平洋美国大陆边缘的 4 个水合物聚集区中有 3 个与快速沉积有关。其中，布莱克海台区晚中新世至全新世沉积层的沉积速率为 4.0～34.0cm/ka，哥斯达黎加地区上新世至全新世沉积层的沉积速率为 5.5～9.3cm/ka。究其原因，大多数海洋水合物是由生物甲烷生成的（Kvenvolden and Mcmenamin，1980），在快速沉积的半深海沉积区聚积了大量的有机碎屑物，由于迅速埋藏在海底未遭受氧化作用而保存下来，并在沉积物中经细菌作用转变为大量的甲烷（Claypool and Kaplan，1974），因此，较高的沉积速率有利于水合物的形成。

（三）沉积物粒度

由于海洋天然气水合物多出现在半远洋-远洋沉积中，一般而言，含水合物沉积物粒度一般较细。含水合物的沉积物一般为浅灰色、灰绿色或绿灰色含微体化石黏土、黏土质粉沙或粉沙质黏土。对全球范围内19处水合物岩心样品资料收集整理，在太平洋共收集10处18个水合物岩心样品（表1-3），在这18个岩心样品中，有15个岩心样品的围岩岩性比较明确：7个样品的围岩是泥，3个样品的围岩为黏土-粉砂，3个样品的围岩为纹层状的灰（包括墨西哥岩心样品，该样品围岩岩性为纹层状的灰和泥），此外，围岩为粗粒玻璃质砂和碳酸盐结壳的岩心样品各1个；大西洋共收集4处11个水合物岩心样品（表1-4），有8个样品的围岩岩性比较明确：5个样品的围岩为泥或黏土，2个样品的围岩为角砾，1个样品的围岩为粗粒沉积物。内陆海（陆地）水合物岩心样品共收集5处5个（表1-5），其中4个样品围岩岩性明确：2个样品的围岩为黏土质粉砂，1个样品的围岩为粉砂-砂，还有1个样品为砂-砾。从收集到的资料看，与传统油气观念不同的是，天然气水合物能在粒度较细的泥、黏土、粉砂等沉积物中形成和赋存。尽管有关粗粒沉积物还是细粒沉积物更有利于水合物的发育和赋存的争论还在继续，细粒沉积物中赋存水合物的现象也有待于进一步研究和探讨，但是，细粒沉积物和粗粒沉积物都可能有天然气水合物的发育和赋存，却是一个不争的事实。

表 1-3 太平洋天然气水合物岩心样品描述

序号	地理位置	经纬度	钻孔/样品数	水深/m	沉积物厚度/m	样品描述	采样航次
1	中美洲海槽（哥斯达黎加）	86°05.4′W 09°43.7′N	2	3099	285，319	以包体形式存在于泥或泥质砂中	DSDP第84航次565站位
		86°06.9′W 09°44.0′N	9	3306	119~259	以浸染状或片状存在于微裂隙中	ODP第170航次1041站位
2	中美洲海槽（危地马拉）	90°49.7′W 12°59.2′N	1	2347	368	以包体形式存在于沉积物中	DSDP第67航次497站位
		90°54.9′W 12°42.7′N	1	5478	307	以胶结物形式存在于粗粒玻璃质砂中	DSDP第67航次498站位
		90°48.0′W 13°04.3′N	1	2010	404	以包体形式存在于泥岩中	DSDP第84航次568站位
		91°23.6′W 13°17.1′N	7	1698	192~338	纹层状的灰；在249m处为块状岩心（岩心长1.05m）	DSDP第84航次570站位
3	中美洲海槽（墨西哥）	99°03.4′W 16°09.6′N	4	1761	140~364	纹层状的灰和泥	DSDP第66航次490站位
		98°58.3′W 16°01.7′N	3	2883	89~168	以包体形式存在于泥中	DSDP第66航次491站位
		98°56.7′W 16°04.7′N	2	1935	141，170	纹层状的灰	DSDP第66航次492站位
4	Eel河盆地（加利福尼亚）	≈124°35′W ≈40°50′N	7	647	0~1.8	呈层状、结核状存在于泥中	

序号	地理位置	经纬度	钻孔/样品数	水深/m	沉积物厚度/m	样品描述	采样航次
5	卡斯凯迪亚盆地（俄勒冈）	125° 07.1′ W 44° 40.4′ N	3	647	2~19	以团块状、层状分布于粉砂中	DSDP 第 146 航次 892 站位
		125° 05.8′ W 44° 40.1′ N	3	600	约 0	以层状、块状分布于碳酸盐结壳中	水合物脊钻孔
6	鄂霍次克海（俄罗斯）	155° 18.2′ E 50° 30.5′ N	2	768	1.8	层状分布于软泥中	Paramushir 岛钻孔
7	鄂霍次克海（俄罗斯）	144° 04.9′ E 54° 26.8′ N	5	710	1.8	层状分布于粉砂和黏土中	Sahkalin 岛钻孔
8	日本海（日本）	139° 24.7′ E 42° 53.6′ N	1	2571	68	以晶体形式分布含黏土的砂中	ODP 第 127 航次 796 站位
9	南海海槽（日本）	134° 56.8′ E 32° 21.1′ N	1	4684	90~140	碎屑状存在于冲下的岩心中	ODP 第 131 航次 808 站位
10	秘鲁-智利海沟（秘鲁）	80° 35.0′ S 09° 06.8′ W	2	5070	99~166	碎屑状存在于泥中	ODP 第 112 航次 685 站位
		78° 56.6′ S 11° 32.3′ W	1	3820	141	颗粒状存在于泥中	ODP 第 112 航次 688 站位

表 1-4 大西洋天然气水合物岩心样品描述

序号	地理位置	经纬度	钻孔/样品数	水深/m	沉积物厚度/m	样品描述	采样航次
1	墨西哥湾（得克萨斯州和路易斯安那州）	91° 19′ W 26° 56′ N	2	2400	20	以结核或晶体存在于泥中	DSDP 第 96 航次 618 站位
		≈90° 00′ W ≈27° 43′ N	14	530~880	1.2~4.8	以结核或层状分布于角砾中	格林峡谷
		92° 11′ W 27° 36′ N	1	850	2.8，3.8	以结核或层状分布于角砾中	加登浅滩
		88° 59′ W 28° 03′ N	1	1300	约 3.8	在粗粒沉积物中分段分布	密西西比峡谷
		91° 15.0′ W 27° 47.5′ N	1	540	0	在海底呈丘状分布	布什山
2	布莱克脊（美国东南）	74° 54.2′ W 31° 15.6′ N	1	3191	238	碎屑状分布于泥中	DSDP 第 76 航次 533 站位
		75° 32.8′ W 31° 47.1′ N	2	2799	260	碎屑状分布于黏土中	ODP 第 164 航次 994 站位
		76° 11.5′ W 32° 29.6′ N	5	2170	0~66	以结核或脉状存在于泥中	ODP 第 164 航次 996 站位
		75° 18.1′ W 31° 50.6′ N	1	2770	331	块状岩心（约 30cm）	ODP 第 164 航次 997 站位

序号	地理位置	经纬度	钻孔/样品数	水深/m	沉积物厚度/m	样品描述	采样航次
3	Håkon-Mosby泥火山（挪威）	14°43.5′ E 72°00.3′ N	11	约1255	0~3	包体或板块	DSDP第146航次892站位
4	尼日尔三角洲（尼日利亚）	≈06°00′ W 03°40′ S	3	561~770	0~4.6	以结核状或分散存在于黏土中	

表1-5 内陆海（陆地）中天然气水合物岩心样品描述

编号	地理位置	经纬度	钻孔/样品数	水深/m	沉积物厚度/m	样品描述
1	黑海（俄罗斯）	约35°00′ E，45°00′ N	3	2052	0.7~2.2	纹层状存在于黏土质粉砂中
2	里海（俄罗斯）	约50°24′ E，39°00′ N	24	475~600	0~1.2	纹层状存在于黏土质粉砂中
3	贝加尔湖（俄罗斯）	105°49′ E，51°48′ N	2	1433	121，161	浸染状存在于砂、粉砂中
4	地中海库拉泥火山	30°28′ E，35°40′ N	2	约1700	没有给出	无描述
5	麦肯齐三角洲（加拿大）	134°39.6′ W，69°27.6′ N	6	N/A	887~920	分散在砂、砾石中

（四）沉积有机碳含量

目前，世界上已发现的海洋水合物中，除个别地区含有热解成因的烃类和深部烃外，大部分为生物成因甲烷。在海洋环境中，硫酸盐还原带下甲烷的产生主要通过CO_2还原方式，还原反应所需的CO_2和H_2由细菌分解有机质产生。水合物形成的关键是有充足的甲烷供应，丰富的有机碳是甲烷生成的必要条件之一，因此，有机碳含量是生物成因水合物形成的重要控制因素。世界上主要发现水合物的海域海底沉积物分析研究表明，其表层沉积物的有机碳含量一般较高（TOC≥1%），TOC低于0.5%则难以形成水合物（Waseda，1998）。如秘鲁与智利近海两地区均属于秘鲁-智利沟弧体系，但有机碳含量相差很大，前者上升流发育，沉积物中有机碳含量高，所有钻孔均采集到水合物样品；后者为低生物生产力海域，沉积物有机碳含量低，所有钻孔中均未发现水合物。危地马拉滨海带含天然气水合物的沉积物中有机碳的含量为2.0%~3.5%（Hesse and Harrison，1981），在布莱克外脊，沉积物中有机碳含量平均为1%，推测在天然气水合物形成之时，沉积物中有机碳含量可能更高，相反，未采集到水合物样品的南海海槽和智利近海的沉积物有机碳含量较低，说明有机碳对水合物形成有重要影响。

（五）自生矿物及特种生物

20世纪90年代，自生碳酸盐矿物在北美西部俄勒冈滨外、印度西部大陆边缘和地中海的United Nations海底高原等含天然气水合物的沉积物中被相继发现，从而将天然气水合物的分布与自生碳酸盐矿物形成联系起来，并将该自生矿物的产出作为天然气水合物的形成标志。通常，这些自生矿物呈碳酸盐岩隆（carbonate buildup）、结壳（carbonate crusts）、结核（carbonate nodules）和烟囱（carbonate chimney）等形式产出，与之相伴的还有贻贝类、蚌类、管状蠕虫类、菌席和甲烷气泡等，这些都是富甲烷流体垂向排出所致（Hovland et al., 1997）。ODP 第 164 航次在布莱克海台 997 孔所取样品的分析结果显示，在海底之下 180m 即水合物的顶界附近矿物组成发生突变，方解石、斜长石含量增高，而石英含量降低。Kraemer 等（2000）研究发现 994 站位可分为上、下两个水合物带，其中上水合物带的分布位置与该站位中低 $CaCO_3$ 含量段相吻合，此段地层的 $CaCO_3$ 含量低于 10%，而在其上下的地层中，$CaCO_3$ 含量大于 10% 或达到 15%。上述结果表明，能指示天然气水合物存在的标志矿物通常是某些具有特定组成和形态的碳酸盐、硫酸盐、硫化物和硅酸盐，它们是成矿流体在沉积作用、成岩作用及后生作用过程中与海水、孔隙水、沉积物相互作用所形成的一系列的典型矿物。例如，天然气水合物分解后，碳酸盐发生沉淀，此时碳酸盐具有一种特殊的同位素地球化学特征。此外，岩石中某些特征化石集合体，如 *Calyptogena* 属的软体动物的出现也能帮助判断天然气水合物的存在。

三、温压条件

天然气水合物在自然界的赋存受温度、压力、气体组分、成藏环境等因素控制。通过实验室内甲烷在不同浓度溶液中生成水合物实验，可以深入讨论天然气水合物形成和分解的温压边界。Dickens 和 Quinby-Hunt（2013）对甲烷在纯水和天然海水（盐度为 33.5‰）两种体系溶液中进行甲烷水合物的合成实验，得出甲烷水合物的稳定温度、压力条件（表 1-6），Dickens 和 Quinby-Hunt（2013）在给定的压力（2.5～10MPa）条件下，得出天然海水中甲烷水合物的稳定温度、压力条件的经验公式：

$$1/T = 3.79 \times 10^{-3} - 2.83 \times 10^{-4} \lg p \qquad (1\text{-}1)$$

通过甲烷水合物在天然海水和纯水中的稳定条件的比较，证实在同等压力的条件下，甲烷水合物在天然海水中的稳定温度比纯水中的稳定温度低 1.1℃（表 1-6）。

表 1-6 纯甲烷–纯水体系和纯甲烷–海水体系甲烷水合物在恒定压力下的分解温度

体系	压力 /MPa	温度 /K
	3.45	276.1
	4.21	277.9
	5.17	280.2
纯甲烷 – 纯水体系	6.21	281.9
	7.31	283.4
	8.34	284.5
	9.58	285.4

续表

体系	压力/MPa	温度/K
	2.76	272.4
	3.45	275.0
	4.21	276.9
	4.90	278.2
	5.58	279.6
纯甲烷–海水体系	6.21	280.7
	6.90	281.6
	7.65	282.4
	8.27	283.3
	9.03	284.0
	10.00	284.8

注：海水盐度约为33.5‰。

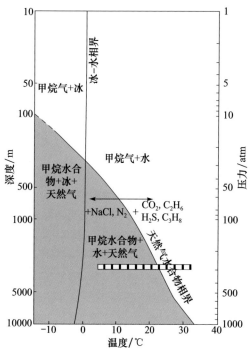

图1-7 甲烷水合物相平衡曲线

图中充填竖条带的矩形区为ODP 994站位水合物的温压条件；1atm=1.01325×10⁵Pa

海洋水合物主要赋存在海底松散、欠压实的海洋碎屑沉积物内，当沉积物中生物成因的浅成气和深部的热成因气运移至合适的温压环境，充满沉积物的孔隙时，可形成水合物（图1-7）。水合物相平衡曲线除受压力和温度的控制外，也受地球化学条件等因素的影响。水合物平衡曲线向左移动，水合物稳定域的面积缩小。图1-7 ODP 994站位中水合物稳定存在的温压条件表明，ODP 994站位水合物存在的压力条件变化范围较窄，而温度边界变化范围较大，在3～33℃内移动，反映了离子杂质和其他气体组分对水合物相平衡曲线的显著影响。

图1-8为海洋天然气水合物稳定带示意图，在天然气水合物平衡曲线和水体、沉积物的温度梯度曲线所包围的区域内，天然气水合物是稳定的。其中，水温梯度曲线和天然气水合物相边界曲线的交点深度是天然气水合物稳定存在的最小水深，地温梯度曲线和天然气水合物相边界曲线的交点深度是天然气水合物稳定存在的最大深度。地温梯度大，则稳定带厚度小；反之，地温梯度小，稳定带厚度大。另外，海底温度对水合物稳定带厚度的影响也很大，海底温度越小，水合物稳定带的厚度越大。

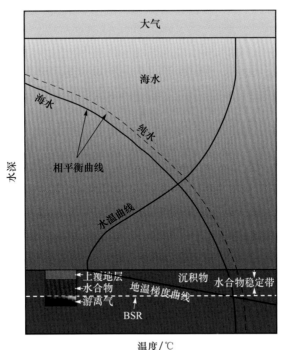

图 1-8　水合物稳定域相图

第三节　国内外天然气水合物勘探开发进展

一、国外天然气水合物勘探开发现状

　　自 1810 年英国皇家学会学者 Davy 在实验室首次人工合成氯气水合物以来，天然气水合物这一新概念正式进入科学家的视野，直至 1960 年的近 150 年中，许多科学家为验证天然气水合物存在、测定其分子式、探究其温压条件、物质结构组成及特性进行了大量卓有成效的科学试验。在此基础上，为服务工业生产，科学界开始了天然气水合物的预报和清除、天然气水合物生成阻化剂应用研究，并将天然气水合物作为资源开展多学科综合调查研究。纵观各个国家及组织的天然气水合物勘探开发计划（表 1-7）及发展历程，大致可归纳为调查发现、勘探评价及钻采试验等 3 个阶段，各阶段特征如下。

表 1-7　世界主要国家或组织的天然气水合物勘探开发计划

国家	计划、项目及投资	执行时间（年度）	主要目标任务
美国	国家甲烷水合物研发计划（每年投资超过 1500 万美元）	1999～2015 年	建立全球天然气水合物资源数据库；2010 年解决开采技术问题，2015 年实现商业开采；评价对国家能源安全的贡献，以及对全球能源市场的贡献；量化在全球资源和碳循环中的作用；评价开采天然气水合物对常规油气生产及海底稳定性的影响

续表

国家	计划、项目及投资	执行时间（年度）		主要目标任务
美国	矿物管理服务研究发展计划	2004～2006 年		墨西哥湾渗漏系统天然气水合物观测研究
	墨西哥湾钻井项目	2004 年至今		钻井 16 口，取心井和测试井
日本	甲烷水合物开发计划（2001～2016 年）（每年投资超过 1 亿美元）	2001～2003 年		甲烷水合物分布调查（与"甲烷水合物资源调查研究"项目一并执行），确定井位
		2004 年		钻井取心
		2004～2005 年		陆上二次开采试验（麦肯齐三角洲）
		2006～2016 年	第一阶段	2006 年开始海上开采试验，确定南海海槽富集区，准确评价资源，研究深水区软层钻井和完井技术以及提高采收率技术，评估开采对环境的影响
			第二阶段	2007～2011 年开采试验和技术经济评估
			第三阶段	2012～2016 年商业开发评估确认
德国	地球工程-地球系统"从过程认识到地球管理"计划	2000～2015 年		"气体水合物的能源载体和气候因素"：天然气水合物物性、赋存和分布定量研究、对油气勘查作用和取样、开采技术研究
加拿大	加拿大地球科学断面计划	2004 年		建立约束勘探模型；研发合适天然气水合物开采方法；潜在效益与区域经济发展
韩国	天然气水合物长期发展规划	2004～2013 年		远景区详查；评价和开发、运输和储存技术、安全生产技术
中国	国家专项，总投资 8.1 亿元	2002～2011 年		中国南海天然气水合物资源调查与评价
日本、俄罗斯、韩国、德国、比利时	CHAOS 项目	2005 年		鄂霍次克海天然气水合物富集条件和渗漏系统天然气水合物调查
日本、加拿大、美国、印度	陆上天然气水合物二次开发试验	2005 年		永冻区天然气水合物试验性开采
IODP	天然气水合物调查	2003 年 10 月～2013 年		钻探，环境和水文地质

（一）第一阶段（1960～1980 年）：海、陆零星调查发现阶段，证实自然界存在天然气水合物

在 20 世纪 60～70 年代的近二十年间，以苏联和美国为代表的少数国家以发现天然气水合物为目的，开始了陆地冻土区和海洋的天然气水合物资源调查。

20 世纪 60 年代，苏联首次在西西伯利亚克拉斯诺亚尔斯克的麦索亚哈地区永久冻土带发现天然气水合物矿藏，并利用降压法和注剂法成功开采，成为世界上第一座天然气水合物矿田，从天然气水合物中生产出约 30 亿 m³ 天然气，占气田总产量的 34%。与此同时，美国在西海岸外、墨西哥湾及东南部近海布莱克海台进行油气地震勘探时，

发现了代表天然气水合物存在的 BSR。

进入 20 世纪 70 年代，美国在布莱克海台实施深海钻探，证实 BSR 之上存在天然气水合物，并首次在深海钻探岩心中发现海洋天然气水合物；加拿大在阿拉斯加陆地冻土带开始天然气水合物调查，同样获取了永久冻土带中的天然气水合物实物样品。

（二）第二阶段（1981～2003 年）：全新的系统勘探评价阶段，主要圈定分布范围，确定有利地区，评估资源潜力，预测资源远景

20 世纪 80 年代之后，许多国家把天然气水合物作为一种潜在的能源，通过制定国家级计划，系统开展本国天然气水合物资源调查评价，调查范围遍及可能成藏的绝大部分海域及陆地冻土区。

苏联在其周围海域和内陆海开展天然气水合物调查与研究工作。采用海底表层取样和地震调查等手段，对黑海、里海、贝加尔湖、鄂霍次克海、白令海、千岛海沟、巴伦支海及克里米亚半岛东南等海域天然气水合物资源展开调查，发现天然气水合物矿点，并进行区域评价。俄罗斯已划出了本国的天然气水合物稳定带，其分布面积约为 170 万 km^2，厚度为 300～1000m，在俄罗斯北部 4 个含油气省和东北部 4 个独立含油气区内，天然气水合物稳定带均很发育。据俄罗斯学者估计，俄罗斯远东和南部海底天然气水合物藏中可开采天然气达 1 万亿～5 万亿 m^3，其中 60% 集中在鄂霍次克海和日本海。

黑海沿岸国家非常重视天然气水合物的调查研究。科学家考察发现，黑海海底以下 60～650m 处有 150 多个天然气水合物矿点，天然气水合物矿层厚度达 5～6m。经初步评价，黑海蕴藏丰富的天然气水合物，其甲烷资源量为 20 万亿～25 万亿 m^3。

美国在其东部大西洋的布莱克海台和墨西哥湾、西部东太平洋的俄勒冈近海天然气水合物脊和中美洲海槽、北部的阿拉斯加等地区，开展了包括双船地震、海底深潜和海底取样等多技术的综合调查，发现天然气水合物存在的地震标志 BSR，以及海底甲烷冷泉、自生碳酸盐岩、甲烷羽状流等相关证据；经抓斗取样和钻探，获得结核状、块状水合物样品；研究天然气水合物形成和失稳的动力学机制，测定海底甲烷释放速率的变化趋势。据初步调查结果，布莱克海台天然气水合物中甲烷资源量为 35 万亿 m^3，在天然气水合物矿层之下的游离气资源量大约为 35 万亿 m^3，可满足美国 105 年的天然气消耗；阿留申和鲍尔斯盆地的天然气水合物中甲烷资源量为 25 万亿 m^3；阿拉斯加北侧普拉德霍湾的天然气水合物中甲烷资源量为 1.0 万亿～1.2 万亿 m^3。

加拿大在其附近海域及北部阿拉斯加冻土区开展天然气水合物资源调查，初步调查证实赋存丰富的天然气水合物资源。利用多口石油探井的测井资料，发现麦肯齐三角洲—波弗特海、北极群岛的斯沃德鲁普盆地、大西洋边缘的戴维斯海峡等陆架区均含天然气水合物，其矿层平均厚度为 65～82m；在东太平洋活动边缘的卡斯凯迪亚大陆斜坡北端，应用 BSR 圈定天然气水合物分布范围，推测其矿层厚度约为 110m。在阿拉斯加北坡的麦肯齐三角洲冻土带相继发现大规模的天然气水合物矿藏，经钻探获取天然气水合物样品。

日本完成了周边海域的天然气水合物高分辨率地震勘探，以及南海海槽的局部地区三维地震与大地热流测量，发现天然气水合物存在的地震标志 BSR 或双 BSR，并先后

在南海海槽和鄂霍次克海实施勘探井，发现了多层厚度 3～7m 不等的天然气水合物矿层，获得天然气水合物样品，圈定 12 块远景矿区，总面积达 44000km²，其中南海海槽静冈县御前崎近海天然气水合物储量达 7.4 万亿 m³，相当于日本 140 年消耗的天然气总量。另外，经初步估算，日本四国海槽天然气水合物甲烷资源量为 2.71 万亿 m³，游离气资源量为 1.6 万亿 m³。

印度对其周边海域进行有关水合物的地质、地球化学和地震资料的初查、复查及勘查。所获地震资料显示，在 Madras 和 Calcutta 之间的印度东海岸几个深水（大于 400m）区找到广泛存在天然气水合物矿藏的证据。此外，在印度和缅甸之间的安达曼海有一个很大的天然气水合物远景区，估计含有 6 万亿 m³ 天然气。迄今为止，印度已在其东、西海域发现多处天然气水合物的地球物理标志，经钻探获得天然气水合物实物样品，并编制印度海域的天然气水合物分布图及有利远景区，初步显示出印度海域良好的找矿前景。据估算（Makogon，2000），印度陆缘天然气水合物的甲烷资源量 40 万亿～120 万亿 m³。天然气水合物对满足其日益增长的国内能源需求具有极其重要的意义。

韩国在其东南部近海郁龙（Ulleung）盆地进行天然气水合物调查，相继发现 BSR、羽状流、渗漏气苗、振幅空白带及增强反射体等 5 种重要天然气水合物地球物理、地球化学识别标志，并发现包括海底麻坑、滑坡、菱锰矿结核等一系列与天然气水合物相关的标志，显示该海域极有可能存在天然气水合物资源，后经钻探获得天然气水合物实物样品，证实上述海域存在天然气水合物，圈定可能存在的区域。目前，已在 Ulleung 岛和 Dokdo 岛的南面及朝鲜海峡的北面水深超过 1800m 的地区初步圈定 10 个天然气水合物储量区，厚度大约为 130m，估计天然气水合物储量为 6 亿 t，满足韩国 30 年的天然气需求。

挪威对其北部大陆斜坡的 7 个深水区天然气水合物进行地质调查研究。勘探活动表明，挪威海域广泛存在天然气水合物的地震地质异常标志，同时在挪威海域还发现比较少见的双 BSR 现象，这将促进天然气水合物形成机理的研究。

在南太平洋地区，德国利用"太阳号"调查船与相关国家合作，先后对西南太平洋进行天然气水合物的调查，在南沙海槽、苏拉威西海等地都发现与天然气水合物有关的地震标志；在南极近海地区，美国、日本、俄罗斯、澳大利亚、法国、德国、意大利、挪威、阿根廷等国家和部分国际组织开展了包括天然气水合物在内的海洋地质、地球物理、地球化学和钻探调查；澳大利亚、法国等国家对澳大利亚东部 Lord Howe 隆起-新喀里多尼亚盆地进行天然气水合物调查；部分俄罗斯学者对东太平洋克拉里昂-克里伯顿（CC 区）的天然气水合物进行零星研究。

总之，该阶段具有以下特点：重视利用旧资料的复查；实施以地震为主的多技术手段综合调查；以圈定分布范围、发现天然气水合物为目标；大量面上调查、辅少量点上钻探验证；多国家、跨地区联合勘探；整体调查程度低，各地调查程度不平衡。

（三）第三阶段（2004 年至今）：目标区详查、钻探验证及开发前的钻采试验阶段，主要估算储量，评估开发的可行性，为开发进行系列技术准备

天然气水合物作为一种新型替代能源，应尽快转入工业或民用，为此，一些发达且开展天然气水合物资源调查较早的先行国家极力推动天然气水合物的钻采试验工作，在

此基础上，合理估算天然气水合物资源储量，评估其开发的可行性。

1. 目标区详查

为实施天然气水合物试开采，首先应在先期调查圈定的天然气水合物分布区内选择有利地区进行详查，优选可供钻探的目标，并进行钻探验证。

日本在 Kumano 海 Tokai 海域的二维地震调查基础上，选择 Tokai（面积 225 km²）、Atsumi Sea Knoll 盆地（面积 241 km²）和 Kumano 盆地（面积 210 km²）三个局部地区进行高分辨率三维地震调查，获得一批更详细的 BSR 分布资料，为优选确定 32 口钻井井位提供科学依据。在上述目标区勘探基础上，开展钻探验证，进行随钻和电缆测井，以及保压取心，获得天然气水合物样品及水合物资源评价的基础数据。在此基础上，日本制定海上天然气水合物开发计划，主要锁定天然气水合物富集区，准确评价资源量，研发深水区未固结地层中的钻完井技术，提高天然气水合物产量的采收率技术，以及天然气水合物开发的环境效益评价技术，进行海上开发试验的技术和经济评估，为商业开发积累技术储备。

美国也开展重点地区的水合物目标区详查工作。在墨西哥湾 Keathley 峡谷和 Atwater 谷区开展天然气水合物高分辨率二维、三维地震调查，在水深 1300m 的范围内优选 8 个钻探目标，实施 16 口钻井，每个钻探目标分别实施随钻测井孔和取芯孔钻探，随钻测井孔和取芯孔间距控制在 13～23m，并在井中安装长期的监控设备，重点关注水合物分解导致的环境效应及地质灾害等方面的信息。2005 年美国启动"墨西哥湾天然气水合物联合工业项目（JIP）"，在墨西哥湾实施两个航次钻探工作，在钻探的 3 个站位中有 2 个站位发现具有高饱和度的天然气水合物砂层，证实墨西哥湾储存性能良好的砂层中能够赋存天然气水合物。

在开展海域水合物目标区详查的同时，美国也积极开展陆地冻土带水合物目标区详查，在阿拉斯加州普拉德霍湾西南约 40mi[①] 实施第一口陆地天然气水合物探井，完井深度 792m，为深入了解陆地天然气水合物的形成、试验永久冻结带钻井技术及开展冻土带环境保护工作提供关键数据。2007 年 2 月，美国能源部（US DOE）和英国石油（BP）公司在阿拉斯加 Milne Point 区块钻探天然气水合物探井。通过该井，对基于地震资料解释的水合物矿体、储层进行验证，并收集其他重要参数，为靶区优先及冻土带水合物试采工作储备基础资料。

2. 开采与试开采

在完成目标区详查、站位优选及钻完井技术、开发模拟技术、安全评价技术、环境效应检测与评价技术准备后，各个主要国家先后开展了陆地冻土带和海域水合物试开发工作，其中比较有代表性的有苏联麦索雅哈（Messoyakha）冻土带天然气水合物藏商业开采、加拿大 Mallik 天然气水合物试采、美国阿拉斯加水合物试采及日本南海海槽水合物试采。

1）苏联麦索雅哈冻土带天然气水合物藏商业开采

西伯利亚麦索雅哈是目前世界上唯一一个水合物商业化开采井。整个范围面积 12.5×19km²，钻探大约 70 口井。截至 1990 年，位于西伯利亚东北部的麦索雅哈水合

---

① 1mi=1.609344km。

物矿田已成功生产 17 年。

　　整个水合物层基本物性参数：水合物层厚度 84m；孔隙度 16%～38%，平均 25%；绝对渗透率 10～1000mD①，平均绝对渗透率为 125mD；初始压力 7.8MPa；岩石孔隙水盐度 1.5%；气体组成为 $\psi(CH_4)$ = 98.6%，$\psi(C_2H_6)$ = 0.1%，$\psi(C_3H_8^+)$ =0.1%，$\psi(CO_2)$ = 0.5%，$\psi(N_2)$ = 0.7%。

　　在麦索雅哈现场开采水合物试验地，主要开采方法是注入化学剂开采。表 1-8 表明，将甲醇注入 5 个开采井中，平均产气率增加了 4 倍之多。

表 1-8　麦索雅哈开采现场注入化学剂测试结果

开采井	化学剂种类	化学剂体积 /m³	注入化学剂前气体流量 /(1000m³/d)	注入化学剂后气体流量 /(1000m³/d)
129	质量分数 96% 甲醇	3.5	30	150
131	质量分数 96% 甲醇	3.0	175	275
133	甲醇	未知	25	50
		未知	50	50
		未知	100	150
138	体积分数为 10% MgOH＋90% CaCl₂	4.8	200	300

　　整个麦索雅哈气藏总共产气 164 亿 m³，30% 的气来源于水合物。产气率（ABCDEFG）与时间的关系，由产气率计算的气藏压力（HIKLM）和考虑水合物生产后气藏压力（HINOPQ）变化与时间的关系如图 1-9 所示。整个开采过程可以分为 5 个阶段，即自由气生产（HI）、自由气与水合物共同生产（IN）、只有水合物生产（NO）、停产（OP）及小规模生产（PQ）。

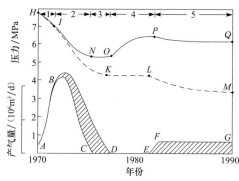

图 1-9　西伯利亚麦索雅哈气藏压力及产气过程

2）加拿大 Mallik 水合物试采

（1）第 1 次陆上开采试验。

Mallik 位于加拿大西北域，有着悠久的水合物调查史，早在 1972 年冬加拿大帝国石油有限公司在钻探 Mallik L-38 井时就钻探到水合物。

20 世纪 90 年代初期，加拿大地质调查局（Geological Survey of Canada，GSC）从能源和环境两个方面考虑对 Mallik 地区的水合物进行区域评价。通过编制地温梯度图和地质因素图初步圈定天然气水合物的分布范围。1998 年，Mallik 水合物研究在日本水合物研究计划（1995～2000 年）的推动下重新启动。日本国家石油公司（Japan National Oil Corporation，JNOC）和加拿大地质调查局联

---

① 　1D=0.986923 × 10⁻¹² m²。

合日本石油资源开发公司加拿大勘探公司（JAPEX）、美国地质调查局和其他几家研究机构在1998年完成对天然气水合物研究井Mallik 2L-38的钻探。此次钻探有许多新发现，但未进行天然气水合物开发测试工作。

从2001年12月25日至2003年3月14日，先后完成钻探Mallik 3L-38、Mallik 4L-38和Mallik 5L-38井，3口井位于一条直线上，井间距40m，其中位于两侧的3L-38井和4L-38井为观察井，3L-38井未钻及水合物层，井深1147m，4L-38井穿过水合物层，井深1162.7m，位于2口观察井中间的5L-38井为生产测试井，井深1113.7m。

2002年2月27日至3月10日，在Mallik 5L-38井进行国际合作开采试验，目的是掌握在控制条件下的一系列相关开采参数，为以后的海洋开采做准备，也为数值模拟提供试验数据。

此次Mallik 5L-38井开发试验采用最新的斯仑贝谢模块动力测井仪（MDT）进行测试，该仪器不仅能测试出瞬时压力的变化，而且能测试出游离气、游离水及不同岩性和饱和度的水合物。MDT长24.4m，重1180 kg，最大直径128.6mm，探测厚度1488 mm。Mallik 5L-38井开发试验计划包括开发游离气、压力下降中射开整个水合物层段、加入化学试剂、水平井、多井试验、注入蒸气或热水进行增产。此次试验的目的是收集现场数据确定自然状态下水合物的动力学和热力学特征，同时考虑开发试验的时间和经费。

降压开采共进行约10h，测定地层压力及地层渗透特性。采用循环注热水法进行注热开采试验，注入70～80℃的热水。试验总共进行了5d，产出气约500m³，第一次从技术上证明热力法开采天然气水合物的可行性。

2003年12月8～10日，在日本千叶新大谷宾馆召开"从Mallik到未来"天然气水合物国际研讨会，此次会议成员单位有日本石油公团（JNOC）、加拿大地质调查局（GSC）、美国地质调查局（USGS）、美国能源部（USDOE）、印度石油天然气部（GAIL/ONGC）、德国地学中心（GFZ）和BP-Chevron-Burlington公司，协办单位为国际大陆科学钻探计划委员会（ICDP）。此次会议首次公布了在加拿大麦肯齐三角洲Mallik冻土带上进行天然气水合物开发试验的成果，总结交流了2002年钻探的Mallik 5L-38开发井的情况，为2004年日本在南海海槽钻探16个水合物钻孔提供技术支持，并最终为2017年日本进行海域天然气水合物商业开发提供技术储备。会上日本宣布本海域天然气水合物开发的3个阶段及各阶段的任务，其最终目的是满足日本对能源的需求。

（2）第2次陆上开采试验。

在第1次开采试验的基础上，加拿大地质调查局筹划进行第2次陆上开采试验。其目的及主要课题包括：①验证经济的气体采收方法；②获得用于开采模拟的长期试验数据和对水合物层的监测；③试验在第1次Mallik试验中没有实施的开采方法；④弄清海洋试验开采的可能性及开采方法研究的方向性和课题；⑤继续研究第1次开采试验采用方法的生产能力。

试验内容：①分析已有数据；②收集分析新的取样和开采数据；③使用MDT、DST（钻杆地层测试）进行小规模的开采试验；④挖掘开采试验井；⑤进行长期多样的开采试验：复数坑井、水平坑井及多边坑井等复杂坑井的多种开采方法。

由于一些研究工作并没有发表或正在进行探索之中，至今为止还没有得到关于第 1 阶段计划中应进行的第 2 次陆上开采试验的更详细信息。但从现有资料可以看出，今后几年水合物开发技术主要集中于井网布置技术上，包括水平井和竖直井。

3）美国阿拉斯加水合物试采

2012 年，美国康菲石油公司，日本石油、天然气和金属矿物资源机构（JOGMEG）和美国能源部联合在美国阿拉斯加北坡的普拉德霍（Prudhoe）湾区采用 CO_2 置换法进行水合物开采试验。2012 年 1 月至 2 月初，美国康菲石油公司完成置换试验所需仪器设备的安装，在射孔段装有砂筛，用于控制储层中未固结泥沙注入井孔，利用定向射孔器在长约 9m 的套管上以 0.15m 间隔射孔。随后，向井中注入 6000m³ 含有少量化学示踪剂的 CO_2（23%）和 N_2（77%）混合气体，进行水合物甲烷气体置换。气体注入阶段持续 13d，日注入量保持缓慢增加，从最初的约 300m³/d 逐渐增加至约 600m³/d，注入工作完成后关闭井孔。2012 年 3 月，井孔重新打开，开始有气体和水产出，当足够量的产出水充满井管后，井内压力与储层压力达到平衡，自喷生产停止。在此后的 7d，通过井下潜水泵从井中抽取流体保持气体生产，在这一阶段，井孔产水和产气速率波动较大，且伴随细颗粒沉积物间歇性产出，生产过程中由于设备原因被迫关闭井孔。3 月 15 日进行的第二次抽水产气中，水合物开始大量分解，气体产量达到峰值。生产两天半后，井孔再次关闭。3 月 23 日重新再次开始生产，直到 4 月 11 日最终闭井，保持了 19d 连续生产，在这一阶段，监测发现储层压力持续降低，产气速率稳定增加。总体而言，在这次为期 38d 的水合物试开采中，实际生产天数 30d，累计产气近 3 万 m³，积累了丰富的监测数据，达到试开采目的。

4）日本南海海槽水合物试采

日本国内缺乏常规油气资源，因此对海洋天然气水合物的开发寄予厚望。日本在完成目标区详查，并通过参与加拿大 Mallik 计划和美国阿拉斯加水合物试采完成关键技术储备后，随即开展海域水合物试采工作。

2012 年，日本利用"地球号"实施 2 个监测孔（AT1-MC、AT1-MT1）和生产井（AT1-P）钻探，并开展随钻测井，获取孔隙度、渗透率、水合物饱和度等水合物开发关键参数。在监测井中安装温度传感设备，通过长期检测温度变化分析地层中的 CH_4 水合物分解状况。2013 年 1 月，"地球号"将防喷器和隔水管下到 AT1-P 井，安装井下生产设备及控砂装置，连接海面系统和井下系统并完成测试（图 1-10）。2013 年 3 月 12 日早晨开启电动潜水泵，从井孔中抽水。电动潜水泵作业几个小时后，在储气装置中发现明显的气体流入，井底压力达到约 5MPa，并开始从周围地层吸收热量，形成稳定的气体流量和水流量。在稳定生产阶段，日产气量近 2 万 m³，日产水量近 200m³。2013 年 3 月 18 日早晨，即生产试验的第 6d，在明显的产砂后，产水量突然增加，伴随井下压力突然升高且产气停止，最终导致试采工作终止。尽管如此，通过本次试采工作积累了重要的经验和丰富的基础数据，具有重要的科学和工程意义。

虽然目前天然气水合物开发面临工程技术、开采试验、经济评价等诸多挑战，但科学技术突破及发展将加快人类开发利用天然气水合物的步伐，最终使这些难以获得的资源被人类开发利用。

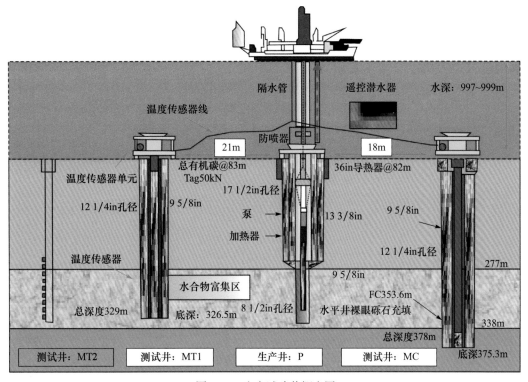

图 1-10 生产试验井概念图

二、国内天然气水合物调查与开发研究

（一）水合物调查研究进展

我国天然气水合物资源调查研究工作起步较晚。从 1995 年地质矿产部设立天然气水合物调研项目开始，至今大致经历 4 个阶段：1995～1998 年预研究、1999～2001 年前期调查、2002～2010 年的 118 专项调查和 2011 年至今的 127 专项调查。

1. 1995～1998 年预研究阶段

20 世纪 90 年代初，国内有关科研院所、大专院校开展少量的天然气水合物情报跟踪、前期研究和合成试验。1995 年，地质矿产部和中国大洋矿产资源研究开发协会设立 "西太平洋天然气水合物找矿前景与方法的调研"、"中国海域天然气水合物勘测研究调研" 等研究项目，由中国地质科学院矿产资源研究所、地质矿产信息研究院、广州海洋地质调查局等单位承担，对天然气水合物在世界各大洋中的形成、分布及其在地质灾害和全球气候变化等方面的影响进行初步研究，明确指出我国近海海域具有天然气水合物成藏条件和资源远景。1998 年在 863 计划的支持下，中国地质科学院、广州海洋地质调查局和中国科学院地质地球物理研究所开展 "海底天然气水合物资源探查的关键技术" 前沿研究。

1998 年，国土资源部开展 "南海北部陆坡甲烷水合物资源调查与评价" 立项论证，目标锁定在南海北部陆坡的西沙海槽、中建南盆地及东沙东南部等三个海域。

2. 1999～2001年前期调查阶段

1999年，国土资源部中国地质调查局正式启动"西沙海槽区天然气水合物资源调查与评价"项目，1999～2000年连续两年在西沙海域进行天然气水合物资源调查，完成多道地震测量1523.49km、海底多波束地形测量703.5km、海底表层地质采样15个。首次在西沙海域发现天然气水合物存在的重要地球物理标志——BSR、反射振幅空白（blanking zone）、BSR波形极性反转及速度异常等。同时，结合海底表层地质-地球化学取样、海底多波束、浅层剖面及海底摄像等多学科综合调查，发现与天然气水合物相关的间接地球化学异常标志及碳酸盐岩结壳等地质标志，这些异常特征所处部位与该区地震反射记录所揭示的异常区分布相吻合，初步确认天然气水合物的存在。

2001年，财政部设立启动资金，进入"我国海域天然气水合物资源调查与评价"专项前期准备阶段。

上述工作对专项的可行性进行科学论证，对南海天然气水合物形成条件、成藏标志、资源评价等进行前期研究，对调查方法、技术路线进行探索总结，为专项实施奠定基础。

3. 2002～2010年118专项调查阶段

我国政府高度重视天然气水合物新能源的发展，国务院于2002年1月18日批准设立"我国海域天然气水合物资源调查与评价"国家专项，执行时间为2002～2010年，国土资源部中国地质调查局为承担单位。通过近10年调查，专项优选南海北部陆坡西沙海槽、神狐、东沙及琼东南等4个海域，有重点、分层次地开展天然气水合物资源调查与评价；在此基础上，于2007年在南海北部神狐海域实施钻探，获取含天然气水合物岩心样品，证实南海存在良好的天然气水合物资源前景，实现了海域天然气水合物勘查的战略性突破。

国土资源部在启动海域天然气水合物调查时，同步部署了陆域永久冻土区天然气水合物的相关调查研究工作，2004年由中国地质调查局负责组织开展资源远景调查和钻探技术研发，编制出我国第一份冻土区天然气水合物稳定带分布图，圈定有利区带。2008年11月，国土资源部在青海省祁连山南缘永久冻土带（青海省天峻县木里镇，海拔4062m）成功钻获天然气水合物实物样品；2009年6月继续钻探，获得宝贵的实物样品，并对样品进行室内鉴定，获得一系列原始数据。这是我国继2007年5月在南海北部钻获天然气水合物之后的又一重大突破。

4. 2011年至今127专项调查阶段

为进一步促进天然气水合物调查及试开采工作，摸清天然气水合物资源家底，初步了解两极和国际海域水合物的成矿条件、找矿前景和资源潜力，推动水合物试开采，加强天然气水合物的环境效应和防治对策研究，国务院于2011年1月27日批准设立"天然气水合物资源勘查与试采工程"国家专项（简称127工程）。127工程拟在118专项已有初步调查成果基础上，分不同层次、不同程度对管辖海域、专属经济区、陆域冻土带、管辖外海域进行资源勘查与评价，加快南海北部和青藏高原水合物资源远景区勘查与评价，选择重点目标实施水合物试验性开采工程，为水合物资源的早日开发利用作好技术准备。

随着 127 工程的实施及相关科研工作的持续开展，对南海北部水合物赋存特征和富集规律有了更深入的理解和认识。2013 年利用世界先进的深潜器、随钻测井、保压取芯等技术，在南海北部珠江口东部海域实施新一轮水合物钻探工作。在 10 个取心孔钻探获取了大量的层状、块状、结核状、脉状及分散状等多类型天然气水合物实物样品（图 1-11），其中甲烷气体含量超过 99%。钻探控制矿藏面积 55km²，天然气储量高达 1000 亿～1500 亿 m³，相当于特大型、高丰度常规天然气田规模，证实我国南海海域巨大的天然气水合物资源远景，为进一步锁定试开采目标区及建设战略接替能源基地奠定坚实的基础。

（二）国内天然气水合物开发研究动态

通过国家专项的实施，我国逐步启动天然气水合物的基础理论、相关实验模拟和开发的工程技术研究，建造多功能"海洋六号"综合调查船；建成功能全面的水合物模拟实验室，研制了一批具有独立自主知识产权的水合物探测装备实验测试装置，形成高分辨率多道地震与海底地震联合目标探测、海底微地貌和热流探测、海底原位孔隙水取样、海底沉积物保真取样等关键技术，建立了适合我国海域天然气水合物矿藏的多元信息评价及成矿预测方法，初步形成海域天然气水合物资源综合勘查技术体系。

1990 年，中国科学院兰州冰川冻土研究所与莫斯科大学合作，成功进行天然气水合物人工合成实验；1998 年，我国正式以 1/6 成员加入 ODP；2000 年以来，中国海洋石油总公司、青岛海洋地质研究所、中国石油大学（北京）、中国科学院广州能源研究所、西安交通大学、中国科学院兰州冰川冻土研究所等均开展了开采技术前期的天然气水合物模拟实验研究，在海底天然气凝析液长输管道内天然气水合物生成、预测与控制技术研究及工程实践的基础上，开展天然气水合物形成、分解热力学与动力学过程的研究，初步建立天然气水合物开采小型模拟装置和二维开采过程数值模拟手段，提出海洋天然气水合物和深水油气联合开发的工程思路和初步方案，为正在进行南海北部油气与天然气水合物共生关系和浅地层天然气水合物分解带来工程地质灾害评价技术研究。

在天然气水合物开采基础理论研究方面，中国科学院于 1999 年启动天然气水合物研究的院长特别基金，2001 年设立"天然气水合物形成与分解机理"的研究专项，2002 年实施知识创新工程，支持"天然气水合物开采关键问题"和"大陆坡天然气水合物形成的地质条件与成藏机理研究"两个重要方向性项目，并在海底天然气水合物岩石物理模型、振幅随偏移距的变化（AVO）分析、实际地震处理、多种地球物理资料的综合分析和速度全波形反演方面取得创新性的研究成果。同时，通过国际合作进行海底天然气水合物稳定边界条件、海底渗漏天然气沉淀天然气水合物的动力学研究，通过载人深潜器对美国墨西哥湾和南海海槽海底天然气水合物区进行实地考察，观察到天然气水合物露头，并采集相关样品。

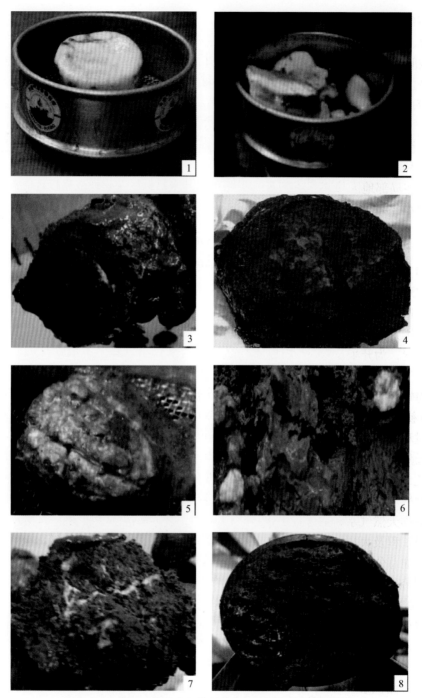

图 1-11　珠江口盆地东部海域多类型天然气水合物样品

2009 年，国家 973 计划项目"南海天然气水合物富集规律与开采基础研究"成功立项。通过 5 年的研究，系统总结了水合物成藏的地球物理、地球化学及生物学响应机理和识别标志，获得水合物稳定带中不同甲烷相态的微生物及宏生物组合特征，以及冷泉环境下氧化-还原界面附近生物地球化学响应特征；综合分析海底地形、温压条件、物质来源、构造特征等控矿因素，揭示南海北部天然气水合物富集规律，认为南海北部水合物空间展布具有受断层控制明显、横向上具有南北成带的特征，创新性地提出南海北部两个主要水合物成矿带：第一成矿带位于800～1300m水深范围的新生代大型沉积盆地发育的区域，以热解气源水合物为主要类型，部分为混合气源，第二成矿带位于水深大于2000m的新生代中小型沉积盆地发育的古斜坡区域，以生物气源的水合物为主；提出渗漏型天然气水合物重要概念，根据成因类型，将水合物矿藏划分为扩散型和渗漏型两种类型：扩散型水合物分布广泛，饱和度相对较低，渗漏型水合物产出集中、含量高，在局部地区甚至可观测到块状天然气水合物。研究认为南海北部具备形成上述两种类型水合物的地质条件，两者具有密切的成藏关系，该理论对在珠江口东部海域获取块状水合物起到重要的理论指导作用。

在天然气水合物开采物理模拟和数值模拟技术方面，中国海洋石油总公司与中国科学院广州能源研究所、中国科学院力学研究所、中国科学院海洋研究所、中国石油大学、大连理工大学、广州海洋地质调查局等联合开展研究，初步建立天然气水合物声、电特性测量装置、一维和二维开采模拟装置、天然气水合物沉积物骨骼结构可视化实验系统和低压天然气水合物沉积物机械特性测量装置，正在建立三维可视天然气水合物开采模拟装置，为开采技术研究奠定初步实验研究基础。同时，考虑天然气水合物分解过程中天然气水合物二次生成和冰的生成、流体在孔隙介质中的流动、流体向周围岩层的热量传递等因素，建立三维、三相、四组分的天然气水合物降压开采数值模拟模型，使用CMG初步开展天然气水合物藏的数值模拟，计算分析下伏天然气藏的天然气水合物藏开采过程中主要参数的变化规律，建立天然气水合物藏相似模拟的初步准则。同时，我国在天然气组成对天然气水合物生成条件的影响方面取得较突出的成绩，在国际上占有一席之地，其中Zuo-Guo模型和Chen-Cuo模型被Sandler等国际同行多次引用，这些为天然气水合物藏开发过程物理模拟提供初步依据。

在海洋天然气水合物开发工程方面，中国海洋石油总公司具备从勘探、开发、钻完井、海洋工程及大型海上作业装备等配套的海上油气田开发基础，在"十五"后期，中国海洋石油总公司建立了"中国海洋石油总公司深水工程重点实验室"，增设天然气水合物开采研究方向，配备先进的CMG、TOUGH2等天然气水合物基础研究软件，以及挪威SCANDPOWER公司的OLGA 5、PIPEFLO、HYSYS等用于天然气水合物相态、天然气水合物生成和分解预测软件。2005年，中国海洋石油总公司启动"天然气水合物开采技术专业调研和开采技术初步研究"课题和天然气水合物开采前沿技术专项，国内首次采用海上现场油气水合成管道内天然气水合物，在海底钻完井及输送过程天然气水合物解堵技术方面积累丰富的经验，同时我国正在开展的深水油气勘探、深水工程重大装备、深水海洋工程技术研究为深水油气和海洋天然气水合物开发工程实施提供技术支撑。

我国天然气水合物的开发研究尚处于起步阶段，研究力量分散、资金投入不足，与世界同期先进试开采技术相比存在很大的差距，这大大制约了我国天然气水合物资源利用的进程。我国广阔的管辖海域和专属经济区有着巨大的天然气水合物资源前景，对于我国这样一个能源相对短缺的国家，实施天然气水合物资源试采工程技术研究，尽早开发利用天然气水合物是解决我国能源供给、保证国家能源安全的有效途径。

参 考 文 献

张光学，黄永样，祝有海，等.2001.活动大陆边缘水合物分布规律及成藏过程.海洋地质动态，17(7): 3-7.

Buchanan P, Soper A K, Thompson H, et al. 2005. Search for memory effects in methane hydrate: structure of water before hydrate formation and after hydrate decomposition. Journal of Chemical Physics, 123(16): 164507.

Claypool G E, Kaplan I R. 1974.The Origin and distribution of methane in marine sediments. Marine Science, 3: 99-139.

Collett T S, Bird K J, Kvenvolden K A, et al. 1988. Geologic interrelations relative to gas hydrates within the North Slope of Alaska: Task No. 6, Final report. Center for Integrated Data Analytics Wisconsin Science Center.

Dickens G R, Quinby-Hunt M S. 2013. Methane hydrate stability in seawater. Geophysical Research Letters, 21(19): 2115-2118.

Gao S, House W, Chapman W G. 2005.NMR/MRI study of clathrate hydrate mechanisms. Journal of Physical Chemistry B, 109(41):19090-19093.

Grantz A. 1990. Geology of the Arctic continental margin of Alaska.The Geology of North America, 17: 257-288.

Guo G J, Rodger P M. 2013. Solubility of aqueous methane under metastable conditions: Implications for gas hydrate nucleation. Journal of Physical Chemistry B, 117(21): 6498-6504.

Hesse R, Harrison W E. 1981. Gas hydrates (clathrates) causing pore-water freshening and oxygen isotope fractionation in deep-water sedimentary sections of terrigenous continental margins. Earth & Planetary Science Letters, 55(3): 453-462.

Hovland M, Gallagher J W, Clennell M B, et al. 1997. Gas hydrate and free gas volumes in marine sediments: Example from the Niger Delta front. Marine & Petroleum Geology, 14(3): 245-255.

Kvenvolden K A. 1993. Gas hydrates-geological perspective and global change. Reviews of Geophysics, 31(2): 173-187.

Kvenvolden K A, Mcmenamin M A. 1980. Hydrates of natural gas: A review of their geologic occurrence. Circular, 825.

Mackay M E, Jarrard R D, Westbrook G K, et al. 1994. Origin of bottom-simulating reflectors: Geophysical evidence from the Cascadia accretionary prism. Geology, 22(5): 459.

Makogon Y F, Makogon T Y, Holditch S A. 2000. Kinetics and mechanisms of gas hydrate formation and dissociation with inhibitors. Annals of the New York Academy of Sciences, 912(1): 777-796.

Paull C K, Buelow W J, Ussler W I, et al. 1996. Increased continental-margin slumping frequency during sea-level lowstands above gas hydrate bearing sediments. Geology, 24(2): 143-146.

Reed D. 2004. A review of the gas hydrates, geology, and biology of the Nankai Trough. Chemical Geology,

205(3-4): 391-404.

Rodger P M. 2000. Methane hydrate: Melting and memory. Annals of the New York Academy of Sciences, 912(1): 474-482.

Sloan E D Jr. 2003. Fundamental principles and applications of natural gas hydrates.Nature, 426(6964): 353-359.

Tréhu A M, Lin G, Maxwell E, et al. 1995. A seismic reflection profile across the Cascadia Subduction Zone offshore central Oregon: New constraints on methane distribution and crustal structure. Journal of Geophysical Research Solid Earth, 100(B8): 15101-15116.

Waseda A. 1998. Organic carbon content, bacterial methanogenesis, and accumulation process of gas hydrates in marine sediments.Geochemical Journal, 32(3): 143-157.

White R S. 1979. Gas hydrate layers trapping free gas in the Gulf of Oman. Earth & Planetary Science Letters, 42(1): 114-120.

第二章 | 天然气水合物形成的分子机制和相平衡条件

第一节 水合物成核的分子机制

一、水合物形成机制的研究进展

　　天然气水合物的形成机制包括最初形成水合物晶核的过程和随后水合物晶体生长的过程。成核过程是一个从无到有的过程，比由小长大的晶体生长过程更难研究，这归因于在分子水平上探测水合物的成核过程非常困难。一方面，水合物晶核所具有的空间尺度（纳米级）对于实验技术来说太小，如中子散射、X射线散射、拉曼光谱、核磁共振光谱等尚不能辨别甲烷溶液中各种水分子笼子的结构；另一方面，虽然计算机模拟技术可以在分子尺度进行观察，但成核发生的随机性使水合物成核的时间尺度对于模拟计算而言又太长，往往需要做到微秒级（相当于 10^9 个飞秒步长）。

　　目前国际上没有成熟的理论来描述水合物的成核机制，关于成核机制的研究大体以 2008 年为界分成两个阶段。2008 年之前，国际上主要存在两个有争议的水合物成核假说。最著名的是 Sloan 等学者（Sloan and Fleyfel，1991；Christiansen and Sloan，1994）提出的团簇成核假说（labile cluster hypothesis），强调水合物成核源于笼形水簇的聚集。Radhakrishnan 和 Trout（2002）批评团簇成核假说，他们证明多个笼形水簇在热力学上有利于相互分开而不是聚集在一起，并新提出局部结构假说（local structuring hypothesis），强调水合物成核是由水分子围绕局部有序排列的气体分子发生方位调整所致。然而局部结构假说也存在不足，它没有说明气体分子局部有序排列的原因，笼统地将其归因于系统的热波动。

　　当时的实验技术（中子散射、X射线散射、拉曼光谱、核磁共振光谱等）已经可以实时原位地观测水合物的形成过程，如观察到甲烷水合物大小笼子占有率的比例从低到高演化（Subramanian and Sloan, 2000；Moudrakovski et al., 2001），测定甲烷溶液中甲烷分子的水合数为 20（Dec et al., 2006），观测到甲烷水合物成核前后液态水的结构没有变化（Koh et al., 2000；Buchanan et al., 2005），观察到 Ar/CO_2 水合物的结构从 SII 向 SI 的转变现象（Halpern et al., 2001），推断水合物分解后残余结构可能存在（Gao et al., 2005）等。遗憾的是，这些实验技术仍然不能弄清楚水合物的成核细节，其实验结果还不足以区分和验证上述的两个水合物成核假说。

　　来自分子动力学计算机模拟的结果则分别支持不同的假说。如支持团簇成核假说的有：Long 和 Sloan（1993）报告非极性分子在液态水中促使水分子形成不稳定的似水合物笼子，随客体尺寸增加，笼子的配位数以 4 为台阶增长；Guo 等（2004，2005）观察到单个的水合物笼子（5^{12} 和 $5^{12}6^2$）在液态水中的寿命呈现对数正态分布，少数笼子的寿命相当长。支持局部结构假说的有：Hirai 等（1997）在模拟系统中固定按照水合物 SI 型结构排列的 48 个 CO_2 分子的位置（非物理的），令 368 个水分子自由运动，最后水分子成功排列出 SI 型结构；Moon 等（2003）模拟甲烷-水界面的演化，虽然并没有最终成核，但观察到连在一起的两个 5^{12} 笼子；Vatamanu 和 Kusalik（2006）、Nada（2006）模拟水合物生长时报告了溶解甲烷向水合物表面扩散并被捕获的现象；Guo 等（2007）发现 5^{12} 笼子能够吸附溶解甲烷，其寿命随吸附甲烷的个数呈指数增长，可以引发甲烷自组织地聚集。

2008 年之后，受益于计算机技术的飞速发展，计算瓶颈得以突破，水合物成核模拟研究有了重大进展。

第一，水合物自发成核的过程在计算机上用不同的方法成功实现。Hawtin 等（2008）利用水-甲烷界面处的高浓度甲烷条件实现水合物成核，但考虑人为造成的过高甲烷浓度，模拟只能算部分成功。Walsh 等（2009）从低浓度甲烷溶液开始模拟，用 $2\sim5\mu s$ 的长时间等待终于实现自发成核，结果发表在 *Science* 上。Jacobson 等（2010a，2010b）用粗颗粒水模型大大加快计算速度，从而在 8000 个分子的大体系中实现水合物成核。Vatamanu 和 Kusalik（2010）在体系中建立稳态条件，迫使甲烷向体系中心扩散以便提高浓度，同样实现成核。Liang 和 Kusalik（2011，2013）用相同方法实现 H_2S 水合物分别在 NPT 和恒能量（NVE）系综中成核，后者产生的局部过热反而使晶核结晶度更高。Bai 等（2011，2012）利用 SiO_2 固体表面实现 CO_2 水合物的异相成核，分别发现冰层和三相接触区有利于成核发生。Sarupria 和 Debenedetti（2012）在没有出现气-液界面的情况下，依靠过高甲烷浓度和微秒级模拟也实现了成核，观察到亚临界簇聚集产生临界簇现象。Jiménez-Ángeles 和 Firoozabadi（2014）采用类似的方法在高温下（285K）实现甲烷水合物的成核。Lauricella 等（2014）使用准动力学（metadynamics）的方法实现甲烷水合物的成核。尽管以上方法分别实现水合物自发成核，但在诱导时间的评价上不一致，比如 Kusalik 小组的诱导时间一般在 30ns，与其他人的 1000ns 有很大差别。另外，水合物成核速率的研究需要基于大批量成核轨迹的统计（Walsh et al.，2011a），仅凭微秒级长时间模拟可能不是好办法，Bi 和 Li（2014）采用朝前流取样的方法对甲烷水合物的成核速率进行研究。

第二，为了全面分析成核轨迹，水合物笼子的识别技术有了质的提高。Hawtin 等（2008）用统计甲烷水合壳中水分子个数的方法，能够识别 5^{12}、$5^{12}6^2$ 和 $5^{12}6^4$ 三种笼子，Guo 等（2008）分析甲烷水合壳的笼形程度，可部分识别非标准水合物笼子。Jacobson 等（2009）修改 Matsumoto 等（2007）分析水中拓扑镶嵌块的代码，让五边形和六边形水环逐步扣合，可以识别 5^{12}、$5^{12}6^2$、$5^{12}6^3$ 和 $5^{12}6^4$ 四种笼子。后来，这个笼子搜索程序又新增了 $4^15^{10}6^2$、$4^15^{10}6^3$ 和 $4^15^{10}6^4$ 三种笼子（Walsh et al.，2011b）。用肉眼识别的方式，Vatamanu 和 Kusalik（2010）报告了几十种笼子。Guo 等（2011）在 2008 年甲烷水合壳分析的基础上，研发了完备的面饱和笼子（即对于客体自封闭的没有开口的笼子）搜索程序，可以不必依赖系统中溶解甲烷位置，也不必预知指定的笼子类型，就能够识别系统中所有存在的笼子，用该方法重新分析 Walsh 等（2009）发表在 *Science* 上的成核轨迹，发现数千种笼子类型。后来 Chakraborty 等（2012）用氢键网架的 Voronoi 多面体镶嵌方法分析成核轨迹中的笼子，虽有特色，但效果并不好于 Guo 等（2008）的水平，因为该方法依赖甲烷位置，无法识别空笼子。在后来的研究中，用 Jacobson 等（2009）的程序通过识别几种主要笼子判断水合物发生成核是可行的，也能观察到结晶相片段；但是由于方法较为粗略，无法查明成核前笼子簇的形态、临界晶核的特征及非晶相的全貌，因此需要使用比较精确的方法（Guo et al., 2011）识别全部笼子。Barnes 等（2014）发展了 MCG（mutually coordinated guest）方法，分析水合物的成核过程，通过客体-水环双组分的参数表征水合物的成核，并通过平衡取样的方法研究甲烷水合物在 255 K 和 50 MPa 下成核的自由能障和临界核大小。

第三，形成了一个最大的共识，即非晶相是水合物成核结晶的途径之一，然后再经过结构转变形成水合物结晶相。Guo 等（2009）通过计算笼子-甲烷之间的平均力势能研究笼子对甲烷的吸附相互作用，发现它作用在笼子的面心方向上，强度与氢键相当，应该是控制水合物成核结晶的内在驱动力。由此率先提出笼子吸附成核假说，预测水合物非晶相应先行出现，需要经过结构转变形成最终的水合物晶体。Jacobson 等（2010a，2010b）、Vatamanu 和 Kusalik（2010）根据各自的成核模拟先后定性观察到非晶相水合物的形成，并分别提出水合物成核结晶的"二步机制"，认为形成非晶相之后的结构转变是一个退火过程。Guo 等（2011）用面饱和笼子识别方法重新分析 Walsh 等（2009）的成核轨迹，计算其中所有笼子的连接关系和结晶度演化，定量确认轨迹最终到达的物相是非晶相水合物，结晶度只有 0.16。前文提及的 2010 年以后实现水合物成核的其他学者也都报告观察到非晶相。目前已经从几个主要笼子之间的拓扑变形转换开始着手非晶相结构转变的研究（Walsh et al., 2011b；Tang et al., 2012）。值得注意的是，Zhang 等（2015）通过高精度恒能量分子动力学模拟发现水合物也可以直接形成结晶相（不经过非晶相中间态），也就是说水合物成核是多途径的，详见本节第二部分。

相比计算模拟方面取得的成就，2008 年以来实验方面的相关成果要少一些，用实验技术探测水合物成核还是相当困难的。Lehmkühler 等（2009）用 X 射线反射和衍射研究了水-CO_2 界面，没有发现任何结构变化。Conrad 等（2009）用 X 射线 Raman 散射研究水-THF 溶液，也没有发现水合物成核前体的存在。不过，Koga 等（2010）用中子散射实验研究甲烷-水界面，发现水合物膜形成前，表面变得粗糙，推测有动态的水合物晶芽（embryo）存在。Bauer 等（2011）通过活塞圆筒高压实验把 THF 水合物转变成纯的非晶相，并在卸压后保持一段时间不结晶。Boewer 等（2012）用 X 射线反射实验发现在气-水界面水侧 5~10nm 的区域内，Xe 的浓度过饱和。Lee 等（2013）测量 Na-蒙脱石悬浊液中 CO_2 水合物形成的诱导时间，发现诱导时间服从对数正态分布。

自 2008 年以来，天然气水合物的成核机制研究取得长足进步，已经有办法在计算机上观察水合物成核过程的细节，并认识到非晶相水合物的存在和重要性。但整个成核结晶过程的各个环节都有待完善，如成核前准稳态气体溶液的性质仍需要调查，临界晶核的特征还不够清楚，成核速率的研究还比较薄弱，非晶相的结构转变研究刚刚起步，各种气体水合物的成核特点还没有系统对比。深入探索这个基础性的科学问题将有助于理解和解决与水合物合成技术研发相关的各种应用问题，如 CO_2 封存及置换水合物甲烷、水合物储氢、水合物抑制剂和促进剂研究等。

二、水合物形成的分子动力学模拟

前文已经阐述天然气水合物成核研究的进展，但长久以来，甲烷水合物直接形成 SI 结构一直没有在计算模拟研究中实现，最近我们通过 NVE 系综分子动力学模拟的方法获得了这样的证据。水合物成核计算模拟研究中经常使用温度耦合技术以便保持系统的恒温条件，但使用温度耦合的缺点是人为地快速移除水合物形成热，可能导致模拟体系向特定（如非晶相）成核途径发展。反之，应用 NVE 系综的优势是体系的温度随水合物形成而升高，可模拟在实验中观察到的现象（Sloan，2003），因此在水合物形成的初始阶段，模拟体系能够更有效地遍历相空间，而不是被困在某个局部能量最小点。众所周知，由于计算模拟软件计算精度的问题，进行长时间 NVE 模拟将很难保持模拟体系总能量的稳定，从而导致模拟失败。采用高精度计算策略可解决该问题，控制总能量恒定，并在 NVE 系综中获得 6 条独立的 1μs 时长的模拟轨迹，其中一条轨迹形成高结晶度的 SI 型甲烷水合物。

（一）模拟方法

本次研究使用 GROMACS 模拟软件进行恒能量分子动力学模拟（Hess et al.，2008）。模拟体系包含 2944 个 TIP4P/ice 水分子（Abascal et al.，2005）和 512 个 OPLS-UA 甲烷分子（Jorgensen et al.，1984）。Lorentz–Berthelot 结合规则被用于处理甲烷和水分子之间的交叉相互作用。模拟时长 1μs，步长 2fs。为了增加恒能量模拟的计算精度，使用以下几个技术手段：①双精度编译的 GROMACS；②用 Particle-Mesh Ewald 和切换方程相结合的方法处理长程库仑相互作用力，切换方程使用的范围为 1.2～1.4nm；③短距离的 van der Walls 相互作用力用 shift 势能和切换方程的方法处理，切换方程的使用范围为 1.2～1.3nm；④邻居原子搜索的截断值为 1.65nm。这些模拟技术对单个模拟来说，在 1μs 模拟时长内总能量的漂移小于 43kJ/mol——相当于总能量值的 0.03%。这些模拟技术的使用使分子模拟的计算速度降低（模拟需要的时间相当于通常使用的 NPT/NVT 系综模拟时长的 6.5 倍左右）。本次模拟的初始构型如图 2-1 所示，在液态水中制备一个甲烷气泡，该体系在 250K 和 80MPa 的 NPT 系综中模拟 1ns 备用。然后进行 6 个独立的 NVE 模拟（被标记为 A～F），6 个模拟中溶解甲烷的初始浓度为 0.0235±0.0002 摩尔分数。为定量分析成核过程，计算 $F_{4\varphi}$ 参数（Rodger et al.，1996）、类似固体水分子数量（Walsh et al.，2011a）、主要

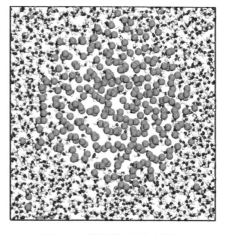

图 2-1　模拟体系的初始构型

红色和白色的小球代表水分子中的氧和氢，青色的小球代表甲烷分子，为了清楚地展示体系的结构，整个体系在垂直于纸面的方向被截去了一半

笼子类型的数量（Guo et al., 2011; Walsh et al., 2011b）和结晶度（Guo et al., 2011）等，并用 VMD（Humphrey et al., 1996）进行直接观察。

（二）结果和讨论

图 2-2 显示 6 个模拟体系的温度随时间的变化关系。模拟中显著的温度升高代表水合物成核的开始，也表明水合物成核是放热过程。模拟体系 C 的温度从 250K 上升至大约 310K，比其他的模拟体系的温度变化高 20K。额外的温度升高可能与下面两种现象有关（或两种现象综合作用的结果）：①模拟体系 C 有更多的固体形成，因此放出更多的热；②相变过程中，体系转变为规则的晶体相比转变为非晶相放出更多的热（Mishima et al., 1984; Inoue and Hashimoto, 2001; Bahdur, 2004）。

图 2-3 显示模拟 A（模拟 A、模拟 B、模拟 D、模拟 E 和模拟 F 的代表）和模拟 C 中笼子簇大小、$F_{4\varphi}$ 参数和类似固体水分子数量。与模拟 A 相比，模拟 C 产生更多完整笼子簇和面饱和笼子簇，模拟 C 的 $F_{4\varphi}$ 参数更大且有更多的类似固体水分子，表明模拟 C 产生更多的水合物。

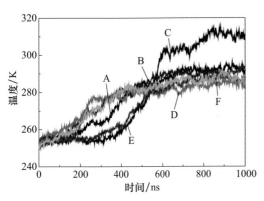

图 2-2　6 个模拟的温度与时间的变化关系

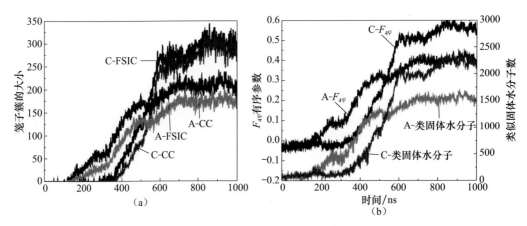

图 2-3　模拟 A 和模拟 C 中笼子簇的大小（CC 和 FSIC）、$F_{4\varphi}$ 参数及类似固体水分子的数量与模拟时间的变化关系

CC 指完整笼子（complete cage）；FSIC 指面饱和不完整笼子（face-saturated incomplete cage）

图 2-4 显示模拟 C 中水合物成核和生长的过程，在成核和生长过程中可以清楚地看到规则的 SI 结构水合物片段。如第一个 5^{12} 和 $5^{12}6^2$ 笼子连接（即 SI 结构的特征笼子连接之一）在 364ns 的时候就已经出现［图 2-4（a）］。图 2-4（b）和图 2-4（c）中虚线框显示在 386 ns 和 392 ns 时 SI 结构水合物的特征片段。图 2-5 显示在 900ns 时模拟 C 形成的水合物［001］晶面的图像。可以明显看到 SI 结构水合物的模板，其中共享连接

面的 5^{12} 和 $5^{12}6^2$ 笼子所形成的定向排列（虚线所示）表明长程有序结构跨越了模拟盒子边界。

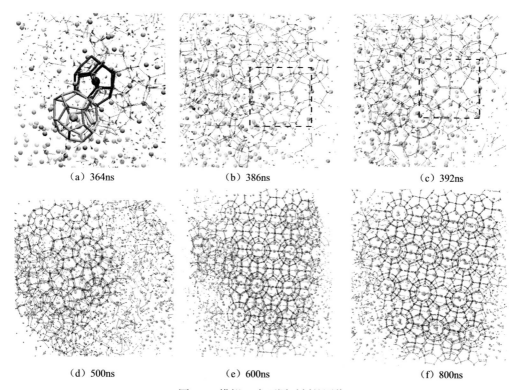

（a）364ns　　　　　　　　（b）386ns　　　　　　　　（c）392ns

（d）500ns　　　　　　　　（e）600ns　　　　　　　　（f）800ns

图 2-4　模拟 C 在不同时刻的图像

氢键和氧原子以红色表示，甲烷分子以青色的小球表示，绿色和蓝色的笼子代表以五边形面连接的 $5^{12}6^2$ 和 5^{12} 笼子，黑色的虚线框代表在 386 ns 和 392 ns 时 SI 结构水合物片段

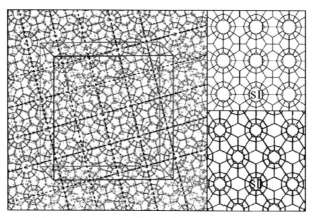

图 2-5　在 900ns 时模拟 C 中［001］晶面的图像

氢键和氧原子以红色表示，甲烷分子以青色的小球表示，蓝色线框代表模拟体系的盒子；为了表示长程有序的方向，在两个方向上绘出模拟盒子的周期性图像，图中黑色的虚线表示 SI 水合物的长程有序结构跨越盒子边界，右边的部分为理想的 SI 和 SII 型水合物的结构

图 2-6 展示了在模拟 A 和模拟 C 中 5^{12}、$5^{12}6^2$、$5^{12}6^3$、$5^{12}6^4$、$4^15^{10}6^2$、$4^15^{10}6^3$ 和 $4^15^{10}6^4$ 笼子的数量。这 7 种笼子可以相互转化（Walsh et al., 2011b），且分别占模拟 A 和模拟 C 中 900～1000ns 时间段所有 FS 笼子的 80% 和 91%。模拟 C 中 $5^{12}6^2$ 与 5^{12} 笼子的比例（约为 2）虽然低于标准结构的比例 3，但约为模拟 A 的 4 倍，是 Jiménez-Ángeles 和 Firoozabadi（2014）在 285K 下得到模拟结构的约 2.5 倍，是 Walsh 等（2011a）获得的最好结构的约 2 倍，是 Bai 等（2011）异相成核模拟结构中最规则的 C 区域的 1.4 倍。计算被甲烷填充的 $5^{12}6^2$ 与 5^{12} 笼子的比例（图 2-7），该结果大于在水合物形成实验过程中能够检测到笼子的初始 2000s 时间段 $5^{12}6^2$ 与 5^{12} 的比例（Sloan et al., 1998）。此外，模拟 C 只有 3 种主要的笼子：5^{12}、$5^{12}6^2$ 和 $5^{12}6^3$，前两种是组成 SI 型水合物的标准的笼子类型，而后一种被认为是连接 SI 型和 SII 型水合物结构的中间笼子（Vatamanu and kusalik, 2006; Jacobson et al., 2009; Walsh et al., 2009）。

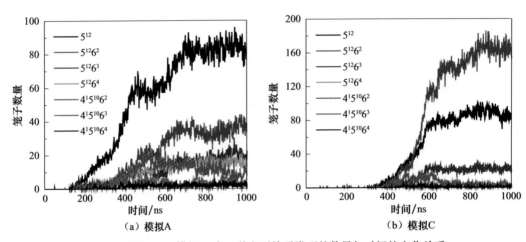

图 2-6　模拟 A 和模拟 C 中 7 种主要笼子类型的数量与时间的变化关系

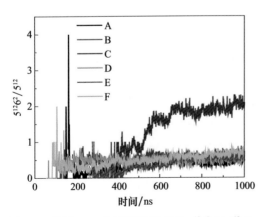

图 2-7　模拟 A~F 中被甲烷填充的 $5^{12}6^2$ 与 5^{12} 的比例与时间的变化关系

图 2-8 显示模拟 A 和模拟 C 的结晶度与时间的变化关系，可以看出模拟 C 的结晶度高于模拟 A。定义结晶度为水合物的特征笼子连接（SI、SII 和 SH）数量与总笼子连接数量的比值。用此方法可以定量地表达水合物固相中晶体相的多少（Guo et al., 2011）。如果结晶度为 0，意味着水合物固相都是非晶相，1 则代表水合物固相为完美晶体。可以看到，在模拟轨迹终点，模拟 C 中 SI 结构的结晶度约为 0.7，而 SII 和 SH 结构的结晶度总计约为 0.03。需要说明，结晶度的计算考虑了所有标准和非标准水合物笼子。为了与 Bi 和 Li（2014）报告的

数据作比较，再仅考虑 $5^{12}6^n$（$n=0$，2，3，4）4 种笼子计算结晶度。结果表明，模拟 C 中 SI 型水合物的结晶度高达 0.81。虽然 Bi 和 Li（2014）模拟结果的 SII 型水合物的结晶度为 0.82，但 SII 型水合物是由非晶相退火或转化而来，而本项研究的 SI 型水合物则是直接成核。此外，Yang 等（2009）报告了一种新类型的水合物晶体 HS-I，由 5^{12}、$5^{12}6^2$ 和 $5^{12}6^3$ 笼子组成。如果把与 $5^{12}6^3$ 笼子有关的连接都归为 HS-I 水合物的特征笼子连接，把 5^{12} 与 5^{12} 的连接也归为 HS-I 水合物（因模拟 C 中 $5^{12}6^4$、$5^{12}6^8$、$4^35^66^3$ 笼

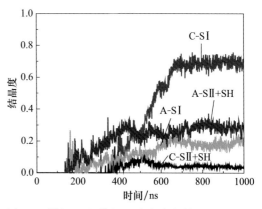

图 2-8　模拟 A 和模拟 C 中水合物结晶度与时间的变化关系

子极少，表明不含 SII 和 SH 结构），那么模拟 C 中 HS-I 型水合物的结晶度为 0.19, SI 型水合物的结晶度为 0.81。也就是说，模拟 C 的结晶相是 SI 和 HS-I 水合物的共晶。

（三）小结

通过 6 个高精度恒能量分子动力学模拟来研究水合物成核和生长过程，其中 5 个模拟成核为非晶相，另 1 个模拟直接形成 SI 水合物晶体。虽然后者的模拟结果并非完美的 SI 晶体结构，但其 SI 结构结晶度高达 0.7〔如果只考虑 $5^{12}6^n$（$n=0$, 2, 3, 4），则结晶度高达 0.81〕。该水合物相从甲烷溶液相中直接形成，没有经历非晶相到晶体相的退火过程。本次研究表明水合物成核是多途径的，证实了 Walsh 等（2011b）以前的猜测，即水合物在成核结晶过程中，不仅可以形成非晶相中间态，还可以直接形成全局稳定的结晶相。

三、笼子吸附成核机制

通过开展甲烷-水体系的约束分子动力学模拟，成功计算了五角十二面体水合物笼子与溶解甲烷之间的平均力势能（Guo et al., 2009）。作为笼子-甲烷间距离的函数，平均力势能曲线清楚地显示出在约 6.2Å[①] 处有一个较深的势井，在约 10.2Å 处有一个较浅的势井，中间约 8.8Å 处隔着一个势垒。最重要的发现是笼子本身能够吸附甲烷，吸附作用和客体分子没有关系；笼子吸附作用的强度与氢键相互作用相当；吸附作用主要在正对笼子面心的方向上。笼子周围 6.2～8.8Å 处的强吸附作用很可能是控制水合物形成的内在驱动力。根据这项研究，提出水合物成核的笼子吸附假说，具体包含以下几个步骤。

1. 甲烷溶于水中

众所周知，非极性分子几乎不溶于水。目前已有大量工作研究非极性溶质在水中的溶解行为，提出疏水效应的理论描述溶质的水合作用，以及溶质和溶剂间的溶剂诱导相互作用（Pratt and Chandler, 1977; Pangali et al., 1979a, 1979b; Pratt, 2002; Southall et

---

① 1Å=10^{-10}m。

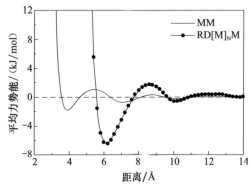

图2-9 甲烷-甲烷间（MM）与笼子-甲烷间（RD[M]$_N$M）的平均力势能

al., 2002; Chandler, 2005）。甲烷是一种典型的非极性分子，在水中的溶解度非常低（约10^{-3}）（Lu et al., 2008）。甲烷在水合物中的溶解度比其在水溶液中的溶解度高出上百倍，因此水合物在成核之前甲烷必须以某种方式聚集。事实上，在甲烷溶液中，由于熵的贡献甲烷的确能够聚集（Pangali et al., 1979a, 1979b; Jorgensen et al., 1988; Smith et al., 1992），但这种聚集方式有利于形成甲烷直接接触对，如甲烷-甲烷间的平均力势能曲线第一个势井位置（3.9Å）所示（图2-9），导致甲烷在聚集时形成甲烷气泡而不是水合物（Wallqvist, 1991; Forrisdahl et al., 1996）。幸运的是，甲烷接触对的出现并不总是有利的。当甲烷水合壳偶然形成笼子结构时，这种情况将发生变化。

2. 笼子自发形成

早在1945年，Frank和Evans（1945）提出甲烷水合壳有利于水合物结构形成，即著名的"冰山模型"。然而不同学者对甲烷水合壳结构是否具有笼形结构的研究并不一致。有些学者（Swaminathan et al., 1978; Long and Sloan, 1993）认为它是笼形结构，而另一些学者（Nada, 2006; Vatamanu and Kusalik, 2008）认为在甲烷溶液中没有发现笼形结构的水合壳。通过不完整笼子分析（Guo et al., 2008）重新检查水合壳，发现具有高笼形度的水合壳能够自发形成，但是它的发生概率很小，且随笼形度的增加而迅速下降。设法降低水分子的活动性可以增加它们的发生概率，如降低系统的温度或增大甲烷的浓度。尽管在高浓度的溶液中可以找到完整笼子，但大部分都不是标准的水合物笼子。之所以强调面饱和不完整笼子具有作为水合物成核前体的潜力，是因为这些不完整笼子能够像完整笼子一样封装甲烷，并且在甲烷稀溶液中自发形成的概率达10^{-4}。

3. 笼子吸附溶解甲烷

上面（Guo et al., 2009）已经展示了5^{12}笼子能在距离笼子中心6.2～8.8Å的位置为溶解甲烷提供吸引力（图2-9）。这个力不但包括笼子和甲烷间的直接相互作用，而且包含溶剂诱导作用。如果一个甲烷分子进入这个区域，且刚好正对笼子的某一个面，很可能被吸附在这个面上。由于这个被吸附的甲烷与笼子吸附面上的水分子之间存在排斥力，被吸附的甲烷不可能与笼子里边的甲烷直接接触。因此，被吸附的甲烷找到平衡位置，即距离笼子内部甲烷6.2Å的地方。这种被吸附面分隔的甲烷对明显不同于直接接触对（3.9Å）和在甲烷溶液中经常观察到的溶剂分离对（7.0Å）（Dang, 1994; Mancera et al., 1997; Young and Brooks, 1997; Ghosh et al., 2002），这恰好是水合物中甲烷的聚集模式。有趣的是，笼子-甲烷间的这种吸附作用主要依赖笼子本身的结构，而不是笼子内的客体分子。因此只要在水中有笼子形成，不管形成的是什么类型，它都能吸附溶解甲烷。这是控制甲烷向水合物结构发展而不是向甲烷气泡发展的内在驱动力。当然，这个力也一定控制溶液中晶体表面水合物的生长。初步推断水合物表面的笼子与溶解甲烷间的吸引力会比本次研究提及的更强,因为溶剂水受很多笼子表面的影响而变得更加有结构。另外,由于笼子内的客体分子不影响笼子-甲烷间的吸附作用,某些晶体缺陷,如空笼子和水填充的笼子(Vatamanu and Kusalik, 2006),应该不会影响水合物晶体的生长。

4. 吸附的甲烷能够稳定笼子结构

在甲烷水合壳中形成笼子是一个小概率事件,这意味着笼子在甲烷溶液中只是一种亚稳态结构。笼子的寿命可以通过计算其 Lindemann 参数来判断(Guo et al., 2004, 2005, 2007; Mastny et al., 2008)。如果笼子坍塌,力场就会消失。显然,笼子的寿命越长,捕获甲烷的机会就越多。之前的研究表明笼子的寿命随吸附甲烷分子数量的增多呈指数增长(Guo et al., 2007)。如不吸附任何甲烷分子的 5^{12} 笼子的平均寿命是 8ps,而吸附 12 个甲烷分子的笼子寿命将达到 300ps。这就意味着笼子吸附甲烷的现象是一个自组织的过程。也就是说,笼子通过吸附甲烷来稳定自身的结构,然后它就能在溶液中存留更长的时间以便吸附下一个甲烷分子。

5. 笼子无序生长先到达水合物非晶相

当第一个笼子吸附一个甲烷分子后,这个甲烷能够促使其水合壳形成另外一个笼子。这时,新笼子的发生概率要大于第一个笼子,因为它利用了一个较为稳定的共享笼子面。显然,吸附的甲烷分子越多,新笼子形成的概率就越大,因为相邻的吸附甲烷分子间拥有的共享面会越来越多。研究结果显示,一个吸附了 12 个甲烷分子的 5^{12} 笼子周围能发展出十分规则的半笼子结构(Guo et al., 2007)。然而,正如第一个笼子不一定是完整笼子[但至少需要满足面饱和条件(Guo et al., 2008)],新生成的笼子也可能是各种各样的面饱和笼子。通过层层生长的方式,新笼子形成并吸附新的甲烷分子,于是甲烷分子就聚集起来,且相互之间被水合物的氢键网架结构分隔。这时的氢键网架结构并不是理想的水合物结构而是水合物的非晶相,即由各种各样的面饱和笼子组成,包括完整的、不完整的、空的及水分子填充的笼子混杂堆垛。标准的水合物笼子也能在非晶相中出现,甚至能形成 SI、SII、SH 或其他水合物结构的片段,但这些结构片段也是无序分布的。此外,还可以想象新笼子将朝着甲烷来源的方向生长,因而第一个笼子可能不在非晶相笼子簇的中心,甚至可能消失。

Rodger 的研究组(Moon et al., 2003; Hawtin et al., 2008)已经在水-甲烷界面观察到类似的笼子结合形式,甚至短暂出现 SI 和 SII 结构片段,并将这种复杂的笼子结合方式描述为 Ostwald 步骤,即稳定的晶体相之前存在一个预有序相。研究组认为笼子形成过程与吸附甲烷过程是同时进行的而不是顺序的,因此支持需要甲烷分子先出现有序排列的局部结构假说。本次研究不同意这一观点,并认为他们没有考虑水-甲烷界面处异常高的甲烷浓度。Rodger 研究组的界面包含 144 个甲烷分子和 1656 个水分子,体积为 36Å×36Å×48Å。假若这些甲烷均匀分布,可以估算出相邻甲烷的平均间距为 7.6Å,小于 5^{12} 笼子与甲烷的平均力势能曲线的势垒位置(约 8.8Å)。因此,一旦甲烷水合壳形成一个笼子,与它最近的甲烷将立即受到源于笼子的吸附相互作用,只需扩散 1.4Å 就能到达平衡位置(约 6.2Å)。这就是 Rodger 研究组笼子形成和吸附甲烷的过程看似同时发生的原因。换句话说,甲烷的局部定向排列不是笼子形成的原因,而是笼子形成的结果。

6. 非晶相通过结构转变形成水合物晶体相

显然，想要获得完美的水合物结构，非晶相形成后还需要经过结构转变。实验证据表明，在甲烷水合物（Schicks and Ripmeester, 2004）和二氧化碳水合物（Staykova et al., 2003）形成的初期，SII型结构能够伴随SI型结构出现，并最后转变为SI型结构。另有研究者虽然没有识别出SII型结构，但报告了甲烷水合物（Subramanian and Sloan, 2000）和氙气水合物（Moudrakovski et al., 2001）中大笼子和小笼子占有率比值随时间的增加。此外，分子动力学模拟显示SI和SII型甲烷水合物结构在晶体生长过程中可以通过形成$5^{12}6^3$笼子来实现结构转变（Vatamanu and Kusalik, 2006, 2008）。这些观察意味着非晶相向结晶相的结构转变是可能的。现在还不清楚在非晶相的结构转变过程中SI型结构与SII型结构的形成顺序，以及结构发生转变的具体途径。

四、温度、压力、溶解度对水合物成核的影响

众所周知，水在一定温度和压力下存在过冷态和过热态。在低温和高压下，疏水的气体分子溶解在水中，最后成核生长形成水合物。在水合物形成之前，体系必须先经历一个亚稳态。在此期间，水合物成核不能立即发生，存在一个所谓的诱导期。本节通过研究亚稳态来阐述水合物成核过程中温度、压力及溶解度对水合物成核的影响。

（一）模拟方法

使用Gromacs软件包（Hess et al., 2008）进行分子动力学模拟，初始体系为一个两侧被甲烷气包围的水膜，其中甲烷气大小均为30Å×30Å×27Å，中间的水膜大小为30Å×30Å×57Å，总的模拟盒子大小为30Å×30Å×120Å（界面处预留3Å的间隙）。在NPT系综中使用Nosé-Hoover和Parrinello-Rahman算法分别控制温度和压力，其中压力耦合只是在x和y方向。模拟体系中水分子数量为1800，为了使不同压力下盒子x和y的平均值在30Å，甲烷分子数量随给定的压力值在380~800变化。模拟中使用的水分子和甲烷分子的势能模型分别为TIP4P/2005（Abascal and Vega, 2005）和OPLS-UA（Jorgensen et al., 1984）。水分子和甲烷之间的交叉相互作用由可调的Lorentz-Berthelot结合规则获得

$$\sigma_{MO} = (\sigma_M + \sigma_O)/2 \qquad (2\text{-}1)$$

$$\varepsilon_{MO} = \chi \sqrt{\varepsilon_M \varepsilon_O} \qquad (2\text{-}2)$$

式中，σ和ε分别为Lennard-Jones方程中描述范德华相互作用的参数；下标M和O分别为甲烷分子和氧原子；χ为调整甲烷和水分子之间相互作用强度的参数。依据Docherty等（2006）的研究，$\chi=1.07$可以很好地拟合280~370K下甲烷无限稀溶液的溶解度及180~270K下甲烷水合物的单位晶胞大小。此模型在40~400bar[①]下预测的甲烷-水-甲烷水合物的三相点温度偏差在5%之内。模拟中还用到χ为1.2和1.3研究客体-水分子之间相互吸引力的强弱对溶液结构的影响。

---

① 1bar=10^5Pa。

本次研究做了 7 个系列的模拟（A~G），具体细节见表 2-1。每一个系列做 20 个平行的模拟。值得注意的是，对于系统 G 来说，只有 2 个模拟（G_2）没有发生水合物成核，而另外 18 个模拟（G_{18}）发生水合物成核。从体系 A~G，甲烷的溶解度依次增加。

表 2-1 模拟体系的细节

体系	N_M	N_W	温度 /K	压力 /bar	$Lx(y)$/Å	χ	模拟数	模拟时长 /ns
A	380	1800	258.5	1.2	29.78	1.07	20	200
B	640	1800	258.5	329.5	29.99	1.07	20	200
C	800	1800	258.5	929.2	30.04	1.07	20	200
D	800	1800	250.0	929.4	29.92	1.07	20	200
E	800	1800	240.0	929.7	29.77	1.07	20	400
F	800	1800	258.5	926.3	29.94	1.20	20	200
G_2	800	1800	258.5	924.5	29.82	1.30	2	300
G_{18}	800	1800	258.5	945.0	29.37	1.30	18	300

注：除了模拟 A，其他体系温压条件均处于水合物相区；N_M 和 N_W 分别为甲烷和水分子数，$Lx(y)$ 为 x 或 y 方向盒子尺寸。

（二）模拟结果及讨论

图 2-10 为典型体系（体系 A）沿 z 轴方向整个系统的密度及甲烷的溶解度剖面，图 2-11 为体系中水分子和甲烷分子的密度剖面。可以看出，系统形成了 2 个典型的气-液界面。取水膜中间的 30Å 作为取样区（即 45Å≤z≤75Å），统计甲烷的溶解度，并用 FSICA 方法（Guo et al., 2011）识别其中的面饱和笼子。

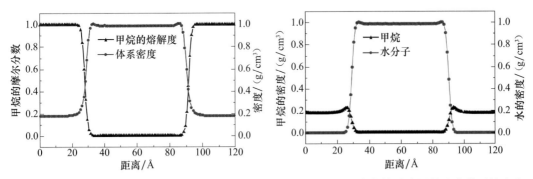

图 2-10 沿体系界面方向（体系 A）甲烷的溶解 图 2-11 沿界面方向体系中甲烷和水分子的密度
　　　度和体系密度的典型剖面图　　　　　　　　　　　剖面图

图 2-12 为体系中甲烷溶解度随时间变化的图像。由于 G 体系有 18 个模拟实现了甲烷水合物的成核，而其他的两个模拟并没有在模拟时间内成核，所以分开显示。

图 2-13 为模拟的最后 100ns 甲烷溶解度沿界面方向的剖面。由图 2-12 和图 2-13 可以看出，体系 A~G_2 不论在空间上还是时间上都达到平衡。体系 A 的温压条件在水合

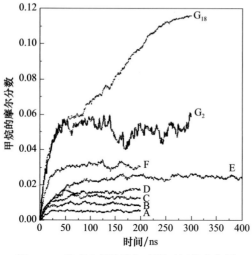
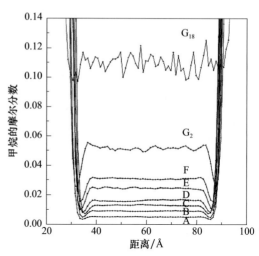

图 2-12　体系中甲烷溶解度随时间的变化图　　图 2-13　沿界面方向体系甲烷溶解度剖面

物相区之外，所以其达到热力学平衡。而 B～G_2 体系的温压条件在水合物相区，因此代表亚稳态。所有甲烷溶液的相关参数列于表 2-2。

表 2-2　平衡体系（A）和亚稳态体系（B～G_2）中甲烷溶液的结构特点

体系	N_M	N_W	x_M	C_M/nm^{-3}	C_{cage}/nm^{-3}	ρ/(g/cm^3)	$f_{M\text{-ad}}$
A	4.5（2）	877（1）	0.0051（2）	0.17（1）	0.246（0）	0.9901（2）	0.214（0）
B	8.2（3）	899（1）	0.0091（4）	0.30（1）	0.227（1）	1.0046（4）	0.201（0）
C	12.2（3）	920（1）	0.0131（3）	0.45（1）	0.200（1）	1.0284（3）	0.179（0）
D	15.1（3）	905（1）	0.0164（3）	0.56（1）	0.255（1）	1.0238（4）	0.226（1）
E	22.3（7）	880（2）	0.0247（8）	0.84（3）	0.365（3）	1.0119（9）	0.309（2）
F	28.2（4）	882（1）	0.0310（5）	1.05（1）	0.240（1）	1.0089（5）	0.209（1）
G_2	45.7（15）	842（3）	0.0514（17）	1.71（5）	0.288（3）	0.9902（15）	0.248（1）

　　注：参数的取样区间为模拟最后 100ns 的 45Å≤z≤75Å；N_M 和 N_W 分别为甲烷和水分子数；甲烷溶解度为 $x_M=N_M/$（N_M+N_W）；甲烷浓度为 $C_M=N_M/V$；V 为取样区间体积；笼子浓度为 $C_{cage}=N_{Cage}/V$，N_{Cage} 为体系中笼子的数量；ρ 为溶液相密度；$f_{M\text{-ad}}$ 为溶液中吸附在笼子周围的甲烷分子的比例；水笼子和吸附的甲烷分子数由 FSICA 方法（Guo et al., 2011）获得；小括号中数字为标准误差。

　　根据水合物成核的笼子吸附假说（Guo et al., 2009），水笼子的浓度 C_{cage} 和溶解甲烷的浓度 C_M 对水合物成核有至关重要的影响。利用表 2-1 和表 2-2 的数据获得温度 T、压力 P 和 χ 值三个因素对 C_{cage} 和 C_M 的影响（图 2-14）。水合物在低温高压下稳定存在，为了促进水合物的形成，通常采用降温和增压的手段提高驱动力。从图 2-14 可以看到，C_{cage} 和 C_M 都随着温度增加而增大，有利于水合物形成。但随着压力的增大，C_M 增加，C_{cage} 却减小，对于促进水合物成核来说，效果相反，作用有所抵消。因此，增压的效果要比降温的效果差。另外，随着 χ 值增大，其作用是增大溶质与溶剂的亲和性，也就是增加气体分子的溶解度。从图 2-14 可以看出，C_{cage} 随 C_M 的增大而增大，有两个原因：气体溶解得越多，其水合壳越多，形成笼子的概率增加；同时，气体溶解的增大导致水的活性降低，有利于水分子搭建笼子结构。

笼子吸附成核假说的建立主要基于对水笼子–甲烷间吸附作用的识别，这可以从笼子–甲烷的平均力势能曲线得到。平均力势能曲线（Guo et al., 2009）表明甲烷的吸附平衡点在第一势井处（距离笼子 6.2Å）。远方扩散而来的溶解甲烷如果要到达该处，必

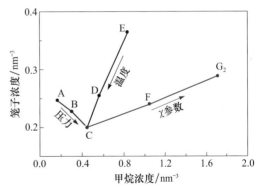

图 2-14　甲烷浓度和笼子浓度之间的关系

箭头指向对应参数增加的方向

须经过平均力势能曲线的第一势垒（距离笼子 8.8Å）。一旦越过这个势垒，该甲烷分子将受笼子的吸附作用，自发地到达吸附平衡点。因此，如果要触发水合物自发成核，甲烷的浓度最好达到其临界溶解度，也就是溶解甲烷的平均间距为 8.8Å，$C_M=1/0.88^3=1.5$ 个甲烷分子 $/nm^3$，相当于 0.044 摩尔分数。本次研究的体系 G 中有 18 个模拟发生自发成核，利用另外两个在 300ns 时长内尚未发生成核的模拟计算得到临界甲烷溶解度为 0.05 摩尔分数，对应于 1.7 个甲烷分子 $/nm^3$，与理论预测值一致。

本节从分子水平上阐明水合物成核受控于溶解甲烷浓度的原理，水笼子吸附甲烷发生浓缩聚集是关键的分子过程，水合物自发成核需要溶解甲烷达到临界浓度。降低温度和升高压力可以增加甲烷溶解度，都能促进水合物成核；但前者比后者更有效，因为前者在增加甲烷溶解度的同时还可以增加水笼子的浓度，而后者正好相反。

第二节　水合物成藏的相平衡条件研究

天然气水合物主要赋存于浅海陆架陆坡区的海底沉积物和极地冻土地区的各种碎屑沉积物孔隙之中，只有 6% 左右的天然气水合物以块层状出现（Clennell et al., 1999），其成藏热力学条件可能受多种因素的共同制约，包括温度、压力、气源、沉积物和孔隙水。天然气水合物通常处于水合物–水–气体三相平衡的稳定域内，而处于相平衡边界区域的天然气水合物对温度和压力的变化非常敏感，环境温度和压力的微小变化都可能引起天然气水合物的分解。自然界中天然气水合物分布并不均匀，也不是所有沉积物中的水合物都具有开发价值，需要确定自然界中天然气水合物分布情况，进行详细的技术经济可行性分析（Smith et al., 2002；刘昌岭等，2004）。因此，开展自然沉积环境中特别是水合物成藏区或附近区域（如南海神狐海域为代表）海底孔隙水、沉积物、复杂体系中水合物的相平衡条件及主要制约因素的影响规律研究，不但有助于理解自然界天然气水合物成藏机理、确定水合物稳定区域（gas hydrate stability zone，GHSZ）、评估水合物的资源量和分析水合物开采的可行性，而且对于研究全球气候变化、海洋地质灾害和海洋工程平台塌陷问题都具有极其重要的参考价值。

一、实验方法

常用的水合物相平衡实验方法包括观察法和图形法（刘昌岭等，2004）。观察法适用于清晰可辨的反应体系（如水溶液体系），通过肉眼或结合摄像技术观察水合物形成分解过程，判断水合物相平衡条件，所以水合物反应釜必须用透明的耐高压材料制作而成，可以清楚辨别体系晶体状态的变化。而一些可视性差、不易观察的体系（如沉积物体系）一般采用图形法。图形法基本原理是保持温度、压力和容积 3 个参数中的某一参数不变，改变其余两个参数，使水合物形成分解。相应地可分为等温法、等压法和等容法 3 种方法。等容法研究水合物相平衡实验过程如图 2-15 所示。G–H 段环境对反应体系降温，气体体积收缩，压力线性下降。当体系温度到达 H 点时，产生一定程度的过冷状态，水合物晶体开始大量出现。H–I 段水合物不断生成，体系压力急剧降低，产生的热量使温度升高。当水合物生成量足够多时，对反应体系进行加热，水合物开始分解（I–J–A–B–C–D–E–F）。根据升温方法的不同，等容法又可分为多步升温分解法（Smith et al., 2002; Anderson et al., 2003a, 2003b）和连续升温分解法（Uchida et al., 1999; Uchida et al., 2004）。

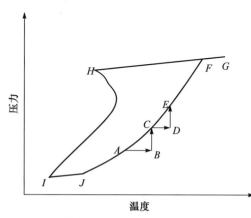

图 2-15　等容法研究水合物形成分解过程图解

连续升温分解法是以定常升温速度加热提高系统温度使水合物分解。而多步升温分解法是温度逐步缓慢升高，温度每升高一次，都给予充足的时间使系统达到平衡（温度和压力都稳定）。Uchida 等（2004）认为两种方法没有很大差别，用 20μm、30μm 的玻璃球作为多孔介质，采用连续升温法和多步升温法对比研究，发现两种方法测得的分解温度分别相差 0.2K 和 0.1K。因此，Uchida 等（2004）认为在实验的误差范围内两种方法获得的结果一致。Tohidi 等（2000）阐释了多步升温分解法测定水合物分解条件具有较高的准确性和可重复性，而连续升温分解法由于系统温度一直处于连续的变化过程，即使升温速率非常小，真正的平衡也难以达到；连续升温分解法明显的缺点是测得的分解温度更高（或压力更低）和可重复性差。升温时不管采用哪种升温方法，升温速度都尽可能慢些，否则在接近水合物分解点（如 J 点）时，可能产生分解亚稳状态。实验采用多步升温分解法，每次升温 0.2~0.5K，每次升温后保证足够长的稳定时间 12~24h（根据实验情况时间可能更长），使体系温度和压力达到真正平衡。利用多步升温分解法测定纯水甲烷水合物相平衡条件，结果如图 2-16 所示。从图 2-16 可以看出实验测得的纯水甲烷水合物相平衡条件与文献

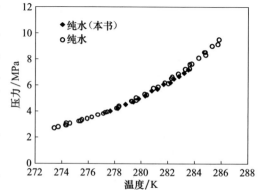

图 2-16　纯水甲烷水合物相平衡条件

［以下不特殊说明，纯水水合物相平衡数据均来自文献（Sloan and Koh, 2008）］中结果吻合得很好，说明实验方法完全满足测量精度的要求。

二、离子–水–气体–水合物体系相平衡

研究人员已经获得部分离子溶液中水合物相平衡条件，结果表明，在离子溶液中水合物相平衡温度降低，水合物更难以形成（Uchida et al., 2004），Sloan 和 Koh（2008）对这些结果进行汇编。宋永臣等（2009）实验发现阴离子 SO_4^{2-}、CO_3^{2-}、Cl^- 对甲烷水合物相平衡条件的影响程度依次减弱，阳离子 Mg^{2+}、Ca^{2+}、Na^+、K^+ 的影响程度也依次减弱，且阴离子和阳离子的影响不同。Lu 和 Matsumoto（2005）测定不同组分孔隙水中水合物相平衡条件，发现阴离子 SO_4^{2-} 和 Cl^- 明显影响其相平衡条件，而阳离子的影响不明显。Dickens 和 Quinby-Hunt（1994）、Maekawa（1996）实验测得日本海域海水中甲烷水合物相平衡温度降低。海洋天然气水合物通常存在于硫酸盐还原带以下，Cl^- 是主要的影响离子（Lu and Matsumoto, 2005），所以研究 NaCl 溶液、南海孔隙水中甲烷水合物和二氧化碳水合物相平衡，分析离子对水合物相平衡的影响规律，对理解南海北部海域水合物成藏热力学条件具有针对性和指导性。

（一）NaCl 溶液中甲烷水合物相平衡

实验分别研究 2.0mol/L、1.0mol/L、0.5mol/L NaCl 溶液中甲烷水合物相平衡条件，结果见图 2-17。从图 2-17 可以看出，NaCl 溶液中甲烷水合物相平衡曲线相对纯水中的相平衡曲线向左偏移，甲烷水合物的稳定区域减小，甲烷气体和溶液的区域扩大。随着 NaCl 浓度的增加，相同压力下甲烷水合物相平衡温度降低幅度增加，3 种浓度下分别降低了约 4.8K、2.4K 和 1.0K。0.5 mol/L NaCl 盐度与实际海水的盐度接近，将实验测得的 0.5 mol/L NaCl 溶液与海水中甲烷水合物相平衡条件（Dholabhai et al., 1991; Dickens and Quinby-Hunt, 1994; Maekawa and Imai, 1996; Atik et al., 2010）进行比较，结果表明其水合物相平衡条件接近，说明可以用相同盐度的 NaCl 溶液代替海水进行水合物相平衡条件的测定或计算（图 2-18），在对温度或压力精度要求不高的情况，如一些现场工程作业，既可以简化操作过程又能够满足实际工程的需要。

（二）南海孔隙水中甲烷水合物相平衡

一些学者认为在松散的海底沉积物内，孔隙水相互连通并与底层水相连（Hyndman et al., 1992；Kaul et al., 2000）。由于样品有限，本实验采用南海神狐海域底层水（HY4-2006-3 航次，站位 S-289PC）替代海底孔隙水测定水合物相平衡条件。实验开始前，先用盐度计（MASTER-S28α）对底层水的盐度进行测量，其值为 3.5wt%[①]。图 2-19 是实验测得的南海孔隙水中甲烷水合物相平衡条件，图 2-19 也将文献中人工合成海水、天然海水（Dickens and Quinby-Hunt, 1994; Maekawa, 1996; Lu and Matsumoto, 2002; Atik et al., 2010）及纯水甲烷水合物相平衡条件实验数据附于其中便于比较。从图 2-19 可以

---

① 为尊重行业习惯，本书仍用 wt% 表示质量分数。

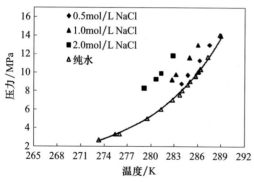

图2-17　NaCl溶液中甲烷水合物相平衡条件

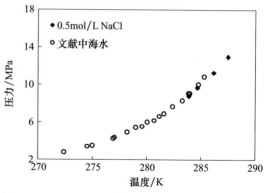

图2-18　0.5mol/L NaCl与海水（Dholabhai et al., 1991; Dickens and Quinby-Hunt, 1994; Maekawa, 1996; Atik et al., 2010）甲烷水合物相平衡条件

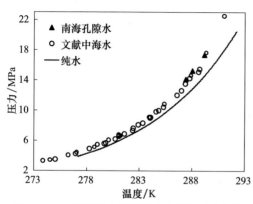

图2-19　南海孔隙水中甲烷水合物相平衡条件

文献海水中相平衡数据（Dickens and Quinby-Hunt, 1994; Maekawa, 1996; Lu and Matsumoto, 2002; Atik et al., 2010）

看出，南海孔隙水中甲烷水合物相平衡温度–压力曲线向左偏移，相平衡温度比纯水下降约1.4K。Dholabhai等（1991）测定3wt% NaCl溶液甲烷水合物相平衡温度降低约1.0K，Dickens和Quinby-Hunt（1994）测定盐度3.35wt%海水中甲烷水合物相平衡温度降低约1.1K，并认为在3.3 wt%～3.7wt%盐度范围（几乎所有海洋盐度）甲烷水合物相平衡温度降低值在1.24K以内。Maekawa（1996）利用甲烷水合物在生成和分解过程中透光率的不同，测得甲烷水合物在盐度为3.16wt%的海水中相平衡温度降低1.1K。考虑实验海水盐度不同及测量误差，南海孔隙水对甲烷水合物相平衡条件的影响与其他海域海水基本一致。

（三）南海孔隙水中二氧化碳水合物相平衡

不少学者提出用二氧化碳置换开采天然气水合物，理论依据是天然气水合物比二氧化碳水合物更难以形成或更容易分解，在开采天然气水合物时，二氧化碳水合物在同样的温度压力条件下可以继续生成并保持稳定。但是二氧化碳置换开采技术必须保证二氧化碳水合物在原来的储层中保持稳定不发生分解，否则二氧化碳大量逸出可能产生地层亏空，导致地质灾害和海洋环境危害。为此，实验对南海神狐海域孔隙水中二氧化碳水合物相平衡条件进行测定，实验结果如图2-20所示。从图2-20可以看出，南海孔隙水中二氧化碳水合物的相平衡条件比纯水中要低，相平衡温度下降了1.1K，这一结果与Ohgaki等（1993）测得的日本海域海水、Dholabhai等（1993）测得的人工合成海水的数据基本一致。另外，实验测得的南海孔隙水中二氧化碳水合物的相平衡条件与 0.5mol/L NaCl 溶液和文献海水中测得的结果非常接近，说明也可以近似地用简单的 NaCl 溶液代替海水研究二氧化碳水合物的相平衡条件。尽管海水中二氧化碳水合物相平衡条件降低，但仍比甲烷水合物更容易生成（图 2-21）。甲烷水合物和二氧化碳水合物相平衡条件曲线之间的区域是海水二氧化碳水合物比甲烷水合物增加的稳定区域部分，也是二氧化碳与甲烷混合气体水合物在海水中的稳定区域。应该注意的是，二氧化碳比甲烷易于液化，所以二氧化碳水合物相平衡曲线与甲烷水合物不同。

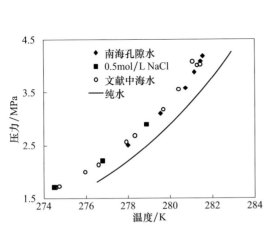

图 2-20　南海孔隙水中二氧化碳水合物相平衡条件

文献海水中相平衡数据（Ohgaki et al., 1993; Dholabhai et al., 1993）

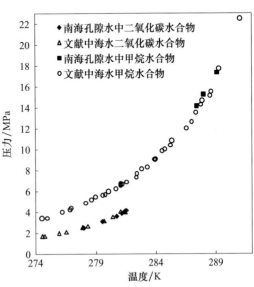

图 2-21　海水二氧化碳水合物和甲烷水合物相平衡条件

文献海水甲烷水合物相平衡数据（Dickens and Quinby-Hunt, 1994; Maekawa, 1996; Lu and Matsumoto, 2002; Atik et al., 2010），二氧化碳水合物相平衡数据（Ohgaki et al., 1993; Dholabhai et al., 1993）

（四）盐析效应对水合物相平衡影响机理

水合物在离子溶液 / 海水中的相平衡温度比在纯水中低，主要是由溶液中离子效应导致的。为研究和处理问题的方便，对实际溶液引入活度和活度系数的概念。水的活度是描述溶液中水的有效浓度，其定义为

$$a_{\mathrm{w}} = \exp\left(\frac{\mu_{\mathrm{w}} - \mu_{\mathrm{w}}^{0}}{RT}\right) \tag{2-3}$$

式中，μ_{w} 为溶液中水的化学势；μ_{w}^{0} 为纯水中水的化学势；R 为气体常数；T 为温度。水的活度也可以表示为

$$a_{\mathrm{w}} = \gamma_{\mathrm{w}} x_{\mathrm{w}} \tag{2-4}$$

式中，γ_{w} 为水的活度系数；x_{w} 为溶液中水的摩尔分数。很显然，纯水中水的活度和活度系数都等于 1。在纯水中水分子与水分子之间、水分子与水合物气体分子之间以氢

键或范德华作用力相互作用，但当体系为氯盐溶液后力场发生变化。根据液相溶液理论，由于氯盐是强电解质，溶解在水中后电离出离子产生静电电场，使极性和介电常数不同的水分子和气体分子状态发生不同的变化。极性较强、具有较高介电常数的水分子容易与盐离子形成缔合分子；而极性较弱、具有较低介电常数的气体分子不容易与盐离子形成缔合分子（图2-22）。氯盐溶液中水分子起溶剂化作用，使水分子与离子牢固结合，失去平动自由度，这样水分子聚集在盐离子周围，把气体分子从盐离子的附近驱出。离子周围富含优先与盐形成溶剂化物的水分子，远离离子区域水分子的浓度减少，气体分子与水分子的总接触概率减小。因此，在氯盐溶液中溶剂化效应使水分子聚集在离子周围形成水化离子氛，气体分子聚集在较远的区域，气体与"自由水"的比值上升产生过饱和现象，发生盐析效应，使过量的气体从水中析出，因而降低了气体在水中的溶解度（黄子卿，1983）。这个过程使体系的自由能发生变化，改变了各组分的活度系数，因而气体的活度系数增加，水的活度系数降低，导致水的活度下降。

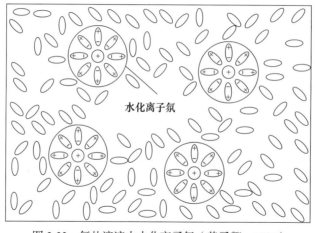

图 2-22　氯盐溶液中水化离子氛（黄子卿，1983）

　　根据固溶理论，水的活度是影响水合物相平衡条件的唯一参数。水的活度降低，水合物相平衡条件就降低。根据式（2-4），即使氯盐溶液中水的摩尔分数不变，水的活度系数的改变也将导致水的活度改变，从而使水合物的相平衡条件发生变化。水的活度系数与盐溶液中溶解离子成分和分布有密切关系。如 1.0mol/L $MgSO_4$、0.5mol/L $MgSO_4$+0.5mol/L $MgCl_2$ 和 1.0mol/L $MgCl_2$ 溶液中水的摩尔分数相等，但是水的活度分别为 0.9812、0.9600 和 0.9421，说明 3 种盐溶液中水的活度系数依次减小，甲烷水合物的相平衡条件也依次降低［图2-23，（Lu and Matsumoto，2005）］。说明在海洋沉积物中，孔隙水盐分之间对流交换（即使等量迁移）时也可能改变水合物相平衡条件。同样，根据式（2-4），盐类溶液中离子的成分不变，离子的相对分布不变，也就是水的活度系数不变。如果增加溶液的离子浓度，溶剂化效应和盐析效应将增大，所以水的摩尔分数减少，水的活度也将降低，导致水合物相平衡条件的降低。实验中不同浓度的 NaCl 溶液中甲烷水合物相平衡条件的变化很清楚地说明了这一点。

水合物相平衡条件的变化与孔隙水离子种类和浓度有关，也就是与溶液中阴阳离子、离子半径、离子价数、电荷数量等有关。溶液中阴离子和阳离子对水的活度影响程度不同。一般地，阳离子的离子半径越小、价数越高，与水分子的静电作用力越大，溶剂化作用和盐析效应越强，水的活度降低越大。但阴离子离子半径的影响与阳离子正好相反，阴离子半径越大对水的活度影响越大。虽然 Cl⁻ 的价数和 Na⁺ 的价数、电荷数相同，但是 Cl⁻ 的离子半径大于 Na⁺ 的离子半径，所以，Cl⁻ 增加的表面积对水分

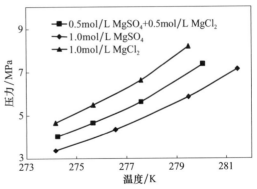

图 2-23 水的活度系数对甲烷水合物相平衡条件的影响

子的影响远大于阳离子对水分子的影响，导致阴离子和阳离子对水的活度具有不同的影响，在相同条件下阴离子对水合物相平衡条件的影响比阳离子更显著，文献实验研究结果也证实了这一点。

三、沉积物–水–气体–水合物体系相平衡

除了在海底露头水合物，天然气水合物都是赋存于沉积物中，地层构造特征影响水合物成藏过程和分布。沉积物中固体颗粒单元形成骨架，各单元之间的间隙形成孔隙空间。沉积物中孔隙形态分布极不规则，固体颗粒和孔隙水构成双相多孔介质，孔隙水在运移时将经过一系列交替变化的孔隙和喉道。孔隙结构的不规则性和多相性使孔隙水与固体颗粒之间存在复杂的相互作用。通常，海底天然气水合物稳定区域底部（base of gas hydrate stability zone，BGHS）采用海底模拟反射深度来计算，而相关研究的不足导致较大的误差。如在 ODP 第 164 航次钻探中发现天然气水合物稳定性底部的深度比 BSR 的深度浅了 40~100m。因此，沉积物中水合物的生成与分解过程可能不同于无几何约束情况，需要考虑表面润湿和界面效应的影响。Handa 和 Stupin（1992）、Seo 等（2002）、Kang 等（2007）、Zhang 等（2002, 2003）、Lee 和 Seo（2010）用多孔硅胶，Uchida 等（1999）、Anderson 等（2003a, 2003b, 2009）用多孔玻璃模拟沉积物，发现在相同压力（温度）时，水合物相平衡温度（压力）降低（升高）。虽然人工多孔介质颗粒表面物理化学性质、几何形状和尺寸相对比较均匀，但不同文献测得的实验结果差别较大。Makogon（1966）较早发现天然气水合物在砂岩孔隙中形成压力随孔径的减小而上升，而在更大的孔隙中其形成和分解条件完全与无几何约束条件下相同。Riestenberg 等（2003）研究了二氧化硅悬浮液、膨润土中甲烷水合物形成和分解条件，发现两者对水合物相平衡条件没有明显的影响。而 Cha 等（1988）和 Ouar 等（1992）测定了天然气水合物在 34g/L 的膨润土悬浮液中相平衡温度降低了 2K，Englezos 和 Hall（1994）等报道 5g/L 膨润土悬浮液对二氧化碳的稳定性几乎没有影响。Uchida 等（2004）用石英砂、砂岩和黏土（高岭土和膨润土）介质，研究发现石英砂和砂岩中甲烷水合物最后分解温度偏向更低温度，而稀释的膨润土溶液对甲烷水合物有热力学促进效应。Turner 等（2005）用平均

孔隙半径为 55nm 的亚得里亚海砂岩研究甲烷水合物相平衡条件，发现与无几何约束条件下甲烷水合物相平衡条件没有区别，并计算影响相平衡条件的理论孔隙半径。青岛海洋地质研究所 Ye 等（2004）利用自主研制的海洋天然气水合物实验系统，分别在纯水体系和沉积物体系中进行天然气水合物的相平衡条件研究，并对光通过率、超声、电阻及温压法等多种探测技术进行探索，发现较粗砂粒的天然砂中孔隙对甲烷水合物的相平衡条件没有影响，Chen 等（2009）也得出相同结论。海底含水合物的沉积物主要为致密的淤泥、黏土、砂土等，固体颗粒大小不均，孔隙尺寸也不均匀，对天然气水合物相平衡条件的影响非常复杂，各种因素之间的关系如何？这些问题有待于深入研究分析。

（一）石英砂中水合物相变特性

研究表明，海底含水合物沉积层在石英砂矿藏中最具有商业开发价值（李小森等，2010），并且不同粒度的沉积层都可能含水合物（Clennell et al., 1999）。实验采用更接近自然界沉积物的多种不同粒径的石英砂（No.1～No.8，分别为 20～40 目、40～70 目、40～80 目、80～160 目、160～200 目、200～300 目、300～400 目、400～600 目）研究水合物的生成分解特性。实验前利用马尔文激光粒度分析仪（MS2000）对石英砂粒度进行测量和分析，如表 2-3 所示。根据粒度分析结果，将石英砂分成两大类：粗颗粒石英砂（No.1～No.4）和细颗粒石英砂（No.5～No.8）。前者成分以中砂级和粗砂级为主，黏土级和粉砂级为零，因而孔隙半径比较大。后者成分以黏土级和粉砂级为主，中砂级和粗砂级成分几乎为零，所以孔隙半径相对较小。

表 2-3　石英砂粒径分析

成分	粒径 /μm	体积分数 /%							
		No.1	No.2	No.3	No.4	No.5	No.6	No.7	No.8
黏土级	<4	0	0	0	0	1.589	6.457	7.69	81.712
粉砂级	4～63	0	0	0	0.01	43.635	75.523	91.519	18.288
细砂级	63～250	0	3.031	12.41	82.637	54.776	17.659	0.791	0
中砂级	250～500	6.807	48.932	61.918	17.353	0	0.361	0	0
粗砂级	500～2000	93.193	48.036	25.672	0	0	0	0	0
砾石级	>2000	0	0	0	0	0	0	0	0

石英砂颗粒粒径不同，构成的孔隙尺寸也不同，从而对水合物相变条件的影响不同。在 4 种粗颗粒石英砂（No.1～No.4）中，甲烷水合物生成分解过程温度和压力条件变化轨迹如图 2-24 所示（以 No.2 石英砂为例）。图 2-24 AB 段表示反应体系温度降低，压力与温度线性关系下降，BCD 段为甲烷水合物生成阶段，这一阶段温度经历上升突变然后逐步下降，甲烷–水由能量较高的流体转变为体系能量较低的固态甲烷水合物。DE 段是体系升温压力随温度线性增加过程，甲烷水合物没有分解。从 E 点开始 P-T 曲线斜率突然增加，表示甲烷水合物开始分解。在 F 点分解曲线与冷却降温

曲线 AB 相交，表示甲烷水合物分解完全结束。在多步升温分解过程中，升温速度非常慢，并保证足够长的平衡时间。根据 Gibbs 相律，甲烷水合物分解轨迹将沿着三相平衡曲线。

甲烷水合物在细颗粒石英砂（以 No.7 石英砂为例）中生成分解过程与粗颗粒石英砂中类似但不完全相同（图 2-25）。如果把石英砂孔隙假设成柱状，孔隙毛细管压力 P_c 与孔隙直径 d 可以用 Young–Laplace 方程表示

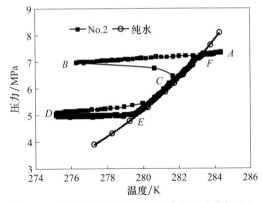

图 2-24　粗颗粒石英砂中甲烷水合物生成分解过程

$$P_c = \frac{2F\gamma_{sl}\cos\theta}{d} \tag{2-5}$$

式中，γ_{sl} 为甲烷水合物和水之间界面张力；θ 为水合物与石英砂孔隙内壁之间接触角，石英砂表面覆盖一层水膜，所以 $\theta=0°$，$\cos\theta=1$；F 为水合物–水接触界面形状因子。

从式（2-5）可以看出，孔隙直径 d 越小，气–液界面张力越大，毛细管作用力 P_c 越大，自由甲烷气体越不容易进入这样的孔隙水体中达到水合物成核要求。加之石英砂颗粒表面对孔隙水的吸引力阻碍了水分子与甲烷气体的结合，因此，甲烷水合物不容易在小孔隙中生长。相反，甲烷水合物可能更容易首先在大孔隙中成核、团聚、生长，然后通过"喉道"渗透到小孔隙中（图 2-26）。因此，石英砂甲烷水合物在反应过程中，当水合物已经出现在较大孔隙中时，较小孔隙中可能还是液态的水和溶解甲烷气体（假设孔隙水饱和，没有游离气体）。但不应该忽略 3 点：①当大孔隙中不断出现甲烷水合物时，其孔隙尺寸也随之减小，因此孔隙毛细作用力不断增加，甲烷水合物生成难度增加，当然，已经存在的甲烷水合物晶体作为成核中心会降低水合物反应对驱动力的要求；②石英砂颗粒间存在狭窄的"喉道"（图 2-26），水合物由较大的孔隙慢慢生长进入较小孔隙时要经过"喉道"，需要克服"喉道"的毛细作用力（而不是小孔隙对应的毛细管作用力），而"喉道"的毛细作用力远大于大孔隙和小孔隙中的毛细作用力，所

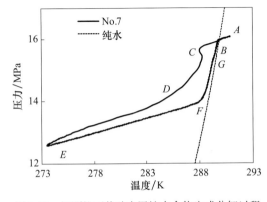

图 2-25　细颗粒石英砂中甲烷水合物生成分解过程

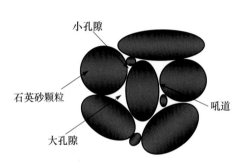

图 2-26　细颗粒石英砂内部孔隙示意图

以，可能出现"卡断"现象，这种现象与观察到的气相-液相在沉积物（多孔介质）中的相变过程类似（Mason, 1988; Ravikovitch and Neimark, 2002）；③实验过程中过冷度较大，在孔隙中心会形成许多单独的晶体簇，这些晶体簇的比表面积总和很大，因而其表面能也较高、稳定性较差，它们会通过团聚的方式降低系统能量提高稳定性，在宏观上表现为甲烷水合物不断聚合、生长。甲烷水合物在石英砂颗粒表面的固结可能发生在很小粒径颗粒区域或当大部分孔隙被水合物充满的时候。但是石英砂表面的强结合水仍以液态形式牢固地附着在颗粒表面，不会形成水合物，所以，这层液态水膜也使孔隙尺寸减小。

理论上讲，石英砂中抑制水合物生长的孔隙尺寸存在两个临界值：最小的孔隙尺寸 d_{min} 和最大的孔隙尺寸 d_{max}。对 SI 型甲烷水合物来说，当石英砂中孔隙尺寸小于 d_{min} 时，也就是小于 SI 型水合物晶格尺寸常数时，甲烷水合物不能形成笼型晶格结构，甲烷水合物显然无法生成。如果石英砂中孔隙尺寸超过 d_{max}，界面效应不明显，所以孔隙毛细作用力可以忽略，则水合物在这样的孔隙中生长与在无几何约束条件下的生长特性一样。但随着水合物在某一尺寸的较大孔隙中生长、积累，水合物占据一定的孔隙空间，孔隙尺寸逐渐减小；如果该孔隙原来不会抑制水合物生长，现在也可能抑制水合物生长。因此，当该孔隙中水合物的积累使孔隙尺寸降低到最小孔隙尺寸 d_{min} 时，在有限的反应条件下，水合物将停止生长。所以，在黏土含量很高的沉积物中水合物很难在其所有的孔隙中生长。

图 2-25 中 ABCDE 段代表反应体系降温冷却和水合物生成过程。其中 C 点表示体系中甲烷水合物开始大量出现，E 点表示在实验条件下水合物反应结束。根据上述分析，CD 段可能是水合物在石英砂较大孔隙中生长，而 DE 段可能是水合物在石英砂较小孔隙或"喉道"中生长。EFGB 段是甲烷水合物体系升温分解过程。F 点表示甲烷水合物开始分解，B 点表示分解结束，之后体系温度-压力曲线与反应初始条件温度-压力曲线重合。细颗粒石英砂中孔隙尺寸主要制约水合物的分解过程。因为石英砂较小孔隙中的甲烷水合物稳定性最差，甲烷水合物首先从最小孔隙或"喉道"开始分解，当小孔隙中的水合物分解结束后，较大孔隙中的水合物才开始分解。根据 Gibbs-Thomson 方程，沉积物直径为的孔隙中甲烷水合物相平衡温度降低值 ΔT_{pore} 和对应纯水条件下温度 T_{bulk} 有如下关系：

$$\frac{\Delta T_{pore}}{T_{bulk}} = \frac{-2F\gamma_{sl}\cos\theta}{\rho_s \Delta H_s d} \tag{2-6}$$

式中，ρ_s 为甲烷水合物密度；ΔH_s 为甲烷水合物分解熵。根据式（2-6），在甲烷水合物分解过程中，随着石英砂孔隙直径 d 增大，温度向左偏移量 ΔT_{pore} 减小，毛细管压力抑制作用减弱，所以甲烷水合物分解过程温度-压力曲线与纯水条件下三相平衡曲线的水平距离（相同压力下）逐渐缩小（图 2-25）。在甲烷水合物相平衡温度-压力曲线（FGB 段）上存在一个较为明显的拐点 G 点，Uchida 等（2004）认为 G 点对应的温度-压力是生长在沉积物颗粒间隙（"喉道"）中的甲烷水合物相平衡条件。实际上，根据前面分析得出的孔隙甲烷水合物"由小到大"的分解规律，FG 段表示生长在较小孔隙或喉道中的水合物发生分解，而 G-B 段表示生长在较大孔隙中的水合物发生分解。如果沉积物孔隙尺寸分布范围较大，水合物在多步升温分解过程中温度–压力曲线的斜率会逐渐发生变化，如果反应体系升温速度过快且沉积物的孔隙尺寸分布范围较小，则相平衡温度–压力曲线的斜率变化可能无法辨识。因此，实验针对各种石英砂和沉积物中孔隙尺寸分布不均特点，采用多步升温分解的实验方法，可以更好地捕捉甲烷水合物在不同孔隙中的分解特性。

（二）不同粒径石英砂中水合物相平衡

实验测得的不同粒径石英砂中甲烷水合物相平衡如图 2-27 所示。从图 2-27 可以看出，No.1～No.4 这 4 种粗颗粒石英砂中甲烷水合物的相平衡条件与纯水中甲烷水合物相平衡条件基本重合，说明这 4 种石英砂对甲烷水合物相平衡条件没有影响。从表 2-3 石英砂粒度分析可以看出，No.1～No.4 成分以中砂级和粗砂级为主，黏土级和粉砂级为零，因而孔隙半径比较大。当水合物反应体系中加入粒径较大的粗颗粒石英砂后，由于形成的孔隙比较大，水 – 甲烷两相界面曲率和表面势能没有明显变化（Handa and Stupin, 1992），水的活度与纯水条件相同，所以甲烷水合物的相平衡条件没有改变，但石英砂颗粒作为第三界面提供更多的成核中心，加快了水合物的形成。No.5～No.8 这 4 种细颗粒石英砂成分以黏土级和粉砂级为主，中砂级和粗砂级成分几乎为零，所以孔隙半径相对较小。从图 2-27 可以看出，No.5～No.8 这 4 种石英砂中甲烷水合物相平衡条件相对于纯水中甲烷水合物的相平衡条件明显向左偏移，并且石英砂颗粒越细，相平衡压力越高（或温度越低），说明细颗粒石英砂中孔隙产生的毛细管作用压力影响甲烷水合物的相平衡条件。

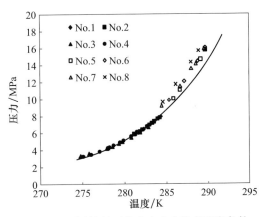

图 2-27 不同粒径石英砂中水合物相平衡条件

（三）沉积物表面润湿性和结构对水合物相平衡影响机理

石英砂和黏土矿物的孔隙内壁为亲水表面，因而表现出润湿特性，对孔隙水的分布有显著的影响。这种影响在宏观上表现为冰与水、水与孔隙内壁、水合物和水之间界面能的差异（Anderson et al., 2003a, 2003b）；在微观上直接影响水分子在孔隙内壁上的排列形式。石英砂固相颗粒表面表现为负电荷性质，水分子带正电荷一端朝向颗粒表面，因此颗粒表面与水分子之间的作用力服从库仑定律（Mitchell, 1993）。这种较强的作用力将最靠近石英砂的水分子紧紧束缚在固相表面，使这些水分子具有一定的抗剪强度，不能自由运动，形成强结合水，水的活度下降，如图 2-28 和图 2-29 所示。强结合水在石英砂颗粒表面上为紧密排列的厚度为 $4\times10^{-10}\sim5\times10^{-10}$ m 的双水分子层（Gallo et al., 2002）。甲烷与水分子形成的甲烷水合物以氢键和分子间作用力（范德华作用力）结合，而库仑力比氢键和分子间作用力更强。甲烷分子要进入强结合水层的熵变很高，形成水合物所需的压力将更高或温度更低。因此，石英砂固相表面的强结合水一般不参与甲烷水合物的形成，往往以液态水的形式存在固体表面和水合物表面之间，Christenson（2001）的模拟计算也得到同样的结论。Bellissent-Funel 等（1993）通过中子散射分析发现，在室温条件下多孔玻璃孔隙水在低于 273K 时，尽管亲水的表面有利于形成大量冰核，但依然存在一定量的过冷水（强结合水），表明水的活度 a_w（$a_w = a_{w, pore}$，$a_{w, pore}$ 为孔隙水活度）因孔隙内壁的润湿性而改变。随着水分子与固相表面距离加大，库仑力减弱，固相颗粒表面对水分子的束缚力降低，水的活度比强结合水的活度增加，这部分水称为弱结合水。当远离固相表面，水分子受固相表面吸引力的影响极其微弱，水的活度进一步增加，称为自由水。也就是说，在石英砂孔隙中，随着离开石英砂表面距离的增加，孔隙水的活度逐渐增加（图 2-28）。所以，甲烷更容易与孔隙中的自由水反应生成甲烷水合物。

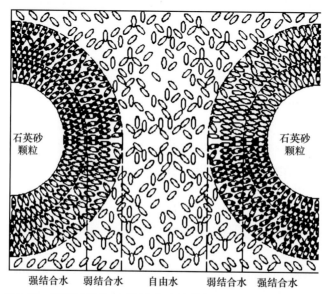

图 2-28 离开石英砂表面距离与水的分布（Clennell et al., 1999）

石英砂较小孔隙中自由水与固相颗粒表面的库仑力非常小，但其活度还受孔径结构效应的影响。因小孔隙中不同相之间存在较高的界面曲率，导致组分产生更高逸度和化学势，所以小孔隙中水的活度低于纯水条件中水的活度。这一现象使固-液相变过程相对于无几何约束条件下的温度或压力发生变化（图 2-29）。在狭小的孔隙中水的冰点、有机化合物和无机化合物冰点或融点降低行为也得到大量实验验证，并且多孔介质中冰点降低量与孔隙尺寸成反比关系（Alba-Simionesco et al., 2006）。与之相似，甲烷-水体系在加入细颗粒石英砂后，界面效应产生的孔隙毛细管压力使甲烷水合物相变条件下降，并且孔隙尺寸越

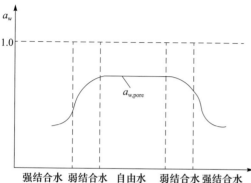

图 2-29 离开石英砂表面距离与孔隙水的活度

（Clennell et al., 1999）

小，甲烷水合物越容易分解。因此，在石英砂中孔隙表面润湿性和孔径结构效应协同作用，降低了水的活度。

四、沉积物–离子–水–气体–水合物体系相平衡

目前关于含孔隙水沉积物中水合物相平衡条件的研究比较少。Yang 等（2010）研究了粗颗粒人工玻璃砂-盐溶液中甲烷水合物相平衡条件。Lu 和 Matsumoto（2002）研究了超细化石黏土内甲烷水合物的相平衡，发现在相同的压力下，甲烷水合物的相平衡温度相对海水和纯水分别降低了 0.4K 和 1.5K。我国已经在南海神狐海域钻获天然气水合物实物样品，开展自然环境天然气水合物成藏热力学条件研究，可以更全面地了解天然气水合物分布情况、资源量，为安全开采水合物资源奠定基础。

（一）含孔隙水石英砂中甲烷水合物相平衡条件

海洋天然气水合物的相平衡条件可能受孔隙水和沉积物的共同约束，实验采用石英砂和氯盐溶液混合介质模拟自然界水合物赋存环境，理解沉积物和孔隙水协同效应，掌握天然气水合物相平衡条件的变化规律。前面的实验结果表明，氯盐溶液和细颗粒石英砂中甲烷水合物的相平衡温度降低，而粗颗粒石英砂中甲烷水合物的相平衡条件变化不明显。但是当两种介质混合后，盐溶液中的离子、水、石英砂颗粒表面之间的相互作用可能改变溶液中离子和水的分布，导致水的活度发生变化。

实验对 No.2 石英砂 -NaCl（0.5mol/L、1.0mol/L、2.0mol/L）、No.7 石英砂 -NaCl（2.0mol/L）4 种混合体系中甲烷水合物相平衡条件进行研究，实验结果如图 2-30 和图 2-31 所示。从图 2-30 可以看出，在粒径较大 No.2 的石英砂中混合不同浓度的 NaCl 溶液后，甲烷水合物相平衡条件发生变化，并且分别与相应浓度的 NaCl 溶液中甲烷水合物相平衡条件一致，说明在粗颗粒石英砂-NaCl 溶液混合体系中，甲烷水合物相平衡条件主要受 NaCl 溶液离子的影响，孔隙结构的影响可以忽略。而在粒径较小的石英砂 No.7 与 2.0mol/L NaCl 溶液的混合体系中，甲烷水合物的相平衡条件比相应的单一石英砂体系或盐溶液体系中甲烷水合物的相平衡条件更低（图 2-31）。说明

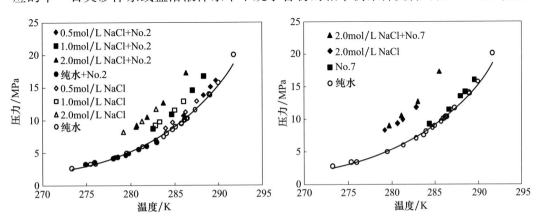

图 2-30　No.2 石英砂-NaCl 中甲烷水合物相平衡　图 2-31　No.7 石英砂-NaCl 中甲烷水合物相平衡
　　　　　　　　条件　　　　　　　　　　　　　　　　　　　条件

细颗粒石英砂孔隙结构和盐溶液的离子效应协同影响甲烷水合物的相平衡条件，使甲烷水合物在这种混合体系中更容易分解。

（二）含孔隙水石英砂对水合物相平衡协同效应

含孔隙水石英砂中离子和固体颗粒之间相互作用，其单一介质都可能导致孔隙水化学势发生变化而协同影响水合物相平衡条件。前面的实验结果表明，在氯盐溶液中因为水化离子效应和盐析效应使水的活度 $a_{w,el}$（盐溶液中水的活度）和气体溶解度降低；细颗粒沉积物中孔隙水的活度 $a_{w,pore}$ 因为固相表面润湿性和孔径结构效应而降低。因此，在含孔隙水石英砂中，如果这些影响因素都存在，则它们将协同作用，使水的活度 $a_{w,el+pore}$（孔隙盐水的活度）降低更大，水合物的稳定性更低，更容易发生分解。图 2-32 是含孔隙水细颗粒石英砂中多效应示意图，在沉积物颗粒附近的孔隙水分子既受固相表面静电吸引力作用，又受电解质离子静电场作用，因此，颗粒周围的水分子除了紧紧束缚在颗粒表面，还会发生水分子溶剂化效应聚集在离子周围而疏远气体分子。尽管远离固相表面的水分子与固相表面静电作用减弱，但由于盐离子产生的溶剂化效应和沉积物孔径结构效应降低了气体的溶解度及水分子与气体分子之间的接触机会，含孔隙水沉积层中孔隙水的活度变化规律虽然与单纯沉积物中孔隙水（纯水）的活度变化规律相同，但前者水的活度降低更大，因而水合物相平衡条件受到的影响也更大（图 2-33）。

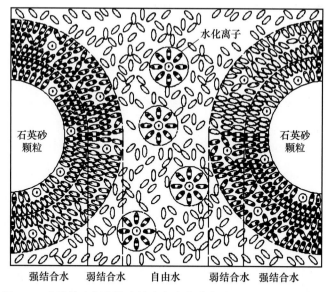

图 2-32　含孔隙水沉积物多效应与水的分布（Clennell et al., 1999）

五、南海北部海区实际沉积物中水合物相平衡

天然气水合物主要赋存在海底沉积物中，我国也在南海北部陆坡神狐海域发现储量丰富的天然气水合物资源。海洋天然气水合物相平衡可能受孔隙水（海水）和沉积物

的共同影响，研究海底孔隙水和海底沉积物中水合物相平衡，分析其主要影响因素和规律，可以为开采我国天然气水合物提供重要的技术和安全保障。实验采用的南海神狐海域海底沉积物（含原位孔隙水），系 HY4-2006-3 航次采集的位于神狐海域 1554m深的海底，编号 HS-383GG 3/5 顶（图 2-34）。虽然样品中不含水合物，但样品所处位置在钻获水合物实物样品的站位附近，与其地质背景基本相同。因此，样品具有水合物分布区沉积物的代表性。实验前，用马尔文 MS2000 激光粒度分析仪对南海沉积物样品进行粒度分析表明，结果见表 2-4。从表 2-4 可以看出，沉积物颗粒粒径以粉砂级（58.911%）和细砂级（31.01%）为主，其次是黏土级（5.967%）和中砂级（3.778%），粗砂级以下几乎为零（0.334%）。

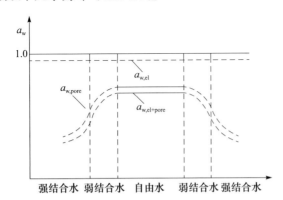

图 2-33 含孔隙水沉积物中水的活度与沉积物表
面距离关系（Clennell et al., 1999）

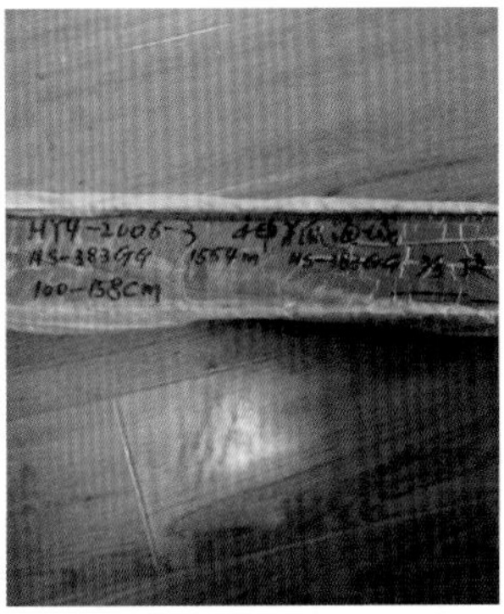

图 2-34 南海沉积物样品

表 2-4 南海沉积物样品粒径分析

样品	粒径 /μm	体积分数 /%
黏土级	<4	5.967
粉砂级	4～63	58.911
细砂级	63～250	31.010
中砂级	250～500	3.778
粗砂级	500～2000	0.334
砾石级	>2000	0.000

　　由于沉积物样品在海底成型已久，致密程度高，孔隙尺寸很小，甲烷气体在沉积物中扩散速率很慢，阻碍了甲烷水合物的成核，给实验带来相当大的难度。在设定的温度和压力下（过冷度近 20℃），在甲烷-沉积物-孔隙水体系静态放置近两个月的时间内，在仪器精度范围内温度和压力没有变化，打开反应釜没有发现水合物迹象，取少许放入水中没有气泡冒出，判断没有水合物生成或生成的水合物的量对本实验意义不大。鉴于此，实验先后采取以下措施试图促进甲烷水合物的生成：①适当增加过冷度（过压度）；②实验温度降到 0℃以下或结冰（孔隙水结冰），然后采用温度震荡法，使温度场产生扰动；③将沉积物装在一个上端开口的四周扎满密密麻麻针状小孔的塑料杯中，以增加气体扩散率，并结合措施①和②。反复试验有效地促进沉积物中甲烷水合物的生成，通过

逐步升温相平衡获得甲烷水合物相平衡条件，实验结果如图 2-35 所示。从图 2-35 可以看出，南海沉积物中甲烷水合物相平衡条件与纯水条件相比，温度下降了约 1.4K，这与实验测得的南海底层水样品中甲烷水合物相平衡条件基本一致。说明实验所用的南海沉积物样品中甲烷水合物的相平衡条件主要受孔隙水离子效应的影响，而沉积物孔隙结构没有明显的影响。Henry 等（1999）用 Blake 海台海底沉积物合成水合物时，也发现孔隙结构对水合物相平衡没有明显的影响。Turner 等（2005）等测定平均孔隙半径为 55nm 的亚得里亚海砂岩中甲烷水合物相平衡条件，其结果与无几何约束条件下甲烷水合物相平衡条件没有区别。Kastner（2001）绘出全球已发现水合物赋存区域的水合物相平衡条件图，除了布莱克–巴哈马站位因沉积物孔隙导致水合物相平衡条件发生偏移情况外，其他成藏区水合物相平衡条件相对于无几何约束条件下都没有明显变化。这种现象可能是因为海洋水合物存在位置距海底较浅，沉积压实作用不明显，沉积物孔隙中毛细管作用力对水合物相平衡条件的影响忽略不计，但是孔隙水的离子效应肯定存在。

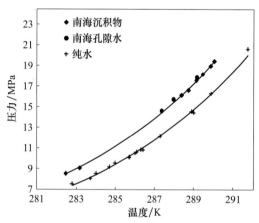

图 2-35　南海沉积物中甲烷水合物相平衡条件

将实验测得的沉积物样品中甲烷水合物相平衡条件进行简单的指数函数拟合，可以得到相平衡温度 – 压力（水深）关系式：

$$P=9\times10^{-14}e^{0.1136T} \qquad (2-7)$$

利用关系式（2-7）和由地温梯度确立的深度 – 温度关系式可以确定水合物稳定带的厚度。

参 考 文 献

黄子卿 . 1983 电解质溶液理论导论（修订版）. 北京：科学出版社 .

刘昌岭，业渝光，张剑，等 . 2004. 天然气水合物相平衡研究的实验技术与方法 . 中国海洋大学学报，34(1)：153-158.

宋永臣，杨明军，刘瑜，等 . 2009. 离子对甲烷水合物相平衡的影响 . 化工学报，60：1362-1366.

Abascal J L F, Vega C. 2005. A general purpose model for the condensed phases of water: TIP4P/2005. Journal of Chemical Physics, 123: 234505.

Abascal J L F, Sanz E, Fernandez R G, et al. 2005. A potential model for the study of ices and amorphous water: TIP4P/ICE. Journal of Chemical Physics, 122: 234511.

Alba-Simionesco C, Coasne B, Dosseh G, et al. 2006. Effects of confinement on freezing and melting. Journal of Physics Condensed Matter, 18(11): 15-68.

Anderson R, Llamedo M, Tohidi B, et al. 2003a. Characteristics of clathrate hydrate equilibria in mesopores and interpretation of experimental data. The Journal of Physical Chemistry B, 107: 3500-3506.

Anderson R, Llamedo M, Tohidi B, et al. 2003b. Experimental measurement of methane and Carbon Dioxide clathrate hydrate equilibria in Mesoporous Silica[J]. The Journal of Physical Chemistry B, 107: 3507-3514.

Anderson R, Tohidi B, Webber J B W. 2009. Gas hydrate growth and dissociation in narrow pore networks: capillary inhibition and hysteresis phenomena. Geological Society, London, Special Publications, 319:145-159.

Atik Z, Windmeier C, Oellrich L R. 2010. Experimental and theoretical study on gas hydrate phase equilibria in seawater. Journal of Chemical and Engineering Data, 55(2): 804-807.

Bahadur D. 2004. Inorganic materials: Recent advances. New Delhi: Alpha Science International Ltd.

Bai D S, Chen G J, Zhang X R, et al. 2011. Microsecond molecular dynamics simulations of the kinetic pathways of gas hydrate formation from solid surfaces. Langmuir, 27(10): 5961-5967.

Bai D S, Chen G J, Zhang X R, et al. 2012. Nucleation of the CO_2 hydrate from three-phase contact lines. Langmuir, 28(20): 7730-7736.

Barnes B C, Knott B C, Beckham G T, et al. 2014. Reaction coordinate of incipient methane clathrate hydrate nucleation. The Journal of Physical Chemistry B, 118(46): 13236-13243.

Bauer M, Toebbens D M, Mayer E, et al. 2011. Pressure-amorphized cubic structure II clathrate hydrate: Crystallization in slow motion. Physical Chemistry Chemical Physics, 13(6): 2167-2171.

Bellissent-Funel M C, Lai J, Bosio L. 1993. Structural study of water confined in porous glass by neutron scattering. Journal of Chemical Physics, 98(5): 4246-4252.

Bi Y F, Li T S. 2014. Probing methane hydrate nucleation through the forward flux sampling method. The Journal of Physical Chemistry B, 118(47): 13324-13332.

Boewer L, Nase J, Paulus M, et al. 2012. On the spontaneous formation of clathrate hydrates at water-guest interfaces. The Journal of Physical Chemistry C, 116: 8548-8553.

Buchanan P, Soper A K, Thompson H, et al. 2005. Search for memory effects in methane hydrate: Structure of water before hydrate formation and after hydrate decomposition. Journal of Chemical Physics, 123: 164507.

Cha S B, Ouar H, Wildeman T R. 1988. A third surface effect on hydrate formation. Journal of Physical Chemistry, 92(23): 6492-6494.

Chakraborty S N, Grzelak E M, Barnes B C, et al. 2012. Voronoi tessellation analysis of clathrate hydrates. The Journal of Physical Chemistry B, 116(37): 20040-20046.

Chandler D. 2005. Interfaces and the driving force of hydrophobic assembly. Nature, 437: 640-647.

Chen L T, Sun C Y, Chen G J, et al. 2009. Measurements of hydrate equilibrium conditions for CH_4, CO_2, and $CH_4 + C_2H_6 + C_3H_8$ in various systems by step-heating method. Chinese Journal of Chemical Engineering, 17(4): 635-641.

Christenson H K. 2001. Confinement effects on freening and melting. Journal of Physics: Condensed Matter, 13: 95-133.

Christiansen R L, Sloan E D. 1994. Mechanisms and kinetics of hydrate formation. Annals New York Academy of Sciences, 715: 283-305.

Clennell M B, Hovland M, Booth J S, et al. 1999. Formation of natural gas hydrates in marine sediments 1. Conceptual model of gas hydrate growth conditioned by host sediment properties. Journal of Geophysical Research: Solid Earth, 104(B10): 22985-23003.

Conrad H, Lehmkuehler F, Sternemann C, et al. 2009. Tetrahydrofuran clathrate hydrate formation. Physical Review Letters, 103(21): 218301.

Dang L X. 1994. Potential of mean force for the methane-methane pair in water. Journal of Chemical Physics, 100: 9032.

Dec S F, Bowler K E, Stadterman L L, et al. 2006. Direct measure of the hydration number of aqueous methane. Journal of the American Chemical Society, 128: 414-415.

Dholabhai P D, Englezos P, Kalogerakis N, et al. 1991. Equilibrium conditions for methane hydrate formation in aqueous mixed electrolyte solutions. Canadian Journal of Chemical Engineering, 69: 800-805.

Dholabhai P D, Kalogerakis N, Bishnoi P R. 1993. Equilibrium conditions for Carbon Dioxide hydrate formation in aqueous electrolyte solutions. Journal of Chemical and Engineering Data, 38: 650-654.

Dickens G R, Quinby-Hunt M S. 1994. Methane hydrate stability in seawater. Geophysical Research Letters, 21(9): 2115-2118.

Docherty H, Galindo A, Vega C, et al. 2006. A potential model for methane in water describing correctly the solubility of the gas and the properties of the methane hydrate. Journal of Chemical Physics, 125: 074501.

Englezos P, Hall S. 1994. Phase equilibrium data on carbon dioxide hydrate in the presence of electrolytes, water soluble polymers and montmorillonite. The Canadian Journal of Chemical Engineering, 72: 887-893.

Forrisdahl O K, Kvamme B, Haymet A D J. 1996. Methane clathrate hydrates: Melting, supercooling and phase separation from molecular dynamics computer simulations. Molecular Physics, 89: 819.

Frank H S, Evans M W. 1945. Free volume and entropy in condensed systems Ⅲ. Entropy in binary liquid mixtures-partial molal entropy in dilute solutions-structure and thermodynamics in aqueous electrolytes. Journal of Chemical Physics, 13: 507.

Gallo P, Rapinesi M, Rovere M. 2002. Confined water in the low hydration regime. Journal of Chemical Physics, 117(1): 369-375.

Gao S, House W, Chapman W G. 2005. NMR/MRI study of clathrate hydrate mechanisms. The Journal of Physical Chemistry B, 109: 19090-19093.

Ghosh T, Garc1a A E, Garde S. 2002. Enthalpy and entropy contributions to the pressure dependence of hydrophobic interactions. Journal of Chemical Physics, 116: 2480.

Guo G J, Zhang Y G, Zhao Y J, et al. 2004. Lifetimes of cagelike water clusters immersed in bulk liquid water: A molecular dynamics study on gas hydrate nucleation mechanisms. Journal of Chemical Physics, 121: 1542-1547.

Guo G J, Zhang Y G, Refson K. 2005. Effect of h-bond topology on the lifetimes of cagelike water clusters immersed in liquid water and the probability distribution of these lifetimes: Implications for hydrate nucleation mechanisms. Chemical Physics Letters, 413: 415-419.

Guo G J, Zhang Y G, Liu H. 2007. Effect of methane adsorption on the lifetime of a dodecahedral water cluster immersed in liquid water: A molecular dynamics study on the hydrate nucleation mechanisms. The Journal of Physical Chemistry C, 111: 2595-2606.

Guo G J, Zhang Y G, Li M, et al. 2008. Can the dodecahedral water cluster naturally form in methane aqueous solutions? A molecular dynamics study on the hydrate nucleation mechanisms. Journal of Chemical Physics,

128: 194504.

Guo G J, Li M, Zhang Y G, et al. 2009. Why can water cages adsorb aqueous methane? A potential of mean force calculation on hydrate nucleation mechanisms. Physical Chemistry Chemical Physics, 11: 10427-10437.

Guo G J, Zhang Y G, Liu C J, et al. 2011. Using the face-saturated incomplete cage analysis to quantify the cage compositions and cage linking structures of amorphous phase hydrates. Physical Chemistry Chemical Physics, 13: 12048-12057.

Halpern Y, Thieu V, Henning R W, et al. 2001. Time-resolved in situ neutron diffraction studies of gas hydrate: Transformation of structure II (S II) to structure I (S I). Journal of the American Chemical Society, 123: 12826-12831.

Handa Y P, Stupin D. 1992. Thermodynamic properties and dissociation characteristics of methane and propane hydrates in 70-A-Radius silica gel pores. Journal of Physical Chemistry, 96(21): 8599-8603.

Hawtin R W, Quigley D, Rodger P M. 2008. Gas hydrate nucleation and cage formation at a water/methane interface. Physical Chemistry Chemical Physics, 10: 4853-4864.

Henry P, Thomas M, Clennell M B. 1999. Formation of natural gas hydrates in marine sediments, 2. Thermodynamic calculations of stability conditions in porous sediments. Journal of Geophysical Research, 104: 23005-23022.

Hess B, Kutzner C, van der Spoel D, et al. 2008. Gromacs 4: Algorithms for highly efficient, load-balanced, and scalable molecular simulation. Journal of Chemical Theory and Computation, 4: 435-447.

Hirai S, Okazaki K, Tabe Y, et al. 1997. CO_2 clathrate-hydrate formation and its mechanism by molecular dynamics simulation. Energy Conversion and Management, 38: S301-S306.

Humphrey W, Dalke A, Schulten K. 1996. VMD: Visual molecular dynamics. Journal of Molecular Graphics and Modelling, 14: 33-38.

Hyndman R D, Foucher J P, Yamano M. 1992. Deep sea bottom simulating reflectors: Calibration of the base of the hydrate stability field as used for heat flow estimates . Earth and Planetary Science Letters, 109: 289-301.

Inoue A, Hashimoto K. 2001. Amorphous and Nanocrystalline Materials. Heidelberg: Springer-Verlag: 93.

Jacobson L C, Hujo W, Molinero V. 2009. Thermodynamic stability and growth of guest-free clathrate hydrates: A low-density crystal phase of water. The Journal of Physical Chemistry B, 113: 10298-10307.

Jacobson L C, Hujo W, Molinero V. 2010a. Amorphous precursors in the nucleation of clathrate hydrates. Journal of the American Chemical Society, 132: 11806-11811.

Jacobson L C, Hujo W, Molinero V. 2010b. Nucleation pathways of clathrate hydrates: Effect of guest size and solubility. The Journal of Physical Chemistry B, 114: 13796-13807.

Jiménez-Ángeles F, Firoozabadi A. 2014. Nucleation of methane hydrates at moderate subcooling by molecular dynamics simulations. The Journal of Physical Chemistry C, 118(21): 11310-11318.

Jorgensen W L, Madura J D, Swenson C J. 1984. Optimized intermolecular potential functions for liquid hydrocarbons. Journal of the American Chemical Society, 106: 6638-6646.

Jorgensen W L, Buckner J K, Boudon S, et al. 1988. Efficient computation of absolute free-energies of binding by computer-simulations-application to the methane dimer in water. Journal of Chemical Physics, 89: 3742.

Kang S P, Ryu H J, Seo Y. 2007. Phase behavior of CO_2 and CH_4 hydrate in porous media. World Academy of Science, Engineering and Technology, 33: 183-188.

Kastner M. 2001. Gas hydrates in convergent margins formation, occurrence, geochemistry, and global significance // Puall C K, Dillon W P. Natural Gas Hydrates: Occurrence, Distribution, and Detection. Washington D C: American Geophysical Union.

Kaul N, Rosenberger A, Villinger H. 2000. Comparison of measured and BSR-derived heat flow values, Makran accretionary prism, Pakistan. Marine Geology, 164: 37-51.

Koga T, Wong J, Endoh M K, et al. 2010. Hydrate formation at the methane/water interface on the molecular scale. Langmuir, 26(7): 4627-4630.

Koh C A, Wisbey R P, Wu X, et al. 2000. Water ordering around methane during hydrate formation. Journal of Chemical Physics, 113: 6390-6397.

Lauricella M, Meloni S, English N J, et al. 2014. Methane clathrate hydrate nucleation mechanism by advanced molecular simulations. The Journal of Physical Chemistry C, 118(40): 22847-22857.

Lee K, Lee S H, Lee W. 2013. Stochastic nature of carbon dioxide hydrate induction times in na-montmorillonite and marine sediment suspensions. International Journal of Greenhouse Gas Control, 14: 15-24.

Lee S, Seo Y. 2010. Experimental measurement and thermodynamic modeling of the mixed $CH_4+C_3H_8$ clathrate hydrate equilibria in silica gel pores: Effects of pore size and salinity. Langmuir, 26(12): 9742-9748

Lehmkühler F, Paulus M, Sternemann C, et al. 2009. The carbon dioxide-water interface at conditions of gas hydrate formation. Journal of the American Chemical Society, 131(2): 585-589.

Liang S, Kusalik P G. 2011. Exploring nucleation of H_2S hydrates. Chemical Science, 2(7): 1286-1292.

Liang S, Kusalik P G. 2013. Nucleation of gas hydrates within constant energy systems. The Journal of Physical Chemistry B, 117(5): 1403-1410.

Long J, Sloan E D. 1993. Quantized water clusters around apolar molecules. Molecular Simulation, 11: 145-161.

Lu H L, Matsumoto R. 2002. Preliminary experimental results of the stable P-T conditions of methane hydrate in a nannofossil-rich claystone column. Geochemical Journal, 36: 21-30.

Lu H L, Matsumoto R. 2005. Experimental studies on the possible influences of composition changes of pore water on the stability conditions of methane hydrate in marine sediments. Marine Chemistry, 93: 149-157.

Lu W, Chou I M, Burruss R C. 2008. Determination of methane concentrations in water in equilibrium with SI methane hydrate in the absence of a vapor phase by in situ raman spectroscopy. Geochimica et Cosmochimica Acta, 72: 412-422.

Maekawa T, Imai N. 1996. Stability conditions of methane hydrate in natural seawater. Journal of the Geological Society of Japan, 102(11): 945-950.

Makogon Y F. 1966. Characteristics of a gas-field development in permafrost. Moscow: Nedra.

Mancera R L, Buckingham A D, Skipper N T. 1997. The aggregation of methane in aqueous solution. Journal of the Chemical Society, Faraday Transactions, 93: 2263-2267.

Mason G. 1988. Determination of the pore-size distributions and pore-space interconnectivity of Vycor porous glass from adsorption–desorption hysteresis capillary condensation isotherms. Proceedings of the Royal Society of London A. Mathematical Physical and Engineering Sciences, 8(415): 453-486.

Mastny E A, Miller C A, de Pablo J J. 2008. The effect of the water/methane interface on methane hydrate cages: The potential of mean force and cage lifetimes. Journal of Chemical Physics, 129: 034701.

Matsumoto M, Baba A, Ohmine I. 2007. Topological building blocks of hydrogen bond network in water. Journal of Chemical Physics, 127(13): 134504.

Mishima O, Calvert L D, Whalley E. 1984. Melting Ice-I at 77-K and 10-Kbar-a new method of making amorphous solids. Nature, 310: 393-395.

Mitchell J K. 1993. Fundamentals of Soil Behavior. 2nd Ed. New York: John Wiley.

Moon C, Taylor P C, Rodger P M. 2003. Molecular dynamics study of gas hydrate formation. Journal of the American Chemical Society, 125: 4706-4707.

Moudrakovski I L, Sanchez A A, Ratcliffe C I, et al. 2001. Nucleation and growth of hydrates on ice surfaces: New insights from 129Xe NMR experiments with hyperpolarized xenon. The Journal of Physical Chemistry B, 105: 12338-12347.

Nada H. 2006. Growth mechanism of a gas clathrate hydrate from a dilute aqueous gas solution: A molecular dynamics simulation of a three-phase system. The Journal of Physical Chemistry B, 110: 16526-16534.

Ohgaki K, Makihara Y, Takano K. 1993. Formation of CO_2 hydrate in pure and sea waters. Journal of Chemical Engineering of Japan, 26(5): 558-564.

Ouar H, Cha S B, Wildeman T R. 1992. The formation of natural gas hydrates in water based drilling fluids. Chemical Engineering Research and Design, 70(A1): 48-54.

Pangali C, Rao M, Berne B J. 1979a. Monte-carlo simulation of the hydrophobic interaction. Journal of Chemical Physics, 71: 2975.

Pangali C, Rao M, Berne B J. 1979b. Hydrophobic hydration around a pair of apolar species in water. Journal of Chemical Physics, 71: 2982.

Pratt L R. 2002. Molecular theory of hydrophobic effects: "She is too mean to have her name repeated." Annual Review of Physical Chemistry, 53: 409.

Pratt L R, Chandler D. 1977. Theory of hydrophobic effect. Journal of Chemical Physics, 67: 3683.

Radhakrishnan R, Trout B L. 2002. A new approach for studying nucleation phenomena using molecular simulations: Application to CO_2 hydrate clathrates. Journal of Chemical Physics, 117: 1786-1796.

Ravikovitch P, Neimark A V. 2002. Experimental confirmation of different mechanisms of evaporation from ink-Bottle type pores: Equilibrium, pore blocking, and cavitation. Langmuir, 18(25): 9830-9837.

Riestenberg D, West O, Lee S, et al. 2003. Sediment surface effects on methane hydrate formation and dissociation. Marine Geology, 198(1-2): 181-190.

Rodger P M, Forester T R, Smith W. 1996. Simulations of the methane hydrate methane gas interface near hydrate forming conditions. Fluid Phase Equilibria, 116: 326-332.

Sarupria S, Debenedetti P G. 2012. Homogeneous nucleation of methane hydrate in microsecond molecular dynamics simulations. The Journal of Physical Chemistry Letters, 3(20): 2942-2947.

Schicks J M, Ripmeester J A. 2004. The coexistence of two different methane hydrate phases under moderate pressure and temperature conditions: Kinetic versus thermodynamic products. Angewandte Chemie International Edition, 43: 3310-3313.

Seo Y, Lee H, Uchida T. 2002. Methane and Carbon Dioxide hydrate phase behavior in small porous silica gels: Three-phase equilibrium determination and thermodynamic modeling. Langmuir, 18: 9164-9170.

Sloan E D. 2003. Fundamental principles and applications of natural gas hydrates. Nature, 426: 353-359.

Sloan E D, Fleyfel F. 1991. A molecular mechanism for gas hydrate nucleation from ice. AIChE Journal, 37: 1281-1292.

Sloan E D, Koh C A. 2008. Clathrate Hydrates of Natural Gases. 3rd ed. New York: CRC Press.

Sloan E D, Subramanian S, Matthews P N, et al. 1998. Quantifying hydrate formation and kinetic inhibition. Industrial and Engineering Chemistry Research, 37: 3124-3132.

Smith D E, Zhang L, Haymet A D J. 1992. Entropy of association of methane in water: A new molecular-dynamics computer-simulation. Journal of the American Chemical Society, 114: 5875-5876.

Smith D H, Wilder J W, Seshadri K. 2002. Methane hydrate equilibria in silica gels with broad pore-size distributions. AIChE Journal, 48: 393-400.

Southall N T, Dill K A, Haymet A D J. 2002. A view of the hydrophobic effect. The Journal of Physical Chemistry B, 106: 521-533.

Staykova D K, Kuhs W F, Salamatin A N, et al. 2003. Formation of porous gas hydrates from ice powders: diffraction experiments and multistage model. The Journal of Physical Chemistry B, 107: 10299-10311.

Subramanian S, Sloan E D. 2000. Microscopic measurements and modeling of hydrate formation kinetics. Annals New York Academy of Sciences, 912: 583-592.

Swaminathan S, Harrison S W, Beveridge D L. 1978. Monte Carlo studies on structure of a dilute aqueous-solution of methane. Journal of the American Chemical Society, 100: 5705-5712.

Tang L L, Su Y, Liu Y, et al. 2012. Nonstandard cages in the formation process of methane clathrate: Stability, structure, and spectroscopic implications from first-principles. Journal of Chemical Physics, 136(22): 224508.

Tohidi B, Burgass R W, Danesh A, et al. 2000. Improving the accuracy of gas hydrate dissociation point measurements. Annals of the New York Academy of Sciences, 912: 924-931.

Turner D J, Cherry R S, Sloan E D. 2005. Sensitivity of methane hydrate phase equilibria to sediment pore size.. Fluid Phase Equilibria, 228:505-510.

Uchida T, Ebinuma T, Ishizaki T. 1999. Dissociation condition measurements of methane hydrate in confined small pores of porous glass. The Journal of Physical Chemistry B, 103: 3659-3662.

Uchida T, Takeya S, Chuvilin E M, et al. 2004. Decomposition of methane hydrates in sand, sandstone, clays, and glass beads. Journal of Geophysical Research, 109(B05206): 1-12.

Vatamanu J, Kusalik P G. 2006. Unusual crystalline and polycrystalline structures in methane hydrates. Journal of the American Chemical Society, 128: 15588-15589.

Vatamanu J, Kusalik P G. 2008. Heterogeneous crystal growth of methane hydrate on its SⅡ [001] crystallographic face. The Journal of Physical Chemistry B, 112: 2399-2404.

Vatamanu J, Kusalik P G. 2010. Observation of two-step nucleation in methane hydrates. Physical Chemistry Chemical Physics, 12: 15065-15072.

Wallqvist A. 1991. Molecular-dynamics study of a hydrophobic aggregate in an aqueous-solution of methane. The Journal of Physical Chemistry, 95: 8921-8927.

Walsh M R, Koh C A, Sloan E D, et al. 2009. Microsecond simulations of spontaneous methane hydrate nucleation and growth. Science, 326: 1095-1098.

Walsh M R, Beckham G T, Koh C A, et al. 2011a. Methane hydrate nucleation rates from molecular dynamics simulations: Effects of aqueous methane concentration, interfacial curvature, and system size. The Journal of Physical Chemistry C, 115(43): 21241-21248.

Walsh M R, Rainey J D, Lafond P G, et al. 2011b. The cages, dynamics, and structuring of incipient methane clathrate hydrates. Physical Chemistry Chemical Physics, 13(44): 19951-19959.

Yang L, Tulk C A, Klug D D, et al. 2009. Synthesis and characterization of a new structure of gas hydrate. Proceedings of the National Academy of Sciences of the United States of America, 106: 6060-6064.

Yang M J, Song Y C, Liu Y, et al. 2010. Influence of pore size, salinity and gas composition upon the hydrate formation conditions. Chinese Journal of Chemical Engineering, 18(2): 292-296.

Ye Y G, Liu C L, Liu S Q. 2004. Experimental studies on several significant problems related marine gas hydrate. High Technology Letters, 10: 352-359.

Young W S, Brooks C L. 1997. A reexamination of the hydrophobic Effect: exploring the role of the solvent model in computing the methane-methane potential of mean force. Journal of Chemical Physics, 106: 9265.

Zhang W, Wilder J W, Smith D H. 2002. Interpretation of ethane hydrate equilibrium data for porous media involving hydrate-ice equilibria. AIChE Journal, 48:2324-2331.

Zhang W, Wilder J W, Smith D H, 2003. Methane hydrate-ice equilibria in porous media. The Journal of Physical Chemistry B, 107: 13084-13089.

Zhang Z, Walsh M R, Guo G J. 2015. Microcanonical molecular simulations of methane hydrate nucleation and growth: Evidence that direct nucleation to SI hydrate is among the multiple nucleation pathways. Physical Chemistry Chemical Physics, 17(14): 8870-8876.

第三章 | 天然气水合物形成的热力学条件和动力学机制

第一节　水合物结晶生长动力学研究

一、TBAB水合物晶体形状及生长特性

1. 试验装置及方法

水合物生长过程研究是水合物形成、利用的重要基础，可以利用显微镜对四丁基溴化铵（TBAB）水合物的微观形貌及生长特性进行研究。实验装置包括4大部分（图3-1）：Carl Zeiss Axio Observer倒置显微镜为主体的用于水合物微观研究的显微及成像系统；低温恒温冷台，材料为不锈钢，可视区域为 $\Phi50mm\times30mm$；图像采集及处理系统，包括数码摄像机（Imaging MicroPublisher 5.0RTV）、电脑终端及图像处理软件（SimplePIC）；温度控制系统，包括恒温水浴（Huber−ministat 240，控温范围：$-40\sim40℃$，控温精确：0.01℃）、数据采集仪（Agilent，采样频率：次/10s）和自制热电偶（J型，测温精度0.1℃）。

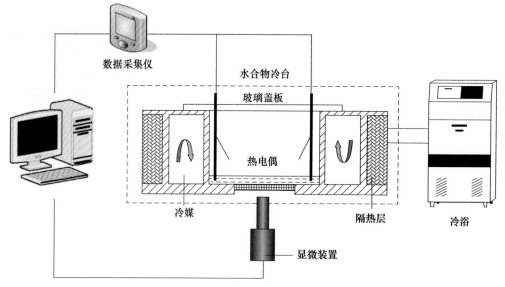

图3-1　TBAB水合物微观生长实验平台

实验所用材料为广州化学公司提供的99% TBAB和自制蒸馏水。将TBAB按质量分数32%配制为待用溶液。在实验前用蒸馏水将冷台反复清洗3次，并用32%的

TBAB 溶液冲洗两遍。打开控温系统，调节水浴温度，使冷台温度达到实验预设值 3℃。用量筒量取 10mL 32%TBAB 溶液加入冷台，观察 TBAB 水合物晶体生长情况，并随时记录。

2. TBAB 水合物晶体形状

图 3-2 为实验过程中观察到的 TBAB 水合物单晶形貌。从图 3-2 可以看到，TBAB 水合物单晶出现了四棱柱［图 3-2（a），图 3-2（b）］、六棱柱［图 3-2（c）］和八棱柱［图 3-2（d）］3 种形态。对于四棱柱型单晶，根据其端面不同又可分为凹面四棱柱［图 3-2（a）］和凸面四棱柱［图 3-2（b）］两种，其中四棱柱和八棱柱最为常见，六棱柱数量极少。

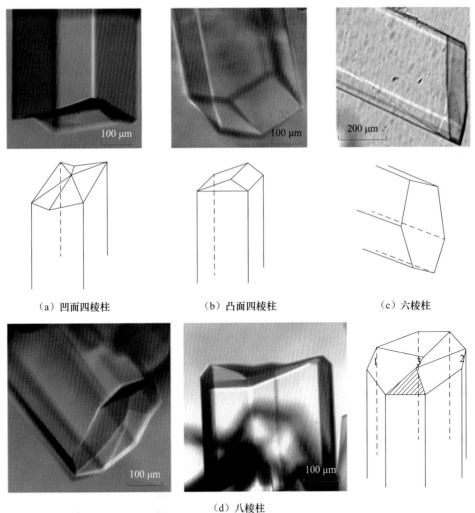

（a）凹面四棱柱   （b）凸面四棱柱   （c）六棱柱

（d）八棱柱

图 3-2　TBAB 水合物单晶形貌

3. 水合物生长特性

图 3-3 为生长过程中拍摄的 TBAB 水合物生长照片。从图 3-3 可以看到，在 TBAB

水合物生长的同一时刻，溶液中同时存在多种晶体形态，包括柱状的单晶、交叉晶体和簇状晶体。在生长不同时刻观察发现（统计结果）：在生长早期，以柱状单晶为主，交叉晶体数量次之，簇状晶体最少；在生长中期，柱状晶体、交叉晶体及簇状晶体数量接近；在生长晚期，以簇状晶体和交叉晶体为主，柱状单晶数量明显减少。说明在TBAB水合物晶体生长过程中，水合物晶体最初以单晶形式出现，随着溶液中单晶的生长和数量的增加，交叉晶体开始出现，最终发展为簇状晶体。

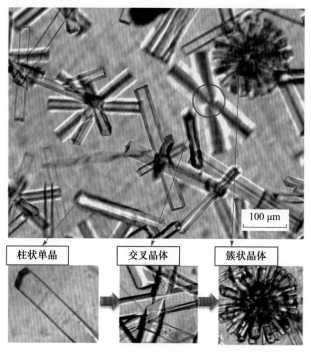

图 3-3　TBAB 水合物微观生长照片

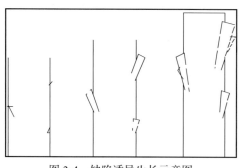

图 3-4　缺陷诱导生长示意图

　　在 TBAB 晶体生长过程中还发现，从单晶向交叉晶体或簇状晶体发展有两种情况：一是单晶在不断长大的过程中晶体表面出现缺陷，而后这些表面缺陷作为基面，诱导晶体继续生长（图 3-4），称为缺陷诱导生长，此诱因生长的晶体与母晶晶体形貌相同（同为四棱柱或八棱柱）；二是随着单晶不断出现，溶液中单晶数量不断增加，在单晶自由运动过程中，单晶之间或单晶与晶簇间发生碰撞而联结继续生长（图 3-5），称为嫁接生长，此诱因生长的晶体形貌各异。通常情况下，在同一单晶或晶簇上缺陷诱导和嫁接生长同时存在。

图 3-5 嫁接生长示意图

二、甲烷水合物膜厚度测量及膜生长研究

1. 实验装置和方法

天然气水合物成藏过程尤其是渗漏型水合物成藏涉及游离天然气气泡在海底沉积物层孔隙水悬浮上升形成水合物的过程，因此研究过冷水中悬浮气泡表面水合物形成过程对海底水合物成藏模拟及成藏动力学模型的建立具有非常重要的作用，气泡表面水合物生成速度包括水合物膜横向生长速度和厚度增长速度。本实验利用研究水合物生长动力学的方法，通过测定悬浮于静态水中的单个气泡表面被水合物覆盖的过程来表征水合物生长过程。由于气泡为静态，水合物在气液直接接触的界面上生成，基本没有传质阻力，生成速度仅取决于温度、压力条件，因而所得数据有较好的普遍性。利用这个方法，通过观测静止悬浮水相的单个气泡表面被水合物覆盖的过程来研究水合物生长过程，用单点触发的方法，水合物在气泡的顶点生成，沿气-液界面延伸生长，在膜横向生长过程中忽略传质阻力，利用该方法测定气体水合物膜生长速率、初始膜厚度，同时观察生长过程膜的形态。

实验所用装置如图 3-6 所示。实验装置中，放大系统与悬滴室可视窗垂直水平安装。高分辨率摄像系统与计算机相连，用于拍摄和储存数据照片。系统温度由 3 个高精度 Pt100 型铂电阻（精度 ±0.1K）测定，并由 3 个 Eurotherm 温度控制仪控制。系统压力由高精度 Heise 压力表测量（精度 ±0.25%），并由 RUSKA 死重压力仪校正。

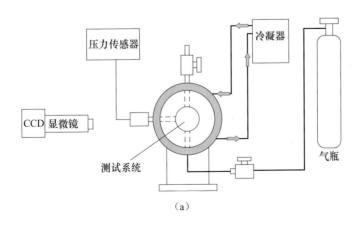

（a）

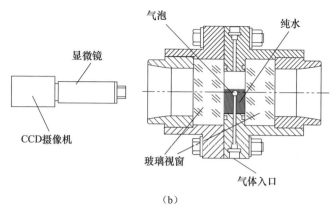

（b）

图 3-6　气体水合物膜生长研究装置示意图

2. 水合物膜生长形态

以往认为水合物膜可能处于气相也可能处于液相，或由于水合物的密度与水密度接近，水合物膜曾被认为部分处于液相部分处于气相，由图 3-7 可以看出，水合物膜完全处于液相，这将改变对水合物生长过程中传热和传质过程的理解。针对图 3-8 建立一个坐标系（图 3-9），在气液边界和生成的水合物层边界作平行的切线，两切线之间的距离即为水合物膜厚度。此外，调整显微镜物镜与水合物膜的距离，即可以清晰地观察气泡边缘的膜厚度和气泡表面的膜形貌。

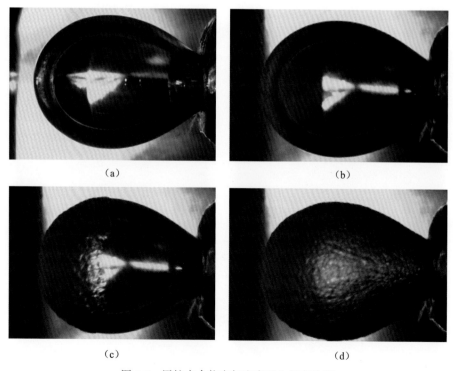

（a）　　　　　　　　　　　　　　　　（b）

（c）　　　　　　　　　　　　　　　　（d）

图 3-7　甲烷水合物在气泡表面生长实验图

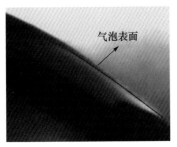

（a）274.0 K, 3.40 MPa

（b）276.0 K, 3.74 MPa

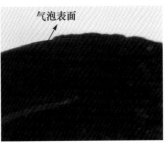

（c）278.0 K, 4.54 MPa

图 3-8 甲烷水合物膜在气液边界生长，水合物膜完全处于水相

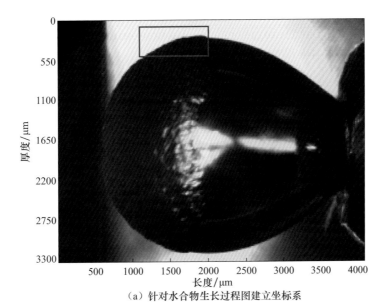

（a）针对水合物生长过程图建立坐标系

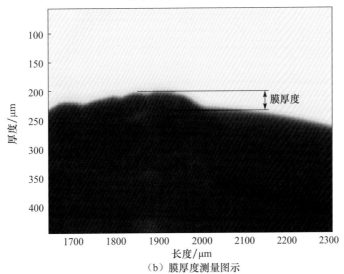

（b）膜厚度测量图示

图 3-9 水合物膜生长厚度测量示意图

3. 膜厚度计算

采用气体水合物膜生长研究装置，在悬浮气泡表面水合物膜横向生长过程中测量不同实验温度274.0K、276.0K、278.0K和过冷度下甲烷水合物的初始膜厚度。过冷度ΔT定义为$\Delta T = T_{eq} - T_{exp}$，其中$T_{exp}$为设置的水合物膜生长过程的实验温度，$T_{eq}$为实验压力下的水合物生成的平衡温度。实验结果见表3-1，可以看出，甲烷水合物的初始膜厚度随过冷度的增加而减小，当过冷度增加到3K时，厚度从几十微米减小到$10\mu m$左右，且初始膜厚度仅与过冷度有关，而与实验温度无关。许多研究者采用不同的理论模型计算水合物初始膜厚度的值，Freer等（2001）计算了甲烷水合物的初始膜厚度，此模型建立在传热和本征动力学的基础上，设定温度为274.15～277.15 K，当压力为3.55～9.06 MPa时，厚度从$5\mu m$减小到$2\mu m$。Taylor等（2007）采用显微镜观察了烃/水界面处水合物膜的生长和增厚过程，过冷度在3.5K、5.2K、7.5 K时，膜厚度为5～$12\mu m$，实验目的在于研究水合物膜完全隔绝气液接触后水合物膜的增厚速率，所给初始膜厚度在平面的气-液界面上测定，但此实验条件下并不能保证测定的为水合物初始膜厚度，因为不能排除水合物膜生成后继续增厚的影响。本次研究中，水合物膜在悬浮气泡表面横向生长过程时测定膜厚度，因此可以最大限度地减少水合物膜增厚生长的影响。甲烷水合物在10K过冷度时膜厚度为10～$20\mu m$，推动力即过冷度降低，水合物膜初始厚度增厚。

表3-1　不同温度和过冷度下采用悬浮气泡法测得甲烷水合物的初始膜厚度

T/K	$\Delta T/K$	$\delta/\mu m$	T/K	$\Delta T/K$	$\delta/\mu m$	T/K	$\Delta T/K$	$\delta/\mu m$
	0.5	85		0.6	40		0.7	35
	1.3	27		1.2	22		0.8	28
	1.5	21		1.8	17		1.2	25
	1.8	19		2.1	14		1.4	24
274.0	2.1	17	276.0	2.5	12	278.0	1.6	19
	2.3	16		3.1	10		1.8	17
	2.6	11		3.5	8		2.0	15
	2.9	10					2.3	11
	3.0	9						

水合物横向生长速率模型中，初始膜厚度与过冷度的关系被简单地假设为反比关系：

$$\delta = k/\Delta T \tag{3-1}$$

式中，δ为水合物的初始膜厚度；k为反比系数。根据这一关系，Peng和Robinson（1976）在热传导控制水合物膜横向生长的基础上得出膜生长动力学方程，此方程与水合物客体组成及水合物类型无关，即

$$\upsilon_f = \psi \Delta T^{5/2} \tag{3-2}$$

式中，υ_f为水合物膜横向生长速率；ψ为速率参数，式（3-2）与实验数据吻合得很好。换句话说，膜厚度与过冷度的反比关系符合实际情况，是一个合理的假设，在前期工作中由于不能确定水合物层在气相与液相的位置，根据水合物的密度与水的密度之间

的关系，Peng 和 Robinson（1976）假设水合物层悬浮于水相，并假设厚度 x 的水合物膜处于气相，剩余 $\delta-x$ 的水合物膜处于水相。结合实验结果计算发现，δ_w（假设水合物膜全部在水相，即 $x=0$）和 δ_g（假设水合物膜全部在气相，即 $x=\delta$）存在很大差异，这说明水合物的膜厚度与水合物膜所处位置有很大关系。本次研究发现水合物膜完全处于水相，即先前的假设 $x=0$。采用 Peng 和 Robinson（1976）的动力学模型，计算 0.5K $<\Delta T<$ 3.0K 时液膜厚度 δ_w 和参数 k_w（表 3-2）。

表 3-2　根据膜生长动力学模型计算的 δ_w 和 k_w

T/K	$\delta_w/\mu m$	$k_w/(10^{-5}m \cdot K)$	$\Delta T/K$
274.0	6.60～39.62	1.981	3.0～0.5
276.0	5.55～33.28	1.664	3.0～0.5
278.0	4.77～28.60	1.430	3.0～0.5

从表 3-2 可以看出，δ_w 与表 3-1 实验结果很接近，进一步证实水合物膜层全部处于水相。在此基础上，按照膜厚度与过冷度的反比关系拟合反比系数 k（表 3-3），拟合所得参数比模型计算结果偏大。从图 3-10 可以看出，拟合的曲线与实验点结合得很好，这也说明式（3-1）能够准确描述膜厚度与过冷度之间的关系。

实验膜厚度测量的实验结果总体上比传热模型计算的结果偏大，原因可能有如下两点：①在传热模型中，水合物膜形状被简化为半圆形，因此面积比实际类似多边形不规则水合物膜的面积要小，导致传热面积减少；②水合物的膜实际上是多孔的，类似于多孔介质，而假设中很明显是光滑的，导致理论传热面积的减少。实验中的水合物膜的传热效率高于模型计算中使用的传热效率，就使实验观测的水合物的膜厚度更大。

表 3-3　根据式（3-1）拟合的反比参数 k

T/K	$k/(10^{-5}m \cdot K)$	R_2
274.0	2.64	0.9860
276.0	2.56	0.9849
278.0	3.20	0.8984

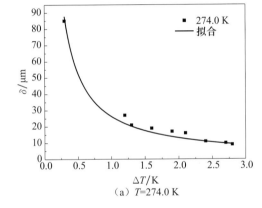

（a）$T=274.0$ K

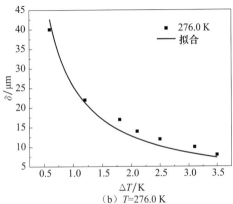

（b）$T=276.0$ K

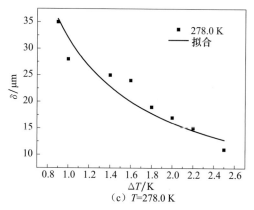

（c）T=278.0 K

图 3-10　不同温度下甲烷水合物膜厚度与过冷度的变化关系

初始膜厚度越厚，甲烷水合物膜表面越粗糙，覆盖在气泡表面的水合物膜的形态越能准确地传递出水合物膜厚度、生长速率等信息，也反映其生长的实验条件。

4. 甲烷水合物晶体三维生长模式

在测量初始膜厚度的同时，观察不同实验条件下甲烷水合物晶体的三维生长模式。实验观察到多边形的单个晶体的生长过程（图 3-11 和图 3-12），多边形水合物晶体在膜边缘出现后，水合物晶体的底面由于与气相接触开始在气泡表面延伸生长，晶体边缘同时与气相和水相接触，其生长不受传质过程控制。很明显，多面体底面的生长对应水合物膜的横向生长速率，但水合物的上底面在晶体生长之后就停止生长，原因是上底面与气相没有接触，水合物的生长被限制在下底面，这是水合物晶体的二维生长。实际上，水合物晶体在横向生长的同时也在增厚生长，晶体从开始的平面多边形变成具有一定厚度的多面体，但横向生长的速率远大于增厚生长，当新的晶体出现时［图 3-11（g）和图 3-12（e）］，增厚生长停止，随后新晶体开始生长。尽管在膜横向生长的过程中，膜在气-液界面形成一个小台阶，代表初始膜厚度，但在横向生长的同时，水合物膜具有自身增厚的过程，这是水合物晶体的三维生长过程。这一过程可以从图 3-11 和图 3-12 生长过程的相似性看出，水合物晶体的增厚受一个特定的机理控制，需要进一步的研究来解释这一机理如何影响晶体的微观生长形态。

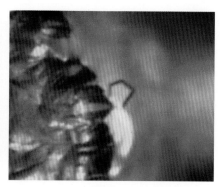

（a）初始状态　　　　　　　　　　　（b）t=t_0

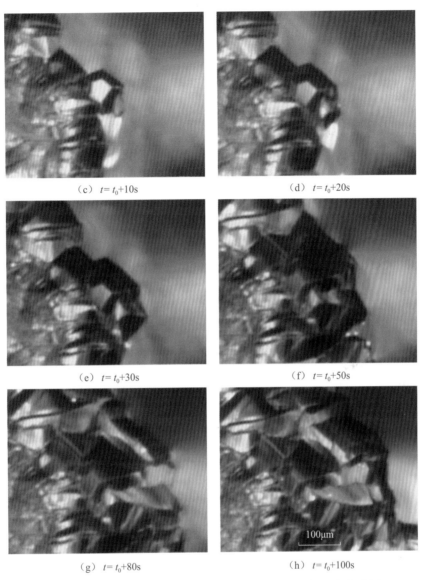

（c）$t=t_0+10$s　　　　　　　（d）$t=t_0+20$s

（e）$t=t_0+30$s　　　　　　　（f）$t=t_0+50$s

100μm

（g）$t=t_0+80$s　　　　　　　（h）$t=t_0+100$s

图3-11　276.0K、3.70MPa下甲烷水合物晶体在的横向生长与增厚

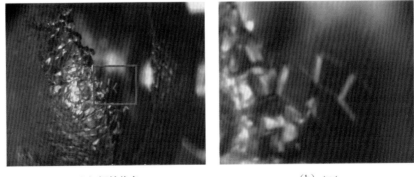

（a）初始状态　　　　　　　　（b）$t=t_0$

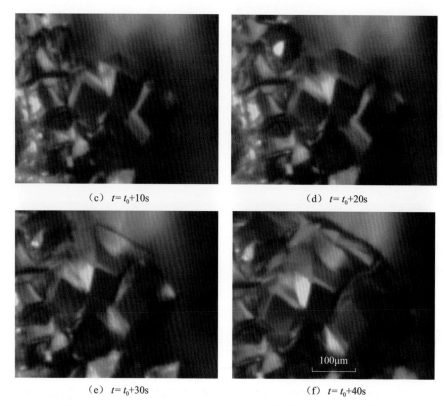

（c）$t=t_0+10s$ 　　　　　　　　　（d）$t=t_0+20s$

100μm

（e）$t=t_0+30s$ 　　　　　　　　　（f）$t=t_0+40s$

图 3-12　276.0K、3.80MPa 下甲烷水合物晶体的横向生长与增厚

第二节　水合物形成动力学实验与理论

一、水合物形成动力学过程及理论

1. 水合物形成过程

水合物的动力学研究可分为宏观动力学和微观动力学两大类。20 世纪 80 年代以来，Bishnoi 所在的实验室对水合物的形成和分解动力学进行了一系列的研究，受到许多国家水合物研究工作者的重视。近年来，我国科学家在水合物动力学的研究方面也取得一些成就。

水合物的形成过程由溶解、成核和生长过程组成（图 3-13）。晶核的形成比较困难，一般包含一个诱导期，且诱导期具有很大的不确定性、随机性。当过饱和溶液中的晶核达到某一稳定的临界尺寸时，系统将自发进入水合物快速生长期。

图 3-14 给出了水合物形成的微观机理假设。

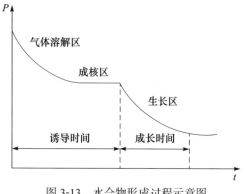

图 3-13　水合物形成过程示意图

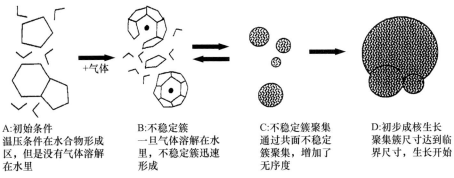

A:初始条件
温压条件在水合物形成区，但是没有气体溶解在水里

B:不稳定簇
一旦气体溶解在水里，不稳定簇迅速形成

C:不稳定簇聚集
通过共面不稳定簇聚集，增加了无序度

D:初步成核生长
聚集簇尺寸达到临界尺寸，生长开始

图 3-14　水合物形成的自催化反应机理

图 3-14 描述了水分子从 A 经过亚稳态 B 和 C 到稳定的核 D 的过程，D 能够长成大的水合物颗粒。在这个过程的初期（A），液态水和气体均存在在一个系统里，两相相互作用，形成大小簇（B），类似于 SI、SII 水合物结构中的笼。在 B 期间，笼易变化不稳定，能够存在相对较长的时间，但不稳定。这些笼可能消失，也可能生长成水合物晶胞，或水合物晶胞聚集在一起（C）形成亚稳态的核。在 C 时，这些亚稳态的晶胞接近临界尺寸，在随机过程中可以生长也可以消失。这些亚稳态的核和像笼的液体处于准平衡状态，直到达到临界尺寸（D）。达到临界尺寸后晶体迅速生长，当被加热时，稳定的水合物晶粒分解，到达或超过水合物的分解点时，在水中仍然有易变化的微观物种，尺寸介于几倍的水合物晶胞（C）和 B 之间。当热能高于离解点一定水平时，这种剩余的结构才能存在。只要温度保持在上边界点以下，这种结构的存在会使连续操作时初始成核时间（诱导期或亚稳态）减少。一旦超过温度上限（约 30℃），这种剩余结构就不存在了，且不会促进水合物的形成。

水合物形成假设机理也可以表示成一个形成分解的物理现象。图 3-15 为用温度压力示踪法进行的典型含气-水系统的等容实验。起始点为 A，系统被常速冷却到能观察到水合物的形成，也就是压力大幅度下降的地方（B），是水合物相中气体浓度降低引起压力降低。在能够检测到水合物的形成之后，系统温度保持不变（B→C），直到水合物快速形成中止，然后以一定的速率缓慢加热系统使水合物分解（C→A）。点 D 对应没有亚稳态结构存在的水合物形成时的温度和压力，有剩余结构存在时，对应的温度压力出现在 D 点右侧。点 A、点 B 之间有大量的亚稳态水合物存在，液气相相互作用形成固态水合物。

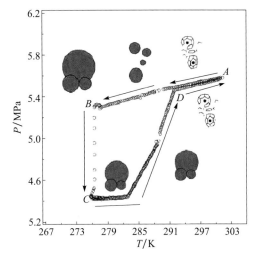

图 3-15　温压迹线显示水合物形成机理

2. 水合物形成动力学

由于成核过程具有较高的不确定性，更多的学者把研究的重点放在晶体增长阶段。通

常增长动力学的研究指气体在水溶液（纯水或含电解质或抑制剂的水溶液）中生成水合物。

Vysniauskus 和 Bishnoi 最早探索水合物的形成，在一个恒温、恒压的半间歇式反应釜中对甲烷和乙烷水合物的生成进行实验。结果表明，总的气体消耗速率是温度、压力和临界晶粒浓度的函数，在等温条件下，反应速率的对数值与压力呈线性关系。根据实验数据拟合的反应速率方程为

$$r = Ae^{-E_a/(RT)} e^{-a/\Delta T^b} P^\gamma \tag{3-3}$$

式中，r 为反应速率；A 为指前因子；ΔE_a 为反应活化能；γ 为总的反应速率对压力的指数；a 和 b 为常数。该模型有一个很严重的缺陷，即用宏观动力学描述一个微观反应。

Mork 和 Gudmundsson 在一个 9L 的连续搅拌式反应器（CSTR）中对水合物的生成速率进行研究。反应中能量的消耗量由改变搅拌叶轮的速率间接控制。标准形态的 CSTR 在理想条件下的液体的能量消耗为

$$P = N_{p,o} N^3 D_1^5 \tag{3-4}$$

式中，P 为消耗的能量；$N_{p,o}$ 为能量参数；N 为搅拌浆的转速；D_1 为搅拌浆的直径。气液系统消耗的能量可从式（3-4）导出。实验数据表明，气体的消耗速率和压力及气体的表观速率都呈线性关系。过冷度和能量的消耗是气体消耗速率的非线性函数，但这种关系随过冷度的增加和能量的消耗而减弱。根据实验数据，建立 CSTR 反应器中甲烷水合物生成的半经验关联式：

$$q = kpv_{SG}(P_{MG} + P_O)^a \Delta T^b \tag{3-5}$$

式中，P_{MG} 为叶轮消耗的能量；P_O 为其他形式消耗的能量；v_{SG} 为表观气体速率；k、a、b 为常数；p 为压力。该模型第一次在水合物生成模型中引进能量消耗的参数，有一定的工业应用价值。

基于双膜理论和结晶理论，Englezos 等（1987a，1987b）提出一个水合物增长的动力学模型。该模型认为水合物的生成过程首先是溶解的气体由气相主体扩散到晶体和水界面处的液膜层，通过吸纳，气体分子和水分子结合形成晶体。为了模拟该过程，假设水合物晶粒为圆形，且液膜层的外表面和内表面相等，气体在扩散层内没有积累。每一个晶粒的增长速率为

$$(dn/dt)_p = K^* A_p (f - f_{eq}) \tag{3-6}$$

式中，f 为逸度；n 为气体的消耗量；A_p 为气液接触面积；f_{eq} 为平衡态逸度；K^* 为反应动力常数。

所有晶粒的总反应速率 $R_y(t)$ 为

$$R_y(t) = \int_0^\infty (dn/dt)_p \Phi(r,t) \tag{3-7}$$

式中，$\Phi(r,t)$ 为 t 时刻晶粒的粒径分布。双膜理论用来描述气体在气-液界面的吸附，而粒数衡算用来描述晶粒直径大小的瞬态分布。数学求解的结果为两个相关联的微分方程式：

$$\frac{dn}{dt} = \left(\frac{D^* \gamma A_{(g-1)}}{y_L}\right) \frac{(f_g - f_{eq})\cos\gamma - (f_b - f_{eq})}{\sin\gamma}$$

$$\frac{\mathrm{d}f_{\mathrm{b}}}{\mathrm{d}t} = \frac{HD^*\gamma a}{c_{\mathrm{w0}}y_{\mathrm{L}}\sin\gamma}\Big[(f_{\mathrm{g}}-f_{\mathrm{eq}})-(f_{\mathrm{b}}-f_{\mathrm{eq}})\cos\gamma\Big] - \frac{4\pi K^*\mu_2 H}{c_{\mathrm{w0}}}(f_{\mathrm{b}}-f_{\mathrm{eq}}) \tag{3-8}$$

式中，D^* 为气体扩散系数；$A_{(\mathrm{g}-1)}$ 为气液接触面积；f_{g} 为气相逸度；H 为亨利常数；C_{w0} 为水分子的初始浓度；y_{L} 为水合物膜的厚度；f_{b} 为液相逸度；μ_2 为某时刻的晶体分布。

该模型对实验数据分析的结果显示，每秒钟每个晶粒的气体消耗速率和过饱和度及晶粒的表面积成正比关系，而温度对速度常数的影响较弱。

Skovborg 和 Rasmussen（1994）详细研究了 Englezos（1987a，1987b）的模型，认为：①二次成核常数 a_2 很小，建议忽略二次成核的影响。因此所有的晶粒都是同样大小且以相同的速率增长，粒数平衡的计算可以从模型中去掉；②总反应速率常数 K^* 太高，可能是由 k_{L}（通过液膜层的传质系数）的计算误差引起的。原因在于 k_{L} 是在气体的溶解平衡（没有水合物生成）条件下求得的，而 $50\%k_{\mathrm{L}}$ 的误差将导致 K^* 两个数量级的差别。

基于以上两个原因，对原模型进行简化，认为气体从气相主体到液相主体的传递是水合物生成速率的控制步骤，并假设：①水溶液中水与溶解的气体和水合物晶粒呈相平衡；②在气相和液相的界面上两相平衡；③气体通过气-液界面到液相主体的扩散用单膜理论描述。这样，气体的传递速率，即总的气体消耗速率可用如下的方程式描述：

$$\frac{\mathrm{d}n}{\mathrm{d}t} = k_{\mathrm{L}}A_{(\mathrm{g}-1)}c_{\mathrm{w0}}(x_{\mathrm{int}}-x_{\mathrm{b}}) \tag{3-9}$$

式中，k_{L} 为反应动力学常数；x_{int} 为气液平衡时界面水中气体的浓度；x_{b} 为有水合物存在时液相主体的水中气体的浓度。

该模型很容易推广到多组分气体水合物生成的体系中

$$\frac{\mathrm{d}n_{\mathrm{tot}}}{\mathrm{d}t} = \sum_{i=1}^{\mathrm{NG}}\frac{\mathrm{d}n_i}{\mathrm{d}t} = c_{w0}\sum_{i=1}^{\mathrm{NG}}k_{\mathrm{L}}^i A_{(\mathrm{g}-1)}(x_{\mathrm{ints}}^i-x_{\mathrm{b}}^i) \tag{3-10}$$

式中，NG 为总的气体组分数；x_{ints} 为初始气体组分浓度；n_{tot} 为气体消耗总量；i 为不同的气体组分。

简化的 Skovborg-Rasmussen 模型是最适合的数学处理方式，但该模型的计算需要快速计算工具，另外该模型对驱动力的误差很敏感，如 x_{int} 或 x_{b} 的 5% 的误差将导致 20% 和 14% 的总计算误差。由于用单膜理论描述通过界面的传质，该模型的理论特征弱于经验特征。Lekvam 和 Ruoff（1997）从化学反应的角度对甲烷水合物的增长过程进行研究，并对生成机理作如下的描述：

$$CH_4(g) \xleftrightharpoons[k_{-1}]{k_1} CH_4(aq) \tag{3-11}$$

$$fCH_4 + hH_2O \xleftrightharpoons[k_{-2}]{k_2} N \tag{3-12}$$

$$N \xleftrightharpoons[k_{-4}]{k_3} H \tag{3-13}$$

$$N \xleftrightharpoons[k_{-4}]{k_4[H]} H \tag{3-14}$$

$$fCH_4 + hH_2O \xleftrightharpoons[k_{-5}]{k_5} H \tag{3-15}$$

式（3-11）描述甲烷溶于水相的过程；式（3-12）描述晶核的形成过程；式（3-13）

描述 N 缓慢生成（非催化）宏观的甲烷水合物晶体 H 的过程；式（3-14）和式（3-15）为自催化过程（H 为催化剂），表示由核 N 或由水直接与溶解的气体反应生成水合物晶体。反应达到平衡时可建立反应动力学的方程式。

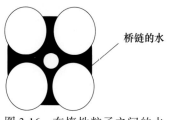

图 3-16　在惰性粒子之间的水分子桥链示意图

桥链的水

在晶体增长的初期，模型模拟的结果与实验结果很相符。但该模型只能算是生成机理的简单描述，有待进一步完善和发展。

很多学者坚持认为水合物主要在气-液界面生成，因而把精力集中在界面水合物生成的动力学上。Weimer 等（1998）采用加入规整堆放惰性粒子的方法得到气-液界面生成水合物的动力学结果（图 3-16），其中空心圆为惰性的玻璃球，阴影部分为玻璃球间桥链的水。

在模拟时忽略气相传质与传热，并假设水均匀地分布在反应床上，每个桥连的水量相同，得到的数学模型为

$$\ln\left(\frac{c_g - c_g^{eq}}{c_{g,0} - c_g^{eq}}\right) = -\frac{KA}{HV_g}t \tag{3-16}$$

式中，K 为动力学常数；c_g 为气体浓度；$c_{g,0}$ 为初始时候气体浓度；c_g^{eq} 为平衡态时气体浓度；V_g 为气相体积。根据堆积方式，可以得到总的界面面积 A

$$A = W\frac{3C\pi}{4a\rho}\frac{(\pi/2 - 2\theta)}{\pi/2}\tan 2\theta(1 - \cos 2\theta) \tag{3-17}$$

式中，W 为孔隙率；a 为边长；ρ 为沉积物堆积密度。

该模型基于传质理论得到，而且提出一种获得界面生成水合物的本征动力学数据的方法，为更准确地试验提供基础。

Kvamme 等（1993）提出水合物在气相侧的界面生成，并认为这与 NMR 的结果一致。Kvamme 认为在微观上水面是不平坦的，而是包含波纹、微孔甚至微小的气泡。气体甚至可能短时间被吸附在连续变化的水界面上。气体的存在同样对动态的水界面的结构产生影响。水表面的另一个特征是即使总的水分子的平均化学势恒定，但不同水分子的化学势却不相同，甚至在不同时间同一个分子的化学势也不尽相同。

因此 Kvamme 提出把水合物的初始阶段描述为表面吸附过程。该模型提出在水、天然气和水合物系统中发生变化（生成水合物）的功为

$$W = \int\left[\Delta h(\vec{r}) - T\Delta S(\vec{r})\right]d\vec{r} = \kappa\left(R_H^3\Delta h_0 - R_s^3 T\Delta S_0\right) \tag{3-18}$$

式中，κ 为水合物生成初始阶段单个颗粒未被覆盖单位球体积；R 为气体常数；h 为焓；S 为熵；下标 0 表示初始状态；R_H 为生成水合物层的半径；R_s 为水合物亚层的半径。因此相应的水合物生成速率为

$$J = J_0 \exp(-\beta W^*), \qquad J_0 = \frac{\rho^{L^2}}{\rho^H}\left(\frac{2\gamma}{\pi m}\right)^{\frac{1}{2}} \tag{3-19}$$

式中，β 为玻尔兹曼的分子单位的恒定时间温度的倒数；w^* 为水合物相变时需要的功；m 为水合物的质量；ρ 为密度；上标 L、H 分别为液相、水合物。各相的焓和熵可以从经典的热力学理论中求得，即

$$\overline{h_i} = -RT^2 \frac{\partial(\mu_i/RT)_{P,\overline{N}}}{\partial T}, \qquad \overline{s_i} = -\frac{\partial(\mu)_{P,\overline{N}}}{\partial T} \tag{3-20}$$

式中，$\overline{h_i}$ 为某一组分 i 的部分摩尔焓；$\overline{s_i}$ 为某一组分 i 的部分摩尔熵；下标 P 为压力，N 为该组分摩尔数。

水合物的化学势由下式求得

$$\mu_w^H(T,P,\vec{\theta}) = \mu_w^{H0} + RT\sum_{j=1}^{j=2} v_j \ln\left(1 + \sum_{p=1}^{p=i_j} a_{pj}\right) \tag{3-21}$$

式中，θ 为不同组分在不同空穴中的填充率；v_j 为水合指数；a_{pj} 为 p 气体在 j 孔穴中的比率的函数；μ_w^{H0} 是空的水合物晶格的化学势。

Kvamme 分别按水合物朝气相和液相生长进行模拟，发现按朝气相生成的模拟与 NMR 的结果更相近。

二、水合物形成动力学实验

1. TBAB 水合物生长动力学

研究水合物生成动力学的实验装置可分为两类：一类是以 Makogon 博士和 Holder 教授各自实验室为代表的固定界面（气-水或气-冰）型装置，另一类是以加拿大 Bishnoi 教授的实验室为代表的湍动界面（气-水）型装置（半间歇搅拌釜式反应器）。一个完整的水合物生成过程包括溶解、成核、生长 3 个阶段。在生成过程中液相要经历一个热力学上称为亚稳态的过饱和状态。一般说来，过饱和状态持续的时间（通常用诱导时间表示）的长短决定水合物能否生成及生成的快慢。影响过饱和状态持续时间的因素有搅拌速率、过冷度等。

TBAB 水合物晶体的生长是各向异性的，轴向生长快，径向生长速度缓慢。对 TBAB 水合物晶体的生长过程进行原位拍摄，可实现对晶体生长过程的观察。图 3-17 为一组 TBAB 水合物生长前后的叠加照片，1、2、3 分别标出三个晶体生长前后的端面位置。从照片可以明显看到 TBAB 水合物晶体沿轴向生长。在生长的不同阶段，水

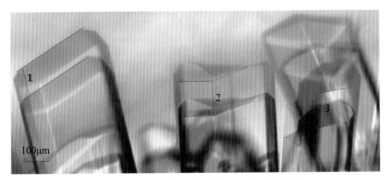

图 3-17　TBAB 水合物晶体生长前后叠加图

合物晶体的生长速度也有所差异。记录不同时刻晶体的生长，可以得到在一定时间内 TBAB 晶体生长的长度（图 3-18）。

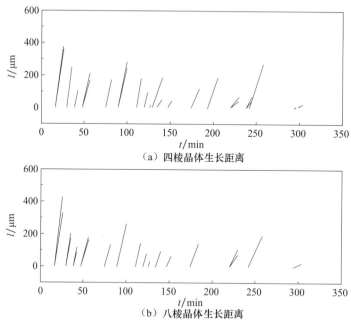

（a）四棱晶体生长距离

（b）八棱晶体生长距离

图 3-18　TBAB 水合物晶体长度

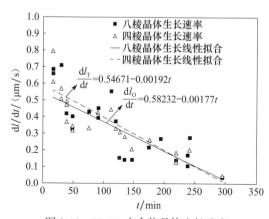

图 3-19　TBAB 水合物晶体生长速度

dl_T/dt 表示四棱晶体的生长速度；dl_O/dt 表示八棱晶体的生长速度

由于生成的六棱柱晶体极少，其生长过程未拍摄到。因此，主要针对四棱晶体和八棱晶体进行生长动力学分析。图 3-18 为拍摄时间内四棱晶体和八棱晶体的生长长度，一条直线表示一个晶体长度随时间的变化，故每条直线的斜率代表该晶体的生长速度。根据不同时间 TBAB 水合物晶体生长长度 l 可计算出晶体生长速度 dl/dt，其中 t 为时间。将拍摄时间内的晶体生长视为匀速，可获得晶体平均生长速度（图 3-19）。

如图 3-19 所示，四棱晶体和八棱晶体的生长速度随时间增大而减慢。水合物生长初期，四棱晶体最大生长速度为 0.7893μm/s，八棱晶体的最大生长速度为 0.7104μm/s。随后，两种晶体生长速度呈线性降低，至 300min 时，四棱晶体、八棱晶体生长速度分别降低至 0.0354μm/s、0.0410μm/s。Shimada 等（2005）在其报道中指出 TBAB 晶体的生长速度 V_1（单位：mm/h）与过冷度 ΔT 的关系为

$$V_1 = 0.737 \Delta T^{2.59} \tag{3-22}$$

依据这一关系，本研究中晶体在 10 ℃ 条件下的生长速度（0.0354～0.7893 μm/s）

较小。显然，造成这种差别的原因主要是本书中 TBAB 溶液浓度明显低于文献报道的溶液浓度。晶体生长过程中浓度影响质量传递，从而影响晶体生长的速度，这也是造成生长速度变化的原因。

从图 3-19 通过线性拟合可得四棱 TBAB 水合物晶体、八棱 TBAB 水合物晶体的生长速度表达式（3-23）：

$$\frac{\mathrm{d}l}{\mathrm{d}t} = k(c^{1/3} + C)^n \tag{3-23}$$

式中，k 为结晶速率常数；t 为结晶时间；C 为与水合物形成环境有关的常数，本书中主要受浓度影响；n 为反应级数，反应级数是反应浓度变化对反应速率影响程度的常数；c 为溶液浓度，溶液浓度随时间变化而变化。图 3-20 为不同时刻水合物生长过程中 TBAB 的浓度。溶液浓度 c 随水合物生长时间 t 的增加而逐渐降低，拟合得到浓度随时间的变化关系为

$$c = 31.95897 - 0.02118\,t + 0.00008\,t^2 - 1.4124 \times 10^{-7} t^3 \tag{3-24}$$

将式（3-24）代入式（3-23），最终可得：①四棱柱晶体：$k_T = 23.1250$；$C_T = -0.6619$；$n_T = 0.9251$；②八棱柱晶体：$k_O = 17.0780$；$C_O = -0.6618$；$n_O = 0.8686$。

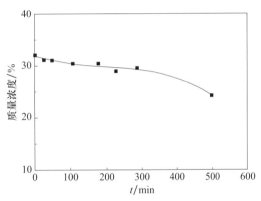

图 3-20　TBAB 水合物生长过程溶液浓度变化

可见，四棱柱晶体的结晶速率常数大于八棱柱晶体的结晶速率常数，即 $k_T > k_O$，由反应动力学基本理论可知，四棱体比八棱体具有更高的平衡生长温度，且相同条件下具有更快的生长速度。由图 3-20 可知，随 TBAB 溶液浓度的降低，四棱晶体的生长速度比八棱晶体降低得快，受反应级数 n 影响。显然，四棱晶体的反应级数大于八棱晶体，说明四棱晶体生长速率受浓度变化的影响更大，因此，当浓度降低时，四棱晶体的生长速度降低得更快。依据式（3-23），这里计算浓度为 40wt% 时 TBAB 晶体的生长速度，与 Shimada 等（2005）研究中提供的数据比较接近。

2. 乙烷水合物在盐溶液中生成动力学

在水合物生成实验中，典型的实验结果如图 3-21 所示。从实验开始时刻 t_0 到时刻 t_s，高压釜中的气相从初始 P_0 至热力学平衡压力 P_e，这一区域为"溶解区"。从时刻 t_s 到时刻 t_r，气相压力变化不明显，这一区域通常被称为"成核区"，溶解和成核对于实际水合物生成过程而言是同步进

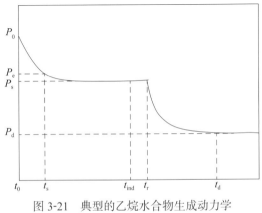

图 3-21　典型的乙烷水合物生成动力学
实验 P-t 关系图

行的。从时刻 t_0 到液相变混浊的时刻 t_{ind} 所经历的时间通常称为"诱导时间"，液相变混浊的时刻通常出现在气相压力再次开始下降前十多分钟。从时刻 t_r 到生长阶段结束时刻 t_d，气相压力从 P_s 持续下降至 P_d 后趋于稳定，即"生长阶段"。由于生长阶段末期界面漂浮大量的水合物晶体，在一定程度上影响气液相之间的传质，压力下降速度变缓。

实验测定搅拌情况下 10%MgCl$_2$ 水溶液中乙烷水合物累积耗气量随时间的变化。分别考察搅拌情况下 10%MgCl$_2$ 水溶液中温度和压力等因素对 C$_2$H$_6$ 水合物生成的影响。实验温度为 $-1℃$，初始进气压力为 2.0MPa，实验结果如图 3-22 所示。

图 3-23 和 3-24 分别表示初始进气压力为 2.0MPa 和 2.4MPa 时，生成温度对乙烷气体消耗量随时间变化的影响。Knox 等（1961）指出，过冷度是影响水合物生成的一个重要因素，因为水合物的生成是放热反应，反应温度越低，水合物生成的过冷度（$\triangle T = T_e - T$）越低，有利于反应进行。由图 3-23 和 3-24 可以看出，在相同的压力和搅拌速率条件下，温度较低的实验，诱导时间明显变短，乙烷水合物的生成速度加快。

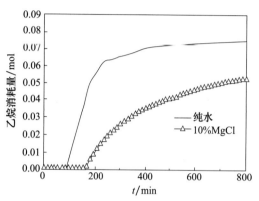

图 3-22　10%MgCl$_2$ 水溶液中乙烷水合物累积耗气量随时间变化示意图

$T=-1℃$；$P=2.0$MPa

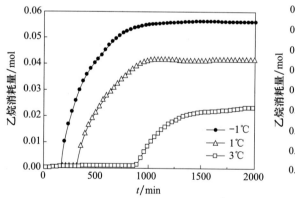

图 3-23　温度对乙烷水合物累积气体消耗量的影响（$P=2.0$MPa）

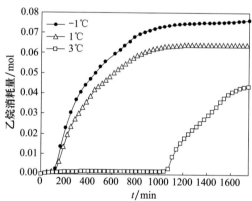

图 3-24　温度对乙烷水合物累积气体消耗量的影响（$P=2.4$MPa）

图 3-25 和图 3-26 分别表示在 1℃ 和 3℃ 时不同初始进气压力对乙烷水合物耗气量随时间变化的影响。由图 3-25 可以看出，随着压力的增加，初始阶段水合物的生成速度加快，诱导期逐渐缩短，因为压力增加，水合物的生成推动力 $\Delta f = f - f_{eq}$ 增加。

由图 3-26 可以看出，随着压力的增加，水合物生成诱导期不缩短，反而延长了 172.5min，但初始阶段水合物的生成速度加快。

图 3-27 表示 MgCl$_2$ 质量浓度对乙烷水合物生成诱导时间的影响。可以看出，随着 MgCl$_2$ 浓度的增大，水合物的生成诱导时间变长，如实验条件为 $-1℃$、2.4MPa 时，由

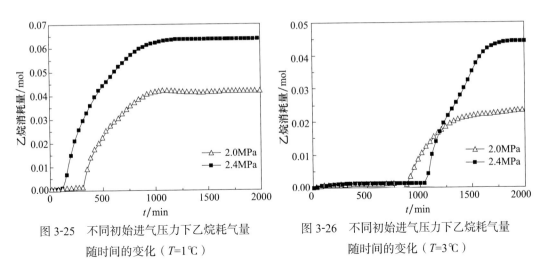

图 3-25 不同初始进气压力下乙烷耗气量
随时间的变化（$T=1℃$）

图 3-26 不同初始进气压力下乙烷耗气量
随时间的变化（$T=3℃$）

2.34% 的 79.2min 升到 10% 的 106.1min。当实验温度为 $-1℃$ 时，随着 $MgCl_2$ 溶液浓度的增大，溶液对水合物生成产生的抑制效果总体趋势会增强，但效果不明显。而当实验温度设定在 $3℃$ 时，抑制效果非常明显，如在实验压力为 2.4MPa 时，水合物生成诱导时间由 2.34% 的 108.3min 升到 1026.2min。从图 3-27 的结果还可以看出，溶液浓度较低时，抑制效果并不明显。

图 3-28 为实验条件为 $3℃$、2.4MPa 时，$MgCl_2$ 浓度对乙烷水合物累积耗气量随时间变化的影响。

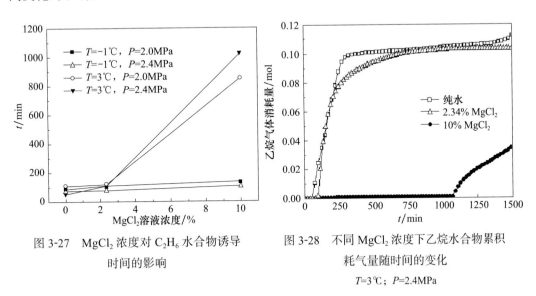

图 3-27 $MgCl_2$ 浓度对 C_2H_6 水合物诱导
时间的影响

图 3-28 不同 $MgCl_2$ 浓度下乙烷水合物累积
耗气量随时间的变化
$T=3℃$；$P=2.4MPa$

由图 3-28 可知，随着 $MgCl_2$ 浓度的增加，水合物初始阶段生成速度减缓，低浓度 $MgCl_2$ 溶液比高浓度更快达到反应平衡，因为 $MgCl_2$ 浓度越高，反应后期溶液中盐效应的抑制作用越大，导致水的转化率越低。由图 3-28 还可以看出，浓度为 2.34% 时的水合物初始阶段生成速率几乎与纯水体系相等，说明低浓度的 $MgCl_2$ 溶液对水合物生成

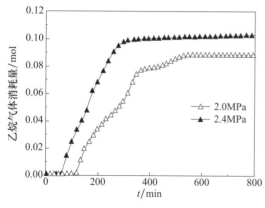

图 3-29 10%NaCl 中乙烷水合物累积耗气
量随时间变化示意图

T=-1℃，P=2.0MPa

速度影响效果很小。

实验测定搅拌情况下 10%NaCl 水溶液中乙烷水合物累积耗气量随时间的变化关系。分别考察搅拌情况下 10%NaCl 水溶液中温度和压力等因素对乙烷水合物生成的影响。实验温度为 -1℃，初始进气压力为 2.0MPa，实验结果如图 3-29 所示。

在一定温度和压力下，实验测定了 NaCl 溶液中乙烷水合物生成动力学数据，浓度范围 2.34wt%～10wt%，考察 NaCl 浓度对水合物的诱导时间、生成速度的影响。实验结果如图 3-30 和图 3-31 所示。

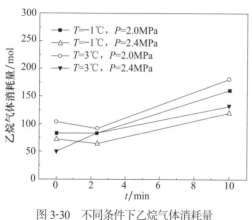

图 3-30 不同条件下乙烷气体消耗量

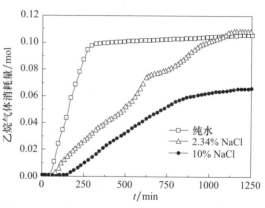

图 3-31 不同 NaCl 浓度下乙烷水合物累积耗气量随时间的变化

T=3℃；P=2.4MPa

张金峰（2003）通过实验研究甲烷水合物在不同体系中的生成动力学，发现当抑制剂（甲醇或 NaCl）的浓度低于 3wt% 时，抑制剂的抑制效果并不明显，设定压力和搅拌速率相同时，在抑制剂存在条件下的甲烷水合物生成诱导时间反而缩短，从而认为当抑制剂浓度小于 3wt% 时，抑制剂的存在不仅不能抑制水合物的生成，反而在一定程度上促进水合物的生成。

三、甲烷－二氧化碳混合水合物形成分子动力学

1. 模型和模拟方法

模拟体系的初始构型为两相体系，包括一个水合物相和一个溶液相（图 3-32）。模拟体系中 CH_4-CO_2 混合水合物由 2×3×3 的 SI 型 CH_4-CO_2 水合物超晶胞组成，包含 828 个水分子，36 个 CH_4 分子填充于 5^{12} 小笼、108 个 CO_2 分子填充于 $5^{12}6^2$ 大笼。

CH$_4$-CO$_2$ 混合水合物中的水分子的氧原子位置来源于 SI 型水合物 X 单晶衍射结果。水分子中的氧原子和氢原子位置满足 Bernal-Fowler 规则 (Bernal and Fowler, 1933)。模拟体系的溶液相包含 2484 个水分子，所含的 CH$_4$ 和 CO$_2$ 分子数量取决于溶液相的初始组成。x_{CO_2}=75% 体系的液相含有 87 个 CH$_4$ 分子和 260 个 CO$_2$ 分子，x_{CO_2}= 为 CO$_2$ 分子在溶液相中的干基浓度，即 $n(CO_2)/[n(CO_2)+n(CH_4)]$；$x_{CO_2}$=50% 体系的液相含有 173 个 CH$_4$ 分子和 173 个 CO$_2$ 分子；x_{CO_2}=25% 体系的液相含有 260 个 CH$_4$ 分子和 87 个 CO$_2$ 分子。在 3 个体系中，水合物相和溶液相间的界面垂直于模拟盒子的 X 方向。

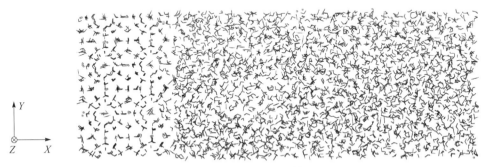

图 3-32　模拟体系初始构型

绿色球体表示 CH$_4$ 分子；H$_2$O 和 CO$_2$ 分子显示为棒状模型

分子动力学模拟采用 LAMMPS 软件运行。运用 Velocity Verlet 算法积分原子的运动方程。水分子采用 TIP4P 模型，通过 SHAKE 算法控制水分子的键长、键角；CO$_2$ 分子采用 EPM2 模型；CH$_4$ 分子采用单点模型，势能参数见表 3-4。运用标准的 Lorentz-Berthelot 混合规则计算不同种类原子之间的相互作用。Nose-Hoover 恒压的弛豫参数为 0.1ps (Hoover, 1985)，恒温的弛豫参数为 1ps。短程相互作用的截断半径为 1.2 nm，长程库伦力的相互作用通过 PPPM 算法计算。模拟体系的 X、Y、Z 三个方向上均采用周期性边界条件。时间步长为 2fs。压力控制为 10MPa。为了探讨体系温度对 CH$_4$-CO$_2$ 混合水合物生长的影响，模拟过程中的温度分别控制在 250K、255K 和 260K。

表 3-4　势能参数

原子	σ/Å	ε/ (kJ/mol)	q/e
H (H$_2$O)			0.52
O (H$_2$O)	3.154	0.648	−1.04
C (CO$_2$)	2.757	0.234	0.6512
O (CO$_2$)	3.033	0.669	−0.3256
C (CH$_4$)	3.73	1.229	

2. CH$_4$-CO$_2$ 混合水合物生长过程的势能变化

一般来说，水合物的生长是一个放热过程。一旦水合物开始生长，体系会向外界热浴不断释放能量以维持体系的恒温，因此可以看到体系中的势能会随着模拟时间的增加而逐渐降低。图 3-33 为 250 K 下 x_{CO_2}=75% 体系、x_{CO_2}=50% 体系和 x_{CO_2}=25% 体系水合物生长过程的势能演变图，可以看到，随着模拟的进行，这 3 个体系的势能随着时间的增加不断降低，表明 CH_4-CO_2 混合水合物处于生长状态，最后势能变化曲线趋于平衡，说明 CH_4-CO_2 混合水合物生长停滞。

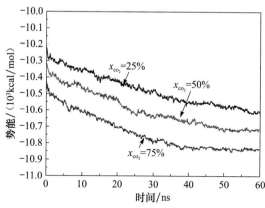

图 3-33　CH_4-CO_2 混合水合物生长过程的势能随时间演化（T=250k）

3. 气体浓度和温度的影响

利用笼识别算法，监测 x_{CO_2}=75%、x_{CO_2}=50% 和 x_{CO_2}=25% 体系水合物生长过程中形成的笼子数量，进而考察不同气体组成和温度对 CH_4-CO_2 混合水合物生长过程的影响。图 3-34 为各个体系在各个温度下的笼子数量演变，所得到的数据是每隔 40 ps 轨迹的平均值。随着模拟进行，各个体系中的笼子数量持续增加。从图 3-34 可以看到在相同温度下的同一时间段内 x_{CO_2}=75% 体系形成的笼子数量大于 x_{CO_2}=50% 体系和 x_{CO_2}=25% 体系形成的笼子数量。因此，可以推断 CH_4-CO_2 混合水合物的生长速率随溶液相中 CO_2 浓度的增加而增加。通过对比相同时间内同一体系在不同温度下形成的笼子数量，可以看出在 250K 下形成的笼子数大于 255K 和 260K 下形成的笼子数。这表明 CH_4-CO_2 混合水合物的生长速率随着体系温度的降低而增加。

图 3-35 给出 255K 下 x_{CO_2}=75% 体系中 CH_4-CO_2 混合水合物生长过程中 3 个典型构象图。每个构象图中的原子位置是通过平均 4ps 内的原子位置得到。模拟体系采用周期性边界条件，因此 CH_4-CO_2 混合水合物的生长发生在两个水合物相和溶液相的界面上。从图 3-35 可以看出，在 CH_4-CO_2 混合水合物生长过程中，两个界面保持平面结构，表明 CH_4-CO_2 混合水合物的生长方式为逐层生长。在 60ns 内，新形成的 CH_4-CO_2 混合水合物大约为 4.2nm（注意 SI 型水合物的单晶胞尺寸为 1.2nm）。

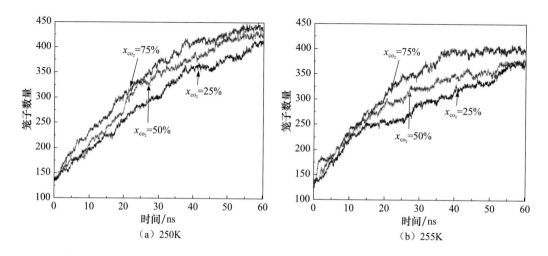

（a）250K　　　　　　　　　　（b）255K

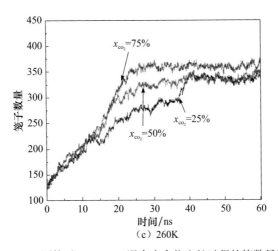

（c）260K

图 3-34 不同体系 CH_4-CO_2 混合水合物生长过程的笼数量演化

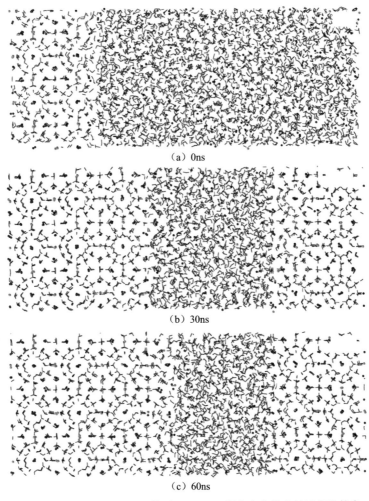

（a）0ns

（b）30ns

（c）60ns

图 3-35 255 K 下 x_{CO_2}=75% 体系 CH_4-CO_2 混合水合物生长过程的构象

4. CH_4 和 CO_2 分子的笼占有率

实验证明 CO_2 分子能够占据 SI 型水合物的 5^{12} 小笼和 $5^{12}6^2$ 大笼。在 CH_4-CO_2 混合水合物的生长过程中，CO_2 分子与 CH_4 分子相互竞争占据 5^{12} 小笼和 $5^{12}6^2$ 大笼，以更好地稳定新形成的水合物。为了揭示 CH_4、CO_2 气体组成和温度对 CH_4、CO_2 分子在新形成的 CH_4-CO_2 混合水合物大笼、小笼中分布的影响，考察单个 CH_4、CO_2 分子在 5^{12} 小笼和 $5^{12}6^2$ 大笼的分布。判断 CH_4 分子或 CO_2 分子处于 5^{12} 小笼还是 $5^{12}6^2$ 大笼的准则如下。第一，采用水分子的 F_4 序参数判别水分子所处的相态，仅考虑水合物态的水分子。F_4 序参数定义为

$$F_4 = (1/n)\sum_{i=1}^{n} \cos 3\theta_i \tag{3-25}$$

式中，θ_i 为 0.3nm 内两个近邻水分子的氧原子和最远的氢原子之间的二面角；n 为成对的水分子的组数。处于冰相、水合物相、液态水相的水分子的 F_4 的平均值分别为 -0.4、0.7、-0.04。第二，另一个变量为 n_h，即某个气体分子周围 0.6 nm 范围内处于水合物态的水分子的数目，当 $18 < n_h < 21$ 时，气体分子被认为占据 5^{12} 小笼，当 $n_h < 21$ 时，气体分子则被认为占据 $5^{12}6^2$ 大笼。0.6nm 为 CH_4 水合物或 CO_2 水合物中 C-O（CH_4 或 CO_2 中的 C 原子与水分子中的 O 原子）径向分布函数的第一个波谷对应的位置。

表 3-5 总结了新形成的 CH_4-CO_2 混合水合物中的 CO_2 含量。从表 3-5 可以看到，不论在哪个体系中，新形成的 CH_4-CO_2 混合水合物中的 CO_2 含量都高于起始溶液中的 CO_2 含量。例如，温度为 255 K 时，x_{CO_2}=25%、x_{CO_2}=50% 和 x_{CO_2}=75% 体系中 CO_2 在新生成的 CH_4-CO_2 混合水合物中的含量分别为 29.6%、52% 和 76.1%，说明 CO_2 在新生成的 CH_4-CO_2 混合水合物中的含量随着初始溶液中 CO_2 含量的增大而增大，特别是在初始溶液中 CO_2 浓度较低时，CO_2 在新形成的水合物中的含量增幅更大。这些结果表明 CO_2 分子相比 CH_4 分子更容易进入水合物相。从表 3-5 还可以看到，同一个体系中 CO_2 在 CH_4-CO_2 混合水合物中的含量随温度降低而增加。如温度为 260K、255K 和 250K 时，x_{CO_2}=25% 体系中 CO_2 在新生成的 CH_4-CO_2 混合水合物中的含量分别为 27.7%、29.6% 和 31.7%，可能与 CH_4-CO_2 混合水合物在两相系统中的生长速率有关，温度越低，CH_4-CO_2 混合水合物的生长速率增大，从而导致更多的 CO_2 分子进入新生的 CH_4-CO_2 混合水合物笼中。

表 3-5　每个体系中新形成的 CH_4-CO_2 混合水合物的组成

CO_2 初始摩尔分数 /%	T/K	水合物中 CO_2 的摩尔分数 /%
	250	31.7
25	255	29.6
	260	27.7
50	250	53.2

续表

CO₂ 初始摩尔分数 /%	T/K	水合物中 CO₂ 的摩尔分数 /%
50	255	52.0
	260	50.7
75	250	76.4
	255	76.1
	260	75.5

图 3-36 为 250K、255K、260K 三个温度下，在 $x_{CO_2}=25\%$、$x_{CO_2}=50\%$ 和 $x_{CO_2}=75\%$ 体系中，新生成的 CH₄-CO₂ 混合水合物中 CH₄、CO₂ 分子在 $5^{12}6^2$ 大笼、5^{12} 小笼的占有率比（$5^{12}6^2$ 大笼 /5^{12} 小笼）。从图 3-36 可以看出，同一个体系中 CH₄ 分子的大笼、小笼占有率比和 CO₂ 分子的大笼、小笼占有率比在不同温度下的总体趋势相似，表明温度对 CH₄ 分子和 CO₂ 分子在大笼、小笼中的相对分布的影响较小。从图 3-36 可以看到，在 60 ns 时，$x_{CO_2}=75\%$ 体系中 CO₂ 分子和 CH₄ 分子在大笼、小笼中的占有率比分别为 7.5 和 0.6，$x_{CO_2}=50\%$ 体系中 CO₂ 分子和 CH₄ 分子在大笼、小笼中的占有率比分别为 7 和 1.6，$x_{CO_2}=25\%$ 体系中 CO₂ 分子和 CH₄ 分子在大笼、小笼中的占有率比分别为 11 和 2，CO₂ 分子在大笼、小笼中的占有率较高，说明在水合物晶体生长过程中 CO₂ 分子更倾向于占据 CH₄-CO₂ 混合水合物中的 $5^{12}6^2$ 大笼。同时，可以看到，$x_{CO_2}=75\%$ 体系和 $x_{CO_2}=50\%$ 体系中 CO₂ 分子和 CH₄ 分子在大笼、小笼中的占有率比相差不大，考虑 $x_{CO_2}=75\%$ 体系中 CO₂ 在新生成的 CH₄-CO₂ 混合水合物中的含量高于 $x_{CO_2}=50\%$ 体系中 CO₂ 在新生成的 CH₄-CO₂ 混合水合物中的含量，可以推测随着初始溶液中 CO₂ 含量的增大，占据 5^{12} 小笼的 CO₂ 分子数量也有所增加。而在 $x_{CO_2}=25\%$ 体系生长过程中，CO₂ 分子在 $5^{12}6^2$ 大笼、5^{12} 小笼中的占有率比高达 26，可能由 CO₂ 在 5^{12} 小笼中含量较少引起。相比之下，CH₄ 分子在大笼、小笼中的占有率比与 CO₂ 分子在大、小笼中的占有率比有很大的不同。比较明显的是，在 $x_{CO_2}=75\%$ 体系生长过程中，CH₄ 分子在大笼、小笼中的占有率比都小于 1，说明在新生成的 CH₄-CO₂ 混合水合物中只有小部分的 $5^{12}6^2$ 大笼被 CH₄ 分子占据，大部分的 CH₄ 分子填充于 5^{12} 小笼中。另外，在 $x_{CO_2}=25\%$ 体系生长过程中，CH₄ 分子在大笼、小笼中的占有率比高于或接近 $x_{CO_2}=50\%$ 体系生长过程中的 CH₄ 分子在大笼、小笼中的占有率比。观察这两个体系生长过程中 CH₄ 分子在大笼、小笼中的占有率比变化，可以看到两条曲线位于区间 $1<y<2$，说明 CH₄ 分子在小笼、大笼中的占有率比在 0.5～1，此占有率比大于 SI 型水合物中小笼、大笼的比值 0.33，从而表明 CH₄ 分子在 CH₄-CO₂ 混合水合物生长过程中倾向占据 5^{12} 小笼。基于上述的分析结果，可以得出在 CH₄-CO₂ 混合水合物生长过程中，CO₂ 分子倾向占据 $5^{12}6^2$ 大笼，CH₄ 分子倾向占据 5^{12} 小笼。

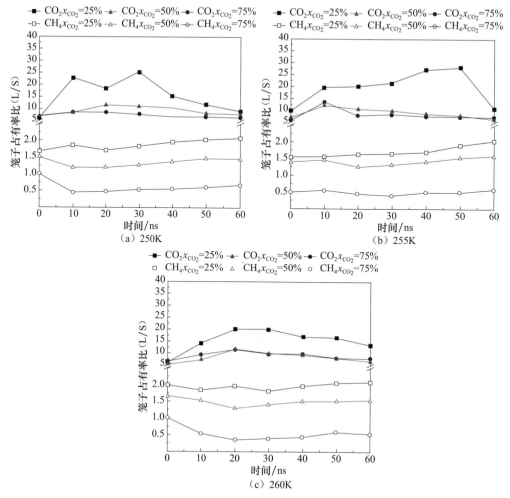

图 3-36　CH_4 分子和 CO_2 分子的 $5^{12}6^2$ 大笼 $/5^{12}$ 小笼占有率比

图中 L/S 为水合物结构中大笼与小笼的比例

5. CO_2 分子和 CH_4 分子的运动

为了进一步确定 CH_4 分子和 CO_2 分子在 CH_4-CO_2 混合水合物生长过程中的动力学行为，仔细观察每一个体系在模拟过程中 CH_4 分子和 CO_2 分子的运动轨迹。发现在水合物相-溶液相界面附近的某些特定笼子处，CH_4 分子和 CO_2 分子发生相互置换。图 3-37 为两个 CH_4 分子和一个 CO_2 分子在 8.7～12ns 发生相互置换的一系列过程构象图。在 8.7ns 时，CO_2 分子占据 5^{12} 小笼（图 3-37A 点），CH_4 分子占据 $5^{12}6^2$ 大笼（图 3-37 中 B 点）。注意 A 点为半开的 5^{12} 小笼，这个轻微破损的 5^{12} 小笼结构维持数皮秒；在 8.9ns 时，当另一个 CH_4 分子运动至这个半开的 5^{12} 小笼附近，原先处于此笼的 CO_2 分子离开 5^{12} 小笼，而 CH_4 分子则通过一开口进入这个小笼（9.0ns）。这个被挤出来的 CO_2 分子在水合物相-溶液相界面运动，当 CO_2 分子运动接近另一个 $5^{12}6^2$ 大笼（9.1ns），这个 CO_2 分子进入不完整的 $5^{12}6^2$ 大笼并把原先居于这个大笼的 CH_4 分子赶出笼（9.8ns）。最后 CO_2 分子停留在不完整的 $5^{12}6^2$ 大笼直到这个笼排列成完整的 $5^{12}6^2$ 大

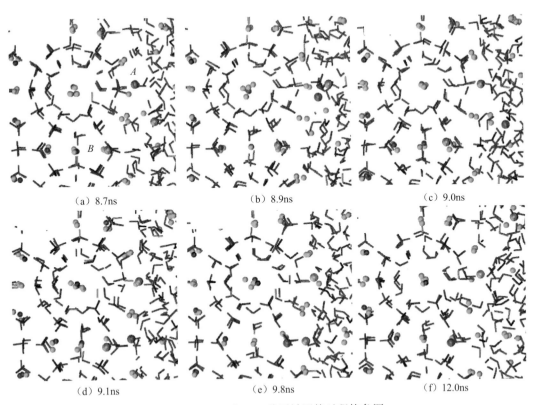

图 3-37　CH_4 和 CO_2 分子被置换过程构象图

紫色大球为小笼中的 CO_2；橙色大球为大笼中的 CO_2，绿色小球为 CH_4

笼。观察多个模拟过程轨迹，发现在 CH_4-CO_2 混合水合物生长过程中 CH_4 分子和 CO_2 分子发生类似置换现象比较频繁。CO_2 分子倾向占据 $5^{12}6^2$ 大笼，CH_4 分子倾向占据 5^{12} 小笼以稳定新生成的 CH_4-CO_2 混合水合物。这与 Bai 等（2012a，2012b）在利用 CO_2 置换 CH_4 水合物过程中发现 CH_4 分子倾向占据小笼相一致。而且，在 CH_4-CO_2 混合水合物生长过程中发现有少许空笼。

第三节　沉积物中水合物形成动力学

一、沉积物中扩散体系水合物形成动力学

由于沉积物砂粒表面的特殊性质，海底沉积物体系内水合物生成过程控制因素比较复杂，沉积物粒径、温度和压力条件、孔隙水盐度和气体的组分都能影响水合物的生成过程（Kleinberg et al.，2003）。因此，沉积物中扩散型水合物生成动力学的实验主要采用不同的水合物生成气体，下面分别研究不同的沉积物粒径及温度和压力条件等因素对水合物生成过程的影响。

1. 实验过程

实验的方法是将南海北部陆坡钻探所得沉积物进行人工筛分，用筛子筛分为不同

的粒径，选取粒径分布介于 40～60 目和 60～100 目的沉积物，测得孔隙度分别为 42% 和 36.7%，并配置盐度为 3.5% 的盐水。将 75g 筛分处理好后的沉积物放入小反应釜内，滴入一定量的盐水溶液，使沉积物中孔隙水达到饱和，并放置一段时间使盐水均匀分布于沉积物孔隙内。最后将小反应釜置于大反应釜内，密封后往大反应釜内充入反应气体，在常温下保持 48h 后，将反应温度和压力设定至实验所需条件，并实时采集反应系统内温度与压力的变化，研究水合物的生成过程。

通过改变温度和压力条件、沉积物粒径和孔隙水盐度等特征来表征不同的外界条件对沉积物中不同气体组分水合物的生成过程的影响。反应结束后沉积物中水合物的含量可以通过实验过程中消耗的气体量计算得到。其中水合物转化率为沉积物孔隙水转化为水合物的量所占孔隙水总量的份额，可以利用气体状态方程通过反应釜内不同时间的温度和压力条件计算得到水合物消耗的气体量，然后计算出孔隙水的转化量，得到孔隙水水合物的转化率。

2. 沉积物中甲烷水合物生成过程

实验开始前，先将通入高压甲烷气体的沉积物体系静置 48h，使气体充分溶解在沉积物体系内，尽量减少水合物生成过程中对流现象的发生，因此气体的扩散作用在水合物生成过程中起主要的控制作用，一定程度上可以称这种条件下生成的水合物为扩散型水合物。在扩散型水合物生成过程中，由于水合物生成过程比较缓慢，体系温度基本不变，压力的降低说明水合物的形成。表 3-6 给出了扩散型甲烷水合物在沉积物中生成实验的条件及实验结果。

表 3-6　实验条件以及实验结果总结

实验	沉积物类型 / μm	气体组分	孔隙水	温度 /K	反应初始压力 / MPa	反应时间 / h	水合物转化率 /%
1	I 型 250～380	甲烷	盐水 （3.5wt% NaCl）	275	9.5	50	48.47
				277			47.39
				279			35.23
2				275	11.5		52.73
				277			49.16
				279			40.89
3				275	13.5		57.01
				277			52.33
				279			50.30
4	II 型 150～250			275	9.5		13.82
				277			12.91
				279			11.94
5				275	11.5		25.47
				277			17.40
				279			15.75
6				275	13.5		26.47
				277			15.57
				279			14.49
7			蒸馏水	273.5	10.3	150	53.09

图 3-38 为实验采用的沉积物 + 盐水体系生成水合物前后的对比。图 3-38（a）为反应开始前经过人工筛分处理并吸水后的沉积物，粒径分布为 60～100 目（150～250μm），孔隙水充分润湿沉积物砂粒表面，并分布在孔隙内。图 3-38（b）为反应结束后的沉积物体系，白色类冰状固体为水合物，由于水合物生成过程最容易发生在气-液界面上，因此在沉积物体系表面最容易生成水合物。水合物在沉积物表面生成后，通过毛细作用将体系内的水分吸到沉积物上部或表面来继续生成水合物。从图 3-38（b）可以看出，水合物在表面分布得比较多。但在自然界中气源不充分，水合物不会在短时间内大量聚集，气体有充足的时间溶解在沉积物孔隙水内部，而且水合物区域在空间上足够大，分布比较均匀。图 3-38（c）为沉积物中正在分解的水合物，此时水合物与水共存，且有大量气体溢出。

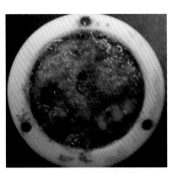

（a）沉积物+水　　　　　　　（b）沉积物+水合物　　　　　　　（c）沉积物+水+水合物

图 3-38　沉积物体系反应前后对比

3. 温压条件对沉积物中甲烷水合物生成过程的影响

实验重点研究的是多孔介质沉积物中扩散型水合物的生成过程，很多研究者就多孔介质对水合物的影响进行了一些研究。他们的研究表明多孔介质能对天然气水合物生成所需要的相平衡条件产生影响，与纯水体系生成水合物相比，多孔介质中天然气水合物生成需要更低的相平衡温度和更高的相平衡压力。但实验体系内采用的过冷度比较大，多孔介质沉积物对天然气水合物相平衡的影响可忽略不计，此时考虑更多的是沉积物体系作为多孔介质对水合物生成过程及动力学的影响，以及多孔介质大的比表面积对水合物生成的影响。Cha 等（1988）曾对多孔介质第三界面对水合物的生成过程的影响进行研究，研究表明多孔介质界面能够为水合物的形成提供成核点及成核界面，能促进水合物的生成，实验证实了这个结论。

图 3-39～图 3-41 为不同的温度和压力条件下甲烷水合物生成过程体系的温度和压力变化。可以看出，在不同的温度和压力条件下甲烷水合物在沉积物中的生成过程表现出极大的一致性，从温度和压力的变化可以看出，水合物生成过程几乎不需要太长的诱导时间。实验开始前，先将甲烷气体通入反应釜中，静置并保持压力 48h，然后将体系温度降低至反应所需要的温度，以系统到达实验所需温度时为反应的起始点。从反应起始点开始，压力缓慢下降，同时反应体系内温度未见明显上升。这是由于开始反应前将反应釜静置 48h，有部分高压气体溶解进入沉积物孔隙水中，一旦条件达到水合物生成

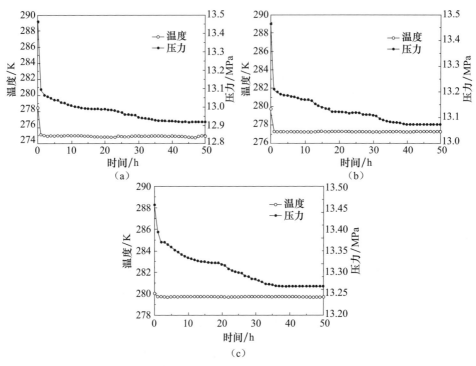

图 3-39　不同温压条件下甲烷水合物生成过程温压变化曲线

水合物生成气体为甲烷，初始反应压力为 13.5MPa，沉积物采用 40～60 目砂粒

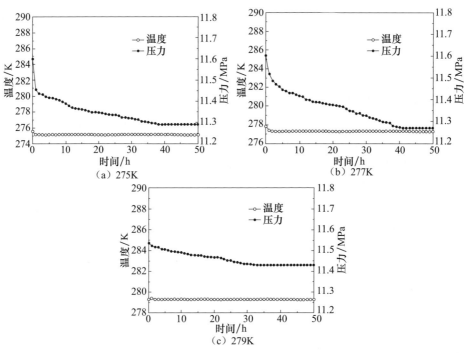

图 3-40　不同温压条件下甲烷水合物在沉积物中的生成过程

反应初始压力为 11.5MPa，砂子粒径为 40～60 目

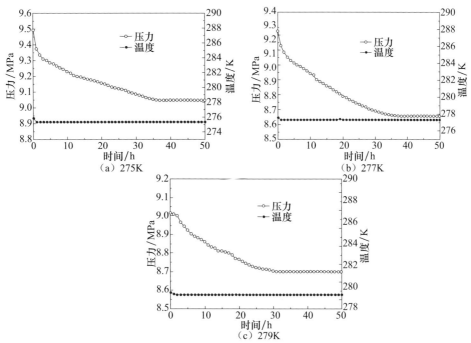

图 3-41 不同温压条件下甲烷水合物在沉积物中的生成过程

反应初始压力为 9.5MPa 左右，砂子粒径为 60～100 目

条件，孔隙水中的溶解气首先生成水合物，形成水合物笼，而后气相中的气体再逐渐扩散进入沉积物体系及水合物笼中，参与水合物的生成，因此水合物反应所释放的热量也能及时散发出去，并不会引起反应釜内温度的明显变化。

从水合物生成过程的压力变化规律也可以看出，初始阶段反应釜内压力下降比较明显，表明水合物在短时间内生成，消耗了大量的孔隙水溶解气。同时由于水合物容易在气相和液相的交界面处形成，界面处的气体也被大量消耗，导致气相与沉积物体系之间存在一个比较明显的气体浓度差，气体扩散进入沉积物体系中的驱动力增大，气体消耗量也就比较大，因此气相压力下降比较迅速。当反应进行到一定阶段后，压力下降速度变缓，此时水合物生成量比较大，气体扩散阻力增加，气相中的气体若想进入水合物笼中需要克服较大的扩散阻力，反应速度下降，压力变化也就随之变小。

水合物生成过程的转化率随时间的变化如图 3-42～图 3-44 所示。水合物转化率数值在反应初始阶段增加速度比较快，在这段时间内反应速率比较大。伴随着反应的进行，水合物转化率增加幅度逐渐减小并趋于稳定。反应结束后，温度为 275K 时的水合物转化率要大于温度为 277K 和 279K 时的转化率，表明当反应气体为甲烷时，在实验体系相同压力条件下，水合物的转化率随着温度的升高而降低。

4. 孔隙水盐度对沉积物中甲烷水合物生成过程的影响

在反应体系内没有添加剂的情况下，甲烷与纯水生成水合物比较困难，需要比较大的过冷度、更强的反应驱动力或较长的诱导时间（Kashchiev and Firoozabadi, 2003）。因此，许多学者提出各种方法来解决这些问题（Zhong and Rogers, 2000; Wilson et al., 2005）。

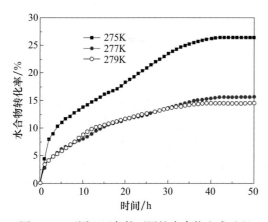

图 3-42　不同温压条件下甲烷水合物生成过程
水合物转化率

水合物生成气体为甲烷，初始反应压力为 13.5MPa，沉
积物采用 40～60 目砂粒

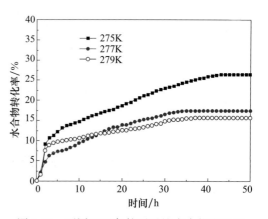

图 3-43　不同温压条件下甲烷水合物在沉积
物中的转化率

反应初始压力为 11.5MPa，砂子粒径为 40～60 目

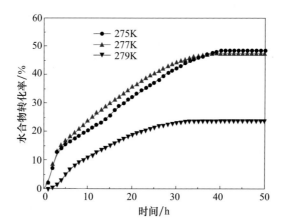

图 3-44　不同温压条件下沉积物中甲烷水合物的转化率

反应初始压力为 9.5MPa，砂子粒径为 60～100 目

实验采用纯水和盐度为 3.5% 的盐水作为孔隙水来比较不同盐度的孔隙水对水合物生成过程的影响。如图 3-45（b）所示，第 7 组实验中的孔隙水为蒸馏水，水合物生成所需的诱导时间为 42h。在初始的 42h 内，压力无任何变化，水合物没有生成。过了诱导时间，水合物开始形成，压力开始下降。在自然界沉积物中，沉积物孔隙水为盐水，水合物在沉积物孔隙内部生成，沉积物体系的多孔性及海水的盐度都会影响水合物的生成过程，缩短诱导时间（Max, 2000; Waite et al., 2009; Jiang et al., 2010）。水合物在沉积物体系内的生成过程可划分为两个控制阶段，第一个阶段是水合物在孔隙内部沉积物的多孔表面生成，此时水合物生成速率由气体到水合物笼的扩散速率决定；第二个阶段是水合物在沉积物中大量生成并将沉积物固结的过程，这个过程中水合物生成速率由气体在沉积物及孔隙水体系内部的扩散速率决定。

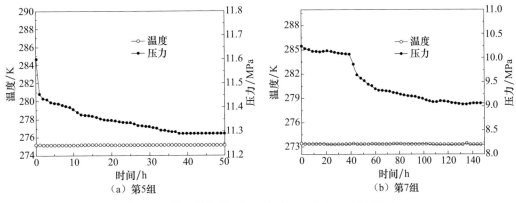

（a）第5组　　　　　　　　　　（b）第7组

图 3-45　第 5 组和第 7 组实验过程中的温度和压力变化

　　实验采用粒径介于 150～250μm 的 II 型沉积物。初始值代表反应体系内部温度达到设定值且稳定的点。图 3-45（a）为表 3-6 第 5 组实验，孔隙水为 3.5wt%NaCl 溶液，图 3-45（b）为表 3-6 第 7 组实验，孔隙水为蒸馏水。

　　孔隙水的盐度影响水合物的相平衡条件，相比纯水体系来说，会促使水合物的相平衡线左移（图 3-46）。相同条件下，随着水盐度的增加，水合物生成需要更高的压力和更低的温度。因此，高浓度的盐水作为一种热力学抑制剂，常用于水合物的开采及防治油气运输过程中水合物阻塞的问题（Sloan et al., 1998; Zanota et al., 2005; Mohammadi and Richon, 2006; Najibi et al., 2006）。

　　实验采用为 3.5wt% 的 NaCl 盐水，浓度相对较低，对水合物生成的相平衡条件的影响也比较小。实验研究的是甲烷水合物在沉积物中的生成过程，所选取的实

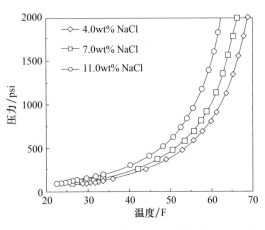

图 3-46　不同盐度下水合物的相平衡线（Gao, 2009）
$1psi=6.89476\times10^3 pa$

验条件过冷度较大，3.5wt% 浓度的盐水对其相平衡的影响已被过冷度掩盖，可忽略不计。同时，NaCl 盐水中的离子能对甲烷水合物起一定的促进作用，能增加水的活性，改变水合物生成过程中溶液的物理化学特性，起到一定的离子效应（Aasberg et al., 1991; Nasrifar and Moshfeghian, 1998; Javanmardi and Moshfeghian, 2000; Marion et al., 2006）。

5. 砂子粒径对沉积物中甲烷水合物生成过程的影响

　　多孔介质的尺寸对甲烷水合物的生成所需要的相平衡条件产生一定的影响，过去的实验主要集中在纳米尺寸的孔径对甲烷水合物的相平衡的影响上，图 3-47 为不同孔径尺寸的多孔介质中甲烷水合物的相平衡曲线，可以看出，在孔径介于 6～30nm 的多孔材料中，甲烷−水生成甲烷水合物所需的相平衡条件左移，需要更低的温度和更高的

压力。

多孔介质对水合物相平衡的影响与粒径有一定的影响，研究表明，伴随着多孔介质孔径的减小，对甲烷水合物相平衡的影响加剧，相平衡线左移的幅度增加。水合物生成所需要的相平衡压力增加，相平衡温度降低的数值更多（Klauda and Sandler, 2001; Yan et al., 2005）。孔径越大，对水合物相平衡影响越小，当孔径超过一定数值时，基本对水合物相平衡条件不产生大的影响（Handa and Stupin, 1992）。

不同粒径的沉积物中，甲烷水合物生成过程基本具有一致的规律，温压变化趋势也比较接近，基本是初始阶段压力下降速率比较大，而后逐渐趋于平稳，温度基本未见波动，但沉积物粒径对沉积物中甲烷水合物的转化率有一定的影响。

实验采用两种粒径的沉积物，由于其形状的不规则性，堆积后形成的多孔介质内孔隙的尺寸大小不一，但是都在纳米级以上，即使对甲烷水合物的相平衡条件有一定的影响，但实验条件下过冷度比较大，由孔径带来的相平衡影响基本可忽略不计，可只考虑孔径对水合物生成过程的动力学影响。

图 3-48 实线代表 I 型沉积物体系内水合物转化率，虚线代表 II 型沉积物体系内水合物转化率，实验采用的气源为甲烷气体，反应初始压力为 9.5MPa。

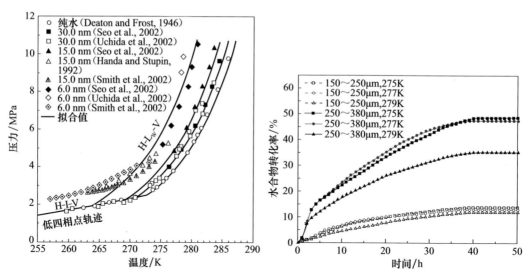

图 3-47　多孔介质中 CH_4+ 水生成水合物的相平衡　图 3-48　两种不同水合物粒径体系内甲烷水合物
曲线（Deaton and Frost, 1946; Handa and Stapin, 1992;　　　　　　转化率随时间的变化
Seo et al., 2002; Uchida et al., 2002; Smith et al., 2002）

图 3-48 为第 1 组实验和第 4 组实验中水合物转化率的变化。两组实验都在 9.5MPa 的初始压力下进行，孔隙水盐度为 3.5wt%。实验结果表明沉积物的粒径影响甲烷水合物的生成过程。实验结束后，第 4 组实验中水合物的转化率分别为 13.82%、12.91% 和 11.94%，第 1 组实验中水合物转化率分别为 48.47%、47.39% 和 35.23%。在相同的实验条件下，粒径介于 250～380μm 的 I 型沉积物体系中甲烷水合物的转化率远大于粒径介于 150～250μm 的 II 型沉积物体系中甲烷水合物的转化率。

二、沉积物中渗漏体系水合物形成动力学

1. 实验装置与实验条件

渗漏型水合物藏主要出现于孔隙通道畅通、流体渗流速度较快的区域，受水深或构造类型的影响较小，其主要特点为：水合物埋藏深度较浅，主要聚集于海底附近，部分位置可观察到水合物露头；大量烃类气体通过孔隙通道渗漏到海水中，形成羽状气流；在较浅的沉积层中，水合物以层状、颗粒状聚集并填充孔隙空间；由于底部气源能确保天然气的充足供应，以渗漏型成藏机理生成的水合物藏，水合物含量高于其他成藏机理；该种生成机理得到的水合物藏也被称为游离气水合物藏。本部分利用大型天然气水合物三维成藏物模装置，模拟自然条件下的游离气水合藏的生长及成藏过程。

三维物模实验装置如图 3-49 所示，主要由 3 部分组成：水合物形成系统、参数测定系统和温度控制系统。水合物形成系统的主体部分是高压水合反应釜，釜内高 1000mm，内径 500mm，釜内可用容积 196L，最大工作压力 32MPa。釜分为釜顶盖、筒体、釜顶底盖，釜顶盖由液压驱动的快开装置控制，并配有 O 型圈保证密封性。料桶上下安置多孔筛板将釜内介质和上下釜空间隔开。釜内空间由两个不锈钢多孔塞板分为上、中、下三部分，在中间部分填充多孔介质和布置传感器探头，在上下层空间充满游离气体。

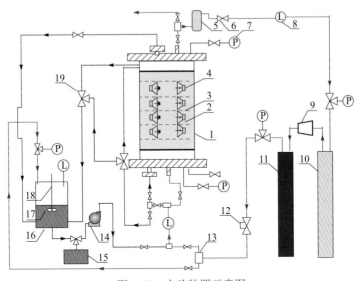

图 3-49 实验装置示意图

1. 反应釜；2. 沉积层；3. 电阻率探测电极；4. 声偶极子；5. 两相分离器；6. 阀门；7. 釜顶压力传感器；8. 出釜流量计；9. 甲烷增压泵；10. 低压甲烷回收瓶；11. 高压甲烷瓶；12. 减压阀；13. 三通阀；14. 高压柱塞泵；15. 水槽；16. 搅拌釜；17. 溶液；18. 机械搅拌装置；19. 阀门

参数测定系统主要控制温度、压力、流量、电阻率、声速 5 项参数的采集。温度传感器采用集成铠装形式，5 个 Pt 100A 级铂电阻装入一根钢管中。如图 3-50 所示，每一个热电阻的高度对应于每一层电阻率测量电极的高度，可同时考察某一层的温度变化与电阻率变化。实验拟用 6 根铠装温度传感器，共测量 30 处温度值。

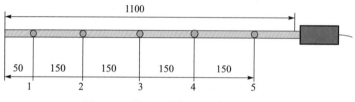

图 3-50　热电阻结构图（单位：mm）

电阻率测量电极柱为自行设计。如图 3-51 所示，5 根导线在杆体上环绕一周形成 5 个环状测量电极，每个环状间距 150mm。将相邻两个环状电极接入电路，即可测量环状电极间所夹介质的电阻，进而可换算所夹介质的电阻率。本实验共采用这样的测量电极柱 6 根，即一共 30 路测量电极，可测量 24 路电阻率数据。

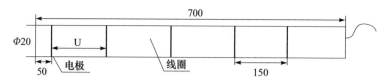

图 3-51　电阻探测电极柱结构图（单位：mm）

图 3-52　声偶极子结构

声速测量采用声偶极子（图 3-52）。两个超声波换能器由底部的夹板固定间距，中间填入含水砂冻实再埋入料桶。测得的波形即为两个换能器之间所夹介质的声速信号。

将沉积物冷冻至盐水冰点以下（小于 271K），盐水冷冻至冰点（271K），恒温 12h，将沉积物与盐水混合并搅拌均匀，然后将含水沉积物装填到反应料桶中，并进行压实处理。密封反应釜后，从底部缓慢通入甲烷气，控制反应釜内上下气室的压差在适当范围内。当上、下气室压力均达到指定反应压力时，打开反应器供气阀与顶阀，启动循环系统，使气体在沉积物中缓慢渗流。通过控制渗流流量，将釜内压力稳定在 ±0.1MPa 的范围内。同时将恒温室温度设定为实验温度，令釜内温度缓慢上升。实验过程中通过对流量、温度、电阻率、声速号的采集，可实时检测水合物在沉积物中的生成和分布情况。

在游离气动态生成实验中，采用 6 根电阻率测量电极柱和 3 对超声波换能器探测电阻率及声速变化情况，其在釜内的布置方式如图 3-53 所示。

2. 耗气量分析

图 3-54 为反应过程中温度与甲烷消耗量的曲线图。温度曲线为 T1～T5 号热电阻测得的反应过程中各点温度的变化情况，甲烷消耗量为入釜与出釜累计流量之差。在 0 时刻，开始向釜内注入甲烷气，同时开始记录流量数据，并将低温恒温室的温度设定为与海底温度相同的 275K。在外界导热与内部气体对流传热（注入甲烷温度为室温 293K）的双重作

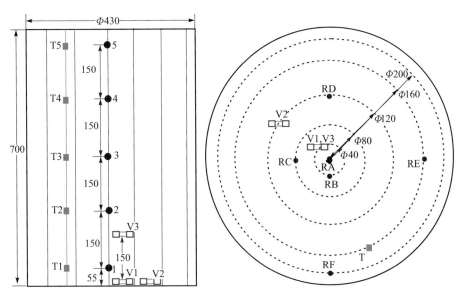

图 3-53　游离气运移模式水合物生成 / 聚集实验中的传感器布置方式（单位：mm）

RA～RF 为电阻率测试电极；T 为温度传感器；V1～V3 为声偶极子

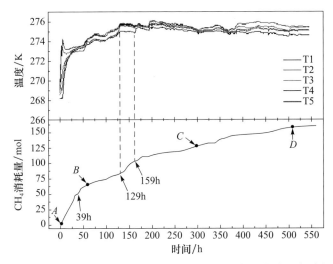

图 3-54　游离气运移模式下水合物生成 / 聚集实验中甲烷消耗量曲线和全过程温度变化曲线

用下，沉积层的温度持续上升，达到设定温度值。同时，甲烷气消耗量也随实验的进行不断增长。当实验进行到 500h 后，甲烷消耗量保持稳定在 50h 以上，此时认为实验结束。

　　从图 3-54 可以发现，在反应的初始阶段，各个点位的温度差异比较接近。低温室此时的设定温度 275 K 高于沉积层温度，因此所有的温度均快速上升至设定温度。初期的温度曲线变化表明，T3 和 T4 的温度上升要快于其他位置。反应开始时，这两个位置的温度比其他位置高约 0.4 K；而 4h 以后，该温差已增加为 6.2K。这一现象可从相对高温的气体在低温沉积层中的渗流行为得到解释。293K 的气体从反应釜底部中心渗流入 268K 的沉积层，在向反应釜顶端缓慢流动的同时，也会向两侧呈漏斗状扩散。热电阻靠近反应釜内壁，气体在 T3 至 T4 高度处才能扩散到反应釜内壁，从而引起该处附近温度的显著变化。低于该位置的热电阻（如 T1 和 T2）位于气体不能渗流到的死角，热量只能通过热传导的方式影响该处，而沉积层的热容远大于甲烷气体，因此温度上升缓慢。高于该位置的热电阻（如 T5 和 T6）虽然处于气流渗流的通道上，但此时的气流经过与 T3、T4 高度处沉积层对流换热，与高层沉积层的温差很小。因此该处的升温速度也低于沉积层中间高度位置。

当游离态的甲烷气在系统内开始循环时，沉积层的温度为 268K。因此，室温下的甲烷进入反应釜内置换出低温甲烷后，反应釜压力将降低。为保持反应釜压力稳定，需要维持一定的甲烷净注入量。同时，已经进入反应釜的甲烷也迅速与沉积层表面及散落在反应釜中的冰反应，因此甲烷消耗量持续上升，直至 39h 的拐点出现。由于沉积层内部相对于外表面具有更大的传热阻力，因此此时内部孔道中可能仍有冰的存在，阻碍了反应的进一步进行，从而导致甲烷消耗速率降低。随着温度逐渐上升至设定温度，甲烷消耗量也以稳定的速率同步增加。但在 129h 后，有一个持续 30h 的突跃。在此时间段，甲烷消耗量迅速增加而温度却维持恒定。水合反应与热效应的不同步现象表明此时的水合反应区域已经转移到沉积层内部，其热效应不能被位于外层的热电阻探测到。整个反应期间，累计向反应釜内净注入甲烷 160mol，扣除掉反应前 39h 用于平衡压力和参加表面反应的 51.28mol 甲烷，共有 108.7mol 甲烷在沉积层发生水合反应。根据反应量计算，整个沉积层区域水合物总饱和度为 0.3855。

3. 水合物分布

根据温度曲线与甲烷消耗曲线的变化情况，在图 3-54 中选取 4 个时间点 A、B、C、D，用以分析水合物在沉积层中的分布情况。

（1）时间点 A，位于 0h 处，此时甲烷开始在系统内循环。沉积物表层的温度远低于 270 K，沉积层中的水均以冰的形式存在。

（2）时间点 B，位于 60h 处，沉积层表面的温度已超过冰融点。此时表层没有冰的存在，水合物大量生成。

（3）时间点 C，位于 300h 处，是整个实验过程的中间时刻。此时沉积物表层的温度稳定在 275K 已超过 170h。因此可以推定此刻整个沉积层内部和外层都已经没有冰的存在。此时，甲烷主要在沉积层内部生成水合物。

（4）时间点 D，位于 500h 处，温度曲线和甲烷消耗曲线均保持稳定，表明水合物在游离气生成模式下的成藏实验已经结束。

水合物分布的分析讨论基于电阻率数据。为便于后续分析，根据图 3-53 电阻率探测电极的布置方式，对整个沉积层进行划分。图 3-53 沉积层横截面上有 6 个电阻率探测电极，标识为 RA 到 RF，分别位于距圆心 0mm、40mm、80mm、120mm、160mm 和 200mm 处。整个沉积层为轴对称几何体，且气体从底部中心部位注入反应釜，各个电阻率只在高度和半径方向上变化。因此，可以将某个电阻率探测电极测得的电阻率值认为是电极所在圆的电阻率值，而电极所在点之间的电阻率值通过线性差值方法得到。同样的差值处理方法也用于沉积层轴向分析。在轴向上整个沉积层共分为 6 个截面并命名为截面 1~6。

图 3-55 为反应开始时的沉积层中电阻率分布情况。通过不同的颜色来代表电阻率值的高低。如图 3-55 的图例所示，红色表示电阻率最大的区域，其电阻率大于等于 1.8Ω·m；而蓝色表示电阻率最小的区域，其电阻率小于等于 0.2Ω·m。高电阻率区域和低电阻率区域在沉积层中的分布表明，在沉积层中几乎没有液态水的存在，只有底部

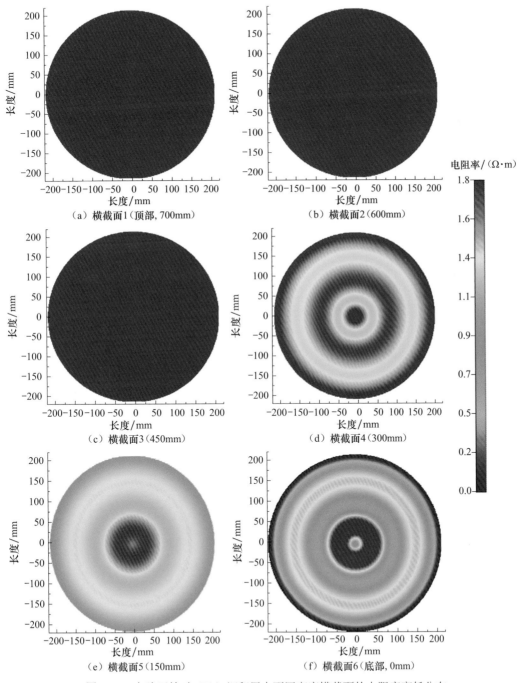

图 3-55 实验开始时（0h）沉积层中不同高度横截面的电阻率高低分布

最外侧有少量的水存在。

60h（图3-56）后，沉积层表面的冰已融化为水，同时水合物开始大量生成。相对于0h时刻的切片图，整个介质内的电阻率显著降低。介质上层出现低电阻率区域，而介质下层的低阻区域面积进一步扩大，电阻率进一步降低。电阻率降低的原因主要有以

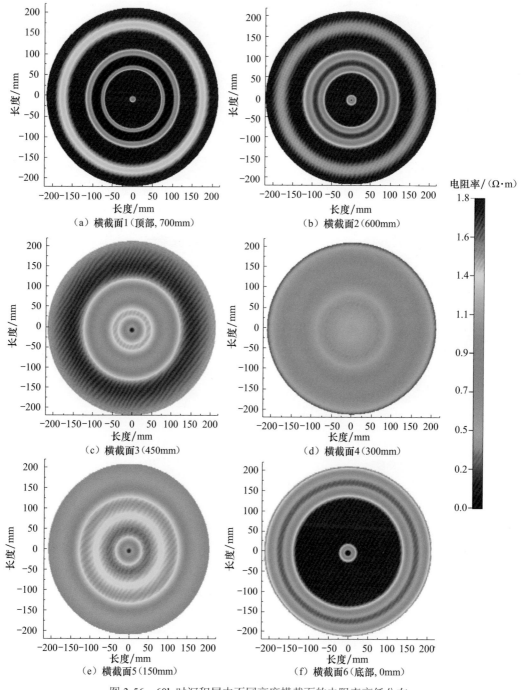

图3-56　60h时沉积层中不同高度横截面的电阻率高低分布

下 3 种：冰的融化消除了介质颗粒之间的阻碍；产生的水使介质颗粒之间连接起来；已消耗的电解质溶液中的电解质不断析出并溶解于水中，而孔隙水介质内的电阻率显著降低。从切片图可以看出，反应釜内低电阻率区域大量出现，但分布情况存在差异：反应釜上部，低电阻率区域出现在中心位置；而反应釜下层的低电阻率区域向边缘位置靠近。

游离气生成反应与自然界海底水合物的成藏有一个显著的差别。水合物成藏的充分条件是水和甲烷气的存在，海底水合物成藏时，水作为主体，在介质中均匀分布，甲烷气成为成藏反应的关键，只有在气体流经的孔道周围才存在水合物生成的条件。而在本次实验中，水在装料完成之后即无法再加入，而气体则可以充满整个反应空间成为主体。因此，实验中的关键因素是水的分布和流动情况。只有在有水大量聚集的区域才有可能发生水合反应。这一特征与极地冻土带及部分海域水合物藏的成藏条件一致。

根据电阻率在介质内的分布，可以推断出经过冷冻—融化过程，孔隙水在反应釜中的分布并不均一。顶部的水在重力作用下向下渗流，流动过程中逐渐向边缘聚集。因此下层中心区域电阻率高于边缘电阻率。根据声速的变化趋势，水合物的生成尚未深入介质内部，因此，此时的电阻率分布主要反映了孔隙水的分布情况。这一分布情况同样可以从声偶极子测得的声速变化中得到反映。比较图 3-57 中 60h 时的 3 个声速值，位于沉积层底部中心的 V1 和 V3 声速值上升的时间要早于远离中心位置的 V2。这一现象说明此时主要的水合反应发生在沉积层表层。

300h（图 3-58）时，水合反应进一步向体系内进行。电阻率分布相对于 60h 时发生显著变化。低电阻率区域成为整个沉积层的主体区域。结合温度曲线，可以认为整个沉积层中已经没有冰的存在，游离态的甲烷可以更加容易地通过孔隙渗透到沉积层内部。比较截面 4、5、6 中代表高电阻率区域的红色面积的分布（截面 6 中为半径 50mm

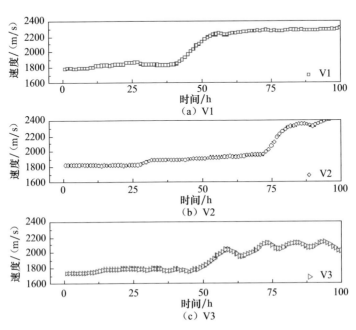

图 3-57 实验前 100h 的声速变化情况

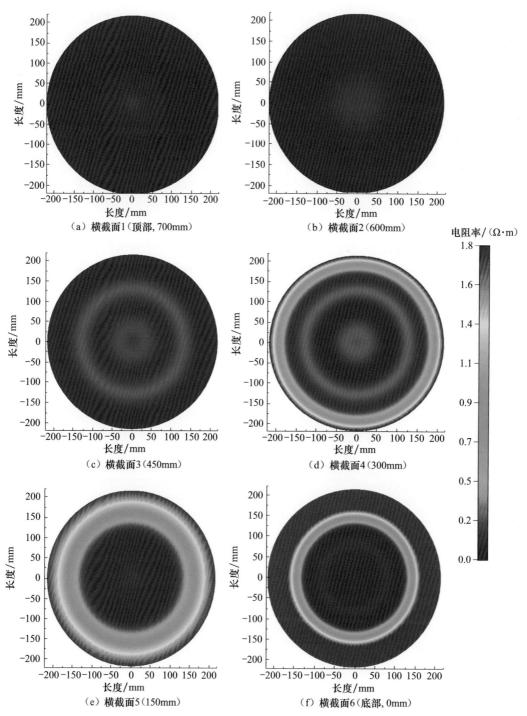

电阻率/(Ω·m)

（a）横截面1（顶部，700mm）

（b）横截面2（600mm）

（c）横截面3（450mm）

（d）横截面4（300mm）

（e）横截面5（150mm）

（f）横截面6（底部，0mm）

图 3-58　300 h 时沉积层中不同高度横截面的电阻率高低分布

的圆环，截面 5 中为半径 25mm 圆环，而截面 4 中的高电阻率圆环半径为 10mm），可以推断水合物主要生成在有充足盐水存在的底部区域。而图 3-58 中的这些红色区域也正好是图 3-56 中的低电阻率区域，表明水合物的分布主要受融解水分布的控制。

500h 后（图 3-59），实验结束。可以观察到除了位于最上层的截面 1 和截面 2 有较大的连续分布的低电阻率区域外，整个沉积层均已转化为高电阻率区域，其中截面 5 高电阻率区域所占的面积占截面面积的 99%。

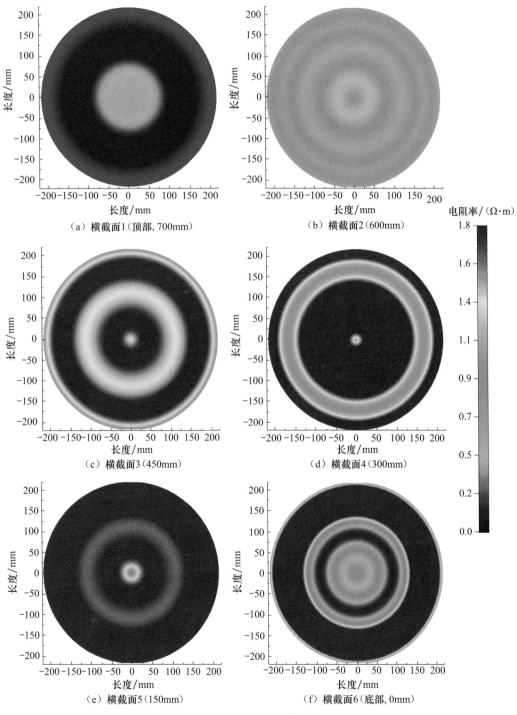

图 3-59　500h 时沉积层中不同高度横截面的电阻率高低分布

从整个沉积物层的电阻变化情况来看，6个截面均经历过先下降继而上升的排盐效应过程。受排盐效应的影响，同一位置不同时刻的电阻率值可相差10倍以上（如图3-55截面3的高电阻率区域电阻率超过1.8Ω·m，而图3-58同一区域的电阻率值小于0.2Ω·m）。根据电阻率的变化情况，可以归纳出如下特点。

（1）整个实验过程中的特定阶段，如冰融化、排盐效应、水合物生成等现象，均最先由底部开始，并逐渐发展到以上各个截面层。但这并非意味着这些现象存在从底部到顶部的先后顺序。只要存在适宜的条件，水合反应可以在沉积层内的任一位置出现，决定水合物分布的仅仅是流体的运移。以图3-58为例，可以明显地观察到沉积层底部的截面4、5、6的高电阻率区域具有相似的形状，表明这3个截面上均存在水合物生成，且都处于从边缘向中心扩展阶段，唯一的差别在于水合物的生成量。

（2）流体在介质内的渗流是产生这种现象的主因。上行的气体在流动过程中依次穿过截面6至截面1，因此水合物同时在整个沉积层流体流经的孔道周围生成，且反应釜内各点温压差别不大，因此反应速度也近似。但由于下层的截面相对上层截面有更好的气体接触条件，生成的水合物容易封堵孔道，而部分封堵的孔道又更加延长了气流在下层截面的渗流时间，从而更进一步封堵孔道，导致下层截面的水合物饱和度高于上层截面。饱和度分布在反应釜内存在明显的梯度分布。但饱和度最高的位置却并非最底层，而是次底层。

（3）本次实验中盐水饱和度是控制水合物在沉积层中分布的关键因素。顶部沉积层孔隙中冰融化成水后，在重力的作用下逐渐向底部渗流，因此盐水在底部沉积层中的饱和度将高于其顶部的饱和度。截面6虽然拥有最高的盐水饱和度，但上行的甲烷气流直接与该层接触，可将孔隙中的部分盐水携带到较高的位置。因此整个沉积层中的水合物主要集中在截面5处。

（4）理论上，在中间截面不形成圈闭从而完全封堵气流上行通道的前提下，甲烷可以消耗掉各个截面所含的水，从而达到该截面水合物饱和度的最大值。截面距离供气端的位置越远，该截面达到水合物饱和度上限的时间就越长。若中间截面形成圈闭，则圈闭以上的截面由于得不到充足的甲烷气供应，反应至压力低于平衡压力时即停止反应；圈闭以下，圈闭形成后甲烷在此聚集，生成的水合物使圈闭更加致密，难以被冲开。上层未反应掉渗流下来的水也在圈闭处聚集，最终将在圈闭处形成水合物饱和度最大值，并逐渐向供气端靠近（如顶部有充分的水供应）。

4. 水合物饱和度计算

根据 Archie 公式，水合物饱和度 S_w、沉积层电阻率 R_t、沉积层孔隙度 Φ 和孔隙水电阻率 R_f 之间存在如下关系：

$$R_t = aR_f S_w^{-n} \Phi^{-m} \tag{3-26}$$

应用于测井过程中的 Archie 公式，只将水作为唯一的导体，岩心电导率的变化唯一取决于水所占的比例及分布形式。在水合物研究领域，常用的是 Archie 公式的简化形式，即

$$S_w = \left(\frac{R_t}{R_{re}} \right)^{-\frac{1}{n}} \tag{3-27}$$

式中，R_{re} 为 100% 含水饱和时的电阻率。但式（3-27）仅考虑了孔隙水对电阻率的影响，不适用于处理孔隙空间部分或全部被冰或水合物占据时的情况。在孔隙中存在水合物或冰时，会导致 $R_t > R_{re}$ 和 $S_w > 1$ 的错误结果。在本次实验中，沉积物孔隙先后被如下成分填充：最初是冰；当冰融化后，盐水成为孔隙主体相；随后盐水部分或全部与甲烷反应生成水合物。这一过程反映在电阻率变化上是一个先降低后升高的过程。在这一过程中的大部分时刻，都会出现 $R_t > R_{re}$ 的情况。为解决这一问题，提出两点假设。

（1）盐水的电阻率远小于其他孔隙填充物的电阻率，因此仅考虑盐水的导电性。所有除盐水以外的孔隙填充物，如冰、甲烷、水合物和砂粒均视为绝缘体。

（2）在开始状态，仅存在冰 + 沉积物，此时电阻率为最大值。随着融化的进行，虽然电阻率极低的孔隙水不断出现，但只要孔道不连通，电阻不会出现突跃；当突跃出现后，只要孔道不封闭，电阻也不会大幅变化。由于水合物只在相界面生成，根据前面分析，冰 + 气生成的水合物量远小于与水 + 气生成的水合物量，因此认为对于某一孔隙空间，当孔隙通道尚被冰堵塞时不会有水合物生成，仅在孔隙不再为冰阻断时才会大量生成水合物。这一假设将会在水合物生成量计算中引入误差，下文将对误差进行讨论。

本次实验的孔隙中将先后出现 3 种相变过程：冰融化成水、冰生成水合物及水生成水合物。冰融化成水是一个较长时间的持续过程（一般沉积层表面的冰融化持续约 20h，在沉积层内部融化所需的时间将会更长），因此这 3 种相变过程可以同时存在于同一个孔隙中。如一部分冰融化成水，水与甲烷生成水合物，同时未融化的冰表面也与甲烷直接反应得到水合物。因此，式（3-27）中的 R_{re}，即孔隙空间完全被孔隙水饱和时的电阻率有可能不会在实际实验中出现。考虑这一情况，对式（3-27）进行如下修正：

$$S_w = \left(\frac{R_t}{R_{min}} \right)^{-\frac{1}{n}} \tag{3-28}$$

式中，R_{min} 为沉积层电阻率的最小值。这一值具有明确的物理含义，代表出现在孔隙空间即将被水合物所阻断的时刻。通过电阻率得到沉积层中含水饱和度，并据此计算得到水合物饱和度 S_h：

$$S_h = 1 - S_w \tag{3-29}$$

选取 R_{min} 代替 R_{re} 有如下两点原因。

（1）从电阻率变化曲线上可以方便地得到 R_{min}。孔隙水的电阻率远小于其他填充物，因此可以很容易确定 R_{min}，同时它也具有明确的物理含义。

（2）选取 R_{min} 代替 R_{re} 会引入误差，导致计算得到的水合物饱和度低于实际水合物饱和度。误差的严重程度取决于水合物在孔隙空间的反应机理。图 3-60 为两种不同反应机理的示意图。如果水合物在孔隙空间中生成时优先聚集于颗粒表面［图 3-60（b）］，孔隙通道将逐渐变狭窄最后被封堵。由于封堵之前的水合物都被忽略，此时引入的误差为最大值。如果水合物优先胶结颗粒并堵塞孔道聚集在孔隙空间中［图 3-60（c）］，孔隙通道将在一开始即被水合物所堵塞。此时引入的误差为最小值。根据前文中对电阻率与声速的联合分析，水合物优先在孔隙空间中聚集。因此，可以忽略 R_{min} 代替 R_{re} 所引

 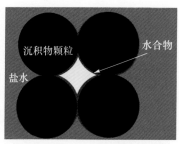 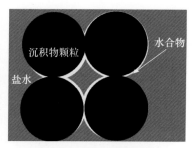

（a）孔隙中不存在水合物　（b）水合物生成时优先聚集在颗粒　（c）水合物生成时优先胶结颗粒，
　　与冰的情况　　　　　　　表面，此时式（3-28）误差最大　　　此时式（3-28）误差最小

图 3-60　孔隙中水合物反应机理示意图

黑色颗粒代表沉积物粒径，蓝色部分代表海水，白色区域代表水合物

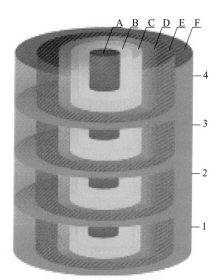

图 3-61　沉积层划分规则

入的误差。根据图 3-53 电阻率探测电极的布置情况，整个沉积层可以分割为 24 个圆柱体，圆柱体的划分与命名方法如图 3-61 及表 3-7 所示。所有圆柱体的高均为 150mm，半径均为 40mm。在每一个圆柱体中都有一个电阻率探测电极，该电阻率探测电极测得的电阻率值即被认定为该圆柱体的电阻率值。

用式（3-28）和式（3-29）计算 24 个圆柱体的水合物饱和度值，计算结果列于表 3-7。表 3-7 饱和度为 0 的项代表此位置的电阻率数据在整个实验过程中单调降低，最低值即为最终的电阻率值。该现象说明水合物未能完全封堵此处的沉积物孔隙。将 24 个圆柱体的水合物饱和度按体积大小加权取平均值，得到沉积层总水合物饱和度为 0.3855，与通过耗气量估算出的结果 0.372 吻合较好。

表 3-7　各层水合物饱和度

圆柱体	R_{min}/（$\Omega \cdot m$）	R_{end}/（$\Omega \cdot m$）	S_h	R_{min} 出现的时间 /h
A1	3.168	6.063	0.2950	53.03
B1	1.528	3.901	0.3963	120.9
C1	1.246	3.574	0.4330	115.9
D1	0.995	3.083	0.4561	118.1
E1	1.363	1.363	0	
F1	1.348	2.277	0.2460	79
A2	1.034	8.187	0.6718	217.6
B2	1.294	2.34	0.2731	84.43

圆柱体	$R_{min}/(\Omega \cdot m)$	$R_{end}/(\Omega \cdot m)$	S_h	R_{min} 出现的时间 /h
C2	0.761	4.731	0.6262	129.6
D2	0.701	5.826	0.6803	70.1
E2	1.243	4.205	0.4812	78.53
F2	1.014	2.24	0.3474	79
A3	1.023	4.614	0.5557	215.3
B3	1.058	5.879	0.6029	223.6
C3	1.154	2.635	0.3589	204
D3	1.014	3.517	0.4881	209
E3	2.551	3.046	0.0911	123.3
F3	1.151	4.09	0.4948	30.97
A4	0.963	0.963	0	
B4	0.831	1.655	0.3099	209.5
C4	0.991	0.991	0	
D4	1.278	3.515	0.4200	97.27
E4	1.184	2.737	0.3632	372.18
F4	0.909	7.446	0.6778	67.73
沉积物饱和度				0.3855

注：R_{end} 为反应结束后的电阻率的值。

将表 3-7 的饱和度计算结果作图得到图 3-62，红色代表水合物饱和度超过 0.8 的高浓度区，蓝色代表水合物饱和度为 0 的低浓度区。图 3-62 截面 5、截面 6 上的低浓度区即为甲烷渗流的高速区，而水合物高浓度区也同样与甲烷低速渗流区域重合。

由图 3-62 可知，即使整个沉积层均满足水合反应发生的温压条件，顶层的水合物仍然相对较少，大部分水合物分布在位于中心区域的截面 2 至截面 5 中，直接与气层接触的截面 6 的水合物量反倒较少。

三、沉积物中水合物形成动力学模拟

扩散型水合物的主要来源气是溶解在沉积物孔隙水中的生物成因气和热解气，气体在孔隙盐水中充分溶解达到过饱和，当沉积环境达到水合物反应所需要的压力和温度之后，孔隙水中溶解气生成水合物，此时沉积物内部气体流动速度非常小，可忽略不计，扩散运移为主要的驱动力。

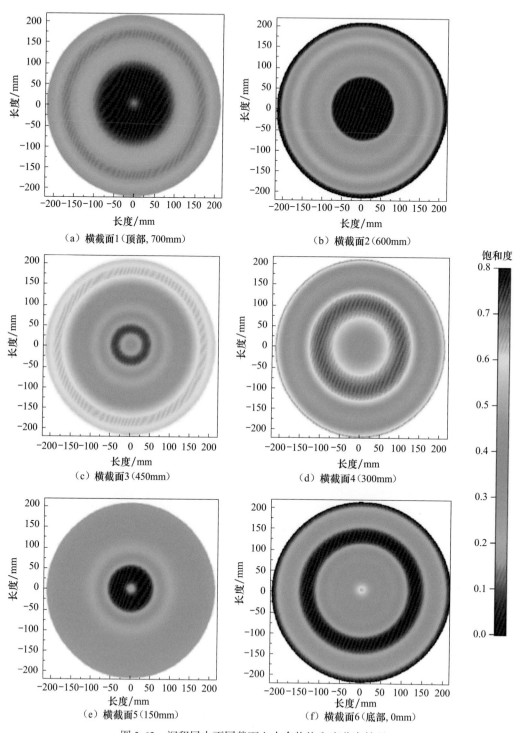

（a）横截面1（顶部, 700mm）

（b）横截面2（600mm）

（c）横截面3（450mm）

（d）横截面4（300mm）

（e）横截面5（150mm）

（f）横截面6（底部, 0mm）

饱和度

图 3-62　沉积层中不同截面上水合物饱和度分布情况

1．宏观经验模型

海底水合物赋存区域的沉积物样品颗粒比较均一，且由于海底压力作用，沉积物堆积比较致密，水合物只能出现在沉积物堆积所形成的孔隙中。因此取研究的一小片区域，可以形成以下物理模型（图3-63）。沉积物均匀地堆积于反应系统内，孔隙水充填于沉积物孔隙中，气体通过扩散进入沉积物＋水体系中，并溶解在孔隙水内。

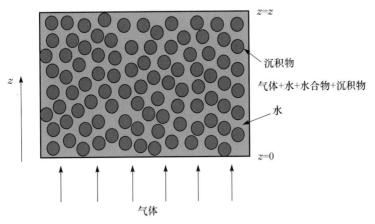

图 3-63　沉积物中水合物生成过程系统示意图

沉积物孔隙内部充满孔隙水，溶解气分布于孔隙水中，沉积物颗粒之间形成甬道，使得孔隙之间彼此连通（图3-64）。在单个的孔隙内，水合物的生成过程可以看作界面传热传质过程。自然界有充足的气源，孔隙水内有溶解气体，由于沉积物壁面效应的影响，水合物在沉积物壁面处的生长速度较快。关于水合物在沉积物中的生成的研究目前存在争议，有学者提出水合物率先在沉积物孔隙中心处生成，然后充填于整个沉积物孔隙空间，也有学者提

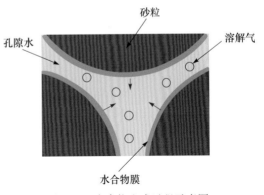

图 3-64　水合物生成过程示意图

出水合物倾向在沉积物颗粒表面处生成并将沉积物颗粒包裹（Cha et al., 1988）。高压下堆积的沉积物体系并非松散的沉积物体系，粒径相对比较大，介于150～380μm，毛细现象的影响相对较小。假定沉积物表面之间是互相接触的，孔隙水之间溶解气都是过饱和的，因此结合实验条件分析，沉积物表面容易生成水合物。假定水合物首先在沉积物表面生成，随着水合物的生成，水合物沿法线方向不断增长，最后充满于整个沉积物孔隙内部，形成水合物骨架，将沉积物颗粒固结起来。

沉积物体系内率先生成水合物后，水合物分布于沉积物颗粒表面，形成一个水合物薄层，水合物薄层与孔隙水中液相接触处始终存在一个假想的水合物膜边缘，在水合物膜到水合物膜边缘处的距离为0～δ的区间内，溶解气体存在一个浓度梯度差，在水合

物膜表面处发生质量传递，溶解气体的浓度沿水合物膜的外法线方向递增，气体由孔隙水通过水合物膜外层扩散到水合物内，继续参与水合物的生成，过程如图 3-65 所示。

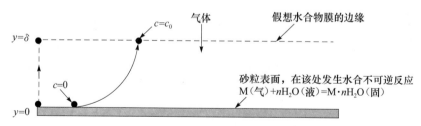

图 3-65　水合物壁面处气体浓度变化

2. 介观数学模型

根据以上的经验模型，确定研究对象为沉积物堆积体系内的单个孔隙空间，属于多孔介质内的孔隙结构，几何边界比较复杂，计算区域比较小，采用格子波尔兹曼（LBM）方法建立二维 D2Q9 模型（郭照立和郑楚光，2008；何雅玲等，2008），表征孔隙空间内水合物生成过程中各参数变化规律。为了计算方便，采用如下假设：

（1）假定所有沉积物颗粒都为正圆形，且粒径分布均一，沉积物体系内各向同性。

（2）水与气体生成水合物的过程发生在水-水合物交界面处。

（3）反应气体均匀溶解于沉积物孔隙水内。

（4）扩散型水合物生成过程比较缓慢，水与气体生成水合物的放热量能够及时被传导出去，水合物体系内温度不发生变化，不影响孔隙水中气体浓度的分布规律。

（5）水合物反应从沉积物壁面开始，沿壁面法向生长，最后堵塞孔隙，将沉积物固结。

（6）反应时间内，孔隙内的溶解气先被消耗。

自然界中，沉积物层位于海底，由于海水和沉积层的压力，沉积物颗粒被压实，孔隙水充填于沉积物孔隙内部，气体溶解于填充的孔隙水中。颗粒间的排列有两种方式，因此颗粒间的孔隙形状也相应存在两种（图 3-66）。沉积物颗粒间彼此错落排列时，颗粒的圆弧面形成沉积物间孔隙，此时计算区域的边界为沉积物颗粒的弦长。当沉积物颗粒彼此顺序排列时，物理区域由沉积物颗粒的 1/4 圆弧连接而成，计算区域的边界相当于由沉积物颗粒的直径组成（Jeong et al., 2008）。

在 LBM 计算模拟中，网格的划分只有结构网格一种，因此计算中根据实际计算区域及实际物理区域的边界进行标准的网格划分，划分为 100×100 的网格，其中实际物理区域的边界采用网格之间插值的方法获得实际物理边界的对应值。

根据 Kang 等（2002，2003，2004，2005）的模型，结合实际沉积物颗粒的条件及水合物反应的特殊性质，分别对沉积物孔隙水和孔隙水中的溶解气的浓度参数建立不同的控制方程，耦合求解。

1）液相

气体（甲烷，乙烷等）在水中的溶解度比较小，而且气体在液相中的溶解不影响液相的密度等参数，因此，对液相来说，可以建立如下 LBM 方程：

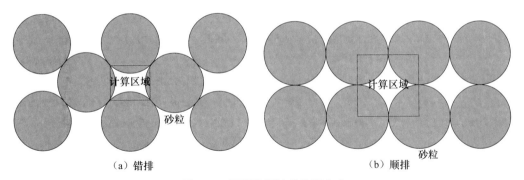

（a）错排　　　　　　　　　　　　　　　（b）顺排

图 3-66　沉积物颗粒的堆积方式

$$f_\alpha(x + e_\alpha\delta_t, t + \delta_t) - f_\alpha(x,t) = -\frac{f_\alpha(x,t) - f_\alpha^{eq}(\rho,u)}{\tau} \qquad （3-30）$$

式中，f_α 为液相密度的分布函数；τ 为与动力黏度相关的松弛时间；f_α^{eq} 为 f_α 的平衡态分布函数；ρ 为流体密度；u 为液体速度；e_α 为离散速度；δ_t 为时间步长。

黏度系数为

$$v = \frac{\tau - 0.5}{RT} \qquad （3-31）$$

$$f_\alpha^{s,eq}(\rho,u,T) = w_\alpha\rho\left[1 + \frac{e_\alpha u}{RT} + \frac{(e_\alpha u)^2}{2(RT)^2} - \frac{u^2}{2RT}\right] \qquad （3-32）$$

式中，R 为气体常数；T 为温度；w_α 为权系数。

采用二维 D2Q9 模型，图 3-67 为典型的 D2Q9 模型网格划分及速度矢量分布图（何雅玲等，2009；鲁建华，2009），其中 $RT=1/3$，离散速度 e_α 配置如下：

$$e_\alpha = \begin{cases} (0,0), & \alpha = 0 \\ \left(\cos\left[(\alpha-1)\dfrac{\pi}{2}\right], \sin\left[(\alpha-1)\dfrac{\pi}{2}\right]\right), & \alpha = 1,2,3,4 \\ \sqrt{2}\left(\cos\left[(2\alpha-1)\dfrac{\pi}{4}\right], \sin\left[(2\alpha-1)\dfrac{\pi}{4}\right]\right), & \alpha = 5,6,7,8 \end{cases} \qquad （3-33）$$

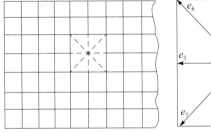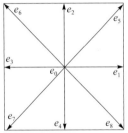

图 3-67　D2Q9 模型格子划分及速度矢量图

权系数：

$$w_\alpha = \begin{cases} \dfrac{4}{9}, & \alpha = 0 \\[2mm] \dfrac{1}{9}, & \alpha = 1,2,3,4 \\[2mm] \dfrac{1}{36}, & \alpha = 5,6,7,8 \end{cases} \qquad (3\text{-}34)$$

流体宏观密度和速度方程为

$$\rho = \sum_\alpha f_\alpha \qquad (3\text{-}35)$$

$$\rho u = \sum_\alpha e_\alpha f_\alpha \qquad (3\text{-}36)$$

同样，运用 Chapman-Enskog 展开，上面的 LBM 方程满足宏观连续方程和动量方程。

$$\frac{\partial \rho}{\partial t} + \nabla \cdot (\rho u) = 0 \qquad (3\text{-}37)$$

$$\rho \left[\frac{\partial u}{\partial t} + (u \cdot \nabla) u \right] = -\nabla p + \nabla \cdot [\rho \nu (\nabla u + u \nabla)] \qquad (3\text{-}38)$$

式中，p 为液相压力

$$p = \rho RT \qquad (3\text{-}39)$$

2）液相中溶解气体

气体在液相中的溶解度比较小，因此可将气体在液相中的扩散方程用同样的表达式表示。同时，水合物的生成可以消耗掉液相内溶解的气体，从而使气相中的气体进一步扩散进液相中，假定水合物反应都在液相中发生，先消耗液相中的溶解气体生成水合物，然后气相中的气体扩散进入液相，再进入水合物。水合物生成的反应以消耗气体为代价，因此用液相中气体的浓度变化来表征水合物的生成。

设定 $g(\alpha)$ 为气体分子浓度的分布函数，建立 LBM 方程：

$$g_\alpha^s(x + e_\alpha \delta_t, t + \delta_t) - g_\alpha^s(x,t) = -\frac{g_\alpha^s(x,t) - g_\alpha^{s,\mathrm{eq}}(c^s,u)}{\tau_s} \qquad (3\text{-}40)$$

式中，g_α^s 为 s 组分的浓度分布函数；$g_\alpha^{s,\mathrm{eq}}$ 为相应的平衡态分布函数；τ_s 为弛豫时间；c^s 为 s 组分的浓度。

实际上，扩散型水合物生成过程中压力是气体扩散进入沉积物和水的原动力，气体和液体流速可忽略不计，$g_\alpha^{s,\mathrm{eq}}$ 可以表示为

$$g_\alpha^{s,\mathrm{eq}}(c^s,u,T) = w_\alpha c^s \left[1 + \frac{e_\alpha u}{RT} + \frac{(e_\alpha u)^2}{2(RT)^2} - \frac{u^2}{2RT} \right] \qquad (3\text{-}41)$$

式中，u 为气体速度。

气体在液相中的总浓度 c 为

$$c = \sum_\alpha g_\alpha^s \qquad (3\text{-}42)$$

同样运用 Chapman-Enskog 展开，LBM 方程可以满足宏观对流-扩散-化学反应方程：

$$\frac{\partial c^s}{\partial t} + (u \cdot \nabla)c^s = \nabla \cdot (D_s \nabla c^s) \tag{3-43}$$

式中，s 组分的扩散系数 D_s 与相应的弛豫时间相关：

$$D_s = (\tau_s - 0.5)RT \tag{3-44}$$

3）模型边界条件处理

假定固体表面的变形速度足够慢，因此可通过采用反弹边界条件求解粒子分布函数的演化方程得到液体区域内任何时刻的浓度分布（赵凯等，2010）。几何形状比较复杂，因此，采用这种方法在壁面节点处的反弹边界条件需要较少的计算时间（Pan et al.，2006）。

同时，假定水合物率先在边界面生成，因此扩散大多发生在固体壁面与液体壁面的交界处，即水合物生成处，而且甲烷水合物溶解度是指一定温压条件下达到热力学平衡时水合物生成的最低浓度，只有当孔隙水中甲烷浓度超过该溶解度时才会结晶形成水合物。根据 Englezos（1987a，1987b）、Parent 和 Bishnoi（1996）对于水合物生成动力学的描述，可以给出如下的水合物生成关系式：

$$D \frac{\partial c}{\partial \boldsymbol{n}} = k_r(c_i - c_s) \tag{3-45}$$

式中，D 为扩散系数；c_i 为界面处的气体浓度；c_s 为液相中饱和的气体浓度；k_r 为水合物反应常数；$\boldsymbol{n}$ 为垂直界面的法向矢量。

由于扩散型水合物生成过程存在化学反应，同时计算的流体界面与固体界面均为圆形，而网格的划分为标准的正方形，因此计算区域并非正好位于网格线上，需要对网格进行插值处理，从而得到实际计算的物理区域（Lallemand and Luo，2003；Suga et al.，2009）。而且由于壁面并非规则区域，采用壁面反弹边界处理办法。

流体与固体之间的边界用一系列标记的点表示，这些点表述所有网格线与液-固界面的交界点。所有标记点的最初位置，在固体表面存在周期性浓度边界层，对固-液界面处来说，界面线与邻近的固相中的格点及液相中的格点的距离需要得知，然后根据线性插值法近似得到固-液界面的格点值（Yu and Ladd，2010）。因此，在流体计算及浓度求解中需要知道固-液界面与格子标准格点之间的几何距离（图 3-68）。

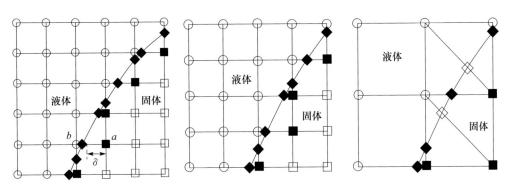

图 3-68　实际物理边界的求取方法

3. 沉积物孔隙内溶解气体浓度分布规律

实际计算区域仅为沉积物颗粒之间的缝隙，即四颗沉积物颗粒中间形成的区域，图 3-69 为该区域的二维切片，显示的是区域中间溶解气体的浓度场。

当沉积物颗粒为错排时，沉积物孔隙面比较平整，水合物先在沉积物壁面生成，而后沿着壁面法线方向增长，水合物在生成过程中呈层状生成，最后在孔隙中间会合，从而充满整个沉积物孔隙（图 3-69）。水合物层的表面即沉积物壁面是光滑的，无液体渗漏进沉积物表面，当水合物形成后，沉积物颗粒表面即被水合物层所覆盖。在水合物层表面存在一个浓度梯度，气体不断通过水合物表面扩散进入水合物，存在一个稳定的质量传递过程，直至反应结束。

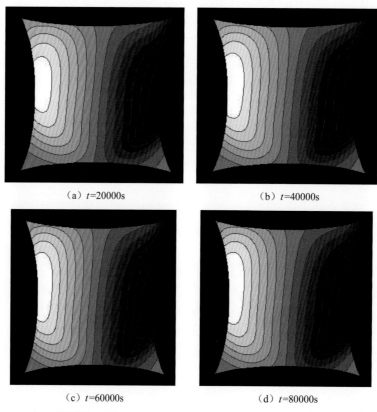

（a）t=20000s　　　　　　　（b）t=40000s

（c）t=60000s　　　　　　　（d）t=80000s

图 3-69　沉积物颗粒错排时孔隙内部甲烷溶解气浓度在水合物生成过程中的变化

黑线为甲烷浓度等值线；气源为甲烷，压力为 15MPa，过冷度为 15℃，沉积物粒径为 150μm

当沉积物颗粒为顺排时，孔隙尺寸相对错排来说较小，同时沉积物的壁面对孔隙内水合物的生成过程影响较强，水合物更容易在沉积物的壁面生成，同时容易在两个沉积物颗粒之间的缝隙内生成。当第一层水合物形成后，水合物呈片状生成（图 3-70），生成规律与沉积物错排时孔隙内的情况基本一致。

当采用 CO_2 气体作为水合物生成气时，水合物生成反应时间相对甲烷来说比较短（图 3-71，图 3-72）。

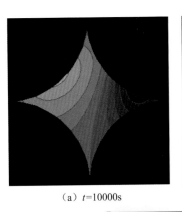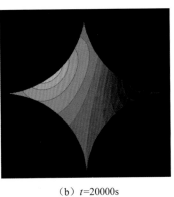

（a）t=10000s   （b）t=20000s

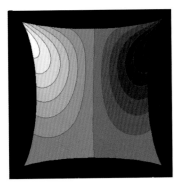

（c）t=30000s

图 3-70　沉积物颗粒顺排时孔隙内部甲烷溶解气浓度在水合物生成过程中的变化

黑线为甲烷浓度等值线；气源为甲烷，压力为 15MPa，过冷度为 15℃，沉积物粒径为 150μm

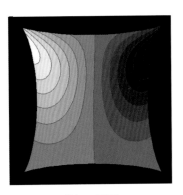

（a）t=20000s   （b）t=40000s

图 3-71　沉积物颗粒错排时孔隙内部 CO_2 溶解气浓度在水合物生成过程中的变化

黑线为 CO_2 浓度等值线；反应压力为 3MPa，过冷度为 5℃，沉积物粒径为 150μm

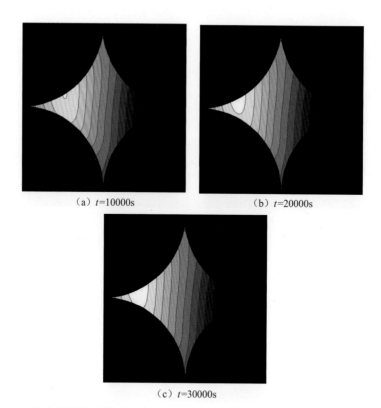

（a）t=10000s   （b）t=20000s

（c）t=30000s

图 3-72   沉积物颗粒顺排时孔隙内部 CO_2 溶解气浓度在水合物生成过程中的变化

黑线为 CO_2 浓度等值线；压力为 3MPa，过冷度为 5℃，沉积物粒径为 150μm

当沉积物颗粒为错排时，沉积物孔隙面相对比较平整，水合物先在沉积物壁面和壁面的交接处生成，而后沉积物在初始生成处聚集，并呈层状向外扩展，往沉积物孔隙中间汇集。因此，沉积物孔隙中水合物的生成过程呈层状，最后在孔隙中间会合，从而充满整个沉积物孔隙。

当沉积物颗粒为顺排时，相对错排来说孔隙尺寸较小，同时沉积物在孔隙内的壁面影响较强，水合物更容易在沉积物的壁面生成，容易在沉积物壁面处聚集。当第一层水合物形成后，水合物便呈片状生成，生成规律与沉积物错排时孔隙内的情况基本一致。

由于沉积物颗粒相对较大，水合物生成过程中的毛细作用影响较小，在计算模拟中并未考虑毛细作用的影响。总体来说，沉积物孔隙内浓度场分布比较均一，水合物生成过程比较稳定，水合物呈片状生成。不同的外界条件下沉积物孔隙内气体的浓度场具有比较一致的特征，这也说明外界条件不能影响水合物生成的机理，只能影响水合物生成后的数值结果。

4. 水合物转化率的变化

在模型假设中，假定沉积物颗粒孔径均一，且为标准的正圆形，孔隙水均匀地分布于沉积物孔隙中，整个沉积物和孔隙水体系为各向均匀体系。整个体系内可看作由同样沉积物颗粒和颗粒组成的孔隙所组成，而水合物的生成区域即孔隙水占据的空间就是由一个一个的孔隙组成，孔隙之间具有相似性，因此可以用一个孔隙内的情况代表整个体系内的情况。单个孔隙内水合物的转化率代表整个体系内所有孔隙内水合物的转化率。将不同时刻消耗的浓度进行积分，得到整个反应区间内所消耗的气体量，也就可以计算得出沉积物孔隙内孔隙水转化为水合物的比率。

当水合物反应气体分别为甲烷或二氧化碳时，水合物反应的水合数为 5.75，表达式为

$$M(气)+5.75H_2O(液) \rightleftharpoons M \cdot 5.75H_2O(固) \quad (3-46)$$

因此水合物转化率计算公式为

$$\eta_h = \frac{5.75n_g}{n_w} \times 100\% \quad (3-47)$$

实验结果与模拟结果的对比如图 3-73 所示，实验条件下甲烷水合物的转化率大于模拟结果，主要由以下几个因素造成：首先，实验采用的沉积物并非孔径为 150μm 的均一颗粒，而是介于 150~250μm，因此形成的颗粒间的孔隙尺寸不统一，孔隙尺寸分布呈一定区间，对孔隙空间内水合物生成过程的影响也就不尽相同，而模型模拟的是沉积物粒径为 150μm 的孔隙空间，孔隙尺寸是恒定的；其次，实际实验过程中气体与沉积物体系的交界面处最容易生成水合物，同时界面处的水合物容易通过毛细作用将沉积物体系内孔隙水运移到水合物周围，而水合物生成区域的扩散传递作用最强烈。气体的扩散时刻都在发生，可能直接扩散进入沉

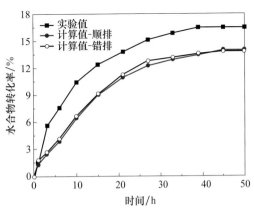

图 3-73 沉积物颗粒孔隙内部甲烷水合物转化率随时间的变化

气源为甲烷，压力为 15MPa，过冷度为 15℃，沉积物粒径为 150μm

积物孔隙水，也可能直接扩散进入水合物，生成水合物，而模型的假设是气体必须首先扩散进入沉积物孔隙水中，再从孔隙水中通过水合物膜表面扩散生成水合物。

5. 沉积物体系相对孔隙率的变化

实验采用的沉积物粒径目数介于 150~250μm，沉积物堆积体系的孔隙率为 36.7%，当水合物生成后占据了一定的沉积物孔隙空间，从而导致沉积物孔隙率降低。采用相对孔隙率表征水合物占据沉积物孔隙的空间。反应开始前并未有水合物的存在，沉积物体系内相对孔隙率为 1，水合物生成后相对孔隙率开始降低。实验采用粒径介于 150~250μm 的沉积物颗粒，模拟区间为 150μm 的颗粒，最终模拟结果与实验结果最大误差为 7% 左右（图 3-74）。

6. 沉积物粒径与水合物转化率之间的关系

模型分别对一定外界条件下不同尺寸的沉积物粒径组成的孔隙空间进行计算，结果如图 3-75 所示。当沉积物粒径比较小时，所得到的水合物转化率数值也相对较小，随着沉积物粒径的增加，孔隙水水合物转化率逐渐增大，当沉积物粒径在 250μm 以下时，

沉积物体系内水合物的生成过程受粒径影响比较大。当沉积物颗粒比较大，超过 250μm 后，水合物的生成过程基本接近块状水合物的生成过程，粒径对水合物的影响基本可以忽略。这个趋势与 Lu 等（2011）和 Ginsburg 等（2000）的研究结果基本一致。

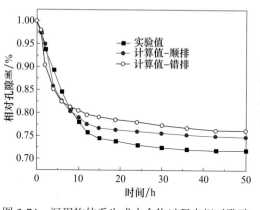 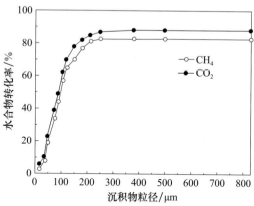

图 3-74　沉积物体系生成水合物过程中相对孔隙率的变化

水合物生成气为 CO_2，沉积物粒径为 150μm，压力为 3MPa，过冷度为 5℃

图 3-75　沉积物粒径与水合物转化率的关系

参 考 文 献

郭照立，郑楚光. 2008. 格子 Boltzmann 方法的原理及应用，北京：科学出版社.

何雅玲，王勇，李庆. 2008. 格子 Boltzmann 方法的原理及应用，北京：科学出版社.

何雅玲，李庆，王勇，等. 2009. 格子 Boltzmann 方法的工程热物理应用，科学通报，54(18): 2638-2656.

鲁建华. 2009. 基于格子 Boltzmann 方法的多孔介质内流动与传热的微观模拟. 武汉：华中科技大学博士学位论文.

张金峰. 2003. 甲烷水合物在不同体系中的生成动力学研究. 杭州：浙江工业大学硕士学位论文.

赵凯，宣益民，李强. 2010. 基于格子 Boltzmann 方法的复杂多孔介质内双扩散效应的对流传热传质机理研究，科学通报，55(1): 94-102.

Aasberg P K, Stenby E, Fredenslund A. 1991. Prediction of high-pressure gas solubilities in aqueous mixtures of electrolytes. Industrial and Engineering Chemistry Research, 30: 2180-2185.

Bai D S, Chen G J, Zhang X R, et al. 2012a. Nucleation of CO_2 hydrate from three-phase contact lines, langmuir. DOI: 10. 1021/la300647s.

Bai D S, Zhang X R, Chen G J, et al. 2012b. Replacement mechanism of methane hydrate with carbon dioxide from microsecond molecular dynamics simulations. Energy and Environmental Seience, (5): 7033-7041.

Bernal J D, Fowler R H. 1993 . A theory of water and ionic solution, with particular reference to hydrogen and hydroxylions. Journal of Chemical Physics, (1): 515-548.

Cha S B, Ouar H, Wildeman T R, et al. 1988. A third-surface effect on hydrate formation. The Journal of

Physical Chemistry, 92(23): 6492-6494.

Deaton W M, Frost E M. 1946. Gas hydrate composition and equilibrium data. U S Bureau of Mines Monograph, 8: 1.

Englezos P, Kalogerakis N, Dholabhai P D, et al. 1987a. Kinetics of formation of methane and ethane gas hydrates. Chemical Engineering Science, 42(11): 2647-2658.

Englezos P, Kalogerakis N, Dholabhai P D, et al. 1987b. Kinetics of gas hydrate formation from mixtures of methane and ethane. Chemical Engineering Science, 42(11): 2659-2666.

Freer E M, Selim M S, Jr E D S. 2001. Methane hydrate film growth kinetics. Fluid Phase Equilibria, 185(1-2): 65-75.

Ginsburg G, Soloviev V, Matveeva T, et al. 2000. Sediment grain-size control on gas hydrate presence, Sites 994, 995, and 997// Proceedings of the Ocean Drilling Program, Scientific Results, College Station.

Handa Y P, Stupin D. 1992. Thermodynamic properties and dissociation characteristics of methane and propane hydrates in 70-A radius silica gel pores. The Journal of Physical Chemistry, 96: 8599-86031.

Hoover W G. 1985. Canonical dynamics equilibrium phase space distributions. Physical Review A,(31): 1695-1697.

Javanmardi J, Moshfeghian M. 2000. A new approach for prediction of gas hydrate formation conditions in aqueous electrolyte solutions. Fluid Phase Equilibria, 168: 135-148.

Jeong N, Choi D H, Lin C L. 2008. Estimation of thermal and mass diffusivity in a porous medium of complex structure using a lattice Boltzmann method. International Journal of Heat and Mass Transfer, 51: 3913-3923.

Jiang G L, Wu Q B, Zhan J. 2010. Effect of cooling rate on methane hydrate formation in media. Fluid Phase Equilibria, 298(2): 225-230.

Kang Q J, Zhang D X, Chen S Y, et al. 2002. Lattice Boltzmann simulation of chemical dissolution in porous media. Physical Review E, 65: 036318.

Kang Q J, Zhang D X, Chen S Y. 2003. Simulation of dissolution and precipitation in porous media. Journal of Geophysical Research, 108(B10): 10-1029.

Kang Q J, Zhang D X, Lichtner P C, et al. 2004. Lattice Boltzmann model for crystal growth from supersaturated solution. Geophysical Research Letters, 3620(31): 131-147.

Kang Q J, Tsimpanogiannis I N, Zhang D X, et al. 2005. Numerical modeling of pore-scale phenomena during CO_2 sequestration in oceanic sediments. Fuel Processing Technology, 86: 1647-1665.

Kashchiev D, Firoozabadi A. 2003. Induction time in crystallization of gas hydrates. Journal of Crystal Growth, 250(3-4): 499-515.

Klauda J B, Sandler S I. 2001. Modeling gas hydrate phase equilibria in laboratory and natural porous media. Industrial and Engineering Chemistry Research, 40: 4197-4208.

Kleinberg R L, Flaum C, Straley C, et al. 2003. Seafloor nuclear magnetic resonance assay of methane hydrate in sediment and rock. Journal of Geophysical Research, Solid Earth, 108(B3): 2137.

Knox W G, Hess M, Jones G E, et al. 1961. The hydrate process. Chemical Engineering Progress, 57(2): 66-71.

Kvamme B, Lund A, Hertzberg T. 1993.The influence of Gas interactions on the Langmuir Constants for some natural-gas hydrates. Fluid Phase Equilibria, 90(1): 15-44.

Lallemand P, Luo L S. 2003. Lattice Boltzmann method for moving boundaries. Journal of Computational Physics, 184: 406-421.

Lekvam K, Ruoff P. 1997. Kinetics and mechanism of methane hydrate formation and decomposition in liquid water-Description of hysteresis. Journal of Crystal Growth, 179(3-4): 618-624.

Lu H L, Kawasaki T, Ukita T, et al. 2011. Particle size effect on the saturation of methane hydrate in sediments-Constrained from experimental results. Marine and Petroleum Geology, 28(10): 1801-1805.

Marion G M, Catling D C, Kargel J S. 2006. Modeling gas hydrate equilibria in electrolyte solutions. Computer Coupling of Phase Diagrams and Thermochemistry, 30: 248-259.

Max M D. 2000. Natural Gas Hydrates in Oceanic and Permafrost Environments. Netherlands: Kluwer Academic Publishers.

Mohammadi A H, Richon D. 2006. Estimating the hydrate safety margin in the presence of salt or organic inhibitor using refractive index data of aqueous solution. Industrial and Engineering Chemistry Research, 45(24): 8207-8212.

Najibi H, Mohammadi A H, Tohidi B. 2006. Estimating the hydrate safety margin in the presence of salt and/ or organic inhibitor using freezing point depression data of aqueous solutions. Industrial and Engineering Chemistry Research, 45(12): 4441-4446.

Nasrifar K, Moshfeghian M. 1998. Prediction of equilibrium conditions for gas hydrate formation in the mixtures of both electrolytes and alcohol. Fluid Phase Equilibria, 146: 1-13.

Pan C X, Luo L S, Miller C T. 2006. An evaluation of lattice Boltzmann schemes for porous medium flow simulation. Computers and Fluids, 35: 898-909.

Parent J S, Bishnoi P R. 1996. Investigations into the nucleation behaviour of methane gas hydrates. Chemical Engineering Communications, 144: 51-64.

Peng D Y, Robinson D B. 1976. A new two-constant equation of state. Industrial and English Engineering Chemistry, Fundamentals, 15: 59-64.

Seo Y, Lee H, Uchida T. 2002. Methane and carbon dioxide hydrate phase behavior in small porous silica gels: Three-phase equilibrium determination and thermodynamic modeling. Langmuir, 18: 9164-9170.

Shimada W, Ebinuma T, Oyama H, et al. 2005. Free-growth forms and growth kinetics of tetra-n-butyl ammonium bromide semi-clathrate hydrate crystals. Journal of Crystal Growth, 274(1-2): 246-250.

Skobnorg P, Rasmussen P.1994. Comments on-hydrate dissociation enthalpy and guest size. FLUID Phase Equilibria, 96: 223-231.

Sloan E D, Subramanian S, Matthews P N, et al. 1998.Quantifying Hydrate Formation and Kinetic Inhibition. Industrial & Engineering Chemistry Research, 37 (8): 3124-3132.

Smith D H, Wilder J W, Seshadri K. 2002.Methane hydrate equilibria in silica gels with broad pore-size distributions. Aiche Journal, 48, 393-400.

Suga K, Tanaka T, Nishio Y, et al. 2009. A boundary reconstruction scheme for lattice Boltzmann flow simulation in porous media. Progress in Computational Fluid Dynamics, 9(3-5): 201-207.

Taylor C J, Miller K T, Koh C A, et al. 2007. Macroscopic investigation of hydrate film growth at the hydrocarbon/water interface. Chemical Engineering Science, 62(23): 6524-6533.

Uchida T, Ebinuma T, Takeya S, et al. 2002. Effects of pore sizes on dissociation temperatures and pressures of methane, carbon dioxide, and propane hydrates in porous media. The Journal of Physical Chemistry B, 106: 820-826.

Waite W F, Santamarina J C, Cortes D D, et al. 2009. Physical properties of hydrate-bearing sediments. Reviews of Geophysics, 47, RG4003.

Weimer P, Varnai P, Budhijanto F M, et al. 1998. Sequence stratigraphy of Pliocene and Pleistocene turbidite systems, northern Green Canyon and Ewing Bank(offshore Louisiana), northern Gulf of Mexico. AAPG Bulletin-American Association of Petroleum Geologists, 82(5B): 918-960.

Wilson P W, Lester D, Haymet A D J. 2005. Heterogeneous nucleation of clathrates from supercooled tetrahydrofuran(THF)/water mixtures, and the effect of an added catalyst. Chemical Engineering Science, 60: 2937-2941.

Yan L J, Chen G J, Pang W X, et al. 2005. Experimental and modeling study on hydrate formation in wet activated carbon. The Journal of Physical Chemistry B, 109: 6025-6030.

Yu D, Ladd A J C. 2010. A numerical simulation method for dissolution in porous and fractured media. Journal of Computational Physics, 229: 6450-6465.

Zanota M L, Dicharry C, Graciaa A. 2005. Hydrate plug prevention by quaternary ammonium Salts. Energy & Fuels, 19(2): 584-590.

Zhong Y, Rogers R E. 2000. Surfactant effects on gas hydrate formation. Chemical Engineering Science, 55: 4175-4187.

第四章 | 南海天然气水合物成藏的控制因素

第一节 区 域 背 景

一、海底地形地貌

南海北部陆坡东起台湾岛的西南端，西至西沙海槽，呈 NE 向条带状展布，自西向东宽度逐渐变窄，全长 1300km，宽 126～265km。该区分布多个新生代盆地，如琼东南盆地、西沙海槽盆地、珠江口盆地和台西南盆地，石油和天然气资源丰富。南海北部陆坡的地形承接陆架的地形趋势，自西北向东南方向呈阶梯状下降，直至地形较为平坦的深海盆地。陆坡坡折线的水深为 140～350m，坡脚线水深为 3400～3700m，最大水深高差达 3560m，地形变化极为复杂。南海北部陆坡地貌类型众多，且由西向东地貌形态渐趋复杂。陆坡的三级地貌可分为堆积型地貌（堆积型陆坡斜坡、堆积型岛坡斜坡、大陆隆）、构造-堆积型地貌（陆坡盆地）、构造-侵蚀型地貌（海底大峡谷）和构造型地貌（断褶型陆坡陡坡、断褶型岛坡陡坡、陆坡海台、陆坡海槽、陆坡或岛坡海山群、陆坡或岛坡海丘群）等 11 种三级地貌类型。

在南海北部陆坡发育大量与水合物形成和分解相关的微地貌类型特征，最为常见的有天然气冷溢气口（冷泉）、麻坑、泥火山（或泥底辟）、海底滑坡和自生碳酸盐岩岩隆等。

（一）冷泉

冷泉大多分布于水深大于 500m 的海底，在其周围分布大量由菌席、蠕虫类、双壳类等组成的以溢出天然气为营养源、适应厌氧生物化学环境的生物组合（即化能自养生物群落），生物分布区面积可达数平方米，形成具有鲜明色彩的独特生物微地貌环境景观。南海北部的台西南海域近年来通过深拖照像也发现一些冷泉口及其生物群落，其中 G96 冷泉位于 400m 水深的区域，其宽度约 300m，深度约 5m，冷泉口气体正在溢出，在其周围覆盖有菌席（图 4-1）。

（二）麻坑

麻坑地形是被动陆缘区浅表层环境与水合物相关的一种地貌识别标志。在外陆架及陆坡区未固结的海底表层堆积物上常出现一些洼地地貌景观，洼地直径几米到几十米，深几厘米到几十厘米。据统计，在世界被动大陆边缘的水合物探区均存在这种地貌现象，分析认为麻坑可能是水合物分解释放的气体沿断裂或裂隙向上运移在海底遗留的地貌痕迹。台西南海域的麻坑位于水深 400～440m 的海域，其宽度

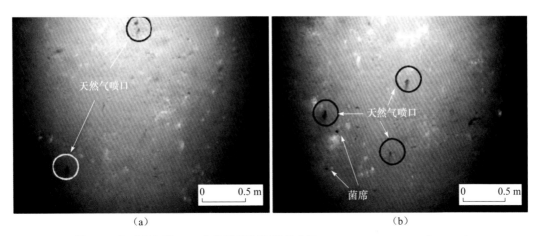

图 4-1　台西南海域 G96 冷泉及其生物群落（据 Song-Chuen Chen et al., 2010）

黑色箭头所指为气体正在溢出的位置，白色箭头所指为菌席

约 600m，长度约 1200m，最大深度为 35m（图 4-2）。从浅地层剖面可以看出，麻坑之下的浅表层区域有强反射层，这种强反射层形成的原因是存在水合物或自生碳酸盐岩，但由于该区水深较浅，水合物无法在浅表层沉积物中稳定存在，因此这种强反射层为自生碳酸盐岩，这从该区海底可看到自生碳酸盐的露头得到证实。另外，从 EK500 单波束声呐影像图可以看出，在该麻坑东翼水柱中明显存在羽状流，反映了麻坑中有气体溢出，只是其中心区域被自生碳酸盐岩覆盖使气体运移通道迁移到东翼。

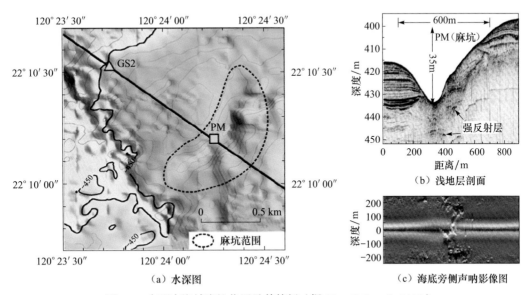

图 4-2　台西南海域麻坑位置及其特征（据 Chen S C et al., 2010）

（三）泥底辟（或泥火山）

具塑性的近代巨厚沉积层及高压流体活动可形成大规模的泥底辟（或泥火山）构

造，且其与水合物分布有关。这是因为沉积物负荷和甲烷的产生相互结合，促进了泥火山的发育，或有助于来自挤离带附近的泥底辟的演化，而甲烷的聚集又导致水合物的形成。因此，泥火山或泥底辟与水合物有关联（Reed et al.，1990）。

南海北部陆坡从东部的增生楔到西部的被动陆缘区均有泥底辟分布。在台西南海域报道有泥火山（或泥底辟）发育，它们成群分布，一般一个泥火山群由几个到十几个泥火山组成；泥火山的沉积物中往往富含甲烷气体，它们或是由下伏泥底辟沉积层脱水后流体向上逃逸形成，或是由下伏水合物分解释放的气体向上迁移至海底而形成（Chiu et al.，2006）。

（四）海底滑坡

海底滑坡是识别水合物的一种重要地貌标志。通常认为，水合物稳定的条件发生改变后，水合物将发生分解，由固态转变为气、水混合态，同时释放出气体，在地层中形成超压，一旦发生地震活动或沉积物负荷变化，就可能发生滑塌或出现海底滑坡。

我国学者近年来对南海北部海域有关海底滑坡与水合物的关系也进行探讨，利用二维、三维地震资料，并结合多波束水深测量，在南海北部白云凹陷发现范围约13000km^{2}的大型海底滑坡。滑坡分布受地形和海底沉积物岩性控制，晚期活动在中更新世。

（五）自生碳酸盐岩隆

自生碳酸盐岩是冷泉的沉积产物之一，在水合物喷溢口普遍存在，如鄂霍次克海、Eel河盆地、卡斯凯迪亚水合物脊和布莱克海脊等处发现的自生碳酸盐岩均与水合物分解产生的冷泉有关（Naehr et al.，2000）。流体中的甲烷经过微生物作用转变为二氧化碳，后经化学和生物化学沉积作用形成自生碳酸盐岩。研究发现，冷泉喷溢口和自生碳酸盐岩多出现在汇聚性板块边缘或被动大陆边缘，自生碳酸盐岩多产于陆坡区，水深几百米至上千米不等，大多分布在海底沉积物表面，或在较平坦的海底面上被松软沉积物所覆盖，常以岩隆、岩丘、结核、结壳和烟囱等形式产出。

中德合作SO-177航次成果显示：首次在南海北部陆坡东沙附近海域发现由冷泉喷溢形成的巨型碳酸盐岩，这些冷泉碳酸盐岩主要分布在水深分别为550～650m和750～800m的两个海脊上，面积达430km^2，是世界上迄今发现的最大的自生碳酸盐岩区。这些冷泉碳酸盐岩有的表现为大型的化学礁。最典型的为"九龙甲烷礁"，在"九龙甲烷礁"区碳酸盐岩结壳裂隙中发现化能自养生物菌席（图4-3）。通过同位素测年分析，"九龙甲烷礁"区碳酸盐岩结壳最早形成于大约4.67万年前，至今仍在释放甲烷气体。

二、构造背景

南海北部陆坡在大地构造上位于东亚大陆边缘构造域内，北以海南-万山结合带与东亚大陆构造域相接；西为南海西缘断裂带；其东界以台湾岛（梨山断层）-巴布延脊-

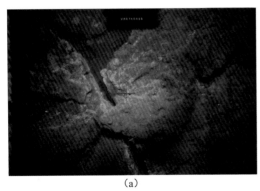 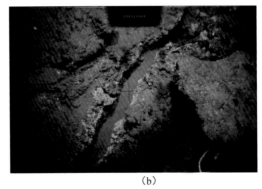

(a)   (b)

图 4-3　中德合作 SO-177 航次 OFOS13 测站海底照片（据黄永样等，2008）

可见碳酸盐岩结壳，缝隙中的白色衬层及表面呈白色星状斑点为菌席

菲律宾海沟俯冲带与西太平洋构造域为邻，是一个地质构造复杂的地区。

复杂的构造过程形成了南海北部独特的构造景观。南海北部陆缘为被动大陆边缘，南海东部陆缘则为活动碰撞陆缘，整体上属于西太平洋中环太平洋板块的南延部分。在台湾岛附近，碰撞带沿岛弧挤入台湾东北部，尽管从地貌形态上来看台湾岛是一个完整的地貌单元，但实际上碰撞岛弧及板块边缘均切穿台湾岛。

从区域构造演化历史看，南海北部陆缘大致经历了由板内裂陷演变为边缘拗陷的地史历程。古生代晚期—中生代早期，印支-巽他古陆区和南海北部边缘与古特提斯海相通。中侏罗世—早白垩世早期，特提斯海封闭并向西收缩，太平洋板块向北驱动，促使库拉板块俯冲消亡于东亚大陆的东南侧，导致大陆抬升，从而在东南亚地区形成安第斯型边缘（Briais et al.，1993）。此后太平洋板块向北运动速率降低，大陆边缘由挤压逐渐转换为拉张构造环境。至白垩纪末，板块汇聚边缘向东转移，南海小洋盆开始扩张，在华南地块边缘发育诸多北东向、分割的晚中生代—古近纪的陆相断陷盆地。这也是南海陆坡区早期构造的雏形，但东沙群岛以东地区尚处在古太平洋边缘的浅海环境中，发育较厚的海相地层。此后由于构造隆升，东沙群岛周围缺失晚白垩世—始新世的沉积。始新世末，包括东沙群岛以东地区的整个陆坡区普遍抬升并遭受剥蚀，从而结束早期的构造奠基阶段。晚渐新世—早中新世，南海东部沿东西方向再次扩张，自东向西由珠江口-琼东南盆地逐渐进入裂谷沉降阶段，这也是南海北部大陆架裂陷的结束时期，与之相应形成了断陷期陆相和海陆过渡相沉积层序。中中新世以后南海北部陆缘进入构造沉降阶段，形成以海相沉积为主的区域性沉积层，其中台西南盆地、珠二拗陷及尖峰北拗陷的上新世—第四纪沉降幅度较大，台西南盆地最大沉降速率达 520m/Ma，从而在该盆地的东北部陆坡区形成巨厚沉积。

南海北部陆缘经历早白垩世末、始新世末和中中新世末的 3 次构造运动，基底构造复杂，新构造作用活跃，中中新统之下沉积盖层断裂构造发育，有些断裂自基底断至海底，既控制陡坡地形的形成，又有利于烃气向上远距离输送。上新世初期，向西北方向运动的菲律宾海板块在台湾地区与欧亚板块碰撞，台湾岛逐渐出现；此后，菲律宾海板块继续向西北方向运动，在南海北部产生 NWW 向挤压。这一构造活动十分有利于油气（包括甲烷）运聚及天然气水合物的形成。

三、沉积环境

南海北部及周缘自元古宙—第四纪地层均有分布，但由于地质发展历史不同，其地层发育的程度、岩性、岩相均有较大差异。

笔者利用地震剖面、ODP184 航次钻井、台西南盆地的钻井资料及前人已有的勘探研究成果，开展地震地层、岩石地层、生物地层的综合分析，揭示调查区综合地层学特征及水合物可能富集的层位（图 4-4）。

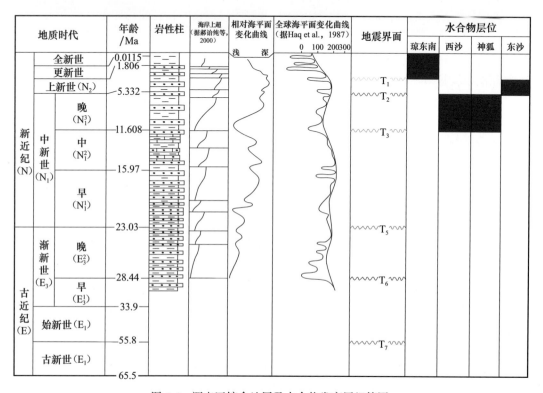

图 4-4　调查区综合地层及水合物发育层组简图

中生界主要由侏罗系、白垩系组成。台西南盆地钻遇中生代侏罗纪和早白垩世海陆过渡相沉积。

（1）侏罗系：早侏罗世海侵范围较大，粤东、珠一拗陷东部和台西地区为浅海相沉积，在台湾西部的海区数口井内，于确认的下白垩统之下见有黑色页岩沉积。含有"侏罗 Pliensbachian-Tithonian 阶的孢粉化石"，其电测曲线显示呈高电阻特点，推测至少其下部层段可与下侏罗统沉积对比。中-晚侏罗世区内活动渐趋激烈，区域遭受抬升。据孢粉资料分析，早期定为白垩系黑色泥岩或黑色页岩地层，部分属于中-上侏罗统，因在该层段所采孢粉样品中缺少早白垩世常见分子 *Cicatricosisporits* spp.。

（2）白垩系：于澎湖隆起及其南侧海区的台西南盆地 TL-1、CFC-1、A-1B 等多口钻井揭露白垩系。上白垩统常以不整合接触关系直接伏于渐新统之下，岩性以页岩为主夹薄煤层，最大厚度近 2km，属非海相或过渡相沉积。推测潮州拗陷也存在类似现象。下白垩统由砂岩和页岩组成，夹薄煤层及含鲕灰岩和白云岩，属浅海或滨海相沉积，最大厚度 1539m。澎湖隆起南侧下白垩统尚见有凝灰岩夹层。除早白垩世孢粉化石外，下白垩统尚产菊石、双壳类及超微化石 *Watznaueria britanica*，*W.barnesae*。

古近系主要由渐新统、始新统和古新统组成，分布于陆架、陆坡区的一系列裂陷盆地中，以陆相碎屑沉积为主。

（1）古新统（层序 G）：推测以砂岩、含砾砂岩夹泥岩为主的一套陆相-海陆过渡相地层。局限分布于沉积拗陷中，在构造高部位普遍缺失。在陆坡深水区，由于水深较深，该层序埋藏又较深，调查底界已超出地震剖面记录长度，因此其分布厚度不明。

（2）始新统（层序 F）：一套以黑色泥、页岩与砂岩互层，砂砾岩、局部夹煤层的湖相或滨海相沉积地层，是被断层错断明显、不均匀沉降的沉积层。沉积厚度变化大，最大沉积厚度超过 1000m。该套地层的层速度为 2400～4500m/s。

（3）渐新统（层序 E）：一套砂岩夹泥岩的海陆交互相或浅海相沉积，缺失早中期沉积，厚度一般为 400～700m，局部 0～300m，沉积中心位于东沙群岛的东部和南部。层速度为 2200～4400m/s。

新近系—第四系：南海普遍沉降，接受浅海-半深海相碎屑岩和碳酸盐岩沉积。

（1）下—中中新统（层序 D）：一套浅海相沉积，总体呈北厚南薄、东西厚、中间薄的沉积特征，地层厚度 100～2200m，层速度一般为 2000～4100m/s。

（2）上中新统（层序 C）：主要为一套半深海相沉积，区内发育一些斜坡扇、重力流及等深流沉积，局部还发育有与火成岩体相伴生的火山碎屑岩。该套地层厚度大体在100～700m，从西向东逐步加厚。

（3）上新统—第四系（层序 A+B）：为一套半深海-深海相沉积，在调查区附近发育沿水深线呈带状分布的等深流沉积及重力流滑塌沉积，岩性整体偏细。该套地层厚度约 100～1500m，一般在 300～700m。

南海北部水合物主要勘探目的层位于晚中新统—全新统。不同研究区水合物发育层位不同，其中琼东南研究区水合物主要发育在全新统—更新统，东沙研究区水合物主要发育在上新统，西沙、神狐研究区水合物主要在晚中新统发育（图4-4）。

第二节 水合物成藏的构造控制因素

一、断裂对水合物形成分布的影响

断层和褶皱是被动大陆边缘中与水合物形成密切相关的构造类型。世界各地水合物构造研究表明，被动陆缘的盆地边缘、海隆或海台脊部是断裂及褶皱构造时常发育的部位，深部通常发育多条断层，浅部地层褶皱，或褶皱与断层伴生，两者构成断裂-褶皱构造。正是这些断层为深部气源向浅部运移提供通道，而浅部的褶皱构造可适时圈闭运移到浅部的气体，在合适的温压稳定带内形成断裂-褶皱型水合物矿藏，也称断褶型水合物矿藏。

构造型水合物矿藏通常以断裂系统控制的渗流模式形成，一般发生于断裂发育、流体活跃的断褶带。在断褶带，与不整合面有关的运移通道体系起主导作用，气体沿不整合面由下部高压区向上部低压区侧向或垂向与侧向联合运移形成富含烃类气体的上升流，当其进入水合物稳定域时即可形成天然气水合物。

（一）活动断层与烃类气体运移的关系

近年来，大量的地质、地球化学和地球物理研究结果进一步证实，流体沿断层带的流动具有幕式的特点。Hooper（2010）认为，流体沿断层运移通常是一个幕式流动过程，该过程与断裂活动期次和性质密切相关，且流动速度较快，释放出的流体赋存于断裂上部的地层。在断层幕式活动期，烃类气体运移的动力主要为构造作用力及异常压力，作用力较大；而断层间歇期，烃类气体运移的动力主要为流体幕式运动后的剩余压力和浮力，作用力较小。作用力大小的差异导致烃类气体的运移路径不同。

1. 断层幕式活动期流体运移特征

断层幕式活动期流体运移的动力主要有两种：一种是地震泵作用，另一种是超压作用，运移的动力较大。

地震泵作用主要指地下深处的地震活动使岩层发生剪切破裂，导致断层带内部的裂缝开启，断层带重新开始活动，其附近岩石渗透率也随之增加，使超压带内流体迅速外泄，孔隙流体压力也随之下降；同时，在内外压力差的作用下，断层带像泵一样把围岩内大量流体吸入，造成流体向断层带汇流；随着断层带的活动，应力得以释放，被吸入的流体则被带至浅部压力较小的地层，断层逐渐停止活动；当地层中应力再次积累导致地震时，断层再次活动，流体则又一次被带至浅层。这种地震泵作用在我国渤海湾盆地较为常见。

超压作用为断层流体幕式运移的另外一种动力。在生长断层下降盘，由于各种作用，往往形成异常高压带，当异常高压带的孔隙压力达到断层带内已固结破碎岩石的破裂压力时，断层带内的裂缝重新开启，大量超压流体进入裂缝，极大提高了断层带的渗透性，并减小了断层滑动所需的剪切应力，可能造成断层的活动；流体进入断层带后，在异常高压和浮力作用下向浅部地层运移，遇到合适的地层则使流体排出；流体排出后，断层带附近流体势"降落"、压力释放，同时断层带内裂缝逐渐闭合、流体压力降低，断层带则重新作为异常压力带的侧向封闭层，异常高压带内孔隙流体压力继续缓慢增加，等待下一次释放。这种超压作用造成流体幕式运移的机制在莺歌海盆地非常普遍。断层幕式活动期，深部超压流体以在断层带（典型的断层破碎带由断层角砾岩、断层碎屑岩和断层破碎带组成）内的垂向运移和进入储层后的侧向运移为主。在断层角砾岩不连续处，断层带内流动的部分超压流体会在浮力和流体压力共同作用下穿过断层带进入断层上盘。当断层带内的流体进入储层后，断层带内流体压力下降，渗透率也随之降低，可以有效阻止进入储层的流体流回断层带，此时断层带起单向阀的作用。

2. 断层幕式活动间歇期流体运移特征

根据流体运移特征，又可将断层幕式活动间歇期分为紧邻断层活动后阶段和断层封闭阶段。

在紧邻断层活动后阶段，断层带与两侧岩层处于一种短暂的压力不平衡时期，流体运移的主要动力为流体幕式活动后的剩余压力和浮力，且断层带渗透率虽然大大减小，但仍有一定的渗透性，所以该阶段仍有流体活动。

断层封闭阶段则处于系统稳定的时期，断层带本身或断层带两侧围岩对置关系对烃类气体形成封闭，故极少通过断层带运移至浅层。

在断层幕式活动间歇期，流体运移的动力远小于断层幕式活动时流体的运移动力。断层幕式活动间歇期，断层带与两侧岩层的压力平衡由于断层活动的停止而被打破，从而引起断层带及两侧储层之间流体的再分配（运移）。在此过程中，流体的运移以砂层内及穿越断层的侧向运移为主，运移动力为浮力和断层带与其两侧砂层的排驱压力差，流体则以连续游离相为主。此时断层角砾岩成为流体在断层带内侧向运移的障碍，由断层一侧储层排入断层带的流体只有在角砾岩不连续处才能横穿断层带进入另一侧储层，且多为断层下盘流体进入断层上盘。这种流体穿越断层带的侧向运移一直持续到断层带与两侧砂层所构成的输导系统达到压力平衡为止。

除此以外，当断层带两侧岩层内的流体聚集达到连续相时，可能突破断层带毛细管排替压力进入断层带。由于断层带中有一定的渗透率，连续油气柱高度所形成的浮力及由于断层上下方超压不同所造成的势差，在一定条件下可以克服断层中的毛细管阻力向上缓慢运移。与断层幕式活动期流体运移相比，此时的流体运移以连续游离相为主，但以这种方式运移的流体量往往较少。断层完全封闭后，流体运移则不再发生。

（二）断裂对水合物形成分布的控制作用

Milkov（2000）强调构造对水合物的控制作用，认为特殊的构造活动对水合物富集具有重要的控制作用，如活动断裂系统、泥火山或其他的构造能够形成气体运移通道，有利于水合物发育，如墨西哥湾西北部、水合物脊、哈肯摩滋比泥火山等。Wood 等（2000）在研究布莱克脊时指出，活动断裂构造对水合物起构造控制作用。水合物通常位于活动断裂附近和泥火山的火山口。

世界各地水合物构造研究表明，被动陆缘的盆地边缘、海隆或海台脊部，是断裂及褶皱构造时常发育的部位，深部通常发育多条断层，浅部地层褶皱，或褶皱与断层伴生，两者构成断裂-褶皱构造。正是这些断层为深部气源向浅部运移提供通道，而浅部的褶皱构造可适时圈闭住运移到浅部的气体，在合适的温压稳定带内形成断裂-褶皱型水合物矿藏，也称断褶型水合物矿藏。

（三）南海北部断裂构造特征

南海北部陆缘基底构造复杂，断裂发育，新构造作用活跃。南海北部陆坡自晚中新世以来断层较为发育（图4-5），且均为正断层，可分为北东、北东东和北西向三大断裂系统，以北东向断层为主，北东向断层在 T_3（中—晚中新世分界面）、T_2（晚中新世—上新世分界面）、T_1（上新世—第四纪分界面）构造图中都有继承性，表现为规模大、断距大、活动时间长，推测部分断层从基底断起，从断层活动时期可推测北东向断层晚中新世以来一直是开启的，而这些开启断层是中深部产生的向上运移的高温、高压流体的主要垂向运移通道，其对天然气水合物成藏规模、富集规律起重要控制作用。而北西向断层主要发育在神狐--统隆起与珠江口盆地分界的西部，部分出现在西沙隆起与西沙海槽之间，以及东沙群岛区的东北部。

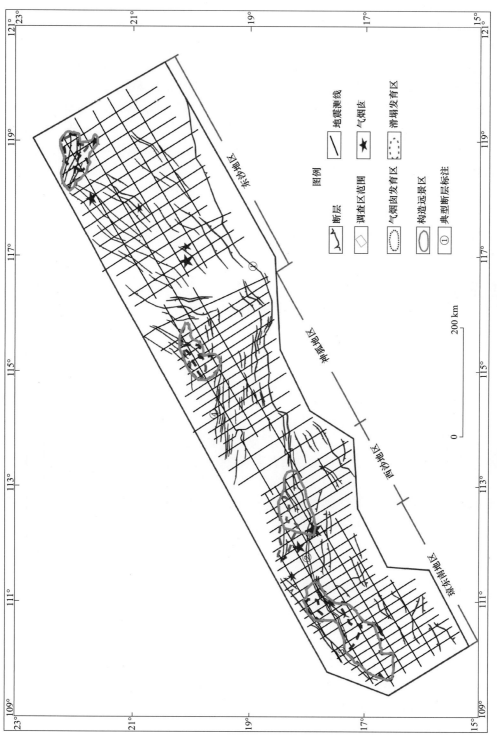

图 4-5　南海北部陆坡T₃（中—晚中新世分界面）断裂系统图

上新世以来活动断层除继承北东向断层外，还开始发育一些北北东向、北西向断层，这些断层活动强度小，但数量较多，可能与滑塌沉积有一定的相关性，推测主要受继承 T_3 以来的活动断层影响，加之上覆地层压力，使地层产生拆离、滑塌，形成大量北北东向断层。

根据断层的规模和控制作用，在研究区内选择识别 4 条主要断层或断裂带，说明如下（图 4-5）。这些断层控制南海北部陆坡一、二级构造单元的形成和发育，同时对水合物的成藏也起重要的控制作用。

① 号断层位于调查区东南部，横跨东沙和神狐两个调查区，是南海北部陆坡一条最大规模的陆坡-深海边界断层，西部走向北西西，东部走向北东东，倾向南—东南，平面上东西向延伸达 720.7km，T_3 反射界面等深度图上最大垂向断距 400m，断层切穿 Tg 至海底之间各套地层，而以古近纪两侧地层厚度变化最大（图 4-5，图 4-6）。断层以北发育一规模较大的新生代火成岩带，火成岩走向与断层走向一致，岩体面即断层面，表明该断层与岩体活动属同一时期，推测该断层为一条形成于中生代晚期—始新世的基底断裂，主要活动时期在始新世—渐新世，并使之西段成为双峰北盆地和一统隆起区的北部分界线，东段正是笔架隆起和笔架南盆地的分界线。

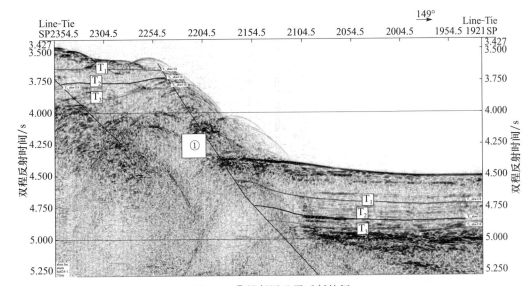

图 4-6 ①号断层地震反射特征

② 号断层位于研究区中西部，横跨琼东南盆地和西沙海槽两个调查区，平面上延伸 414km，西端起始于琼东南盆地西北部，东端与①号断层相邻，走向北西，倾向南西，与另一条同走向，但相反倾向的断层共同组成琼东南盆地内的埋藏古河道及西沙海槽，发育时期表现为西边早、东边晚，也使琼东南盆地内的埋藏古河道自西向东逐渐变浅。琼东南盆地内，这种"V"字形埋藏古河道在自西向东发育过程中，由于其南部新生代火成岩体的上隆，逐渐出现北缓南陡的特征，这对充填于河道中的丰富有机质所产生的大量生物气沿上倾方向向水合物稳定域运移十分有利（图 4-5，图 4-7）。

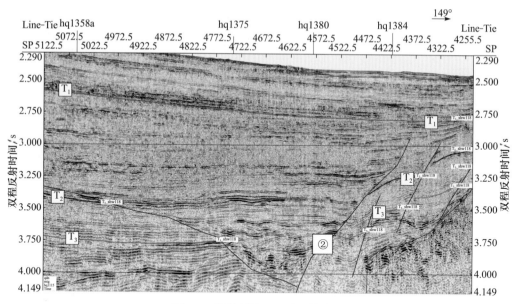

图 4-7 ②号断层 0 地震反射特征

③ 号断层位于琼东南盆地西北部，属于琼东南盆地内中央拗陷带和崖城 – 松涛凸起的分界断裂，主体走向北东，倾向东南，平面上展布 266.7km，自基底切穿至海底之间各套地层，两侧地层西北侧厚，东南侧相对较薄，推测断层形成于晚中生代时期，是一条至今仍处于活动期的活动断层（图 4-5，图 4-8）。该断层是琼东南盆地的一条控边断层，位于隆拗接触带，其长期活动的构造作用对西北部红河断裂及海南岛隆起搬运过来的大量新生代沉积物向琼东南盆地运移都有积极的推动作用。

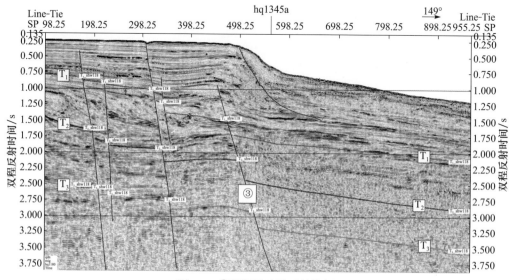

图 4-8 ③号断层地震反射特征

④ 号断层位于神狐海域北部，是珠江口盆地二级构造单元的珠二拗陷和南部隆起的西部分界线，走向北西，倾向北东，是一条由 4～6 条走向和倾向相同而发育规模不同的断层集组合而成、规模最大的断层，平面上展布近 100km，最小的一条断层平面延伸也有 37.9km，断层自基底切穿至 T₁ 地层，基底断距最大，自下而上逐渐减小，主要影响古近纪的地层，剖面上两侧地层变化较大，西北侧厚，东南侧薄，推测断层形成于晚中生代时期，主要活动时期在古近纪，此后该断层虽仍有活动，但其影响甚微，其两侧新生代地层厚度的巨大差异使其成为珠江口盆地内的珠二拗陷与南部隆起的西部典型分界线（图 4-5，图 4-9）。

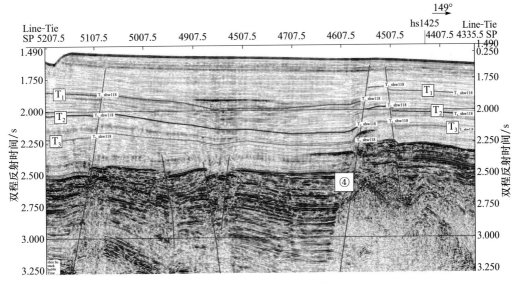

图 4-9 ④号断层地震反射特征

二、泥底辟构造对水合物形成分布的影响

（一）泥底辟与天然气水合物赋存之间的关系

泥底辟指从海底深部物质挤入浅部沉积层的构造（Brown and Westbrook, 1988）。严格区分泥火山和泥底辟是非常困难的，泥火山是直达地表（或海底）的泥底辟，凡是挤入海底沉积层的构造都是底辟构造（Brown, 1990）。

根据泥底辟的存在位置可分为两种类型：第一种模式是泥底辟顶部直接挤出海底，流体沿底辟体向上运移形成泥火山；另一种模式是泥底辟不直接挤出海底，液化的泥浆沿断层和裂隙上涌，上升到水与沉积物界面之上形成泥火山堆积物。沉积作用是这种泥火山形成的一个重要原因。

海底泥底辟构造广泛分布于大陆架、陆坡及内陆海的深水区（Milkov, 2000）。泥底辟构造是地层内部圈闭气体由于压力释放上冲的结果，可以为深部气源向上运移提供良好的通道。泥底辟构造在形成过程中会引起构造侧翼和顶部沉积层的倾斜和破裂，促使流体排放，因而对天然气水合物的形成十分有利，使气体能在合适的温压环境下聚集成藏（图 4-10）。不仅在被动大陆边缘，如挪威海、尼日利亚近海和墨西哥湾都发现与海底泥底辟构造有关的天然气水合物，而且在地中海、巴巴多斯、日本南海海槽等活动大陆边缘增生楔状体中也广泛发育与泥底辟构造有关的天然气水合物（Lance et al., 1998; Milkov, 2000）。与泥底辟构造有关的天然气水合物是一种重要的天然气水合物成藏类型（Milkov, 2000）。

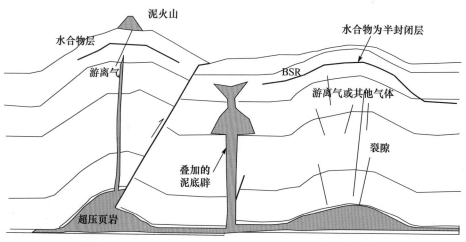

图 4-10　泥底辟（泥火山）与天然气水合物赋存之间的关系

　　海底泥底辟与天然气水合物之间的关系早就引起各国科学家的广泛关注。被动陆缘内巨厚沉积层塑性物质及高压流体、陆缘外侧的火山活动及张裂作用，导致该地区底辟构造发育，这些构造能引起构造侧翼或顶部的沉积层倾斜，便于流体排放形成水合物。Ginsburg 等（1984）于 1984 年首次提到天然气水合物与海底泥底辟关系的问题。目前在 27 个地区发现海底泥底辟的证据，这些地区主要集中于大陆架、陆坡及内陆海的深水区。此类天然气水合物有许多共同的特征，通常为白色或灰白色，盘状习性，在沉积物中排列不规则，方向各异。泥火山不同区域、不同深度沉积物中的水合物容量变化幅度为 1%～30%。甲烷是主要的组成气体，来源有生物成因气、热解成因气及两者的混合气体。

　　泥底辟（泥火山）形成过程包括 3 个不同阶段：活化阶段、流动阶段和静止阶段。不同阶段，其形态及规模也不同。底辟喷发携带的物质包括气体、流体和固体物质。底辟（火山）的活动过程及不同活动时间形成不同的地震异常特征，因此不同时期及不同规模底辟活动对水合物成藏的意义也不尽相同。

　　泥底辟构造存在两种类型：第一种模式是泥底辟顶部直接挤出海底，流体沿底辟体向上运移形成泥火山；另一种模式是泥底辟不直接挤出海底。与此对应，泥底辟型天然气水合物形成也有两种类型。对于挤出海底的泥底辟构造（泥火山），天然气水合物既可以在泥底辟的丘状外围成藏，也可以在外围的海底沉积物中产出；而对于不直接挤出海底的泥底辟，水合物往往形成泥底辟外围一定距离的浅层沉积物中，或泥底辟底部靠近海底的浅层沉积中，但是由于高温的影响，在泥浆流出的通道中不可能存在。

（二）南海北部泥底辟构造特征

在南海北部陆坡水合物调查中，东沙海域东北部是较早发现有丰富的底辟的构造区之一。通过对地震资料的解释发现，与水合物有关的泥底辟在地震剖面上最直接的判别标志是在横向上引起同相轴的突然中断，形成杂乱反射区，呈柱状、蘑菇状和枕状等形态，内部通常为无反射或弱反射，顶面呈波状起伏，与围岩的界线不分明，并具有清晰的上翘牵引特征，通常在底辟两侧受牵引的地层中出现强 BSR，BSR 之上出现空白带。由于底辟构造在形成过程中会引起构造侧翼和顶部沉积层的倾斜和破裂，易于流体排放，对水合物的形成十分有利。

神狐海域的白云凹陷中心也有大量底辟群存在，底辟构造的发育在不同深度形成上覆拱张背斜，随着底辟拱张，上覆地层产生高角度的断裂和垂向裂隙系统，构成流体运移的主要通道，大量气体向上运移，在地震剖面上表现为反射模糊区（带）（图4-11）。神狐海域底辟断层直接位于龟背上拱底辟构造的上方，是底辟流体向上分散溢出的通道，剖面上呈"Y"形、树枝状、似花状等组合形态，具有产状陡、断距小等特点，沟通了深处天然气和水等流体向上运移，为流体运移提供通道，大量的气体通过底辟构造、断裂及裂隙系统垂向或侧向运移时，遇到合适的温压环境即可形成天然气水合物。

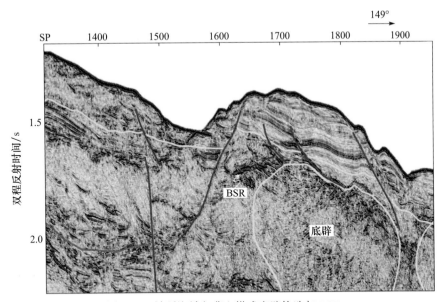

图 4-11　神狐海域龟背上拱式底辟构造与 BSR

琼东南盆地是一个异常高压盆地，也是一个底辟发育区。琼东南盆地的底辟主要表现为：①规模不大，刺穿层位不一，离海平面非常近；②主要分布于南部断阶带和西沙隆起区这些二级和三级构造单元的分界边缘；③底辟发育较为集中，普遍较年轻，多数刺穿 $T_3 \sim T_1$ 反射界面，表现为层间底辟，底辟两侧地层牵引不明显，在深部有可能断至基底的断层存在，发育较老的底辟，如果其上有断层断至浅地层或海底，与水合物成藏关系密切。琼东南盆地的底辟主要分为层间底辟（或丘体）和垂直底辟两种不同类型。

　　地震剖面上底辟构造内部呈低频率、不连续的弱反射区，底辟上部局部强振幅异常，表明地层圈闭了部分流体，强振幅异常上部再次呈现圆柱状弱反射、顶部强振幅异常，为底辟再次活动的反应。底辟的多期活动使琼东南盆地 BSR 呈不连续的阶梯层状分布，底辟顶部 BSR 埋深相对较浅，约 200m，底辟周围 BSR 相对较深，约 250m（图 4-12）。上部呈低振幅的弱反射，可能为流体向上运移形成气烟囱构造。

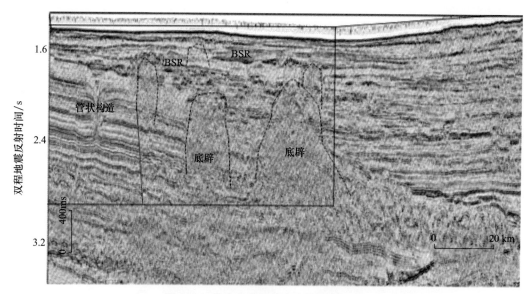

图 4-12　琼东南盆地的底辟构造与 BSR

三、气烟囱构造对水合物形成分布的影响

　　烟囱构造是由地下不同深度的活动热流体在异常高温、异常高压突降情况下产生沸腾作用，于上地壳沉积层中形成的一种特殊的被热流体充填的裂缝构造群构造，是流体作用引发的一种特殊的伴生构造。由于这种伴生构造曾经是热流体（气、液）的泄压通道，形似烟囱，又具有烟囱效用，故称之为"烟囱构造"（张为民，2001）。国内外学者对气烟囱与油气成藏之间关系的研究较多，认为气烟囱可以有效预测油气勘探方向，揭示盆地生烃史，确定运移路径，预测断层的封闭性，也由于其具有热流体通道特性，是天然气水合物成藏的另一种重要模式。

（一）烟囱构造分类

　　气烟囱的本质是垂向分布的系列裂缝，其并未发生任何错断或滑动，具有热液流体泄压幕式释放的特征，泄压时裂缝张开，作为通道，泄压后裂缝封闭，能量重新聚集，直到下一次突破封隔层的压力，地层再次重复压裂—张开—封闭。气烟囱既可形成垂向泄压的底辟伴生构造，也可形成侧向泄压的层间伴生构造。气烟囱的形成需要满足三个条件：①有效的压力封堵盖层；②有利的岩性组合特征；③活动流体幕式泄压。

（二）南海北部气烟囱构造特征

气烟囱既不同于断层，也不同于底辟，与客观存在的构造地质实体相比，气烟囱既是一种构造，也是一种效应，从静态的角度看，其形态似裂缝群；从动态的角度分析，随着热流体的沸腾作用，其又具有幕式张合的特征。伴随着沸腾作用的发生，大量气泡向上浮涌，进而引起气烟囱体系内部的对流发生，体系内的这种对流作用不仅使气体向上运聚，还带动油等液相物质向上运聚；烟囱核部为热流体（油气）向上窜流的裂缝群，因充满低密度流体，在地震剖面上表现为杂乱反射或弱反射，故也称地震烟囱。对南海北部陆坡水合物地震剖面上的气烟囱进行识别、分析研究，其特征主要表现为如下两点。

（1）气烟囱在地震剖面上表现为横向上反射同相轴的连续性变差或中断，内部反射较杂乱，甚至为空白反射（图4-13～图4-15），局部可见同相轴下拉现象，其两侧、顶部常见亮点振幅异常，即增强反射体出现，增强反射体之上往往出现BSR，反映BSR之下存在丰富的游离气。大部分反射模糊区的中下部为弱振幅或振幅空白带，同相轴下拉应是天然气充注造成低速异常所致。

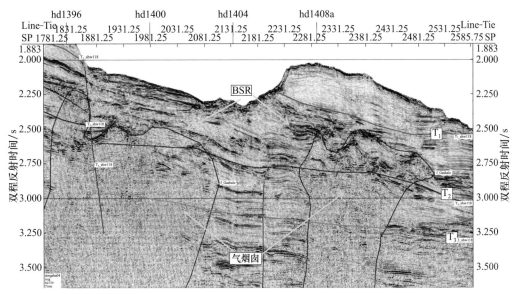

图 4-13　东沙群岛 HD154 测线发育的气烟囱

（2）气烟囱在地震剖面上多呈直立产状分布，大多数刺穿 T_3～T_1 反射界面，向下可延伸到 T_3 以下，向上发散呈囊状、磨菇状。有的气烟囱在地震剖面上表现为层间气烟囱，即气烟囱发育向下是无"根"的，而其两旁则有明显的有"根"气烟囱存在，推

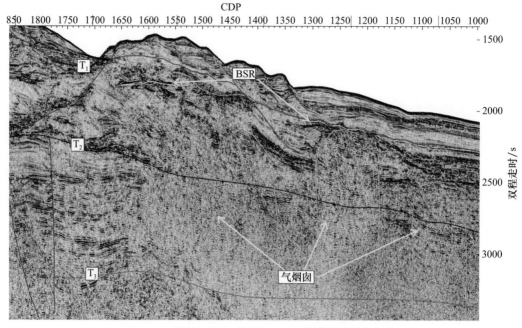

图 4-14　神狐海域白云凹陷 HS609 测线发育的气烟囱

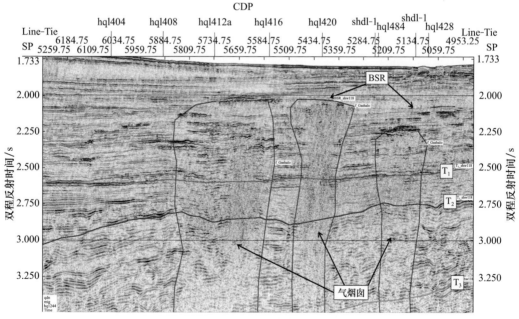

图 4-15　琼东南盆地 HQ1244 测线发育的气烟囱

测这种现象可能是其两旁的气烟囱中所运移的流体到达浅层沉积物时，浅地层沉积物的横向欠压实、高孔隙度引起流体的侧向运移，在合适的层位加速浅层有机质的烃类转化，继而引起流体侧向运移并继续向上运移所致。

大规模气烟囱的存在表明气烟囱发育区曾经发生过强烈的泄压作用。泄压作用必然伴随流体运移，大量气体运移至上部地层即可形成水合物，而水合物又可对下伏气体形成遮挡，促使游离气在 BSR 下部聚集，在地震剖面上形成增强反射体。

（三）气烟囱构造对水合物控制作用

对比烟囱构造发育区与 BSR 的分布，发现两者存在极大相关性，BSR 或集中发育于烟囱构造上部，或位于烟囱构造所处的构造高部位，这可能与烟囱构造运移至浅部的流体继续沿浅岩砂体侧向构造高部位运移有关，因此烟囱构造是南海北部一种极其重要的水合物成藏模式。对比 T_3 断层平面分布与气烟囱分布叠合图（图 4-16）可知，南海北部研究区内 4 块气烟囱区带总体呈北东走向，除东沙群岛东北部发育的气烟囱体外，其他 3 块气烟囱体走向与北东向断层走向基本一致，说明北东向断层对气烟囱在浅地层的发育起控制作用，而且除琼东南盆地外，大部分气烟囱都伴随着断层而发育，断层或发育于气烟囱附近，或直接发育于气烟囱内部，而气烟囱对 BSR 的分布又起决定性作用。研究区内 4 个气烟囱发育区以琼东南盆地分布面积最大。由于气烟囱发育往往较为集中，共圈出 4 个气烟囱区块，但也发现 9 个零散的气烟囱发育点。

南海北部的烟囱构造主要发育在琼东南盆地的中央拗陷和珠江口盆地的白云拗陷内。这两个拗陷新生代沉积厚度大，有机质含量较高，是盆地的主力生烃拗陷，由于埋藏较深，多以生气为主。更新统普遍处于异常高压和高地温条件，是我国海上重要的常规油气富集区。琼东南盆地是一个具有东西分块南北分带的下断上拗盆地。从地震资料看，该盆地新近系构造活动相对平静，中新世后地层处于快速沉降阶段，断裂不发育，缺乏把深部气体运移到浅部地层的通道，所以烟囱构造对琼东南盆地水合物赋存具有重要作用。神狐海域的珠江口盆地具有下断上拗的双层反射结构（以晚渐新世早期的南海运动形成的区域不整合面为界）和先陆后海的沉积组合。主要烃源岩为古近系，如始新世的文昌组合和渐新世的恩平组。

因此，从烟囱构造环境来看，琼东南盆地中央拗陷和珠江口盆地的白云拗陷是水合物聚集成藏最有利的地区。

四、海底滑坡对水合物形成分布的影响

海底滑坡属于重力流范畴，是非牛顿流体，主要表现为沉积介质（流体）与沉积物混为一体，并作为一个整体搬运，整体混浊度大，以悬移方式搬运为主，是弥散有大量沉积物的高密度流体，按照沉积物的支撑机理，可分为滑动、滑塌和碎屑流。

发生于大陆边缘深水区的海底滑坡是将沉积物从陆架坡折带向深海盆地运移的最重要的重力作用过程之一。随着国内外深水油田开发和深水工程项目的不断增加，海底滑坡研究已引起国内外科学家的广泛关注。一方面，海底滑坡是一种重要的自然灾害，它可以改造大陆坡构造环境，对海洋工程环境造成巨大影响，严重危害深水油气勘探开发平台、管线、海底电缆等海底设施，还可能诱发海啸，对近海地区的生命财产造成威胁；另一方面，海底滑坡又与天然气水合物成藏密切相关，可以形成丰富的水合物矿藏。

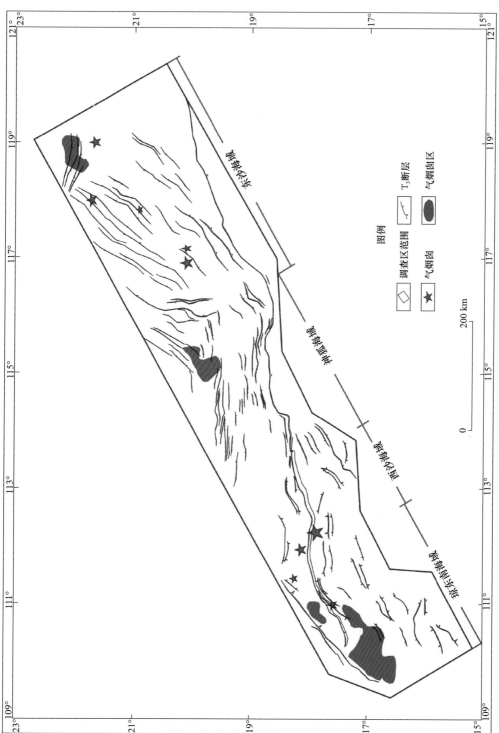

图 4-16　南海北部陆坡气烟囱发育与 T_3 断层平面分布叠合图

图例

调查区范围　　　T_3 断层

气烟囱　　　　　气烟囱区

★　气烟囱

0　　　　200 km

（一）海底滑坡特征

海底滑坡在滑动之前表现出一定的稳定性，当沉积体强度逐渐降低或斜坡内部剪应力不断增加时，其稳定性受破坏。首先在某一部分因抗剪强度小于剪应力而变形，产生微小的滑动，以后变形逐渐发展，直至斜坡面出现断续的拉张裂缝，及拉张断块开始出现。随着裂缝的增大，其他因素所引起的耦合作用越来越明显，致使变形加剧，最后造成沉积物体整体破坏而形成海底滑坡。Lewis（2008）提出一个理想化的滑坡应力模型，上陆坡为拉张构造，下陆坡为挤压构造，图 4-17 为概念模式图。

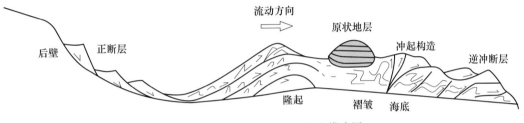

图 4-17　海底滑坡力学特征概念模式图

（二）海底滑坡与天然气水合物赋存之间的关系

对国外主要深水盆地海底不稳定性的研究及水合物研究资料的调研发现，天然气水合物的形成和分解与海底滑坡存在极其密切的关系。一方面，虽然深水区主要沉积细粒沉积物，但海底滑坡可能携带粗粒的沉积物到达海底，形成较大的孔隙空间，而滑移面本身即滑动层面，其滑动后造成孔隙空间增加，当这些大的孔隙空间处于合适的温压场状态，并具有足够稳定的气体通量时，天然气水合物便在其间充填赋存，可形成天然气水合物矿藏；另一方面，天然气水合物稳定带为动态平衡区域，受温度和压力变化影响较大，海底滑坡导致表层物质的剥离，造成稳定带底界的压力降低，导致水合物分解，而水合物分解导致海底下伏地层孔隙压力增大，地层抗剪性减弱，又可加速陆坡的失稳。

根据目前国内外诸多学者的研究，形成海底滑坡的必要条件可概括为以下 4 个方面：①坡度，足够的坡度易造成沉积物不稳定、容易触发而作为海底滑坡的客观条件，大量的实际调查资料显示，形成海底滑坡的坡度只要 0.5° 即可，只要搬运流体与水体之间的密度差足够，块体搬运流体就能形成；②物源，充足的物源为块体搬运流体提供物质基础，是形成海底滑坡的充要条件之一，有学者提出不同沉积环境特别是三角洲环境中，快速的沉积作用会造成斜坡失稳；③海平面变化，一般大规模发育的海底滑坡与海平面的变化密切相关，海底滑坡主要发育在低水位时期，但在低水位之外的其他时期也能发育；④一定的触发条件，海底滑坡属于事件性沉积，产生于一定的触发条件之下，如天然气水合物的分解等突发性因素或在间接诱发下会导致块体搬运的形成。

与天然气水合物分解相关的海底滑坡主要受天然气水合物的岩石物性控制。天然气水合物作为一种固相沉积物，无论作为岩石骨架的一部分还是作为孔隙充填物，其形成加强了地层强度，与岩石骨架一起共同支撑上覆应力，但考虑其稳定状态受温压场条件控制明显，天然气水合物的形成与分解过程必将引起沉积物内在特征发生变化，从而导致地层强度减弱。特别是当天然气水合物分解时，含水合物沉积物乃至水合物稳定带底部的天然气得以释放，导致内部孔隙压力增加、有效应力减弱，形成局部超压，降低了沉积物强度，使作用在水合物稳定带卜含水合物沉枳物层的剪切应力增强。而在卜方，游离气在沉积物中聚集，其存在无疑降低了地层的剪切系数，起地层润滑剂的作用，这必将导致整个陆坡体系的稳定性减弱，如在冰期，海平面下降可引起沉积物压力下降，导致下部水合物层分解，释放游离气，游离气圈闭于沉积物中。在这种情况下，天然气水合物沉积便可触发首次海底滑坡的产生，而一旦滑坡产生，水合物下方沉积物中的天然气藏就可能崩解，温压场就要发生较大的变动，此时便可能诱发更大程度、更多期次的海底滑坡。Rothwell 等（1998）推测水合物分解介入其发现的巨大浊积岩的形成过程，大多数大型滑坡实际上与水合物失稳有关。

（三）南海北部陆坡滑塌构造

为了分析研究大型海底滑坡与水合物的关系，预测南海北部陆坡区天然气水合物构造有利区，本次工作在对研究区发育的大型海底滑塌特征进行分析、解释的基础上，以概查和普查测网为基础，并结合三维地震资料，对南海北部陆坡区海底大型滑塌范围进行初步划分（图4-18），共分西沙海槽北部、神狐东北部和东沙东北部3个主要区块，总面积约7659.9km²。除神狐发育区块呈北东走向外，西沙海槽和东沙群岛发育区块都呈北西走向，这与3个区块晚中新世发育断层走向一致，说明滑塌与断层关系密切，二者共同成为天然气水合物的成藏构造有利条件。通过对地震测线上滑坡发育特征的分析、研究，发现发育于南海北部陆坡的滑坡除具有滑塌本身所具有特征外，也有其自身的特征，主要表现为如下两个方面。

（1）滑塌沉积从形成机制来说属于重力流沉积，而重力流沉积形成的必要条件主要分为5个方面：足够的水深、足够的坡角、等效的水效、充足的物源和一定的触发机制，对前面4个条件，南海北部的滑塌区基本满足，也与世界上其他地区发育的大型滑塌相似。大部分南海北部陆坡区的滑塌体之下发育气烟囱，而气烟囱是小型断层集合体，是流体的运移通道，当气烟囱发育至浅层沉积时，压力降低，流体充满沉积物孔隙，在上覆沉积物及静水的压力下，必然引起沉积物失稳，成为滑塌发生的重要触发机制。

（2）调查区发育的大规模滑塌体大多由多期滑塌共同叠置而成，这些沉积体在地质空间展布上的复杂性和性质上的多样性造成地层内部一些高孔隙度的储集层孤立不相连，然而，滑塌沉积体中发育大量的层间滑脱断层，这类断层规模不一，数量众多。层间断层的存在使原本孤立的储集层连成一体，不但为浅层气的侧向运移提供良好的疏导体系，还可以扩大水合物成藏的规模。

图 4-18 南海北部陆坡塌体平面分布

第三节　天然气水合物成藏的沉积环境

一、神狐钻探区天然气水合物成藏的沉积控制因素

天然气水合物的形成与赋存除了需要特定的温压条件外，还需要合适的沉积条件，以提供充足的气源和良好的储集空间。储集空间与岩性（粒度、组分）密切相关，而岩性与沉积作用、沉积环境和沉积速率等因素有关；气源和气体通量与有机碳含量、沉积物结构和物性等因素有关，而有机碳含量又与物质来源等因素有关。钻探表明，南海神狐海域水合物为扩散型（DLF型）水合物，水合物呈分散状分布在上中新统—下上新统含钙质生物的黏土质粉砂和含钙质粉砂中。该种类型的水合物肉眼难以分辨，含水合物的岩心与正常岩心没有明显的区别，但放入水中会产生气泡或气柱，水合物分解后沉积物呈粥状。该类水合物的成藏受地层的影响更大。

这里重点探讨沉积环境、岩性（粒度和组分）和沉积速率等主要沉积因素对南海北部神狐钻探区水合物成藏的控制。

（一）沉积环境对水合物形成分布的控制

沉积环境的改变明显影响沉积物的特征，包括沉积物组分和粒度的差异、有机碳含量的差异及沉积速率的差异等。受海平面变化的影响，陆源物质输入量和海洋生物生产力均发生变化，造成高海平面沉积体系和低海平面沉积体系特征不同：低海平面沉积体系中陆源物质含量高，生源碳酸钙含量低，有机碳含量高；高海平面沉积体系中陆源物质含量低，生源碳酸钙含量高，有机碳含量低。这种差异在第四纪尤其明显（图4-19，表4-1）。同样地，晚中新世低海平面沉积体系中陆源物质含量高，平均含量81%；生源碳酸钙含量低，平均值18%；有机碳低，平均值0.53%。上新世高海平面沉积体系中陆源物质含量减少，平均含量62%；生源碳酸钙含量增加，平均值38%；有机碳含量低，为0.62%（图4-20，表4-1）。值得注意的是，晚中新世低海平面沉积体系有机碳含量理论上应该偏高，但实际含量偏低，推测部分有机碳被分解消耗。

同样，不同沉积体系沉积物岩性、粒度特征也不同，高海平面沉积体系沉积物以黏土质粉砂为主，沉积物偏细，平均粒径介于6.5～6.9，不超过7，而低海平面沉积体系沉积物以粉砂为主，沉积物偏粗，平均粒径一般超过7（表4-2，图4-21）。这主要是低海平面时期粗粒陆源碎增加的缘故。

晚中新世以来，神狐水合物钻探区经历了海退—海进—海退过程，中上新世时钻探区海水最深，即中上新世时为最高海平面时期。钻探区沉积物特征主要受海平面升降的影响，海平面上升时沉积物偏细，生源物质增加，反之亦然。含水合物沉积物是晚中新世—早上新世海平面下降时期的产物，相对较粗。

南海水合物成因气以生物成因气为主，有机碳含量是形成生物成因气重要因素，第四纪以来有机碳含量冰期（低海平面）高，间冰期（高海平面）低。低海平面大量陆源

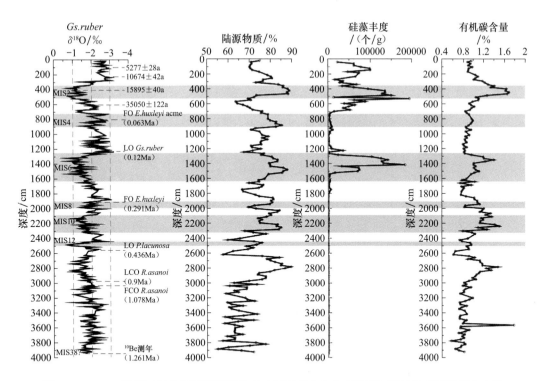

图 4-19 SH1B 孔第四纪低海平面沉积体系（阴影部分）和高海平面沉积体系沉积组分含量

表 4-1 不同沉积体系沉积组分平均含量和沉积速率

时代（MIS 期）		沉积体系	陆源物质 /%	生源碳酸钙 /%	有机碳 /%	沉积速率 /（cm/ka）	资料来源（站位）
全新世	1	高海平面	73.07	25.94	0.99	26.25	SH1B
更新世	2	低海平面	85.22	13.27	1.51	16.25	
	3	高海平面	70.89	28.13	0.98	6.0	
	4	低海平面	82.04	17.05	0.91	17.08	
	5	高海平面	73.17	25.99	0.84	6.31	
	6	低海平面	79.95	19.01	1.04	4.39	
	7	高海平面	73.46	25.67	0.87	6.35	
	8	低海平面	73.91	25.09	1.0		
	9	高海平面	82.24	16.63	1.13		
	10	低海平面	77.79	20.97	1.24		
	11	高海平面	64.69	34.47	0.84		
	12	低海平面	81.43	17.43	1.14		
上新世		高海平面	60.85	38.60	0.55	2.94（SH1B）	SH5C
			62.38	36.93	0.69	1.88	SH7B
晚中新世		低海平面	80.98	18.65	0.37	>6.2	SH1B
			79.39	20.18	0.43	>4.61	SH2B
			83.25	15.94	0.81		SH7B

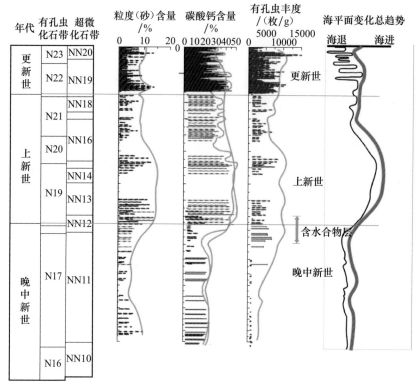

图 4-20　钻探区晚中新世以来低海平面沉积体系和高海平面沉积体系沉积组分含量变化

表 4-2　不同沉积体系岩性和粒度组分平均含量变化

时代（MIS 期）		沉积体系	岩性	砂 /%	粉砂 /%	黏土 /%	平均粒径	资料来源（站位）
全新世	1	高海平面	黏土质粉砂	3.8	71	25.1	7.0	SH1B
更新世	2	低海平面	粉砂为主	4.1	74	21.6	6.8	
	3	高海平面	黏土质粉砂	7.4	69.9	22.7	6.7	
	4	低海平面	黏土质砂	1.6	67.6	30.8	7.4	
	5	高海平面	黏土质粉砂	3.5	68	24.5	7.2	
	6	低海平面	粉砂为主	3.3	75	21.7	6.9	
	7	高海平面	黏土质粉砂	2.1	67.6	30.2	7.4	
	8	低海平面	黏土质粉砂	3.2	73	23.8	7	
	9	高海平面	黏土质粉砂	0.85	69.6	29.6	7.41	
	10	低海平面	黏土质粉砂	25.8	71.3	25.8	7.08	
	11	高海平面	黏土质粉砂	2.8	62.8	34.4	7.4	
	12	低海平面	黏土质粉砂	2.7	71	26.3	7.06	
上新世		高海平面	黏土质粉砂	2.7	64.9	32.4	7.2	SH5C
晚中新世		低海平面	粉砂为主	3.5	75	21.5	6.7	SH1B
			粉砂和黏土质粉砂互层	1.6	74.5	23.7	6.9	SH2B
			粉砂为主	2.1	79.6	18.2	6.5	SH7B

第四章 | 南海天然气水合物成藏的控制因素

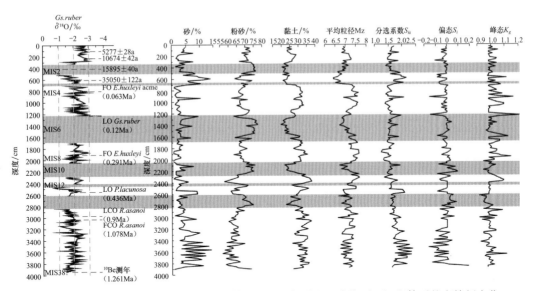

图4-21　SH1B孔第四纪低海平面沉积体系（阴影部分）和高海平面沉积体系粒度特征变化

物质的输入和海洋藻类的勃发造成有机碳含量增加。低海平面时期沉积体系有机碳含量和沉积速率是高海平面沉积体系的约两倍。因此，低海平面时期沉积体系更有利于水合物的形成（表4-3）。

表4-3　南海神狐钻探区不同沉积体系有机碳含量的差异

沉积体积	陆源物质	有机碳	沉积速率
低海平面沉积体系	多	高	高
高海平面沉积体系	少	低	低

南海含水合物层是一套低海平面沉积体系，含水合物层有机碳含量应大于1%。实际上，含水合物层有机碳含量相对较低，平均值0.53%，与卡斯凯迪亚大陆边缘区、日本南海海槽区和智利三联点区天然气水合物稳定带内沉积物中总有机碳平均含量相似，有机碳平均含量均较低（分别为小于1%、约0.5%和小于0.5%）。而布莱克脊和秘鲁大陆边缘区，天然气水合物稳定带内沉积物中总有机碳平均含量均较高（1.5%和3%）。推测部分有机碳被分解消耗，可能参与了水合物的形成。

（二）沉积岩性对水合物形成分布的控制

岩性特征是控制天然气水合物形成、分布和富集的主要因素。迄今为止，涉及岩性与海洋天然气水合物成藏研究的主要有大洋钻探计划对美洲大陆东、西陆缘和边缘地区几个航次的研究，如东南太平洋秘鲁边缘的ODP 112航次，东北太平洋卡斯凯迪亚聚合边缘的ODP 114航次，布莱克海台的ODP 164航次和水合物脊ODP 204航次等，此外还有印度水合物规划（NGHP）项目等。研究结果表明，海洋水合物产出的沉积物岩性复杂且多样，几乎自上新世以来沉积的各种沉积物都适合水合物的形成和

— 155 —

分布，但不同岩性产出的水合物产状、饱和度等均有不同，通常粗粒沉积物更有利于水合物的形成和富集（Ginsburg et al.，2000）。如卡斯凯迪亚大陆边缘"水合物海岭"区水合物主要富集在沉积组分较粗，相当于粉砂或砂级质量分数较高的粒度层（苏新等，2005；王家生等，2007）；挪威中部大陆边缘 Storegga 区（Bünz et al.，2003）天然气水合物主要充填于砂到砾沉积物孔隙中，而泥质沉积物如淤泥和黏土中不含天然气水合物，或天然气水合物含量低。目前，对天然气水合物富集影响的岩性因素侧重于探讨沉积物粒级与水合物关系，沉积组分尤其是生物组分硅藻等含量变化对天然气水合物富集的影响仅见零星报道（Kraemer et al.，2000），而有孔虫对天然气水合物富集的影响几乎未见报道。

1. 含水合物层粒度与水合物饱和度的关系

南海神狐海域含水合物层沉积物由含钙质黏土质粉砂和含钙质粉砂组成，以粉砂为主。SH2B、SH7B 孔含水合物层粒度特征见图 4-22 和图 4-23。SH2B、SH7B孔水合物饱和度值变化范围较大，介于 0.6%～47.3%，不同层位水合物饱和度差异明显（图 4-22，图 4-23）。其中 SH7B 孔水合物饱和度差异与沉积物粒度差异相关性较强，SH7B 孔水合物层沉积物砂、粗粉砂含量高的层位与水合物饱和度高层位有良好对应关系，即沉积物中砂、粗粉砂含量高，水合物饱和度也高，反之亦然。如在 161.0～161.11m 层段，砂含量 10.06%，饱和度 39.4%；169.45～169.62m 层段，砂含量下降，为 1.48%，饱和度随之下降，为 3.3%；176.55～176.72m 层段砂含量上升为 3.1%，饱和度也随之上升，为 13.3%（图 4-24）。相关性分析表明：SH7B 孔水合物层沉积物砂、粗粉砂含量和分选系数与水合物饱和度有良好的相关性，相关系数分别为 0.81、0.75 和 0.82；而 SH2B 孔水合物层沉积物砂、粗粉砂含量和分选系数与水合物饱和度的相关性较差，相关系数分别为 0.33、0.21 和 0.41（图 4-25）。

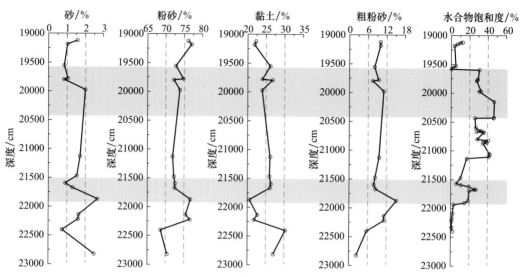

图 4-22　SH2B 孔含水合物层粒度分布与水合物饱和度的分布

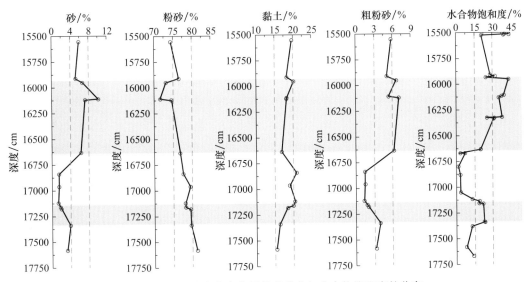

图 4-23　SH7B 孔含水合物层粒度分布与水合物饱和度的分布

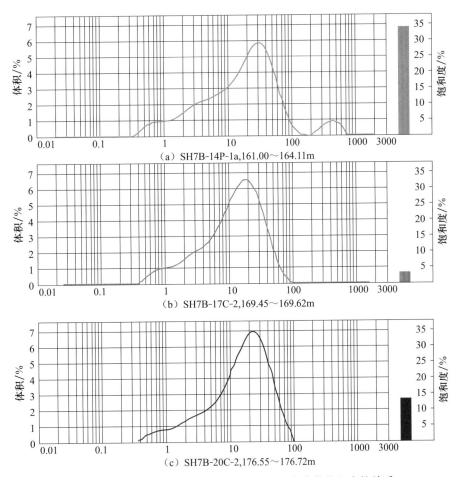

图 4-24　SH7B 孔含水合物样品粒度分布与水合物饱和度的关系

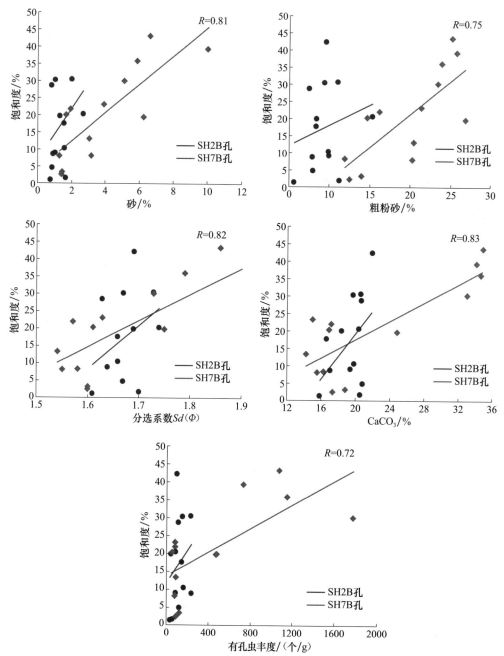

图4-25　SH2B孔和SH7B孔含水合物层粒度参数、碳酸钙含量、有孔虫丰度与水合物饱和度相关性分析

2. 含水合物层生物组分与水合物饱和度的关系

对含水合物层砂组分进行分析，发现有孔虫是砂的主要组成部分，占砂含量的65.5%以上（表4-4，表4-5），陆源碎屑石英、长石等则是粉砂的主要组成成分。含水合物层粒度与水合物饱和度的关系研究表明，砂与水合物饱和度有较好的相关性，说

明沉积物中有孔虫含量与水合物饱和度有良好的对应关系，SH7B 孔含水合物层有孔虫丰度与水合物饱和度的关系同样证实高饱和度水合物主要集中在富含有孔虫的层位（图 4-26）。SH7B 孔的 $CaCO_3$ 含量、有孔虫丰度与水合物饱和度的相关系数偏高，分别为 0.83 和 0.72；而 SH2B 孔的 $CaCO_3$ 含量、有孔虫丰度与水合物饱和度的相关系数较低，分别为 0.47 和 0.30（图 4-25）。

表 4-4 SH2B 孔含水合物层砂粒级组分百分含量特征

深度 /mbsf	黄铁矿 /%	白云母 /%	风化矿物 /%	石英 /%	长石 /%	有孔虫 /%
191.00~191.20	1.572	2.906	1.258			94.26
191.66~19.186	58.418	1.266				40.32
195.35~195.55	0.714	1.101	1.587	0.238	0.132	96.22
197.80~198.00	1.321	2.887	1.509	0.377		93.91
197.65~197.0	0.929	4.978	1.460	0.133		92.50
211.07~211.27	0.351	3.247	2.391	0.184	0.184	93.64
214.50~214.70	0.305	2.244	1.524	0.305	0.152	95.47
215.74~215.97	8.645	2.845	3.252	0.271	0.271	84.72
216.50~216.70	0.317	3.106	3.435	0.370	0.264	92.40
218.50~218.70	0.272	5.272	3.261	0.543	0.272	90.38
221.15~221.35	3.686	5.619	4.510	0.644	0.644	84.90
222.00~222.22	1.201	3.615	2.756	0.265	0.159	92.00
223.85~224.05	0.814	3.712	5.898	1.017	0.508	88.05

注：mbsf 为海底以下的深度。

表 4-5 SH7B 孔含水合物层砂粒级组分百分含量特征

深度 /mbsf	黄铁矿 /%	白云母 /%	石英 /%	有孔虫 /%
155.35~155.54	1.397	0.197	0.015	98.39
157.00~159.12	2.037	0.196	0.004	97.76
159.36~159.52	5.891	0.188	0.061	93.86
161.11~161.22	3.649	0.192		96.16
166.12~166.36	10.672	0.178	0.055	89.10
168.20~168.40	32.727	3.295		63.98
169.45~169.62	66.818	0.159		33.02
171.40~171.60	58.211	2.030		39.76
171.60~171.80	67.391	0.638		31.97
173.00~173.40	53.730	0.869		45.40
175.60~175.80	46.831	2.028		51.14
176.50~176.70	53.971	0.882		45.15

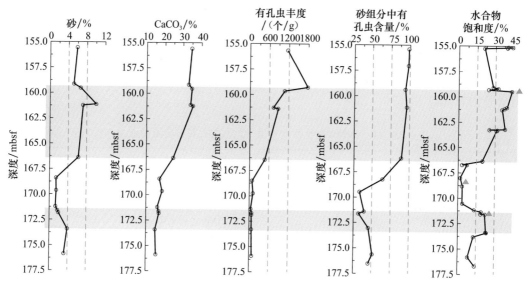

图 4-26　SH7B 孔含水合物层有孔虫丰度与水合物饱和度的关系

符号▲表示扫描电镜观察沉积物结构层位

为了证实有孔虫丰度与水合物饱和度有关，我们设计了一实验，将不同有孔虫丰度的含水合物样品放入水中观察其现象。将从液氮罐中取出的含水合物的保压取心样品 1［图 4-27（a）］和样品 2［图 4-27（c）］分别置于水中，结果表明有孔虫丰度为 100 个 /g 的样品 1 在水中未见明显水合物分解气体柱［图 4-27（b）］，该样品水合物饱和度约为 15%；有孔虫丰度为 500 个 /g 的样品 2 在水中见明显水合物分解气体柱［图 4-27（d）］，该样品水合物饱和度高达 40%。上述实验说明有孔虫丰度与水合物饱和度有关，孔虫丰度越高，水合物饱和度越高，反之亦然。

（三）岩性对水合物形成分布的控制

1. 粒度与有孔虫组分对水合物的控制

南海神狐海域 SH7B 孔含水合物层粒度参数、生物组分与水合物饱和度的相关性分析表明，砂、粗粉砂和分选系数与水合物饱和度的相关系数分别为 0.81、0.75 和 0.81，有孔虫丰度、$CaCO_3$ 含量与水合物饱和度的相关系数分别为 0.72 和 0.83。这些关系说明粗粒沉积物和有孔虫更有利于水合物的形成与富集。自然界中大量关于沉积物粒度与水合物分布规律的研究结果表明，分散型水合物优先形成于富集在粗粒沉积物中。南海神狐钻探区水合物同样遵循这个普遍规律。但与上述研究不同的是，除了受粒度的影响，南海神狐钻探区水合物还受生物组分有孔虫的影响，高饱和度水合物主要集中在富含有孔虫的层位。

但 SH2B 孔沉积物粒度和生物组分对水合物饱和度的影响不大，这可能与取样有关。由于样品缺失，进行粒度分析的样品与进行饱和度计算的样品不存在一一对应关系。

2. 有孔虫组分对水合物饱和度的控制的成因分析

如前所述，南海神狐海域水合物呈分散状存在于沉积物中，属分散型水合物（DLF

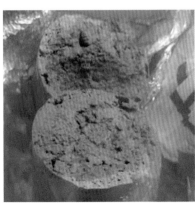
（a）岩心沉积物样品1（有孔虫丰度低）

（b）岩心沉积物样品1在水中未见明显水合物
分解气体柱，说明水合物饱和度低

（c）岩心沉积物样品2（有孔虫丰度高），
有孔虫颗粒肉眼可见

（d）岩心沉积物样品1在水中剧烈分解，形成
明显的气体柱，说明水合物饱和度高

图 4-27　有孔虫丰度不同的含水合物岩心在水中的分解现象

型）。该种类型的水合物肉眼难以分辨，含水合物的岩心与正常岩心没有明显的区别，但放入水中会产生气泡或气柱。分散型水合物的形成和富集除了受温压和气体通量的影响，还明显受沉积物组成、孔隙类型和大小的影响。南海神狐水合物钻探区所钻获的含水合物沉积物属于还未完全压实固结的沉积，沉积物组分主要由陆源碎屑矿物、生物碳酸盐和黏土矿物组成。碎屑矿物种类比较单一，主要以石英、长石为主，生物碳酸盐主要由有孔虫和钙质超微化石组成（陆红锋等，2009）。生物碎屑有孔虫较粗，是砂级和粗粉砂级沉积物的主要组成部分，而陆源碎屑石英、长石等则是粉砂级主要组成成分。其沉积孔隙的类型应该以粗碎屑颗粒相互接触形成的原始粒间孔隙为主，由有孔虫颗粒之间的孔隙、有孔虫颗粒与石英或长石颗粒之间的孔隙、石英与长石颗粒间的孔隙组成，此外还有黏土颗粒间的孔隙。但与实心的陆源碎屑石英、长石等颗粒不同的是，生物碎屑有孔虫由于壳体的独特性和成岩作用的微弱性，除了可提供粒间孔隙，还可提供粒中孔隙（图 4-28），即有孔虫的房室空间。而且由于有孔虫颗粒较大，其所提供的粒中孔隙比粒间孔隙大得多。由此推测，南海神狐海域水合物主要形成于以上所述的粒间孔隙和粒中孔隙中，并主要富集在有孔虫提供的粒中孔隙中（图 4-29），甲烷气和水通过有孔虫最后一个房室的壳口和壳体上的壁孔进入有孔虫后，再通过各房室隔壁上细小的开口充填各房室，在适当的温度和压力条件下

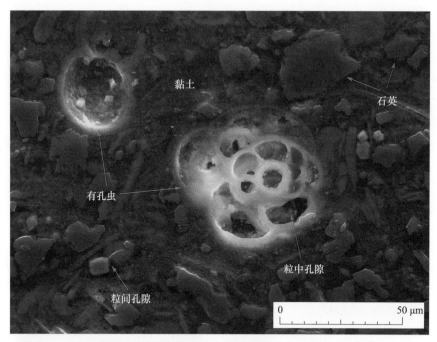

图 4-28　SH7B 孔含水合物层沉积物主要颗粒组成和孔隙类型（原位薄片观察）

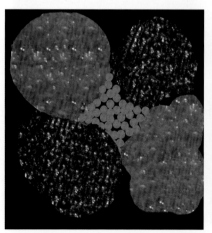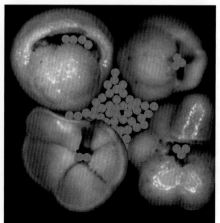

图 4-29　水合物在陆源碎屑颗粒（左）与有孔虫颗粒（右）间形成的示意图

黄色颗粒代表水合物

即可形成水合物。粒中孔隙比粒间孔隙大得多，因此在水合物赋存层位沉积物岩性相同的情况下，有孔虫丰度越高，粒中孔隙越高，孔隙空间越大，水合物的富集程度也越高。这就是南海神狐海域高饱和度水合物主要集中在有孔虫含量高的层位的原因，也是含水合物层沉积物相对偏细，但水合物的饱和度很高的原因之一。

综上所述，南海神狐钻探区水合物优先形成于富集在砂和粗粉砂含量高的沉积物中，这与扩散型水合物成藏的普遍规律相符合，再次证明粗粒沉积物更有利于水合物的形成和富集。

有孔虫丰度的变化控制水合物的饱和度，有孔虫独特的壳体大小和结构为水合物的形成提供更多的孔隙空间。有孔虫的存在一方面增加沉积物粗组分的含量，另一方面增加沉积物的孔隙度，这是南海神狐钻探区沉积物偏细而水合物饱和度偏高的原因之一。

南海神狐钻探区水合物的分布与富集受粒度和组分的共同制约，而生物组分有孔虫则是水合物富集的重要因素。沉积物中除了颗粒与颗粒之间的粒间孔隙，还存在颗粒内的粒中孔隙，粒中孔隙主要存在于有孔虫壳体中，有孔虫丰度越高，粒中孔隙越多，沉积物中的孔隙空间越大，水合物的富集程度越高。

（四）沉积速率对水合物形成分布的控制

下面对神狐钻孔与布莱克海脊水合物区沉积速率进行对比，并结合其他资料探讨沉积速率及水合物成藏关系。

南海构造位置与布莱克海脊的相似，为被动大陆边缘。布莱克海脊是目前世界上获取水合物实物最多的海区之一，前期进行了大量的地震调查和100多个岩心取样，并实施DSDP/ODP航次调查，在DSDP/ODP的多个钻孔的上新统—全新统中取得水合物，并对上述钻孔开展地层和沉积速率的综合研究。此处将南海晚中新世以来的沉积速率与布莱克海脊的沉积速率进行对比。

布莱克海脊大多数钻孔全新世的沉积速率未解决，只有其中一口井的沉积速率为13cm/ka，而南海水合物钻探区钻孔全新世的沉积速率，介于20～34.16cm/ka。布莱克海脊钻孔更新世的沉积速率变化范围较大，介于0.4～47cm/ka，含水合物钻孔的沉积速率介于2.7～9.8cm/ka；而南海水合物钻探区钻孔更新世的沉积速率介于3.14～5.74cm/ka。布莱克海脊钻孔上新世的沉积速率变化范围较大，介于0.5～21.3cm/ka，含水合物钻孔的介于0.5～21.3cm/ka；而南海水合物钻探区钻孔上新世的沉积速率介于1.88～3.27cm/ka。含水合物钻孔的沉积速率分别为1.88cm/ka和3.27cm/ka。布莱克海脊钻孔中新世的沉积速率变化范围较大，介于1.8～30.3cm/ka，含水合物钻孔的介于25.6～30.3cm/ka；而南海水合物钻探区钻孔中新世的沉积速率在4.18cm/ka以上（表4-6）。对比结果表明，南海水合物钻探区晚中新世以来各时期沉积速率与布莱克海脊的基本相当，差异不大。同时南海含水合物层的沉积速率在布莱克海脊水合物层的沉积速率范围内，说明世界海域海底以下水合物的产出层位及其沉积速率具有相似性。

前人研究认为高沉积速率有利于水合物的赋存。从目前世界海域获取天然气水合物的岩心沉积物时代和沉积速率来看，含天然气水合物地层的沉积速率一般较快，通常超过30m/Ma，如东太平洋海域中美海槽赋存天然气水合物的新生代沉积层的沉积速率高达1055m/Ma；西太平洋美国大陆边缘的4个水合物聚集区内，有3个与快速沉积区有关，其中布莱克海脊晚渐新世—全新世沉积物的沉积速率达160～190m/Ma。

总体而言，沉积速率与水合物成藏的关系主要有3点。首先，大多数海洋天然气水合物为生物甲烷气，在快速沉积的半深海沉积区聚集了大量的有机碎屑物，由于迅速埋藏，在海底未遭受氧化作用而保存下来，并在沉积物中经细菌作用转变为大量的甲烷，为上覆的水合物层提供微生物分解甲烷气源，同样，南海神狐水合物甲烷属于微生物气或以微生物气为主的混合成因气。其次，高沉积速率容易形成欠压区，从而构成良好的输导体系（Dillon et al ., 1998）。此外，还有的学者认为高沉积速率可以导致盆地热流值降低，从而有利于水合物的形成。

上述对比表明，南海神狐水合物钻区的沉积速率较高，与布莱克海脊水合物区相比，总体差异不大。但在该研究区内有一定差异，特别是产出水合物的 SH2B 和 SH7B 两个钻孔水合物层段的沉积速率有差异，尤其是 SH7B 上新世水合物段沉积速率偏低。该结果表明沉积速率与水合物成藏的关系比前期认识更为复杂，有待未来深入研究。

表 4-6　南海水合物钻探区与布莱克海脊晚中新世以来沉积速率的对比

航次	站位	岩心长/m	沉积速率 /（cm/ka）				钻井底部年代/Ma	钻达地层	水合物层位
			全新世	更新世	上新世	中新世			
DSDP 76	★ 533	399	NR	8.3	0.5～21.3	NP	−3.1	上新统	
ODP 164	991	56	NR	0.4～2.1	1.6	NP	−5.9	中新统	
	992	50	NR	0.7		9.6	−8.2	中新统	
	993	52	NR			21	−9.8	中新统	
	★ 994	704	NR	3～9.8	3～14	30.3	−6.0	中新统	上新统
	995	704	NR	2.9～8	8.9～14	30.3	−6.1	中新统	
	★ 996	63	NR	4.8	NP	NP	−1.1	更新统	上新统
	★ 997	750	NR	2.7～4	2.7～20.5	25.6	−6.4	中新统	上新统
南海水合物钻探	SH1B	261.86	26.25	2.02	2.94	＞5.85	＜7.362	中新统	
	★ SH2B	238.85		1.96	3.27	＞4.18	＜7.362	中新统	中新统
	SH5C	175.17	34.16	5.16			−4.470	上新统	
	★ SH7B	194.18	20	5.71	1.88		7.018	中新统	中新统 – 上新统

注：★ 533 等代表钻取水合物的站位；NP 表示无数据。

二、东沙海域水合物成藏的沉积条件

ODP 184 航次在南海南北 6 个深水站位钻孔 17 口，从水深 2000～3300m 的海底钻入地层，最深的 1148 站位深入海底以下 850m，共取得高质量的连续岩心 5500m，取心率达 95%，获得连续的可靠的沉积物资料。除 1143 站位位于南沙地区，1144 站位、1145 站位、1146 站位、1147 站位和 1148 站位均位于东沙附近。这里从与水合物形成和存在的相关地质条件思路出发，对东沙一带 ODP 184 站位钻孔岩性展开以沉积为主、结合各类资料的综合分析。

研究站位选择较浅水的 1144 站位和新近纪以来地层较全的 1146 站位，以及水深和钻进深度均最深的 1148 站位。按目前广州海洋地质调查局对调查区的划分，位于尖峰山西侧的 1146 站位和 1148 站位落入神狐海域调查区最东南部，而位于东沙群岛东北方位的 1144 站位落入东沙调查海域范围。这里把 1146 站位和 1148 站位也作为"东沙"地理海域，其中 1144 站位于水合物东沙调查海域中未发现浅表甲烷异常的区域。

（一）钻孔新近系地层特征

根据古生物和古地磁分析，东沙海域所获的钻孔沉积物时代分别为：最长的位于北部东沙附近的 1148 站位钻达下渐新统，其次为 1146 站位至下中新统，1145 站位进入上上新统，而 1147 站位和 1144 站位钻达下更新统（图 4-30）。其中 1148 站位在约700m 井深的部位钻通了原来根据地震资料确定为海相古近系和陆地白垩系界限的 T₅ 地震反射界面。而所获的沉积物表明，该钻孔底部 850m 处的沉积物依然为海相地层，其时代为早渐新世。该站位没有钻达该海相沉积的基底，但各方面的分析结果表明这部分的沉积为海水较浅的产物，可推知为南海早期张裂由陆到海后海盆初期的海相沉积。

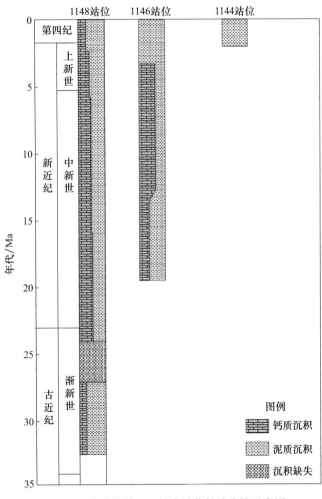

图 4-30　东沙海域 184 航次站位钻孔岩性示意图

（二）沉积组分和沉积速率的变化

1. 沉积组分特征

以 1146 站位为例，该钻孔岩心从上到下识别出 3 个不同的岩性单元。单元Ⅰ（0～242.68 mcd，mcd 表示综合深度）岩性以灰绿色钙质超微黏土为主。与其下伏地层岩性单元相比，矿物中较富含石英、长石和绿泥石，而钙质组分略少。单元Ⅱ（242.68～553.02 mcd）岩性上部以浅棕灰色黏土质有孔虫和钙质超微化石软泥、有孔虫质黏土为主，向下逐渐变为绿色钙质超微化石质黏土。根据 XRD 矿物学分析结果，该单元可分为 2 个次级岩性单元，单元 II A 和单元 II B，前者比后者钙质含量高、而石英和高岭石含量低，此外白云石在前者含量较低但常见，在后者仅在顶部一个深度以高含量出现，中下部完全缺失。单元 III（553.02～642.31 mcd）以绿色钙质超微化石黏土为绝对主要岩性，该单元在颜色上不同于单元 II，同时常见棕褐色硫化铁 "FeS" 斑状沉积。

对 1144 站位、1146 站位和 1148 站位 3 个钻孔中新世以来地层以统为单位进行砂、粉砂和黏土 3 个成分的统计（表 4-7），结果表明，按平均含量来说，黏土含量多在 70% 以上，粉砂含量为 5%～45%，而砂极少，含量一般不超过 5%，仅个别站位在局部层位出现较高的砂组分，如 1146 站位在上新统砂含量可达约 10%。新近纪以来不同时期的沉积变化较明显，而中新世各站位的碳酸钙成分明显高，占 40%～60%，更新世—上新世晚期碳酸钙沉积则明显减少。

表 4-7　东沙海域 ODP 184 航次钻孔中新世以来沉积物组分平均百分比值（砂/粉砂/黏土）

（单位：%）

站位	全新统	更新统	上新统	中新统
1144	0/30/70	2/20/78		
1146	1/5/94	0/15/85	10/20/70	5/10/85
1148	5/45/50	10/20/70	0/25/75	3/24/73

2. 沉积速率和通量变化

南海 ODP 184 航次钻探目的是获得高分辨的古海洋学记录，因此所选取的站位都在高沉积速率区。

本次研究的 3 个钻孔中，沉积速率最高的是东沙附近的 1144 站位，其次是 1146 站位，最低的是 1148 站位。对这 3 个钻孔从中新世以来按主要沉积时期进行平均沉积速率的统计（表 4-8）。纵观这几个站位的沉积速率变化，有如下特点：从老到新，由深海向陆，沉积速率增加。如从老到新来说，上新世和中新世为沉积速率较低的时期（<5cm/ka），更新世是个重要的转折点，几个站位的沉积速率都显著增加，均高于 5cm/ka，是上新世和中新世期间的 2 倍多；全新世沉积速率最高，最显著的是 1144 站位，高达 81.9cm/ka，其他站位均高于 10cm/ka；全新世比更新世增加的幅度也约 2 倍。从地理差异关系来看，从中新世以来，1146 站位的沉积速率比 1148 站位高 2 倍左右，如上新世分别为 3.8cm/ka 和 1.5cm/ka，全新世分别为 21.7cm/ka 和 11.5cm/ka（图 4-31）。

表 4-8　东沙海区 184 站位不同时期沉积速率　（单位：cm/ka）

站位	全新世	更新世	上新世	中新世
1144	81.9	43.9		
1145	22.7	7.9	4.4	
1146	21.7	10.7	3.8	2.6
1148	11.5	6.8	1.5	1.4

与沉积速率变化相对应，各站位沉积通量 [mass accumulation rate，MAR，单位为 g/（cm² · ka）] 也具有明显的时空变化差异（图 4-32）。从时间上来说，早中新世和中中新世转折时（16～14Ma）在 1146 站位有一明显高值，约 10g/（cm² · ka）；晚更新世 0.3Ma 时期增加最显著，1144 站位的沉积通量由 40g/（cm² · ka）升到 140g/（cm² · ka），而 1146 站位由 5g/（cm² · ka）增加到 25g/（cm² · ka）。

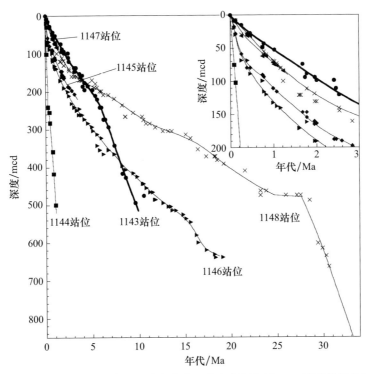

图 4-31 184 航次 6 个站位 30Ma 以来沉积速率变化，右上角图为近 3Ma 以来各站位沉积速率的变化（Wang et al.，2000）

（三）钻孔沉积与水合物关系

钻探和前人研究结果分析概括起来，大洋钻探 ODP 184 航次北部东沙一带钻孔水合物存在的主要证据有 BSR 存在、部分站位有孔隙水中氯离子低值、甲烷异常高、出现自生矿物等。

1. 前人对 BSR 的观点

最早发现大洋钻探 ODP 184 航次东沙区域可能存在 BSR 的是 1994 年德国太阳号的 95 航次，近几年发表利用多方面调查结果推测钻探区或站位 BSR 存在的文章（表 4-9）。本书采用的是梁金强等（2006）的结果，其中只有 1146 站位与 BSR 边缘区有关，1144 站位稍临近 BSR 区，而 1148 站位不在 BSR 区。

大洋钻探中几个站位的地温梯度结果也是判断水合物稳定带底界的一个重要参考依据（图 4-33）。目前对这几个站位满足地温梯度的深度推测有多种（表 4-9）。据钻探实

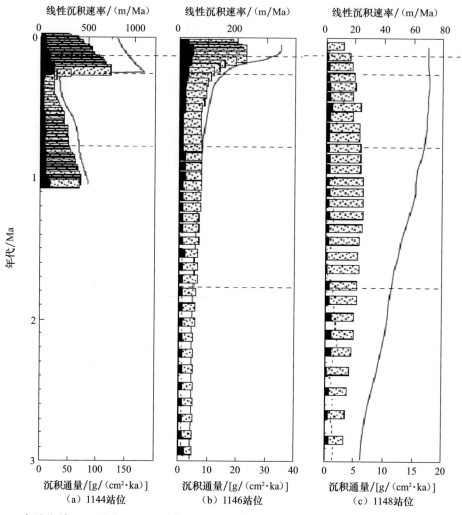

图 4-32　东沙海域 1144 站位、1146 站位和 1148 站位上新世以来线性沉积速率和沉积通量变化图
（Wang et al., 2000）

测可知，1144 站位地温梯度为 24℃/km，而 1146 站位为 59℃/km，并推测 1146 站位满足水合物稳定带的底界是 280m（Wang et al., 2000）。

表 4-9　前人对东沙 184 航次 3 个站位 BSR 和 GHSZ 的埋深深度（mbsf）存在或否定认识概况

站位	BSR	GHSZ	BSR	地温梯度 （GHSZ）/（℃/km）	BSR
1144	720[3]	690[1]	无	24	紧邻 BSR
1146	480	580	200～300m	59（280m）	BSR 区外缘
1148	475[1,3]	305[1]	无	83	无
文献	1. Wu et al., 2005; 2. Wu et al., 2007; 3. ChenZ et al., 2010		Yan et al., 2006	Wang, 2009	梁金强等，2006

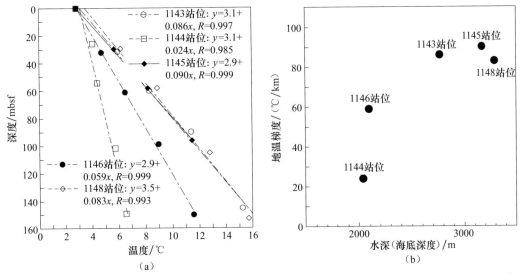

图 4-33 184 航次几个站位地温梯度（Wang et al., 2000）

2. 地球化学和沉积异常记录

对 3 个站位的地球化学、沉积（含矿物）、有机碳、地温梯度等记录做整理和分析，提取与水合物或甲烷有关的记录（表 4-10）进行分析。

孔隙水氯度和硫酸盐记录。 钻孔 300m 以上有明显异常的是 1144 站位（图 4-34）。其氯度含量变化不明显，但其盐度在 150～500m 显著降低。该站位氯度和盐度不对应的情况尚不明确。但其盐度降低区间与甲烷高含量区间吻合较好，是值得注意的现象。此外，据该站位的硫酸盐和甲烷相互变化推知，硫酸盐-甲烷转换界面（SMI）是 3 个站位中最浅的，约 25m。1146 站位在 600m 深度附近氯度和盐度同时降低，附近也有自生菱铁矿出现（图 4-35）。

表 4-10 东沙 ODP 184 航次 3 个站位与水合物或甲烷有关异常记录

站位	氯度	盐度	SIM 界面深度 /m	沉积物	黄铁矿	自生菱铁矿
1144	低值不明显	明显低（100～500m）	约 25	有粥状结构	200m 下丰富	
1146	低值（600m±）	低值（600m±）	约 40		360m 以上较多，以下局部富集	602～606 m
1148	约 520m	约 520m	约 500		150m 以上和 500m 以下较多	

甲烷异常。沉积物所含气体中甲烷含量的高低与水合物的形成有极大的关系。高含量的甲烷指示当地或附近含气水合物的沉积。在 ODP 184 航次中甲烷气体最丰富的是 1144 站位（表 4-11），该站位几乎整个钻孔（除顶部 20m 左右）均显示甲烷异常高值（图 4-36）（Wang et al., 2000）。

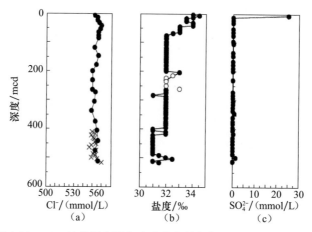

图 4-34　1144 站位氯离子和硫酸盐含量变化（Wang et al., 2000）

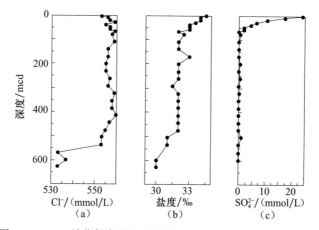

图 4-35　1146 站位氯离子和硫酸盐含量变化（Wang et al., 2000）

表 4-11　大洋钻探 184 航次各站位几个时期沉积物中甲烷含量

站位	全新统—更新统	上新统	中新统	渐新统
1144	3000～60000ppmv			
1146	<30～1000ppmv	<30～1000ppmv	1000～85000ppmv	
1148	<10ppmv	<10ppmv	<10ppmv	<30～569ppmv

注：$CH_4(\mu mol/L) = \dfrac{CH_4(ppmv)}{RT} \dfrac{(V_{vial}-V_{sed})(mL)}{V_{pw}(mL)} \dfrac{1}{0.95}$。式中，$R$ 为气体常数（0.08205L·atm/(mol·K)）；T 为温度，K，三个站位温度为276K；V_{vial} 为放入样品前的进样瓶体积，此处为20mL；V_{sed} 为放入进样瓶中的沉积物体积，此处为10mL；V_{pw} 为孔隙水体积，此处为7mL。

"粥状沉积"异常。作者查阅了大量航次报告和原始记录，发现 1144 站位在 187m 和 216m 附近有"粥状沉积"（图 4-37），特别是 187m 附近的"粥状沉积"在航次原始岩性描述中也有记录。仔细对比该站位氯度的变化，可发现在这附近还是稍稍显示了降低。ODP 184 航次对孔隙水取样的间距大，在这个深度范围约每 10m 取 1 个样，这

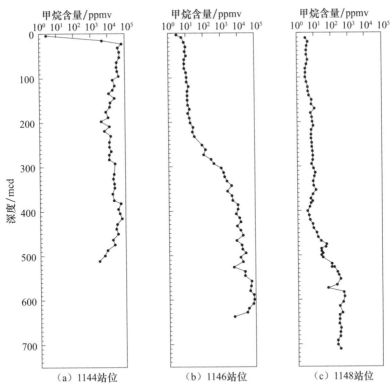

图 4-36 1144 站位、1146 站位和 1148 站位甲烷含量垂直变化图（Wang et al., 2000）

（a）1144A-20H, 187~187.5m，粥状沉积　　（b）1144A-24H, 215.9~216.2m的"奶油点心状"结构

图 4-37 1144 站位异常沉积现象（Wang et al., 2000）

也是孔隙水记录对该站位水合物记录"不明显"的一个原因。对该段岩心的观察推知，187m段有"粥状沉积"的岩心段可能含有一定体积或饱和度的水合物样品，导致在此深度有较多水分分解析出而出现"稀软"沉积的现象。

第四节　温压场对水合物成藏的控制作用

一、南海北部陆坡热流分布特征

（一）整体特征

依据收集的南海热流资料限定区域，发现南海北部陆坡研究区内共399个热流数据，热流分布范围从20～170 mW/m²，不同地区具有明显的差别。

从整体看，南海北部陆坡研究区热流分布较复杂，但也有一定规律（图4-38）。区内具有洋壳结构的海域热流具有明显高热流异常，如在中央海盆和西北次海盆热流值可达120mW/m²。在笔架南盆地和台西南盆地北侧也有高热流异常，可能与地幔活动有关。该区最显著的特点是有一条从西沙海槽到台西南盆地的、横贯东西的高热流异常带，对应南海北部陆坡识别出的T_7（古新世—始新世分界面）火成岩带及陆缘断裂带，此火成岩带、断裂带对陆坡盆地的热流分布影响很大。后期的火山岩浆活动区也对应着高热流区，如从西沙海槽到东沙隆起的火山带（Yan et al.，2001）。另外，早期火成岩、断裂分布格局对沉积有很强的控制作用，对比热流分布与沉积分布图可以发现，基底较低，更新世以来沉积厚度大，沉积速率快的区域热流普遍较低，如神狐研究区的西北部、东北部，东沙研究区的西北部，西沙研究区的北部，特别是有斜坡滑塌体、三角洲相等高速沉积的区域，而基底隆起的区域热流则普遍较高。

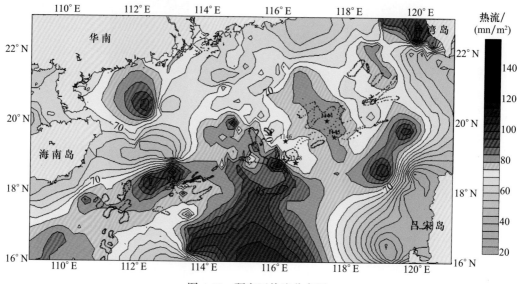

图 4-38　研究区热流分布图

蓝色点线勾画的区块是识别的 T_7 火成岩体，星号标志为 ODP 184 航次的站点

（二）南海北部各盆地热流特征

1. 琼东南海域

琼东南盆地西部受莺歌海 1 号断裂走滑影响而形成深洼陷，具有高温高压特征，但位于断裂附近的热流平均值仅为 59mW/ m²。低热流可能与热导率取值偏低或近期快速堆积产生的热披覆效应有关。琼东南盆地中央拗陷带的最新热流测量数据显示，其热流为 75～90mW/m²，盆地主体热流为 60～90mW/m²。

2. 西沙海槽

据徐行等（2006）调查，西沙海槽 7 个站位的热流值变化范围为 83～112mW/m²，平均95mW/ m²，西沙海槽及其北坡具有高热流特征，该区可能是南海北部下陆坡东西向高热流带的西向延伸［该带可能为断裂带（施小斌等，2003）］，推测产生高热流的原因与该区仍具有较高热背景、莫霍面埋深较浅、断裂发育、晚期岩浆活动及基底起伏等因素有关。另外，通过研究还发现西沙海槽的中间低处热流值（83mW/m²）比两翼低，并不具有简单的拉张型海槽热流剖面，因此海槽内也可能有较强的横向水热活动，还需要更多的热流值测量资料补充研究。

3. 东沙海域

热流主体为 40～85mW/m²，据 ODP 184 航次各站的热流数据分析，不同位置的热流差距很大，如 1144 站位与 1148 站位的热流分别为 21.4mW/m² 和 85.6mW/m²，而二者的全新世以来的沉积速率分别为 81.9cm/ka 和 11.5cm/ka，更新世的沉积速率分别为 43.9cm/ka 和 6.8cm/ka。从物理机制讲，沉积作用使表面热流值降低（热披覆效应），而拉张或剥蚀使表面热流升高。因此我们认为东沙海域不同部位的热流差异的机制是新近纪以来南海北部不同站位处于断陷的不同构造部位，局部沉积速率与拉张的比率不同；1144 站位的沉积速率与拉张比率大于 1148 站位，所以热流值大大低于 1148 站位。在 ODP 站位以外的南海北部陆坡地区，由于在新近纪以来的构造沉积演化历史类似，因此也应该有这样的规律。

4. 神狐海域

神狐海域南部由于靠近洋盆或受隆起及陆缘断裂的影响，热流值为 80～90mW/m²，从西沙海槽到东沙隆起的火山带（Yan et al., 2001），区域内也应该有较大的影响；而在北部沉积较厚的凹陷中，主体热流为 65～80mW/m²，比南部热流值低。

各盆地热流分布总体上受控于区域构造背景，受海盆和陆缘的构造位置、火成岩分布和各主要断裂控制。这种控制关系与南海的构造演化分不开。在构造控制下的局部沉积作用则进一步影响热流的分布。另外，水热流体活动也可能造成热流异常，但因缺少钻井资料，很难评估其对盆地热流的影响程度。火成岩的分布可能也是一个重要因素，如横贯琼东南—西沙—神狐—东沙隆起区—台西南的 T₇ 地震反射界面（即古新世—始新世分界面）附近的火成岩分布区对应的高热流异常，但目前由于资料不足，火成岩的影响程度和横向范围对评价火成岩分布对水合物分布的影响还需进一步的模拟工作。

将研究区域内各盆地热流值与世界上其他地区的水合物发现区进行对比，可以发现南海北部陆坡的热流值与日本南海海槽的热流值较为接近，而比布莱克脊、墨西哥湾、尼加拉瓜、巴基斯坦莫克兰增生楔等区的热流值要高，就水合物成藏而言，热流值整体较高，水合物的热稳定厚度较小，可能的水合物应存在于海底以下较浅的部位，东沙隆起东部、南部的东沙海域、神狐东部的热流值较低，有利于水合物成藏。

二、热流演化历史及其对水合物成藏的影响

（一）南海总体热演化史特征

目前广泛采用的构造热演化方法基本原理是通过对盆地形成和发展过程中岩石圈的构造作用（伸展减薄、均衡调整、挠曲变形等）及其相应热效应进行模拟（盆地定量模型），获得岩石圈热演化史（温度和热流的时空变化）。对于不同成因类型的盆地，根据相应的地质-地球物理模型确定数学模型，在给定初始条件和边界条件下，通过与实际观测的盆地构造沉降史拟合，确定盆地基底热流史，进而结合盆地的埋藏史，恢复盆地内沉积地层的热历史（何丽娟，2000）。

南海现今地热特征是盆地热演化的产物，而盆地的热演化史与其构造演化史密切相关。岩石圈拉张减薄是影响大地热流的重要构造事件之一，岩石圈热松弛时间约在62Ma，此后大地热流基本不再受影响。因此，南海大地热流分布主要与60Ma以来新生代构造运动相关。南海在新生代经历了多期构造运动，但关于构造运动的期次和时间尤其是中新世以来是否存在区域性构造活动，目前仍存在争议。何丽娟和熊亮萍（1998）在研究南海盆地地热特征中采用多期构造热演化模式对南海的东、西地学断面进行模拟，结果表明中新世以来的构造运动是造成南海区域性高热流的主要因素（图4-39）。南海地热特征主要与下述作用相关，可概括为下面四种情况。

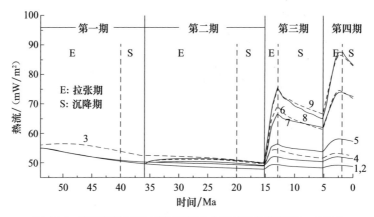

图4-39　南海拉张事件活动周期图（何丽娟和熊亮萍，1998）

1. 多期拉张综合作用

南海新生代经历的拉张作用分别发生在晚白垩世晚期（神狐运动，约65Ma）、早始新世（南海运动，约54Ma）、早渐新世（海底扩张，约36Ma）、中中新世（东

沙运动，约 15.2Ma）和上新世（流花运动，约 5.2Ma）。由于已经超过或接近岩石圈热松弛时间，早期拉张对现今地温场的影响基本消失。早渐新世的拉张程度很小，东部地学断面拉张系数为 1.02～1.21，西部地学断面为 1.04～1.26。尽管拉张量小，由岩石圈拉张减薄、软流圈拉张上涌造成的热异常也比较小，但在经过约 20Ma 的演化至东沙运动发生时，热异常并未消失，尤其在海盆内，温度场仍未稳定，对后期的热演化历史还有一定影响。中中新世的拉张程度很大，东部地学断面拉张系数为 1.09～1.65，西部地学断面拉张系数为 1.05～2.15，并且在此期间演化时间较短，距上新世拉张仅有 10Ma。约在 10Ma 因大幅度拉张引起的热作用强烈地影响地温场，并且继续影响后期拉张演化。因此南海现今热状态是在多期拉张综合作用下形成的产物。

2. 上新世拉张的重要作用

由于岩石圈较薄且温度场尚未稳定，南海在上新世再次拉张，成为影响现今热流的重要热事件。该期拉张程度加大，东部地学断面拉张系数为 1.06～1.76，西部地学断面拉张系数为 1.04～1.90，演化时间非常短，现今地温场仍受其影响，处于非稳定态分布。因此，在影响现今地表热流的多期拉张中，最后一期的作用至关重要。

3. 拉张的非均匀程度

从总体来看，南海经受的拉张程度较大，但在时间和空间上的分布都极不均匀。从时间上解释，早期拉张量相对较小，后期拉张量相对较大；在空间分布上，陆缘与海盆及不同陆缘的拉张量均不同。在高热流背景下，南海局部热流分布的非均匀性由拉张的非均匀性造成。从南海北部陆缘到海盆，拉张程度呈逐渐递增趋势。东部地学断面，在新生代经历多期拉张，其总拉张系数北部陆缘为 1.21，向南递增，至中央海盆达 3.45；西部地学断面，靠近北部陆缘的总拉张系数为 1.20，向南递增，至海盆区达 5.15。由于东、西地学断面未经南缘，无法直接同北缘及海盆区域进行对比，但地壳厚度可反映其总体的拉张程度。南海南缘地壳厚度在 10～20km，比北缘地壳 15～30km 薄很多，表明南缘地壳活动性相对较强烈且拉张程度大。西缘西部的地壳很薄，但新生代沉积很厚。如曾母盆地自晚始新世以来沉积厚达 12 km，表明近期拉张强烈，这从磁异常和地幔对流资料均已清晰反映出来。南海热流分布特征与其经受的新生代多期拉张，尤其与近期的拉张密切相关。

4. 东部俯冲消减作用

南海东缘马尼拉海沟和吕宋海槽的附近海域，在新生代经历的构造运动显著区别于其他地区。新生代南海海盆洋壳在此俯冲消减，该区成为典型的俯冲带低热流区。因此从热历史的角度讲，南海目前处于拉张后期的沉降期，热流逐渐降低，将更加有利于天然气水合物的稳定赋存。

（二）南海北部主要盆地热演化史

1. 琼东南盆地

时间上存在三期热流升高的加热过程。始新世期盆地断陷区热流缓慢升高，在乐东凹陷由 54mW/m² 升高到约 60mW/m²；渐新世时期，崖城组和陵水组沉积阶段热流快速升高，在盆地西部乐东凹陷，古热流由始新世末的约 60mW/m² 升高到渐新世末的约 75mW/m²；中新世为热流逐渐减低的冷却过程，上新世期间热流又一次急剧升高（图 4-40～图 4-42），在盆地西部上新世末盆地基底热流最大约90mW/m²。

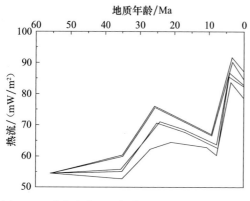

图 4-40　琼东南盆地西部热演化史图（米立军和张功成，2011）

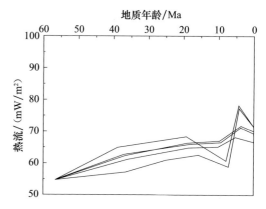

图 4-41　琼东南盆地中部热演化史图（米立军和张功成，2011）

空间上盆地西部和中东部地区的热演化历史与热状态不同。琼东南盆地中东部地区，即陵水凹陷以东与盆地西部的热演化史存在差异；在第二期热流快速升高阶段，盆地西部在渐新世末陵水组沉积结束便停止继续升高而进入热流降低的冷却过程，在盆地中东部地区这一热流升高阶段一直延续到早中新世三亚组沉积末期，即 32～16Ma 期间为琼东南盆地中东部地区古热流快速升高阶段，这一阶段刚好与南海中央海盆海底扩展期一致；琼东南盆地中东部与盆地西部的热流状态差异则表现为盆地西部古热流比中东部地区高，西部渐新世末最高基底古热流约为 75mW/m²，上新世末的深断陷区最高基底古热流约为 90mW/m²；而盆地中东部地区上新世末在深断陷区最高基底古热流为75～60mW/m²。

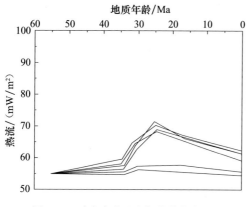

图 4-42　琼东南盆地中部热演化史图
（米立军和张功成，2011）

2. 珠江口盆地

时间上存在两期热流升高的加热过程。第一期加热过程由拉张裂陷作用开始（56.5Ma），至始新世末（32Ma），这一加热过程在盆地断陷区表现为热流缓慢升高，白云凹陷由 54 mW/m² 升高到约 58 mW/m²。第二期加热过程由始新世末（32Ma）至渐新世末（23.3Ma），相当于恩平组和珠海组沉积期，这一加热过程表现为盆地基底热流快速升高特征，珠江口盆地自 23.3Ma以来基底热流一直缓慢降低（图 4-43，图 4-44）。

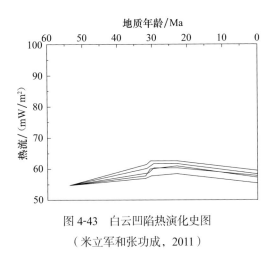

图 4-43 白云凹陷热演化史图
（米立军和张功成，2011）

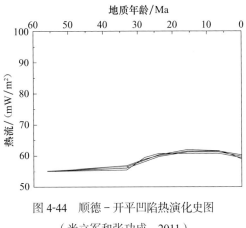

图 4-44 顺德－开平凹陷热演化史图
（米立军和张功成，2011）

空间上加热程度不同，各个地区展示了不一样的状态过程。顺德-开平凹陷两期热流升高的加热过程虽然在时间上和白云凹陷一致，但热流升高幅度比白云凹陷小，在白云凹陷深断陷区，基底古热流由始新世末的约 55mW/m² 升高到渐新世末的约 60mW/m²，而顺德-开平凹陷渐新世末基底最高古热流仅约 60mW/m²。

分析盆地热演化史，珠江口盆地发育较早，早期强烈拉张，后期活动微弱，而琼东南盆地早期拉张强度小，后期拉张强度加大。结合两盆地所处的平面位置，可以说明南海北部大陆边缘由南向北扩张演化的历史；而另一方面也说明新近纪以来琼东南盆地与珠江口盆地受不同构造背景的控制。

（三）热演化历史特征

1. 具有多期加热和冷却过程
琼东南盆地深水区存在三期热流升高的加热过程和两期热流衰减的冷却过程，表现为始新世热流缓慢升高、渐新世热流快速升高，上新世热流急剧升高。前两期为连续加热过程，只是热流升高速度和升高幅度不同；第二期和第三期加热过程结束之后，均伴随热流衰减的冷却过程。珠江口盆地深水区存在两期热流升高的加热过程和一期热流降低的冷却过程。两期加热过程也具有连续性，只是加热速度和热流升高幅度不同。第二期加热过程结束之后，珠江口盆地便一直处于热流衰减的冷却过程。与琼东南盆地不同，珠江口盆地缺少上新世以来热流升高的加热过程。

2. 加热幅度具有横向不均匀性
琼东南盆地西部的乐东凹陷热流升高幅度最大，渐新世末盆地基底最高古热流达 75mW/m²，上新世末基底最高古热流达 90mW/m²；白云凹陷渐新世末基底最高古热流约为 70mW/m²；顺德-开平凹陷升高幅度最小，由盆地拉张引起的最高基底古热流约为 60mW/m²。

3. 加热持续时间具有横向不一致性
琼东南盆地西部和珠江口盆地第二期加热过程为 32～23.3Ma，持续时间约为 9Ma，琼东南盆地中、东部地区，包括陵水凹陷、松涛-宝岛凹陷和西沙海槽一带，第二期加热时间为 32～16Ma，长达 16Ma。

4. 琼东南盆地晚期加热过程具有迁移性

琼东南盆地 5.3Ma 以来存在一期特征非常明显的强烈加热事件，且具有迁移性，即由西向东加热事件由强变弱，至东部的珠江口盆地晚期加热事件完全消失。

（四）热演化史与盆地演化的关系

通过区域地质背景分析，南海北部陆缘新生代盆地演化具有如下特征：大约在 56Ma 陆缘地壳开始大规模伸展裂陷，岩浆源区由壳源突然转变为幔源；新生代发生 3 次区域性构造运动，即神狐运动、南海运动和东沙运动；形成 3 个区域性不整合面，存在 3 期较为强烈的断层活动，分别为 56.5Ma、23.3Ma 和 10Ma；发生 3 期相对活跃的岩浆活动，即 57.1～27.17Ma（古新世至始新世）、24.3～17.1Ma（晚渐新世至中中新世）和 10～5Ma（晚中新世至上新世）（图 4-45）。

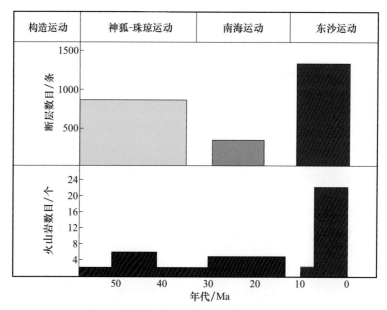

图 4-45　南海北部陆缘构造活动对比图（据吴世敏等，2001）

热史恢复结果清楚地反映盆地构造演化特征。琼东南盆地西部的 3 期热流升高的加热过程分别对应盆地发育的主裂谷期（56.5～32Ma）、晚裂谷期（32～23.3Ma）和以快速沉降为特征的新构造期（5.3Ma 以来）。珠江口盆地深水区的两期热流升高的加热过程亦与盆地的主裂谷期（始新世）、晚裂谷期（渐新世）对应。

总之，南海北部陆缘深水区盆地形成演化的多期拉张决定了盆地热演化的多幕性，盆地形成演化的裂谷阶段并非出于热流瞬时升高热体制，而是存在幕式加热过程；盆地演化的拗陷阶段也并非完全处于热衰减期，而是存在热流升高的加热事件，这些都有别于典型的被动大陆边缘盆地的热演化模式。红河走滑断裂的活动时间和运动方式的转变与琼东南盆地热事件发生的时间具有很好的耦合性，推测琼东南盆地的热演化史可能受红河走滑断裂的影响；珠江口盆地虽然不存在晚期拉张的加热事件，但新构造期的断裂、岩浆活动热事件决定深水区现今的高热流状况。

三、温压条件及其对水合物成藏的影响

天然气水合物稳定带是指满足天然气水合物存在的物理（温度、压力）必要条件的地层深度范围，求取天然气水合物稳定带的分布有利于从宏观上把握天然气水合物的远景产区。

在天然气水合物的资源量评价过程中，天然气水合物稳定带的厚度是一个必不可少的参数。目前，在水合物的研究中，通常将海底作为水合物稳定带的上限。这样研究海底的温度、压力条件就可以确定水合物是否稳定存在，借此可以圈定出平面上水合物的稳定范围。在确定水合物稳定带底界时，通常在已知海底温度、水深的情况下，利用地温梯度将温度外推，再与水合物稳定相图进行对比，即可求出水合物稳定带的底界。

（一）天然气水合物相平衡影响因素

在合适的温度和压力条件下，如果有天然气和水就可以形成天然气水合物并稳定保存下来。天然水合物形成的最简单形式有两种：①天然气水合物形成于溶解的气体（当水中的气体扩散量决定天然气水合物的聚集速率时）；②天然气水合物形成于孔隙水中游离气（当热动力学条件改变时）。在第一种情况下，溶解于水中的气体分子转化成天然气水合物状态时，受到天然气水合物生长表面液态水的扩散阻力。在第二种情况下，孔隙气泡中的游离气体分子转化成天然气水合物需克服孔隙水中气泡边界天然气水合物生长的扩散阻力。

不管天然气水合物形成于哪种形式，它的形成和稳定存在受控于温度、压力和组成的相互关系（Clennell et al., 1999）。组成不仅包括气体混合物的组成，如气体成分除了甲烷，还可能有乙烷、丙烷、异丁烷、二氧化硫、二氧化碳，也包括孔隙水中离子成分的组成。另外，储集层岩石颗粒大小也会对气水合物的稳定性造成影响。气体组成和孔隙水矿化度的不同影响气水合物形成的温压条件，颗粒大小不同对水合物平衡的影响还未弄清楚。对永冻层的研究表明，颗粒大小不同影响冰的凝固点，具有大比表面积的颗粒，如黏土，可使冰的凝固点降低几摄氏度。

下面将分别讨论天然气成分、孔隙水盐度及多孔介质（沉积物）对水合物形成的温度、压力条件的影响。

1. 天然气组分对水合物相平衡的影响

利用 Sloan（1998）CSMHYD 程序，对多种天然气组分（含 CH_4、C_2H_6、C_3H_8、CO_2、N_2）的水合物的相平衡进行计算（图 4-46，图 4-47），进而说明天然气成分对水合物相平衡的影响。

从图 4-47 和图 4-48 可以直观地看出，重烃气（$C_2 \sim C_4$），这里指 C_2H_6 和 C_3H_8 对水合物形成的温压条件影响很大，天然气中如果含有重烃气，水合物相平衡曲线向右偏移（相对纯甲烷）。也就是说，水合物形成的温度、压力条件变宽，即在相对较高的温度和

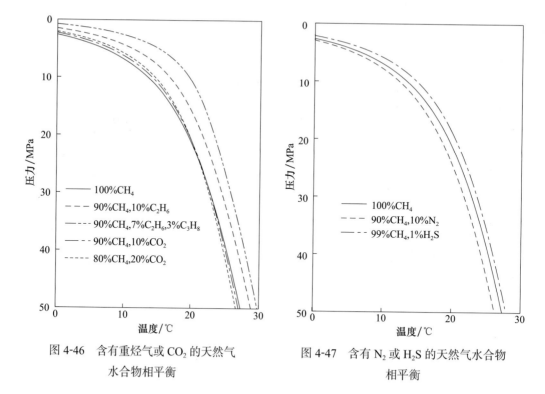

图 4-46　含有重烃气或 CO_2 的天然气
水合物相平衡

图 4-47　含有 N_2 或 H_2S 的天然气水合物
相平衡

较低的压力（相对纯甲烷）下水合物就可以形成，且当气体中含有少量丙烷时，对水合物相平衡的影响更大。可见烃类气体的分子量越大，对水合物相平衡影响越大。

　　为了定量说明气体成分对天然气水合物相平衡的影响，分别给出 5MPa、10MPa、15MPa、20MPa、25MPa 和 30MPa 压力下水合物形成的温度（℃）上限（表 4-12）。由表 4-12 可见，随着压力的增加，天然气水合物形成所需的温度也增加；在同一压力下，含有 C_3H_8 气体的水合物最容易形成，而含有 N_2 的水合物则最难形成。

表 4-12　不同气体成分的天然气水合物形成的温压条件

气体组成	温度 /℃					
	5MPa	10MPa	15MPa	20MPa	25MPa	30MPa
100% CH_4	6.7	13.46	17.06	19.48	21.33	22.86
90%CH_4，10%C_2H_6	11.08	16.75	19.64	21.63	23.23	24.59
90% CH_4，7% C_2H_6，3% C_3H_8	15.02	19.67	21.86	23.41	24.71	25.88
90%CH_4，10%CO_2	7.7	14.09	17.43	19.67	21.39	22.82
90%CH_4，20%CO_2	8.49	14.53	17.62	19.7	21.3	22.64
90%CH_4，10%N_2	5.59	12.34	15.94	18.37	20.23	21.57
99%CH_4，1%H_2S	8.5	14.9	18.3	20.5	22.2	23.6

2. 孔隙水盐度对水合物相平衡的影响

利用 Sloan（1998）的程序，对多种孔隙水盐度（纯水，1.0%，2.0%，3.5%，5.0%）的天然气水合物的相平衡进行计算（图 4-48），进而说明孔隙水盐度对天然气水合物相平衡的影响。

由图 4-48 可知，随着盐度的增加，天然气水合物相平衡曲线向左移动，水合物形成区域逐渐变小，表明天然气水合物越来越难以形成，要求压力越来越高，温度越来越低。随着温度的增加，盐度的影响也越来越大。为了更好地说明盐度对天然气水合物相平衡的影响，给出 4℃、8℃、12℃、16℃、20℃ 和 24℃时甲烷水合物形成的压力（MPa）下限（表 4-13）。

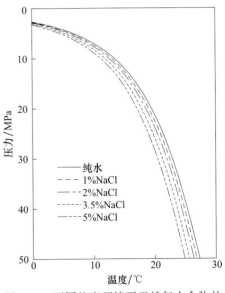

图 4-48　不同盐度环境下天然气水合物的相平衡

表 4-13　不同盐度环境下的甲烷水合物形成的温度、压力条件

盐度	压力 /MPa					
	4℃	8℃	12℃	16℃	20℃	24℃
纯水	3.85	5.68	8.55	13.27	21.28	34.33
1.0%NaCl	4.01	5.93	8.95	13.97	22.49	36.25
2.0%NaCl	4.17	6.19	9.38	14.71	23.78	38.27
3.5%NaCl	4.44	6.62	10.1	15.97	25.93	41.59
5.0%NaCl	4.75	7.11	10.93	17.43	28.41	45.34

可见，盐的出现使水活度降低，阻碍天然气水合物的生长。盐水（相当于 1mol/L NaCl 溶液）会使纯 CH_4+ 纯水相边界的平衡温度降低，且当温度越高时，平衡温度降低越多。甲烷水合物的稳定性因为有 C_2H_6、CO_2、H_2S，以及更重的烃类气体而大大提高。如 1% 的 C_2H_6 就可以平衡掉海水阻碍的效果。平衡温度改变几度，在通常的地温梯度下，BSR 就会有几十米的变化。

3. 多孔介质（沉积物）对天然气水合物形成的影响

水合物形成于较低的温度和较高的压力下，但在水合物最初形成过程中却恰恰相反。水合物开始形成容易发生在饱和气体的水中，而不易发生在孔隙中有很大游离气泡的情况；容易发生在静水压力下降（即使由于构造变动地震等引起的短期下降）时，而不易发生在静水压力上升时。有一点非常重要：温度降低，水合物形成速度下降（有时会阻碍水合物形成），这可解释为由溶解了气的水的特性引起的。在热动力学条件下，温度降低会增加气体溶解度，压力降低会降低气体的溶解度。在完全饱和的条件下，压力的降低会导致游离气体在水体中形成微气泡。这些微小气泡的压力远比静水压力高。在这些气泡表面形成晶核，这些晶核的进一步生长或溶解由岩石剖面中的热动力学或地球化学条件决定。因此，温度降低到饱和溶解之上，溶解变成不饱和，这将阻止水合物成核。如剖面中的温度从 20℃ 降低至 10℃，气体的溶解能力从 $3m^3/m^3$ 升高到 $4m^3/m^3$，尽管温度低于水合物平衡温度，溶解的气体将变得不饱和而不会形成水合物。同时，压力降低，甚至降低几个大气压，气泡会发生变化而形成水合物。水合物最初形成时的这一特点对于在实验室合成水合物非常重要，在合成水合物时，可先将其温度降至很低，压力升至很高，然后缓慢升高温度、降低压力，这样水合物形成速度较快。

在早期研究水合物形成条件的实验中（Makogon, 1966, 1974），与在游离气-水界面形成水合物的过程相比，多孔岩石的特征对水合物的形成过程影响更大：孔隙大小降低，如要形成水合物就要较大程度地低温冷却或超压条件。多孔介质影响水合物形成过程的进一步研究，Sloan 和 Fleyfel（1991）、Handa 和 Stupin（1992）证实了这一假设：孔隙越小，多孔介质对水合物形成过程的影响越大。

孔隙水的特征和结构特性决定了孔隙水和淡水转化成水合物所需条件的差异。淡水可以在任何、甚至很小的压力梯度下运移，也可以通过重力运移；而在多孔介质中，毛细管水被毛细管中的物理-机械力束缚在岩石中。束缚水形成吸附水薄膜，直接吸附在岩石颗粒上。在形成吸附水薄膜时放出热量，水被物理-机械力束缚在颗粒表面。多孔介质的组成颗粒越小，介质的毛细管半径越小，水合物开始形成的水的蒸汽压力越高，温度越低，在 7nm 孔隙中，液态水表面的毛细管力会大到阻止游离气运移到多孔的网络中。

实验表明，因孔隙大小和表面特性的不同，多孔介质会改变水合物的稳定性。多孔介质会降低水合物的稳定范围。在微孔的硅质玻璃中，水合物的融化温度要降低 8℃（Handa and Stupin, 1992）。在黏土中也发现类似的温度降低。Bondarev 等（1996）发现氧杂环戊烷的融点在土壤中降低 2℃。

水合物的最初形成并不需要一个不渗透的岩性表面，但在多孔沉积物介质中，水合物的形成的确需要很低的渗透性，且在水合物形成的温度、压力条件下，水合物会阻碍气体的垂向和侧向运移。Ginsburg（1998）识别出两种海底水合物：水合物在沉积物中的分布经常延伸到水合物稳定带的底部（deep seated），通常受流体控制；另一种是分布局部，且通常位于沉积物的浅部，与断层、泥火山、泥底辟等有关的集中式分布（seepage related）。许多学者指出细粒沉积物中的分散的水合物很像细粒土壤中生长的冰的透镜体，而在粗粒沉积物中，水合物在孔隙中生长并把颗粒强烈地胶结在一起，以致原本疏松的砂岩变得很紧密，其物性也发生改变。从世界上发现的水合物来看，在细粒的宿主沉积物中（黏土和硅质），水合物多呈分散状、透镜状、结核状、球粒状或页片状；而在粗粒沉积物中，水合物只呈填隙状或胶结状。

总之，水合物的形成和稳定存在受控于温度、压力和组成的相互关系，另外，储集层岩石颗粒大小也会对气水合物的稳定性造成影响。重烃气、二氧化碳、硫化氢会降低水合物形成的温度、压力条件，二氧化碳影响幅度较小，氮气会使水合物相平衡曲线向左移动；随着盐度的增加，水合物越来越难以形成，且要求的压力越来越高，温度越来越低，随着温度的增加，盐度的影响也越来越大。然而盐度和重烃气及二氧化碳对水合物相平衡的影响恰好相反，天然气中重烃气含量的增加会平衡掉一些海水阻碍的作用。

（二）天然气水合物稳定带的温压影响因素

通过天然气水合物相平衡的研究，并结合大量实验数据，可以确定水合物形成的温度、压力条件，编制出各种气体成分和孔隙水盐度情况下的水合物的相图。图 4-49 是海水环境下甲烷水合物的相图，表明水合物、气和水的三相平衡关系。图 4-49 中海水温度梯度曲线和相边界曲线之间的区域是可以形成水合物的区域；海底、相边界曲线和水合物稳定带的底界之间的区域是天然气水合物稳定带，水合物稳定带底界是由水合物相边界曲线和地温梯度线决定的。由此可见，地温梯度、海底温度、水深和水合物相平衡曲线共同决定水合物稳定带的厚度。

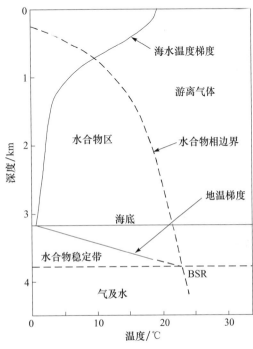

图 4-49 海水环境下甲烷水合物的相平衡及稳定带

影响水合物稳定带厚度的因素很多，但影响程度却各不相同。下面给出不同的海底温度（3℃，5℃）、地温梯度（40℃/km，60℃/km）、水深（1800m，2000m）、天然气成分（纯甲烷；96% 甲烷，3% 乙烷和 1% 丙烷；90% 甲烷，7% 乙烷和 3 丙烷）和孔隙水盐度（纯水，3.5% 盐度）情况下的水合物稳定带的厚度，进而分别探讨地温梯度、海底温度、水深和水合物相平衡曲线对天然气水合物稳定带厚度的影响。

1. 海底温度和地温梯度的影响

由图 4-50 可知，海底温度和地温梯度很大程度影响水合物稳定带的厚度。当地温梯度为 40℃/km 时，若海底温度为 3℃，水合物稳定带厚度约为 460m，若海底温度为 5℃，水合物稳定带厚度约为 410m；当地温梯度为 60℃/km 时，若海底温度为 3℃，水合物稳定带厚度约为 310m，若海底温度为 5℃，水合物稳定带厚度约为 270m。由此可见，在相同地温梯度条件下，海底温度越高，水合物稳定带厚度越小，反之越大；在相同的海底温度下，地温梯度越小，水合物稳定带厚度越大，反之越小。当地温梯度为 40℃/km 时，海底温度增加 2℃，水合物稳定带厚度降低约 11%；当地温梯度为 60℃/km 时，海底温度增加 2℃，水合物稳定带厚度降低约 13%；当海底温度为 3℃时，地温梯度增加 20℃/km，水合物稳定带厚度降低约33%，当海底温度为5℃时，地温梯度增加20℃/km，水合物稳定带厚度降低约34%。由此可见，随着海底温度的增加，地温梯度对水合物稳定带厚度影响变大，反之，随地温梯度的增加，海底温度对水合物稳定带厚度的影响也变大，而海底温度比地温梯度的影响要大一些。

2. 水深的影响

从图4-51可见，水深（压力）对水合物稳定带厚度也有一定的影响。当海底温度为3℃，地温梯度为40℃/km时，若水深为1800m，水合物稳定带厚度约为450m，若水深为2000m，水合物稳定带厚度约为460m。水深变浅，水合物稳定带厚度变小，反之变厚。

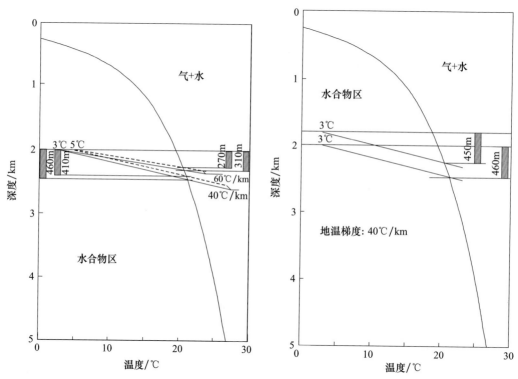

图4-50　海底温度和地温梯度对水合物稳定带厚度的影响　　　　图4-51　水深（压力）对水合物稳定带厚度的影响

3. 水合物相边界曲线的影响

前面已详细讨论了水合物相平衡的影响因素，而水合物相边界曲线的位置对水合物稳定带厚度具有一定的影响（图4-52）。当海底温度为3℃，地温梯度为40℃/km，水深2000m时，在纯水环境下，若天然气成分为纯甲烷，水合物稳定带厚度约为460m，若天然气由96%的甲烷、3%的乙烷和1%的丙烷组成，水合物稳定带厚度约为510m。由此可见，水合物相边界曲线越向右（重烃气/二氧化碳含量增加，或盐度降低），水合物稳定带厚度越厚，反之越薄。

总之，地温梯度、海底温度、水深和水合物相平衡曲线共同决定水合物稳定带的厚度。地温梯度越小，海底温度越低，水深越大，水合物中的重烃或二氧化碳含量越高，盐度越低，则水合物稳定带厚度越大；反之越小。但几种因素对水合物稳定带厚度的影响程度却不同，水深的影响较小，地温梯度和水合物相边界曲线的影响较大，海底温度的影响则更大一些。位于"准被动大陆边缘"的南海北部陆坡，海水盐度 3.4%～3.5%，水深变化范围较大（300～3500m），海底温度与水深有很好相关性（1.45～9℃），热流分布较复杂（60～110mW/m²），有学者认为气体成分多样，但据报道（2007 年 6 月 5 日国土资源部发布）在神狐海域的实地钻探取样，神狐海域的水合物为高纯度甲烷（99.7%～99.8%）的水合物，虽然在其他地方可能有其他气体组分，但限于资料，本次计算采用甲烷水合物的稳定温压方程计算水合物稳定带厚度。

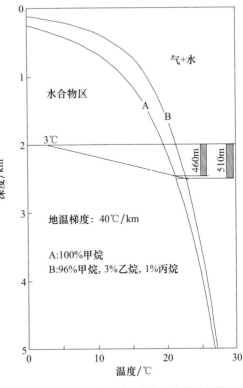

图 4-52 相边界曲线对天然气水合物稳定带的影响

四、南海北部陆坡水合物稳定域特征

（一）研究区天然气水合物稳定带厚度计算

海域天然气水合物稳定带潜在厚度的预测计算方法有多种，比较著名的有 Milkov 和 Sassen（2000）计算墨西哥湾大陆坡中部天然气水合物稳定带厚度的预测公式，还有粗略求解稳定带厚度的图解法，以及 Miles（1995）计算欧洲大陆边缘天然气水合物稳定带厚度方程。

气体成分也是天然气水合物稳定平衡计算的重要参数。在自然环境中，气水合物的形成主要与水和气这两种物质有关。天然气水合物通常存在于沉积物中，因此水的主要来源是孔隙水。根据大洋深海钻探航次调查，即使在海底 1000m 的深度，沉积物中孔隙水的含量仍然会达到 20%，所以水合物的形成是不缺水的。根据天然气水合物中气体的成分和同位素分析，气体有 3 种来源：生物成因气、热成因气和混合成因气。南海海域天然气水合物成因分析表明气源主要为生物成因气，天然气水合物的气源组成中甲烷比例占绝对优势，平均值为 97% 以上，其他有机气体，如乙烷、丙烷等含量稀少，甚至在有些钻孔中，丙烷的含量低到地球化学测试仪器无法探测的程度。因此，本书中有关天然气水合物稳定带厚度的计算方法和参数组取孔隙水盐度为 3.5%，只有甲烷一种生物成因气的海水环境为计算基础进行厚度的估算。采用 Miles（1995）提出的海水中

甲烷稳定带边界曲线方程

$$P=a+bT+cT^2+dT^3+eT^4 \qquad (4\text{-}1)$$

式中，P 为压力，MPa；a、b、c、d、e 为计算参数，$a=2.8074023$，$b=0.159474$，$c=0.048575$，$d=-2.78083\times10^{-3}$，$e=1.5922\times10^{-4}$。

考虑地层范围在浅层，因此在计算压力与水深的之间关系时，采用静水压力近似实际海底水压

$$P=\rho gh \qquad (4\text{-}2)$$

式中，ρ 为海水密度，1035kg/m^3；g 为重力加速度，9.81m/s^2；h 为水深；m。

利用在琼东南海域的地热调查中所提供的水深、海底温度，以及浅层地温梯度等批量数据信息，联立上述方程组，选取其中的正数解作为有效温度平衡点，即可求出水合物稳定带的厚度。

首先假定全研究区平均热导率取 1.228，利用已知的热流数据计算出地温梯度及前面介绍的 Dickens 和 Quinby-Hunt（1994）的稳定方程计算出粗略的水合物厚度值。然后用此厚度值结合前面得到的热导率随深度变化方程，得到每一测点的水合物大概深度范围的平均热导率，再利用计算出的平均热导率计算每一测点的平均地温梯度，进一步计算出最终的水合物稳定带的厚度，计算流程按照图 4-53 进行。

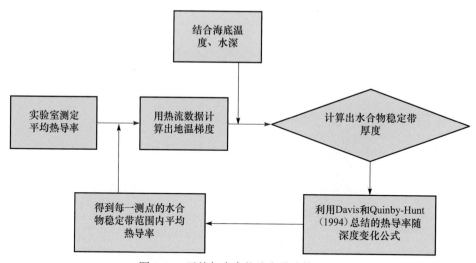

图 4-53　天然气水合物稳定带计算流程

利用上述计算天然气水合物稳定带厚度的方法，根据南海热流测点的热流、海底温度、水深、经纬度等资料，来计算各测点处天然气水合物稳定带的厚度。

（二）结果与讨论

1. 琼东南海域

由琼东南海域天然气水合物稳定带深度分布可知（图 4-54），在现有的温度和压力

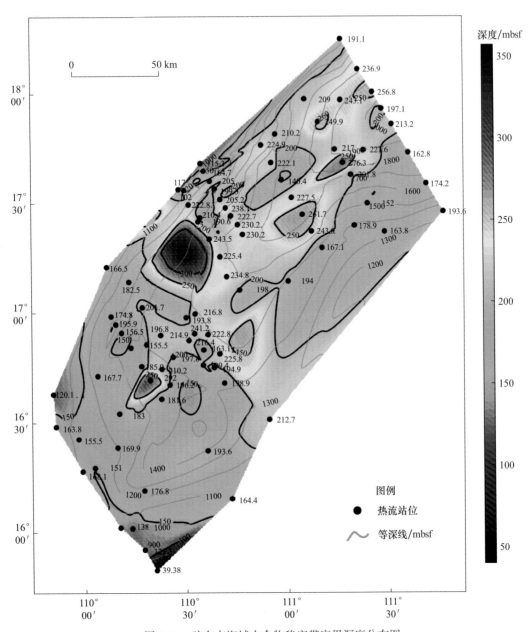

图 4-54 琼东南海域水合物稳定带底界深度分布图

条件，整个研究区的稳定带深度小于 350m，西部和东部较浅，中部深，并没有完全与海底深度的分布呈正相关，但与海底热流的变化基本呈负相关，说明在研究区域内（海水深度 800～1500m）压力对稳定带分布驱动力较弱，海底热流变化对稳定带分布制约作用明显。

2. 神狐海域浅水区

由神狐海域浅水区天然气水合物稳定带深度分布可知（图 4-55），在现有的温度和压

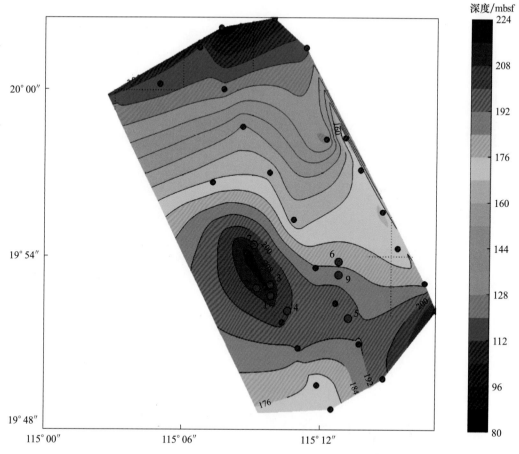

图 4-55　神狐海域浅水区水合物稳定带底界深度分布图（单位：mbsf）

蓝点代表热流测站，红点代表水合物钻探站位

力条件，整个研究区的稳定带深度小于 230m，北部浅，南部深，并没有完全与热流的分布呈负相关，但与海底深度的变化基本呈正相关，说明该区域内（海水深度 800～1500m）压力对稳定带分布呈现一定的驱动力。但在等深度分布时，海底热流变化对稳定带分布制约作用明显，其中 SH2、SH3 和 SH7 稳定带厚度最大，同时也是热流值最低的区域。

3. 神狐海域深水区

由神狐海域深水区天然气水合物稳定带深度分布可知（图 4-56），在现有的温度和压力条件，整个研究区的稳定带深度小于 370m，西部和东部较浅，中部深，并没有完全与海底深度的分布呈正相关，但是与海底热流的变化基本呈负相关，说明本研究区域内（海水深度 1400～3700m）压力对稳定带分布驱动力较弱，海底热流变化对稳定带分布制约作用明显。

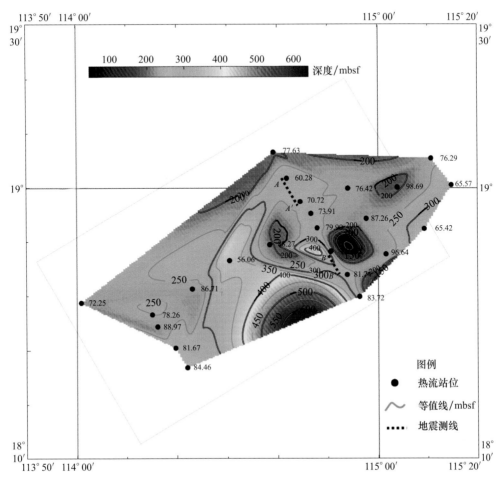

图 4-56　神狐海域深水区水合物稳定带底界深度分布图

参 考 文 献

郝诒纯，陈平富，万晓樵，等 . 2000. 南海北部莺歌海 - 琼东南盆地晚第三纪层序地层与海平面变化 .
　现代地质，14(3)：237-245.

何丽娟 . 2000. 沉积盆地构造热演化模拟的研究进展 . 地球科学进展，15(6)：661-665.

何丽娟，熊亮萍 . 1998. 南海盆地地热特征 . 中国海上油气：地质，(2)：87-90.

黄永样，Suess E，吴能友，等 . 2008. 南海北部陆坡甲烷和天然气水合物地质 - 中德合作 SO-177 航次
　成果专报 . 北京：地质出版社 .

梁金强，吴能友，杨木壮，等 . 2006. 天然气水合物资源量估算方法及应用 . 地质通报，25(9-10): 1205-
　1210.

陆红锋，陈弘，陈芳，等 . 2009. 南海神狐海域天然气水合物钻孔沉积物矿物学特征 . 南海地质研究：
　28-39.

米立军，张功成 . 2011. 南海北部陆坡深水海域油气资源战略调查及评价 . 北京：地质出版社 .

施小斌，丘学林，夏戡原，等 . 2003. 南海热流特征及其构造意义 . 热带海洋学报，22(2)：63-73.

苏新，陈芳，于兴河，等 . 2005. 南海陆坡中新世以来沉积物特性与气体水合物分布初探 . 现代地质，19(1)：1-13.

王家生，高钰涯，李清，等 . 2007. 沉积物粒度对水合物形成的制约：来自 IODP 311 航次证据 . 地球科学进展，22(7)：659-665.

吴世敏，周蒂，丘学林 . 2001. 南海北部陆缘的构造属性问题 . 高校地质学报，7(4)：419-426.

徐行，施小斌，罗贤虎，等 . 2006. 南海西沙海槽地区的海底热流测量 . 海洋地质与第四纪地质，26(4)：51-58.

张为民 . 2001. 东海陆架盆地西南部烟囱构造与油气运聚关系研究 . 北京：中国科学院地质与地球物理研究所 .

Bondarev E A, Groisman A G, Savvin A Z. 1996. Porous medium effect on phase equilibrium of tetrahydrofuran hydrate//Proceedings of the Second International Conference on Natural Gas Hydrates, Toulouse.

Briais A, Patriat P, Tapponnier P. 1993. Updated interpretation of magnetic anomalies and seafloor spreading stages in the south china sea: Implications for the tertiary tectonics of southeast Asia. Journal of Geophysical Research Solid Earth, 98(B4): 6299-6328.

Brown K M. 1990. The nature and hydrogeologic significance of mud diapirs and diatremes for accretionary systems. Journal of Geophysical Research Solid Earth, 95(B6): 8969-8982.

Brown K, Westbrook G K. 1988. Mud diapirism and subcretion in the Barbados Ridge accretionary complex: The role of fluids in accretionary processes. Tectonics, 7(3): 613-640.

Bünz S, Mienert J, Berndt C. 2003. Geological controls on the Storegga gas-hydrate system of the mid-Norwegian continental margin. Earth Planetary Science Letters, 209(3-4): 291-307.

Chen S C, Hsu S K, Tsai C H, et al. 2010. Gas seepage, pockmarks and mud volcanoes in the near shore of SW Taiwan. Marine Geophysical Researches, 31(1-2): 133-147.

Chen Z, Bai W, Xu W, et al. 2010. An analysis on stability and deposition zones of natural gas hydrate in Dongsha region, north of South China Sea. Journal of Thermodynamics, (4): 2106 - 2111.

Chiu J, Tseng W, Liu C. 2006. Distribution of gassy sediments and mud volcanoes offshore southwestern Taiwan. Terrestrial Atmospheric Oceanic Sciences, 17(4): 703-722.

Clennell M B, Hovland M, Booth J S, et al. 1999. Formation of natural gas hydrates in marine sediments: 1. conceptual model of gas hydrate growth conditioned by host sediment properties. Journal of Geophysical Research Solid Earth, 104(B10): 22985-23003.

Dickens G R, Quinby-Hunt M S. 1994. Methane hydrate stability in seawater. Geophysical Research Letters, 21(19): 2115-2118.

Dillon W P, Danforth W W, Hutchinson D R, et al. 1998. Evidence for faulting related to dissociation of gas hydrate and release of methane off the southeastern United States. Geological Society, London, Special Publications, 137(1): 293-302.

Ginsburg G D. 1998. Gas hydrate accumulation in deep-water marine sediments. Geological Society, London, Special Publications, 137(1): 51-62.

Ginsburg G D, Ivanov V L, Soloviev V A, 1984. Natural gas hydrates of the World's Oceans. Oil and gas content of the World's oceans. PGO Sevmorgeologia.

Ginsburg G, Soloviev V, Matveeva T, et al. 2000. Sediment grain-size control on gas hydrate presence, sites 994, 995, and 997//Proceedings of the Ocean Drilling Program, 164 Scientific Results.

Handa Y P, Stupin D Y. 1992. Thermodynamic properties and dissociation characteristics of methane and propane hydrates in 70-angstrom-radius silica gel pores. The Journal of Physical Chemistry, 96(21): 8599-8603.

Haq B U, Hardenbol J, Vail P R. 1987. The new chronostratigraphic basis of Cenozoic and Mesozoic sea level cycles. Timing and depositional history of eustatic sequences: Constraints on seismic stratigraphy. Cushman Foundation for Foarminiferal Research, Special Publications, 24: 7-13.

Hooper E C D. 2010. Fluid migration along growth faults in compacting sediments. Journal of Petroleum Geology, 14(S1): 161-180.

Kraemer L M, Owen R M, Dickens G R. 2000. Lithology of the upper gas hydrate zone, Blake Outer Ridge: A link between diatoms, porosity, and gas hydrate//Proceedings of the Ocean Drilling Program. Scientific Results. College Station: Texas AM University, 164: 229-236.

Lance S, Henry P, Pichon X L, et al. 1998. Submersible study of mud volcanoes seaward of the Barbados accretionary wedge: Sedimentology, structure and rheology. Marine Geology, 145(3-4): 255-292.

Lewis Y W. 2008. Geologic controls for landslides in the central american highlands of northern El salvador (doctoral dissertation). Houghton: Michigan Technological University.

Makogon Y F. 1966. Specialties of exploitation of the natural gas hydrate fields in permafrost conditions. Vniiegazprom, 11(4): 1-12.

Makogon Y F. 1974. Gidraty Prirodnykh Gazov. Nedra.

Miles P R. 1995. Potential distribution of methane hydrate beneath the European continental margins. Geophysical Research Letters, 22(23): 3179-3182.

Milkov A V. 2000. Worldwide distribution of submarine mud volcanoes and associated gas hydrates. Marine Geology, 167(1): 29-42.

Milkov A V, Sassen R. 2000. Thickness of the gas hydrate stability zone, Gulf of Mexico continental slope. Marine and Petroleum Geology, 17(9): 981-991.

Naehr T H, Rodriguez N M, Bohrmann G, et al. 2000. Methane-derived authigenic carbonates associated with gas hydrate decomposition and fluid venting above the Blake Ridge Diapir//Proceedings of the Ocean Drilling Program. Scientific Results. Ocean Drilling Program, 164: 285-300.

Reed D L, Silver E A, Tagudin J E, et al. 1990. Relations between mud volcanoes, thrust deformation, slope sedimentation, and gas hydrate, offshore north panama. Marine and Petroleum Geology, 7(1): 44-54.

Rothwell R G, Thomson J, Kahler G. 1998. Low-sea-level emplacement of a very large Late Pleistocene 'megaturbidite' in the western Mediterranean Sea. Nature, 392(6674): 377.

Sloan E D. 1998. Clathrate Hydrates of Natural Gases. Boca Raton: CRC Press.

Sloan E D, Fleyfel F. 1991. A molecular mechanism for gas hydrate nucleation from ice. Aiche Journal, 37(9): 1281-1292.

Wang P, Prell W L, Blum P. 2000. Initial Reports, 184//Proceedings of the Ocean Drilling Program.

Wang X. 2009. Characteristic analysis and saturation estimation of gas hydrate in Dongsha sea area. Geophysical Prospecting for Petroleum, 48(5): 445-452.

Wood W T, Holbrook W S, Hoskins H. 2000. In situ measurements of P-wave attenuation in the methane hydrate-and gas-bearing sediments of the Blake Ridge//Proceedings of the Ocean Drilling Program. Scientific Results. Ocean Drilling Program, 164: 265-272.

Wu S G, Zhang G X, Huang Y Y, et al. 2005. Gas hydrate occurrence on the continental slope of the northern South China Sea. Marine and Petroleum Geology, 22(3): 403-412.

Wu S G, Wang X J, Wong H K, et al. 2007. Low-amplitude BSRs and gas hydrate concentration on the northern margin of the South China Sea. Marine Geophysical Researches, 28(2): 127-138.

Yan P, Zhou D, Liu Z. 2001. A crustal structure profile across the northern continental margin of the South China Sea. Tectonophysics, 338(1): 1-21.

Yan P, Deng H, Liu H. 2006. The geological structure and prospect of gas hydrate over the Dongsha slope, South China Sea. Terrestrial Atmospheric Oceanic Sciences, 17(4): 645-658.

第五章 | 南海天然气水合物的成矿气源

第一节 烃类气体的成因及来源

一、烃类气体成因分类

天然气水合物的形成必须具有充足的气源条件，成矿气体的成因类型及其来源是其形成机理、控矿因素、资源评价乃至开发利用研究的重要基础。

烃类气体主要指甲烷及其同系物，迄今发现的天然气水合物中气体组分均以甲烷为主，一般占气体组分的99%以上，同时还含有微量的乙烷、丙烷等重烃类气体和非烃气体（二氧化碳和氮气）。一般来说，沉积物中的甲烷等烃类气体可分成有机成因和无机成因两大类，其中有机成因气体又可细分成微生物气、热解气及二者之间的混合气。微生物气指沉积物中的有机质在细菌等微生物作用下转化而成的气体，主要包括 CO_2 还原和乙酸发酵两种方式。热解气则是指有机质演化到成熟或过成熟阶段后发生裂解形成的气体，包括油型气（腐泥型和偏腐泥型干酪根）和煤型气（腐殖型干酪根）两类（Wiese and Kvenvolden，1993）。

判别烃类气体的成因类型主要利用其 $C_1/(C_2+C_3)$ 值和甲烷碳同位素值，若 $C_1/(C_2+C_3)$ 值大于1000，即甲烷含量居绝对优势，且其 $\delta^{13}C_1$ 值小于 -60‰，为微生物气；若 $C_1/(C_2+C_3)$ 值小于100，其 $\delta^{13}C_1$ 值大于 -50‰，则属热解气；$C_1/(C_2+C_3)$ 值和 $\delta^{13}C_1$ 值介于上述二者之间时，则为混合气（Kvenvolden，1995）。

目前发现的天然气水合物均为有机成因的烃类气体，全球244个天然气水合物的烃类气体及其碳同位素的分析数据显示，绝大多数天然气水合物均以微生物成因甲烷为主，混合成因甲烷次之，而热解成因甲烷较少见（图5-1）。其中单纯由微生物甲烷形成的天然气水合物广泛分布于海域水合物中；而单纯由热解成因甲烷形成的天然气水合物分布较为局限，仅在墨西哥湾、里海、加拿大Mallik等有较好气体运移通道的地区发现，混合气型水合物则分别见于海域水合物和冻土区水合物中（Kvenvolden，1995；Hachikubo et al.，2010）。

1. 微生物气

微生物气指沉积物中的有机质在厌氧细菌作用下分解产生的气体。产甲烷

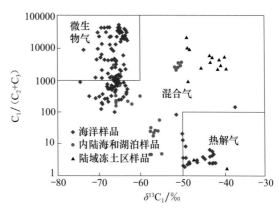

图 5-1 全球天然气水合物气体成因类型图

菌广泛分布于各种厌氧环境，特别是在水体环境中，甚至在高达 97℃ 的热水环境中也有产出。产甲烷菌主要通过醋酸（CH_3COO^-）的厌氧发酵作用和 CO_2 还原作用等将沉积物中的有机质转化成甲烷，其他的生物地球化学作用则取决于产甲烷菌的种类和有机质类型等因素，如甲酸脂（formate）、甲醇（methanol）、甲胺（methylamines）的转化作用和硫化物的甲基化还原作用等也可将有机质转化成甲烷，但这些作用的意义相对较小。产甲烷菌形成甲烷的主要生物地球化学过程如下所示。

二氧化碳还原作用：$$4H_2 + CO_2 \longrightarrow CH_4 + 2H_2O$$

乙酸发酵作用：$$CH_3COO^- + H_2O \longrightarrow CH_4 + HCO_3^-$$

甲酸脂转化作用：$$4HCOO^- + 2H^+ \longrightarrow CH_4 + CO_2 + 2HCO_3^-$$

甲醇转化作用：$$4CH_3OH \longrightarrow 3CH_4 + CO_2 + 2H_2O$$

一甲基甲胺转化作用：$$4CH_3NH_2 + 2H_2O + 4H^+ \longrightarrow 3CH_4 + CO_2 + 2NH_4^+$$

二甲基硫化物还原作用：$$(CH_3)_2S + H_2O \longrightarrow 1.5CH_4 + 0.5CO_2 + H_4S$$

研究结果表明，二氧化碳还原作用主要发生于海底沉积物中，而醋酸发酵则主要发生于淡水环境中。

自 20 世纪 70 年代以来，微生物气一直是天然气领域的研究热点。绝大多数天然气水合物是由微生物气组成，故微生物气的生成过程得到较大关注，以至生物地球化学作用成为近期天然气水合物的研究热点之一。许多学者详细研究了水合物产区附近产甲烷菌的分布特征及其生物地球化学作用，探讨微生物气的成气机理和成气过程，并取得许多重要进展。

微生物的生物地球化学作用形成的微生物气大多赋存于原地沉积物中，部分可能进入海水。当沉积物中的甲烷浓度超过甲烷在孔隙水中的饱和溶解度，即处于饱和或过饱和状态时，若所处的温压条件合适就可形成天然气水合物，这就是水合物成因理论的原地微生物气模式，这种模式意味着天然气水合物将广泛分布于大陆边缘和边缘海盆地中——只要那里的沉积速度足以导致有机质快速掩埋和保存。

2. 热解气

热解气是指沉积物中的有机质在一定的温度、压力条件下，经裂解作用产生的气体。随着沉积物埋深的增加，其成熟度也相应增加，有机质的热化学分解可形成热解气。在早期热成熟阶段，热解甲烷常常与其他烃类气体、非烃类气体和原油共生，而在晚期热成熟阶段，甲烷则由干酪根、沥青或原油的 C—C 键裂解而成。

热解气又可分为油型伴生气（油型气）和非油型伴生气（煤型气）两类。20 世纪80 年代以前的热解气主要指腐泥型有机质（Ⅰ型和Ⅱ型干酪根）在过成熟阶段形成的气体，即"油型气论"。随着气源岩研究的深入，学者发现除"油型气"外，还有"煤型气"等其他类型的热解气，不仅在过成熟阶段和成熟阶段能形成热解气，在未成熟或低成熟阶段也能形成热解气（未熟气或低熟气）。

在天然气水合物领域，过去对热解气的研究并没有给予太多重视，随着越来越多热解气型或混合气型天然气水合物的发现，国外学者开始逐渐关注热解气的成生运移机制。深部形成的热解气以溶解状态或游离状态进入孔隙水，并与孔隙水一起组成孔隙流体。尽管在深部的孔隙流体中，甲烷含量可能低于其饱和度，但随着这类孔隙流体的向上运移，特别是在板块俯冲带附近更有可能向上运移至浅部的水合物稳定带，随着孔隙压力的降低，孔隙流体中甲烷的溶解度也相应降低，致使甲烷从不饱和状态转化为饱和或过饱和状态，并形成天然气水合物，这就是水合物成因理论中的流体运移和扩散模式。有利于流体运移扩散模式的环境包括有增生楔的俯冲带、无增生楔的俯冲带和高沉积速率地区。这类地区由于地壳的压缩变形或由于沉积物的侧向压实作用，导致大量的流体排出。这一流体运移模型形成的水合物大多分布于断裂带、泥火山等流体运移通道附近，且富集在水合物稳定带的中下部，以致于水合物层的下界往往是不连续的或突变的，而上界则是渐变的和过渡的。

更深入的研究还发现，热解气在其运移富集过程中还常与浅部的原地微生物气发生混合形成混合气。若深部热解气仅仅是"路过"，未与浅部微生物气混合，则形成单一的热解气型水合物，若两者相互混合，则可形成大规模的混合气型水合物。

二、神狐地区天然气水合物的成矿气源

1. 样品与方法

2007 年 4 月至 6 月，中国地质调查局在南海神狐地区组织实施了天然气水合物钻探工程，租用荷兰辉固公司"Bavenit"号钻探船进行钻探，共施工 SH1、SH2、……、SH8 共 8 个站位，并在 SH2、SH3、SH7 这 3 个站位钻获天然气水合物实物样品（图 5-2），实现了我国天然气水合物找矿的重大突破。各钻探井位水深 1108~1423m，钻遇的地层从上到下分别为全新世—更新世海相细粒碎屑沉积、上新世海相细粒碎屑沉积和晚中新世海相碎屑沉积。钻探取心、测井、原位测温和孔隙水现场测试等结果表明，钻探区含水合物层位于海底以下 153~225m，厚度 18~34m，水合物饱和度最高达 48%（吴能友等，2007）。

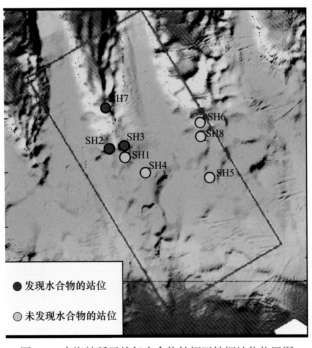

图 5-2 南海神狐天然气水合物钻探区钻探站位位置图

科学家在含水合物层及其邻近层位采集了 4 个气体样品，其中 SH2B-12R 样品采自 SH2B 站位 197.5～197.95m 区间的含水合物层段，水合物饱和度约为 27.1%；SH3B-13P 采自 SH3B 站位 190.5～191.35m 区间的含水合物层段，水合物饱和度约为 27.1%；另外两个则是非水合物层段样品，采样深度分别位于 SH3B 站位的 123.00～123.85m 和 SH5C 站位的 114.00～114.93m 处（图 5-3，表 5-1）。4 个样品均由保压取心器采集，其中 P 为辉固保压取心器，R 为辉固旋转保压取心器，具体采样方法是待保压取心器采集到沉积物样品后，在甲板上进行释压、脱气，所释出的气体置于特制的铝合金容器中供实验室测试。因此，采自于含水合物层段的气体可理解为水合物分解后的水合物气，而非水合物层段的气体则是赋存于沉积物空隙中的空隙气。

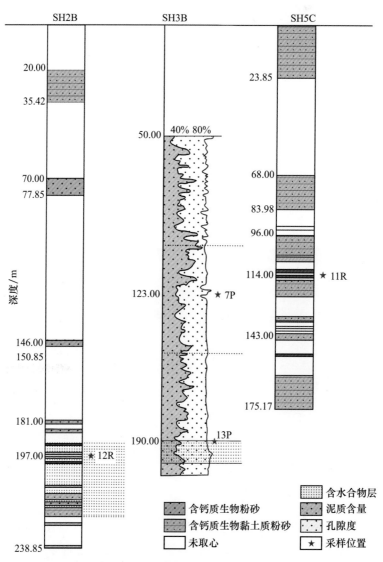

图 5-3　南海神狐天然气水合物钻探区水合物层位及采样位置图

SH2B、SH5C 站位岩性柱状图引自陈芳等（2013）

表 5-1 南海神狐天然气水合物钻探区及其邻区烃类气体与甲烷碳、氢同位素测试数据表

采样位置	样品编号	样品类型	采样深度/m	CH_4/%	C_2H_6/%	C_3H_8/%	C_4H_{10}/%	$C_1/(C_1+C_3)$	$\delta^{13}C_1$(PDB)/‰	δD(VSMOW)/‰
神狐钻探区深部	SH2B-12R	水合物气	197.50~197.95	99.89	0.09	0.01	0	911.7	-56.7	-199
	SH3B-7P	空隙气	123.00~123.85	99.92	0.05	0.02	0.01	1373.5	-62.2	-225
	SH3B-13P	水合物气	190.50~191.35	99.91	0.08	0.01	0	1094	-60.9	-191
	SH5C-11R	空隙气	114.00~114.93	99.96	0.04	0	0	2447	-54.1	-180
神狐浅表层	HS-23PC-1	顶空气	0.00~0.02					2185*	-57.0	
	HS-23PC-2	顶空气	0.10~0.12					2027*	-62.4	
	HS-23PC-3	顶空气	0.20~0.22					1524*	-64.9	
	HS-23PC-4	顶空气	0.30~0.32					1551*	-62.1	
	HS-23PC-5	顶空气	0.40~0.42					1804*	-61.7	
	HS-23PC-6	顶空气	0.50~0.52					1473*	-59.5	
	HS-23PC-7	顶空气	0.63~0.66					1833*	-69.5	
	HS-4PC-1	顶空气	0.00~0.02					1708*	-60.7	
	HS-4PC-2	顶空气	0.10~0.12					1205*	-62.1	
	HS-4PC-3	顶空气	0.20~0.22					2200*	-74.3	
	HS-4PC-4	顶空气	0.30~0.32					575*	-46.2	
	HS-4PC-5	顶空气	0.40~0.42					616*	-56.9	
	HS-4PC-6	顶空气	0.50~0.52					639*	-63.8	
	HS-4PC-7	顶空气	0.61~0.63					605*	-51.0	
LW3-1-1	LW3-1-1Sa	天然气	3070.0					10.7**	-37.1**	-158.1**
	LW3-1-1	天然气	3144.5					11.0**	-36.6**	-158.4**
	LW3-1-1Sa	天然气	3189.5					11.0**	-36.8**	-155.8**
	LW3-1-1	天然气	3499.5					7.4**	-36.6**	-175.6**

注：带 "*" 数据来自傅宁等（2011），带 "**" 数据来自朱俊章等（2008）。

同时在神狐钻探区邻近的 HS-23PC 和 HS-4PC 两个大型活塞站位（图 5-4）各采集了 7 个浅表层沉积物的顶空气样品并进行同位素分析，顶空气的现场采样方法是待沉积物取出后，马上切取 150～300g 的沉积物样品放入洗净的空矿泉水瓶中，注入饱和盐水并预留一定的顶空（一般为 70～100mL），加 2～3 滴除菌剂后密封，倒置放在约 4℃ 的冷藏库中。

样品运回实验室后即进行气体组分和稳定同位素测试。气体组分用 Shimadzu GC-2010 型气相色谱仪进行甲烷、乙烷、丙烷和丁烷含量测试，分析误差小于 5%。甲烷的碳、氢同位素则用 Delta plus XP 型质谱仪测试，分析误差小于 0.2‰。气体组分及稳定同位素均由中国科学院地质与地球物理研究所兰州油气资源研究中心气体地球化学国家重点实验室测试分析。

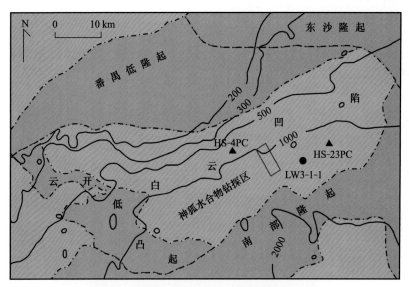

图 5-4 南海神狐钻探区及其附近采样站位图

2. 成因类型

测试结果显示，水合物样品中的甲烷含量高达 99.89% 和 99.91%，此外还含少量的乙烷和丙烷，其 $C_1/(C_2+C_3)$ 比值较高，分别为 911.7 和 1094。两个空隙气也具有类似特征，其甲烷含量分别为 99.92% 和 99.96%，$C_1/(C_2+C_3)$ 相应为 1373.5 和 2447，呈现出微生物气的特征（表 5-1）。

甲烷碳氢同位素测定结果表明，水合物气的 $\delta^{13}C_1$ 值为 -56.7‰ 和 -60.9‰（PDB 标准，下同），δD 值为 -199‰ 和 -180‰（VSMOW 标准，下同）。顶空气的 $\delta^{13}C_1$ 值为 -62.2‰ 和 -54.1‰，δD 值为 -225‰ 和 -191‰，也呈现微生物气的特征（表 5-1）。

将烃类气体的分子组成与甲烷碳同位素值在 $C_1/(C_2+C_3)-\delta^{13}C_1$ 图上进行投点，结果显示水合物气应为以微生物气为主的混合气，空隙气样品的数据则为微生物气或以微生物气为主的混合气（图 5-5）。

为了更好地判断神狐钻探区烃类气体的成因类型，对甲烷的碳、氢同位素值进行投图，结果显示水合物和顶空气均位于CO_2还原型微生物气区或其边缘（图5-6），显示其应是CO_2还原型甲烷。

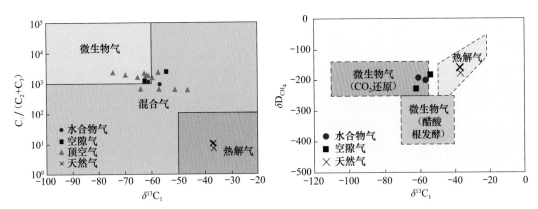

图5-5 南海神狐钻探区及其邻近地区甲烷碳同位素值与分子比投点图　图5-6 南海神狐钻探区及其邻近地区甲烷碳氢同位素值投点图

邻近神狐钻探区的HS-23PC和HS-4PC站位14个浅表层沉积物顶空气样品的测试结果也有类似的特征，其甲烷的$\delta^{13}C_1$值为$-46.2‰\sim-74.3‰$，平均为$-60.9‰$，证实浅表层沉积物中主要也是微生物气，但可能有少量热解气的混入（图5-5）。

与此明显不同的是，采自邻近LW3-1-1井3000m以下4个气层（气层1~气层4）的天然气样品测试结果显示，其甲烷含量约为96%，$\delta^{13}C_1$值为$-36.6‰\sim-37.1‰$，为典型的热解气（图5-5，图5-6）。

因此初步认为神狐钻探区天然气水合物的成矿气源为微生物气或以微生物气为主的混合气，且为CO_2还原型微生物气，深部热解气参与甚少。

3. 气体来源

缺氧、贫硫酸盐、低温、富含有机质、细菌大量繁殖是形成微生物甲烷的必要条件。微生物甲烷一般形成于浅层（或超浅层）、热力作用相对微弱（<75℃）、各种生物化学作用非常活跃的生物化学作用带（Rice and Claypool，1981）。温度是产甲烷菌发育的重要因素，产甲烷菌适宜生存的温度为35~75℃（赵一章，1997）。模拟实验及勘探实践表明，形成微生物气的温度高限为85℃，主生气带为25~60℃（关德师等，1997）。也就是说，微生物气形成的最高地温不能超过85℃，否则微生物将无法生存或活性降低，生物化学作用削弱或停止，难以形成微生物气。

神狐水合物钻探区5个站位的原位测温结果显示，其海底温度为4.84~6.44℃，平均为5.45℃，且SH1站位、SH2站位、SH3站位和SH7站位的地温梯度为4.37~4.93℃/100m，平均4.69℃/100m，但SH5站位的地温梯度较高，达6.76℃/100m。若以85℃作为形成微生物气的高限温度，SH1站位、SH2站位、SH3站位和SH7站位形成微生物气的底界为1611~1800m，平均为1699m，但SH5站位形成微生物气的底界仅为1180m（表5-2）。

表 5-2　南海神狐天然气水合物钻探区微生物气形成区间表

站位	水深 /m	海底温度 /℃	地温梯度 /（℃ /100m）	SMI 底界 /m	85℃底界 /m	微生物气可能形成区间 /m	微生物气主生气带形成区间 /m
SH1	1264.1	5.21	4.753	27	1679	27～1679	416～1153
SH2	1237.6	4.84	4.695	26	1707	26～1707	429～1175
SH3	1248.4	5.53	4.934	27	1611	27～1611	395～1104
SH5	1423.5	5.21	6.760	21	1180	21～1180	293～811
SH7	1108.8	6.44	4.365	17	1800	17～1800	425～1227

　　同时，生产甲烷的微生物是厌氧微生物，必须生活在还原环境中，且不可能在高浓度硫酸盐存在时大量生存，即适宜产甲烷菌大量繁殖的环境是缺氧、缺 SO_4^{2-} 环境，也就是说产甲烷菌必须生存在硫酸盐-甲烷界面（SMI）以下。神狐钻探区 5 个站位的 SMI 界面分别为 17～27m，平均 23.6m（表 5-2），表明该深度以下已进入厌氧还原环境，硫酸盐还原作用已停止，沉积物开始进入微生物甲烷生成阶段。因此，SH2 站位、SH3 站位有可能形成微生物气的区间分别为 26～1707m 和 27～1611m，而 SH5 站位则为 21～1180m。若以 25～60℃区间来推算，该地区微生物气主生气带为 416～1165m，但 SH5 站位仅为 293～811m（表 5-2）。

　　神狐钻探区所在的白云凹陷新生代沉积划分为神狐组、文昌组、恩平组、珠海组、珠江组、韩江组、粤海组、万山组和第四系等 9 个地层单元，总厚度逾 12000m（图 5-7）。其中文昌组的深湖相泥岩、恩平组的煤系泥岩、珠海组的浅海相泥岩为 3 套良好烃源岩，但这 3 套烃源岩的热演化程度较高，均处于成熟、过成熟演化阶段，镜质体反射率（R_o）一般大于 1.2%，只能形成热解气，是 LW3-1-1 天然气的气源岩，与神狐水合物层中的微生物气关系不大。珠江组在珠二拗陷的厚度达 800m 以上，岩性偏细，是潜在的烃源岩，但成熟度可能较高，难以形成微生物气。最有可能形成微生物气的是中中新世韩江组以来的沉积物。近年来调查研究表明，神狐地区韩江组—第四系沉积厚度较大，最大为 4400m，其中上中新统粤海组、上新统万山组、第四系的最大厚度分别为 3200m、1200m 和 850m，且沉积速率相对较高，沉积速率分别为 3.17～5.74cm/ka、1.88～3.27cm/ka 和 20～34.16cm/ka（陈芳等，2013）。这套地层中的泥岩含量达 80% 以上，内含丰富的有机质，其中第四系 TOC 含量为 0.22%～0.28%，万山组 TOC 含量为 0.30%～0.39%，粤海组平均 TOC 含量为 0.49%。同时这套地层的成熟度也较低，SH2 站位有机质成熟度的热演化模拟结果表明，该站位韩江组、粤海组和万山组的 R_o 值均低于 0.7%，多为 0.2%～0.6%，处于未熟-低成熟阶段（苏丕波等，2010，2011），可以形成微生物气，是神狐地区水合物及浅表层顶空气的气源岩（图 5-8）。

　　因此，神狐地区具备形成微生物气的有利条件，具有较大的沉积厚度和较高的沉积速率，泥岩及有机质含量较高，热成熟度较低，这为生物气的大量形成提供了充分保证。成矿气源来自于海底之下 24～1699m，最有可能形成微生物气的区间为 416～1165m，主要气源层为中中新统韩江组、上中新统粤海组、上新统万山组和第四系沉积物。

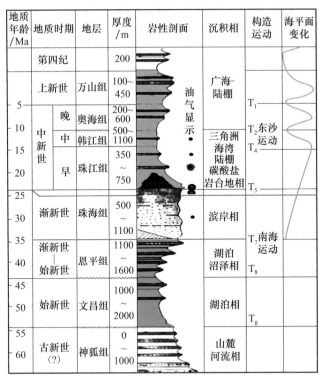

图 5-7 珠江口盆地地层柱状图（据傅宁等，2007）

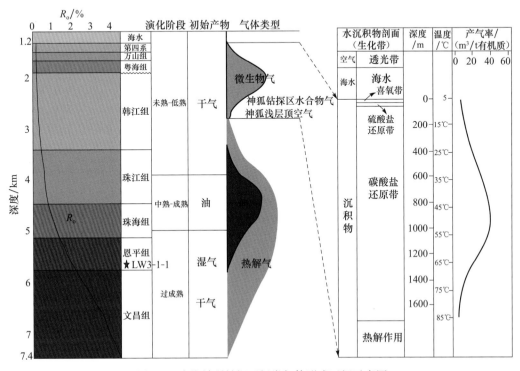

图 5-8 南海神狐钻探区烃类气体形成区间示意图

4. 气体运移及天然气水合物形成机理

神狐地区气源层中形成的微生物甲烷将以水溶气或游离气的方式沿断层等运移通道发生侧向或垂向运移，并在水合物稳定带内形成天然气水合物。神狐地区主要存在 3 类流体运移通道：一是沟通气源层的断层，二是底辟构造（含气烟囱构造），三是滑塌构造。此外区域性含砂层、沉积界面也有可能成为流体运移的辅助通道。

神狐地区新近纪断层发育，并可分为晚中新世活动的 NW（NNW）向断层和上新世以来活动的 NE（NNE）两组断层。其中 NW（NWW）向断层数量较少，但规模较大，活动时间较早，继承性活动比较明显，多切穿晚中新世—上新世各套沉积层，并与深部断裂相连。NE（NNE）向断层多形成于 1.5～2Ma 期间的新构造活动高峰期，断层规模较小，活动时间较晚，仅切穿上新世以来的沉积层，但数量较多，多为层间断层（龚跃华等，2009；吴能友等，2009）。

同时在神狐地区还发育有大量底辟构造，构成中央底辟带。底辟构造包括龟背上拱、弱刺穿、气烟囱、底辟断层、海底麻坑等类型，分别代表由塑性上拱、弱刺穿、强刺穿、塌陷等不同演化阶段和不同幅度的底辟作用产物（吴时国等，2008；龚跃华等，2009；吴能友等，2009）。底辟作用主要发源于断陷期的文昌组、恩平组，其次为拗陷期的珠江组、韩江组，这是两套巨厚的富泥沉积层，有利于形成各种底辟构造。

神狐地区还发育大量的滑塌构造。滑塌构造指在重力作用下海底沉积物沿滑移面发生滑塌，于低地形处堆积而成的一种杂乱构造，多发育于坡折带或陡峭的陆坡上。这类滑塌构造与水合物关系十分密切，与滑塌构造有关的 BSR 多位于滑塌体内或与滑移面重合，规模较大，呈不连续或突变状，水合物主要聚集在 BSR 之上的相对狭窄地带（龚跃华等，2009）。此外滑塌构造内部常发育大量层间断层，这些断层虽然规模较小，但数量众多，并可派生出大量裂隙，这些既可作为流体短距离运移的通道，也可作为良好的流体储层。

从流体运移距离及方向分析，这些运移通道可分成长距离垂向运移通道和短距离侧向、垂向兼有的运移通道两大类，前者以 NW（NNW）向断层和大型底辟构造为代表，后者包括 NE（NNE）向断层、滑塌构造及其派生的裂隙、小型底辟构造及其派生的裂隙，并包括区域性含砂层、沉积界面等辅助性通道。对于神狐地区微生物气型水合物来说，后者显得更为重要。

因此神狐地区中中新世韩江组以来沉积物（1699m 以浅）形成的微生物气通过 NE（NNE）向断层、滑塌构造及其派生裂隙、小型底辟构造及其派生裂隙、区域性含砂层、沉积界面等通道，侧向或垂向短距离运移到海底之下 174～220m 的水合物稳定带，并在上中新统（粤海组）上部和上新统（万山组）底部的未固结沉积物中形成天然气水合物，期间可能有少量深部热解气的混入（图 5-9）。流体运移的模拟结果也证实这一观点，尽管 SH2 站位附近发育较大规模断裂，但直通海底导致深部热解气通过断裂运移到海底散失，未能有效运移至水合物稳定带，所以热解气源对神狐钻探区水合物贡献有限（苏丕波等，2010）。最近，Chen 等（2013）在白云凹陷识别出大量多边形断层（即层间断层），可为烃类气体的侧向或垂向短距离运移提供通道，也从侧面证实这一观点。大型底辟构造也因主要发源于深部的文昌组、恩平组，对神狐地区水合物贡献有限，只有发源于珠江组、韩江组的小型底辟构造才有可能为该区微生物气提供运移通道。

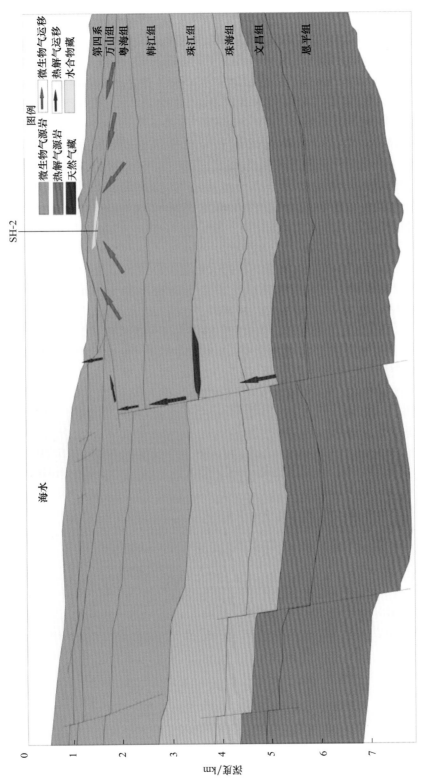

图5-9 南海神狐钻探区微生物气型水合物形成模式示意图

三、南海其他地区天然气水合物的成矿气源

对南海北部陆坡区 12 个站位 83 个顶空气样品的甲烷碳同位素进行分析测试的结果显示，其 $\delta^{13}C_1$ 值为 −102.6‰～−24.0‰，平均 −71.1‰。台西南盆地 6 个站位 48 个浅表层沉积物样品的 $\delta^{13}C_1$ 值为 −102.6‰～−38.2‰，平均 −78.5‰。西沙海槽 1 个站位 9 个浅表层沉积物样品的 $\delta^{13}C_1$ 值与台西南盆地相差不大，为 −94.2‰～−71.4‰，平均 −85.5‰。神狐地区 2 个站位 14 个浅表层样品的 $\delta^{13}C_1$ 值相对较高，为 −74.3‰～−46.2‰，平均 −60.8‰。神狐钻探区两个天然气水合物钻探站位 4 个深部样品（115～191m）的 $\delta^{13}C_1$ 值与神狐地区类似，为 −62.2‰～−54.1‰，平均 −59.1‰。ODP 1146 站位深部沉积物样品（406.5～559.8m）的 $\delta^{13}C_1$ 值则明显不同于上述浅表层沉积物，9 个样品的变化区间为 −37.8‰～−24.0‰，平均 −33.1‰（表 5-3）。此外，台西南盆地两个站位的底层水（距海底 1m 之内）样品的水溶气 $\delta^{13}C_1$ 值均为 −72.3‰，与浅表层沉积物中顶空气的数值相差不大（表 5-3）。

收集的资料显示，琼东南盆地和莺歌海盆地各天然气气田的 88 个天然气、罐顶气（顶空气）及气苗样品的甲烷碳同位素值的 $\delta^{13}C_1$ 值为 −87.0‰～−30.8‰，平均 −41.17‰。琼东南盆地崖 13 气田的 $\delta^{13}C_1$ 值为 −87.0‰～−34.4‰，平均 −41.3‰，而崖 21 气田为 −60.8‰～−41.9‰，平均 −53.0‰。莺歌海盆地东方气田的 $\delta^{13}C_1$ 值为 −54.1‰～−31.8‰，平均 −39.1‰，乐东气田的 $\delta^{13}C_1$ 值相对较低，为 −74.7‰～−30.8‰，平均 −51.68‰，YHL 气田的 $\delta^{13}C_1$ 值为 −65.6‰～−43.1‰，平均 −60.8‰，其他气田的 $\delta^{13}C_1$ 值为 −87.0‰～−50.3‰，平均 −61.6‰。莺歌海盆地气苗的 $\delta^{13}C_1$ 值最高，为 −38.3‰～−33.9‰，平均 −36.0‰（表 5-3）。珠江口盆地白云凹陷天然气 $\delta^{13}C_1$ 值介于 −63.9‰～−33.6‰。

综合南海北部 173 件样品的甲烷碳同位素值和相应的气体组分比值，可将南海的顶空气大致分成浅表层沉积物和深部沉积物两类，前者 $\delta^{13}C_1$ 值较低，为 −102.6‰～−38.2‰，平均 −75.9‰，$C_1/(C_2+C_3)$ 值为 6～84659，平均 2964，应是微生物气或以微生物气为主的混合气。后者 $\delta^{13}C_1$ 值相对偏高，为 −87.0‰～−24.0‰，平均 −45.1‰，$C_1/(C_2+C_3)$ 值为 2～3889，平均 299，应是热解气或是以热解气为主的混合气（图 5-10）。

表 5-3　南海北部沉积物中甲烷同位素及其烃类气体组分比值表

地区	样品类型	沉积物	站位数	样品数	$\delta^{13}C_1$ (PDB)/‰		δD (PDB)/‰	$C_1/(C_2+C_3)$
					变化区间	平均值		
台西南盆地	顶空气	浅表层	6	48	−102.6～−38.2	−78.5	−237～−145	15～84659
	水溶气		2	2	−72.3	−72.3		
ODP-1146	顶空气	深部	1	9	−37.8～−24.0	−33.1		490～3100
神狐地区	顶空气	浅表层	2	14	−74.3～−46.2	−60.84		6～47
神狐钻探区	顶空气	深部	2	2	−62.2～−54.1	−59.1	−225～−180	1094～2447
西沙海槽	顶空气	浅表层	1	9	−94.2～−71.4	−85.5		6～18
崖 13 气田	天然气	深部	11	25	−87.0～−34.4	−41.3	−142～−122	13～1533
崖 21 气田	天然气	深部	2	4	−60.8～−41.9	−53.0	−123～−116	41～831

续表

地区	样品类型	沉积物	站位数	样品数	$\delta^{13}C_1$ (PDB)/‰		δD (PDB)/‰	$C_1/(C_2+C_3)$
					变化区间	平均值		
东方气田	天然气	深部	9	18	−54.1～−31.8	−39.1	−176～−119	16～365
乐东气田	天然气	深部	8	13	−74.7～−30.8	−51.68	−153～−144	6～467
YHL气田	天然气	深部	8	10	−65.6～−43.1	−60.8		20～476
莺歌海盆地其他气田	天然气	深部	7	11	−87.0～−50.3	−61.6	−123～−116	2～3889
莺歌海盆地	气苗			7	−38.3～−33.9	−36.0		46～191
白云拗陷					−63.9～−33.6			

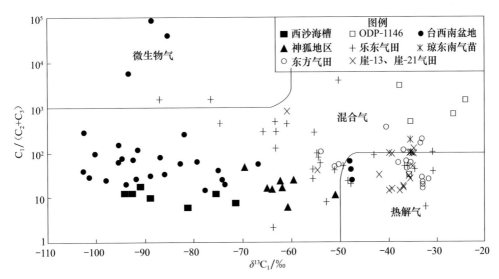

图 5-10 南海北部顶空气甲烷碳同位素值与分子比投点图

浅表层沉积物由于接近海底，其成熟度不足以在原地形成热解气，但分布大量微生物，在厌氧环境下可通过各种复杂的生物化学作用使有机质转化为有机酸、二氧化碳和氢气，再通过合成作用使二氧化碳和氢气转变为甲烷，从而形成微生物气。台西南盆地少量浅表层样品的氢同位素分析结果表明其 δD 值为 −237‰～−145‰（表 5-3），应为 CO_2 还原型甲烷而不是乙酸发酵型甲烷，这与神狐钻探区情况基本相似。

深部沉积物由于成熟度相对较高，有可能在原地形成热解气，也可能由更深处的热解气往上迁移而来。南海北部的琼东南盆地、莺歌海盆地及珠江口盆地的白云拗陷天然气资源丰富，已发现一批大中型气田，这些气田以成熟-过成熟阶段的热成因腐殖型气（煤型气）为主，但也有一些微生物气和混合气（图 5-10）。研究结果表明，微生物气（生物气）多分布于浅层或超浅层（2300m 以上）、热力作用相对较微弱（<75℃）、适宜于微生物大量生长繁殖及各种生物化学反应非常活跃的生物化学作用带。混合气（亚

生物气或低成熟过渡带气）主要分布于浅层和浅-中层系，深度多为 2000～3320m 范围内，再往下则为典型的热解气。这种由浅到深的微生物气、混合气和热解气的分布特征伴随气体组分比值及其甲烷的同位素值呈明显规律性变化，其 $C_1/(C_2+C_3)$ 值逐渐降低，$\delta^{13}C_1$ 值逐渐升高，而 δD 值也逐渐升高。

大量的分析数据表明，南海北部（东沙群岛调查区、神狐地区、西沙海槽）浅表层沉积物中的顶空气均为微生物气，但深部沉积物（如 ODP 1146 站位、琼东南盆地）为热解气或混合气。

尖峰北盆地深部（ODP 1146 站位）的顶空气显示为热解气，形成的应是热解气型水合物。台西南盆地、珠江口盆地南部（神狐及其西沙海槽北地区）和西沙海槽的浅表层沉积物中的顶空气显示为微生物气，但这些地区同时存在热解气型的包裹体气，并不时地迁移到水合物稳定带，补充原地形成的微生物气，因此认为这 3 个地区的天然气水合物应是微生物气型水合物或以微生物气为主的混合气型水合物。神狐钻探区的钻探结果显示，其水合物本身确实是以微生物气为主的混合气型水合物，由此可以推测南海北部陆坡区的水合物有可能是以微生物气为主的混合气型水合物。

四、南海与祁连山冻土区天然气水合物成矿气源对比

祁连山冻土区位于青藏高原北缘，多年冻土面积约 $10 \times 10^4 km^2$，具有良好的天然气水合物形成条件和找矿前景（祝有海等，2006）。2008～2009 年，中国地质调查局组织中国地质科学院矿产资源研究所、勘探技术研究所和青海煤炭地质 105 勘探队等单位，在祁连山木里地区开始"祁连山冻土区天然气水合物科学钻探工程"。2008 年 11 月 5 日在 DK-1 孔井深 133.5～135.5m 处首次发现天然气水合物实物样品（祝有海等，2009），截至 2012 年年底，祁连山木里冻土区已有天然气水合物钻探试验孔 8 口（图 5-11），经钻探取样和实

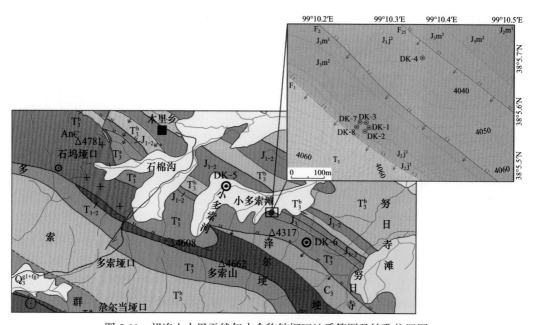

图 5-11　祁连山木里天然气水合物钻探区地质简图及钻孔位置图

验室分析结果显示，DK-1孔、DK-2孔、DK-3孔、DK-7孔和DK-8孔均钻获天然气水合物实物样品，DK-4孔、DK-5孔和DK-6孔发现一系列与天然气水合物有关的异常标志，如岩心表面强烈冒泡、热红外低温异常、钻孔中气体压力异常、油迹显示及高电阻率、高波速等测井响应，推测可能也存在天然气水合物。

采集样品包括DK-1孔的水合物分解气和泥浆气、DK-2孔水合物层段内的顶空气样品及采用排水集气法收集的水合物分解气、DK-3孔水合物分解气及DK-8孔水合物试采过程中获得的气体。对26个样品的气体组分及其同位素数据进行分析。

与南海水合物明显不同的是，祁连山水合物中的气体主要为热解气，少数显示混合气特征（图5-12）。由陆上常规天然气的$C_1/(C_2+C_3)$-$\delta^{13}C_1$成因图解（图5-13）可以看出，祁连山天然气水合物气体绝大多数落在II_1、III_2区，只有一个落在IV区，一个落在V_2区，表明成矿气源主要为原油伴生气，部分为凝析油伴生气和煤成混合气，一个样品为煤成气，一个样品为无机和煤成混合气。

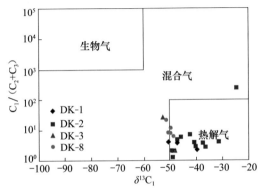 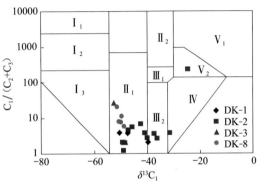

图5-12　祁连山木里天然气水合物烃类气体 $C_1/(C_2+C_3)$-$\delta^{13}C_1$ 图解

图5-13　祁连山木里天然气水合物烃类气体成因类型图解 $[C_1/(C_2+C_3)$-$\delta^{13}C_1]$

I_1. 生物气；I_2. 生物和亚生物混合气；I_3. 亚生物气；II_1. 原油伴生气；II_2. 油型裂解气；III_1. 油型裂解和煤成混合气；III_2. 凝析油伴生和煤成混合气；IV. 煤成气；V_1. 无机气；V_2. 无机和煤成混合气

根据该地区DK-1孔、DK-2孔、DK-3孔共11个气体氢同位素数据（表5-4），其$\delta^{13}C_{CH_4}$值和δD_{CH_4}值在δD_{CH_4}-$\delta^{13}C_{CH_4}$图解上显示为热解气（图5-14），与前面$C_1/(C_2+C_3)$-$\delta^{13}C_1$关系图相吻合。

表5-4　祁连山木里天然气水合物甲烷碳氢同位素值

钻孔	样品号	$\delta^{13}C_{CH_4}$/‰	δD_{CH_4}/‰
	1	−50.5	−262
DK-1	2	−39.5	−266
	3	−47.4	−268

续表

钻孔	样品号	$\delta^{13}C_{CH_4}$/‰	δD_{CH_4}/‰
DK-2	1	−49	−227
	2	−48.4	−272
	3	−49.3	−285
	4	−48.7	−266
	5	−48.8	−279
	6	−48.4	−271
DK-3	1	−48.1	−245
	2	−52.6	−255

Shen 和 Xu（1993）依据中国陆上主要沉积盆地天然气氢同位素组成特征，认为来自海相源岩（或咸水湖泊相）的天然气的甲烷的 δD 值大于 −190‰，而陆相淡水环境生成的天然气甲烷的 δD 值常小于 −190‰，进而根据 δD_{C_1} 值和 $\delta^{13}C_{C_1}$ 值将我国陆上主要沉积盆地常规天然气分为生物成因气、生物与热催化过渡气、石油伴生气、凝析油伴生气、煤型气、海相过熟气。如果将祁连山天然气水合物气体的 $\delta^{13}C_{CH_4}$ 值和 δD_{CH_4} 值投点到陆上常规天然气的 δD_{CH_4}-$\delta^{13}C_{CH_4}$ 成因分类图解上，则可以看出祁连山天然气水合物气体主要为石油伴生气（图 5-15），与前面的结果一致。

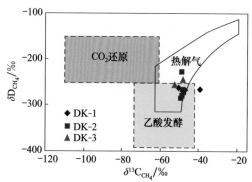

图 5-14　祁连山木里天然气水合物烃类气体 δD_{CH_4}-$\delta^{13}C_{CH_4}$ 图解

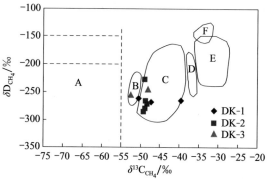

图 5-15　祁连山木里天然气水合物烃类气体成因类型图解［δD_{CH_4}-$\delta^{13}C_{CH_4}$］

A. 生物成因气；B. 生物与热催化过渡气；C. 石油伴生气；D. 凝析油伴生气；E. 煤型气；F. 海相过熟气

为研究各钻孔水合物中烃类气体是油型气还是煤成气或两者都有，进而初步判断气体来源，将测试数据 $\delta^{13}C_1$、$\delta^{13}C_2$、$\delta^{13}C_3$ 数值投点到鉴别图上（戴金星，1993）。从图 5-16 可以看出，数据点绝大多数落在 II 区（油型气区），只有一个落在 V 区（煤成气、油型气和混合气区）；表明水合物样品中烃类气体绝大多数是油型气。

钻探结果显示，祁连山天然气水合物主要以"裂隙型"和"孔隙型"两种状态产出，赋存层位主要为中侏罗统江仓组地层（J_2j），为含油页岩段。其下部的木里组上段

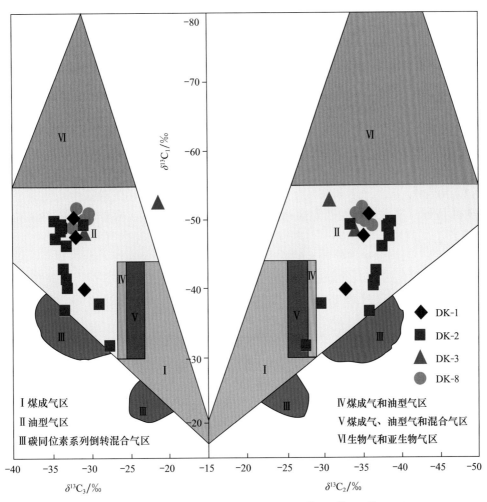

图 5-16　祁连山木里天然气水合物烃类气体 $\delta^{13}C_1$-$\delta^{13}C_2$-$\delta^{13}C_3$ 图解

为主含煤层段，夹二层主煤层，平均厚度为 78.66m。该区中侏罗统江仓组、木里组及下伏石炭系暗色泥（灰）岩、下二叠统草地沟组暗色灰岩、上三叠统尕勒得寺组暗色泥岩等烃源岩都可为天然气水合物提供充足的烃类气体。

之前曾对祁连山钻孔的岩心裂隙率（RQD）进行统计，结果表明其 RQD 低值区间正好与天然气水合物储集层段相对应，表明水合物分布受裂隙影响较大，裂隙发育程度较高。简易测温结果显示钻探区冻土层厚度约为 95m，天然气水合物均位于冻土层之下。多年冻土是渗透性极低的地质体，为一良好盖层，能有效地阻止下部气体向上逸散。

结合钻探区的地质背景和岩性特征等因素，推测祁连山天然气水合物烃类气体来自深部迁移上来的热解气，区域内的断裂为这些气体提供运移通道，提供了气体运移的地质构造条件，而多年的冻土层构成水合物形成时必要的圈闭条件，有利于其下部天然气在一定深度处聚集，在温度和压力条件适宜的深度处形成天然气水合物。

第二节 非烃气体及其成藏贡献

一、非烃气体成因类型

1. 二氧化碳成因类型

南海北部发现的非烃气主要为 CO_2、少量 N_2 和微量的稀有气体。其中 CO_2 非常丰富，资源潜力巨大，已探明 CO_2 地质储量逾 $3 \times 10^{11} m^3$，初步预测二氧化碳资源规模超过 $2 \times 10^{12} m^3$。近二十多年来，在南海北部大陆边缘盆地的油气勘探中均钻遇了大量 CO_2 等非烃气。其中在南海西北部边缘的莺歌海盆地中央泥底辟带浅层及中深层先后发现东方 1-1 西块、东方 13-1、东方 29-1、乐东 8-1、乐东 15-1、乐东 21-1 南块及乐东 28-1 等一系列储量规模较大的非生物壳源型 CO_2 气藏及高含 CO_2 气藏；在南海北部、东北部边缘的琼东南盆地东部和珠江口盆地则陆续发现宝岛 15-3、宝岛 19-2 和文昌 15-1、文昌 14-3、文昌 19-1、惠州 18-1、惠州 22-1 及番禺 28-2 等一系列具一定规模的非生物火山幔源型 CO_2 气藏及高含 CO_2 油气藏。

根据 CO_2 含量及碳同位素与所伴生的稀有气体氦同位素地球化学特征，可将其综合判识划分为"三型四类"（表 5-5）：① I_1 壳源型岩石化学成因 CO_2，主要分布于莺歌海盆地中央泥底辟带的浅层和中深层，CO_2 在天然气组成中含量较高，尤其在泥底辟带浅层，其 CO_2 含量一般可达 28.5%～88.9%，最高达 93.0%，且 CO_2 碳同位素值（$\delta^{13}C_{CO_2}$）和所伴生的烃类气甲烷碳同位素值（$\delta^{13}C_{CH_4}$）均明显偏重，但稀有气体氦同位素值（$^3He/^4He$）偏低（0.39×10^{-7}～6.9×10^{-7}），R/R_a 值（实测样品 $^3He/^4He$ 与标准空气 $^3He/^4He$ 之比）均低于 0.6；② I_2 壳源型有机成因 CO_2，主要展布于莺歌海盆地中央泥底辟带浅层和中深层，其最突出的地球化学特征是 CO_2 在天然气组成中含量甚微，CO_2 一般低于 8%，多在 0.01%～3%。其 $\delta^{13}C_{CO_2}$ 和所伴生烃类气的 $\delta^{13}C_{CH_4}$ 普遍偏轻，$\delta^{13}C_{CO_2}$ 值一般小于 -10‰，且稀有气体氦同位素值也偏低，R/R_a 值低于 0.6；③ II 壳幔混合型成因 CO_2，主要分布于莺歌海盆地中央泥底辟带乐东区 LD8-1 构造区的浅层，其最重要的地球化学特征是稀有气体氦同位素值（$^3He/^4He$）明显偏高（8.4×10^{-7}～21.9×10^{-7}），其 R/R_a 值一般大于 1，多介于 1～1.56。CO_2 在天然气组成中含量高，可达 39%～79%，且 $\delta^{13}C_{CO_2}$ 偏重，与 I 壳源型岩石化学成因 CO_2 类似，与其最根本区别是壳幔混合型 CO_2 所伴生的稀有气体的 R/R_a 值高，均大于 1，而后者伴生的 R/R_a 值偏低，均小于 1；④ III 火山幔源型（地幔及火山活动脱气）成因 CO_2，主要分布于南海北部大陆边缘北部的琼东南盆地东部 2 号断裂带及周缘区、珠江口盆地隆起带的深大断裂附近及凸起、凹陷边界附近深大断裂带处，其最突出的地球化学特点是稀有气体氦同位素值（$^3He/^4He$）偏高（41.4×10^{-7}～87.5×10^{-7}），其 R/R_a 值一般大于 2，最高达 6.3，CO_2 含量在天然气组成中含量甚高，多在 80% 以上（由于运聚条件存在差异，也有含量较低的），最高达 97.6%，且 $\delta^{13}C_{CO_2}$ 偏重，所伴生烃类气的 $\delta^{13}C_{CH_4}$ 可偏重也可偏轻。

表 5-5 南海北部边缘盆地 CO_2 气藏及高含 CO_2 油气藏中 CO_2 成因类型判识与划分

地区/盆地	气田/构造	代表井	产层层位	储层岩性	深度/m	天然气组成/%				碳（PDB）、氮同位素			CO_2成因类型
						CO_2	N_2	CH_4	C_2^+	CO_2/‰	CH_4/‰	R/R_a	
莺歌海盆地	DF1-1/Ⅲ、Ⅳ	DF1-1/2,3	Ny_2	粉砂岩	1331～1362	64.70	5.82	27.97	1.52	-3.80	-31.90	0.07	壳源岩石化学型
	DF1-1S/Ⅱ、Ⅲ	DF1-1S/2,3			1493～1661	80.13	6.21	13.30	0.47	-3.59	-32.20	0.17	
	DF1-1中	DF1-1-11	Nh_1	粉砂岩	2785～2799	49.52	5.24	43.11	2.13	-0.65	-30.08	0.03	
	DF29-1/Ⅳ、Ⅴ	DF29-1-1	Ny_2	粉细砂岩	1832～1842	88.91	5.45	5.26	0.38	-2.00	-32.10	0.14	
	LD15-1	LD15-1-1			2200～2225	75.17	4.17	18.70	1.99	-4.15	-34.54	0.26	
	LD20-1	LD20-1-1	Ny_1	粉细砂岩	1471～1490	36.57	2.80	57.56	3.09	-3.47	-32.04		
	LD21-1	LD21-1-1			1553～1566	83.97	6.63	8.71	0.69	-4.18	-36.08	0.31	
	LD22-1S	LD22-1-1			1486～1510	80.42	5.29	13.44	0.85	-0.56	-26.92	0.04	
	LD28-1	LD28-1-1			1655～1690	88.10	3.50	7.10	1.30	7.90	-32.10	0.26	
	LD8-1	LD8-1-3	Ny_1	粉细砂岩	342～352	78.90	2.27	17.34	1.49	-2.47	-34.33	0.99	壳幔混合型
		LD8-1-1			1723～1737	71.20	4.21	22.73	2.02	-3.65	-31.32	1.56	
琼东南盆地	BD19-2	BD19-2-2	E_1s	中细砂岩	5100.0	81.56	1.52	16.06	0.00	-6.90	-39.30	6.25	火山幔源型
	BD15-3	BD15-3-1			2254.0	98.32	0.28	1.32	0.00	-4.49	-42.30	5.15	
珠江口盆地西部	WC15-1	WC15-1-1	N_1zj_1	中细砂岩	1088～1096	76.98	4.81	12.46	5.76	-4.09	-40.00	4.11	
					1250～1257	85.76	2.13	14.24	5.10	-3.66	-39.93	3.67	
	WC14-3	WC14-3-1	E_3zh_1	砂岩	2285～2308	38.87	1.31	43.62	16.20	-4.53	-41.88	3.06	
	WC19-1	WC19-1-6	N_1zj_1	砂岩	1009～1018	79.00	6.20	12.00	2.80	-4.30	-50.80	2.81	
珠江口盆地东部	HZ18-1	HZ18-1-1	E_3np	砂岩	3127～3135.5	93.56	5.25	0.61	0.16	-3.60	-43.19		
	HZ22-1	HZ22-1-1	Nzj	砂岩	2431～2452.5	99.53	0.06	0.20	0.13	-4.00	-38.00		
	PY28-2	PY28-2-1	Nzj	砂岩	2943.0	73.73	7.72	9.08	0.99	-3.84	-37.26		
			E_3zh	砂岩	3301.0	82.70	9.02	5.68	0.90	-3.92	-41.35		

上述"三型四类"CO_2 在碳同位素（$\delta^{13}C_{CO_2}$）与稀有气体氦同位素比值（$^3He/^4He$ 及 R/R_a）的分类关系图版上的样品点群分布规律性明显，分类界线清晰明了，从图 5-17 可以明显看出，琼东南盆地东部 2 号深大断裂带周缘的宝岛（BD）凹陷区和珠江口盆地西部目前所发现的 CO_2，其样品点群与中国东部松辽、苏北、三水及渤海湾等中新生代陆相断陷盆地盆所产出的典型火山幔源型 CO_2 一样，均展布于图中火山幔源型成因区域，其 $\delta^{13}C_{CO_2}$ 均大于 -8‰，R/R_a 值大于 2，具有典型火山幔源型成因 CO_2 的特征值；而南海莺歌海盆地中央泥底辟带浅层及中深层产出的 CO_2、北部边缘琼东南盆地西部靠近莺歌海盆地的崖 13-1 区产出的 CO_2，其样品点群大部分展布于壳源型 CO_2 成因区（R/R_a 均小于 1，$\delta^{13}C_{CO_2}$ 值在 -22‰~0‰），少量点群展布于壳幔过渡（混合）型 CO_2 成因区（R/R_a 小于 2，介于 1~2，$\delta^{13}C_{CO_2}$ 值大于 -8‰）。对于壳源型成因区尚可依据 $\delta^{13}C_{CO_2}$ 大于或小于 -8‰ 将其进一步划分为壳源型岩石化学（无机）成因 CO_2 和壳源型有机成因 CO_2 两个亚成因类型，但其 R/R_a 值均小于 1。

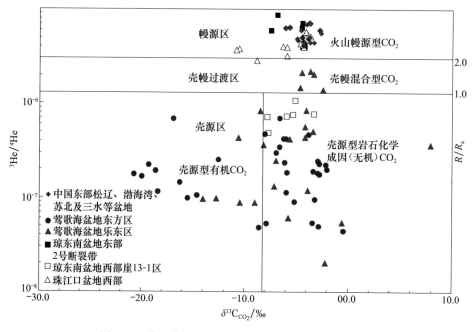

图 5-17 我国东部主要盆地 CO_2 成因类型判识与划分

根据 CO_2 伴生稀有气体氦同位素特征及构成地球圈层中氦成因及来源的壳幔二元混合型地质模式，依据"幔源份额 $= [(R-R_c)/(R_m-R_c)^①] \times 100\%$"计算公式，可以很方便地计算不同成因 CO_2 伴生的幔源份额之含量，据此也可判识和区分上述三大成因类型 CO_2 及其气源构成特点与来源。由表 5-6 可以看出，琼东南盆地东部及珠江口盆地西部和中国东部渤海湾陆相断陷盆地济阳拗陷的 CO_2 气藏及高含 CO_2 油气藏，其伴生稀有气体氦同位素比值高，R/R_a 值一般大于 2 或接近 2，最高达 6.25；幔源份额含量

---

① R 为样品实测 $^3He/^4He$ 值；R_c 为地壳 $^3He/^4He$ 标准值，2×10^{-8}；R_m 为地幔 $^3He/^4He$ 标准值，1.1×10^{-5}。

均大于 20%，最高达 79.5%，一般在 25.6%～65.5%，且 $\delta^{13}C_{CO_2}$ 偏重，因此基于幔源份额高（大于 20%）及 $\delta^{13}C_{CO_2}$ 偏重的特征，将其判识划分为火山幔源成因（火山幔源脱气）所形成的火山幔源型 CO_2；而南海西北部边缘莺歌海盆地及琼东南盆地西部崖 13-1/4 区的 CO_2 气藏及含 CO_2 气藏，其伴生氦同位素比值均非常低，R/R_a 值一般小于 1，幔源份额均小于 10%，最高为 9.5%，且 $\delta^{13}C_{CO_2}$ 明显偏重，鉴于其幔源含量偏低（小于 10%），可确定为壳源型岩石化学成因 CO_2。由表 5-6 还可看出，莺歌海盆地中央泥底辟带乐东 8-1 构造 CO_2 气藏，由于其 R/R_a 值介于 1～2，为 0.99～1.56，且其幔源份额含量小于 20%，为 12.5%～19.8%，尚未达到火山幔源型 CO_2 的幔源含量标准（大于 20%），且 $\delta^{13}C_{CO_2}$ 偏重，因此可将其确定为壳幔混合型（壳幔过渡型）成因 CO_2，即该成因类型 CO_2 是介于壳源型与火山幔源型之间的壳幔过渡混合类型成因的 CO_2。

表 5-6 我国东部济阳拗陷及南海北部盆地氦同位素特征与 CO_2 成因判识

盆地/区带	构造/地区	层位	深度/m	He/10^{-5}	Ar/10^{-5}	$^{40}Ar/^{36}Ar$	$^3He/^4He$/10^{-7}	R/R_a	幔源氦份额/%	$\delta^{13}CO_2$/‰	氦成因类型
渤海湾盆地济阳拗陷	平方王	Es$_4$	1441～1498.0	8.4～27.7		1387～1791	35.5～44.7	2.14～3.21	32.2～40.5	-4.3～-5.7	火山幔源型氦
	平南	O	2229～2370.0	37.6		1255	24.0～50.6	1.71～3.61	21.7～45.9	-4.7～-5.9	
	花沟	Es$_3$	1965～1980.0	84.7～358		770～2009	44.5～44.9	3.16～3.18	40.3～40.7	-3.35～-3.4	
	花 501	Ng	459～813.0	1290～5110		743～1630	43.4～48.9	3.10～3.49	39.3～44.4	-8.30	
	高 53/高气 3	Ng	833.4～874.0	6.5～9.2		870～1101	62.0～63.5	4.43～4.54	56.3～57.7	-4.4～-6.9	
	阳 25 井	Es$_4$	2794～2805.0				30.7～41.2	2.19～2.94	27.8～-37.3	-4.4～-5.3	
莺歌海盆地泥底辟带	DF1-1	Ny$_2$/Nh$_1$	1225～2664.0	1.4～4.5	8.8～350.0	295～354	0.39～6.79	0.07～0.48	0.7～6.0	-2.8～-5.9	一元地壳放射型氦
	DF29-1	Ny$_2$	1467～2230.0	0.5～1.2	4.5～91.0	300～406	1.77～4.65	0.13～0.33	1.5～4.1	-2.0～-5.9	
	LD8-1	Q/Ny$_1$	342～1737.0	0.4～1.3	5.1～448.2	292～302	8.4～21.9	0.99～1.56	12.5～19.8	-2.5～-4.6	二元壳幔混合型氦
	LD15-1	Ny$_1$	1243～2340.0	1.4	1.6～19.5	326	2.48～5.65	0.18～0.40	2.1～5.0	-4.2～-8.2	
	LD20-1	Ny$_1$	1056～1720.0	0.5～0.6	8.6～16.6	295～296	1.19～5.06	0.09～0.36	0.9～4.4	-3.4～-3.9	一元地壳放射型氦
	LD21-1	Ny$_1$	1553～1566.0		44.2		4.39	0.31	3.8	-4.18	
琼东南盆地西部	YC13-1	El	3709～3817.3	3.5～5.3	5～7.0	298～401	4.82～10.6	0.34～0.76	4.2～9.5	-5.1～-7.7	
	YC13-4	Ns	2768～2793.0	4.5～8.0	1.1～48.7	311～375	7.11～7.65	0.51～0.55	6.3～6.8	-3.3～-7.8	

续表

盆地/区带	构造/地区	层位	深度/m	He/10^{-5}	Ar/10^{-5}	$^{40}Ar/^{36}Ar$	$^3He/^4He$ /10^{-7}	R/R_a	幔源氦份额/%	$\delta^{13}CO_2$ /‰	氦成因类型
琼东南盆地东部	LS4-2	El	4469~4512.0	7.4~7.8	36~64	305~318.7	41.4~42.1	2.96~3.15	37.5~38.2	-4.30	
	BD19-2	El	5100~5127.6	1.6~1.8	152~736.8	310~327.8	59.5~87.5	4.25~6.25	54.0~79.5	-6.9~-7.5	
	BD15-3	El	2254~2267.5	1.6~4.4	91~160.0	295~298.1	64.1~72.1	4.58~5.15	58.2~65.5	-4.5~-4.6	火山幔源型氦
珠江口盆地西部	WC15-1	N_1zj_1	1088~1257.0	2.9~20.0	63~69.0	310~381.2	51.4~57.5	3.67~4.11	46.6~52.2	-3.7~-4.1	
	WC19-1	$N_1zj_{1/2}$	937~1276.0			302~486	31.9~39.4	2.28~2.81	28.9~35.7	-4.3~-5.9	
	WC14-3	$N_1zh_{1/2}$	2285~2403.0	6.8~9.2	8.6~26.0	340~475	42.0~43.2	3.00~3.08	38.1~39.1	-4.4~-4.7	
	WC13-1	N_1zj_2	1465~1473.0	19.0	110.0	423.0	28.3	2.02	25.6	-8.8	

2. N_2 成因类型

N_2 是天然气中常见的非烃组分之一，也是南海北部气藏中含量仅次于 CO_2 的非烃气。其物理化学性质比其他非烃成分更接近烃类气，故其成因及分布常常与烃类气体存在密切联系，且其运聚成藏条件及富集规律也与烃类气类似，均必须具备生、运、聚、圈、盖、保等基本油气地质条件。因此，研究 N_2 成因及来源乃至分布富集规律可以与烃类气成因及运聚成藏规律的研究有机结合起来，并通过伴生烃类气及其他非烃气（CO_2）的成因分析，综合判识与确定 N_2 的成因及气源构成特点，也可通过伴生 N_2 和 CO_2 等非烃气的成因特点来综合研究与剖析烃类气成因、运聚成藏特征与分布富集规律。

N_2 成因类型及气源特点较复杂，氮同位素（$\delta^{15}N$，‰）组成及分布范围广阔，且不同成因类型及来源的氮的同位素值分布相互重叠（图 5-18），加之氮同位素分析技术及方法手段不完全成熟和统一，故目前国内外对于 N_2 成因类型判识与划分的研究程度较低，迄今为止尚无统一和成熟的 N_2 成因判识与分类划分方法。根据南海北部大陆边缘莺歌海盆地 N_2 及所伴生的氦氩稀有气体地质地球化学特征的实际资料，借鉴国内外较实用和比较通用的分类划分方法，将南海北部大陆边缘盆地迄今勘探发现 N_2 的成因类型及来源大致划分为大气成因、火山幔源成因、壳源成因（有机/无机成因）及壳源有机-无机混合成因等四型五类；同时，依据天然气中 N_2 含量高低，将含氮天然气划分为富（高）N_2 天然气（$N_2>15\%$）、含 N_2 天然气（$N_2=10\%\sim15\%$）及低含 N_2 天然气（$N_2<10\%$）3 种类型。

南海北部目前仅莺歌海盆地所获富氮天然气的地质地球化学资料较多，下面将重点对该盆地 N_2 的地球化学特征及成因判识与气源构成特点等进行深入剖析与系统阐述。莺歌海盆地中央泥底辟带浅层气藏中发现的 N_2，根据其地质地球化学特征及氮同位素组成与伴生的其他气体同位素特点，采用国内外较实用和比较通用的分类划分方法，可将其初步划分为大气成因、壳源有机成因及壳源有机-无机混合成因 3 种主要类型。以下分别对 3 种成因类型 N_2 地球化学特征进行剖析与阐述。

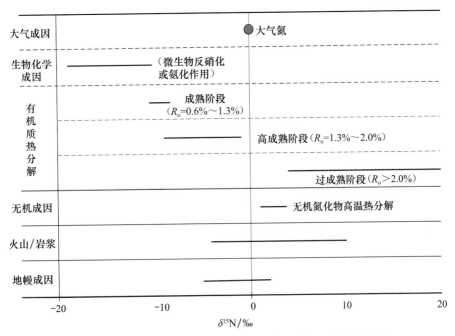

图 5-18　不同成因及来源的氮气氮同位素（δ^{15}N ‰）分布特征

1）壳源型有机成因富（高）N_2 天然气

该成因类型天然气中 N_2 含量均大于 15%，一般为 15.55%～56.80%。在莺歌海盆地中央泥底辟带浅层天然气藏中这种富氮天然气占 42.39% 以上。这种富氮天然气最突出的产出特点是多与低含量有机成因 CO_2（$\delta^{13}C_{CO_2}$ 为 -22‰～-10‰）及低熟-成熟烃类气（$\delta^{13}C_{CH_4}$ 为 -55‰～-34‰ 的烃类气）伴生（图 5-19，图 5-20），其重要的地球化学特征 α 系数（α=100Ar/1.18N_2）多小于 1，δ^{15}N 值多为 -8‰～-1‰，最轻可达 -15‰，占该区浅层气藏含氮天然气中 δ^{15}N 值分布的 85.45% 以上，占绝对优势，同时其伴生稀有气体氩同位素值偏低，^{40}Ar/^{36}Ar 值多为 295～354，为第四系的表征值；N_2/Ar 比值变化较大，最低为 98.9，最高达 3546.6。伴生稀有气体氦同位素值（^{3}He/^{4}He）偏低，^{3}He/^{4}He 值均大大低于标准空气氦值，在 ^{3}He/^{4}He-δ^{15}N 关系图版上（图 5-21）均处于壳源型区域。由于该类富氮天然气与有机 CO_2 伴生，且 α 系数均小于 1，故其属壳源型有机成因 N_2。

2）大气成因低含 N_2、含 N_2 天然气

莺歌海盆地浅层气藏天然气中 N_2 含量变化较大，其中 N_2 含量低于 15%（0.41%～14.5%）的低含 N_2、含 N_2 天然气约占浅层气藏天然气的 57.56% 以上。这种低氮天然气多属于大气成因或壳源型有机-无机混合成因，且多与无机成因 CO_2（$\delta^{13}C_{CO_2}$ 为 -8‰～-0‰）伴生（图 5-19）。其中大气成因类型的低含 N_2、含 N_2 天然气最明显、最典型的地球化学特征是 α 系数（α=100Ar/1.18N_2）均大于 1，且 N_2/Ar 值多在大气标准值范围之内，为 34.1～79.5；其 ^{40}Ar/^{36}Ar 值多为大气标准值，即 295.5 左右；氮同位素 δ^{15}N 值则多在 -1‰～3‰，在 ^{40}Ar/^{36}Ar-δ^{15}N 关系特征图及 N_2/Ar-δ^{15}N 关系图上（图 5-22，图 5-23），其样品的点群均分布于大气成因区域。

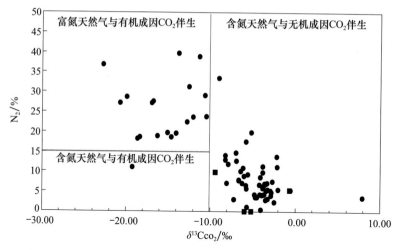

图 5-19　莺歌海盆地中央泥底辟带气藏中 N_2 与不同成因 CO_2 伴生关系

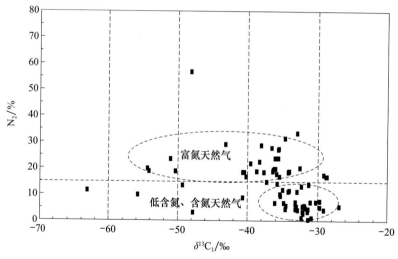

图 5-20　莺歌海盆地中央泥底辟带天然气中 N_2 与不同成熟度烃气伴生关系

3）壳源型有机－无机混合成因低含 N_2、含 N_2 天然气

最主要、最明显的地质地球化学特点是 α 系数（$\alpha=100Ar/1.18N_2$）介于壳源型有机成因 N_2 与大气成因 N_2，或比大气成因 N_2 的 α 系数大，α 系数值多为 $0.10\sim4.42$，且 N_2/Ar 比值和 $\delta^{15}N$ 值均比较稳定，除个别样品外，N_2/Ar 值多为 $205\sim875.6$，$\delta^{15}N$ 值则多分布在 $-8‰\sim-2‰$，$^{40}Ar/^{36}Ar$ 值偏低，多为 $293\sim326$（表 5-6）。在 $^{40}Ar/^{36}Ar$-$\delta^{15}N$ 特征图上（图 5-22）和 N_2/Ar-$\delta^{15}N$ 关系图上（图 5-23），其样品点群均处在壳源有机-无机混合成因氮气区域。

综上所述，该区 N_2 成因类型判识划分及其地球化学特征可概括为：对于壳源型有机成因富氮天然气，其 α 系数小于 1、N_2 含量高（$N_2>15\%$）且与有机成因 CO_2 及烃类气伴生、$\delta^{15}N$ 值均为负值且稳定分布、伴生稀有气体 $^3He/^4He$ 和 $^{40}Ar/^{36}Ar$ 值偏低（属壳源型表征值）、N_2/Ar 比变化大等多项判识指标为划分依据，对其成因进行综合判

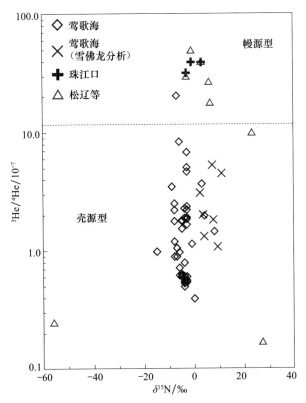

图 5-21 莺歌海盆地天然气 $^3He/^4He$-$\delta^{15}N$ 关系图

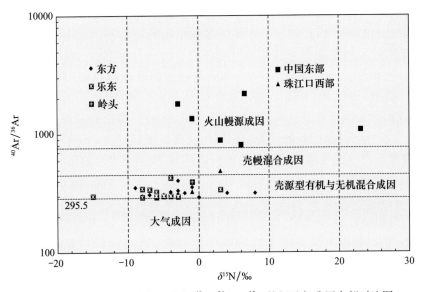

图 5-22 莺歌海盆地富氮天然气 $^{40}Ar/^{36}Ar$-$\delta^{15}N$ 特征及与我国东部对比图

识划分与确定；对于大气成因 N_2 的判识与确定，则应以 α 系数等于 1 或大于 1、N_2 含量变化大、$\delta^{15}N$ 值为 0‰、$^{40}Ar/^{36}Ar$ 值为标准空气值（295.5）、$^3He/^4He$ 值为 1.4×10^{-6}

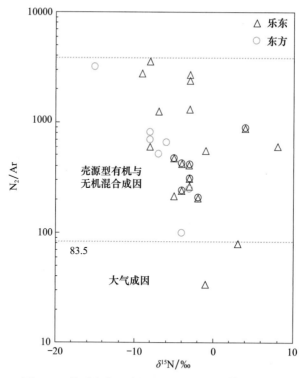

图 5-23 莺歌海盆地富氮天然气 N_2/Ar-$\delta^{15}N$ 关系图

及 N_2/Ar 比为 35～83.5（标准空气值）为鉴别及判识标志进行综合判识与划分；而对于壳源型有机与无机混合成因的低含 N_2、含 N_2 天然气，因其 α 系数变化大（$\alpha<1$ 或 >1）且多与无机成因 CO_2 伴生，$\delta^{15}N$ 值多为负值且稳定分布，稀有气体 $^3He/^4He$ 及 $^{40}Ar/^{36}Ar$ 值偏低并稳定分布（属壳源型表征值，极小量样品的 $^3He/^4He$ 值为壳幔过渡型），N_2/Ar 比值变化小且均处在 205～700 的稳定值域范围等判识为划分依据，进行综合判识与确定。

N_2 的成因及来源较复杂，判识难度亦大，且 N_2 的气源比 CO_2 等其他非烃气及烃类气分布更广泛，这无疑给 N_2 的气源追踪对比及判识增加难度。为了追踪与判识确定莺歌海盆地富氮天然气的气源构成特点，根据该区 N_2 成因类型及地化特征，尤其是 N_2 的成熟度并结合地质条件及富 N_2 天然气分布富集特征，以 N_2 可能的气源岩——不同层位泥岩热压双控模拟实验所获 N_2 产率为主要依据，重点对该区 N_2 气源构成特点进行进一步的剖析与探讨。

对于 N_2 的成熟度判识，通过 N_2 与其伴生的稀有气体氦同位素值和伴生的烃类气成熟度的相互关系，可以间接地获得其成熟度相对值，即从 N_2 与 $^3He/^4He$ 伴生关系特征图和 N_2-$\delta^{13}C_1$ 关系图可大致判识与确定莺歌海盆地含 N_2、富 N_2 天然气的成熟度。由图 5-24 可以看出，该区富 N_2 天然气成熟度相对较低，N_2 大于 10% 的天然气的伴生氦值（$^3He/^4He$）偏低，且随 N_2 含量增加，氦值逐渐递减，而当 N_2 小于 10% 时氦值逐渐递增。已有研究表明，氦值高低表征大地热流值的大小（杜建国和刘文汇，1991），因

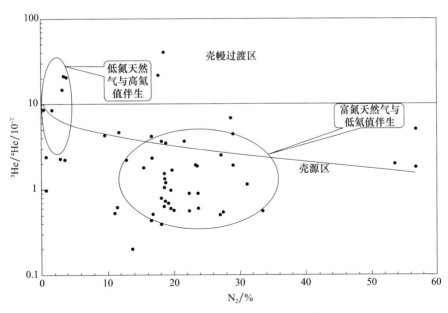

图 5-24　莺歌海盆地中央泥底辟带天然气藏中 N_2 与 $^3He/^4He$ 伴生关系

此 N_2 与 $^3He/^4He$ 值伴生且呈规律性变化（富氮天然气与低氦值伴生，低氮-含氮天然气与高氦值伴生），表明与低氦值伴生的富 N_2 天然气成熟度比与高氦值伴生的低含 N_2、含 N_2 天然气（$N_2<10\%$）低得多。由图 5-20 则可进一步判识与确定富 N_2 与低含 N_2、含 N_2 天然气的成熟度，由图 5-20 可知，富 N_2 天然气所伴生烃类气样品点群主要分布于 $\delta^{13}C_1$ 值为 $-56‰\sim-32.00‰$ 的区间，表明其成熟度相当于有机质成熟度（R_o）为 $0.47\%\sim1.18\%$，即为有机质低熟-正常成熟演化阶段。而该富 N_2 天然气（即壳源型有机成因）的 N_2 及低含量有机成因 CO_2 等非烃气（$N_2>15\%$，$CO_2<9\%$）则是生物低温化学作用与低熟-正常成熟热演化阶段的产物；低含 N_2、含 N_2 天然气（即壳源型有机与无机混合成因 N_2）成熟度相对较高，且与无机 CO_2 伴生，在 N_2-$\delta^{13}C_1$ 关系图上，低含 N_2、含 N_2 天然气及所伴生烃类气的样品点群主要分布于 $\delta^{13}C_1$ 值为 $-36.60‰\sim-26.92‰$ 的区间，其成熟度相当 R_o 为 $1.00\%\sim1.43\%$，即为成熟-高熟阶段的产物。因此，基于以上分析，笔者认为该区壳源型有机成因富 N_2 天然气的 N_2 气源应与有机成因的 CO_2 及烃类气同源，且均来自上—中新统莺黄组（Ny+h）及梅山组—三亚组（Nm+s）海相泥岩，是有机质在低熟-正常成熟演化阶段的产物。而壳源型有机-无机混合成因 N_2（低含 N_2、含 N_2 天然气）的气源主要来自该套海相泥岩在成熟-高熟晚期所形成的含 N_2 产物与多种物理化学及岩石脱气作用所形成的无机 N_2 相互混合而构成的混合 N_2 气源。

必须指出的是，岩石脱气作用及多种物理化学作用产氮是形成 N_2 气源一种不可忽视的重要因素。大量研究及实验均表明，无论何种岩石均含有较多的氮，其中尤以沉积岩、煤及硝盐含氮量最高，一般均大于 1000ppm（μg/g），最高可达 100000ppm 以上。很显然，这些富含氮的岩石在一定的物理化学环境和热力作用下必然释放和逸出大量的氮，其在储、运、圈、保等条件具备时，可富集成 N_2 气藏。再者，含 N_2 非烃气在长距离运聚过程中也可沿运移途径中适宜的圈闭富集成藏，并可由此指示和追踪烃类天然气的运聚方向。

为了进一步追踪与确定 N_2 气源，采集莺歌海盆地及邻区大量新近系不同区带、不同层位泥岩及前古近系基底碳酸盐岩样品，进行温压双控条件下的生气热模拟实验，热模温阶为 100～550℃（相当于 R_o 为 0.55%～3.33%），其 N_2 产率及 N_2 含量变化特征明显，从不同区带及层位泥岩、基底碳酸盐岩平均最大 N_2 产率（550℃温阶）对比结果可明显看出，该区不同区带及层位，均以莺歌海盆地泥底辟构造带的乐东区上新统莺一段（Ny_1）及莺东斜坡带的三亚组（Ns）海相泥岩的平均 N_2 产率最高（550℃温阶 N_2 产率，以下均同），其值分别可达 7.30m^3/t 和 7.84m^3/t；上新统莺二段（Ny_2）及中中新统梅山组（Nm）海相泥岩次之，其值分别为 4.14m^3/t 和 5.45m^3/t；而邻区琼东南盆地古近系渐新统崖城组（Ey）煤系泥岩 N_2 产率最低，平均仅为 0.17m^3/t。琼东南盆地前古近系基底碳酸盐岩和莺歌海盆地莺东斜坡带前古近系基底碳酸盐岩 N_2 产率较低，平均为 3.08m^3/t。温压双控热模生 N_2 实验结果也可对该区不同区带及层位、不同岩类生 N_2 潜力及 N_2 气源进行进一步的综合评价与判识，即莺歌海盆地中央泥底辟带上新统莺一段—中新统梅山组—三亚组海相泥岩 N_2 产率高，产 N_2 潜力大，应是该区含 N_2、富 N_2 天然气的主气源，换言之，该区 N_2 成因及来源主要来自受泥底辟热流体作用和影响强烈的莺一段及梅山组—三亚组海相泥岩。莺歌海盆地边缘斜坡区及邻区琼东南盆地前古近系基底碳酸盐岩产 N_2 潜力较低，可作为 N_2 的次气源，而琼东南盆地古近系渐新统崖城组煤系泥岩 N_2 产率更低，产 N_2 潜力小，基本不具产 N_2 的能力，不能提供 N_2 气源。

总之，通过该区 N_2 成因类型及气源构成的地质地球化学分析，结合温压双控热模拟产气实验结果，可以综合判识与确定该区含 N_2、富（高）N_2 非烃气成因类型主要为壳源有机成因和壳源有机-无机混合成因类型，少量为大气成因类型；壳源型有机成因 N_2 气源与有机成因 CO_2 及烃类气同源，均来自上新统莺歌海组一段及中新统梅山组—三亚组海相泥岩有机质在低熟-正常成熟早期演化阶段的产物。而壳源型有机-无机混合成因 N_2 气源主要来自该套海相泥岩在成熟-高熟晚期所形成的含 N_2 产物与多种物理化学及岩石脱气作用所形成的无机 N_2 相互混合而构成的混合 N_2 气源。

二、非烃气体分布特征

1. 非烃气体勘探及研究概况

经过半个多世纪的油气勘探，在我国东部中新生代陆相断陷盆地及南海北部大陆边缘盆地先后发现和探明了众多大中型油气田（藏），建成了颇具规模的我国东部油气开发生产基地和南海北部大陆边缘盆地油气生产基地。与此同时，在油气勘探中也陆续发现大量非烃气资源，即 CO_2 气田（藏）及高含 CO_2 油气田（藏）。据不完全统计，迄今已发现 40 多个 CO_2 气田（藏）及高含 CO_2 油气田（藏），且具有较大的 CO_2 资源规模及潜力。由于我国对 CO_2 这种非烃气资源综合开发利用的重要性认识尚浅，对于 CO_2 勘探开发及地质研究尤其是综合开发与资源化利用等均未给予充分重视与关注，中国海洋石油总公司在我国近海陆架盆地尤其是南海北部大陆边缘盆地的油气勘探中，常常将 CO_2 作为海上天然气勘探风险加以规避，即将 CO_2 作为影响油气勘探成功率的风险因素及废物（非资源）处理。迄今为止，对我国东部陆上主要盆地及南海北部大陆边缘的莺歌海盆地、琼东南盆地及珠江口盆地 CO_2 资源规模及地质储量的评价与落实，CO_2 资源潜力预测与综合开发及资源化利用等基础性研究及系统的科技攻关均属空白或尚未涉及。目前尚不能提供我国尤其是南海北部大陆边缘盆地 CO_2 资源量规模的可靠数据和准确的 CO_2 地质储量；而对 CO_2 气田（藏）及高含 CO_2 油气藏的勘探评价技术，尤其是 CO_2 地质储量的精细落实与资源量评价预测方法等研究也涉及甚少。迄今为止，在我国东部尤其是南海北部大陆边缘莺歌海盆地和琼东南盆地东部及珠江口盆地部分地区，油气勘探中均已陆续发现非常丰富的壳源型、壳幔混合型及火山幔源型 3 类非生物（无机）成因 CO_2 资源。根据目前油气勘探及研究程度，仅莺-琼盆地 CO_2 资源量已超过 $2 \times 10^4 m^3$，勘探所获地质储量超过 $3000 \times 10^8 m^3$，居我国 CO_2 资源量之首，具有颇大的非烃气资源潜力与综合开发利用前景。

必须指出的是，CO_2 具有明显的多重性，不仅能广泛应用于国家经济建设及工农业生产生活，也是导致"厄尔尼诺"现象、严重影响自然环境、破坏生态平衡的主要温室气体。因此，深入研究南海北部多源非生物 CO_2 成因及成藏分布规律，并与我国东部陆相断陷盆地典型非生物成因 CO_2 进行地质地球化学特征及运聚成藏规律的全面分析类比，建立和总结该区不同类型非生物 CO_2 成因成藏机制，深入剖析其运聚成藏的主控因素，综合评价其资源规模及潜力，预测其有利 CO_2 富集区带，不仅可以为将来勘探开发非生物成因 CO_2 等非烃气资源、有效保护生态环境提供科学依据和 CO_2 地质基础研究成果，而且可直接为国家及企业综合开发利用 CO_2 资源服务，进而促进人类与自然及社会经济全面、协调、可持续发展和各种资源的有效利用。

南海北部边缘盆地 CO_2 等非烃气研究始于 20 世纪 90 年代初，中国海洋石油总公司在该区天然气勘探中陆续发现大量 CO_2 气藏及高含 CO_2 油气藏，进而开展对其研究工作。自 1992 年在莺歌海盆地泥底辟带浅层东方 1-1-2 井钻遇 CO_2 气藏及高含 CO_2 气藏后，先后在莺歌海盆地、琼东南盆地东部及珠江口盆地均陆续勘探发现了 15 个 CO_2 气藏及高含 CO_2 油气藏，且国家及中海油均先后立项系统地开展 CO_2 成因及其地质地球化学特征与运聚成藏规律的研究，如国家"九五"科技攻关课题"莺-琼盆地非烃气成因及分布规律研究"、国家 863 课题"南海非烃气判识与预测技术"及中海油科技攻关项目"莺歌海盆地 CO_2 分布及预测方法研究"等。通过多年来的油气勘探与 CO_2 地质科技攻关研究，迄今已获得大量有关"南海北部边缘盆地 CO_2 成因及地质地球化学特征与运聚成藏规律"方面的重要研究成果与创新性认识。

多年来的天然气勘探及 CO_2 地质综合研究结果表明，莺歌海盆地发现的壳源型岩石化学成因 CO_2 及壳幔混合型成因 CO_2 资源潜力巨大，其形成及富集主要受控于泥底辟热流体多期分块分层的强烈上侵活动与中新统—上新统巨厚海相含钙砂泥岩的物理化学综合作用；而琼东南盆地东部和珠江口盆地迄今发现的 8 个火山幔源型成因 CO_2 气藏及高含 CO_2 油气藏也具较大的资源潜力，其形成及分布主要受控于幔源型火山脱排气活动与沟通深部气源的基底深大断裂的发育展布及导气输送作用。因此，根据该区不同成因类

型 CO_2 运聚成藏规律及主控因素，可以初步预测有利 CO_2 富集区带及其分布规律。

2. 二氧化碳分布特征

南海北部大陆边缘盆地处于减薄的陆壳及洋陆过渡型地壳，莫霍面埋深较浅，地壳厚度非常薄，大地热流值及地温梯度高，不同类型及性质的盆地所处区域地质背景与地球动力学条件较复杂，导致盆地结构及其成盆发育演化特征差异较大，其油气成藏地质条件、CO_2 分布特征与运聚富集规律等差异更为明显。

南海西北部的莺歌海盆地属非常年轻的新生代走滑伸展型盆地，具有以新近纪及第四纪巨厚海相拗陷沉积为主的断拗双层结构，早期古近纪虽有陆相断陷沉积，但由于被晚期新近纪及第四纪巨厚海相拗陷沉积所叠置覆盖，油气生、运、聚乃至成藏及分布规律与 CO_2 等非烃气分布富集特征等均主要取决于中新世晚期新构造运动（主要表现为泥底辟热流体活动）及其沉积充填体系、运聚输导系统与泥底辟伴生构造圈闭等成藏地质条件的有效配置。该区泥底辟及热流体上侵活动强烈，大地热流及地温场偏高，加之气源岩多属偏腐殖型生源母质类型的海相泥岩和含钙海相砂泥岩，故该区主要以富集 CH_4 为主的烃类天然气和以 CO_2 为主的非烃气为主。迄今为止的油气勘探及天然气地质研究表明，该区主要富集煤型烃类气及壳源型 CO_2 等非烃气，且主要富集于盆地中部莺歌海拗陷的中央泥底辟带浅层，目前勘探发现的多个烃类天然气藏及 CO_2 气藏和高含 CO_2 气藏等均主要集中分布在泥底辟带浅层，其他区域虽然有油气及油气苗与 CO_2 显示（莺东斜坡带），但尚未形成商业性油气藏和 CO_2 气藏。必须强调的是，莺歌海盆地泥底辟带浅层的 CO_2 气藏和高含 CO_2 气藏均属壳源型岩石化学成因及壳幔混合型成因（图 5-17），其形成及富集均与该区泥底辟热流体上侵活动及泥底辟气源供给系统和底辟伴生构造圈闭等运聚系统与聚集场所的良好配置密切相关。

南海北部的北部湾盆地、琼东南盆地及珠江口盆地属典型拉张裂陷型（断陷裂谷型）盆地，具有与我国东部中新生代陆相断陷盆地相似或相同的典型断拗双层盆地结构特征，普遍充填了古近系陆相断陷沉积和新近系及第四系海相拗陷沉积，且断陷裂谷期的陆相充填沉积规模尤其是厚度一般大于海相拗陷沉积，故其油气生、运、聚、成藏乃至分布富集规律、CO_2 分布富集特征均与古近系陆相断陷沉积发育规模及断裂等运聚输导系统的沟通、新近系海相拗陷沉积的储层分布、有效圈闭的配置等成藏地质条件密切相关。珠江口盆地及琼东南盆地东部地区也伴生非烃气。珠江口盆地及琼东南盆地东部主要分布火山幔源型 CO_2 气藏及高含 CO_2 油气藏，主要富集于曾发生过火山活动且能与深大断裂运聚系统沟通的隆起带及低凸起上，即均分布于深大断裂带附近的隆起区及低凸起带上。典型的实例如珠江口盆地东部的惠州 18-1 和惠州 22-1 火山幔源型 CO_2 气藏分别分布于与深大断裂运聚系统沟通的惠陆低凸起和东沙隆起北侧深大断裂附近；珠江口盆地中南部的番禺 28-2 火山幔源型 CO_2 气藏也处于番禺低隆起南侧深大断裂带附近。再如琼东南盆地东部的宝岛 15-3 和宝岛 19-2 火山幔源型 CO_2 气藏及高含 CO_2 油气藏主要富集于琼东南盆地东部与 II 号深大断裂带连通的松涛低凸起及周缘区。很显然，这种火山幔源型 CO_2 均与该区火山幔源岩浆脱排气活动的气源供给系统和异常发育相关。

总之，南海北部迄今发现的 CO_2 气藏及高含 CO_2 油气藏，其 CO_2 均属非生物壳源型、火山幔源型及壳幔混合型成因，且主要分布在莺歌海盆地泥底辟带浅层、琼东南盆

地东部Ⅱ号断裂带周缘、珠江口盆地珠一拗陷周缘及东沙隆起和珠三拗陷南部深大断裂
附近及周缘等区域。

3. N_2分布特征

1）N_2区域分布特征

南海北部富（高）N_2天然气（N_2>15%），目前仅在莺歌海盆地发现，且主要富集
于莺歌海盆地中央泥底辟带浅层气藏及其他局部区域某些层段。含N_2天然气中，N_2含
量最高可达56.81%，最低仅为0.41%。其中，N_2含量大于15%的富N_2天然气约占中
央泥底辟带浅层天然气的42.39%；含N_2天然气（N_2含量为10%～15%）约占浅层天然
气的11.96%；低含N_2天然气（N_2含量为0.41%～10.02%）约占浅层天然气的45.60%。
由此可见该区泥底辟带浅层气藏天然气中N_2含量变化较大，且以低含N_2、含N_2天然
气为主，两者约占浅层气藏天然气的57.61%，而富N_2天然气则占浅层气藏天然气的
42.39%，接近一半，表明该区富N_2天然气比较丰富。

迄今为止，虽然在莺歌海盆地的天然气藏中普遍含有CO_2和N_2等非烃气体，但
N_2含量大于15%的富N_2天然气主要分布于莺歌海盆地中央泥底辟构造带西北部东
方区和东南部乐东区浅层部分区块及部分局部区域的探井中，在这些局部区域的探井
中，N_2最高含量达56.81%，一般在10%以上，且部分区块探井的部分层段N_2非常富
集，N_2含量均超过20%。典型的实例如东方区的东方1-1（DF1-1）浅层气田西块上新
统莺歌海组二段及乐东区的乐东22-1（LD22-1）浅层气田北块上新统莺歌海组及第四
系产层中，N_2含量均大于15%（图5-25，图5-26），而在中央泥底辟构造带以外均未
发现高N_2和高CO_2等非烃气分布的迹象。同时，处在莺歌海盆地边缘斜坡区的莺东斜
坡带LT1-1井区，与其东部相邻的琼东南盆地崖13-1、崖21-1、崖14-1和莺9井等
地区钻井所获天然气也为低CO_2、低N_2的富烃天然气，非烃的总量小于15%，多数为
5%～10%，N_2含量则大多低于5%。

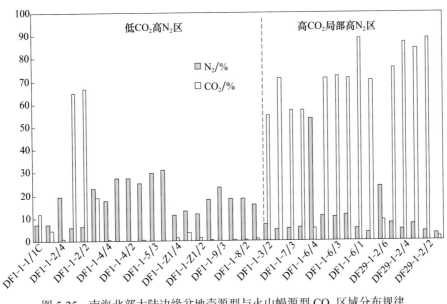

图5-25　南海北部大陆边缘盆地壳源型与火山幔源型CO_2区域分布规律

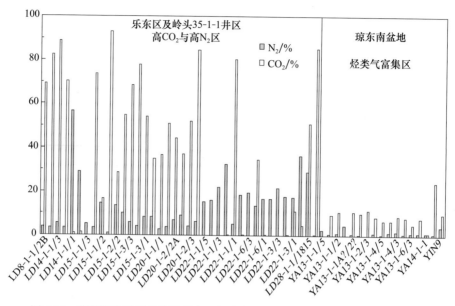

图 5-26　莺歌海盆地泥底辟带乐东区与琼东南盆地北部探井 N_2 分布富集特征

2）N_2 纵向分布特征

N_2 在纵向上主要分布于上新统莺歌海组一段（Ny_1）及第四系（Q），N_2 峰值含量分布深度段为 400～1600m（富 CO_2 峰值含量分布深度段为 1200～2340m，层位为上新统莺歌海组），其分布深度及层位均比富 CO_2 气层段浅和新（图 5-27）。N_2 峰值含量深度段范围的 N_2 含量均大于 10%，一般为 12%～54%，最高达 56.8%。在该 N_2 峰值含量深度段以下的上新统莺歌海组二段（Ny_2）及上中新统黄流组（Nh）、中—下中新统梅山组—三亚组（Nm+s），尤其是邻区琼东南盆地古近系渐新统陵水组—崖城组（El+y）等层段的埋藏深度虽然已达 4600m 以下，但均未见含 N_2、富 N_2 天然气分布，其天然气中 N_2 含量均低于 5%（仅极个别深度点 N_2 含量较高），表明该区深部无高含量富 N_2 天然气分布，其中深层（3000m 以下）均为低 N_2 富烃天然气富集带。含 N_2、富 N_2 天然气（$N_2 > 10\%$）除了富集于莺歌海盆地中央泥底辟带超浅层和部分浅层储层段外，其纵向分布尚具有明显的分带分层性特点，在中央泥底辟带西北部东方区（图 5-28），含 N_2、富 N_2 天然气纵向分带自上而下可划分为浅层富 N_2 气与富烃气混合共存带，浅层下组合低 N_2 富烃类气聚集带和中深层（T_{30} 以下）低 N_2 富烃类气聚集带，即该区 N_2 纵向分布具有上高下低的特点。

在中央泥底辟带东南部乐东区（图 5-29），其含 N_2、富 N_2 天然气分布富集特征与东方区基本类似，主要富集于浅层和超浅层，其产出深度浅、层位新，分布最浅仅 392m，地层层位属第四系乐东组。该区含 N_2、富 N_2 天然气纵向分带富集特征自上而下可划分为超浅层富 N_2、富烃气聚集带和浅层低 N_2 含烃气富集带。富 N_2 天然气（$N_2 > 15\%$）主要富集于第四系超浅层的 T_{11}、T_{12}、T_{13}、T_{15}、T_{16}、T_{17} 等储集层段，其 N_2 含量最高达 56.8%，一般为 16.6%～36.3%，T_{17} 储集层段以下则以低 N_2 富烃类气为主，绝大部分储集层段中 N_2 含量均小于 10%。纵向上具上高下低的特点，典型实例是乐东

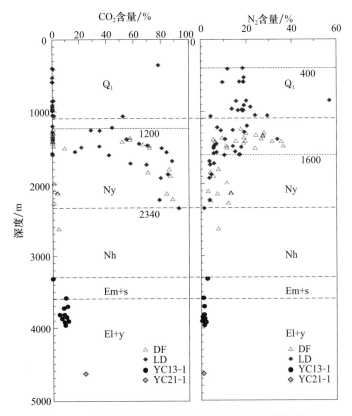

图 5-27　莺-琼盆地天然气藏非烃气纵向分布富集特征

22-1 浅层气藏北块从 T_{20}～T_{11} 储集层段自下而上整个浅层含气带均富含 N_2，且与烃类气伴生，其 N_2 含量大多大于 15%，最高达 23.71%，仅个别井段 N_2 含量较低。

总之，莺歌海盆地中央泥底辟带 N_2 纵向上主要富集于 400～1600m 深度段的第四系中下部及上新统莺歌海组地层的储集层段，而深度大于 1600m 的上中新统黄流组（Nh）、中—下中新统梅山组—三亚组（Nm+s）及古近系陵水组—崖城组（El+y）地层，N_2 含量较低，一般低于 10%，大多数低于 5%。同时，N_2 纵向分布有明显的分带分层与分块性，即 N_2 分布具有上高下低的特点，且局部富集于浅层上组合（东方区）及超浅层（乐东区）与烃类气伴生的天然气富集带中。

3）N_2 与其他气体分布关系

莺歌海盆地中央泥底辟带富氮天然气的富集特征与该区非生物 CO_2 分布规律基本类似，且富氮天然气往往与富烃天然气伴生，而与非生物 CO_2 分布呈相互消长的关系。图 5-30 表明莺歌海盆地中央 N_2 富集，N_2 含量高的气藏储层段非生物 CO_2 含量非常低，而非生物 CO_2 富集的气藏储层段，N_2 含量甚微。典型实例如图 5-30 中的东方 1-1S、N 诸井和乐东 22-1-7 井，这些探井中 N_2 非常富集，N_2 含量最大分别为 71.77% 和 39.66%，一般大于 10%，而非生物 CO_2 含量甚微，分别只有 2.13% 和 1.72%，且一般均小于 3%。

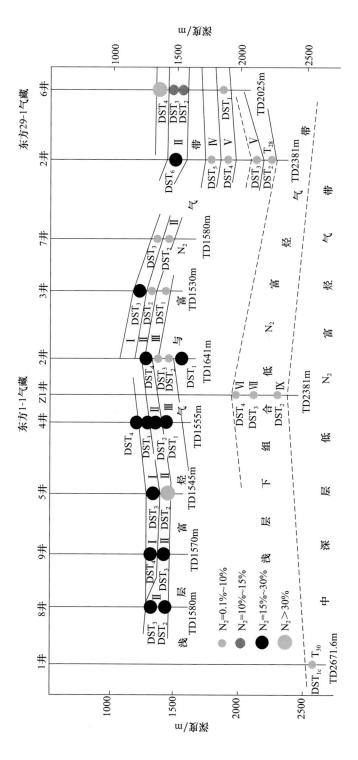

图 5-28 莺歌海盆地中央泥底辟构造带西北部东方区 N₂ 分布富集特征

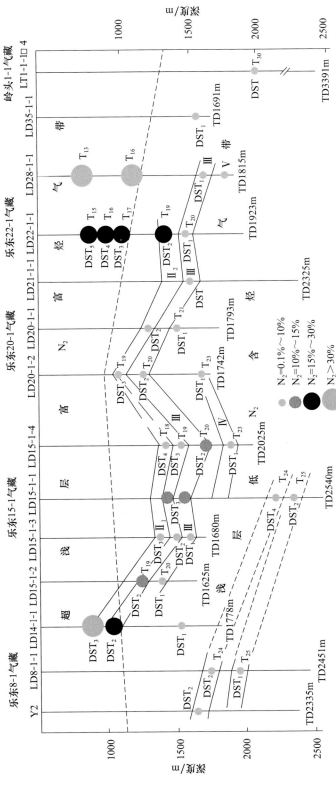

图 5-29 莺歌海盆地泥底辟带东南部乐东区及莺东斜坡带 N₂ 分布富集特征

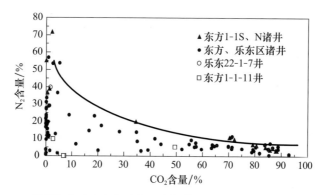

图 5-30　莺歌海盆地中央底辟带天然气藏中 N_2 与 CO_2 分布的消长关系

莺歌海盆地中央泥底辟带浅层富 N_2 天然气常与烃类气伴生,中央泥底辟带西北部的东方 1-1 气藏西块 2 井、4 井、8 井、9 井和东南部乐东 22-1 气藏的北块区烃类气富集,其烃类气含量在天然气组成中均大于 70%,而 N_2 含量在 15% 以上。显然,该区 N_2 与烃类气明显的伴生关系表明两者的成因及来源密切相关。

含气水层或低渗透储集层段中的 N_2 及 CO_2 等非烃气含量相对较高。乐东 15-1-1 井 2335～2340m 井段的高压含气水层段和莺东斜坡带的 LT35-1-1 井 1631～1639.8m 井段含气水层段,非烃气非常丰富,其中 CO_2 含量分别高达 93.02% 和 85.4%;而乐东 14-1-1 井 830～850m 井段的含气水层段天然气组成中非烃气也非常丰富,且以 N_2 居优势, N_2 含量高达 56.80%。东方 29-1-1 井 1400～1419m 低渗储集层的天然气中,非烃气较丰富,且以 N_2 居优势,其 N_2 含量高达 53.62%。不仅莺歌海盆地含气水层储层段中非烃气较富集,而且相邻的琼东南盆地崖南凹陷区含气水层储层段中非烃气含量也较高,其中崖 21-1 低凸起构造带上崖 21-1-3 井含气水层储层段中的非烃气较富集,其 CO_2 含量较高,可达 24.1%。可见该区 CO_2 和 N_2 的富集可能与含水层中水对其溶解性密切相关。

在莺歌海盆地中央泥底辟构造带迄今天然气勘探所发现的气藏及含气构造中, CO_2 和 N_2 含量高低均明显不同,具有明显的分区分块及分层的局部性富集特点,即 CO_2 多富集于相对高陡的正断层上升盘侧的含气储集层段, N_2 则主要分布富集于相对平缓的正断层下降盘侧的含气储集层段,且往往与富烃类气伴生;紧邻大断裂的小断块或断裂复杂、断块破碎的小断块圈闭, CO_2 较富集,而平缓的大断块圈闭, CO_2 含量相对较低,烃类气富集且 N_2 含量相对较高;远离断层的砂体或断块圈闭, CO_2 含量相对较低,而烃类气丰富且 N_2 含量相对较高;天然气充满程度高的断块或砂体圈闭,烃类气富集且 N_2 含量相对较高,而天然气充满程度相对低的断块或砂体圈闭,非烃气较富集, CO_2 含量较高。

总之,南海北部氮气主要富集于莺歌海盆地中央泥底辟带浅层。根据天然气中 N_2 含量高低,可进一步将其划分为低含 N_2 天然气(N_2<10%)、含 N_2 天然气(N_2=10%～15%)、富(高) N_2 天然气(N_2>15%)等 3 种类型,其富集规律可总结为:①含 N_2、富(高) N_2 多具有平面上分区分块和纵向上分带分层等局部性富集特点,且多富集于泥底辟构造带浅层;②天然气中非生物 CO_2 与 N_2 分布具有明显的负相关关系,富 N_2 天然气与烃类气及低

含量有机 CO_2 伴生，高含量非生物 CO_2 则与低含 N_2、含 N_2 天然气伴生；③ N_2 纵向分布富集尚具有上高下低的特点；④莺歌海盆地富 N_2 与高含量非生物 CO_2 主要富集于中央泥底辟带上新统莺歌海组浅层及第四系超浅层，富 N_2 气主要富集于上新统莺歌海组一段—第四系超浅层 400～1600m 深度段，而富 CO_2 气则主要富集于上新统莺歌海组浅层 1040～2340m 层段，其下的深部地层尚无高含量 N_2 及 CO_2 等非烃气分布。

三、非烃气体成藏贡献

1. 非烃气体影响天然气水合物稳定带

非烃气体能单独形成水合物，其中 CO_2 水合物也为 S I 型，且与 CH_4 水合物相比具有较高的热力学稳定性。在自然界中也发现富含 CO_2 的水合物，如 Sakai 等（1990）在冲绳海槽 1350m 深的海底发现富含 CO_2 的天然气水合物，CO_2 占析出气体的 86%。此外，在中美海槽区也发现 CO_2 含量达 23% 的天然气水合物。

含有 CO_2 和 N_2 的天然气在形成水合物时必然与纯 CH_4 水合物的温压条件有所区别，其相平衡曲线也不相同。南海北部陆坡部分天然气藏富含 CO_2、N_2 等非烃组分，当上述气体向上运移，在适当的温压条件下，与水分子结合可形成水合物。为确定 CO_2 等非烃气体对天然气水合物稳定带厚度的影响，根据南海北部 300 多个气体样品的组成特征，同时考虑天然气水合物主要以烃类气体为主（CO_2、N_2 含量不超过 40%）的实际情况，在实验室里配制了几组不同气体组成的样品（表 5-7），在多孔介质条件下模拟水合物形成的温度、压力条件差异，据此探讨非烃气体的成藏贡献。

表 5-7　实验模拟所配制样品的气体组成　　　　　　　　（单位：%）

样品编号	CH_4	C_2H_6	C_3H_8	N_2	CO_2	总计
气样 1	89.18	2.27	0	2.00	6.55	100.00
气样 2	76.58	19.61	0	0.99	2.82	100.00
气样 3	27.48	0.70	0	36.66	35.16	100.00
气样 4	58.26	3.89	2.47	10.05	25.33	100.00

该实验主要研究珠江口盆地水深 600m 海域天然气水合物形成条件及非烃气体对水合物的影响。因此，实验模拟以珠江口盆地的地质地球化学条件为基础。用石英砂模拟多孔介质，若以中粉砂粒径为对象，石英砂颗粒粒径应为 0.01～0.005mm，水体盐度采用 3.5%，最大压力 13MPa，珠江口盆地 600m 水深处的海底温度 5℃ 左右，地温梯度为 3.6℃/100m，则该区海底以下 600m 处的压力为 13MPa，沉积层温度应在 26℃ 左右。

模拟实验结果表明，气体组成不同，其生成水合物的温度和压力变化较大。在盐水条件下，气样 1 形成水合物的温度是 12℃，压力为 87.6atm，而气样 3 以 CO_2 和 N_2 非烃为主，CH_4 含量不到 30%，其形成水合物的最高温度为 11.10℃，压力达到 129.50atm。气样 4 形成水合物的最高温度为 18℃，压力为 78.7atm，这可能跟该样品含有丙烷有关。前人研究表明，气体组成特别是丙烷的加入对形成天然气水合物的温度和压力条件影响较大。

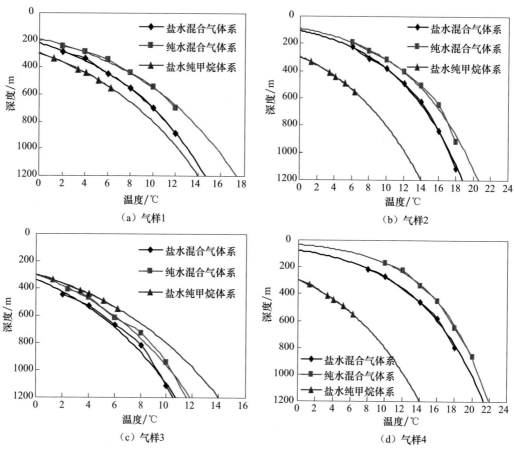

图 5-31 不同气体组分天然气水合物形成相平衡图（气样中的气体组分见表 5-7）

图 5-31 是这 4 个气样形成水合物的温度和深度相平衡图，可以发现，加入其他类型的气体将导致相边界的移动（生成条件变化）。一般来说，当天然气中加入分子量大的碳氢气体时，相边界向高温方向移动；反之则导致相边界向低温方向移动。在同样的温度条件下，CO_2、C_2H_6 和 C_3H_8 形成水合物所需压力比 CH_4 要低，N_2 形成水合物所需压力比 CH_4 要高。也就是说，加入 CO_2、C_2H_6 和 C_3H_8 使相边界向高温方向移动，加入 N_2 使相边界向低温方向移动。在气样 1 中，CO_2 和 C_2H_6 对水合物相边界的影响比 N_2 对水合物相边界的影响大，相边界向高温方向移动。在气样 2 中，C_2H_6 含量增加，N_2 含量降低，相边界向高温方向移动的范围更大（图 5-31）。在气样 3 中，N_2 对水合物相边界的影响比 CO_2 和 C_2H_6 对水合物相边界的影响大，相边界向低温方向移动。气样 4 增加了 C_3H_8 气体，导致天然气水合物从 I 型结构向 II 型结构转变，在同样的温度条件下，II 型结构水合物稳定时所需的压力不到 I 型结构水合物稳定时所需压力的一半，相边界向高温方向发生明显的移动。

结合南海北部底层海水的温度数据，以 3.6℃/100m 作为南海北部沉积层的地温梯度，计算水深超过 900m 时不同 CO_2、N_2 含量的气体形成水合物的稳定层底界深度。结果发现，第一组气体与纯 CH_4 相比，其形成水合物稳定层底界比纯 CH_4

气体下移约 25m（图 5-32），也就是说，天然气水合物稳定带厚度增加了 25m。第二组气样与纯 CH_4 相比，其形成水合物稳定层厚度增加了约 160m。如果 CH_4 含量降低至 58.26%，CO_2 含量增加至 25.33%，在有少量 C_3H_8（2.47%）的条件下（气样 4），即使 N_2 增加至 10.05%，与纯 CH_4 相比，其形成水合物稳定层厚度增加约 240m。第三组气样 N_2 含量增加至 36.66%，尽管 CO_2 含量为 35.15%，其生成水合物的最高温度也减小至 9.5℃。与纯 CH_4 相比，其形成水合物稳定层厚度减小约 110m。

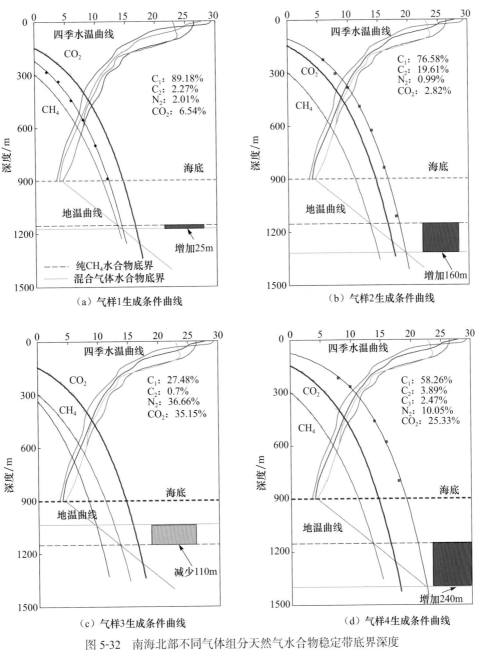

图 5-32　南海北部不同气体组分天然气水合物稳定带底界深度

模拟实验表明不同非烃组成对水合物的形成条件及其赋存深度有显著影响。N_2 含量增加，其形成水合物的温度左移，从而使水合物稳定带的底界上移，与纯甲烷水合物相比，其水合物稳定带底界深度变浅。而 CO_2 组分的加入使得天然气水合物稳定带厚度比纯 CH_4 水合物稳定带厚度增加，稳定带底界向深部加深，从而拓展了天然气水合物赋存的空间。

2. CO_2 为微生物甲烷提供潜在碳源

微生物甲烷主要由 CO_2 还原和醋酸根发酵两种作用形成，在湖泊等淡水环境中以醋酸盐类的发酵作用为主，而在海洋环境中则以 CO_2 的还原作用为主。微生物作用将 CO_2 还原成 CH_4（$4H_2 + CO_2 \longrightarrow CH_4 + 2H_2O$）。海底浅层沉积物中有机质丰度决定 CO_2 含量，从而制约微生物甲烷的生成量。

南海北部陆坡高含 CO_2 天然气藏大多与泥底辟、泥火山和深部断裂有关，这些天然气藏中高丰度的 CO_2 如果渗漏、运移到浅部，在适宜的条件下可能经由微生物作用，还原生成 CH_4，从而形成 CH_4 水合物。Paull 等（1991）对布莱克海台水合物中 CH_4、CO_2 气体同位素组成进行研究，根据 CH_4 和 CO_2 的 $\delta^{13}C$ 随深度的变化及模拟计算，认为有深部向上迁移的 CO_2 被还原成 CH_4。如果这种情况真的发生，南海北部陆坡区天然气藏中的 CO_2 有可能是海底沉积物微生物甲烷的潜在碳源。

3. CO_2 对 CH_4 水合物置换作用

CO_2 水合物形成条件比 CH_4 水合物相对容易，且比 CH_4 水合物更稳定，从而有科学家提出将 CO_2 液化注入海底，以 CO_2 水合物的形式储存起来，从而应对严峻的全球暖化危机，这也是 CO_2 置换法开采 CH_4 水合物的理论基础。在一定的温度条件下，CH_4 水合物保持稳定需要的压力比 CO_2 水合物更高。因此在某一特定的压力范围内，CH_4 水合物会分解，而 CO_2 水合物则易于形成并保持稳定。如果此时向 CH_4 水合物层内注入 CO_2 气体，CO_2 气体就可能与 CH_4 水合物分解出的水生成 CO_2 水合物。CH_4 水合物分解所需的热量为 54.49kJ/mol，CO_2 水合物生成放出的热量为 57.98kJ/mol，这种作用释放出的热量可使甲烷水合物的分解反应得以持续进行下去。

若深部天然气藏发生强渗漏，高含 CO_2 的天然气经由断层直通浅层沉积物，此时由深部气藏运来的 CO_2 就像人工注入 CO_2 一样，如果这些 CO_2 进入甲烷水合物层，CO_2 与 H_2O 结合形成水合物，放出热量，CH_4 水合物分解，置换作用发生。

第三节　南海北部天然气水合物分解事件

一、天然气水合物分解事件

海底天然气水合物的稳定域受温度、压力、自身结构等诸多因素的影响而呈动态变化，海洋底水温度的增加、海平面变化、海底滑塌等地质灾害或者沉积速率的迅速变化等都有可能引起海底天然气水合物失稳。天然气水合物的失稳分解将向海洋或大气释放甲烷气体（Kvenvolden, 1988），甲烷气体的温室效应是 CO_2 的 20～30 倍。研究表明地质历史时期天然气水合物分解释放甲烷是全球气候变化的重要影响因素之一（Kvenvolden, 1988; Nisbet, 1990; Paull et al., 1991; Harvey and Huang, 1995），天然气水合物的分解还可能诱发海底地质灾害，如海底滑坡、滑塌等。Dickens 等（1995）提出天然气水合物分解假说，认为晚古新世温度峰值事件（the latest paleocene thermal maximum, LPTM, 约 55Ma）是由海底天然气水合物大规模分解释放甲烷造成的。随后的许多研究认为新元古代晚期、二叠纪—三叠纪之交、早侏罗土阿辛期（Hesselbo et al, 2000）、晚侏罗世牛津期、早白垩世阿普特期和阿尔布期、古新世—始新世、上新世—更新世（Bhaumik and Gupta, 2007）、末次冰盛期（Nisbet, 2002）、第四纪间冰阶存在天然气水合物大规模分解释放甲烷气体事件，且与全球气候变化旋回有很好的对应关系。

一般认为沉积层中天然气水合物分解，甲烷 $\delta^{13}C$ 稳定碳同位素呈负偏现象（Jenkyns and Clayton, 1997; Harries and Little, 1999），这是由于天然气水合物中甲烷富集轻碳（$\delta^{13}C \approx -60‰$），在短暂时间内（约 1 万年）天然气水合物储库分解释放约 1/10，可导致全球海相和陆相碳库（碳酸盐岩、有机质等）的碳同位素陡然偏移 $-3‰ \sim -2‰$（Dickens et al., 1995）。而有机碳（$\delta^{13}C \approx -25‰$）氧化或火山喷发（$\delta^{13}C \approx -5‰$）产生的 CO_2 在如此短暂的时间内很难引起如此大幅度的负向偏移。此外，现代海底甲烷释放相关的冷泉碳酸盐岩的沉积和地球化学特征为在重大地质事件层中寻找天然气水合物分解释放甲烷间接留下的踪迹。冷泉碳酸盐岩是海底冷泉渗漏活动区甲烷等碳氢化合物在甲烷氧化古细菌和硫酸盐还原菌等微生物的缺氧氧化作用下形成的产物，一般具有特别负的碳同位素值（$\delta^{13}C < -15‰$），常发育一些特殊的结构构造，如平顶晶洞、草莓状黄铁矿、藻纹层结构和结晶扇（如文石扇、重晶石扇）等。且甲烷氧化古细菌和硫酸盐还原菌等微生物可在天然气水合物和冷泉碳酸盐岩等沉积物中残留特殊的生物标志化合物，能够指示甲烷的渗漏活动。还有一些研究认为氧同位素偏重的菱铁矿（Matsumoto, 1989）和成岩白云岩也可作为天然气水合物分解的重要证据。近年来愈来愈多的研究发现在末次冰盛期沉积物中底栖有孔虫的 $\delta^{13}C$ 数值异常负偏（Matsumoto et al., 2009），可能是由于末次冰盛期海平面降低，天然气水合物分解产生大量甲烷。

对南海岩心样品（"973" 航次）进行地球化学和微生物等多学科交叉研究，揭示我国南海存在冷泉碳酸盐、碳酸盐结壳，自生黄铁矿的生成，同时还发现脂肪酸甲酯、微生物菌群结构，以及有孔虫碳、氧同位素特征标志，反映了在新仙女木末期，南海北部天然气水合物可能发生了一次较大规模的分解释放事件，在南海沉积物中留下诸多痕迹。

二、南海天然气水合物分解证据

1. 冷泉碳酸盐

冷泉碳酸盐是在甲烷氧化古细菌和硫酸盐还原菌共同作用下，甲烷厌氧氧化过程（anaerobic oxidation of methane，AOM）的产物，在全球现代和古代海洋冷泉渗漏环境中被广泛观测到。其碳同位素组成继承了碳源的 $\delta^{13}C$ 特征，因此成为冷泉渗漏的环境指标（Roberts and Aharon, 1994; Peckmann and Thiel, 2004）。调查发现南海东沙海域九龙甲烷礁（约 430km^2）的大型碳酸盐结壳，其碳酸盐异常贫 ^{13}C，δ^{13}C 值介于 -35.7‰～-57.5‰（PDB）（Han et al.，2008），测年结果显示形成于 45ka B.P.，表明此区曾发生持续的微生物成因甲烷释放；在东沙海域西南部发现冷泉碳酸盐结核（陈忠等，2006），在西沙海槽发现流体渗漏形成的自生碳酸盐，在珠江口盆地白云凹陷也发现生物碳酸盐岩（图 5-33），这些都反映了南海海域可能存在天然气水合物的分解或大量释放事件。

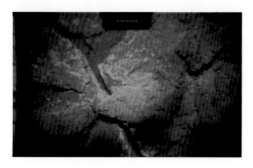

（a）九龙甲烷礁活动冷泉（Han et al.，2008）

（b）九龙甲烷礁碳酸盐结壳（黄永样等，2008）

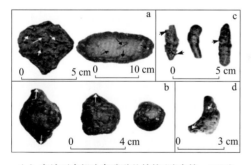

（c）东沙西南部冷泉碳酸盐结核（陈忠等，2006）

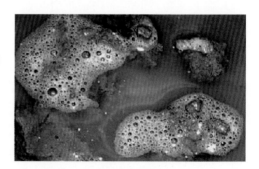

（d）西沙海槽

图 5-33　南海发育的冷泉碳酸盐

2. 有孔虫碳同位素负偏特征

底栖有孔虫因其在海洋水体中分布范围广，对不同生态因素具有高敏感性，形态特征具有多样性，是很好的化石记录者，在古气候重建和大洋环境变化方面具有很好的应用潜力（Bhaumik and Gupta，2007）。国外研究表明甲烷渗漏环境下的有孔虫碳同位素在 -12‰～-1‰（Gupta and Aharon，1994；图 5-34），在甲烷喷溢口附近有孔虫碳同位素甚至负偏至 -53‰。在南海北部台西南地区、东沙或神狐海域，不同地质时期天然气水合物分解引起的有孔虫碳同位素负偏与低生产力环境、吞噬强还原环境中的嗜甲烷菌及早期成岩作用有关，但这些推测并不能完整地解释晚第四纪以来不同气候环境下有孔虫碳氧同位素呈现明显差别的根本原因（陆红锋等，2005；王淑红等，2010；叶黎明等，2013；陈芳等，2014，2015）。底栖有孔虫主要生活在沉积物-海水界面处，其同位素组成受底层海水和孔隙水中溶解无机碳的影响。有孔虫生活环境中的孔隙水 δ^{13}C 变化（Bernhard et al.，1997）、种间生物分馏差异或两者共同作用都

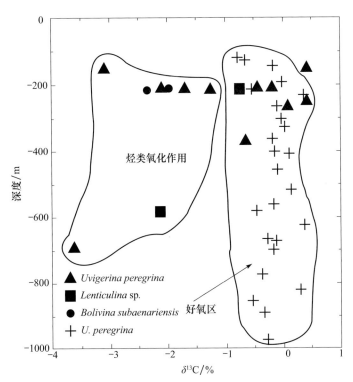

图 5-34　墨西哥湾北部陆坡甲烷渗漏环境和非甲烷渗漏环境中底栖有孔虫 $\delta^{13}C$ 值

（据 Gupta and Aharon, 1994 修改）

会导致底栖有孔虫的 $\delta^{13}C$ 波动。因此，选择单一种 *Uvigerina* sp. 作 $\delta^{13}C$ 分析，避免种间分馏差异造成的影响。对南海北部陆坡东沙海域 ZD2、ZD3 和神狐海域 ZS5 柱样中的底栖有孔虫 *Uvigerina* sp.（直径在 0.25～0.35mm 的个体）进行 $\delta^{13}C$ 分析，同时测试相应层位的浮游有孔虫 *Globigernoides ruber*（直径在 0.25～0.35mm 间的个体）的 $\delta^{18}O$ 来反映海平面变化，结果显示 $\delta^{13}C$ 值介于 -2.12‰～-0.21‰，$\delta^{18}O$ 介于 -3.11‰～-0.60‰（图 5-35），在海洋氧同位素 II 期（冷期，约 11.5ka B.P. 至约 23 ka B.P.）底栖有孔虫的 $\delta^{13}C$ 值出现约为 -2‰ 的负偏，且 $\delta^{13}C$ 最小值出现的层位与 Bølling/Allerød 间冰阶温暖事件对应（约 14.6 ka B.P.）。

有孔虫碳同位素值负偏现象分别在 ZD3 柱样 250～660cm、ZS5 柱样的 160～360cm 和 810cm 层位出现，这些层位分别对应于氧同位素 II 和 IV（冷期）。类似的现象在墨西哥湾、布莱克海岭、鄂霍次克海、冲绳海槽和其他一些水合物分布区域的晚第四纪沉积物中均有发现，其有孔虫 $\delta^{13}C$ 负偏约 -2‰。这些均被认为是天然气水合物分解释放大量甲烷的结果。水合物分解释放的 CH_4 在沉积物孔隙流体中通过厌氧细菌或好氧细菌作用迅速氧化为 CO_2，这些由于 CH_4 氧化产生的 CO_2 的 $\delta^{13}C$ 值比 CH_4 碳源的 $\delta^{13}C$ 值更低。

天然气水合物的分解可能由于海平面下降导致的海底压力降低或底水温度升高等因素引起。圣巴巴拉盆地过去 6 万年来底栖有孔虫的 $\delta^{13}C$ 变化趋势，与格陵兰冰心

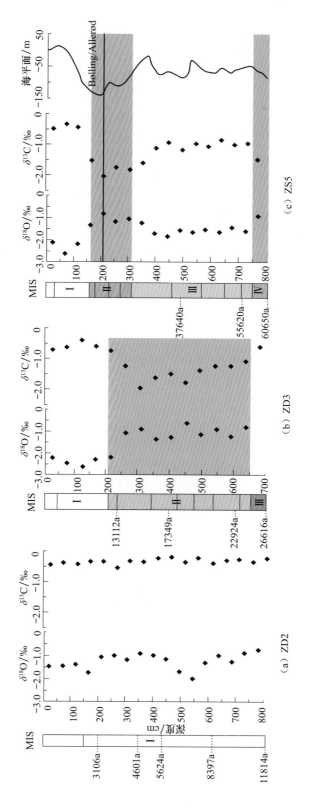

图5-35 南海ZD2、ZD3、ZS5钻孔有孔虫同位素组成

（GRIP）反映出的末次冰期一系列千年级的、快速的、大幅度的冷暖变化事件相吻合，即表现出与 Dansgaard-Oeschger 旋回一致的千年尺度的波动，部分大的快速波动其 $\delta^{13}C$ 负偏达到 -6‰。尽管图 5-36 的数据没有呈现明显的波动特征，但同位素数据显示在氧同位素 II 期发生明显的 $\delta^{13}C$ 负偏，且 $\delta^{13}C$ 最小值出现的层位对应于 Bølling/Allerød 温暖期。原因可能是：① ZD2、ZD3、ZS5 的数据分辨率不足以反映千年尺度的变化；②在间冰期，因海平面下降而引起的压力降低与底水温度升高两种因素均对南海北部水合物分解产生影响。在氧同位素 II 期，海平面高度为 -125m±4m，远低于现今的海平面（Yokoyama et al., 2001），海底压力下降了 13atm（Emeryet al., 1971），这可能打破水合物稳定带的平衡，导致天然气水合物分解。在 14.6～13.0ka 发生了伴随着海平面迅速上升的一次气候变暖，即 Bølling/Allerød 事件，与之相应的是格陵兰冰心中记录了高甲烷浓度（Blunier, 2000）。Nisbet（2002）认为地质体中的甲烷排放可能在 Bølling/Allerød 暖期的开始和新仙女木事件的结束等冰期突然终止过程中起很大作用。然而 $\delta^{13}C$ 发生负偏移的程度并没有其他一些区域那么强，表明该研究区水合物分解释放乃至水合物藏的总量相对较小。有研究表明，底栖有孔虫部分物种在甲烷渗漏环境非常丰富，而有些物种与海底沉积物中较高有机质含量密切相关（Bhaumik and Gupta, 2007）。一般生活在富有机质环境中的底栖有孔虫 Uvigerina spp. 在 ZD2、ZD3 和 ZS5 岩心的不同深度均有分布，同样反映出研究区为非典型甲烷渗漏环境和甲烷通量不高的特征。

3. 脂肪酸甲酯

生物标志物是一种较新的生物地球化学指标，有特定的生物来源，能够被保存在岩石和沉积物中，在海洋和环境研究中被广泛应用于百万年至十亿年时间范围的古微生物系统和古环境条件的重建（Brocks et al., 2005）。生物标志物研究表明脂类化合物的分布特征，如烷烃、藿烷类、甾烷类、酯等（Dinel et al., 1990; Ekpo et al., 2005; Wang et al., 2010）能很好地运用于有机质来源和转化的研究。脂类生物标志物和其同位素组成反映物源贡献和成岩变化。在沉积物早期成岩作用过程中，与天然气水合物形成与分解密切相关的硫酸盐还原作用、甲烷厌氧氧化作用、产甲烷作用及其他微生物活动会使沉积有机质发生转化或产生新的有机质（Hoehler et al., 1994; Hallam et al., 2004），也将反应在沉积有机质的生物标志物差异上。

利用南海北部的沉积物样品，采用全组分 GC-MS 分析，均检出一组丰度较高的具偶碳优势的脂肪酸甲酯化合物（n-FAMEs），其结合的脂肪酸碳数范围为 C_{14}～C_{32}，以 C_{16} 脂肪酸甲酯为主峰，质量色谱图（m/z 74）见图 5-36 和图 5-37。虽然在有机质提取过程中加入甲醇作为溶剂，但在没有催化剂的情况下脂肪酸几乎不与甲醇发生反应。在近现代沉积物、泥炭、煤和原油等地质体中，类脂化合物通常以烃类和酸、醇、醛、酮等非烃的形式存在，其中检出以脂肪酸甲酯形式存在的脂肪酸化合物鲜有报道，且认为生物体中不存在纯粹的长链脂肪酸甲酯化合物。目前也尚未找到关于生物体中存在长链脂肪酸甲酯化合物的报道。近年来人们从湖泊沉积物、泥炭、侏罗纪沉积有机质中发现脂肪酸甲酯（瞿文川和张平中，1999；妥进才等，2006；Wang et al., 2010）。对南海北部沉积物样品中的脂肪酸甲酯进行分析，结果显示脂肪酸甲酯的分布特征与正构烷烃分布

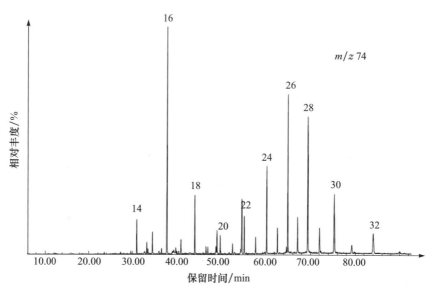

图 5-36　脂肪酸甲酯质量色谱图（ m/z 74）

图中各峰上标明的数字表示与甲基酯结合的脂肪酸碳链的长度

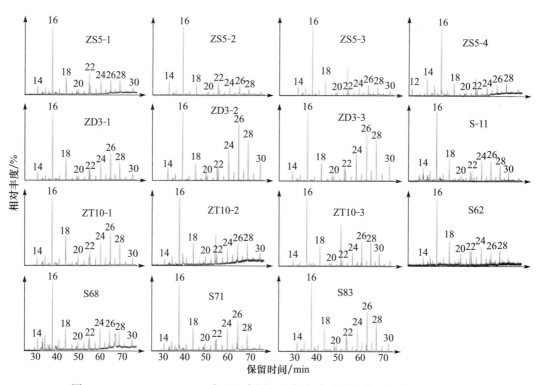

图 5-37　ZS5、ZD3、ZT10 岩心和表层沉积物脂肪酸甲酯质量色谱图（ m/z 74）

不同，这与前人（Wang et al., 2010）研究结果一致，并认为脂肪酸甲酯是早期成岩作用过程中生物地球化学活动的主要产物。

在南海沉积物中检测出的脂肪酸甲酯的分布特征与向明菊和史继扬（1997）、Hu 等（2002）、Shintani 等（2011）分别报道的南海沉积物中脂肪酸的分布特征基本一致（图 5-38）。

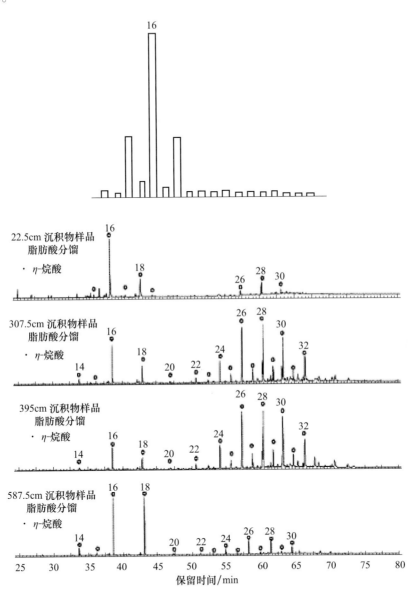

图 5-38　南海沉积物中脂肪酸分布特征（向明菊和史继扬，1997; Hu et al., 2002）

正构脂肪酸是酸馏分的主要成分，并呈双峰-前峰高型分布，主峰碳分别为 C_{16} 和 C_{26}（或 C_{28}）。长链脂肪酸（$\geqslant C_{22}$）指示陆生高等植物来源，而低碳数脂肪酸（$C_{14} \sim C_{22}$）主要源于藻类，但 C_{16} 和 C_{18} 正构脂肪酸普遍存在于微生物和高等植物中。研究中发现的南海沉积物脂肪酸甲酯同样呈双峰-前峰高型分布，以 C_{16} 为主峰碳。脂肪酸甲酯碳优势指数 CPI_E 值介于 0.18～0.33，呈显著的偶碳优势。低碳数／高碳数脂肪酸甲酯丰度比值 L/H 为 0.48~2.40，反映其物质来源存在一定差异。因此脂肪酸甲酯和脂肪酸可能具有同源性。妥进才等（2006）在鄂尔多斯盆地侏罗系地层中检测到一组脂肪酸甲酯，研究发现其与样品中正构烷烃系列化合物具有相似的分布特征和单体碳同位素组成，认为脂肪酸甲酯系列化合物很可能是正构烷烃系列化合物十分重要的母质来源。同时，已有研究表明脂肪酸是正构烷烃的重要来源，广泛分布于浮游植物、浮游动物和高等植物中。此外尚未看到任何关于生物体中直接存在长链脂肪酸甲酯的报道。种种证据表明，脂肪酸可能是脂肪酸甲酯的生物前体来源。因此脂肪酸甲酯可能产生于脂肪酸的甲酯化过程。这与实验结果中正构烷烃同样来源于脂肪酸，但与脂肪酸甲酯具有不同的分布特征并不矛盾，因为脂肪酸并非正构烷烃的唯一来源。

脂肪酸广泛存在于沉积物中，是否具有合适的甲酯化条件及作为甲酯化主体的甲氧基来源是其控制因素。甲氧基供体（CH_3—O—）包括甲醇（van Leerdam et al., 2006）和甲氧基化的芳香烃化合物，如木质素单体。尽管全球海洋来源的甲醇的量难以估算，海水和沉积物中直接观测到甲醇的报道也鲜见，但很多关于海洋中形成甲醇的研究已发表。Zehnder 和 Brock（1979）的实验证实在厌氧培养条件下，产甲烷古菌（如 *Methanosarcina barkeri*）在反应过程中会产生乙酸和甲醇。Xin 等（2004）和 Lee 等（2004）研究发现，在限氧条件下，甲烷氧化菌能利用甲烷生成甲醇。在对甲烷厌氧氧化作用的新陈代谢途径现有认识的基础上，研究者认为逆产甲烷过程同时存在，该过程是在酶系统作用下将 R—CH_3 厌氧氧化为 CO_2（Hinrichs and Boetius, 2002）。因此 R—CH_3 可以是甲烷或其他潜在的中间基质（如甲醇），它们在古菌和细菌群落间互相转换，从而将甲烷氧化和硫酸盐还原耦合起来，但这些中间基质（如 H_2+CO_2、乙酸盐、甲酸盐、甲醇等）目前尚未被确认。Elliot 和 Rowland（1995）提出浮游植物释放出的甲基氯的水解过程可产生甲醇。这些都有可能为脂肪酸甲酯化所需的甲醇提供基础。与甲烷厌氧氧化和硫酸盐还原作用有关的甲烷氧化菌和产甲烷古菌产生甲醇的过程是沉积物中甲氧基供体来源的主要途径，而甲基氯水解途径主要发生在海洋上层水体中。脂肪酸甲酯具有化合物不稳定性，容易在酸性条件下发生水解生成脂肪酸和甲醇，在碱性条件下则转化成脂肪酸盐。甲烷厌氧氧化作用（$CH_4+SO_4^{2-} \longrightarrow HCO_3^-+HS^-+H_2O$）产生的碳酸氢盐和碱度使得沉积物中呈弱碱性条件，为脂肪酸甲酯的稳定存在提供基础。

采用峰面积积分方法计算各类类脂化合物的百分比含量（表 5-8），结果显示：脂肪酸甲酯的相对含量为 4.56%~42.10%，ZD3 和 ZS5 柱样随深度变化明显，分别在 ZD3-2（400~420cm）和 ZS5-2（241~291cm）层位达到最大值。这与先前关于该柱样底栖有孔虫研究中碳同位素异常的层位一致。该研究结果表明，底栖有孔虫碳同位素组成在 ZD3 柱样的 250~660cm 和 ZS5 柱样的 160~360cm 层位（对应于氧同位素 II 期）发生负偏移，并认为是天然气水合物失稳分解释放出大量具有较轻碳同位素组成的甲烷的结果。在氧同位素 II 期的天然气水合物分解释放事件中，大量的 CH_4 和 H_2O 被释放进入沉积物和上覆水体（Paull et al., 1991; Dickens et al., 1995）。此外，大量莓状黄铁矿在 ZD-3 柱样的 350~500cm 和 ZS-5 柱样的 200~300cm 层位被发现，同样被认为是该时期天然气水合物分解释放的证据。水合物分解释放的甲烷和冷泉渗漏甲烷的大量加入，能加速甲烷厌氧氧化作用，促进甲醇等中间产物生成，从而为脂肪酸甲酯化提供甲氧基供体，使脂肪酸甲酯的含量增高，并对应于浅的硫酸盐-甲烷界面 SMI。大量淡水向上扩散将降低孔隙水中氯离子浓度，这被岩心中孔隙水 Cl⁻ 和 SO₄²⁻ 剖面变化所证实（图 5-39）。表层样 S83 和 ZT10-1 脂肪酸甲酯含量明显大于其他站位，可能指示该站位更高的甲烷通量（表 5-8）。

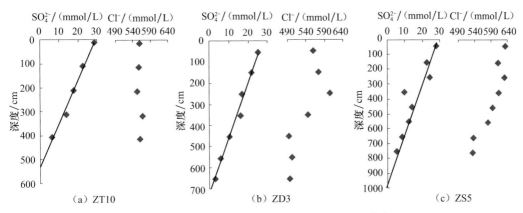

图 5-39　南海北部沉积物岩心中孔隙水 Cl⁻ 和 SO₄²⁻ 剖面

表 5-8　南海北部浅表层沉积物中脂肪酸甲酯参数

表层沉积物	采样站位水深 /m	层位 /cm	百分比含量		FAME 参数	
			85%	74%	L/H	CPI_E
ZS5-1		70～110	65.72	11.73	1.45	0.26
ZS5-2	1300	241～291	68.82	13.80	2.40	0.19
ZS5-3		551～591	53.12	10.85	1.86	0.25
ZS5-4		781～811	53.36	9.48	2.39	0.26
ZD3-1		100～150	52.27	24.41	0.96	0.26
ZD3-2	2115	400～420	45.89	42.10	0.48	0.19
ZD3-3		690～736	57.27	29.57	0.51	0.21
ZT10-1		表层沉积物	60.9	31.13	0.90	0.27
ZT10-2	2807	160～200	91.49	4.56	1.19	0.30
ZT10-3		350～390	63.62	14.76	0.89	0.18
S11	2801	表层沉积物	38.81	16.82	1.19	0.22
S62	1880	表层沉积物	56.81	9.39	1.53	0.21
S68	158	表层沉积物	67.97	13.40	1.16	0.33
S71	403	表层沉积物	71.21	18.26	1.03	0.25
S83	3674	表层沉积物	57.61	36.32	0.76	0.26

注：85% 为正构烷烃百分含量；74% 为脂肪酸甲酯百分含量；L/H 为低碳数与高碳数脂肪酸甲酯丰度比值；CPI_E 为脂肪酸甲酯碳优势指数。

4. 自生黄铁矿

黄铁矿主要通过亚铁离子（Fe^{2+}）与硫化物（H_2S）之间的反应生成，反应式为：$Fe^{2+}+H_2S+2OH^- \longrightarrow FeS+2H_2O$；$FeS+H_2S \longrightarrow FeS_2+2H^+$（Howarth，1979）。在硫酸盐还原菌的作用下，一般的海洋沉积物中硫酸盐与有机质的反应提供黄铁矿形成所需的 H_2S：$2CH_2O+SO_4^{2-} \longrightarrow 2HCO_3^-+H_2S$（Borowski et al.，1996），此时黄铁矿的含量受可降解有机质、溶解性硫酸盐和活性碎屑铁矿物供给的限制。而在相对高气体通量的区域，甲烷厌氧氧化作用替代有机质的氧化作用成为主导。这是因为利用甲烷作为电子供体（还原剂）的反应 $CH_4+SO_4^{2-} \longrightarrow HCO_3^-+HS^-+H_2O$ 比利用有机质所需消耗的能量更少（Dickens，2001；Collett et al.，2005）。在甲烷氧化古菌和硫酸盐还原菌协同代谢作用下，黄铁矿被发现形成于冷泉碳酸盐中，冷泉碳酸盐通常出现在海底赋存天然气水合物的区域或气体渗漏区域。结晶形成的黄铁矿一般为立方晶体结构，而细菌作用形成的黄铁矿一般为球状和棒状结构（Chen et al.，2006）。

利用来自南海北部陆坡的 3 根沉积物岩心 3B、5A、6B，通过扫描电镜（scanning electron microscope，SEM）观察显示，3B 站位的黄铁矿大多为莓球状集合体［图 5-40（a）］，有一部分管状黄铁矿集合体，也有有孔虫生物内膜状的黄铁矿，还有特别少量的无机成因的立方体状集合体［图 5-40（b）］，3B 站位黄铁矿集合体粒径比 5A 站位小［图 5-40（a），图 5-40（f）］。管状黄铁矿集合体的出现被认为是沿着沉积物中微小管道矿化而成，这些管道可能是气体或流体上升和扩散的通道（陆红锋等，2007），暗示该区下伏沉积层中天然气水合物释放的烃类气体通过裂隙通道上溢至浅表层，形成甲烷渗漏环境。5A 站位微生物成因的莓球状集合体由大量正八面体粒状黄铁矿微晶组成［图 5-40（c），图 5-40（d）］，八面体微晶多成无规律的紧密排列，其间不存在胶结基质，没有其他物质相联结，是细菌细胞被石化过程的产物（陈祈等，2007）。这种黄铁矿大量出现，指示黄铁矿形成过程中古甲烷菌和硫酸盐还原菌的作用强烈。由于现代海洋沉积物中莓球状黄铁矿的粒度大小、含量变化及微晶特征反映当时沉积环境的氧化还原状态（Wilkin and Barnes，1997；陈祈等，2007），且 5A 站位的自形微晶正八面体单体粒径较大［图 5-40（c）］，基本形态也为莓球状集合体［图 5-40（f）］，说明其地层曾处于强还原环境下。6B 站位黄铁矿集合体为团块状［图 5-40（e）］，大部分为单晶集合体，含量与其他两个站位的同层位处相比较少。这些岩心层位与 $\delta^{13}C$ 负偏及脂肪酸甲酯相对含量高的层位对应，表明黄铁矿由细菌作用形成，此区域在该时期曾发生大量甲烷扩散。

5. 磁化率异常

具有高磁化率特征的磁性矿物磁铁矿（Fe_3O_4）通常是海洋沉积物中的主要碎屑矿物之一。黄铁矿的形成伴随着硫酸盐还原菌作用协助下磁铁矿的还原（$Fe_3O_4+6H^+ +2HS^- \longrightarrow 2Fe^{2+}+4H_2O+FeS_2$），从而使沉积物的磁性降低。因此，沉积物岩心的磁化率变化规律能反映甲烷渗漏引起的沉积学和矿物学变化（Novosel et al.，2005）。陈忠等（2010）对采自东沙海域的 08CF7 岩心的 331 个沉积物样品进行分析，此采样站位位于南海北部，靠近 ZS-5 站位。其结果显示沉积物岩心的磁化率呈突变式变化，从 210cm 处的 21.51×10^{-6}SI 快速降低至 240cm 的 6.15×10^{-6}SI，在 240cm 以深的沉积物中，磁

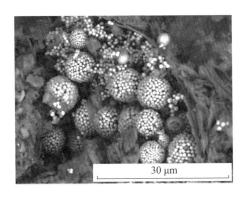

（a）莓球状黄铁矿（3B站位，350cm层）

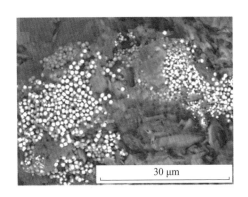

（b）立方体状黄铁矿（5A站位，610cm层）

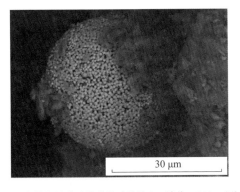

（c）大粒径的莓球状黄铁矿单体（5A站位，710cm层）

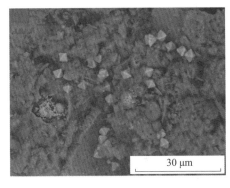

（d）自形晶正八面体单体（5A站位，460cm层）

（e）团块状黄铁矿集合体微晶结构（6B站位，170cm层）

（f）莓球状集合体的微晶结构（3B站位，350cm层）

图 5-40 南海北部柱状沉积物中自生黄铁矿形貌特征

化率呈小幅度直线式变化，发现其磁化率特征与硫酸盐富集带、甲烷–硫酸盐转换界面（SMT）上部过渡带及 SMT 相对应（陈忠等，2010）。这与 Novosel 等（2005）对卡斯凯迪亚北部增生楔沉积的磁化率特征相似，即低磁化率的层位与自生黄铁矿的存在对应。天然气水合物分解释放大量甲烷气体，与 SO_4^{2-} 反应生成 HS^-（$SO_4^{2-}+CH_4\longrightarrow HS^-+HCO_3^-+H_2O$），从而促进黄铁矿的生成，同时磁铁矿被反应消耗，是沉积物磁性减弱的原因。

6. 微生物群落结构特征

海底天然气水合物作为地球上一个巨大甲烷库，其生成、分解受微生物产甲烷和甲烷厌氧氧化作用的重要影响（Boetius et al., 2000）。利用微生物群落结构和标志类群可以研究天然气水合物的成藏过程。Bidle 等（1999）在卡斯凯迪亚（ODP 892B 站位）天然气水合物赋存区沉积物中发现多种硫代谢菌、产甲烷菌（如 *Methanosarcinaceae*）和甲烷氧化菌（如 *Methylocaldum*）。在 Haakon Mosby 泥火山主要发育 3 种菌：好氧甲烷氧化细菌 *Methylococcales*、厌氧甲烷氧化古菌 ANME-2 和 ANME-3，并且由于孔隙流体中硫酸盐和自由氧的向上扩散，抑制了甲烷氧化电子受体的可利用性，进而限制了甲烷氧化菌的栖息范围。也有学者利用 16S rRNA 和原位荧光杂交调查 Haakon Mosby 泥火山的微生物群落结构，结果显示，在火山中心 500m 直径范围内，主要是好氧细菌氧化甲烷反应，优势菌为 *Methylobacter* 和 *Methylophaga*；而 ANME-3 与 *Desulfobulbus* 的聚集体联合驱动了甲烷厌氧氧化反应。这些研究成果丰富了对天然气水合物相关沉积物中微生物多样性的了解，但有关古菌类群的代谢机理有待系统深入的研究（Alperin and Hoehler, 2010）。

近年来，张勇等（2010）分析了南海北部神狐海域表层沉积物中古菌多样性特征，发现泉古菌以 C_3 为主要类群，广古菌以 Marine Benthic Group（MBG）-D 为主。张浩等（2013）指出，西沙群岛海域表层沉积物中泉古菌为主要门类，其中 Marine Crenarchaeotic Group I（MGI）为主要类群；细菌的多样性明显高于古菌。当前，南海不同海域沉积物微生物群落结构调查受到科学界广泛关注，但我国利用地质微生物识别天然气水合物的研究还处于起步阶段（苏新等，2010）。因此利用基于 16S rDNA 的分子生物学技术，作者调查了南海北部台西南海域天然气水合物潜在区 973-4 岩心的细菌和古菌群落结构，以探讨微生物群落结构对天然气水合物成藏的指示作用。

973-4 站位位于南海北部台西南海域九龙甲烷礁附近（21°54.3247′ N, 118°49.0818′ E），水深 1666m，岩心长 13.95m。按最大取样密度对岩心样品进行分割，测定不同深度的古菌群落结构。具体方法如下。

（1）称取 1g 沉积物样品，使用 Power Soil DNA Isolation Kit 试剂盒进行 DNA 提取。

（2）以提取到的 DNA 样品为模板，进行聚合酶链式反应（PCR）扩增。

（3）将扩增产物送至上海生工生物工程有限公司进行测序。

（4）将测得的细菌和古菌序列在 NCBI 上进行序列比对，查找同源性较高的菌种。

利用已测得的硫酸盐-甲烷转换带数据（小于 900cm），973-4 站位岩心分为 3 个层位 12 个不同深度：表层 20～382cm、SMTZ 552～796cm 和深层 862～1196cm，进行古菌群落结构的探讨（图 5-41）。

1）细菌

973-4 站位岩心中，变形杆菌（*Proteobacteria*）为主要菌群，其次为厚壁菌（*Firmicutes*）、放线菌（*Actinobacteria*）、绿弯菌（*Chloroflexi*）、硫酸盐还原菌和部分未培养细菌［图 5-42（a）］。在表层沉积物中占据主导地位的是 δ-*Proteobacteria*，次之为 α-*Proteobacteria*、γ-*Proteobacteria*、*Firmicutes* 和硫酸盐还原菌。在硫酸盐-甲烷转换带，δ-*Proteobacteria*、α-*Proteobacteria*、γ-*Proteobacteria* 为优势菌，次之为 *Actinobacteria*。

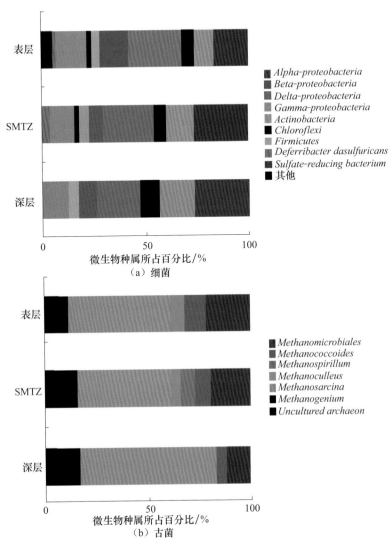

图 5-41 973-4 站位沉积物中细菌和古菌群落结构

深层的优势菌为 α-*proteobacteria*、γ-*Proteobacteria*，次之为 *Actinobacteria*。

变形杆菌（*Proteobacteria*）是海洋沉积物中广泛分布的菌种，在太平洋的不同海域、日本海、南海和卡斯凯迪亚天然气水合物赋存区都有发现（Marchesi et al., 2001; Xu et al., 2005）。绿弯菌（*Chloroflexi*）则在冷泉区沉积物缺氧环境中起重要作用（Reed et al., 2006）。这两种菌是判别沉积物是否含天然气水合物的重要指标。973-4 站位岩心与日本海天然气水合物赋存、非赋存区细菌群落作对比，可以看出 973-4 岩心的细菌群落结构与天然气水合物区赋存区有一定相似度，与天然气水合物非赋存区明显不同。基于操作分类单元（OUT）的聚类分析结果显示，日本海天然气水合物赋存区、非赋存区微生物群落结构是两个没有相似性的簇，故微生物群落结构主要取决于下部是否赋存天然气水合物（Yanagawa et al., 2014）。因此，973-4 站位岩心极有可能处于天然气水合物赋存区。有学者指出，南海神狐海域有、无水合物表层沉积物中微生物群落结构显著不同（Jiao et al., 2014）。973-4 站位岩心与之比较，δ-*Proteobacteria* 是 973-4 站位与神狐海域水合物赋存区的共有菌种；而与天然气水合物非赋存区相比，两者共有的菌种极少。这也印证了 973-4 站位岩心下赋存天然气水合物。这一结论与一些学者通过地球化学和矿物学特征来指示下赋天然气水合物结果一致（陆红锋等，2006；张劼等，2014）。

2）古菌

在 973-4 站位岩心中检测到的古菌类群包括 *Methanomicrobiales*、*Methanococcoides*、*Methanospirillum*、*Methanoculleus*、*Methanosarcina*、*Methanogenium*〔图 5-42（b）〕。其中，*Methanosarcina* 为优势类群，在深层所占比例最高，达到 66.7%；表层次之，所占比例为 50%；SMTZ 层位最少，达 46.1%。次优势古菌类群为 *Methanomicrobiales*，表层所占比例为 28.3%，SMTZ 层位为 30.7%，深部降低至 11.1%。*Uncultured archeaon* 在 973-4 站位岩心中占有一定比例〔图 5-42（b）〕，对其代谢过程的研究有助于进一步了解本岩心的甲烷代谢、生态特征。

973-4 站位岩心中 *Methanosarcina* 作为优势类群，除了代表甲基利用型产甲烷菌外（Valentine, 2011），其部分菌种 *Methanosarcinales*/ANME 能够消耗甲烷，代表甲烷氧化菌，这与湖泊、石油储层、海洋沉积物中的古菌相似。*Methanomicrobiales* 作为次优势菌，代表 CO_2 型产甲烷菌。在表层和 SMTZ 层位发育产甲烷菌 *Methanoculleus*（Valentine, 2011），之前在日本南海海槽也曾检测到。973-4 站位岩心中 *Methanosarcina* 所占比例随深度增加先减小后逐渐增加，而 *Methanomicrobiales* 则是先增大后减小，表明从表层到深层，微生物利用不同的基质进行产甲烷作用，$CO_2+4H_2 \longrightarrow CH_4+2H_2O$，$2CH_2O \longrightarrow CH_4+CO_2$；而不同的反应基质则与早期成岩过程中有机质含量、组分密切相关（Ou et al., 2014）。结合 973-4 站位岩心细菌群落结构的分析，在 552～800cm 深度段，*Methanosarcinales*/ANME 与 *Desulfuromonadales* 细菌联合驱动 AOM 反应（Boetius et al., 2000; Alperin and Hoehler, 2010），即 $CH_4+SO_4^{2-} \longrightarrow HCO_3^-+HS^-+H_2O$，导致 973-4 岩心该深度段孔隙水中硫酸盐的急剧减少（张劼等，2014）和莓球状黄铁矿（吴丽芳等，2014）的变异特征。973-4 岩心古菌群落结构说明该岩心是以甲基利用型及 CO_2 利用型产甲烷为主的环境，并存在甲烷氧化反应。

参 考 文 献

陈芳，苏新，周洋. 2013. 南海神狐海域水合物钻探区钙质超微化石生物地层与沉积速率. 地球科学：中国地质大学学报，38(1)：1-9.

陈芳，庄畅，张光学，等. 2014. 南海东沙海域末次冰期异常沉积事件与水合物分解. 地球科学：中国地质大学学报，39(11)：1617-1626.

陈芳，庄畅，周洋，等. 2015. 南海神狐海域 MIS12 期以来的碳酸盐旋回与水合物分解. 现代地质，29(1)：145-154.

陈祈，王家生，李清，等. 2007. 海洋天然气水合物系统硫同位素研究进展. 现代地质，21(1)：111-115.

陈忠，颜文，陈木宏，等．2006．南海北部大陆坡冷泉碳酸盐结核的发现：海底天然气渗漏活动的新证据．科学通报，51(9)：1065-1072.

陈忠，陈翰，颜文，等．2010．南海北部白云凹陷08CF7岩心沉积物的磁化率特征及其意义．现代地质，24(003)：515-520.

戴金星．1993．天然气碳氢同位素特征和各类天然气鉴别．天然气地球科学，4(2/3)：1-40.

杜建国，刘文汇．1991．三水盆地天然气中氦和氩同位素地球化学研究．天然气地球科学，2(6)：283-285.

傅宁，米立军，张功成．2007．珠江口盆地白云凹陷烃源岩及北部油气成因．石油学报，28(3)：32-38.

傅宁，林青，刘英丽．2011．从南海北部浅层气的成因看水合物潜在的气源．现代地质，25(2)：332-339.

龚跃华，杨胜雄，王宏斌，等．2009．南海北部神狐海域天然气水合物成藏特征。现代地质，23(2)：210-216.

关德师，戚厚发，钱贻伯，等．1997．生物气的生成演化模式．石油学报，18(3)：31-36.

黄永样，Erwin S，吴能友，等．2008．南海北部陆坡甲烷与天然气水合物地质，中德合作So-177航次成果专报．北京：地质出版社.

陆红锋，刘坚，陈芳，等．2005．南海台西南区碳酸盐岩矿物学和稳定同位素组成特征——天然气水合物存在的主要证据之一．地学前缘，12(3)：268-276.

陆红锋，陈芳，刘坚，等．2006．南海北部神狐海区的自生碳酸盐岩烟囱——海底富烃流体活动的记录．地质论评，52(3)：352-357.

陆红锋，陈芳，廖志良，等．2007．南海东北部HD196A岩心的自生条状黄铁矿．地质学报，81(4)：519-525.

瞿文川，张平中．1999．太湖沉积物中长链脂肪酸甲酯化合物的检出及意义．湖泊科学，11(3)：245-250.

苏新，陈芳，张勇，等．2010．海洋天然气水合物勘查和识别新技术：地质微生物技术．现代地质：24(3)：409-423.

苏丕波，雷怀彦，梁金强，等．2010．神狐海域气源特征及其对天然气水合物成藏的指示意义．天然气工业，30(10)：103-108.

苏丕波，梁金强，沙志彬，等．2011．南海北部神狐海域天然气水合物成藏动力学模拟．石油学报，32(2)：226-233.

妥进才，张明峰，王先彬．2006．鄂尔多斯盆地北部东胜铀矿区沉积有机质中脂肪酸甲酯的检出及意义．沉积学报，24(3)：432-439.

王淑红，颜文，陈忠，等．2010．南海天然气水合物分解的碳同位素证据．地球科学：中国地质大学学报，(4)：526-532.

吴丽芳，雷怀彦，欧文佳，等．2014．南海北部柱状沉积物中黄铁矿的分布特征和形貌研究．应用海洋学学报，33(1)：21-28.

吴能友，张海啟，杨胜雄，等．2007．南海神狐海域天然气水合物成藏系统初探．天然气工业，27(9)：1-6.

吴能友，杨胜雄，王宏斌，等．2009．南海北部陆坡神狐海域天然气水合物成藏的流体运移体系．地球物理学报，52(6)：1641-1650.

吴时国, 姚根顺, 董冬冬, 等. 2008. 南海北部陆坡大型气田天然气水合物的成藏地质构造特征. 石油学报, 29(3): 324-328.

向明菊, 史继扬. 1997. 不同类型沉积物中脂肪酸的分布, 演化和生烃意义. 沉积学报, 15(2): 84-88.

叶黎明, 初凤友, 葛倩, 等. 2013. 新仙女木末期南海北部天然气水合物分解事件. 地球科学: 中国地质大学学报, (6): 1299-1308.

朱俊章, 施和生, 何敏, 等. 2008. 珠江口盆地白云凹陷深水区 LW3-1-1 井天然气地球化学特征及成因探讨. 天然气地球科学, 19(2): 229-233.

张浩, 吴后波, 王广华, 等. 2013. 南海北部表层沉积物中原核微生物多样性. 微生物学报, 53(9): 915-926.

张劼, 雷怀彦, 欧文佳, 等. 2014. 南海北部陆坡 973-4 柱沉积物中硫酸盐-甲烷转换带（SMTZ）研究及其对水合物的指示意义. 天然气地球科学, 25(11): 1811-1820.

张勇, 苏新, 陈芳, 等. 2010. 南海北部陆坡神狐海域 HS-373PC 岩心表层沉积物古菌多样性. 海洋科学进展, 28(3): 318-324.

赵一章. 1997. 产甲烷细菌及研究方法. 四川: 成都科技大学出版社.

祝有海, 刘亚玲, 张永勤. 2006. 祁连山多年冻土区天然气水合物的形成条件. 地质通报, 25(1/2): 58-63.

祝有海, 张永勤, 文怀军, 等. 2009. 青海祁连山冻土区发现天然气水合物. 地质学报, 83(11): 1762-1771.

Alperin M, Hoehler T. 2010. The ongoing mystery of sea-floor methane. Science, 329(5989): 288-289.

Bernhard J M, Gupta B K S, Borne P F. 1997. Benthic foraminiferal proxy to estimate dysoxic bottom-water oxygen concentrations; Santa Barbara Basin, US Pacific continental margin. The Journal of Foraminiferal Research, 27(4): 301-310.

Bhaumik A K, Gupta A K. 2007. Evidence of methane release from Blake Ridge ODP Hole 997A during the Plio-Pleistocene: Benthic foraminifer fauna and total organic carbon. Current Science, 92(2): 192-199.

Bidle K A, Kastner M, Bartlett D H. 1999. A phylogenetic analysis of microbial communities associated with methane hydrate containing marine fluids and sediments in the Cascadia margin (ODP site 892B). FEMS Microbiology Letters, 177(1):101-108.

Blunier T. 2000. "Frozen" methane escapes from the sea floor. Science, 288(5463): 68-69.

Boetius A, Ravenschlag K, Schubert C J, et al. 2000. A marine microbial consortium apparently mediating anaerobic oxidation of methane. Nature, 407(6804): 623-626.

Borowski W S, Paull C K, Ussler W. 1996. Marine pore-water sulfate profiles indicate in situ methane flux from underlying gas hydrate. Geology, 24(7): 655-658.

Brocks J J, Love G D, Summons R E, et al. 2005. Biomarker evidence for green and purple sulphur bacteria in a stratified Palaeoproterozoic sea. Nature, 437(7060): 866-870.

Chen D, Wu S G, Dong D D, et al. 2013. Focused fluid flow in the Baiyun Sag, northern South China Sea: Implications for the source of gas in hydrate reservoirs. Chinese Journal of Oceanology and Limnology, 31(1): 178-189.

Chen Z, Yan W, Chen M H, et al. 2006. Discovery of seep carbonate nodules as new evidence for gas venting on the northern continental slope of South China Sea. Chinese Science Bulletin, 51(10): 1228-1237.

Collet C, Gaudard O, Péringer P, et al. 2005. Acetate production from lactose by Clostridium thermolacticum and hydrogen-scavenging microorganisms in continuous culture-effect of hydrogen partial pressure. Journal of Biotechnology, 118(3): 328-338.

Dickens G R. 2001. Modeling the global carbon cycle with a gas hydrate capacitor: Significance for the latest Paleocene Thermal Maximum. Geophysical Monograph Series, 124: 19-38.

Dickens G R, O'Neil J R, Rea D K, et al. 1995. Dissociation of oceanic methane hydrate as a cause of the carbon isotope excursion at the endof the Paleocene. Paleoceanography, 10(6): 965-971.

Dinel H, Schnitzer M, Mehuys G R. 1990. Soil lipids: Origin, nature, content, decomposition, and effect on soil physical properties. Soil Biochemistry, 6: 397-429.

Ekpo B O, Oyo-Ita O E, Wehner H. 2005. Even-n-alkane/alkene predominances in surface sediments from the Calabar River, SE Niger Delta, Nigeria. Naturwissenschaften, 92(7): 341-346.

Elliott S, Rowland F S. 1995. Methyl halide hydrolysis rates in natural waters. Journal of Atmospheric Chemistry, 20(3): 229-236.

Emery K O, Niino H, Sullivan B. 1971. Post-Pleistocene Levels of the East China Sea, Late Cenozoic Glacial Ages. New Haven: Yale University Press.

Gupta B K S, Aharon P. 1994. Benthic foraminifera of bathyal hydrocarbon vents of the Gulf of Mexico: Initial report on communities and stable isotopes. Geo-Marine Letters, 14(2-3): 88-96.

Hachikubo A, Khlystov O, Krylov A, et al. 2010. Isotopic composition of gas hydrates in subsurface sediments from offshore Sakhalin Island, Sea of Okhotsk. Geo-Marine Letters, 30(3): 313-319.

Hallam S J, Putnam N, Preston C M, et al. 2004. Reverse methanogenesis: Testing the hypothesis with environmental genomics. Science, 305(5689): 1457-1462.

Han X, Suess E, Huang Y, et al. 2008. Jiulong methane reef: Microbial mediation of seep carbonates in the South China Sea. Marine Geology, 249(3): 243-256.

Harries P J, Little C T S. 1999. The early Toarcian(early jurassic)and the Cenomanian-Turonian(late Cretaceous)mass extinctions: Similarities and contrasts. Palaeogeography, Palaeoclimatology, Palaeoecology, 154(1): 39-66.

Harvey L D D, Huang Z. 1995. Evaluation of the potential impact of methane clathrate destabilization on future global warming. Journal of Geophysical Research, 100(D2): 2905-2926.

Hesselbo S P, Gröcke D R, Jenkyns H C, et al. 2000. Massive dissociation of gas hydrate during a Jurassic oceanic anoxic event. Nature, 406(6794): 392-395.

Hinrichs K U, Boetius A. 2002. The anaerobic oxidation of methane: New insights in microbial ecology and biogeochemistry. Ocean Margin Systems. Berlin: Springer-Verlag.

Hoehler T M, Alperin M J, Albert D B, et al. 1994. Field and laboratory studies of methane oxidation in an anoxic marine sediment: Evidence for a methanogen-sulfate reducer consortium. Global Biogeochemical Cycles, 8(4): 451-463.

Howarth R W. 1979. Pyrite: Its rapid formation in a salt marsh and its importance in ecosystem metabolism.

Science, 203(4375): 49-51.

Hu J, Peng P, Jia G, et al. 2002. Biological markers and their carbon isotopes as an approach to thepaleoenvironmental reconstruction of Nansha area, South China Sea, during the last 30 ka. Organic Geochemistry, 33(10): 1197-1204.

Jenkyns H C, Clayton C J. 1997. Lower Jurassic epicontinental carbonates and mudstones from England and Wales: Chemostratigraphic signals and the early Toarcian anoxic event. Sedimentology, 44(4): 687-706.

Jiao L, Su X, Wang Y Y, et al. 2014. Microbial diversity in the hydrate-containing and -free surface sediments in the Shenhu area, South China Sea. Geoscience Frontiers. http: //dx. doi. org/10. 1016/j. gsf. 2014. 04. 007.

Kvenvolden K A. 1988. Methane hydrate—A major reservoir of carbon in the shallow geosphere. Chemical Geology, 71(1): 41-51.

Kvenvolden K A. 1995. A review of geochemistry of methane in nature gas hydrate. Organic Geochemistry, 23(11/12): 997-1008.

Lee S G, Goo J H, Kim H G, et al. 2004. Optimization of methanol biosynthesis from methane using Methylosinus trichosporium OB3b. Biotechnology Letters, 26(11): 947-950.

Marchesi J R, Weightman A J, Cragg B A, et al. 2001. Methanogen and bacterial diversity and distribution in deep gas hydrate sediments from the Cascadia Margin as revealed by 16S rRNA molecular analysis. FEMS Microbiology Ecology, 34(3): 221-228.

Matsumoto R. 1989. Isotopically heavy oxygen-containing siderite derived from the decomposition of methane hydrate. Geology, 17(8): 707-710.

Matsumoto R, Okuda Y, Hiruta A, et al. 2009. Formation and collapse of gas hydrate deposits in high methane flux area of the Joetsu Basin, eastern margin of Japan Sea. Journal of Geography, 118: 43-71.

Nisbet E G. 1990. The end of the ice age. Canadia Journal of Earth Sciences, 27(1): 148-157.

Nisbet E G . 2002. Have sudden large releases of methane from geological reservoirs occurred since the Last Glacial Maximum, and could such releases occur again. Philosophical Transactions of the Royal Society of London. Series A: Mathematical, Physical and Engineering Sciences, 360(1793): 581-607.

Novosel I, Spence G D, Hyndman R D. 2005. Reduced magnetization produced by increased methane flux at a gas hydrate vent. Marine Geology, 216(4): 265-274.

Ou W J, Lei H Y, Lu W J, et al. 2014. Lipid distribution in marine sediments from the northern South China Sea and association with gas hydrate. Acta Geologica Sinica, 88(1): 226-237.

Paull C K, Ussler W, Dillon W P. 1991. Is the extent of glaciation limited by marine gas-hydrates. Geophysical Research Letters, 18(3): 432-434.

Peckmann J, Thiel V. 2004. Carbon cycling at ancient methane-seeps. Chemical Geology, 205(3): 443-467.

Reed A J, Lutz R A, Vetriani C. 2006. Vertical distribution and diversity of bacteria and archaea in sulfide and methane-rich cold seep sediments located at the base of the Florida Escarpment. Extremophiles, 10(3): 199-211.

Rice D D, Claypool G E. 1981. Generation, accumulation, and resource potential of biogenic gas. AAPG Bulletin, 65(1): 5-25.

Roberts H H, Aharon P. 1994. Hydrocarbon-derived carbonate buildups of the northern Gulf of

Mexicocontinental slope: A review of submersible investigations. Geo-Marine Letters, 14(2-3): 135-148.

Sakai H, Gamo T, Kim E S , et al.1990. Venting of carbon dioxide-rich fluid and hydrate formation in Mid-Okinawa Trough Backarc Basin. Science, 248: 1093-1096.

Shen P, Xu Y. 1993. Isotopic compositional characteristics of terrigenous natural gases in China. Chinese Journal of Geochemistry, 12(1): 14-24.

Shintani T, Yamamoto M, Chen M T. 2011. Paleoenvironmental changes in the northern South China Sea over the past 28000 years: A study of TEX86-derived sea surface temperatures and terrestrial biomarkers. Journal of Asian Earth Sciences, 40(6): 1221-1229.

Valentine D L. 2011. Emerging topics in marine methane biogeochemistry. Annual Review of Marine Science, 3: 147-171.

van Leerdam R C, de Bok F A M, Lomans B P, et al. 2006. Volatile organic sulfur compounds in anaerobic sludge and sediments: biodegradation and toxicity. Environmental Toxicology and Chemistry, 25(12): 3101-3109.

Wang Y, Fang X, Zhang T, et al. 2010. Predominance of even carbon-numbered n-alkanes from lacustrine sediments in Linxia Basin, NE Tibetan Plateau: Implications for climate change. Applied Geochemistry, 25(10): 1478-1486.

Wilkin R T, Barnes H L. 1997. Formation processes of framboidal pyrite. Geochimica et Cosmochimica Acta, 61(2): 323-339.

Wiese K, Kvenvolden K A. 1993. Introduction to microbial and thermal methane. The Future of Energy Gases. United States Geological Survey, Professional Paper 1570: 13-20.

Xin J, Cui J, Niu J, et al. 2004. Production of methanol from methane by methanotrophic bacteria. Biocatalysis and Biotransformation, 22(3): 225-229.

Xu M, Wang P, Wang F, et al. 2005. Microbial diversity at a deep-sea station of the Pacific nodule province. Biodiversity and Conservation, 14(14): 3363-3380.

Yanagawa K, Kouduka M, Nakamura Y, et al. 2014. Distinct microbial communities thriving in gas hydrate-associated sediments from the eastern Japan Sea. Journal of Asian Earth Sciences, 90: 243-249.

Yokoyama Y, de Deckker P, Lambeck K, et al. 2001. Sea-level at the Last Glacial Maximum: evidence from northwestern Australia to constrain ice volumes for oxygen isotope stage 2. Palaeogeography, Palaeoclimatology, Palaeoecology, 165(3): 281-297.

Zehnder A J, Brock T D. 1979. Methane formation and methane oxidation by methanogenic bacteria. Journal of Bacteriology, 137(1): 420-432.

第六章 | 南海北部沉积物和生物对冷泉甲烷渗漏的响应

第一节 冷泉区沉积学研究

海洋水合物中甲烷分解并沿构造裂隙向海底渗漏是海底甲烷冷泉形成的主要成因。2005 年中德合作"太阳号 177 航次",首次在南海北部发现"九龙甲烷礁"和"海洋四号沉积体"两个冷泉区。为了对该冷泉区的地质、地球化学、地质微生物等项目开展进一步研究,2011 年,国家 973 计划项目"南海天然气水合物富集规律与开采基础研究"在南海北部实施了"973 搭载航次"调查。本节介绍利用该航次在南海北部"九龙甲烷礁"冷泉区的 973-3 站位、深水区"海洋四号沉积体"冷泉区东侧的 973-5 站位取得的重力柱沉积物(图 6-1)年代学和沉积学的相关研究成果。

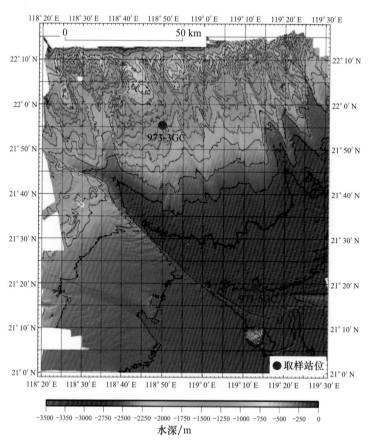

图 6-1 南海北部冷泉区 973 搭载航次重力柱站位分布图(海底图引自 Suess,2005)

一、沉积物年代地层学研究

对 973-3 站位和 973-5 站位两个重力柱开展沉积物 AMS[14]C 测年（表 6-1）和浮游有孔虫或沉积物全岩氧同位素地层学的研究（图 6-2）。

研究结果表明，所获得的两个重力活塞沉积岩心的时代均为晚更新世约 4 万年以来的沉积。从表 6-1 可明显看出，这两个岩心年代序列不是随深度加深年代变老，而是出现异常，中部和底部出现较年轻记录，如 973-3 柱 600～605cm 深度的年代测试结果为 29910±190a B.P.。这是冷泉区沉积物中 C 不同来源的一个证据。涉及沉积物复杂的碳源及年龄的问题，本章将另撰文讨论。

将 973-3 站位重力柱和与南海西沙海域 SO49-37KLC 有孔虫氧同位素记录和阶段划分进行对比（图 6-2），可知 973-3 站位重力柱的沉积为氧同位素 4 期以来的沉积，但不能区分 MIS3/4 的界限。

表 6-1 南海北部冷泉区重力活塞岩心 AMS[14]C 测试结果

站位	深度/cm	样品性质	$\delta^{13}C$/‰	[14]C 测试结果/a B.P.	$\delta^{13}C$ 同位素分馏校正	[14]C 校正年代（1σ）/a B.P.
973-3	50～55	有孔虫	2.01	3335±45	3781±45	4138±48
973-3	100～105	有孔虫	1.38	4415±40	4850±40	5600±17
973-3	226～231	有孔虫	2.28	10270±80	10721±80	12773±63
973-3	239～243	有孔虫	2.11	12230±60	12678±60	14976±134
973-3	274～279	有孔虫	-1.97	26850±180	27229±180	27229±180
973-3	282～285	有孔虫	1.66	26370±200	26810±200	26810±200
973-3	400～405	有孔虫	2.04	38520±310	38967±310	38967±310
973-3	500-5057	有孔虫	0.44	40960±340	41379±340	41379±340
973-3	600～605	有孔虫	-1.30	29520±190	29910±190	29910±190
973-3	700～705	有孔虫	-0.84	42210±360	42608±360	42608±360
973-3	800～805	有孔虫		现代碳	现代碳	现代碳
973-5	15～20	沉积物	-22.49	7610±50	7650±50	8428±34
973-5	103～108	沉积物	-21.20	9900±45	9961±45	11337±70
973-5	205～210	沉积物	-21.17	11405±50	11467±50	13315±50
973-5	252～256	沉积物	-20.86	13200±60	13267±60	15721±187
973-5	263～266	沉积物	-25.16	16960±70	16957±70	20077±102
973-5	375～378	沉积物	-22.00	15540±70	15588±70	18866±56
973-5	455～458	沉积物	-21.44	16630±70	16687	19867±70
973-5	459～461	沉积物	-23.15	34600±200	34630±200	34630±200
973-5	525～528	沉积物	-23.98	34130±210	34146±210	34146±210
973-5	625～628	沉积物	-23.00	37740±280	37772±280	37772±280
973-5	100～105	沉积物	-22.58	10090±60	10129±60	11766±72

注：[14]C 数据首先经 $\delta^{13}C$ 同位素分馏校正，再进行树轮曲线 IntCal 04 校正，树轮曲线校正软件为 Calib（version 5.0.1）。

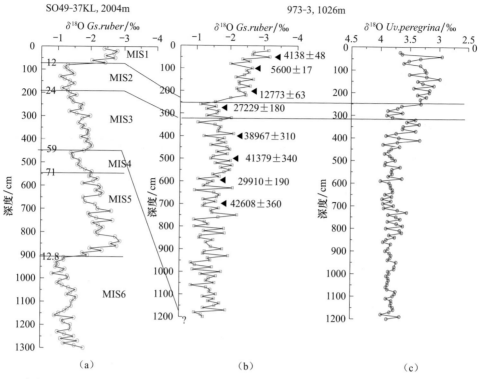

图 6-2　南海北部 973-3 柱（中图和右图）与西沙 SO49-37KL 柱有孔虫氧同位素（钱建兴，1999）随深度变化和阶段划分对比图

二、晚更新世异常沉积与甲烷渗漏

对这几个重力柱的岩性的综合分析表明，存在滑塌沉积、沉积缺失或沉积间断、重力沉积等异常沉积现象，这些异常沉积可能与晚更新世冰期时期的水合物分解有关。这里以 973-3 柱和 973-5 柱为例进行说明。

（一）浅水区滑塌沉积

973-3 柱状样 230～770cm 层段为一套滑塌沉积（图 6-3），根据 AMS[14]C 测年结果，该套沉积新老沉积物混杂堆积，粗组分含量明显高于上、下层位，该段滑塌沉积为末次冰期 4 万～2 万年期间的产物。此外，有孔虫氧同位素特征同样证实该段沉积为混杂堆积，与前人南海氧同位素曲线（西沙 SO49-37KL 柱）相比（图 6-2），该段沉积的氧同位素曲线波动小，其原因有待探讨。

（二）深水区重力流及甲烷渗漏记录

973-5 柱来自东沙深水区，柱长 925cm。该柱状样岩性较单一，上部（0～495cm）为灰绿色粉砂质黏土夹灰黑色粉砂薄层，与下伏沉积呈角度不整合接触（图 6-4）；下部（495～925cm）为灰色粉沙质黏土夹杂色粉沙质或黏土斑块（图 6-5）。

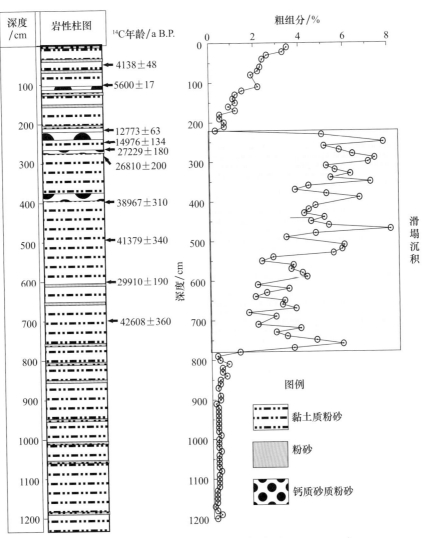

图 6-3 973-3 柱岩性变化及滑塌沉积（250～760cm）

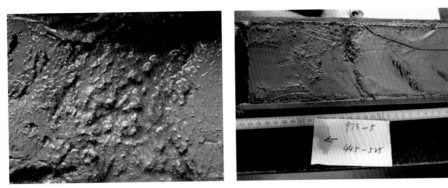

（a）256~261cm有孔虫粉砂 （b）位于459cm深度的角度不整合

图 6-4 973-5 柱岩心上部异常沉积现象

（a）790~794cm深度的粥状结构　　　　（b）位于825~835cm深度的绿色斑状黏土质泥屑
　　　　　　　　　　　　　　　　　　　　　　　　　（碎屑流沉积）

图 6-5　973-5 柱岩心下部异常沉积现象

　　室内分析按沉积物粒度的大小将其划分为 3 个粒组类型（图 6-6）：砂（＞0.063mm）、粉砂（0.04~0.063mm）和黏土（＜0.04mm）。粉砂组分（含量 50%~75%）明显占优势，其次为黏土（15%~25%），砂含量少，多数为 10%，但个别层位（如 256~261cm 深度的灰绿色有孔虫粉砂薄层）可高达 30%。

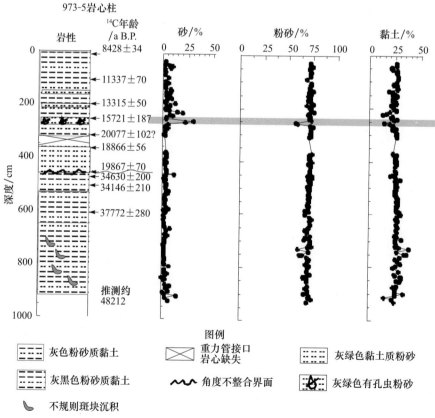

图 6-6　973-5 柱沉积岩性、全岩 ^{14}C 质谱测年结果和粒度组分变化

测试结果的初步分析表明，该柱状样 628cm 以上为晚更新世约 3.8 万年来的沉积。628cm 以下的测年已超过 ^{14}C 放射年代学测试范围，需要加以其他手段展开测试。如果按其 525～628cm 的年龄计算，该段沉积速率为 28.45cm/ka，以此外推该柱下部 628～925cm 的沉积时间约 10.45ka，则该柱底部沉积总年龄约 48ka。该测试结果还揭示了两个值得注意的现象。首先，该岩心表层 15～20cm 段的年龄已达 8.4ka，对比该岩心下面的测试结果（如 103～256cm，11.3～15.7ka，沉积速率约为 35cm/ka），在 8.4ka 其间应有约 200cm 的沉积厚度，指示该岩心表层可能有缺失。其次，在所观察到角度不整合界面，上覆沉积 455～458cm，年龄为 19.87ka，下伏 459～461cm，年龄为 34.63ka，该角度不整合上下年龄差别有 14.76ka（图 6-7）。关于该测试结果揭示的其他现象如年龄的倒转等，还有待未来结合其他结果进一步分析和探讨。

973-5 柱顶空气气态烃测试结果表明，随着深度增加，甲烷含量基本呈现增加的趋势。

在观察中注意到该岩心存在甲烷渗漏和"疑似水合物存在"的现象，如 160～164cm 含 H_2S 味、角度不整合、粥状沉积结构和低温（可能与水合物相关），以及室内分析揭示的甲烷异常、沉积间断等均标示于图 6-7。

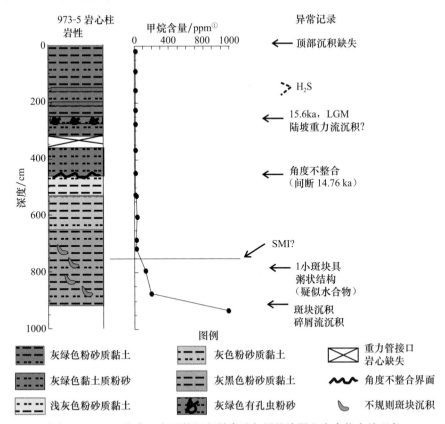

图 6-7　973-5 柱岩心主要的沉积异常及与甲烷渗漏和水合物有关现象

---

① 1ppm=10^{-6}。

三、沉积物特征及变化

在 973-5 柱岩心约 700cm 以下发现多个固结岩石碎块,以块状或结核状出现在沉积物中,分别出现在 693cm、705cm、710cm 和 881cm(图 6-8),其中 693cm 和 705cm 处发现的是自生碳酸盐岩(图 6-9)。

对 973-5 柱岩心中的 4 块岩石(图 6-8,图 6-9)进行光学显微镜观察和鉴定(图 6-10),结果显示 693cm 处出现的岩石为石英碎屑质泥晶灰岩,705cm 处的岩石为钙质中粒石英砂岩,710cm 处的岩石为含粉砂质微晶灰岩,881cm 处岩石为细-中粒钙质石英砂岩。

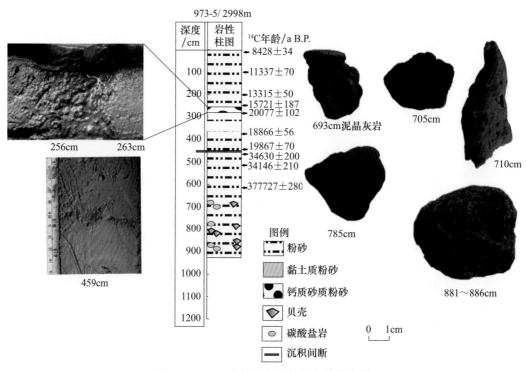

图 6-8　973-5 柱岩心沉积特征与碳酸盐岩

图 6-9　见于 973-5 柱岩心 693cm 处的碳酸盐岩结核

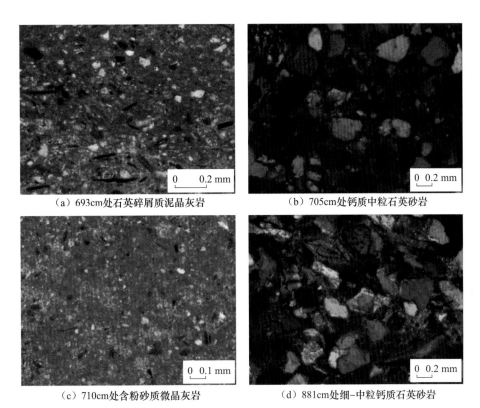

（a）693cm处石英碎屑质泥晶灰岩　　　　（b）705cm处钙质中粒石英砂岩

（c）710cm处含粉砂质微晶灰岩　　　　（d）881cm处细-中粒钙质石英砂岩

图 6-10　973-5 柱碳酸盐岩切片显微镜下照片（正交偏光）

石英碎屑质泥晶灰岩（693cm 处）：岩石呈灰色，坚硬致密，加稀盐酸剧烈起泡。镜下可见大量碎屑，主要为石英、长石颗粒，含少量白云母、植物碎屑、铁质物质，一起构成岩石中的碎屑组分。石英以不规则粒状、棱角状为主，大小约 0.06mm×0.08mm～0.15mm×0.20mm。略呈定向不均匀分布。碎屑之间被泥晶碳酸盐矿物充填，偶尔可见亮晶方解石斑块。

钙质中粒石英砂岩（705cm 处）：岩石灰白色，粗糙坚硬，具不规则细小孔洞。镜下可见大量石英长石碎屑，含少量钙质生物碎屑。石英呈不规则粒状、棱角状，大小主要为 0.09mm×0.15mm～0.3mm×0.5mm。碎屑颗粒之间被微晶方解石呈孔隙式胶结，部分石英颗粒周围环绕着一层方解石层。

含粉砂质微晶灰岩（710cm 处）：岩石灰白色，致密，滴稀盐酸剧烈气泡。岩石主要由泥晶方解石组成，其间不均匀分布石英、长石、云母等粉砂级别的碎屑矿物。石英、长石呈不规则粒状、次棱角状，少数为柱粒状，大小约 0.01mm×0.02mm～0.03mm×0.06mm。此外岩石还含有极少量植物碎片和钙质生物壳体。

细-中粒钙质石英砂岩（881cm 处）：岩石灰白色，坚硬，具孔洞。岩石中碎屑主要以石英长石为主，含少量钙质生物碎屑及云母。石英长石呈不规则粒状、次棱角状，少数为尖棱角状，大小为 0.03mm×0.05mm～0.8mm×1.2mm，不均匀分布，被微晶方解石胶结充填。局部可见亮晶方解石分布，岩石为孔隙式胶结为主。

四、磁学特征及甲烷喷溢关系

（一）甲烷厌氧氧化导致磁化率异常的成因机理

磁化率表征物质在磁场中被磁化的难易程度。对海洋沉积物而言，磁化率主要与沉积物中磁性矿物的种类、粒度和含量有关。油气渗漏导致土壤磁性异常的理论在 20 世纪已建立，但直到 21 世纪初，海洋沉积物的磁化率异常与甲烷烃类渗漏、冷泉活动的相互关系才被逐渐揭示，并被应用于天然气水合物的调查和研究中，成为识别海底天然气水合物可能存在和记录冷泉活动的一种有效指标。

与常规油气不同，天然气水合物是在适宜的温度、压力和地质构造环境下由天然气（主要是甲烷）与水形成的似冰状固态化合物。在其稳定边界条件被破坏时，海洋沉积物中的水合物分解成甲烷气和水并向近海底运移。当甲烷被排溢到硫酸盐-甲烷转换界面时，在甲烷氧化菌和硫酸盐还原菌的耦合作用下，甲烷与硫酸盐发生甲烷厌氧氧化反应（AOM）：

$$CH_4 + SO_4^{2-} \longrightarrow HCO_3^- + HS^- + H_2O \tag{6-1}$$

在 AOM 过程中，沉积物中存在的 Fe^{3+}（如赤铁矿 Fe_2O_3，四氧化三铁 $FeO \cdot Fe_2O_3$）与 HS^- 发生反应［反应式（6-2）］

$$Fe^{3+} + H_2S \longrightarrow 2H^+ + FeS（铁硫化物） \tag{6-2}$$

形成亚稳定铁硫化物（FeS），其主要矿物形式为非晶质 FeS、四方硫铁矿（Fe_9S_8）、胶黄铁矿（Fe_3S_4）。在还原性的海洋沉积环境中，亚稳定 FeS 不能长期存在，其通过多硫化物路径［反应式（6-3），式（6-4）］

$$FeS + S^0 \longrightarrow FeS_2 \tag{6-3}$$

$$FeS + S_x^{2-} \longrightarrow FeS_2 + S_{x-1}^{2-} \tag{6-4}$$

或硫化氢路径［反应式（6-5）］

$$FeS + H_2S \longrightarrow FeS_2 + H_2 \tag{6-5}$$

转变为黄铁矿（FeS_2）（Berner, 1984; Hurtgen et al., 1999; Shen and Buick, 2004），方硫铁矿、胶黄铁矿是强磁性矿物，其大量形成对沉积物磁性产生较大贡献，使沉积物的磁化率增高；与四方硫铁矿和胶黄铁矿相反，黄铁矿是顺磁的，其磁化率值低，大量形成能使沉积物的磁化率减小，这为磁化率异常寻找天然气水合物提供了理论基础。

因此海底沉积物磁化率异常是油气、天然气水合物重要识别标志，也是一种有效方法，被用于确定海底天然气渗漏、识别甲烷-硫酸盐转换界面及指示渗漏甲烷通量大小等方面。

（二）沉积物异常的磁化率及其对 AOM 响应

南海北部白云凹陷是我国深海油气和天然气水合物的重点研究区域。对白云凹陷水合物钻探区东北部 08CF7（115° 13.086′ E，19° 55.313′ N，水深 1164m，柱长 662cm）（图 6-11）岩心沉积物 2cm 间隔取样的样品进行磁化率、粒度、自生矿物及其碳氧同位素组成等测试和分析。

08CF7 岩心沉积物磁化率变化范围在 $5.54 \times 10^{-6}SI \sim 26.56 \times 10^{-6}SI$，平均值为

$11.41 \times 10^{-6}SI$。以240cm为界，结合沉积物在216cm处颜色发生明显变化，以及与自生碳酸盐矿物碳氧同位素分段性相对应。08CF7岩心沉积物磁化率变化自上而下分为3段（图6-12）：① 0~188cm段，沉积物的颜色为灰黑色，磁化率平均值为$21.10 \times 10^{-6}SI$，以磁化率高及其变化范围大为特征；② 188~240cm段，为颜色和磁化率变化的过渡段，颜色由灰黑色向浅黑色变化，磁化率呈现由高值向低值逐渐变化特点；③ 240cm以深，沉积物颜色为浅黑色，磁化率均小于$10 \times 10^{-6}SI$，主要在$5 \times 10^{-6}SI \sim 7 \times 10^{-6}SI$，且变化幅度小。

海洋沉积物的磁化率取决于其所含磁性矿物的类型、含量，晶型特征及颗粒的大小、形状和结构等。用Mastersizer 2000型激光粒度仪对08CF7岩心331个样的全岩样品和陆源组分（除去全岩中的有机质、碳酸盐、蛋白石、铁锰氧化物及黄铁矿等组分）的粒度组成进行测定，磁化率与全岩样品、陆源组分的中值粒径具有较好的相关性，相关系数分别为0.91和0.93。08CF7岩心磁化率变化与全岩的中值粒径变化较相似，无论是在上段、过渡段还是下段，沉积物磁化率与全岩中值粒径的变化均具有高度的一致性和重叠性，表明沉积物全岩的中值粒径可表征沉积物磁化率的变化。8CF7岩心磁化率主要受陆源物质及其颗粒控制，据此推测陆源组分的中值粒径也应代表陆源物质的磁化率（原生磁化率），即用陆源组分的中值粒径变化可表征未发生AOM的沉积物原生磁化率变化趋势。

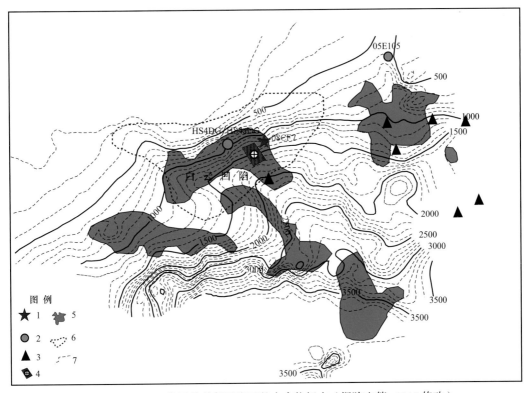

图6-11　08CF7位置及其邻近海区的水合物标志（据陈忠等，2010修改）

1.08CF7站位；2.冷泉碳酸盐岩站位；3.泥底辟构造；4.天然气水合物钻区；5.天然气水合物预测区；6.白云凹陷界限；7.水深等深线

自生碳酸盐矿物的 $\delta^{13}C$ 值为 $-42.63‰\sim1.15‰$，$\delta^{18}O$ 值为 $-4.78‰\sim3.04‰$，其变化表明，由上段（$0\sim188cm$）到过渡段（$188\sim240cm$）再到下段（$<240cm$），沉积物由正常的海洋沉积环境转变为发生 AOM 的沉积环境。由图 6-12 可知，在上段（$0\sim188cm$）到过渡段（$188\sim240cm$），磁化率与全岩样品、陆源组分的中值粒径变化趋势基本一致，在发生 AOM 下段（$<240cm$），磁化率与全岩样品中值粒径变化趋势仍然一致。但沉积物磁化率较陆源物质中值粒径表征的未发生 AOM 的沉积物原生磁化率明显降低，差值约为 $6.1\times10^{-6}SI$，表明在 240cm 以深，AOM 作用导致原生磁化率值降低 $6.1\times10^{-6}SI$。因此，08CF7 岩心磁化率的变化与 SMT 响应，推测 08CF7 岩心的 SMT 的深度约为 5m，表明该海域存在泥火山，甲烷渗漏没有到达海底表面，暗示海底下部可能还存在天然气水合物层，这为白云凹陷的天然气渗漏活动提供了一种磁学识别方法。

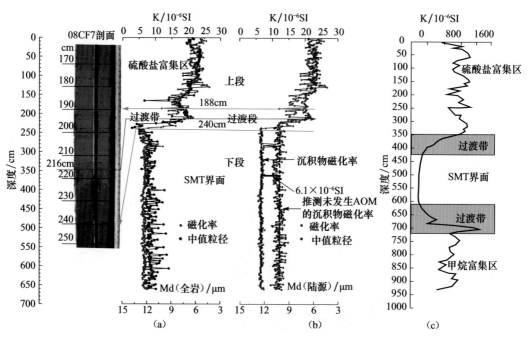

图 6-12　08CF7 岩心沉积物岩性与磁化率（a）、陆源组分的中值粒径及其磁化率变化（b）、和阿根廷海沉积物磁化率与 SMT 界面关系（c）对比（Garming et al., 2005）

五、有机化合物的分布及意义

（一）有机地球化学标志

生物标志化合物是一类具有特殊生物来源、保存在沉积物和沉积岩石中的有机化合物，主要是脂类。随着沉积物堆积和还原条件的出现，只有很小一部分抗降解能力强的分子（如脂类和许多结构大分子）随沉积物一起保存下来，直接从生物体继承下来的有机物被称为"生物标志化合物"。生物标志物作为一种新的地球化学指标，具有来源明确、在地质年代中能够稳定存在等特点，可以用来重建总生产力、反演沉积环境和沉积特点。生物标志化合物的最重要特点是化合物骨架的继承性，裂解、重排、异构化和芳构化等反应都不会改变。

本书对采自台西南、珠江口盆地、神狐海域和西沙海槽等海域的 12 个表层沉积物样品（表 6-2）开展有机碳和氮、正构烷烃及其碳同位素、脂肪酸和黏土矿物等分析。

1. 南海北部表层沉积物有机质的分布特征

南海北部表层沉积物中 TOC 含量为 0.28%～0.93%（平均值为 0.61%）（表 6-3）。台西南、神狐海域和珠江口盆地（河流输入）显示出较高的含量，同时均高于平均值为 0.2% 的现代深海沉积物中有机质含量。来自珠江的河流输入是珠江口盆地高有机质含量的主要来源。而对于台西南，来自高山的河流输入贡献了主要含量，同时，来自巴士海峡和台湾海峡的有机质也可能在此海域沉积。总氮（TN）含量为 0.06%～0.15%。

在空间分布上，与 TOC 显示一致性。根据经验公式划分：C/N 值范围为 5%～7%，期间指示 TOC 来自海洋有机质；C/N＞15%，则 TOC 主要为陆源有机质。南海北部 C/N 在 4.5%～8.0%。大多海域有机质来源主要为混合来源，尤其是珠江口盆地。但如果祛除沉积物中的无机氮，南海北部 C/N（有机氮）则在 5.5%～10.3%，显示出较强的陆源输入，尤其是珠江口盆地和台西南海域。

表 6-2 研究样品信息

样品号	经度（E）	纬度（N）	水深 /m	pH
S1	114° 17.353	22° 3.699	36	6.9
S2	114° 23.163	21° 50.252	52	6.9
S3	110° 41.376	18° 59.957	65	7.1
S4	112° 0.793	18° 0.341	2450	7.0
S5	114° 34.477	19° 43.341	1050	5.9
S6	115° 6.480	19° 52.267	1312	7.0
S7	114° 44.956	19° 44.946	1153	6.9
S8	115° 12.976	19° 54.259	1228	6.9
S9	115° 29.378	19° 0.582	1300	6.9
S10	119° 30.041	22° 0.315	2455	6.9
S11	118° 67.006	22° 0.574	1632	—
S12	111° 4.458	18° 2.715	1565	—

注："—"表示缺数据。

表 6-3　所研究样品有机质含量特征

样品号	TOC /%	TN /%	C/N	C/N（R）
S1	0.57	0.08	7.1	10.3
S2	0.48	0.06	8.0	9.7
S3	0.48	0.07	6.9	6.9
S4	0.38	0.08	4.5	5.5
S5	0.52	0.11	4.7	6.5
S6	0.62	0.09	6.9	7.7
S7	0.60	0.08	7.5	8.1
S8	0.56	0.10	5.6	7.0
S9	0.73	0.12	6.3	8.1
S10	0.71	0.13	5.4	8.9
S11	0.93	0.15	6.2	7.7
S12	0.81	0.14	5.8	6.7

注：C/N（R）表示经有机氮校正后的 C/N 比值。

2. 正构烷烃及其碳同位素特征（$\delta^{13}C$）的组成与分布

研究证实南海北部沉积物中正构烷烃是最主要的脂肪烃。正构烷烃主要由 $C_{13} \sim C_{35}$ 化合物组成，绝对总含量在 $0.56 \sim 1.8 \mu g/g$（表 6-4），且总体上以低碳数为主。饱和烃色谱图中居前的低碳数峰群以 $nC_{13} \sim nC_{16}$ 为主峰碳，居后的高碳数峰群以 nC_{27} 或 nC_{29} 为主峰碳，nC_{24} 以后的奇碳优势较为明显。

在分布上，南海北部沉积物正构烷烃大体上可以分为 3 种类型（图 6-13）。

第一种类型为高、低碳双峰群的现代混合沉积类型，有机质来源于陆源输入与浮游生物等。以 S1、S2 和 S3 站位为代表。这些站位正构烷烃以 $nC_{13} \sim nC_{33}$ 为主，短链以 nC_{16} 为最高，长链以 nC_{29} 或 nC_{31} 为最高。长链中奇碳优势较为明显。研究证实短链烷烃主要来自于海洋藻类和细菌。在本类型中，短链 / 长链（nC_{21-}/nC_{21+}）为 $0.9 \sim 1.1$，低于其他站位样品，显示出不同的沉积来源。同时，这些样品中较高的 CPI 指数（carbon preference index）也间接证实了显著的陆源输入，但其 CPI 指数仍然低于陆地植物，且长链中以 nC_{29} 或 nC_{31} 为主，因此，该 3 个站位的正构烷烃的主要来源为陆源植物、海洋藻类和海洋细菌。经过计算（C_{27}、C_{29}、C_{31}、C_{33} 之和与总含量之比），表明 S1 站位中 29% 来自陆源植物。对于 S2 和 S3，来自陆源的有机质分别为 28% 和 30%。

第二种类型是低碳数占优势的海洋生物沉积类型，也为双峰型，以 S9 ～ S12 为代表。与第一种类型不同的是，短链烷烃的含量远高于长链，且以 nC_{15} 或 nC_{17} 为主导化合物。同时，长链中的奇偶优势也较为显著。CPI 指数为 $1.6 \sim 2.9$，与西太平洋深海沉积物的比例基本一致。显然，CPI 指数远低于第一类型。

第三种类型为低碳数占绝对优势的海洋生物沉积类型，为单峰型，以 S4~S8 为代表，主要位于神狐海域，大多位于冷泉发育渗透区，有机质来源于浮游生物和藻类，nC_{15} 或 nC_{17} 占绝对优势。神狐海域的短链烷烃优势明显，短链与长链之比高达 2.0~7.0，显示正构烷烃主要来自海洋藻类和细菌，暗示极少的陆源输入。南海北部表层沉积物正构烷烃碳同位素组成基本相似，在 -35‰~-26‰，平均值为 -30‰（表 6-4）。冷泉发育异常区正构烷烃碳同位素略负于其他地区，但不显著。经比较，该海域碳同位素组成与日本海和白令海非常吻合。一般情况下，在长链的 C_3 植物中，一般显示出较"负"的碳同位素（-39%~-30%），而 C_4 植物中，仅为 -25%~-18%。所以，如果 C_4 植物贡献增加，碳同位素值则增加。这里随着碳分子的增加，碳同位素值呈下降趋势，可以判断 C_3 植物的贡献增加。

表 6-4 正构烷烃及其碳同位素特征（$\delta^{13}C$）的组成

样品号	含碳数	CPI	$\sum nC_{21-}/\sum nC_{21+}$	nC_{17}/nC_{29}	$\delta^{13}C/‰$
S1	$nC_{13}\sim nC_{33}$	2.0	1.0	0.4	-30.5~-26.3 (-29.9) [1]
S2	$nC_{13}\sim nC_{33}$	2.6	1.0	0.6	-31.8~-30.0 (-31.0)
S3	$nC_{13}\sim nC_{33}$	4.5	1.1	1.0	-31.0~-26.4 (-29.9)
S4	$nC_{13}\sim nC_{34}$	2.1	7.0	5.2	-30.9~-28.0 (-28.8)
S5	$nC_{13}\sim nC_{34}$	1.4	2.6	1.9	-30.7~-27.3 (-30.4)
S6	$nC_{13}\sim nC_{33}$	1.9	2.0	1.9	-30.0~-26.4 (-30.1)
S7	$nC_{13}\sim nC_{33}$	2.4	3.6	2.8	-30.2~-27.4 (-29.9)
S8	$nC_{13}\sim nC_{33}$	2.3	5.6	2.7	-30.9~-26.6 (-30.1)
S9	$nC_{13}\sim nC_{35}$	2.0	1.8	1.5	-30.8~-26.4 (-30.1)
S10	$nC_{13}\sim nC_{35}$	1.8	2.6	3.0	-31.0~-29.2 (-31.1)
S11	$nC_{13}\sim nC_{33}$	1.7	2.3	2.0	-30.8~-27.1 (-29.4)
S12	$nC_{13}\sim nC_{33}$	2.9	2.0	1.3	-31.8~-26.7 (-31.0)

注：CPI=$\sum C_{25}-C_{35}/\sum C_{24}-C_{34}$。

[1] 均值。

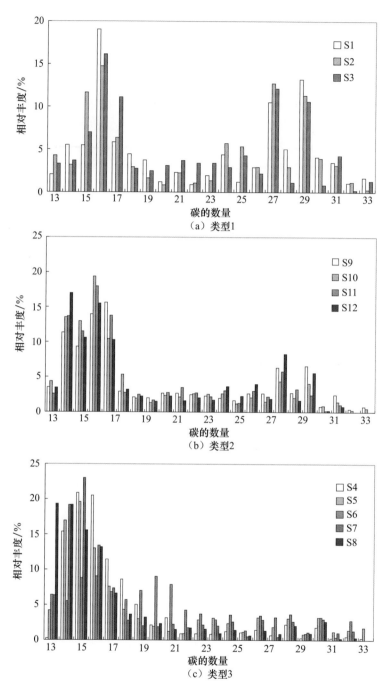

图 6-13 南海表层沉积物正构烷烃的分布类型

3. 脂肪酸组成和分布特征及其指示意义

在总体分布特征上，南海北部沉积物中脂肪酸碳数分布为 $C_{14:0} \sim C_{32:0}$（表 6-5），总含量为 $2.02 \sim 23.5 \mu g/g$，最高峰碳数为 $nC_{14:0}$、$nC_{16:0}$ 和 $nC_{18:0}$，具明显偶碳优势。冷泉发育异常区沉积物中短链脂肪酸含量较高。在空间上，总脂肪酸含量未显示出显著的分布趋势，站位 S1 和站位 S3 在总含量上低于其他站位。脂肪酸含量呈双峰分布，并以 C_{16}、C_{24}、C_{26} 或 C_{28} 为主峰。其中 C_{16} 具有绝对高含量，占总含量的 35%～59%。先前的研究揭示了长链的脂肪酸主要来自陆源输入，源于高等植物蜡。本研究中，短链 / 长链的比值为 5.43～12.3，指示南海北部沉积中脂肪酸主要来自海洋自身，如海洋浮游植物和细菌。而珠江口盆地海域则显示有陆源高等植物的贡献。众所周知，环境中的不饱和脂肪酸较饱和脂肪酸，易优先代谢或转化。

表 6-5　沉积物中脂肪酸含量特征

碳数	S1	S2	S3	S4	S5	S6	S7	S8	S9	S10	S11	S12
总数 / （μg/g）	2.02	21.1	4.06	18.4	21.5	10.7	15.8	12.0	13.9	4.84	7.17	23.5
短链 / 长链	5.43	15.12	6.00	10.39	12.33	11.37	9.99	6.04	7.71	6.36	6.86	11.58
$C_{16:1}/C_{16:0}$	0.13	0.52	0.27	0.82	0.51	0.77	0.27	0.53	0.64	0.23	0.10	1.07
$C_{18:1}/C_{18:0}$	3.50	4.00	7.70	2.20	3.50	3.80	5.60	6.30	5.40	4.30	6.00	3.80

然而，仍然检测到不饱和脂肪酸的存在（如 $C_{16:1}$，$C_{18:1}$，$C_{18:2}$），且以 $C_{16:1}$ 和 $C_{18:1}$ 为主（表 6-5），显示脂肪酸的主要来源为浮游植物（如硅藻属）、浮游动物和细菌。然而，$C_{16:1}/C_{16:0}$ 大多小于 1，说明硅藻属并非是主导贡献者。因此海洋细菌和其他微生物是南海北部脂肪酸的主要贡献者。

（二）洋流对有机质和生物标志物迁移控制

由之前的讨论可以看出，南海北部沉积物均有陆源输入，尤其是珠江口盆地和台西南。这些物质是如何由陆地迁移至此的？南海北部的洋流对有机质和生物标志物迁移发挥了重要作用。这里简单借助沉积物中黏土矿物组成来证实。图 6-14 显示了表层沉积物的黏土矿物组成。前人研究已经揭示珠江沉积物中黏土矿物以高岭石为主（46%），还有伊利石（31%）、绿泥石（18%），以及极少的蒙脱石（5%）。可以看出，在站位 S1 和 S2，甚至是 S3 中均检测到较高比例的高岭石，与珠江非常相似。而在南海北部入海的河流中只有珠江含有高比例的高岭石。因此判断来自珠江的悬浮颗粒可以在广东沿岸流的作用下迁移至广东省西南部甚至海南岛以东，先前的一些研究也已证实该观点。但由于絮凝和凝结作用，有机质等大多沉积于珠江口盆地，因此东沙海槽和神狐海域中高岭石显著下降。而台西南高山河流以伊利石为主（平均 50%），并有 30% 的绿泥石，其他两种成分比例很低。通过黏土矿物的组成判断在日本暖流的作用下，来自台西南高山河流的有机质可以迁移至神狐海域。同时来自吕宋岛的有机质也可在日本暖流的作用下迁移至神狐海域。

（三）生物标志物对冷泉发育的指示意义

正构烷烃分布特征显示南海北部沉积物中的有机质主要来源于大陆高等植物、海洋浮游生物藻类和细菌源。冷泉发育异常区沉积物中正构烷烃存在一定程度的缺失，且碳同位素略负于其他地区，表明有机质遭受了一定的生物降解作用，显示可能有天然气水合物的产出。冷泉发育异常区沉积物高含量的短链脂肪酸显示该区域发育大量的细菌等微生物，是沉积物中有机质主要提供者。

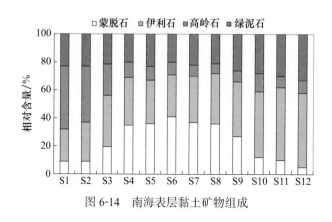

图 6-14　南海表层黏土矿物组成

第二节　微体古生物识别标志

一、冷泉区底栖有孔虫指示甲烷喷溢机理

冷泉环境区别于一般深海环境的特殊微环境，当温度、压力或外界环境发生变化破坏天然气水合物稳定边界条件时，水合物分解成甲烷气和水，富含甲烷气和溶解离子的温度较低的冷泉流体通过泥火山、底辟和断层等流体通道以喷溢（venting）或渗流（seepage）形式从深部向上运移到海底浅部，在喷溢或渗流口周围形成依赖于流体的细菌席、蛤床和管状蠕虫等化能自养生物群落（chemosynthetic communities）和自生碳酸盐岩（authigenic carbonates）冷泉沉积（图 6-15）。冷泉是寻找水合物海底最有效的特征标志之一，生活在冷泉环境下的底栖有孔虫群落（图 6-15）尤其适应高有机质、低氧、有甲烷释放的特定环境，并将水合物甲烷碳同位素值异常低的特性记录下来，与无甲烷渗漏环境相比，甲烷渗漏环境底栖有孔虫具有更负的 $\delta^{13}C$ 值，并作为解释水合物分解释放甲烷事件和气候变化的证据之一。

二、南海北部底栖有孔虫壳体同位素对甲烷喷溢的指示

对南海北部陆坡浅表层沉积物中的底栖有孔虫进行碳同位素分析，研究表明有孔虫 $\delta^{13}C$ 值偏负可以作为水合物可能存在的识别标志（Heinz et al., 2005; 向荣等，2010）。东沙海域、神狐海域和西沙海槽 3 个海区浅表层沉积底栖有孔虫 Uvigerina spp.（图 6-16）的 $\delta^{13}C$ 值具有不同的变化特征，其中西沙海槽该类壳体 $\delta^{13}C$ 平均值为 −0.45‰，相对偏重；神狐海域 Uvigerina spp. $\delta^{13}C$ 平均值为 −0.75‰；东沙海域的 $\delta^{13}C$ 平均值为 −1.41‰，明显低于其他两个海区，最低值达 −5.68‰（图 6-17，图 6-18）。

通过对碳同位素与甲烷、有机碳关系进行研究，认为东沙海域底栖有孔虫的碳同

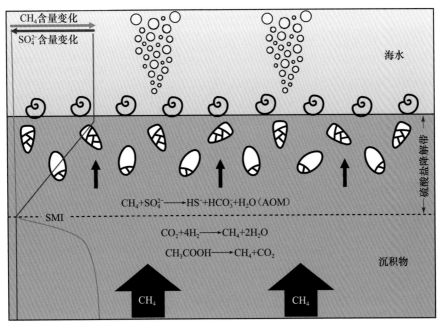

图 6-15 冷泉区海底沉积物中有孔虫分布与 SMI 界面关系

图 6-16 底栖有孔虫 *Uvigerina* spp. 各种形态

位素负偏与水合物不稳定分解释放形成的甲烷渗漏作用有关。有孔虫种属的碳同位素存在两个碳源特征，一部分是位于正常海洋背景值区间内的 −1.5‰～0‰，另一部分则是记录了海底甲烷渗漏的甲烷源同位素特征（−3.32‰～−1.5‰），甚至更负。因此，碳同位素值负偏程度越大，水合物存在的可能性越大，埋深越浅。据此推测，东沙海域、神狐海域和西沙海槽 3 个海区中东沙海域存在水合物的可能性最大，水合物的埋深最浅。

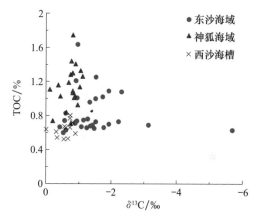

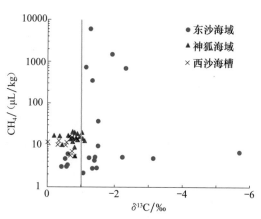

图 6-17　东沙、神狐和西沙海域 *Uvigerina* spp. δ¹³C 值（‰）与有机碳 TOC（%）关系图

图 6-18　东沙、神狐和西沙海域 *Uvigerina* spp. δ¹³C 值（‰）与甲烷含量（μL/kg）关系

第三节　微生物与冷泉甲烷渗漏和水合物分布关系研究

一、冷泉区微生物与甲烷和天然气水合物相关机理

海底冷泉区和含天然气水合物沉积物中微生物与甲烷和天然气水合物的主要关系表现在两个方面：提供生物成因来源气体，对水合物或甲烷进行分解。这两个相反的方面涉及不同营养方式的微生物类别，以及它们的生命活动与微生态（包括地质的、物理化学的和生物的相互作用）等一系列复杂过程。

从产甲烷来说，产甲烷古生菌类（Methanogens）属于古生菌域中的广古生菌界的第 2 亚群，是严格厌氧的类别。在海洋沉积物中的产甲烷菌能以沉积物中的 CO_2 为碳源并利用 H_2 作为 CO_2 的还原剂合成有机物。而海洋沉积物中 CO_2 的一个主要来源是微生物对沉积物中有机质的分解。

甲烷分解涉及更复杂的生物类别和复杂的过程，称之为甲烷的厌氧氧化（AOM）。至少有两类化能异养细菌类群的参与。一类是硫酸盐还原细菌类（sulfate-reducing bacteria, SRB）；另一类则是甲烷氧化古生菌类（Methanotrophs），它们是独特的以甲烷或甲醇等一碳化合物为唯一碳源和能源的类别（Boetius et al., 2000; Orphanv et al., 2001; Whitman et al., 2001）。甲烷的厌氧氧化作用的大致反应过程为［式（6-6）～式（6-9）］：

$$2CH_4 + 2H_2O \longrightarrow CH_3COOH + 4H_2 \qquad \text{AOM 氧化作用} \tag{6-6}$$

$$SO_4^{2-} + 4H_2 + H^+ \longrightarrow HS^- + 4H_2O \qquad \text{SRB 还原作用} \tag{6-7}$$

$$CH_3COOH + SO_4^{2-} \longrightarrow 2HCO_3^- + HS^- + H^+ \qquad \text{SRB 还原作用} \tag{6-8}$$

$$2CH_4 + 2SO_4^{2-} \longrightarrow 2HCO_3^- + 2HS^- + 2H_2O \qquad \text{总反应式} \tag{6-9}$$

在含水合物或冷泉出露区，还有一个十分重要的微生物和地球化学相互作用的界面，即硫酸盐和甲烷转换界面（Borowski et al., 1996）。在沉积物顶部的流体富含硫酸盐，其含量随沉积物埋深增大而降低；而另一方面下伏沉积物中甲烷含量随深度而增加。在该界面上硫酸盐还原形成的硫化氢和剩余的硫酸根离子与孔隙流体中其他元素结合，形成一系列硫化物类和硫酸盐类自生矿物（如黄铁矿，通常呈多种集合体状）。

目前对具体参与甲烷厌氧反应的不同生物及其相互作用或耦合作用的机制与过程还缺乏了解。不过，研究已经揭示了几个类别，如甲烷厌氧古生菌主要为 ANME-2 族类别与硫酸盐还原细菌（主要是脱硫八叠球菌属 *Desulfosarcina* 和脱硫球菌属 *Desulfococcus* 细菌）的共栖互养体（syntrophism），以及少量的 ANME-1 族的厌氧甲烷氧化古菌（Orphan et al., 2002; Nauhaus et al., 2005）。

二、冷泉区微生物对甲烷渗漏和水合物响应

本节利用 2011 年 973 项目在东沙获得的 973-5 重力柱沉积中 6 个不同深度古菌展开相关分析。

（一）973-5 柱岩心的古菌群落组成

973-5 柱岩心的古菌群落组成如图 6-19 所示，其优势种群是 MBG-B、ANME-1 和 MCG，分别占总数的 22%、20% 和 15%，出现的特殊类群除了和甲烷厌氧氧化直接相关的 ANME-1 类群，还有和产甲烷直接相关的 Methanosarcinales 和 *Methanobacterium*，以及和氮循环直接相关的 Nitrosopumilales 和 Nitrososphaerales。虽然这几个类群的数量比 ANME-1 少很多，但它们的存在表明在 973-5 柱岩心中，微生物积极参与了沉积环境的碳循环和氮循环。

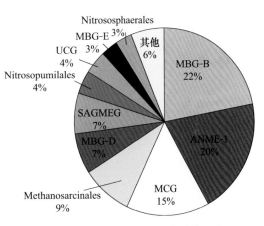

图 6-19　973-5 柱岩心古菌群落组成

（二）973-5 柱岩心的古菌群落垂直变化

973-5-1 共获得 22 个有效序列，归为 14 个操作分类单元（OTU），远未达到饱和，其古菌多样性高，该层位的 9 条序列属于 MCG，各 4 条序列属于 MBG-D 和 MBG-E，其他类群相对较少。973-5-6 共获得 32 条有效序列，归为 16 个 OTU，古菌多样性较高，6 条属于 MBG-D，各 7 条属于 SAGMEG 和未分类的泉古菌 UCG，8 条属于 MCG，个别属于其他类群。973-5-9 获得 31 条有效序列，归为 16 个 OTU，古菌多样性高，分属于较多的类群，Nitrosopumilales 占据 7 条，其他不同类群占据 1-5 条。973-5-12 共获得 29 条有效序列，归为 3 个 OTU，多样性较低，23 条属于 MBG-B，MBG-B 是该层位的优势类群，5 条属于 MCG，还有 1 条属于 Nitrososphaerales。973-5-15 共获得 29 条有效序列，归为 2 个 OTU，古菌多样性极低，其中 19 条序列属于 ANME-1，10 条系列属于 MBG-B。973-5-20 共获得 30 条有效序列，归为 9 个 OTU，古菌多样性比前两个层位高，比表层低，11 条序列属于 Methanosarcinales，14 条属于 ANME-1，各

有 2 条属于 MBG-B 和 Nitrososphaerales，还有 1 条属于 *Methanobacterium*（表 6-6）。从以上描述可以看出，同一岩心不同层位的古菌类群差别比较大。500cm 以上层位的古菌多样性都比较高，古菌多样性最低的层位是甲烷浓度发生剧烈变化的 973-5-15。分布最为广泛的类群是 MBG-B，从浅表层到底层均有分布。不同层位分布差异最大的类群是 ANME-1，在 973-5-15 和 973-5-20 层位大量存在，而在稍浅的层位则极为稀少。

表 6-6　973-5 岩心各层位古菌类群统计

克隆文库	973-5-1	973-5-6	973-5-9	973-5-12	973-5-15	973-5-20
有效序列数	22	32	31	29	29	30
操作分类单元数	14	16	16	3	2	9
Methanosarcinales		1	3			11
ANME-1		1	1		19	14
MBG-D	4	6	3			
MBG-E	4	1				
Methanobacterium						1
SAGMEG	1	7	5			
UEG			1			
MBG-B	1	1	1	23	10	2
MGI	1		3			
MBG-C	2		2			
MCG	9	8	4	5		
UCG		7				
Nitrosopumilales			7			
Nitrososphaerales			2	1		2

（三）973-5 柱古菌群落垂直变化与甲烷和水合物

根据图 6-20 甲烷浓度和硫离子浓度的变化曲线可以推测 973-5 柱岩心的 SMI 大约位于 760cm 处。这与前人通过硫酸盐、硫化氢和甲烷浓度变化趋势估算的南海东沙冷泉区沉积物 SMI 深度大约为 8m 的结果相吻合（Suess，2005）。973-5 柱岩心 SMI 所处的深度层位的古菌多样性很低，只检测出 ANME-1 和 MBG-B，都是该层位的优势类群。SMI 以深的 920cm 处，古菌优势类群是 ANME-1 和 Methanosarcinales，SMI 以浅的 610cm 处，古菌优势类群是 MBG-B。ANME-1 的大量存在表明其对应的沉积层具有强烈的 AOM 作用。

根据前人研究成果，MBG-B往往是天然气水合物区或含有SMI沉积物层的优势古菌类群（Inagaki et al., 2006），本书也证实了这一观点。在973-5柱岩心的790cm左右存在少量水合物，760cm是SMI，在这些层位附近及稍浅层位存在大量MBG-B。从图6-21可以看出，在甲烷浓度极高和极低的层位，MBG-B的含量都较少，而当甲烷保持在适当浓度时，MBG-B的优势则凸显出来，如在610cm层位MBG-B占据绝对优势。MBG-B很有可能参与了甲烷的厌氧氧化，但是其代谢机理目前尚不清楚。

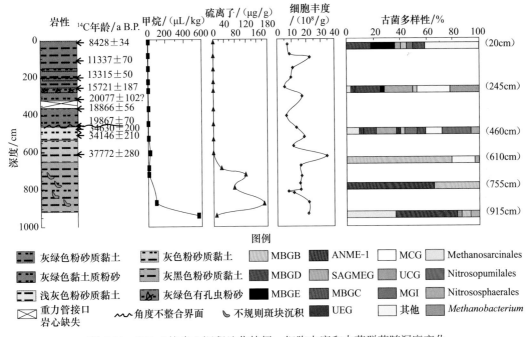

图6-20 973-5柱岩心沉积地化特征、细胞丰度和古菌群落随深度变化

在460 cm层位没有明显的优势类群，但是出现了Methanosarcinales，及参与氮循环的Nitrosopumilales和Nitrososphaerales，说明该层位微生物积极参与碳循环与氮循环。该岩心在这一深度出现角度不整合，不整合面上下年龄相差14.76ka，由于不整合面上下不同沉积物的接触必然会比连续沉积的营养物质复杂，而且流体比较发育，所以微生物类群比较丰富。

将本书研究及他人前期对南海其他研究结果作比较，973-5柱古菌群落有如下特征：较深层位大量存在ANME，而南海其他区域的沉积物尚未发现大量ANME。其优势类群是MBG-B和ANME-1，其他非冷泉重力柱中优势类群是MCG和MBG-D，表明冷泉与非冷泉区的古菌多样性有明显差异。在该岩心发现大量与甲烷厌氧氧化相关的菌群，另外部分层位出现了奇古菌，SMI以深的层位出现一定量的产甲烷菌。本次研究结果可与Zhang等（2012）在东沙研究结果作对比，表明973-5柱岩心的古菌异常指示该岩心下部存在天然气水合物。

参 考 文 献

陈忠，陈翰，颜文，等．2010．南海北部白云凹陷 08CF7 岩心沉积物的磁化率特征及其意义．现代地质，24(3)：516-520．

钱建兴．1999．晚第四纪以来南海古海洋学研究．北京：科学出版社．

向荣，刘芳，陈忠，等．2010．冷泉区底栖有孔虫研究进展．地球科学进展(02)：193-202．

Berner R A. 1984. Sedimentary pyrite formation: An update. Geochimica et Cosmochtmica Acta, 48: 606-615.

Boetius A, Ravenschlag K, Schubert C J, et al. 2000. A marine microbial consortium apparently mediating anaerobic oxidation of methane. Nature, 407: 623-626.

Borowski W S, Paull C K, Ussler III W. 1996. Marine pore-water sulfate profiles indicate in situ methane flux from underlying gas hydrate. Geology, 24: 656-658.

Garming J F L, Bleil U, Riedinger N. 2005. Alteration of magnetic mineralogy at the sulfate–methane transition: Analysis of sediments from the Argentine continental slope. Physics of the Earth and Planetary Interiors, 151: 290-308.

Heinz P, Sommer S, Pfannkuche O, et al. 2005. Living benthic foraminifera in sediments influenced by gas hydrates at the Cascadia convergent margin, NE Pacific. Marine Ecology Progress Series, 304: 77-89.

Hurtgen M T, Lyons T W, Ingall E D, et al. 1999. Anomalous enrichments of iron monosulfide in surface marine sediments and the role of H_2S in iron sulfide transformations: Examples from Effingham inlet, Orca Basin, and the Black Sea. American Journal of Science, 299: 556-588.

Inagaki F, Nanoura T, Nakagawa S, et al. 2006. Biogeographical distribution and diversity of microbes in methane hydrate-bearing deep marine sediments on the Pacific Ocean Margin// Proceedings of the National Academy of Sciences USA, 103: 2816-2820.

Orphan V J, House C H, Hinrichs K U, et al. 2001.Methane-consuming archaea revealed by directly coupled isotopic and phylogenetic analyses. Science, 293: 484-487.

Orphan V J, House C H, Hinrichs K U, et al.2002. Multiple archaeal groups mediate methane oxidation in anoxic cold seep sediments// Proceedings of the National Academy of Sciences USA, 99: 7663-7668.

Nauhaus K, Treude T, Boetius A, et al. 2005. Environmental regulation of the anaerobic oxidation of methane: A comparison of ANME-I and ANME-II communities. Environmental Microbiology, 7(1): 98-106.

Shen Y , Buick R. 2004. The antiquity of microbial sulfate reduction. Earth-Science Reviews, 64: 243-272.

Suess E. 2005. RV SONNE cruise report SO177, Sino-German cooperative project, South China Sea Continental Margin: Geological methane budget and environmental effects of methane emissions and gas hydrates. IFM-GEOMAR Reports. http://store.pangaea.de/documentation/Reports/SO177. pdf.

Whitman W B, Boone D R, Koga Y, et al. 2001. Taxonomy of methanogenic archaea// Garrity G M，Boone D R，Castenholz R W. Bergey's Manual of Systematic Bacteriology. Second ed. The Archaea and The Deeply Branching and Phototrophic Bacteria. New York: Springer-Verlag, 1: 211-213.

Zhang Y, Su X, Chen F, et al. 2012. Microbial diversity in cold seep sediments from the northern South China Sea. Geoscience Frontiers, 3(3): 301-316.

第七章 | 南海北部天然气水合物的地球化学异常特征研究

第一节 东沙海域沉积物地球化学异常特征

一、孔隙水地球化学异常和硫酸盐 – 甲烷作用界面

典型水合物分布区沉积物的孔隙水地球化学特征分析表明，沉积物中向上扩散的甲烷通量可控制沉积物孔隙水中硫酸盐的变化梯度及 SMI 埋深，因此 SMI 埋深及其界面上、下硫酸盐与甲烷含量的变化特征可用来指示 SMI 下沉积物中的甲烷通量，并以此判断下伏天然气水合物的可能赋存状况（Fang and Chu, 2008；栾锡武，2009；陆红峰等，2012）。由此可知，浅表层沉积物孔隙水的 SMI 埋深可以用于判别甲烷向上的扩散量，尽管其他很多原因（如下伏油气的存在等）也会导致沉积物中甲烷通量的增大、SMI 埋深的变浅，但它仍然为研究者提供了一个较好的天然气水合物识别标志。

在水合物赋存区下伏沉积物的甲烷含量决定向上的甲烷通量，同时也间接控制 AOM 的反应速率、SMI 的深浅和硫酸盐通量。也就是说甲烷富集区域的 SMI 深度和硫酸盐通量由下伏区域甲烷气上涌的通量决定，甲烷通量高则 SMI 浅、硫酸盐通量高，甲烷通量低则 SMI 深、硫酸盐通量低，而甲烷通量的大小直接反映下伏沉积物中甲烷含量的高低（Borowski et al., 1996, 1999, 2000; Dickens, 2001），即水合物的赋存情况。相关学者通过对 ODP 164 航次布莱克海台（Black Ridge）获取的天然气水合物钻孔沉积物样品进行详细地球化学分析，认为根据沉积物孔隙水中的硫酸盐和甲烷含量变化确定的 SMI 埋深及估算沉积物中的甲烷通量可判断下伏天然气水合物的赋存状况（Borowski et al., 1996; Borowski, 1998）。

（一）样品与测试分析

本书研究的 37 个浅表层沉积物取样站位分布见图 7-1，取样站位主要分布在南海北部陆坡东北部，集中在两个 BSR 区块，即北部浅水区九龙甲烷礁附近和南部深水区"海洋四号"沉积体附近。

样品通过广州海洋地质调查局"海洋四号"船各调查航次和"太阳号"船中德合作 SO-177 航次获得。水深 700～3300m，芯长 21～937cm。浅水区九龙甲烷礁和深水区"海洋四号"沉积体密集采样区是本节研究重点区域。

取样方式和调查船说明：GC——重力取心（太阳号），TVG——电视抓斗（太阳号），HD——大型重力活塞取心（海洋四号）。沉积物孔隙水样品在船上现场采集。"海洋四号"船采集的孔隙水装进洗净烘干的聚四氟乙烯瓶密封保存，贴好标签后置于

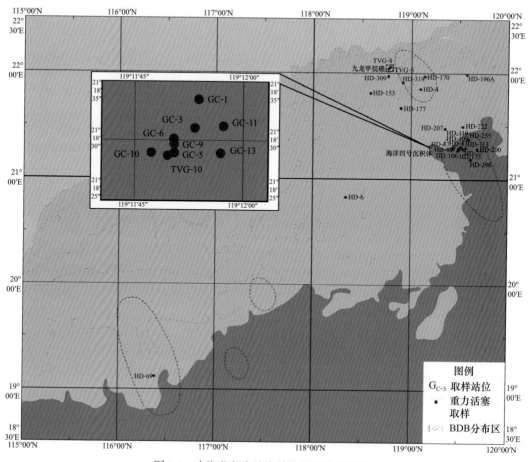

图 7-1 南海北部东沙海域取样站位分布图

4℃冷藏库；在实验室开展详细的地球化学分析测试，测试项目主要包括阴阳离子和微量元素，分析测试工作在南京大学海洋地球化学研究中心完成，运用 IonPac®AS14 高性能液相色谱仪（high performance liquid chromatography，HPLC，色谱柱 5μm，4mm×250mm）和 IRIS Intrepid Ⅱ 等离子光谱仪（direct current plasma emission spectrometry，DCP-ES）分别测定。"太阳号"船采集的孔隙水直接在现场进行地球化学测试分析，测试项目包括 NH_4^+、PO_4^{3-}、碱度、H_2S、Cl^-、H_4SiO_4、SO_4^{2-} 和 Br^-，NH_4^+、PO_4^{3-}、H_2S 含量利用分光光度计测试，Cl^-、碱度利用滴定法进行测定，SO_4^{2-} 和 Br^- 含量由离子色谱仪测试。本节主要提取测试结果的 SO_4^{2-} 和 H_2S 含量进行分析。

"海洋四号"船沉积物顶空气的制取与测试：取沉积物样品约 18g，装入 20mL 顶空进样瓶中，盖上橡胶瓶塞，用铝箔和封盖器密封顶空瓶。测定时把顶空瓶放在 42℃ 恒温烘箱中放置平衡 30min 以上，使沉积物中游离态烃类气体充分逸出，冷却至室温后抽取 20μL 气体注入 Agilent 6890N 型气相色谱仪进行气态烃测试。色谱柱为 HP-PLOT 型毛细管柱，测试条件：进样口温度为 150℃，压力为 15psi[①]，进样方式为不分流；炉

---

① 1psi=0.155cm⁻²。

温为 100℃；检测器为氢火焰检测器（FID），温度 170℃，H_2 流量 40mL/min，气流量 350mL/min。分析测试工作在广州海洋地质调查局的测试中心完成。"太阳号"船沉积物顶空气 CH_4 含量在现场通过气相色谱方法测定。

（二）东沙海域沉积物孔隙水中 SO_4^{2-} 含量变化特征及 SMI 埋深分布

东沙海域沉积物孔隙水的 SO_4^{2-} 摩尔浓度随深度变化特征如图 7-2 所示，随着沉积物埋藏深度的增加，SO_4^{2-} 含量出现明显降低的趋势。根据"强烈甲烷厌氧氧化层位的孔隙水中的 SO_4^{2-} 含量线性下降至零值"这一规律，本节采用外推法，将 SO_4^{2-} 含量随深度的变化作线性拟合，求得 SMI 界面位置。如图 7-2 所示，根据 SO_4^{2-} 浓度的变化情况，估算其 SMI 的埋深如下：HD-83 为 8m，HD-153 为 8m，HD-199 为 7m，HD-319 为 9m，HD-86V 为 10m，HD-109 为 7m，HD-107 为 10m，HD-196A 为 7m，而 HD-177 和 HD-133 两个站位超过 10m，预计分别在 12m 和 15m 的位置。

孔隙水中硫酸盐的浓度变化是天然气水合物勘探的重要地球化学指标之一。海洋中含有大量的溶解硫酸盐（SO_4^{2-}），是海洋沉积物中孔隙水的重要化学组成。硫酸盐在微生物作用下会参与分解沉积物有机质的反应并还原生成硫化氢，硫酸根本身随着反应的进行而被消耗，从而使孔隙水中硫酸盐浓度降低（Westrich and Berner, 1984; Canfield, 1991），该过程反应式可表述为

$$2（CH_2O）+SO_4^{2-}\longrightarrow 2HCO_3^-+H_2S \qquad (7-1)$$

一般来说，在海洋沉积的早期成岩过程中，硫酸盐还原作用以硫酸盐还原菌为媒介氧化有机碳，从而产生硫酸盐浓度梯度，因此有机质氧化是引起硫酸盐浓度变化的主要原因。但在天然气水合物赋存区海底甲烷渗漏环境中，由甲烷代替有机质作为还原剂与硫酸盐反应，即甲烷厌氧氧化反应占主导地位（Reeburgh, 1976；Borowski et al., 1996），该过程反应式可表述为

$$CH_4+SO_4^{2-}\longrightarrow HCO_3^-+HS^-+H_2O \qquad (7-2)$$

SMI 指从海底到该界面处孔隙水中硫酸盐浓度逐渐亏损到最低值，并在该界限之下甲烷浓度逐渐增加（Borowski et al., 1996）。

Fang 和 Chu（2008）、蒋少涌等（2005）研究表明，南海北部海区的 SMI 界面在 10m 左右，本节东沙海域 SMI 数据结果显示与此基本一致，东沙海域沉积物岩心中 SO_4^{2-} 质量浓度下降较快，完全符合目前国际上已经证实的存在水合物的浅表层沉积物中 SMI 界面深度小于 50m 的论断（Borowski et al., 1999, 2000）。Matsumoto 等（2004）对日本海东部大陆边缘研究表明，该海域的高甲烷通量导致研究区的 SMI 埋深很浅，在海底以下 0.5~24m。前人对南海北部 ODP 184 航次几个钻孔的数据分析表明，这些钻孔沉积物孔隙水中的 SMI 埋深都大于典型天然气水合物区的 SMI 深度，表明除 1144 站位外（SMI 埋深约 11m），其他几个站位由北向南 SMI 埋深逐渐增大，说明这几个钻孔沉积物中的甲烷通量都比较小（Wang et al., 2002）。由此可知，甲烷通量在整个南海北部海区分布不均匀，而在东沙海域一带明显比较高，这可能与下伏天然气水合物的赋存有关。

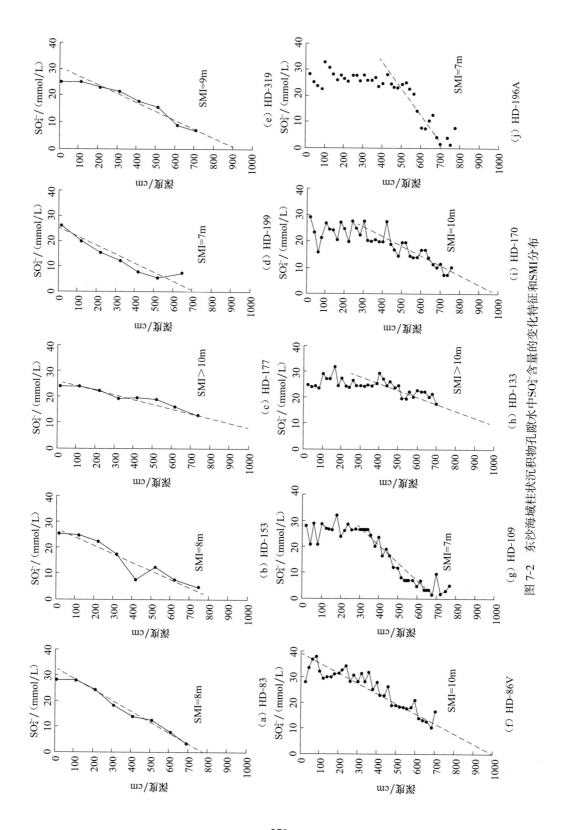

图 7-2　东沙海域柱状沉积物孔隙水中 SO_4^{2-} 含量的变化特征和 SMI 分布

（三）SMI 上下沉积物中 SO_4^{2-}、H_2S 与甲烷含量的变化关系

东沙海域具有较浅的 SMI 埋深（约 10m）。那么，SMI 上、下沉积物孔隙水中 SO_4^{2-}、H_2S 和顶空气中甲烷含量的具体表现如何呢？东沙海域"海洋四号"沉积体采集的 GC-9、GC-10 和 GC-11 这 3 个站位柱状沉积物的加密测试分析的结果表明，采集的浅表层沉积物岩心已穿透该区沉积物的 SMI 埋深，进一步证实该区的 SMI 埋深很浅，在 10m 范围内，这有助于了解和解释 SMI 上、下的地球化学异常，并通过硫酸盐梯度计算甲烷通量，分析甲烷含量、SO_4^{2-} 和 H_2S 含量变化对水合物赋存的指示意义。

如图 7-3 显示，GC-9 站位从海底至海底以下 3.5m，沉积物孔隙水中检测不到 H_2S，也检测不到沉积物顶空气中 CH_4，SO_4^{2-} 含量基本保持在一个较高的水平（28mmol/L）不变；从海底以下 3.5m 到 6.8m，H_2S 含量开始随埋深增大迅速增加，而 SO_4^{2-} 含量迅速降低，沉积物顶空气中的 CH_4 还是检测不到；从海底以下 6.8m 开始，沉积物中的 CH_4 浓度快速增加，孔隙水中的 SO_4^{2-} 含量保持在一个很低的水平不变（接近 1μmol/L），H_2S 浓度达到最大值（4800μmol/L）之后开始明显下降。由此可见 6.8mbsf 为 GC-9 站位的 SMI，3.5~6.8m 为硫酸盐还原带。GC-10 站位海底至海底以下 4.0m，SO_4^{2-} 含量基本保持在一个较高的水平（28 mmol/L）不变，沉积物孔隙水中检测不到 H_2S，沉积物顶空气中检测不到 CH_4；从海底以下 4.0m 到 7.5m，H_2S 的含量开始随着埋深增大而迅速增加，而 SO_4^{2-} 含量迅速降低，沉积物顶空气中的 CH_4 还是检测不到；海底以下 7.5m 开始，沉积物中的 CH_4 浓度快速增加，孔隙水中的 SO_4^{2-} 含量保持在一个很低的水平不变（接近 1μmol/L），H_2S 浓度达到最大值（9000μmol/L）之后开始明显下降。以此判断，7.5mbsf 为 GC-10 站位的 SMI，4.0~7.5m 为硫酸盐还原带。GC-11 站位海底至海底以下 1.8m，沉积物孔隙水中检测不到 H_2S，SO_4^{2-} 含量基本保持在一个较高的水平（28mmol/L）；在海底以下 1.8~4.0m，H_2S 含量随着埋深增大迅速增加而达到最大值 8265μmol/L，而 SO_4^{2-} 含量快速降低；在海底以下 4m 附近，沉积物顶空气中开始检测到 CH_4，其含量迅速增加，在 4.8m 处最大浓度 14080μmol/L，而在该深度 SO_4^{2-} 含量降低至 1μmol/L 附近并开始保持稳定。因此，4.0mbsf 为 GC-11 站位的 SMI，1.8~4.0m 为硫酸盐还原带。

GC-9、GC-10 和 GC-11 站位硫酸根还原带上界面之上，表层沉积物中由于有机质的含量基本一致，CH_4 通量未能影响 SO_4^{2-}，所以 SO_4^{2-} 保持在一个相对稳定的状态；SO_4^{2-} 含量在 SMI 埋深以上，随着深度的增大呈急剧线性降低趋势，说明孔隙水中硫酸盐含量主要受下伏 CH_4 流体的 CH_4 厌氧氧化作用的影响。

Borowski 等（1996，1999，2000）对 ODP 164 航次几个钻孔沉积物样品研究结果显示，在硫酸盐还原带中 CH_4 的含量很低，但在 SMI 界面下，CH_4 含量迅速增加，说明在硫酸盐还原带 SMI 界面附近，CH_4 由于厌氧氧化作用被大量消耗，而在 SMI 界面以下，CH_4 不仅没有因氧化作用而减少，反而由于 CH_4 的生成反应使其含量迅速增加。随沉积物深度增加，在硫酸盐还原带 SMI 之下，则是 CH_4 形成带。在海洋沉积物中，以微生物为介质，通过二氧化碳还原和有机质分解两个独立的途径均可产生 CH_4（图 7-3）。GC-9、GC-10 和 GC-11 站位硫酸盐还原带中 CH_4 的变化特征与此一致。这就很好地解释了 3 个站位在 SMI 以上是消耗 SO_4^{2-}、生成 H_2S 的过程，而在 SMI 以下则是 CH_4 的生成过程。

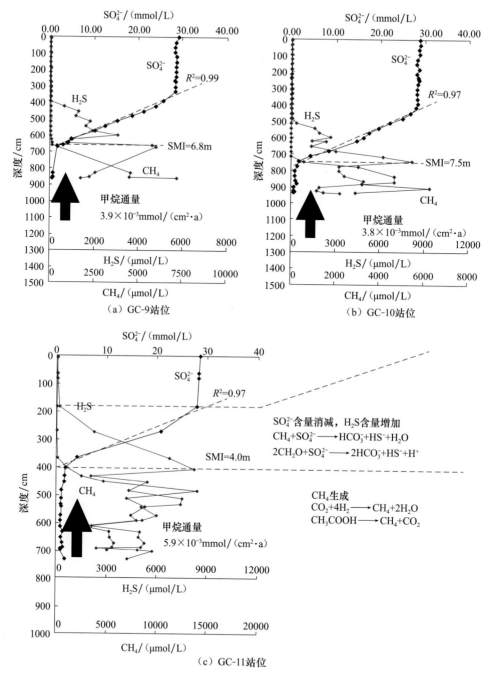

图 7-3　GC-9、GC-10 和 GC-11 站位的 SMI 分布及 CH$_4$ 通量特征

（四）九龙甲烷礁冷泉区中 CH$_4$ 含量的变化及 SMI 分布

九龙甲烷礁位于东沙海域北部，水深 500～1000m。在九龙甲烷礁碳酸盐岩结壳裂隙中发现甲烷菌席、双壳类生物遗迹及 CH$_4$ 流体排溢形成的碳酸盐烟囱，属于典型的

冷泉碳酸盐岩发育区（Han et al., 2008; 邬黛黛等，2009）。

　　研究结果显示（图 7-4），随着沉积物埋深的增加，TVG-5 站位 SO_4^{2-} 含量逐渐降低，H_2S 含量明显增加，沉积物中含有一定浓度的 CH_4，存在明显的 CH_4 异常，表明甲烷通量较大，SMI 深度较低，预计在海底以下约 2m；TVG-8 站位与邻近 TVG-5 站位的情况相似，估算其 SMI 深度在海底以下约 2.5m。这一结果指示 CH_4 渗漏已经直接影响接近沉积物水体的 CH_4 含量，因为沉积物中 SO_4^{2-}、H_2S 和 CH_4 的含量在表层沉积物中就发生异常，硫酸盐还原带存在于表层沉积物和底层海水中，CH_4 渗漏甚至导致底层海水 CH_4 异常。黄永样等（2008）研究表明，九龙甲烷礁冷泉区的海水存在 CH_4 异常，证明九龙甲烷礁是天然气水合物赋存区，CH_4 通量较高，水合物埋深较浅。

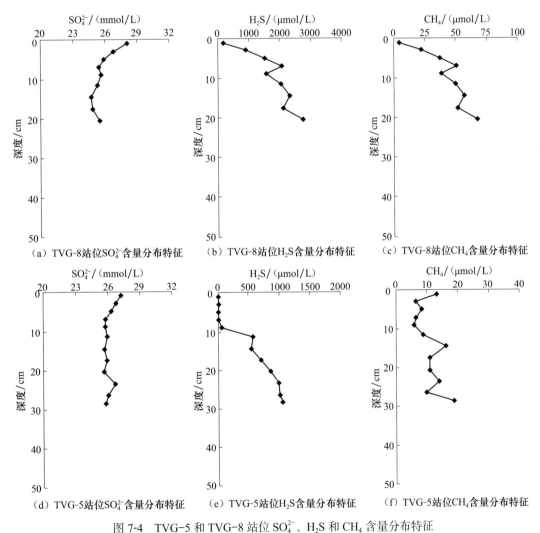

图 7-4　TVG-5 和 TVG-8 站位 SO_4^{2-}、H_2S 和 CH_4 含量分布特征

（五）东沙海域甲烷通量的估算及与下伏天然气水合物的关系

Borowski 等（1996）认为，向下的硫酸盐流体与向上的甲烷流体在高浓度甲烷向

上扩散条件下基本保持平衡（如天然气水合物分布区），并在硫酸盐还原带保持低的还原率。在这种条件下，发生于 SMI 埋深处的甲烷厌氧氧化作用消耗了硫酸盐和甲烷，使硫酸盐和甲烷结成了一对地球化学组合。式（7-1）和式（7-2）表示有机质氧化和甲烷缺氧氧化驱动的硫酸盐还原作用，二者都会造成孔隙水硫酸盐的亏损、溶解无机碳含量的升高、自生矿物沉淀和同位素分馏等。如何区分有机质氧化和 AOM 驱动的硫酸盐还原作用，对甲烷渗漏环境识别具有重要意义。从式（7-1）和式（7-2）可知，相同数量的硫酸根还原所产生的溶解无机碳（dissolved inorganic carbon，DIC）含量不同，可利用硫酸根与溶解无机碳含量的相对关系区分（Thomas et al., 2002; Yang et al., 2008）。但自生碳酸盐岩的形成消耗部分 HCO_3^- 的含量，因此需要进一步利用有机质氧化和甲烷缺氧氧化作用产生的同位素分馏导致的 DIC 的碳同位素组成不同来识别。前人研究表明 DIC 作为甲烷缺氧氧化的产物，继承了甲烷相对较轻的碳同位素组成特点，而有机质氧化产生的 DIC 具有相对较重的碳同位素值（Borowski et al., 1999; Rodriguez et al., 2000; Thomas et al., 2002）。Rodriguez 等（2000）对经典水合物区布莱克海台 997 站位的研究表明，该站位孔隙水中溶解无机碳的 $\delta^{13}C$ 值随深度增加而有先下降后上升的趋势，与硫酸根的变化趋势一致，在 SMI 界面附近达到最低值为 -37.7‰。

但 Borowski 等（1996，1999，2000）对布莱克海台的研究表明，硫酸盐含量变化主要受甲烷厌氧氧化作用的影响，沉积物中有机质的含量变化对硫酸盐含量变化梯度作用不大。陆红锋等（2012）对南海北部 HD-109、HD-170、HD-196A、HD-200、HD-319 和 GC-10 等站位的有机质含量和硫酸盐含量变化关系的研究表明，虽然高含量的有机碳消耗孔隙水中的硫酸盐，但这些站位沉积物中的硫酸盐急剧下降层位的有机碳含量没有出现对应的亏损变化，表明有机碳对硫酸盐的消耗不是孔隙水中硫酸盐离子发生急剧下降的主要因素。如图 7-5 所示，GC-10 站位沉积物中有机碳含量和硫酸盐离子含量剖面变化图显示，有机质对该站位 SMI 界面的影响不大，而高含量的甲烷才是硫酸盐消耗的主要因素，也是 SMI 界面变化的主要控制因素。因此由式（7-2）可知被甲烷厌氧氧化作用消耗的硫酸盐的化学计量比大约为 1:1，两者的通量在该界面处大致相等，那么上升的甲烷通量就可以通过硫酸盐的变化梯度加以推算。由于取样时甲烷的逸散，真正的甲烷浓度很难得到，因此硫酸盐的变化梯度是估算甲烷通量的一个重要参数。

根据菲克第一定律，可以利用下式计算硫酸盐至 SMI 界面的通量：

$$J=D_0\phi^3\delta c/\delta x \tag{7-3}$$

式中，J 为通量；D_0 为硫酸盐的扩散系数；ϕ 为沉积物的孔隙度；$\delta c/\delta x$ 为硫酸盐随深度变化的浓度梯度。南海北部陆坡海底硫酸根的扩散系数为 $5.72\times10^{-10}m^2/s$（Li and Gregory, 1974），孔隙度采用 75%（Wang et al., 2000; Yang et al., 2008; Yang et al., 2010）。

通过硫酸根梯度计算甲烷通量的结果如图 7-3 所示。南海北部东沙海域深水区"海洋四号"沉积体中 GC-9、GC-10 和 GC-11 3 个站位基于硫酸盐还原带之间的硫酸盐梯度（8.0mmol/（L·m）、7.7mmol/（L·m）和 12.0mmol/（L·m））推算出的甲烷通量分别为 3.9×10^{-3} mmol/（cm^2·a）、3.8×10^{-3}mmol/（cm^2·a）和 5.9×10^{-3}mmol/（cm^2·a）。结果表明，SMI 埋深较浅通常反映较高的甲烷通量，较高的甲烷通量来源于充足的甲烷气源。

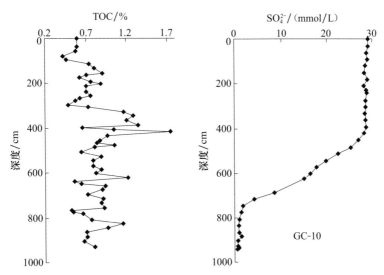

图 7-5 GC-10 站位沉积物中 TOC 和 SO_4^{2-} 含量剖面变化图（数据源于陆红锋等，2012）

如表 7-1 所示，GC-9、GC-10 和 GC-11 3 个站位沉积物顶空气中的甲烷含量随沉积物深度的增加而明显增加，在 SMI 附近都达到各自的最高值，分别为 7183.17μmol/L、6283.59μmol/L 和 14081.5μmol/L。由此可见，SMI 埋深、硫酸盐梯度、甲烷通量与沉积物中的甲烷含量之间具有良好的对应关系。

表 7-1 GC-9、GC-10 和 GC-11 站位沉积物顶空气中的甲烷含量

GC-9 深度 /cm	CH_4/ （μmol/L）	GC-10 深度 /cm	CH_4/ （μmol/L）	GC-10 深度 /cm	CH_4/ （μmol/L）	GC-11 深度 /cm	CH_4/ （μmol/L）
1.50	0.14	1.50	3.08	418.50	1.70	1.5	0.4
91.50	0.5	31.50	3.58	453.00	1.93	62.5	1.2
181.50	0.45	61.50	3.82	483.50	4.27	80.5	1.2
271.50	0.72	91.50	3.66	513.50	6.14	180.5	1.2
301.50	0.71	151.50	3.81	543.50	8.78	271.5	7.5
331.50	1.16	181.50	3.76	573.50	9.85	365.5	64.4
361.50	0.48	211.50	4.26	603.50	13.95	402.5	836
391.50	3.38	231.50	0.52	623.50	17.44	432.5	2435
421.50	6.23	240.50	0.42	626.50	16.80	452.5	4694.5
451.50	6.47	243.50	0.57	656.50	23.34	482.5	14081.5
481.50	13.53	273.50	0.63	686.50	31.56	512.5	6948.8
511.50	15.92	303.50	0.58	716.50	11.96	542.5	8858.5
541.50	18.59	333.50	1.08	746.50	588.63	572.5	7424.2
571.50	13.56	363.50	0.72	776.50	3064.18	591	7978.4
597.50	18.48	393.50	0.92	836.50	4697.19	612	2744.6

续表

GC-9 深度 /cm	CH$_4$/（μmol/L）	GC-10 深度 /cm	CH$_4$/（μmol/L）	GC-10 深度 /cm	CH$_4$/（μmol/L）	GC-11 深度 /cm	CH$_4$/（μmol/L）
622.50	32.43	866.50	4732.15			632.5	5284.8
647.50	72.93	882.50	3253.94			652.5	5340.1
657.50	77.06	906.50	6283.59			672.5	5782.6
668.00	383.48	936.50	2958.44			688.5	5634.3
827.50	4545.17					697.5	5004.4
855.00	4468.92						
860.00	7183.17						

对比前人和其他水合物的研究成果（表 7-2），东沙海域甲烷通量的研究结果和前人的研究结果基本一致。前人研究表明 ODP 204 航次水合物 1244 站位的甲烷通量为 2.7×10^{-3} mmol/（cm^2·a），布莱克海台各站位的甲烷通量为 $0.8 \times 10^{-3} \sim 1.8 \times 10^{-3}$ mmol/（cm^2·a）（Borowski et al., 1996; Borowski, 1998; Fang and Chu, 2008）。东沙海域的甲烷通量略高于布莱克海台和水合物脊，也高于南海北部神狐海域的 $2.0 \times 10^{-3} \sim 2.6 \times 10^{-3}$ mmol/（cm^2·a）（Yang et al., 2010）。说明东沙海域有大量的甲烷气从深部向浅部运移，而这些甲烷气可能来源于深部天然气水合物分解释放，且水合物埋深较浅。

表 7-2　水合物赋存区 SMI 和甲烷通量的相关信息

站位	柱长/cm	SMI/mbsf	硫酸盐梯度/（mmol/m）	甲烷通量/[mmol/（cm^2·a）]	数据来源
GC-9	850	6.8	8.0	3.9×10^{-3}	本节
GC-10	937	7.5	7.7	3.8×10^{-3}	本节
GC-11	730	4.0	12.0	5.9×10^{-3}	本节
HS-A	852	10		2.6×10^{-3}	神狐海域（Yang et al., 2010）
HS-B	875	11		2.0×10^{-3}	神狐海域（Yang et al., 2010）
ODP 164-994		20		0.88×10^{-3}	布莱克海台（Borowski et al., 1996, 2000）
ODP 164-995		21	1.3	0.82×10^{-3}	布莱克海台（Borowski et al., 1996, 2000）
ODP 164-11-8		10.3	2.88	1.8×10^{-3}	布莱克海台（Borowski et al., 1996, 2000）
ODP 204-1 244		8.5	5.5	2.7×10^{-3}	水合物脊（Bohrmann et al., 2002; Fang and Chu, 2008）

（六）小结

南海北部陆坡东沙海域浅表层沉积物孔隙水中硫酸根离子、硫化氢和沉积物顶空气中甲烷含量的急剧变化表明，东沙海域存在深水区"海洋四号"沉积体和浅水区九龙甲烷礁两个水合物有利区域。

深水区"海洋四号"沉积体的研究结果显示，SMI 埋深较浅，分布在沉积物约 10m 的范围，顶空气中甲烷含量在 SMI 埋深以下急剧增加，估算其甲烷通量略高于南海北部神狐海域，指示该海域之下存在丰富的甲烷气源。

浅水区九龙甲烷礁冷泉区地球化学分析结果显示，硫酸根离子、硫化氢和甲烷等含量异常，即硫酸盐还原带存在于沉积物表层，甲烷渗漏导致底层海水的甲烷含量异常，说明该区 SMI 埋深较浅，在海底以下 5m 范围内，该区为有利的天然气水合物赋存区。

SMI 是识别海洋沉积物中天然气水合物赋存（甲烷通量）的一个重要生物地球化学标志。本书通过对南海北部陆坡东沙海域 37 个站位浅表层沉积物中孔隙水的硫酸根离子、硫化氢含量变化和沉积物顶空气甲烷含量的变化等地球化学特性进行分析，研究南海北部东沙海域 SMI 的分布情况，通过硫酸根变化梯度估算甲烷通量。研究结果显示，东沙海域南部深水区"海洋四号"沉积体和北部浅水区九龙甲烷礁的 SMI 埋深普遍较浅，指示较高的甲烷通量 [$3.8 \times 10^{-3} \sim 5.9 \times 10^{-3}$ mmol/($cm^2 \cdot a$)]，与国际上已发现天然气水合物区的地球化学特征相类似。这种高甲烷通量可能由下伏的天然气水合物所引起的，暗示该区海底之下可能有天然气水合物层赋存。

二、底栖有孔虫及其碳、氧同位素

作为海洋沉积物中广泛存在的碳酸盐岩生物壳体，有孔虫能有效地恢复古海洋信息（Emiliani, 1955; Shackleton, 1977）。如氧同位素可以恢复大洋表面温度、冰量、盐度和地层年龄等；碳同位素可以恢复大陆和沉积物生产率变化等。AOM 作用将 $\delta^{13}C$ 极偏负的烃类气体分解为无机碳，因而改变沉积物乃至整个水体的溶解无机碳同位素组成。栖息在水岩界面或沉积物中的底栖有孔虫能有效地记录周围环境的溶解无机碳（dissolved inorganic carbon，DIC）的变化（Wefer et al., 1994; McCorkle et al., 1997; Hill et al., 2003; Panieri, 2003; Hill et al., 2004; Martin et al., 2007; Panieri et al., 2009, 2014）。在世界上典型的冷泉活动区或者水合物成藏区，都发现了沉积物中有孔虫 $\delta^{13}C$ 偏负，如 Wefer 等（1994）发现秘鲁外海（off Peru）晚第四纪沉积物中有孔虫的 $\delta^{13}C$ 值低于 -5‰；Hill 等（2003, 2004）发现圣巴巴拉盆地（Santa Babara Basin）有孔虫 *Pygro* sp. 的 $\delta^{13}C$ 值低至 -25.23‰。除底栖有孔虫之外，浮游有孔虫也可能记录海水 DIC 变化，如日本外海 BSR 之上的沉积物样品中，浮游有孔虫 *Neogloboquadrina pachyderma* 的 $\delta^{13}C$ 为 -10.2‰～-1.6‰（Uchida et al., 2008）。除上述冷泉地区之外，加利福尼亚陆缘（California Margin）（Hinrichs et al., 2003）、加利福尼亚湾（Gulf of California）（Keigwin, 2002）、北海道陆缘（Hokkaido Margin）（Ohkushi et al., 2005）、意大利亚平宁山脉北部（Northern Apennines）（Panieri et al., 2009）和尼日利亚三角洲（Niger Delta）（Fontanier et al., 2014）的研究也表明有孔虫壳体的 $\delta^{13}C$ 有潜力用于确定冷泉活动或历史甲烷渗漏活动及其流体来源。Kennett 等（2000）根据有孔虫碳同位素异常与间冰段底层海水升温的良好对应关系，提出底层水升温导致甲烷水合物分解。圣巴巴拉盆地 ODP 893 站位水深为 580 m，间冰段和冰段交替期的海水温度变化达到 2～3.5℃。底层水升温导致甲烷水合物失稳，使甲烷渗漏通量增大，超过沉积物 SRZ 氧化甲烷量的极限，硫酸盐甲烷反应接近沉积物-海水界面，因此底栖有孔虫壳体可能记录 AOM 导致的溶解无机碳碳同位素组成的变化；反之较冷的底层水则会增加甲烷水合物的稳定性，上溢的甲烷气体通量少，硫酸盐-甲烷反应界面离沉积物-海水界面较远，因此有孔虫壳体碳同位素不足以记录甲烷渗漏流体。

南海北部也是典型的冷泉活动区和天然气水合物成藏区（姚伯初，1998；Lu et al., 2014），从目前的有孔虫碳氧同位素成果看，底层水升温和海平面变化都可能造成壳体碳同位素明显偏负。Lei 等（2012）分别测试了东沙冷泉区底栖有孔虫 Uvigerina spp. 的碳同位素值，$\delta^{13}C$ 变化范围为 -5.68‰～-0.52‰，并认为末次盛冰期（last glacier maximum，LGM）海平面下降导致东沙地区的天然气水合物失稳并发生渗漏。叶黎明等（2013）发现南海北部神狐海域新仙女木事件（Younger Dryas，简称 Y/D 事件）末期的底栖有孔虫 Cibicides wullerstorfi 和 Cibicides kullenbergi 的碳同位素相对于近邻层位分别偏负 1.4‰ 和 0.7‰，认为底层海水升温也会导致天然气水合物藏分解并进而促成该时期的沉积物低碳酸钙事件。Wang 等（2013）报道了南海北部白云拗陷底栖有孔虫 Uvigerina peregrina 在 130ka B.P. 的一次骤暖事件中 $\delta^{13}C=-2.95\%$。向荣等（2012）对东沙海域表层沉积物的活体有孔虫进行碳氧同位素测试，表生属种 Discanomalina semiungulata、Cibicides wullerstorfi、Cibicides spseudoungerianush 和 Cibicides lobatulus 的 $\delta^{13}C$ 有明显的偏负且变化幅度大于正常背景值，因此推测现代活动的冷泉流体对有孔虫壳体碳同位素值产生了较大影响。

（一）样品与测试分析

用于有孔虫研究的两个站位的柱状样品是"海洋四号"船于 2011 年在东沙海域台西南盆地采用重力活塞取样获得的，973-4 站位位于 118° 49.0818′ E，21° 54.3247′ N，水深为 1666m，其岩心柱岩性主要分为 4 段：15～450cmbsf（centimeter below seafloor）层段为灰绿色粉砂质黏土，450～530cmbsf 层段为灰色黏土质粉砂，530～603 cmbsf 层段为含有孔虫灰绿色黏土质粉砂，603～1385cmbsf 层段为致密灰色粉砂质黏土并见有不同程度黑色硫化氢侵染斑，603cmbsf 层段以下有明显的 H_2S 气味，整个岩心未发现浊积层（曲莹，2012）。973-5 站位位于 119° 11.0066′ E，21° 18.5586′ N，水深为 2998m，其岩心柱岩性主要分为 7 段：0～95cmbsf 层段为灰绿色粉砂质黏土，95～317cmbsf 层段为灰绿色粉砂质黏土与灰黑色黏土质粉砂薄层互层，317～365cmbsf 层段缺失，365～459cmbsf 层段为灰绿色黏土质粉砂，458～525cmbsf 层段为浅灰色粉砂质黏土且其上部为角度不整合，655～925cmbsf 层段为灰黑色粉砂质黏土，整个岩心未发现浊积层，但 0～459cmbsf 层段与下伏的 459～925cmbsf 层段角度不整合（曲莹，2012）。973-4 站位柱状样总长 1375cm，973-5 站位柱状样总长为 935cm，两个柱状样在取样现场为每隔 2cm 取一个样，各样用锡纸包裹并低温保存。

浮游有孔虫 AMS^{14}C 年龄测定：973-4 站位运用加速器质谱仪（accelerator mass Spectra，AMS）^{14}C 建立地层年龄。在 AMS^{14}C 测试中共选定 6 个层位，每个层位挑选了至少 10mg 的浮游有孔虫 *Globorotalia menardii* 和（或）*Neoglobaquadrina dutertrei* 送往 BETA ™实验室，前处理方法与碳氧同位素测试前处理相同。

有孔虫碳氧同位素分析：在实验室冷冻干燥之后，每隔 20cm 挑选一个样品用去离子水浸泡 24h，将样品放在 250 目的试验筛中，用流水冲洗并振荡至壳体无泥沙残留为止，最后将剩余物质放置在风干箱 40℃ 环境下干燥 4h 并装袋。将上述洗筛干燥后的样品用 150 目的试验筛选并挑出壳体完整、无黑点、白色的浮游有孔虫 *Pulleniatina obliquiloculata*，底栖有孔虫 *Cibicides wuellerstorfi*、*Uvigerina* spp.、*Bulimina aculeata* 等有孔虫壳体。将有孔虫壳体放置在干燥洁净的色谱螺口瓶中，注入纯度为 99.7% 的乙醇，用 47kHz 的超声波清洗 5～10s，用针筒吸去浮液，然后再用去离子水清洗 2～3 次，最后在风干箱 50℃ 环境下干燥 5h。将 *C.wuellerstorfi*、*Uvigerina* spp.、*P.obliquiloculata*、*B.aculeata* 壳体 20～90μg 放入 Finnigan IV 碳酸盐岩自动进样系统，与约 70℃ 的磷酸反应得到的 CO_2 气体送入 Finnigan MAT253 同位素质谱仪测试碳氧同位素值。使用实验室标样 IVAL 与国际标样 NBS-19 相衔接，测试结果以相对于 VPDB 的 δ 值表示。样品前处理过程在中国科学院天然气水合物重点实验室完成。973-4 样品同位素测试在国土资源部海底矿产资源重点实验室和中国科学院南海海洋研究所边缘海国家重点实验室完成，碳同位素分析精度为 0.03%，氧同位素分析精度为 0.08%；973-5 样品同位素测试在中国科学院南京地质古生物研究所现代古生物学和地层学国家重点实验室完成，碳同位素分析精度为 0.04%，氧同位素分析精度为 0.08%。

（二）地层年代与沉积速率

根据深海氧同位素阶（marine isotope stages，MIS）定年的方法确定 973-4 站位末次盛冰期龄框架和沉积速率［图 7-6（a）］。438～440cmbsf 为 MIS 2 的顶部界线（12.05 ka B.P.）［图 7-7（c）］，也就是新仙女木事件时期；518～520cmbsf 为 MIS 2.2 顶部界线（17.85ka B.P.）［图 7-7（c）］，也就是末次盛冰期，由此建立沉积物的年龄框架，其他层位年龄根据插值法计算得出；973-4 站位全新世以来的沉积速率约为 36.35cm/ka，末次盛冰期以来的沉积速率为 29.02cm/ka，更新世末期（LGM 到 Y/D 事件之间）的沉积速率约为 13.79cm/ka。973-5 站位 682～684cmbsf 层位为 MIS 2.2 界线［图 7-7（f）］，对应末次盛冰期；由于 973-5 站位 *Uvigerina* spp. 量少，未建立年龄框架，大致估算了沉积物的年龄［图 7-7（f）］。

除了利用 MIS 建立沉积物年龄框架，还挑选了一些层位的浮游有孔虫 *G. menardii* 和（或）*N. dutertrei* 利用 AMS[14]C 定年法测定沉积物所属年代（表 7-3），并利用线性插值法推测了各个层位沉积物的年龄。178～180cmbsf 沉积物的传统年龄为 4.85ka B.P.，经树轮校正过的日历年龄为 5.59ka B.P.；338～340cmbsf 沉积物的传统年龄为 8.33ka B.P.，经树轮校正过的日历年龄为 9.36 ka B.P.；478～480cmbsf 沉积物的传统年龄 15.69ka B.P.，经树轮校正过的日历年龄为 18.88ka B.P.；578～580cmbsf 沉积物的传统年龄为 36.18ka B.P.，经树轮校正过的日历年龄为 41.42ka B.P.。由于柱状样下部的浮游有孔虫保存较少且 BETA 实验室保守的 AMS[14]C 测试极限（47.00ka B.P.），未测定其沉积物年龄。由此确定 973-4 站位的沉积速率［图 7-6（b）］整体小于 MIS 定年下的沉积速率（表 7-4）：178～180cmbsf 层位以上沉积物的沉积速率为 32.02cm/ka；178～180cmbsf 层位到 338～340cmbsf 层位沉积物的沉积速率为 42.44cm/ka；338～340 cmbsf 层位到 478～480cmbsf 层位沉积物的沉积速率为 14.71cm/ka；478～480cmbsf 层位到 578～580cmbsf 层位的沉积速率为 4.44cm/ka，其中全新世以来的平均沉积速率为 31.46cm/ka，末次盛冰期以来的平均沉积速率为 25.37cm/ka。478～480cmbsf 层位（18.88ka B.P.）到 578～580cmbsf 层位（41.42ka B.P.）的沉积速率（4.44cm/ka）不仅远低于 973-4 站位全新世以来和末次盛冰期以来的沉积速率，也小于全新世以来的沉积速率及东沙其他站位的最小沉积速率，推断可能是沉积间断或是地层乱序，所以这两个层位之间的地层并未确定其年龄。

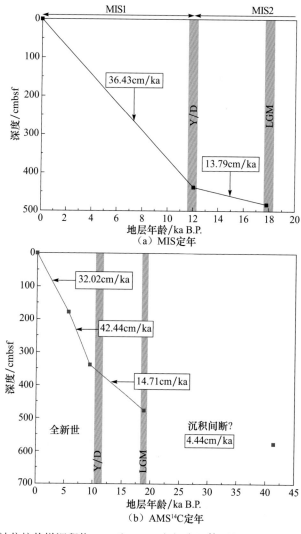

图 7-6　973-4 站位柱状样沉积物 MIS 和 AMS 定年建立 [14]C 的沉积物年龄框架和沉积速率

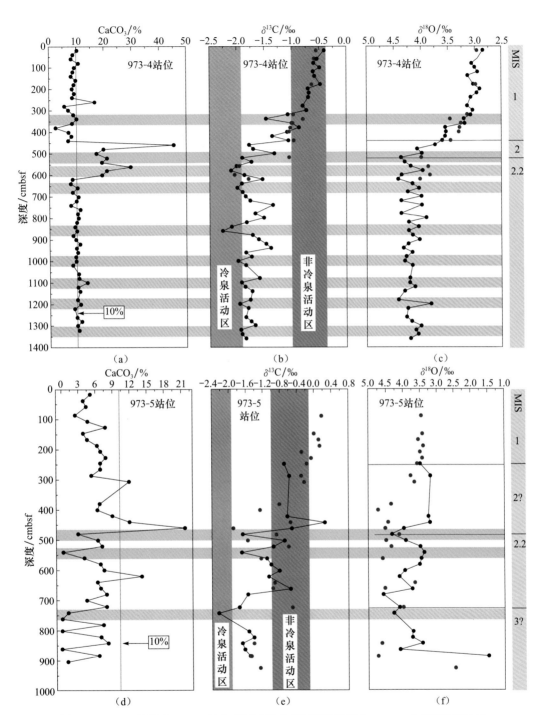

图 7-7　973-4 站位和 973-5 站位底栖有孔虫碳氧同位素值和 CaCO₃ 含量随深度变化

　　从顶部沉积物到 358～360cmbsf 层位，MIS 定年和 AMS¹⁴C 定年的结果相差很小，整体 MIS 年龄小于 AMS¹⁴C 日历年。其中最小差值为 338～340cmbsf 的 0.06ka，最大差值为 358～380 cmbsf 层位的 0.87ka，平均差值为 0.43ka。但从 358～360cmbsf 层位开始，两种定年方法得到的沉积物年龄差距明显加大。MIS 年龄仍然整体小于 AMS[14]C 日历年龄，最大差值是 378～380cmbsf 层位的 4.11ka，最小差值为 438～440cmbsf 层位的 1.68ka，平均差值为 3.26ka。

表 7-3   深海氧同位素定年与 [14]C 定年下 973-4 站位沉积物率对比

沉积物层段	沉积速率 /（cm/ka）	
	MIS 定年	AMS[14]C 定年
全新世以来	36.43	31.46
更新世末期（LGM—Y/D）	13.79	14.71
末次盛冰期以来	29.02	25.37

（三）有孔虫碳、氧同位素

Uvigerina spp. 是 973-4 站位柱状样沉积物的优势底栖有孔虫，是生活在水岩界面以下、壳体不易受光合作用有机物碳分解影响的浅层内生属种，因此认为冷泉活动驱动的孔隙水 DIC 变化是碳同位素偏负的主因（Wefer et al.，1994）；973-4 站位柱状样上部有大量的 *Cibicidoides wuellerstorfi* 壳体，这种表栖有孔虫适于在富氧环境的沉积物上生存，它们的壳体对水体的温度变化和光合作用有机碳分解导致的孔隙水同位素组成变化更为敏感（Wefer et al.，1994）。*Bulimina aculeata* 是 973-5 站位柱状样沉积物较为优势的中层内生底栖有孔虫，*Uvigerina* spp. 是 973-5 站位较为优势的浅层内生底栖有孔虫，用以对比不同栖息深度下底栖有孔虫碳同位素差异并探讨形成其差异的原因。

973-4 柱状样中的 *Uvigerina* spp. 的碳同位素值为 -2.26‰～-0.40‰，平均值为 -1.6‰ [图 7-7（b）]，柱状样底层到 518～520cmbsf 层位这一段底栖有孔虫的碳同位素值整体偏负较大、变化较小，518～520cmbsf 层位之上沉积物的底栖有孔虫碳同位素有逐渐增大的趋势。638～1361cmbsf 这一层段大部分的 δ^{13}C 位于 -1.50‰～-2.00‰，其中 838～840cmbsf 层位（-2.10‰）和 858～860cmbsf 层位（-2.26‰）的 δ^{13}C *Uvigerina* 最低。从 518～520cmbsf 层位开始，δ^{13}C 逐渐从 -1.90‰增大至 19～21cmbsf 的 -0.40‰。338～340cmbsf 层位之上沉积物中的 *Uvigerina* spp. 相对缺失，除了 19～21cmbsf、58～60cmbsf 和 178～180cmbsf 层位之外没有发现任何壳体。这 3 个层位的有孔虫碳同位素比其临近层位的更富集 [13]C。*Uvigerina* spp. 的氧同位素值为 2.85‰～4.43‰，平均值为 3.99‰ [图 7-7（c）]，整体趋势与碳同位素相近。518～520cmbsf 层位以下层段大多为 4.00‰～4.50‰，δ^{18}O 从 518～520cmbsf 层位的 4.38‰逐渐减小至 19～21cmbsf 层位的 2.85‰。在柱状样上部层段，除几个异常层位外，*Uvigerina* spp. 碳氧同位素的原始值与由 *C.wuellerstorf* 转换得到的碳氧同位素值几乎相等 [图 7-7（b），图 7-7（c）]。

973-5 柱状样中的有孔虫相对缺乏，只有部分层位有 *Uvigerina* spp. 壳体分布。*Uvigerina* spp. 的碳同位素值为 -2.24‰～-0.25‰，平均值为 -1.14‰ [图 7-7（e）]。0～464cmbsf 的 4 个层位都位于 -0.5‰左右，其中一个层位 δ^{13}C = 0.25‰。

482～662cmbsf 有两个明显的偏负层位，482～484cmbsf 层位（−1.68‰）和 542～544cmbsf（−1.70‰），其他层位的 $\delta^{13}C$ 在 −1.00‰ 上下。682～886cmbsf 之间大多数层位的 $\delta^{13}C$ 小于 −1.5‰，其中 744～746cmbsf 层位的底栖有孔虫 $\delta^{13}C$ 低至最低的 −2.24‰。0～442cmbsf 的 4 个层位的 $\delta^{18}O$ 在 3.20‰ 左右，随后升至 482cmbsf 的 4.32‰，是一个明显的高值点（482～484cmbsf），其与表层沉积物的氧同位素差值约 1.0‰。973-5 站位底栖中层内生种 *Bulimina aculeata* 也是较为优势的底栖有孔虫之一，其壳体 $\delta^{13}C$ 位于 −1.90‰～0.17‰，平均值为 −0.71‰［图 7-7（e）］。$\delta^{13}C$ 整体趋势与 *Uvigerina* spp. 的 $\delta^{13}C$ 类似，柱状样下部层段碳同位素较为偏负，上部层段偏负小甚至为正值。大部分 *B. aculeata* 的 $\delta^{13}C$ 略小于同一层位对应的 *Uvigerina* spp.。$\delta^{18}O$ 为 2.80‰～4.74‰，平均值为 3.94‰。整体上，柱状样下部层段的 $\delta^{18}O$ 大于上部层段，上部层段趋于稳定，在 3.5‰ 左右［图 7-7（f）］。大部分 *B. aculeata* 的 $\delta^{18}O$ 略大于同一层位对应的 *Uvigerina* spp.，上部层段的 $\delta^{18}O$ 区域稳定地位于 3.5‰ 左右［图 7-7（f）］。

973-4 站位柱状样沉积物中浮游有孔虫 *P.obliquiloculata* 的大部分碳同位素值位于 −1.15‰～1.25‰，平均值为 0.66‰［图 7-8（a）］。其碳同位素值一般大于 0.4‰，在 598～660cmbsf 层段中 4 个层位出现 "极端" 碳同位素偏负的情况［图 7-8（a）蓝色阴影）］。与这 4 个浮游有孔虫偏负层位对应的 *Uvigerina* spp. 的碳同位素也表现为明显的负偏移。但是其他层位如 838～840cmbsf（−2.10‰）和 858～860cmbsf（−2.26‰）并没有出现浮游有孔虫和底栖有孔虫碳同位素同时偏负的情况。*P.obliquiloculata* 的氧同位素值位于 −2.08‰～1.02‰，平均值为 −0.62‰［图 7-8（b）］。跟底栖有孔虫类似，浮游有孔虫的氧同位素从末次盛冰期沉积物层位到现代表层沉积物逐渐降低，其最大值（1.02‰）位于 598～600cmbsf 层位。

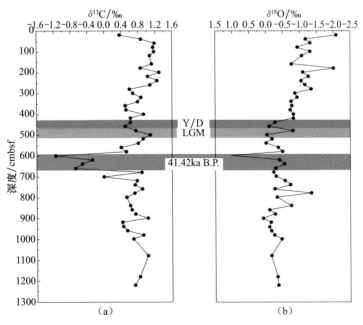

图 7-8　973-4 站位浮游有孔虫 *P.obliquiloculat* 碳氧同位素随深度变化

（四）有孔虫碳、氧同位素记录的历史冷泉活动

1. 有孔虫 $\delta^{13}C$ 记录冷泉活动的可行性

对冷泉区沉积物中底栖有孔虫壳体偏负原因的解释仍有争议，有学者认为生活在沉积物表层的底栖有孔虫 $\delta^{13}C$ 偏负的主要原因是有机物氧化而非冷泉活动（Herguera et al., 2002; Stott et al., 2002）。除此之外，对于有孔虫壳体碳同位素受原生作用控制和后生成岩作用改造控制也有争议，尽管冷泉流体活动的确会导致底栖有孔虫碳同位素偏负（原生作用）（Mackensen et al., 2006; 向荣等，2012; Fontanier et al., 2014），但有学者认为底栖有孔虫 $\delta^{13}C$ 偏负主要是因为其表面有自生碳酸盐岩附生或壳体在埋藏过程中受到交代作用改造（后生成岩作用）（Cannariato and Stott, 2004; Torres et al., 2005）。

Hill 等（2004）分析了与 Cannariato 和 Stott（2004）同样来自水合物脊（gas hydrate ridge）的活体底栖有孔虫后发现，碳同位素偏负最高达 -21.2‰，且活体有孔虫与死亡有孔虫之间的碳同位素差别很小。Rathburn 等（2003）发现加利福尼亚蒙特利尔海湾的活体底栖有孔虫碳同位素存在差异，并将这种差异归因于冷泉区甲烷流体随时间和空间变化。Millo 等（2005）对格陵兰海（Greenland Sea）西南部区域沉积物中偏负的浮游有孔虫 *Neogloboquadrina pachyderma* 和底栖有孔虫 *Cibicides lobatulus* 的壳体进行酸淋滤实验，结果表明有孔虫壳体碳同位素组成有 80%～90% 来自有孔虫自身，另外只有 10%～20% 来自其表面附生的自生碳酸盐岩。Uchida 等（2008）对北太平洋西部海域的下北半岛（Shimokita Peninsula）和北海道外海（off Hokkaido）冷泉区沉积物中明显受到后期成岩作用影响的底栖有孔虫 *Uvigerina akitaensi* 壳体进行酸淋滤实验，结果表明 $\delta^{13}C$ 偏负超过 -6‰ 的壳体平均仅有 -1.2‰ 的偏负是由壳体表面附生的自生碳酸盐岩导致的，也就是说即便在受到明显后期成岩作用改造的底栖有孔虫壳体中，其附生的自生碳酸盐岩对其 $\delta^{13}C$ 贡献率也仅为 20%。通过光学显微镜挑选和检查，973-4 站位和 973-5 站位测试的底栖有孔虫壳体完整且呈白色，表面也未发现明显的自生碳酸盐岩颗粒附生，因此有孔虫壳体表明附生的自生碳酸盐岩对壳体碳同位素组成的影响可忽略不计。此外，973-4 站位除了 598～660cmbsf 层段中 4 个层位浮游有孔虫偏负之外，其他所有层位 $\delta^{13}C$ 都为正值，且碳同位素随深度变化曲线没有表现出与底栖有孔虫相同的趋势。如果后生成岩作用是底栖有孔虫碳同位素偏负的原因，在同时埋藏和完全相同的地质背景下，同一层位的底栖有孔虫和浮游有孔虫的碳同位素应该同时偏负，因此认为后生成岩作用造成的有孔虫壳体 $\delta^{13}C$ 偏负可忽略不计。

Wefer 等（1994）认为如果有机物氧化分解是造成有孔虫碳同位素偏负的主要原因，那么碳同位素偏负层位的 TOC 含量也会异常升高。从整个柱状样看，973-4 站位和 973-5 站位在末次盛冰期沉积物以下层段的底栖有孔虫 $\delta^{13}C$ 较其上部层段都表现为明显的偏负，而两个站位整个柱状样中的 TOC 含量较均衡、没有呈现出与底栖有孔虫 $\delta^{13}C$ 类似的变化趋势。973-4 站位 Y/D 末期沉积物（338～340cmbsf 层位）和 LGM 沉积物（518～520cmbsf 层位）中的底栖表生有孔虫和底栖内生有孔虫碳同位素差值分别为 1.36‰ 和 1.55‰，远远超过正常海洋背景下两种孔虫之间 0.692‰ 的均衡差值，这说明在 Y/D 末期和 LGM 时期 973-4 站位的海水-沉积物界面和沉积物之间的生产力

或 DIC 池的碳同位素组成存在显著差异；973-4 站位 Y/D 末期沉积物和 LGM 沉积物的 TOC 含量分别为 0.18% 和 0.34%，与邻近层位相比没有显著升高，因此认为造成两个时期沉积物中表生和内生有孔虫 $\delta^{13}C$ 显著差异的直接原因是冷泉活动下海水–沉积物界面和沉积物之间 DIC 池碳同位素组成差异。除此之外，本站的最低沉积速率为 14.71cm/ka，沉积速率大于 10cm/ka 的海域沉积物中有孔虫同位素组成不会受生物扰动的影响（Broecker et al., 2006）。

总之，两个站位柱状样沉积物中底栖有孔虫 $\delta^{13}C$ 整体变化趋势和个别层位负偏移原因不是有机碎屑氧化分解引起的 DIC 池 $\delta^{13}C$ 偏负，壳体表面附生的自生碳酸盐岩和后生成岩作用对有孔虫壳体的影响也极其微弱，底栖有孔虫 $\delta^{13}C$ 异常更可能是沉积物深部含烃冷泉流体活动及其 AOM 作用的结果。

2. 减弱的冷泉活动

一般非冷泉区 *Uvigerina* 的碳同位素为 -1.0‰～-0.1‰（McCorkle et al., 1997; Rathburn et al., 2000），冷泉区的碳同位素则为 -2.59‰～-1.92‰（Hill et al., 2003, 2004）；南海正常地质背景下冰期—间冰期 *Uvigerina* 的 $\delta^{13}C$ 变化范围为 -1.8‰～0‰（Shackleton et al., 1995; 庄畅等，2015）。综上，本节将 *Uvigerina* spp. 碳同位素低于 -1.9‰ 的层位归为冷泉活动时期沉积物。利用 *Uvigerina* 的 $\delta^{13}C$ 划定两个站位的非冷泉活动沉积物与冷泉活动沉积物的范围（图 7-7），其中 19～300cmbsf 层段沉积物为非冷泉区沉积物，318～500cmbsf 层段为非冷泉—冷泉过渡沉积物，518～1361cmbsf 层段为冷泉区沉积物。

973-4 站位和 973-5 站位末次盛冰期沉积物以下的相对全新世沉积物中的 *Uvigerina* spp. 的碳同位素偏负（图 7-7），其中 973-4 站位的 518～520cmbsf、558～560cmbsf、578～580cmbsf、638～640cmbsf、658～660cmbsf、838～840cmbsf、858～860cmbsf、998～1000cmbsf、1098～1100cmbsf、1319～1321cmbsf、1339～1341cmbsf 11 个层位和 973-5 站位 744～746cmbsf 层位的 *Uvigerina* 碳同位素符合冷泉活动区特征（图 7-7）。底栖有孔虫 *Uvigerina* 的碳同位素记录了持续的冷泉活动，表明这一段时期内沉积物深部有持续的冷泉流体携带烃类气体向海水–沉积物界面运移，且这些烃类气体的 AOM 作用对表层沉积物的孔隙水 DIC 值偏负。318～500 cmbsf 层段（LGM 时期到 Y/D 事件间沉积物）的 *Uvigerina* 碳同位素既不是冷泉区特征，也不是非冷泉区特征，可能是冷泉活动逐渐减弱但仍然对表层沉积物无机碳池碳同位素组成有一定影响的结果。973-4 站位柱状样上部层段（19～300cmbsf）*Uvigerina* spp. 的 $\delta^{13}C$ 为 -0.79‰～-0.40‰，973-5 站位柱状样上部层段（0～464cmbsf）的 *Uvigerina* spp. 的 $\delta^{13}C$ 一般位于 -0.5‰ 左右，都表现为非冷泉活动区的 *Uvigerina* 碳同位素特征，这说明全新世以来两个站位的冷泉活动逐渐减弱且无法改变表层沉积物的无机碳池碳同位素组成。在东沙海域其他站位柱状样和南海北部其他海域的柱状样底栖有孔虫的碳同位素值都有类似记录，Wang 等（2013）对南海北部神狐海域白云凹陷沉积物中的底栖有孔虫 *U.peregrina* 碳氧同位素的分析表明，$\delta^{13}C$ 在 Y/D 时期之后逐渐从约 -1.13‰ 增大至 6.51ka B.P. 的 -0.46‰；庄畅等（2015）对南海北部东沙海域冷泉区沉积物中底栖有孔虫 *U.peregrina* 碳氧同位素的分析表明，$\delta^{13}C$ 从 Y/D 事件的 -1.88‰ 逐渐增大至

表层沉积物的 −0.23‰。周洋等（2014）指出，东沙海域 973-3 站位柱状样沉积物中的 *U.peregrina* 的碳氧同位素在末次冰期间（MIS2～3）有 4 个层位的碳同位素值明显位于冷泉区范围内（小于 −1.90‰），最低 $\delta^{13}C$ 为 −2.03‰；而冰后期（MIS1）碳同位素逐渐变重，基本位于非冷泉区范围内（−1.0‰～−0.5‰）。Kennett 等（2000）发现圣巴巴拉盆地沉积物底栖内生有孔虫 *Bolivina tumida* 的 $\delta^{13}C$ 从 Y/D 事件时期到 7ka B.P. 逐渐增大至无明显偏负，并认为是底层水温度逐渐稳定和海平面升高的结果。

在东沙海域，地震资料 P 波速度的骤降和反射系数的突升表明 BSR 之下存在游离气，这种气烟囱理论揭示了水合物的来源、运移和成藏（杨睿等，2014）。气烟囱通过裂隙和断层源源不断地为上覆沉积物提供天然气，一些游离气体在裂隙和断层内积聚并在甲烷水合物稳定区内形成水合物藏，其他游离气体则继续向上运移到达海水-沉积物界面（图 7-9）。现代平均海平面是中更新世（约 80ka）以来的最高值（Maslin et al., 1998），末次盛冰期以来海平面已平均上升约 130m（Lambeck et al., 2002），同时沉积物上覆静水压力增大了约 1.3MPa。水深增加会增加水合物稳定带厚度、扩大甲烷水合物稳定底界（base of gas hydrate stability，BGHS）范围（王淑红等，2005），从而抑制游离气活动，促进甲烷水合物成藏。因此，末次盛冰期以来海平面持续上升是南海北部底栖有孔虫碳同位素记录的冷泉流体活动减弱的主要原因。

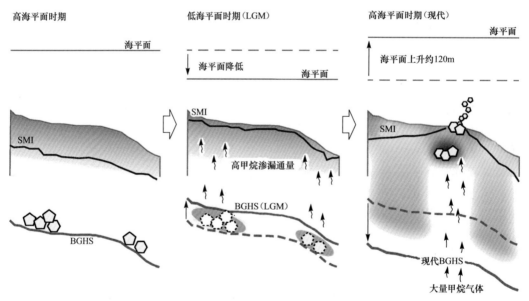

图 7-9　冰期（低海平面时期）与冰后期（高海平面时期）的天然气水合物成藏和冷泉活动变化
（修改自 Hiruta et al., 2009）

一般认为季风作用增强导致水体成分变化或冰期海平面下降导致水体流通性变差等原因是造成南海北部陆坡底层水溶解氧含量减少、耐低氧底栖有孔虫含量增多的原因（卞云华等，1992）。但冷泉区沉积物中底栖有孔虫群落特征特别是耐低氧有孔虫含量增多可能是水体中甲烷氧化和冷泉流体自身带来的其他还原气体的结果（陈忠等，2006b）。冷泉活动带来的甲烷等还原气体消耗海水-沉积物界面附近的溶解氧，导致底栖有孔虫栖息环境缺氧。因此耐低氧底栖有孔虫更容易在冷泉环境中生存，这类沉积物上的原核生物为有孔虫提供了生存条件（Bernhard et al., 2001; Panieri, 2005; Martin et al., 2010）。共生富甲烷和富硫化物的沉积物有孔虫群落研究主要集中在丰度、密度、分异度和特征种属，冷泉区的孔虫丰度和分异度相对非冷泉区较低。通过对 BFOI 的简化，利用 973-4 站位底栖表生有孔虫和底栖内生有孔虫组合恢复了整个柱状样沉积物历史时期氧含量，可以将底栖有孔虫栖息环境分为 3 个层段：438～440cmbsf 层位以下层段是缺氧环境，推测含氧量为 0.1～0.3mL/L；278～440cmbsf 层段是次氧环境，推测含氧量为 0.3～0.5mL/L；19～260cmbsf 为富氧环境，推测含氧量为 0.3～1.5mL/L。Wang 等（1997）认为现今南海上部深层水的氧含量为 1.6～2.5mL/L，这与 973-4 站位表层沉积物中底栖有孔虫氧指数（BFOI）得到的氧化环境一致（表 7-4）。973-4 站位底栖有孔虫 BFOI 还与其 *Uvigerina* spp. 碳同位素划分的冷泉活动区范围统一：其中 19～300cmbsf 层段沉积物为非冷泉区沉积物，318～500cmbsf 层段为非冷泉-冷泉过渡沉积物，518～1361cmbsf 层段为冷泉区沉积物。Kennett 等（2000）认为硫酸盐还原界面在甲烷渗漏期间更加接近水岩界面，同样会造成底层水溶解氧氧气浓度降低；相应地，甲烷渗漏活动减弱时，海水-沉积物界面附近溶解氧浓度也会随之升高。这完全可以解释 BFOI 推测的溶解氧和底栖有孔虫 $\delta^{13}C$ 良好的对应关系。这也佐证了 973-4 站位在 MIS2（或 MIS3？）期间有持续的冷泉活动，但末次盛冰期以来由于沉积物上覆海水海平面不断升高，增强了甲烷水合物藏的稳定性并抑制了冷泉活动。总之，结合碳同位素数据，BFOI 获得的海底氧化还原环境能有效地表征冷泉的出现与否及其活动强度，BFOI 也有望成为一个冷泉沉积物初步研究的辅助指标。

在 973-4 站位冷泉活动区沉积物中，底栖有孔虫 *Uvigerina* spp. 的质量长度比和绝对丰度的相关性较小。历史时期 *Uvigerina* spp. 的绝对丰度与 *Uvigerina* spp. 的碳同位素偏负也无必然关系，但其壳体的质量长度比值在碳同位素偏负时期也较大，说明伴随菌席、双壳类动物和管状蠕虫出现的甲烷水合物渗漏活动为 *Uvigerina* spp. 提供了更好的栖息环境和良好的营养来源。

表 7-4 973-4 站位 BFOI 与底栖有孔虫 $\delta^{13}C$ 指示的沉积环境对比

层段 /cmbsf	按 BFOI 划分	层段 /cmbsf	按 $\delta^{13}C$ 划分
19～260	富氧环境	19～300	非冷泉区沉积物
278～420	次氧环境	318～500	非冷泉-冷泉区过渡沉积物
438～1363	缺氧环境	518～1363	冷泉区沉积物

3. 底层水升温与甲烷渗漏

Hinrichs 等（2003）利用同位素和分子学证据证明末次冰期暖期有快速的甲烷释放过程。Henderson 等（2006）对尼日尔三角洲（Niger Delta）沉积物中的自生碳酸盐岩分析后发现，Y/D 末期开始的海底甲烷渗漏最大 [约 12mol/（m² · a）] 是现今 [约 0.13mol/（m² · a）] 的 92 倍，此间冰段的甲烷厌氧氧化反应离海水-沉积物界面仅几厘米,而该地区现今的甲烷厌氧氧化反应则距海水–沉积物界面约 2.6m。Millo 等(2005)认为格陵兰海西南部区域沉积物中的浮游有孔虫 *Neogloboquadrina pachyderma* 和底栖有孔虫 *Cibicides lobatulus* 的壳体偏负是甲烷渗漏造成的:位于 80ka B.P. 的 Dansgaard-Oeschger(D/O)22 事件底层水升温 8℃,从而引发格陵兰陆坡沉积物天然气水合物发生渗漏,导致沉积物 DIC 碳同位素值偏负。叶黎明等(2013)对南海北部神狐海域 4 个站位的沉积物柱状样的分析表明,在 8.0~11.3ka B.P. 期间,该海域发生了一次沉积物中 $CaCO_3$ 含量降幅达到 9% 的"低钙事件",该事件还伴随着底栖有孔虫 *C. wuellerstorfi* 和 *C. kullenbergi* 壳体的 $\delta^{13}C$ 分别负偏 1.4‰ 和 0.7‰,并认为低钙事件和底栖有孔虫碳同位素偏负是 Y/D 事件末期底层水升温导致神狐海域天然气水合物快速分解,渗漏天然气的 AOM 作用促使海水–沉积物界面的 DIC 含量升高及其同位素组成变化。Kennett 等(2000)认为间冰段底层水升温高使甲烷气体多期次向上扩散,因为甲烷水合物遭遇 1~2℃ 的升温便会解离。对于底层水升温导致的甲烷水合物分解这一解释,Kennett(2002)提出"水合物枪假设(clathrate gun hypothesis)",即为甲烷水合物藏不断生成(装载),中层水升温诱发甲烷水合物分解,将甲烷气强力释放到大洋和大气中,增强了暖期的温室效应。该理论认为海洋沉积物中天然气水合物渗漏对晚第四纪米兰科维奇旋回和千年尺度气候有重大影响。当冰期较冷的中层水进入浅部陆坡时,天然气水合物趋于稳定并成藏,硫酸盐还原区扩大,下伏甲烷通量少[图 7-10(b)];当暖期的温盐环流使中层水升温,触发沉积物中甲烷水合物分解[图 7-10(a)],下伏甲烷通量大,硫酸盐还原区范围变小并接近海水–沉积物界面,导致底栖有孔虫 $\delta^{13}C$ 异常和特殊的群落特征,这一效应在水深 400~1000m 的浅部陆坡尤为明显。

973-4 站位柱状样下部层段可能出现地层紊乱,无法将晚第四纪气候变化(特别是间冰段暖事件)发生时间与地层年龄对应起来,而根据 ^{14}C 和深海氧同位素阶可较为准确地建立上部层段沉积物的年龄,以此可以利用底栖有孔虫碳同位素初步评估更新世晚期和全新世气候变化可能对南海北部甲烷水合物稳定性的影响。973-4 站位上部层段沉积物中底栖有孔虫负 $\delta^{13}C$ 逐渐变大,9.36ka B.P.(338~340cmbsf 层位,$\delta^{13}C=-1.46‰$,次氧环境)沉积物底栖有孔虫有明显的偏负[图 7-7(b)],相对于临近层位偏负约 0.4‰~0.7‰。与此同时,从 378~380cmbsf 层位(12.08ka B.P.)到 318~320cmbsf 层位(8.89ka B.P.),这一短时间内有孔虫氧同位素从 3.55‰ 降低到 3.08‰。如果忽略短期内冰量和盐度变化对底栖有孔虫氧同位素的影响,根据 $\Delta T(℃)=\sim\Delta\delta^{18}O\times4.35$(Gussone et al., 2004)计算得到底层海水升温约 2℃。从沉积物年龄看,可能是新仙女木事件末期升温导致的底层水升温事件。与圣巴巴拉盆地(Kennett et al., 2000)、格陵兰陆坡(Millo et al., 2005)、挪威外海(Mienert et al., 2005)、南海北部神狐海域(叶黎明等,2013)类似,水深 1666m 的 973-4 站位沉积物的底层海水变化幅度远小于浅水陆坡。如在挪威外海的 Storegga 滑坡,水深 750~800m 的地方,从 Y/D 事件末期底层水温度从约 1℃ 上升到约 6℃(Mienert et al., 2005),此次底层水升温事件导致的天然气水合物渗漏可能是该海域 Storegga 滑坡滑坡发生的一个因素;格陵兰陆坡 777m 水深处的中层水在 D/O 22 事件期间升温 8℃,这一时期沉积物中浮游有孔虫 *N. pachyderma* 的 $\delta^{13}C$ 低于 -7.0‰。南海北部神狐海域水深为 1727m 的 17940 站位柱状样中底栖有孔虫

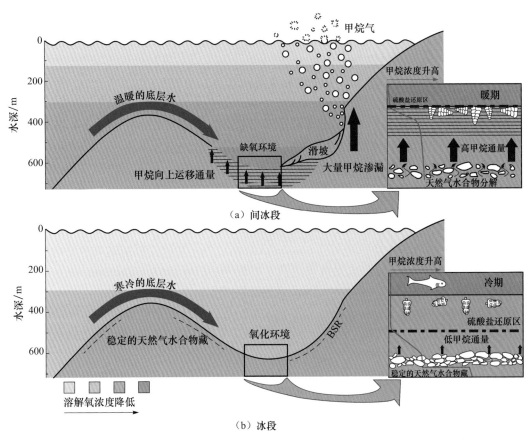

图 7-10 底层水升温导致天然气水合物分解渗漏（修改自 Kennett et al.，2000）

C. wuellerstorfi 和 *C. kullenbergi* 的 δ^{13}C 分别负偏 1.4‰ 和 0.7‰（叶黎明等，2013）。神狐海域和东沙海域有类似的地质背景，17940 站位和 973-4 站位也有近似的水深，从两个站位 Y/D 末期沉积物的底栖有孔虫 δ^{13}C 偏负程度也具有可比性，且 δ^{13}C 偏负层位沉积物的 TOC 含量仅为 0.18%，但是 973-4 站位并没有发现沉积物低 $CaCO_3$［图 7-7（a）］。

表生种有孔虫 *Cibicidoides* 壳体 δ^{13}C 与海水平衡，内生有孔虫 *Uvigerina* 壳体 δ^{13}C 与孔隙水平衡，*Cibicidoides* 的 δ^{13}C 比 *Uvigerina* 重 0.9‰ 是由底层水和孔隙水之间 DIC 的 δ^{13}C 差异造成的，而不是"生命效应（vital effect）"（Corliss, 1985; Zahn et al., 1986）。田军等（2004）在测试南海沉积物中 64 个底栖有孔虫 *Cibicidoides* 和 *Uvigerina* 后，提出南海这两个属有孔虫之间因为底层水和孔隙水之间 DIC 的 δ^{13}C 差异造成的壳体 δ^{13}C 差异值为 0.692‰±0.04‰，这一差异稍低于大西洋的 0.9‰（同济大学海洋地质系，1989）。438~440cmbsf 层位及以上层段（非冷泉区和冷泉-非冷泉区过渡沉积物）一共发现 9 个 *Uvigerina* spp. 和 *C. wuellerstorfi* 共存的层位，除 338~340cmbsf 之外的其他 8 个层位 *Uvigerina* spp. 及其利用 *C. wuellerstorfi* 和均衡差值计算得到的 δ^{13}C 差值极小，说明田军等（2004）提出的南海 *Cibicidoides* 和 *Uvigerina* 的碳同位素标准均衡差值是有效的，也从侧面佐证了 973-4 站位上部层段沉积物没有受到冷泉活动的影响。值得注意的是，

Y/D 末期沉积物（338～340cmbsf 层位）中的底栖表生有孔虫 *Uvigerina* spp. 比底栖内生有孔虫 *C. wuellerstorfi* 的 $\delta^{13}C$ 偏负 1.36‰，远远超过南海正常沉积背景下这两种孔虫之间 0.69‰ 的均衡差值。同济大学海洋地质系（1989）认为高有机物沉积速率是沉积物孔隙水 $\delta^{13}C$ 偏负的原因，也是造成这两个属有孔虫 $\delta^{13}C$ 差异的根本原因，但对比 973-4 站位沉积物正常海洋沉积物和冷泉区特征沉积物，两个层段沉积物的 TOC 含量相差无几，而冷泉区特征沉积物中不仅 *Uvigerina* 的 $\delta^{13}C$ 明显偏负，且 *Cibicidoides* 和 *Uvigerina* 的 $\delta^{13}C$ 差异远大于正常海洋沉积物的相应值（表 7-5），表明 973-4 站位沉积物 TOC 氧化分解并不是造成底栖有孔虫碳同位素偏负的主要原因，另一方面表明本站位冷泉区特征沉积物中 *Cibicidoides* 和 *Uvigerina* 的碳同位素差异较大（较小）有可能是因为较强（弱）的冷泉活动对沉积物孔隙水和海水各自 DIC 的 $\delta^{13}C$ 改造程度不同。换而言之，在排除 TOC 氧化分解对底栖有孔虫壳体碳同位素组成影响情况下，如果底栖有孔虫 *Uvigerina* 偏负，*Cibicidoides* 和 *Uvigerina* 差异较大且 *Uvigerina* 的 $\delta^{13}C$ 更小对应冷泉活动对表层沉积物无机碳池的 $\delta^{13}C$ 影响大于对海水无机碳池的 $\delta^{13}C$ 影响；*Cibicidoides* 和 *Uvigerina* 差异较小对应冷泉活动对表层沉积物和底层海水两者的无机碳池的 $\delta^{13}C$ 均有影响。

Mienert 等（2005）对挪威外海 Storegga 滑塌体的天然气水合物稳定带与 Y/D 事件末期暖水团关系的模拟表明，Y/D 末期底层水升温形成的暖水团造成该地区沉积物中天然气水合物在 12.5～10ka B.P. 间不断分解，而滑塌体形成于 8.2ka B.P.，如果水合物和滑塌体形成之间存在关系，也说明底层水温度变化在沉积物中传导至天然气水合物稳定带具有滞后性。Ruppel 等（2011）对水深 1500m 的水合物成藏区的天然气水合物稳定性对底层水温度变化相应的模型结果表明，当底层水温度在 0.3～3ka B.P. 内持续变化 1.25℃时，天然气水合物没有发生分解。总之，深水海域的 Y/D 末期底层水升温对天然气水合物稳定性的研究还存在疑问，需要更深入细致的研究和实地地球化学证据。因此，初步推断 973-4 站位 380～440cmbsf 底栖有孔虫 *Uvigerina* spp. 偏负事件可能不是由 Y/D 末期底层水升温导致沉积物下伏天然气水合物发生渗漏所引起的，因为底层水温度变化无法在短时间内传导至水合物稳定带。

表 7-5　973-4 站位 *Uvigerina* 原始 $\delta^{13}C$ 值（$\delta^{13}C_{original}$）与 *Cibicides* 经转换得到的 $\delta^{13}C$ 值（$\delta^{13}C_{cw\text{-}derived}$）及两者差值对比

层位 /cmbsf		TOC/%	$\delta^{13}C_{original}$/‰	$\delta^{13}C_{cw\text{-}derived}$/‰	$\delta^{13}C_{original} - \delta^{13}C_{cw\text{-}derived}$/‰
正常海洋沉积物环境（非冷泉区和冷泉－非冷泉区过渡沉积物）	19～21	0.23	−0.40	−0.55	0.15
	58～60	0.35	−0.53	−0.59	0.06
	178～180	0.35	−0.47	−0.64	0.17
	318～320	0.34	−1.06	−0.97	−0.09
	358～360	0.19	−0.99	−0.97	−0.02
	378～380	1.02	−0.86	−1.02	0.16
	398～400	0.40	−1.08	−1.04	−0.04
	438～440	0.46	−1.05	−0.96	−0.09

层位 /cmbsf	TOC/%	$\delta^{13}C_{original}$/‰	$\delta^{13}C_{cw-derived}$/‰	$\delta^{13}C_{original}-\delta^{13}C_{cw-derived}$/‰
338~340（Y/D 末期）	0.18	−1.46	−0.79	−0.67
518~520	0.34	−1.90	−1.04	−0.84
558~560	0.34	−2.00	−1.95	−0.05
598~600	0.34	−1.86	−2.04	0.18
618~620	0.35	−1.53	−1.79	0.26

（冷泉区沉积物）

末次盛冰期到现今，底栖有孔虫 $\delta^{18}O$ 记录的海水 $\delta^{18}O$ 变化值为1.54‰，除去这段时间内冰川融化对海水 $\delta^{18}O$ 的影响（1‰），海水温度导致的 $\delta^{18}O$ 变化值为0.54‰，根据 ΔT（℃）$=\Delta\delta^{18}O\times4.35$（Gussone et al.，2004）计算得到底层海水仅有2℃的升温。王淑红等（2005）的模拟结果认为海底温度每上升1℃，水合物稳定带厚度减少58.64m；根据水合物稳定带厚度（y）与水深（x）的关系（$y=307.74\ln x-1537.7$），末次盛冰期以来海平面上升约120m，对应水合物稳定带厚度约23.00m，表明海平面上升和底层水温度上升对天然气水合物稳定性的作用相反，且这一时期温度变化对水合物稳定带厚度的影响（减少厚度）大于海平面上升（增加厚度）。但是上文中推断末次盛冰期以来973-4站位沉积物底栖有孔虫 $\delta^{13}C$ 记录的冷泉活动逐渐减弱，与模拟数据显示的结果不符，可能的原因如下：末次盛冰期到现今底层水温度变化速率极小，环境变化（温度或压力）引起水合物改稳定状态改变和形成新的水合物藏是一个相对迅速的过程（Mienert et al.，2005），水合物藏有充足的时间建立新的平衡并生成新的水合物藏，而不是失稳分解。自然界中甲烷水合物的稳定范围非常广泛，如温度从Okhotsk的2℃到中美洲海沟 Guat.1 的26℃；压力从 Eel 河的5MPa到中美洲海沟 Guat. 2 的58MPa（Booth et al.，1996），且甲烷水合物处于动态平衡状态，对环境变化非常敏感（Judd et al.，2002；Mienert et al.，2005），因此细小温度变化也不断改变甲烷水合物的平衡状态。

4. 海平面下降与甲烷渗漏

地球轨道的岁差、黄赤交角和进动是第四纪气候变化的根本原因（Imbrie et al.，1993）。冰期和间冰期交替海平面变化造成的压力骤降和（随后的）海底滑坡使海底的甲烷水合物失稳（Cochonat et al.，2002），释放的甲烷和二氧化碳气体则可能成为结束冰期的放大器（amplifier），较大的漫反射系数又进一步增强了冰消作用（Petit et al.，1999）。

973-4 站位浮游有孔虫 *P. obliquiloculta* 的 $\delta^{13}C$ 平均值为0.66‰，而598~600cmbsf（−1.15‰）、618~620cmbsf（−0.28‰）、638~640cmbsf（−0.52‰）和658~660cmbsf（−0.68‰）等层位的 $\delta^{13}C$ 与整个柱状样沉积物其他 *P. obliquiolucta* 壳体的 $\delta^{13}C$ 存在显著差异。底栖有孔虫 *Uvigerina* spp. 的 $\delta^{13}C$ 在598~600cmbsf（−1.86‰）、618~620cmbsf（−1.53‰）、638~640cmbsf（−1.90‰）和658~660cmbsf（−1.99‰）等层位也属于冷泉区沉积物或明显偏负。对973-4站位这几个浮游有孔虫偏负层位的浮游有孔虫 *P. obliquiolucta* 壳体在光学体视镜下观察发现，壳体呈白色，表明有似瓷

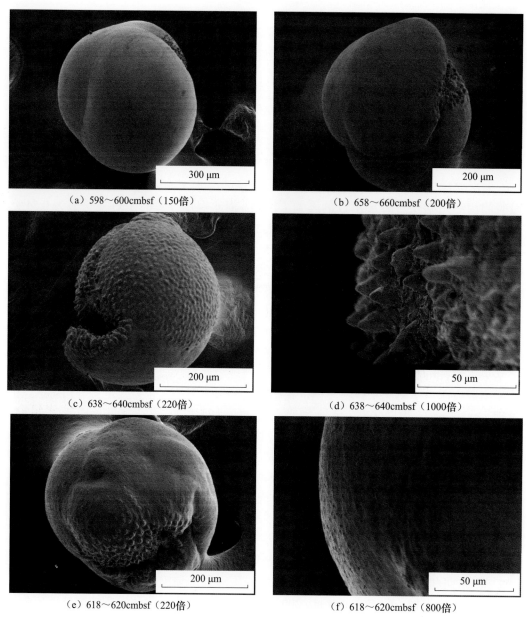

（a）598～600cmbsf（150倍）　　　　（b）658～660cmbsf（200倍）

（c）638～640cmbsf（220倍）　　　　（d）638～640cmbsf（1000倍）

（e）618～620cmbsf（220倍）　　　　（f）618～620cmbsf（800倍）

图 7-11　973-4 站位 δ^{13}C 负的浮游有孔虫 *P. obliquilocluta* SEM 下形貌图

光泽，无附生矿物；随后的 SEM 检查结果如图 7-11 所示，上述 4 个层位沉积物中的 *P. obliquilocluta* 壳体在低倍 SEM 镜下（约 200 倍）孔口张开、表面都光滑且无矿物附生，因此排除壳体的 δ^{13}C 受后生成岩作用和附生自生矿物的影响。

　　底栖有孔虫和浮游有孔虫 δ^{13}C 同时偏负的现象可能由原位天然气水合物大量渗漏引起（Kennett et al., 2000），这种甲烷渗漏可能改变表层水体的无机碳池的碳同位素组成，因此这一层段浮游有孔虫和底栖有孔虫 δ^{13}C 同时偏负可能是 973-4 站位下伏沉积物中的天然气水合物发生大规模渗漏的结果。对 598～600cmbsf 层位沉积物中的浮游有孔虫的 AMS^{14}C 定年表明该层位沉积物的年龄为 41.42ka B.P.。这个时间附近在 43.20~43.80ka B.P. 发生 D/O 11 暖事件，但由上一节的分析可以得到 973-4 站位这个水深底层水升温使沉积物中的天然气水合物大规模分解的可能性很小，因此排除该次浮游有孔虫碳同位素值偏负事件是由底层水升温导致的甲烷水合物大规模释放引起的。

Tong 等（2013）对南海北部东沙海域和神狐海域沉积物表面的自生碳酸盐岩进行碳氧同位素测试和 U/Th 定年，神狐海域的自生碳酸盐岩额年龄为 152~330ka B.P.，东沙海域的自生碳酸盐岩年龄为 63~73ka B.P.，两个海域的 δ^{13}C 为 -52.3‰~-32.6‰，自生碳酸盐岩碳同位素偏负的年代大多对应海平面低点或海平面下降期，笔者因此认为海平面下降促使静水压力减小，并导致了南海北部沉积物中的水合物失稳分解，随之加强的冷泉活动促进了自生碳酸盐岩的生成。除了自生碳酸盐岩证据，南海北部末次冰期（末次盛冰期）沉积物中底栖有孔虫也记录了增强的冷泉活动（陈芳等，2014；周洋等，2014；庄畅等，2015），但暂未有冷泉区浮游有孔虫偏负的记录。因此，南海北部的天然气水合物藏很可能在海平面低点或者下降时期发生失稳渗漏。

晚第四纪以来，海平面降至 LGM 时期最低点后，又升至现今最高点（图 7-12）。973-4 站位浮游有孔虫偏负事件发生时间对应 42ka B.P. 左右的一次海平面快速下降事件，该次海平面下降速度最高为 -13.8m/ka，海平面最低比现在低约 88m，沉积物上覆静水压力以 -0.138MPa/ka 的速度减少（图 7-12），表明该次浮游有孔虫偏负事件的原因很可能海平面快速下降引起大规模天然气水合物渗漏，甲烷水合物渗漏可能影响次浅表层浮游有孔虫栖息海水的无机碳池的碳同位素组成。Kennett 等（2000）对圣巴巴拉盆地 ODP-893A 站位中底栖有孔虫和浮游有孔虫的碳氧同位素进行分析，指出中层水周期性升温导致天然气水合物分解，具体表现在 36.7~37.6ka B.P. 的 D/O 8 事件和 43.2~43.5ka B.P. 的 D/O 11 事件沉积物中。D/O 8 期间，不仅底栖有孔虫明显偏负，而且浮游有孔虫 *Globigerina bulloide*、*N. pachyderma*、*Globigerina quinqueloba* 3 种有孔虫 δ^{13}C 分别为 -3.0‰、-2.5‰ 和 -3.5‰；同样，D/O 11 期间，底栖有孔虫明显偏负的同时，浮游有孔虫 *G. bulloide*、*N. pachyderma*、*G. quinqueloba*、*Globorotalia scitula* 4 种有孔虫 δ^{13}C 分别为 -2.0‰、-2.0‰、-2.5‰ 和 -1.5‰。35ka B.P. 附近海平面下降速度约为 -23.6m/ka，海平面最低比现在低约 -93m，沉积物上覆静水压力以 -0.236MPa/ka 的速度减少（图 7-12）。圣巴巴拉盆地 ODP-893A 站位的水深仅为 850m，在浮游有孔虫偏负时期海平面降低超过一成，底栖有孔虫和浮游有孔虫壳体 δ^{13}C 同时偏负可能是因为底层水升温和海平面快速下降的综合作用导致底天然气水合物大规模释放。从图 7-12 看，50ka B.P.、56ka B.P. 和 70ka B.P. 附近分别对应较高的海平面下降速度：-20.4m/ka、-16.7m/ka 和 -30.0m/ka，下降速度明显大于晚第四纪其他时期，验证海平面下降速率对天然气水合物失稳渗漏的影响需要更多的碳同位素证据，特别是浮游有孔虫数据。

在 LGM 期间，*P. obliquilocluta* 壳体的 δ^{13}C（0.91‰）和 *Uvigerina* spp. 的 δ^{13}C（-1.90‰）并没有同时偏负。LGM 时期和 41.42ka B.P 沉积物中的底栖有孔虫表现为典型的冷泉区沉积物特征，这说明海水—沉积物界面附近的无机碳池碳同位素组成受冷

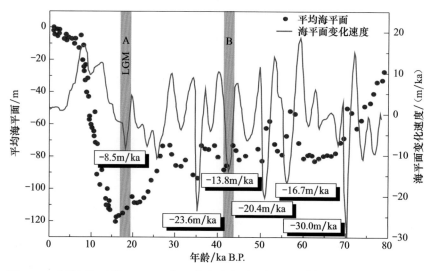

图 7-12　晚第四纪（约 80ka B.P.）以来全球海平面相对（现代）高度及其变化速度

泉活动的影响，但 LGM 时期浮游有孔虫栖息的浅层海水的无机碳池碳同位素没有受到其影响。如图 7-12 所示，末次盛冰期（阴影 A）的海平面比现在低约 120m，对应沉积物上覆静水压力比现在小 1.2MPa；海平面最大下降速度仅为 -8.5m/ka，对应沉积物上覆静水压力下降速度为 -0.085MPa/ka，远小于 36ka B.P.、42ka B.P.、50ka B.P.、56ka B.P. 和 70ka B.P. 的海平面下降速度。LGM 时期海平面比 41.42kaB.P 更低，然而前者的海平面下降速度却比后者低约 50%，因此海平面下降速率可能是控制 973-4 站位（水深 1666m）甲烷水合物渗漏强度的主要因素，而不是海平面下降程度。

浮游有孔虫偏负层位 598～600cmbsf 和 618～620cmbsf 等层位还发现板状黄铁矿和放射状黄铁矿，这些在一般冷泉区沉积物中极为少见的矿物尚不能确定其形成是否与大规模甲烷释放有直接联系，有待进一步研究。

（五）小结

对南海北部东沙海域冷泉区 973-4 和 973-5 两个站位柱状样沉积物的地球化学特征研究显示：①973-4 站位沉积物全新世以来的沉积物率高达 36.43cm/ka，晚更新世末期的沉积速率（13.79cm/ka）也高于典型冷泉区沉积物，东沙海域具有较好的甲烷气供给远景，另外 18.88～41.42kaB.P. 可能存在沉积间断；②利用 Uvigerina spp. 的 $\delta^{13}C$ 划定两个站位的非冷泉活动沉积物与冷泉活动沉积物的范围，974-4 站位的 Uvigerina spp. 的 $\delta^{13}C$ 表明 LGM 之前东沙海域有持续的冷泉活动，而自 LGM 以来 Uvigerina spp. 的 $\delta^{13}C$ 偏负程度逐渐变小、冷泉活动逐渐减弱，这可能是海平面上升扩大了天然气水合物稳定区范围从而抑制冷泉气体上涌的结果，其中 973-4 站位 19～300cmbsf 层段沉积物为非冷泉区沉积物，318～500cmbsf 层段为非冷泉-冷泉过渡沉积物，518～1361cmbsf 层段为冷泉区沉积物；③41.42ka B.P. 发生了一次浮游有孔虫和底栖有孔虫 $\delta^{13}C$ 同时偏负的现象，这可能是下伏沉积物大规模天然气水合物失稳渗漏的结果，这一次渗漏事件期间海平面最大下降速度为 −13.8m/ka，高于浮游有孔虫 $\delta^{13}C$ 未偏负的末次盛冰期的 −8.5m/ka，海平面下降速度可能比海平面下降程度更能影响沉积物中天然气水合物的稳定性。

第二节　神狐海域沉积物地球化学异常特征

一、烃类有机质

（一）样品和测试分析

1. 样品

南海北部 Site 4B 站位构造上位于珠江口盆地珠二拗陷的白云凹陷，落在珠江口盆地中央泥底劈带（吴能友等，2009）；地理上位于神狐暗沙东北部陆坡。地理经纬度为（20°08.4374′ N, 116°31.0455′ E），临近 ODP 184 1144-1146 站位。Site 4B 站位沉积物岩心于 2009 年 5~6 月由广州海洋地质调查局"海洋四号"船利用大型重力活塞取样器采集，岩心长 3m，站位水深约 970m。沉积物岩心采集过程中，沉积物及其沉积组构未被破坏。在岩心库，沉积物岩心沿中间切割成两半，进行岩心描述。其中一半岩心在岩心库保存，另一半岩心以 3cm 间距连续取样，并立即用锡箔纸包裹、塑胶袋密封保存。带回实验室后，沉积物样品置于 −50℃ 冷冻干燥，后用玛瑙研磨至 80 目，储存于 −20℃ 下以供后续分析测试。沉积物剖面中 0~95cm 层位为未固结、低黏性的灰黄色中细粒砂；95~300cm 层位为较致密、强黏性的灰色黏土质粉砂和粉砂质黏土。沉积物的含水量在 95cm 层位左右发生突变，上部沉积物含水量较大，下部沉积物则明显变干变硬。

2. 测试分析

称取 10~20g 的粉末样放入索氏抽提器中，然后用约 300mL 二氯甲烷和甲醇（9:1，体积比）混合索氏抽提 72h。抽提前，加入内标氘代二十四烷和正十七酸。抽提完成后，将接收瓶中抽提物旋转蒸发浓缩，得到样品中有机质的游离态部分。向游离态有机质加入 KOH/CH₃OH（1mol/L）溶液皂化，正己烷萃取出中性组分后，加入 HCl 至 pH=1，再用正己烷萃取出酸性组分（主要是脂肪酸）。中性组分进行硅胶氧化铝柱层析，用正己烷洗脱得到烷烃组分；酸性组分进行衍生化处理，加入三氟化硼甲醇溶液，放入 60℃ 烘箱 2h。衍生化后，用正己烷进行萃取。烷烃组分和脂肪酸组分用氮气吹干浓缩，待进行气相色谱－质谱（GC-MS）仪器分析测定。

GC-MS 分析在中国科学院广州地球化学研究所有机地球化学国家重点实验室 Thermo Trace GC Ultra-AL/AS 3000 色谱色质仪上完成，离子源为电子轰击源（70eV），色谱柱型号为 DB-1 毛细管色谱柱（60m×0.32mm, i.d.*0.25μm 涂层）。升温程序：烷烃为初始温度 70℃，3℃/min 升至 290℃ 并恒温保持 40min；脂肪酸的初始温度为 60℃，30℃/min 升至 110℃ 后以 2℃/min 升至 220℃，最后以 10℃/min 升至 315℃ 恒温保持 25min。采用无分流模式进样，载气为高纯氦气，流速 1.1mL/min。烷烃和脂肪酸的定性按以往文献中相对保留时间和质谱图来鉴定。

脂肪酸单体碳同位素测试在安捷伦公司生产的 6890N 气相色谱仪，联用 GV（GC5 MK1）IsoPrime 同位素质谱仪上完成，使用 DB-5MS 毛细管色谱柱（30m×0.25mm，i.d.*0.25μm 涂层）。升温程序：初始温度为 100℃，20℃/min 升至 160℃后，1.5℃/min 升至 220℃，最后以 10℃/min 升至 295℃并恒温保持 20min。采用无分流模式进样，载气为高纯氦气，流速 1.5mL/min。所有样品、三氟化硼甲醇、十七酸标样的碳同位素均重复 3 次，偏差小于 0.5‰。扣除衍生化试剂三氟化硼甲醇的稳定碳同位素值，计算公式如下：

$$\delta^{13}C_{FA} = (C_{n+1}\delta^{13}C_{FAME} - \delta_{13}C_{MeOH})/C_n$$

式中，FAME 为脂肪酸衍生化产物；FA 为脂肪酸，MeOH 为甲醇；n 为连接到目标化合物上的甲基的个数。脂肪酸甲酯命名常用格式为：（$n/a/i/10Me/cyc$）$X：Y\omega Z$（c/t），其中，X 为总碳数，后面跟一个冒号；Y 为双键数；ω 为从甲基末端开始排序；Z 为双键距离甲基端的距离；c 表示顺式异构，t 表示反式异构；a 和 i 分别表示支链的反异构和异构；10Me 表示距分子末端第 10 个碳原子上含一个甲基基团；n 表示正构脂肪酸；含环丙基的脂肪酸用 cyc 表示（Zelles et al., 1997）。

（二）正构烷烃和类异戊二烯烃分布特征

Site 4B 站位沉积物剖面大部分样品检测到的正构烷烃碳数分布为 $nC_{14}\sim nC_{33}$，其中绝大部分样品，碳链小于 nC_{23} 的正构烷烃呈偶奇优势分布，主峰碳为 nC_{16} 和（或）nC_{18}。碳数大于 nC_{23} 的正构烷烃则呈奇偶优势分布，主峰碳为 nC_{29} 和（或）nC_{31}（图 7-13），碳优势指数（CPI）为 1.95～3.80［图 7-14（a）］，反映了典型现代沉积物有机质特征（Bray and Evans, 1961），且来自陆源高等植物（CPI 为 2～10）（Clark and Blumer, 1967）。陆源维管植物体中正构烷烃在 $nC_{23}\sim nC_{35}$，具有很强的奇碳数优势，含有较多的 nC_{27}、nC_{29} 和 nC_{31}。其中 nC_{27} 和 nC_{29} 代表木本植物的输入，nC_{31} 和 nC_{33} 指示草本植物的输入（Cranwell, 1973; Meyers, 2003）。

Site 4B 站位沉积物剖面中中链正构烷烃（$nC_{14}\sim nC_{20}$）偶奇优势的分布显示沉积环境出现异常。造成这一偶碳优势现象的原因可能是：①沉积过程中由于强烈还原作用生成具奇碳优势的正构脂肪酸；②高盐碳酸盐环境；③由特殊种类的细菌或真菌提供，如硫酸盐还原菌；④人为化石燃料的污染或是下层高成熟度岩层的碳氢化合物渗漏。Site 4B 站位沉积物剖面中姥鲛烷与植烷（Pr/Ph）比值为 0.35～2.08，其中在 97cm 层位以上，值为 1.2～2.08，显示了相对氧化的沉积环境；而在 97cm 层位以下，值为 0.35～1.95，显示了沉积环境中氧化还原的频繁多变，这些结果和 Zheng 等（2016）硫元素化学种测试分析结果相吻合。无论是姥鲛烷与植烷比值（Pr/Ph）还是硫元素化学种测试，都表明 Site 4B 站位沉积环境不具备强烈的还原作用把奇碳数正构脂肪酸还原为偶碳数正构烷烃的可能，且沉积物中强偶奇优势分布的正构脂肪酸（图 7-15）也否定了沉积过程中强烈还原环境造成的中链正构烷烃偶奇优势分布的可能性。考虑 Site 4B 站位整个剖面的岩性为中细粒砂及黏土质粉砂，可以排除高盐碳酸盐环境存在的可能性。97cm 以下层位及浅表层正构烷烃分布特征都显示了现代沉积的特征，因此沉积物剖面中链正构烷烃偶奇优势分布的原因也不可能是人为化石燃料的污染或下层高成熟度岩层的碳氢化合物渗漏。排除上述第①、②和④种原因存在的可能性，

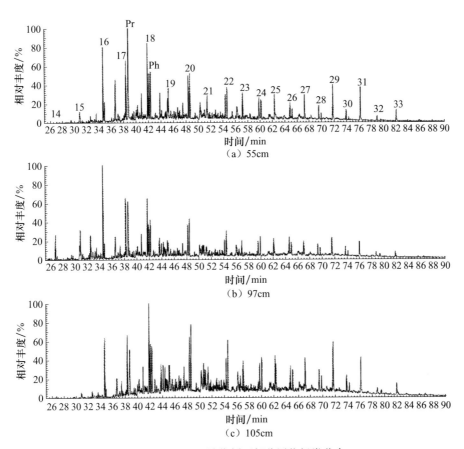

图 7-13 Site 4B 站位剖面部分层位烃类分布

图中数字为正构烷烃碳数, Pr 为姥鲛烷, Ph 为植烷

研究推测特殊种类的细菌或真菌造成了 Site 4B 站位沉积物中中链正构烷烃偶碳优势的现象。Site 4B 站位沉积物中中等碳链的正构烷烃的分布特征表明它们不可能来自光合细菌, 多数光合细菌含有中等碳链的正构烷烃 (nC_{14}～nC_{20}), 并以 nC_{17} 为主峰, 而非光合菌含有高丰度的 nC_{20}～nC_{27} 长链正构烷烃 (Oro et al., 1967; Han and Calvin, 1969; Jones and Young, 1970; Han et al., 1980), 且此处的沉积处于非透光区 (Wakeham et al., 1997), 光合细菌不充分发育。同时 Collister 等 (1994) 认为碳数分布在 nC_{20}～nC_{29}, 且主峰碳数为 nC_{23} 及碳同位素组成平均为 −38‰ 的正构烷烃来自化学自养细菌。因此沉积物中链正构烷烃也不可能来自化学自养细菌, 推测主要来自异养微生物。

此外, Site 4B 站位沉积物剖面 97cm 层位以上的部分样品中长链烷烃没有明显的奇偶优势 (如 70cm, CPI=1.15) [图 7-14 (a)], 在现代沉积有机质中高碳数正构烷烃的这一分布往往指示成熟有机质的输入、石油烃的污染 (陆红锋等, 2012)、浮游生物中丰富的硅藻输入、海洋细菌输入及细菌的改造作用 (Teschner and Bosecker, 1986; Venkatesan and Kaplan, 1987)。然而成玉等 (1999) 对珠江三角洲不同功能区的气溶胶中的正构烷烃分布进行研究, 结果显示在大气排放污染区 CPI 同样接近 1。牛红云等 (2005) 对大气气溶胶中正构烷烃的研究显示, 当 CPI 接近 1 时大气正构烷烃主要由

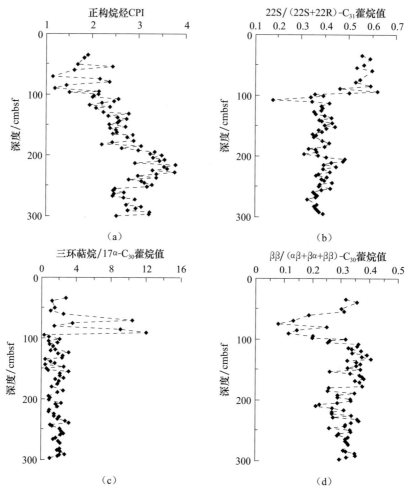

图 7-14　珠江口盆地 Site 4B 站位剖面正构烷烃 CPI、22S/（22S+22R）-C_{31} 藿烷值、三环萜烷 /17α-C_{30} 藿烷值、ββ/（αβ+βα+ββ）-C_{30} 藿烷值变化趋势图

人类活动产生，而 CPI 越大表明植物蜡排放的正构烷烃比例越高。因此，珠江三角洲大气气溶胶中成熟有机质的输入同样可能造成 Site 4B 站位沉积物剖面 97cm 层位以上部分样品中长链烷烃没有明显的奇偶优势。然而，无论是珠江三角洲（成玉和李顺诚，1997；成玉等，1999；唐小玲等，2005）还是国内其他地区（黄云碧，2006；Thomas and Evelyn, 2009），大气气溶胶的正构烷烃中都没有类似 Site 4B 站位沉积物的中链正构烷烃偶奇优势分布特征。胡建芳等（2003）研究了南海 17962 岩心沉积物中正构烷烃的组成分布，结果显示 CPI 平均为 4.04，但沉积物中同样缺失中链正构烷烃组分，认为大气气溶胶中来自成熟有机质的低碳数正构烷烃在运输中优先降解，而来自高等植物蜡的高碳数正构烷烃得以保存到沉积物中（Johnson and Calder, 1973）。因此，Site 4B 站位沉积物剖面 97cm 层位以上的部分样品中长链烷烃没有明显的奇偶优势，且中链烷烃偶奇优势分布的特征现象不可能是珠江三角洲地区大气气溶胶长途搬运输入的结果。Site 4B 站位沉积物剖面 97cm 以上层位部分样品中长链正构烷烃没有奇偶优势的分布特

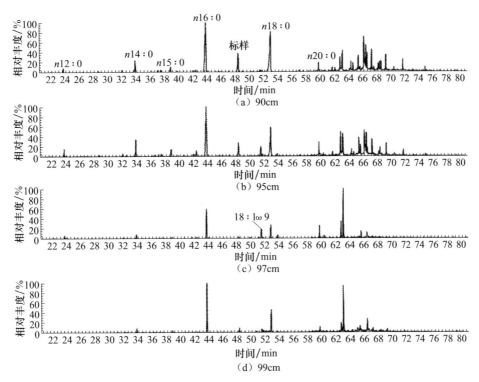

图 7-15　珠江口盆地 Site 4B 站位剖面部分层位脂肪酸化合物分布特征

征与 Volkman（1983）、段毅和徐雁前（1996）的报道非常相似，认为存在细菌输入和（或）细菌的改造作用（Johnson and Calder, 1973; Volkman, 1983; Teschner and Bosecker, 1986），从而导致正构烷烃奇偶优势不明显（王启军和陈建渝，1988）。尽管有报告称海洋沉积物中来自硅藻类脂物（吴庆余等，1992）和颗石藻（Volkman et al., 1980）的正构烷烃同样没有明显的奇偶优势（Ten et al., 1988），但来源于水生藻类的正构烷烃以 nC_{15} 或 nC_{17} 为主，因此来自浮游藻类的典型的生物标志物多不饱和脂肪酸（Vestal and White, 1989; Fang et al., 2007; Cowei et al., 2009）的未检出，揭示了 Site 4B 站位剖面中 97cm 上部分样品中异常分布的长链烷烃并非硅藻来源而更接近细菌来源（Jones, 1969），且这类细菌并未利用陆源成熟有机质风化作用的输入而是利用了海底成熟有机质的输入。

（三）萜类化合物分布特征及其指示意义

Site 4B 站位沉积物样品中检测到的萜类化合物有三环萜类和五环萜类两种，其中三环萜类碳数分布在 $C_{19} \sim C_{26}$，其中 $C_{19} \sim C_{25}$ 属于 13β（H）、14α（H）构型；检测到的 $C_{29} \sim C_{32}$ 藿类化合物中 C_{29} 和 C_{30} 均存在 $\alpha\beta$、$\beta\alpha$ 和 $\beta\beta$ 构型，C_{31} 和 C_{32} 存在 $\alpha\beta$ 和 $\beta\beta$ 构型，而 C_{31} 和 C_{32} 的 $\alpha\beta$ 构型均有 S 和 R 生物构型。

Site 4B 站位沉积物样品中 22S/（22S+22R）-$C_{31}\alpha\beta$ 分布在 0.17～0.62，其中 97cm 层位以上比值分布在 0.46～0.62，而 97cm 层位以下比值分布在 0.17～0.48，在整个沉积物剖面上明显呈两个区域分布 [图 7-14（b）]。C_{31} 升藿烷中 22R 为生物构型，在成岩及后生作用中，22R 构型向 22S 和 22R 构型均衡混合物转化。其立体异构体之间的相关比值（22S/

（22S+22R）-C$_{31}$αβ）随热演化增强而发生有规律的改变，分布主要受立体异构体之间的异构化作用能量等多种因素影响（Lu et al., 1989; Peters et al., 1990; Farrimond et al., 1996），但不受生物降解程度的影响（包建平等，2002），因而无论是未降解原油还是生物降解原油都可以被视作成熟度参数，用来测定或判断烃源岩的热演化程度（Seifert and Moldowan, 2002），是应用最广泛的指示原油和烃源岩成熟度的分子指标（Mackenzie, 1984）。在大多数原油中，22S/（22S+22R）-C$_{31}$αβ 升藿烷比值为 0.57～0.62（Seifert and Moldowan, 1980）。在成熟阶段，22S/（22S+22R）-C$_{31}$αβ 比值从 0 增到 0.6，比值为 0.5～0.54 表明勉强进入生油阶段，当比值为 0.57～0.62 则表明已达到或超过主要的生油阶段（Seifert and Moldowan, 1986）。Site 4B 站位沉积物中 97cm 以下层位中 22S/（22S+22R）-C$_{31}$αβ 分布在 0.17～0.48，未进入生油阶段，显示了典型现代沉积物的特征（Mackenzie et al., 1980），而 97cm 以上大部分层位 22S/（22S+22R）-C$_{31}$αβ 值都接近 0.6，这表明了在 97cm 以上（尤其是 95～97cm）有机质成熟度较高，与 97cm 以下层位的有机质来源明显有异。

Site 4B 站位沉积物样品中 ββ/（ββ+αβ+βα）-C$_{30}$ 藿烷分布在 0.08～0.4，其中 97cm 以下层位比值分布在 0.12～0.4，而 97cm 以上层位比值分布在 0.08～0.36［图 7-14（d）］。藿烷类化合物是地质体中无所不在、含量最丰富的一类生物标志化合物（Ourisson et al., 1984）。前人研究表明（Ourisson et al., 1982），ββ-C$_{30}$ 和 αβ-C$_{30}$ 藿烷系列及 βα-C$_{30}$ 莫烷系列化合物以原核生物的蓝细菌和真细菌中的 C$_{35}$ 细菌藿烷四醇为前身物，是迄今地球上出现的非常古老的生命形式。细菌藿烷四醇为原核细胞膜的组成部分，在成岩过程中经脱水和还原作用形成细菌藿烷，细菌藿烷在后生作用中进一步形成藿烷（史继杨等，2000）。细菌藿烷四醇和有关的细菌藿烷表明 ββ-C$_{30}$ 藿烷为生物型立体化学（Rohmer et al., 1984），由于该立体化学排列具有热动力不稳定性，在成岩和后生作用中 ββ-C$_{30}$ 转变为 αβ-C$_{30}$ 藿烷和 βα-C$_{30}$ 莫烷（Seifert and Moldwan, 1980）。因此，随着成熟度增加，ββ/（αβ+ββ+βα）-C$_{30}$ 藿烷比值相应减小，甚至在更高成熟度下达到 0（Mackenzie, 1984）。Site 4B 站位沉积物剖面 97cm 以下层位中 bβ/（αβ+ββ+βα）-C$_{30}$ 藿烷较高的比值反应了低成熟或未成熟的现代沉积物的特征，而 97cm 以上部分层位突变的明显低值表明此处有机质成熟度高于沉积物剖面上其他层位的现代沉积物的有机质，其来源明显不同。

Site 4B 站位沉积物样品中三环萜类 /αβ-C$_{30}$ 藿烷值分布在 0.32～12.05，其中 97cm 以下值分布在 0.45～3.27，而 97cm 以上值分布在 0.32～12.05［图 7-14（c）］。三环萜烷广泛存在沉积物和原油中（de Grande et al., 1993）。Ourisson 等（1982）根据三环萜烷在沉积物中的广泛分布，推测某些原核生物细菌的细胞膜形成 C$_{30}$- 三环萜烷，然后降解形成整个同系列的三环萜烷。Aquino 等（1981）也发现在缺氧条件下可以由微生物细胞膜还原成常规三环萜烷。三环萜烷比藿烷的抗生物降解及热成熟作用降解能力很强，且在较高成熟阶段，干酪根释放导致三环萜烷含量增加（Farrimond et al., 1999），因此随着成熟度增高，三环萜烷 / αβ-C$_{30}$ 藿烷比值相应变高（Farrimond et al., 1996; Seifert and Moldowan, 2002），可用作母源参数，用来比较成熟度和油源（Palacas et al., 1986; Fang et al., 2007）。Site 4B 站位沉积物剖面中 97cm 以上层位（尤其 85～90cm）上异常高的三环萜烷 / aβ-C$_{30}$ 比值表明此处有机质成熟度非常高，而沉积物中其他层位的比值都小于 4，揭示了来自现代沉积物较低成熟度的明显特征。

Site 4B 站位沉积物中 22S/（22S+22R）–$C_{31}\alpha\beta$ 升藿烷、$\beta\beta/（\alpha\beta+\beta\beta+\beta\alpha）$–$C_{30}$ 藿烷和三环萜烷 /$\alpha\beta$–C_{30} 藿烷 3 个参数比值在 97cm 层位及以上附近的异常现象均表明此处层位上的沉积有机质相对剖面上其他层位为成熟沉积而非现代沉积。由于这些异常在沉积物表层层位及 97cm 以下层位并没有出现，可以排除人为化石燃料的污染及下层高成熟度岩层的烃类渗漏，结合沉积物剖面上正构烷烃的分布特征，推测这种高度成熟有机质来源于 97cm 层位处海相成熟原油的侵入。

（四）18∶1ω9 脂肪酸含量及碳同位素值异常的指示意义

多数研究报告了现代海洋沉积物中的总脂肪酸含量（TFA）主要取决于地理位置和沉积环境（Harvey, 1994; Wakeham, 1995）。Site 4B 站位沉积物 TFA 为 2.33～17.16mg/g，在 97cm 处达到最大值，处于已知的现代海洋沉积物报告范围内（<23.8μg/g）（Ohkouchi, 1995），表明沉积物中有机物积累较低，明显低于太平洋赤道附近和高纬度地区的沉积物，这与神狐海域所处的低纬度地理位置（20° N，116° E）相吻合，并且表明该处沉积区域处于非透光区（Wakeham, 1995）。

单不饱和脂肪酸 18∶1ω9 在 Site 4B 站位沉积物中含量分布为 0～3μg/g，占整个脂肪酸的 0%～17.47%，并在 97cm 处达到最大值。18∶1ω9 的单体碳同位素值分布在 –27.8‰～–24‰，在 97cm 处达到最小值（图 7-15，图 7-16）。18∶1ω9 在沉积物微生物中和自然界生物体中都曾被检测和分离出来，来源非常多样。18∶1ω9 在真菌中广泛存在（Vestal and White, 1989），Fang 等（2007）就曾在一个酸性的污水中检测到 18∶1ω9，并认为其来自真菌，因为在这种环境中真菌比原核生物更稳定。但在 Site 4B 站位沉积物中，真菌可能不是 18∶1ω9 的来源，因为来源真菌的话含有更多的 18∶2ω8,9（Vestal and White, 1989; Fang et al., 2007; Cowei et al., 2009），而 Site 4B 站位沉积物中未检出或只有很少的 18∶2ω8,9。也有研究表明 18∶1ω9 是变形菌中嗜冷菌属的主要组成部分（占 60%～80%）（Freese et al., 2008），并认为是典型的嗜冷菌属的来源（Bowman et al., 1996; Romanenko et al., 2004; Shivaji et al., 2004; Yoon et al., 2005）。而 Site 4B 站位沉积物中最高含量为 17.47%，远远低于典型的嗜冷菌属的来源含量（60%～80%），因此变形菌中嗜冷菌属可能也不是 Site 4B 站位沉积物中 18∶1ω9 的可靠来源。有学者指出 18∶1ω9 在革兰氏阴性菌中普遍存在（Wilkinson, 1988），多在硫酸盐还原菌中检出，并认为是 Desulfobacter 主要组成部分（Kohring et al., 1994）。因此，Site 4B 站位沉积物中 18∶1ω9 应该来自硫酸盐还原菌，并且样品中存在典型硫酸盐还原菌来源的脂肪酸（如 i/a15∶0 和 i/a17∶0），也证实了样品中硫酸盐还原菌大量存在的事实。18∶1ω9 偏正的碳同位素值和 Site 4B 站位沉积物中来自异养微生物的短链脂肪酸非常接近，表明样品中的 18∶1ω9 来源的硫酸盐还原菌是异养的，在 97cm 处很可能因利用上述侵入的原油而导致了最负的碳同位素值，突然增多的 18∶1ω9 及 TFA 也恰恰反应了原油的侵入引发硫酸盐还原菌大量繁殖，从而导致 97cm 处剧增的微生物量。

（五）Site 4B 站位深部烃渗漏的地质意义

Site 4B 站位 97cm 处中烷烃及脂肪酸的分布特征及上述分析表明，该段沉积物中可能记录了不同来源的石油烃类。前人研究表明，海洋沉积物中，来自深部烃

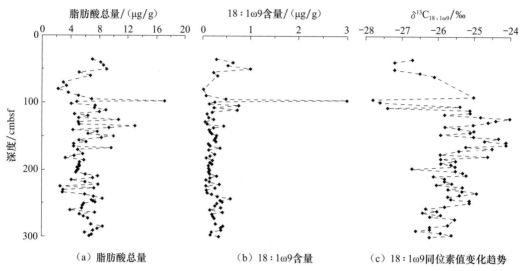

图 7-16　珠江口盆地 Site 4B 站位剖面脂肪酸总量、18：1ω9 含量、18：1ω9 碳同位素值变化趋势图

渗漏的石油烃可通过构造（如断裂和底辟等）从深部的烃源岩运移至浅表层或海底（Kornacki et al., 1994; Booth et al., 1996; Sassen et al., 2001; MacDonald et al., 2002）。南海北部陆坡区在断陷阶段，构造活动活跃，底辟构造和断裂体系发育，深部主力烃源层序（如恩平组和文昌组）的石油烃类可以沿断层向上运移（Zhu et al., 2009）。断裂后期的加速沉降阶段，大量的陆源沉积物注入，形成进积特征明显的陆架 - 陆坡体系（何云龙等，2010）。充足的沉积物供给可能诱发沉积物失稳，在南海北部陆坡区形成广泛分布的滑移、滑塌、海底峡谷 / 水道、块体流沉积体等（苏明等，2011；何云龙等，2011），沉积体失稳 - 侵蚀的过程形成大量的尺度较小的断裂体系，为含烃流体的进一步运移提供了有利的通道（吴能友等，2009），从而留下海底富烃流体的记录（陆红锋等，2007）。Site 4B 站位位于南海北部重要的深水油气勘探区域，已有的油气勘探活动可以证明其下部存在丰富的油气资源和烃类来源（Zhu et al., 2009）。站位附近的地震剖面显示，底辟构造及断裂体系非常发育，由于底辟构造的影响，上覆地层发育了数量较多、规模较小、高角度的断裂体系（图 7-17）。因此，推测 Site 4B 站位的渗漏烃可能源自深部的源岩，沿底辟构造和断裂体系运移至浅表层，随后从近海底的地层横向或斜向侵入沉积物中。此外，这一区域硫元素化学种分析测试结果（Zheng et al., 2016）及自生黄铁矿异常分布特征（谢蕾等，2013）也显示研究区存在深部流体强烈交换的渗漏特征的构造背景，从而暗示这种渗漏可能与深部已经存在的油气藏具有一定的关联。

二、自生矿物及其碳、氧、硫同位素

（一）样品和测试分析

研究样品主要来自广州海洋地质调查局的"海洋四号"的浅表层重力活塞沉积物，取样间隔 3～5cm 不等连续取样。沉积物样品的研究分为沉积物样品的前处理、镜下挑样、实验室拍照和同位素测试四步骤。实验室中定体积获取约 15mL 的沉积物，置

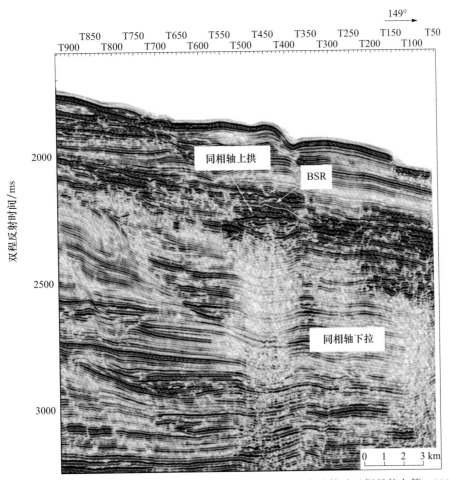

图 7-17　珠江口盆地 Site4B 站位附近地震剖面 HS248 揭示的底辟构造（据吴能友等，2009）

地震剖面上可见天然气充注造成低速异常产生的同相轴上拱、下拉现象，其两侧、顶部常见亮点振幅异常

于 60℃恒温箱中烘干，干样（即烘干后的样品）用蒸馏水浸泡 24h 并用铜筛进行筛洗和超声波清洗。体视镜（放大倍数）下鉴定挑选 65mm 孔径的沉积物样品，将其中自生矿物用精度为 0.01mg 的电子天平进行称重。自生矿物拍照分为体视镜粗观察和 SEM 照相。挑选典型的自生矿物颗粒数颗，在高倍体视镜下进行粗观察，照相自生矿物的形貌、颜色、大小特征。然后将其用树脂粘于铜台上面，喷金处理后进行显微电子扫描照相（SEM），并用电子探针打点初步确定矿物种类。体视镜粗观察在中国地质大学（武汉）生物地质与环境地质国家重点实验室进行，SEM 照相在地质过程与矿产资源国家重点实验室进行。自生碳酸盐岩的碳、氧稳定同位素测定在南京大学内生金属矿床成矿机制研究国家重点实验室和中国地质大学（武汉）生物地质与环境地质国家重点实验室完成。自生黄铁矿的硫稳定同位素测定在东华理工学院核资源与环境教育部重点实验室完成。

南海北部浅表层沉积物中自生矿物类型主要有黄铁矿、碳酸盐岩和石膏等。在水合物背景下，AOM 和 BSR 过程生成重碳酸氢根离子及硫化氢根离子，进而形成硫化物类和碳酸盐岩类自生矿物，残余的硫酸盐形成硫酸盐岩等自生矿物。在已调查的南海北部陆坡天然气水合物赋存区都发现上述自生矿物，说明南海北部浅表层沉积物中自生矿物的发育特征与水合物藏的形成与演化存在密切关系。

（二）结果分析

南海北部陆坡不同海域浅表层沉积物中自生碳酸盐类矿物数量总体较少，以不规则块状为主（图7-18）。碳稳定同位素值大多介于 -10‰$\sim$$0$‰ PDB，没有显示特征性的AOM成因，碳、氧稳定同位素的相关性较差，呈现弱的正相关关系（图7-19）。这一现象与典型的AOM成因的自生碳酸盐类的碳、氧稳定同位素存在较大差别，说明目前南海北部陆坡大部分浅表层沉积物中自生碳酸盐类矿物的成因不是由AOM主导的。

图 7-18 南海北部浅表层沉积物中自生碳酸盐岩形貌特征（Site 4B 站位和 Site 5B 站位）

南海北部陆坡沉积物中自生黄铁矿以棒状、葡萄状、草莓状、块状和有孔虫充填状为主（图7-20），与独特的构造背景、高沉积速率和高有机质量密切相关。

黄铁矿的硫同位素值数据表明（图7-21），$\delta^{34}S$ 值大多小于 -40‰ CDT（Canyon Diablo 陨石中陨硫铁），说明其与海水硫酸盐之间的分馏强度达60‰。如此强烈的硫同位素分馏信息说明南海北部浅表层沉积物中黄铁矿的形成与硫酸盐还原作用和硫歧化作用有关。在东沙和西沙海域，黄铁矿的硫同位素值在沉积物的中下部（600$\sim$800cmbsf），深度范围存在明显的正偏趋势，表明硫同位素的分馏程度降低，可能指示硫歧化作用的减弱。

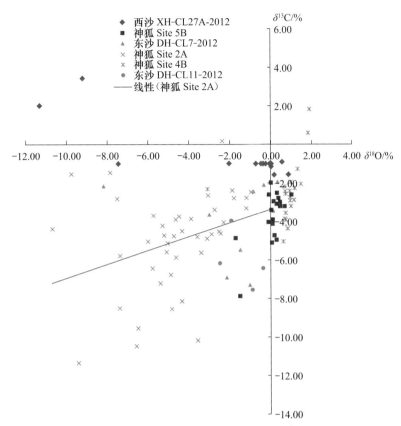

图 7-19　南海北部浅表层沉积物中自生碳酸盐岩碳、氧稳定同位素的相关性图

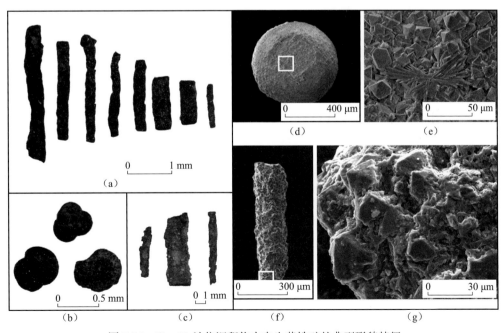

图 7-20　Site 4B 站位沉积物中自生黄铁矿的典型形貌特征

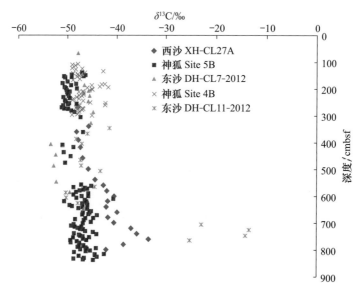

图 7-21　南海北部浅表层沉积物中自生黄铁矿的硫同位素值随深度变化趋势图

　　石膏是近年来发现的另一种与天然气水合物背景有关的自生矿物，与其相关的报道相对较少。石膏散布于沉积物的颗粒间，除了以板状单晶和（或）双晶出现，还以微球粒状、不规则颗粒状和花瓣簇状集合体形态出现（图 7-22）。微观下不同集合体外形中的石膏微晶为板状−柱状晶形，具有规则的晶面、晶棱及解理。

元素	质量分数	原子分数	化合物百分比	化学式
S K	23.58	16.68	58.87	SO₃
Ca K	29.40	16.64	41.13	CaO
O	47.03	66.68		
总量	100.00			

（d）　　　　　　　　　　　　（e）

图 7-22　南海北部浅表层沉积物中发育的石膏晶体显微形貌

第三节 冷泉碳酸盐岩地球化学异常特征

一、矿物学及岩石学

（一）样品与测试分析

冷泉碳酸盐研究样品采集自珠江口盆地和台西南盆地被动大陆边缘海底，研究区自西南向东北依次为神狐海域、东沙西南海域及东沙东北海域。

神狐海域位于南海北部珠江口盆地南侧，水深300～3500m，海底地形总体呈东北高西南低的斜坡形态，是南海北部陆坡和中央海盆的过渡带，该海域自中中新世以来处于构造沉降阶段，海底地形起伏较大，滑塌体及断层-褶皱体系非常发育，还发育底劈构造（吴能友等，2007；苏丕波等，2010），为烃类运移及形成海底渗漏提供了良好的通道。神狐海域沉积物中有机碳含量较高，珠江口盆地内已发现大规模油气田（Wu et al., 2009；何家雄等，2010）。2007年中国地质调查局在该海域进行科学勘探时从海底以下153～225m钻获水合物实物样品（Zhang et al., 2007）。本节冷泉碳酸盐岩样品来自二个站位，于2004年由"海洋四号"调查船使用拖网在水深328～400m海底采集到，同时采集大量生物壳样品，包括未胶结的双壳、腹足和珊瑚。

东沙西南海域位于东沙群岛西南。该海域地层发育NEE—SWW和NW—SE两组断裂系统，断裂大多具有继承性，以NEE—SWW向断裂最为发育，平坦的海底以半深海钙质软泥沉积为特征（Wu et al., 2005）。2005年"实验3号"船执行南海开放航次期间在该海域发现面积达30km^{2}的冷泉碳酸盐岩沉积区（陈忠等，2006a；陈忠和杨华平，2008），本节样品由该航次使用抓斗采集自水深470m的海底。

东沙东北海域位于东沙群岛东北附近，构造上隶属于台西南盆地。海底广泛发育深切割的NW-SE向海底峡谷，断层、褶皱及泥火山广泛发育，且有些断层发育至海底（丁巍伟等，2004；Suess et al., 2005）。海底以下170～400m发育大量BSR构造，是水合物发育十分有力的地球物理证据（Suess et al., 2005）。自2002年首次在该海域采集到冷泉碳酸盐岩以来（陈多福等，2005；Chen et al., 2005），大量的冷泉沉积被发现并采集。2004年发现的九龙甲烷礁是目前已发现的最大的冷泉碳酸盐岩化学礁。九龙甲烷礁海域冷泉碳酸盐岩主要分布在水深550～650m和750～800m的二个海脊上，巨大的碳酸盐岩建隆屹立在海底，且海底多处见大量管状、烟囱状、面包圈状、板状和块状自生碳酸盐岩孤立地躺在海底或从沉积物中突兀地伸出来，双壳类生物壳体成斑状散落分布（Suess et al., 2005; Han et al., 2008；黄永样等，2008）。本书Site 1、Site 2和Site 3区域的样品由中德合作SO-177航次使用电视抓斗采集；另外两个站位样品分别于2002年和2004年由"海洋四号"调查船在水深大于1000m的海域使用拖网获得，本节称其为东沙东北海域其他区（other vicinity）。

冷泉碳酸盐岩采集后用清水冲洗，自然风干，选取典型的固体样品制成光薄片，在LEICA-DMRX研究级光学显微镜下观察，显微镜图像用高清晰数码相机LEICA DC500

拍摄。冷泉碳酸盐岩的显微结构在中国科学院广州地球化学研究所用 Quanta400 扫描电子显微镜获得，工作电压为 10~20kV、工作距离 5~9mm。

化学分析及物相分析所需全岩粉末样取自新鲜样品，用蒸馏水反复冲洗，风干，用玛瑙研磨磨至 200 目备用。稳定碳、氧同位素微区样品及 U 系年龄样品使用手持牙钻在样品新鲜断面上钻取。

碳酸盐岩物相分析（XRD）在中国科学院广州地球化学研究所完成。200 目以下全岩样品在 Bruker AXS D8 上进行。工作参数为 Cu 靶 Kα 射线，石墨单色器，测试电压为 40kV，电流为 40mA，扫描角度为 5°~65°（2θ），步进扫描，步宽 0.02°。发散狭缝 0.5°，接受狭缝 0.15mm，防散射狭缝 0.5°。矿物半定量根据 Roberts 等（2010）面积法确定。方解石中 $MgCO_3$ 少于 5%（摩尔分数）定义为低镁方解石，大于 5%（摩尔分数）定义为高镁方解石，$MgCO_3$ 含量在 30%~50%（摩尔分数）定义为白云石（Burton, 1993）。

（二）样品矿物学及岩石学描述

XRD 结果显示，南海北部冷泉碳酸盐岩全岩中自生碳酸盐矿物占 47%~90%（质量分数），平均约为 61%。文石、白云石和高镁方解石是主要的自生碳酸盐相，此外部分样品还含有少量低镁方解石和菱铁矿。全岩中非碳酸盐矿物主要包括石英、钠长石、绿泥石和伊利石。

南海北部冷泉碳酸盐岩样品（表 7-6）岩石学特征差异较大。神狐海域冷泉碳酸盐岩主要包括两种类型：烟囱状及结壳状（图 7-23）。烟囱状冷泉碳酸盐岩发育圈层结构，最外层发育棕色富铁锰氧化物的表皮，向内依次发育青灰色固结的致密烟囱外层、灰白色半固结的烟囱内层及残余流体通道［图 7-23（a）］。烟囱外层发育像火烧过的黑色内壁，反映内层和外层之间有明显的沉积间断。内外两层矿物组成也存在显著差异，外

表 7-6　南海北部冷泉碳酸盐岩样品的采样信息

海域[①]	站位	水深 /m	采样方法	航次[②]
神狐海域	HS4aDG	400~328	拖网	HY4-2004
神狐海域	HS4DG	380~350	拖网	HY4-2004
东沙西南海域	E105-1	470	抓斗	SY3-2005
东沙西南海域	DSGH-2	474	抓斗	SY3-2005
东沙东北海域 1 站位	TVG1	498	电视抓斗	SO-177
东沙东北海域 1 站位	TVG2	484	电视抓斗	SO-177
东沙东北海域 1 站位	TVG3	473	电视抓斗	SO-177
东沙东北海域 2 站位	TVG13	555	电视抓斗	SO-177
东沙东北海域 2 站位	TVG14	533	电视抓斗	SO-177
东沙东北海域 3 站位	TVG6	769	电视抓斗	SO-177
东沙东北海域 3 站位	TVG8	769	电视抓斗	SO-177
东沙东北海域 3 站位	TVG9	771	电视抓斗	SO-177
东沙东北海域 3 站位	TVG11	769	电视抓斗	SO-177

海域[①]	站位	水深/m	采样方法	航次[②]
东沙东北海域其他区域	HD3	<1000	拖网	HY4-2002
东沙东北海域其他区域	HD314	415～360	拖网	HY4-2004

① 1 站位 , 2 站位 , 3 站位及其他区域都位于东沙东北海域。

② HY4-2004 代表"海洋四号"调查船 2004 年水合物调查航次；SY3-2005 代表"实验 3 号"船 2005 年南海
开放航次；SO-177 代表 2004 年"太阳号"中德合作 SO-177 航次；HY4-2002 代表"海洋四号"调查船
2002 年水合物调查航次。

图 7-23　神狐海域冷泉碳酸盐岩样品形貌特征

层主要由泥微晶白云石组成［图 7-24（a），图 7-24（b）］，进一步放大可见白云石具有
球型结构［图 7-24（c）］；而内层主要由文石和高镁方解石组成，文石具典型的针状结构
［图 7-24（d）］。结壳状冷泉碳酸盐岩厚 3～5cm，孔隙较发育，表面胶结管状蠕虫
［图 7-23（b）］，富含生物碎屑，自生碳酸盐矿物由文石和高镁方解石组成，泥微晶结构，
可见针状文石呈生物碎屑环边胶结物［图 7-24（e），图 7-24（f）］。

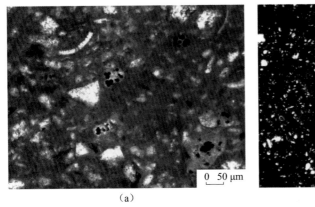

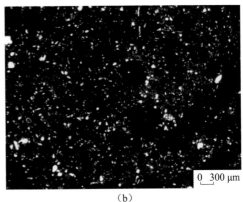

（a）　　　　　　　　　　　　　　　　（b）

图 7-24　神狐海域冷泉碳酸盐岩显微结构特征

（a）、（b）、（e）、（f）为单偏光显微照片；（c）、（d）为 SEM 照片

　　东沙西南海域冷泉碳酸盐岩呈椭圆形结核或表面具瘤状结构的不规则形结核，发育棕色富铁锰氧化物表皮，新鲜面呈无规律分布的灰白色或黑色，岩石较致密，泥微晶结构（图 7-25，图 7-26）。该海域冷泉碳酸盐岩自生碳酸盐矿物含量较高，分布在 80%～

图 7-25　东沙西南海域冷泉碳酸盐岩样品形貌特征

（a）SEM照片

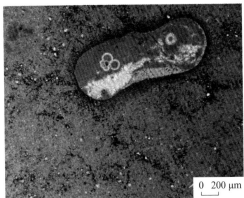
（b）为单偏光显微照片

图 7-26　东沙西南海域冷泉碳酸盐岩显微结构特征

90%（质量分数），以白云石矿物为主，扫描电镜下显示发育形晶［图 7-26（a）］。发育毫米至厘米级不规则孔洞，且已被充填，显微镜下可见孔洞内壁呈棕色，具有氧化特征，充填物除了泥微晶碳酸盐矿物，还包括生物碎屑、亮晶碳酸盐胶结物及羟基磷灰石［图 7-26（b）］。

东沙东北海域冷泉碳酸盐岩的产状主要包括烟囱状、不规则疏松结壳状、块状结壳及胶结的小结壳（图 7-27）。Site 1 样品包括烟囱状［图 7-27（a），图 7-27（b）］和不规则结壳状［图 7-27（c）］。烟囱状冷泉碳酸盐岩具柱状或锥型外形，表面凸凹不平，中心仍保存残余流体通道，通道直径明显小于烟囱壁厚度，横切面可见厘米至毫米级近圆形孔洞［图 7-27（a），图 7-27（b）］；不规则结壳状冷泉碳酸盐岩形状无规律，表面尖锐，仍保存不规则的流体通道，且通道内壁发育由放射状文石组成的白色衬里胶结物［图 7-27（c），图 7-28（a）］，微观孔洞内也发育亮晶文石胶结物［图 7-28（b）］。Site 2 样品包括柱状烟囱形［图 7-27（d）］和结壳状［图 7-27（e）］两种类型，该站位烟囱状冷泉碳酸盐岩残余流体通道直径与烟囱壁厚度接近，且烟囱长度与直径之比超过 3，该区结壳状冷泉碳酸盐岩表面不平坦有突起但较光滑。Site 3 样品包括块状结壳［图 7-27（f）］和胶结小结壳［图 7-27（g）］两种类型，块状结壳样品较致密但内部仍保存细小的不规则连通的残余流体通道，通道狭窄部分已被亮晶针状文石胶结［图 7-27（f），图 7-28（c）］；胶结小结壳样品由早期形成的青灰色已固结的毫米级小结核及晚期灰白色半固结胶结物两部分组成，小结核主要由白云石组成，而晚期胶结的灰白色部分疏松多孔［图 7-27（g）］，主要由文石和高镁方解石组成。其他区域的样品主要为烟囱状冷泉碳酸盐岩，通道较细且直，烟囱体形状不规则，残余通道内壁及烟囱体表面发育有管状蠕虫［图 7-27（h）］，发育泥微晶团粒结构［图 7-28（d）］。东沙东北海域冷泉碳酸盐岩主要由不同比例的高镁方解石、文石和白云石组成，除一个样品完全由白云石组成，绝大多数样品最主要的碳酸盐矿物是高镁方解石。高镁方解石主要形成泥微晶的基质，也见呈叶片状发育［图 7-28（e）］。文石主要呈针状结构，形成放射状的衬里胶结物或微裂隙充填物［图 7-28（f）］。白云石呈泥微晶的基质或团粒。几乎所有样品中都发育草莓状不透明含铁矿物，它们或散布在碳酸盐基质中，或充填于有孔虫体腔孔内［图 7-28（g），图 7-28（h）］。

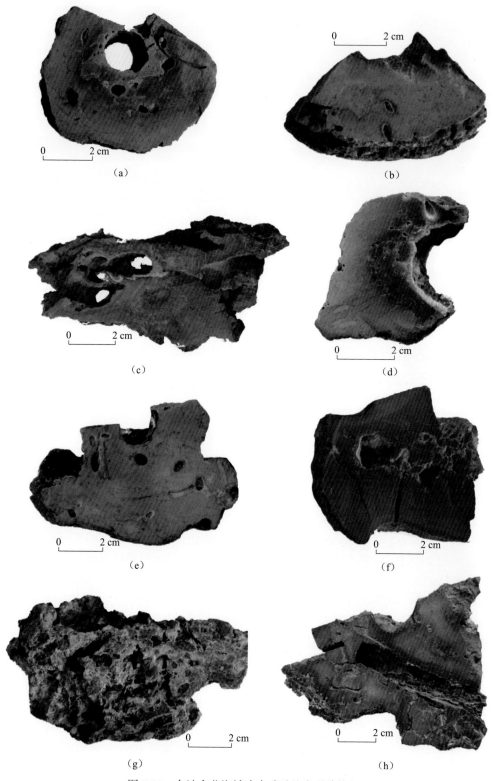

图 7-27　东沙东北海域冷泉碳酸盐岩形貌特征

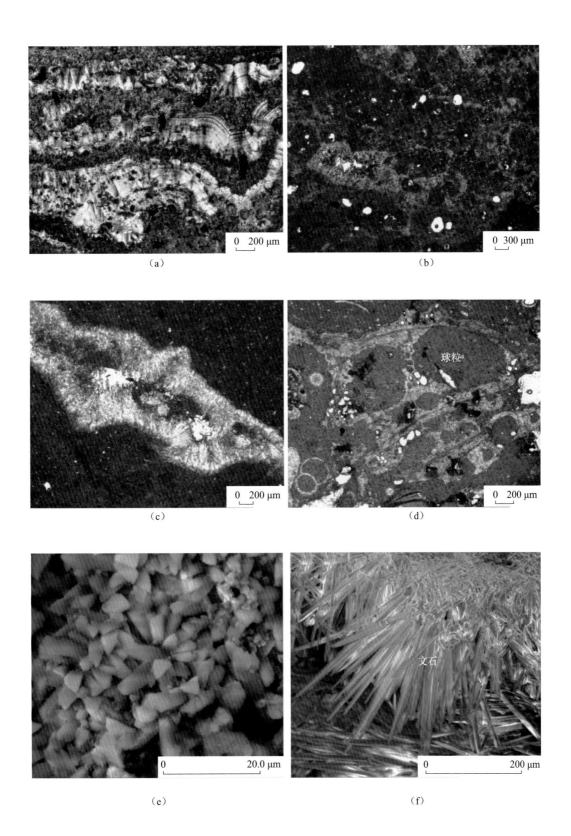

（a）

（b）

（c）

（d）

（e）

（f）

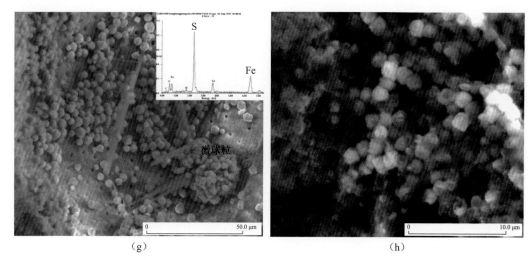

（g）　　　　　　　　　　　　　　（h）

图7-28　东沙东北海域冷泉碳酸盐岩显微结构特征

（a）为正交偏光显微照片；（b）～（d）为单偏光显微照片；（e）～（h）为SEM照片

二、碳、氧、锶同位素及冷泉流体来源

（一）研究方法

碳酸盐岩碳氧稳定同位素分析采用磷酸法，在中国科学院同位素年代学和地球化学重点实验室由 GV IsoPrime® Ⅱ 型稳定同位素质谱仪测定。所有结果均相为 V-PDB 标准，分析精度 ^{13}C 优于 ±0.05‰，^{18}O 优于 ±0.08‰。

锶同位素在中国科学院同位素年代学和地球化学重点实验室使用 TIMS 测定。前处理在超净实验室内完成。取 200 目以下全岩粉末 50mg，加入 1.5mL2% 超级纯硝酸溶解 15min，离心。取上清液与 1.5mL 硝酸 1:1 混合，再离心。取最终上清液过装有 Eichrom Sr 特效树脂的离子交换柱，使用 4mol/L 硝酸淋滤。最后蒸干，备用上机。多次测定 SRM987 标样的平均值为 0.710255（$2\sigma=0.000007$，$n=7$）。

（二）神狐海域

冷泉碳酸盐岩可能的碳源包括生物成因甲烷（$\delta^{13}C_{PDB}$ 值为 -110‰～-50‰）、热解成因甲烷（$\delta^{13}C_{PDB}$ 值为 -50‰～-30‰）及石油重烃类化合物（-35‰～-25‰）（Sackett, 1978; Whiticar, et al., 1986; Roberts and Aharon, 1994）。甲烷厌氧氧化过程优先利用碳库中的轻碳同位素，即 ^{12}C，这个过程形成的 HCO_3^- 的碳同位素应该比碳库的同位素更轻。因而从理论上讲，所形成的自生碳酸盐岩应该具有与烃类碳库类似或更负的 δ^{13}C 值。但现代活动冷泉研究发现，绝大多数冷泉碳酸盐岩的碳同位素都比渗漏甲烷的碳同位素重，δ^{13}C 值甚至相差 50‰ 以上（Peckmann et al., 2004; 冯东等，2005），说明冷泉碳酸盐岩形成过程不可避免地掺入具有较重碳同位素组成的碳，很可能是正常海的水和（或）渗漏流体中的溶解无机碳（Malinverno and Pohlman, 2011），且渗漏流体通量及流速大小的变化会导致这些碳源以不同比例混合，从而引起冷泉碳酸盐岩 $\delta^{13}C$ 值具有较宽的变化范围。

神狐海域冷泉碳酸盐岩的 $\delta^{13}C$ 值为 -49.8‰～-38.1‰（图 7-29）（平均 -44.3‰，n=13），因此，低达 -49.8‰ 的 $\delta^{13}C$ 值指示生物成因甲烷是神狐海域冷泉碳酸盐岩的主要碳源，是神狐海域冷泉流体重要组成部分。

自生碳酸盐的氧同位素受流体氧同位素、温度及矿物种类控制，已知其中任意两个变量可以根据经验公式计算出第 3 个变量。本节以当前海底温度近似代表冷泉碳酸盐岩形成温度，可分别计算从海水（$\delta^{18}O \approx 0‰$，SMOW）中沉淀的理想白云石、文石和方解石矿物的 $\delta^{18}O$ 值。利用这个计算的理想矿物的 $\delta^{18}O$ 值与冷泉碳酸盐岩实物样品的 $\delta^{18}O$ 值进行比较，就可以定性地比较出冷泉碳酸盐岩沉淀流体与海水之间氧同位素组成的差异，从而判断冷泉流体富集 ^{18}O 或者贫 ^{18}O 的特征。当然，

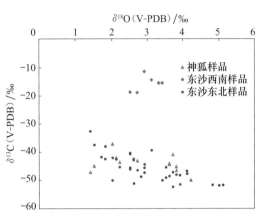

图 7-29　南海北部冷泉碳酸盐岩碳氧同位素组成

以上比较过程要求冷泉碳酸盐岩在沉淀过程达到同位素平衡，这个假设在很多自生碳酸盐沉淀过程中都认为是成立的。本节计算使用的海底温度根据海水深度推算或根据邻近海域相当水深实测海底温度值近似（陈多福等，2005）。本节涉及的方解石、文石和白云石矿物的氧同位素分馏公式分别根据 Kim 和 O'Neil（1997）、Kim 等（2007）、Fritz 和 Smith（1970）的公式：

$$1000\ln\alpha_{(\text{dolomite}-\text{H}_2\text{O})} = 2.62 \times 10^6 T^{-2} + 2.17 \tag{7-4}$$

$$1000\ln\alpha_{(\text{calcite}-\text{H}_2\text{O})} = 18.03 \times 10^3 T^{-1} - 32.42 \tag{7-5}$$

$$1000\ln\alpha_{(\text{aragonite}-\text{H}_2\text{O})} = 17.88 \times 10^3 T^{-1} - 31.14 \tag{7-6}$$

式中，$\delta^{18}O$ 以 SMOW 标准，‰；T 为绝对温度，K。

神狐海域冷泉碳酸盐岩 $\delta^{18}O$ 值为 1.4‰～4.2‰，平均 3.0‰（n=13）。根据水深获得的海底温度是 10.8℃。与该温度下海水达到同位素平衡的理想矿物相比，大多数神狐海域冷泉碳酸盐岩都具有更高的 $\delta^{18}O$ 值（图 7-30），显示了富集 ^{18}O 的沉淀流体特征。富集 ^{18}O 的流体可能与水合物分解作用或黏土矿物脱水作用有关，但由于神狐海域蕴藏着丰富的水合物资源，这里富集 ^{18}O 的流体更可能与水合物分解后的孔隙水渗漏活动有关。另外，烟囱外层二个微区样品显示贫 ^{18}O 的特征（图 7-30）。自生碳酸盐矿物低的 $\delta^{18}O$ 值可能与较高的温度和（或）贫 ^{18}O 的流体有关，如大气水或水合物形成后的残余孔隙水（Veizer et al., 1999; Aloisi et al., 2000）。这二个微区样品对应全岩样品的 $^{87}Sr/^{86}Sr$ 值是 0.709184，与现代海水值类似，反映冷泉碳酸盐岩沉淀的流体受大气淡水影响较小甚至未受大气水影响。因此，神狐海域这个贫 ^{18}O 样品的形成可能与较高的温度或水合物形成后残留孔隙水活动有关。

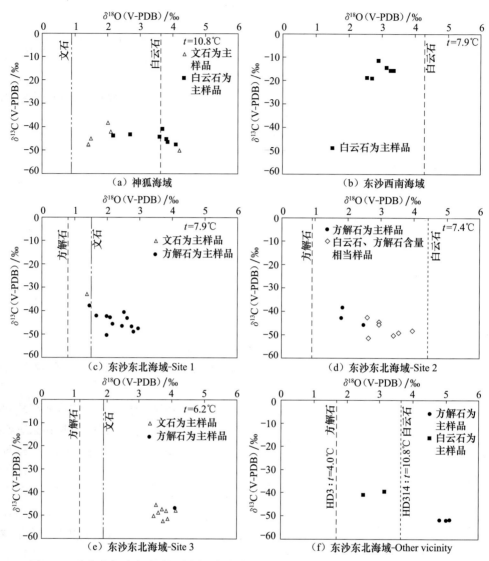

图 7-30　南海北部冷泉碳酸盐岩样品与海水平衡理想碳酸盐矿物间氧同位素组成比较

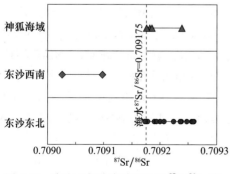

图 7-31　南海北部冷泉碳酸盐岩 $^{87}Sr/^{86}Sr$ 值
与现代海水值比较

神狐海域冷泉碳酸盐岩的 $^{87}Sr/^{86}Sr$ 值
为 0.709175～0.709238，与现代全球海水值
0.709175（Paytan et al., 1993）的绝对差值小于
0.000063（图 7-31），较一致的锶同位素组成反
映这些样品的沉淀流体与现代海水性质类似。
但几乎所有样品的 $^{87}Sr/^{86}Sr$ 值均略高于海水值，
可能受陆源碎屑颗粒影响所致，因为陆源碎屑
物质含有更多的放射成因锶，$^{87}Sr/^{86}Sr$ 值比海水
值高（Veizer et al., 1999）。

（三）东沙西南海域

东沙西南海域冷泉碳酸盐岩的 $\delta^{13}C$ 值为 $-18.8‰\sim-11.4‰$（图 7-29），显著高于其他两个海域样品。该海域样品与其他区样品另一个显著差异是东沙西南海域冷泉碳酸盐岩的自生碳酸盐矿物几乎全部为白云石。正常海相环境很难或几乎无法形成具规模的自生白云石，一般认为低的 SO_4^{2-} 浓度，高 HCO_3^- 饱和度及活跃的微生物作用有利于打破白云石沉淀动力学屏障（Warren，2000）。Zhang 等（2012）提出低温环境下自生白云石的沉淀可能与硫化物的积累有关。硫酸盐还原作用不仅可以降低 SO_4^{2-} 浓度，还可以增加 HS^- 浓度，促进硫化物积累，因此无论何种解释，硫酸盐还原作用有利于白云石沉淀是比较确定的。冷泉环境中的硫酸盐-甲烷过渡带以显著的硫酸盐还原作用为特征，该带内及其以下孔隙水中 SO_4^{2-} 浓度非常低，甚至为零，同时甲烷的微生物氧化作用显著提高了该带内孔隙水碱度，加之活跃的微生物作用，这些条件似乎为低温自生白云石沉淀提供了得天独厚的环境，可能是低温自生白云石在冷泉环境中比在其他正常海相环境出现概率大得多的原因。类似的冷泉白云岩在世界其他冷泉活动区也有报道，如 Cadiz 湾，这种冷泉白云石可能形成于沉积物中，沿冷泉流体渗漏通道分布（Magalhães et al.，2012）。东沙西南海域及南海北部其他海域冷泉白云石／岩较致密，缺乏气孔及裂隙等结构，也反映这些样品形成于浅埋藏环境。浅埋藏环境不利于正常海水对冷泉流体的混染，减少了海水中溶解无机碳进入自生碳酸盐矿物的概率和数量，因此冷泉白云石可能比文石携带有更多冷泉流体的碳同位素信息。所以东沙西南海域冷泉白云岩中等贫 ^{13}C 的特征指示冷泉流体可能来自较深部的热解成因甲烷。东沙西南海域冷泉白云岩的 $\delta^{18}O$ 值为 $2.5‰\sim3.4‰$，比理论的与海水平衡的纯白云石矿物贫 ^{18}O（图 7-30），指示冷泉流体贫 ^{18}O 或具有相对较高温度。

东沙西南海域冷泉碳酸盐岩的 $^{87}Sr/^{86}Sr$ 值为 $0.709025\sim0.709097$，略低于现代海水值，反映冷泉流体与海水类似且放射成因锶含量低于现代海水。古代海水具有比现代海水更低的 $^{87}Sr/^{86}Sr$ 值（Veizer et al.，1999），因此东沙西南海域冷泉流体很可能与来自深部地层的孔隙水（捕获的古海水）向上运移有关。这与碳同位素指示的热成因甲烷的流体来源具有很好的一致性。最近，冷泉碳酸盐岩的 $^{87}Sr/^{86}Sr$ 值也被用于锶同位素地层学，估测冷泉碳酸盐岩的形成年龄（Ge and Jiang，2013）。如果把类似方法应用于东沙西南海域冷泉碳酸盐岩，这些样品的形成年龄大约在更新世早期。既然冷泉碳酸盐岩沉淀于冷泉流体中而非同期开放海水中，那么锶同位素地层学可能并不能准确地应用于冷泉碳酸盐岩年龄评估。

（四）东沙东北海域

东沙东北海域冷泉碳酸盐岩的 $\delta^{13}C$ 值为 $-52.3‰\sim-32.6‰$，平均为 $-45.7‰$（$n=37$），类似或比神狐海域样品 $\delta^{13}C$ 值更低，反映东沙东北海域冷泉流体主要为生物成因甲烷。这些样品的 $\delta^{18}O$ 值为 $1.4‰\sim5.7‰$，平均为 $3.0‰$，与相应海水平衡矿物相比较，大多显示了富集 ^{18}O 的特征，尤其是采集自 HD 3 站位和 Site 3 的样品（图 7-30）。如前文所述，富集 ^{18}O 的流体可能来自水合物分解水或者黏土矿物脱水作用影响的孔隙水（Bohrmann et al., 1998; Aloisi et al., 2000; Greinert et al., 2001; Aloisi et al., 2002; Hesse, 2003; Naehr et al., 2007）。但一般认为与黏土矿物脱水作用有关的流体应具有较深的流体来源，因为黏土矿物脱水作用一般发生在大于 50℃的环境下（Weaver, 1989）。因此，东沙东北海域冷泉碳酸盐岩富集 ^{18}O 的特征更可能指示冷泉流体与水合物分解形成的孔隙水有关，局部水合物分解很可能是诱发该海域冷泉活动的原因。东沙海域是南海北部水合物远景区，地球物理和地球化学证据都反映东沙东北海域海底发育水合物（Wu et al., 2009; Yang et al., 2010）。王淑红等（2010）认为东沙海域沉积物中有孔虫壳体 δ^{13}C 值的负漂移记录了氧同位素 4 期（MIS4）水合物分解事件。这个时间段与本节获得的东沙东北海域冷泉碳酸盐岩的 U 系年龄一致，进一步说明东沙东北海域冷泉流体来自天然气水合物分解。该海域自生碳酸盐岩的 ^{87}Sr/^{86}Sr 值为 0.709172～0.709259，与现代海水类似，也指示了较浅的流体来源。

三、U/Th 年龄及冷泉活动诱发因素

（一）研究方法

测试 U 系年龄的样品使用微钻钻取，样品量为 10～50mg。分离铀、钍的化学方法根据 Edwards 等（Edwards et al., 1987）的方法，^{230}Th 定年实验在美国明尼苏达大学同位素实验室使用 MC–ICPMS 测定，定年工作由程海博士完成。使用 4.4±2.2×10^{-6} 的 ^{230}Th/^{232}Th 原子比来校正初始 ^{230}Th 值。详细分析测试方法见 Cheng 等（2000, 2009a, 2009b）及 Shen 等（2002）的文献。

尽管对每个站位的样品都进行采样选做 U/Th 定年，但由于部分样品含有较多非碳酸盐矿物，仅有少部分样品得到可靠的年龄数据。对神狐海域未胶结的钙质生物壳体及东沙东北海域冷泉碳酸盐岩表面生长的生物壳也进行定年分析。

冷泉碳酸盐岩的定年结果显示，南海北部冷泉发育时间为距今 330～63ka（图 7-32）。神狐海域冷泉碳酸盐岩的形成时间较老且跨度较大，在距今 330～152ka，沉积岩石学和年龄数据都显示显著的冷泉活动暂时停止和再活化的特征。东沙东北海域 Site 1 冷泉碳酸盐岩样品的年龄较新，在距今 77～63ka。

（a）HS4aDG-1

（b）HS4DG

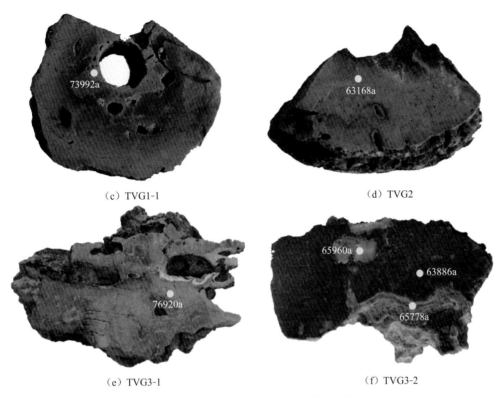

（c）TVG1-1

（d）TVG2

（e）TVG3-1

（f）TVG3-2

图 7-32 冷泉碳酸盐岩 U/Th 年龄采样信息及结果

（二）冷泉活动活跃时间与海平面变化

U/Th 年龄结果显示，神狐海域冷泉碳酸盐岩显著老于东沙东北海域冷泉碳酸盐岩，且神狐海域冷泉碳酸盐岩不仅岩石学特征显示沉积间断，其年龄数据也反映冷泉活动具有间歇性和再活化的特征，冷泉活动仅在某些特定时期发育。把所有南海冷泉碳酸盐岩样品的年龄数据反映在全球海平面变化曲线上（图 7-33），可以发现南海冷泉碳酸盐岩的沉淀时间即冷泉活动发育时间大多分布在低海平面时期或海平面下降时期，说明低海平面或海平面下降时期的地质环境特征更加有利于冷泉流体渗漏活动的发生。尽管如此，并非所有低海平面时期都有对应的冷泉碳酸盐岩年龄数据，这可能是南海冷泉活动暂时停止的真实写照，但更可能是目前调查程度较低，导致认识的局限性。与世界上其他发育冷泉活动的海域（墨西哥湾及黑海等）（Aharon et al., 1997; Campbell, 2006）相比，南海关于海底冷泉活动的探测调查显得远远不足。仅一个样品的年龄指示高海平面时期（图 7-33），该样品具有最老的年龄 330ka B.P.，同时其年龄误差也最大，达 24ka B.P.，仅凭一个样品尚不能得出可信的结论。因此南海北部神狐海域及东沙东北海域冷泉碳酸盐岩的 U 系年龄数据显示，冷泉活动在低海平面及海平面下降期较活跃，海平面变化及其所引起的地质环境条件的变化深刻影响海底冷泉活动的发育。

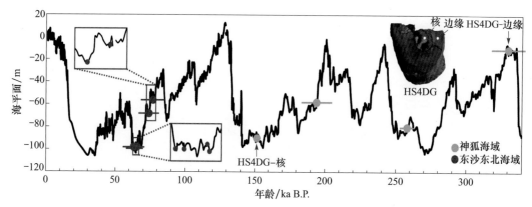

图 7-33　南海北部冷泉碳酸盐岩 U/Th 年龄与全球海平面变化

（三）冷泉活动诱发因素

南海北部发育大量的油气资源，为形成天然气水合物及海底冷泉提供了丰富的甲烷等流体来源。东沙海域是已圈定的水合物远景区，地球物理和地球化学证据都显示东沙东北海域海底发育水合物（Wu et al., 2005; 王淑红等，2010），并且从神狐海域已获得水合物实物样品（Zhang et al., 2007），反映南海北部具有水合物发育的地质及物理条件。如前文所述，神狐海域及东沙东北海域冷泉碳酸盐岩的同位素组成特征反映冷泉流体来源与水合物分解作用释放的孔隙水有关。南海北部冷泉活动指示与水合物分解及海平面下降都具有密切关系，并且南海北部发育有水合物或具有发育潜力，因而提出海平面下降期及低海平面时期的水合物分解可能最终导致南海北部陆坡天然气渗漏活动的发生。

水合物在低温高压条件下稳定，海平面下降造成的静水压力降低导致海底水合物稳定带的变化，原水合物稳定带内的水合物会发生分解，释放出甲烷和富集 ^{18}O 的水分子到地层孔隙水中，增加了孔隙流体的压力。受上覆净水压力降低及孔隙水压力增高影响，孔隙流体沿有利通道向上运移，最终到达海底，形成冷泉活动（Suess et al., 1999）。这种富集 ^{18}O 的渗漏流体会记录在冷泉碳酸盐岩中，神狐海域和东沙东北海域冷泉碳酸盐岩富集 ^{18}O 的特征支持该推论。此外王淑红等（2010）通过东沙海域沉积物中有孔虫壳体 $\delta^{13}C$ 值的负漂移研究发现该海域曾发生水合物分解事件并确定事件发生的时间范围，该时间与东沙东北海域冷泉碳酸盐岩的 U/Th 年龄具有很好的一致性，进一步支持东沙东北海域冷泉活动与低海平面时期天然气水合物分解作用的密切关系。因此海平面下降或低海平面时期水合物分解作用可能是南海北部陆坡海底冷泉活动发生的主要诱发因素。

神狐海域烟囱状冷泉碳酸盐岩具有明显的圈层结构，指示冷泉活动的间歇性，致密的已固结烟囱外层具有最老的 U/Th 年龄，距今约 330ka，比半固结的烟囱内层老 178ka，说明神狐海域的冷泉流体渗漏活动存在活跃—间歇—再活化的演化过程。与绝大多数样品不同，烟囱外层的 U/Th 年龄指示高海平面时期，从氧同位素组成看，该样品也与同海域的其他样品存在显著差异，显示贫 ^{18}O 的特征，可能与较高温度或局部水合物形成后的残余孔隙水相关的渗漏行为有关。但由于该样品年龄数据误差较大，无法对高海平面时期冷泉活动的诱发因素做进一步的讨论。海平面变化对南海冷泉活动的影响也需要进一步研究。

四、烟囱状冷泉碳酸盐岩成岩模式

烟囱状碳酸盐岩是一种常见的冷泉碳酸盐岩类型，常形成于海底以下硫酸盐－甲烷转换带附近，碳酸盐矿物成岩作用主要围绕流体通道发生（韩喜球等，2013；Han et al.，2013；陈选博和韩喜球，2013）。经 SO 177 航次调查，东沙东北调查区烟囱状碳酸盐岩呈斑状分布，有些直立于海底，保持原地生长状态，有些横卧海底［图 7-34（a）］。经电视抓斗采样，样品主要呈管状、环状和塔状等多种形态，多数具有中央流体通道结构，类似烟囱，也见中央流体通道被充填现象。烟囱体大小不一，长度在 3～40cm 变化，直径的变化范围为 3～18cm，中央流体通道直径 1～3cm［图 7-34（b）］。虽然碳同位素和微生物证据已经表明冷泉碳酸盐岩是在硫酸盐还原菌和嗜甲烷古菌共同作用下甲烷发生氧化的最终产物（Boetius et al.，2000；Roberts et al.，2010），但烟囱状冷泉碳酸盐岩的具体成岩模式却鲜有研究。

0   5 cm

（a）烟囱状冷泉碳酸盐岩在海底的赋存状态　　　　　（b）烟囱状冷泉碳酸盐岩样品

图 7-34　南海东沙东北烟囱状冷泉碳酸盐岩类型和特征

为了探究烟囱状冷泉碳酸盐岩的成岩模式，选择典型的烟囱状碳酸盐岩样品进行解剖研究。首先对烟囱样品的横截面进行高分辨率精细取样，通过分析其碳氧同位素组成和化学成分与矿物成分的演化特征，获取烟囱体形成过程中古冷泉流体的性质在空间上的演化规律，在此基础上总结并提出烟囱体的成岩模式。

（一）样品与方法

所研究的样品来自 2004 年中德合作 SO 177 航次，采样位置为 22°08′ N /118°43′ E，水深为 533m，由电视抓斗获得。样品呈管状［图 7-35（a）］，直径约 5.5cm，高约 13cm，样品表面呈黑褐色，新鲜面呈青灰色，截面上呈明显的不规则圈层结构，中心部位是已经被充填的流体通道，管壁大体可分内外两层，相互之间呈连续过渡关系，截面上有明显的细小管虫虫孔遗迹，虫孔壁有几丁质残留。

图 7-35　烟囱状冷泉碳酸盐岩截面特征及取样位置

图中白色圆点和数字是取样部位和样品号，白色实线为电子探针线扫描剖面

去除烟囱体顶端后截取一段新鲜截面，用去离子水反复清洗后置于 45℃烘箱烘干 24h。利用钻头直径为 1mm 的牙钻在烟囱体横截面上由中心向外依次取样 23 个 [图 7-35（b）]，在国家海洋局海底科学重点实验室稳定同位素实验室利用 Finnigan DELTA-plus Advantage 质谱仪进行碳氧同位素分析。分析时采用磷酸（H_3PO_4）在 72℃下与样品反应，通过测定反应生成的 CO_2 的碳氧同位素比值，根据碳酸盐岩的酸分馏系数，计算样品的碳氧同位素比值。分析结果 $\delta^{13}C$ 和 $\delta^{18}O$ 均用 PDB 标准表示，标准偏差 STD<0.08%。

（二）烟囱体截面化学成分与矿物成分的空间演化

经显微镜观察结合 XRD 分析，样品具有泥晶结构，主要由高镁方解石（HMC）组成，含少量粉砂级石英、长石等陆源碎屑矿物。从外层到内层，高镁方解石中 Mg 的含量有升高趋势，其中外层 Mg 的平均含量为 7.3%（摩尔分数），次外层为 9.9%（摩尔分数），内层为 11.8%（摩尔分数）（表 7-7）。烟囱壁黏土矿物和碎屑矿物含量较高，中央流体通道充填物中碎屑矿物少见。

表 7-7　样品碳氧同位素组成及沉淀流体的 $\delta^{18}O_{water}$ 值计算结果

样品序号	$\delta^{13}C$（PDB）/‰	$\delta^{18}O$（PDB）/‰	HMC 中 Mg 含量/%（摩尔分数）	$\delta^{18}O_{water}$（SMOW）/‰	沉淀流体中水合物分解水相对贡献/%
1	−49.627	4.102	11.8	1.6	24.0
2	−50.136	4.848	11.8	2.3	53.6

续表

样品序号	δ^{13}C（PDB）/‰	δ^{18}O（PDB）/‰	HMC 中 Mg 含量 /%（摩尔分数）	δ^{18}O$_{water}$（SMOW）/‰	沉淀流体中水合物分解水相对贡献 /%
3	-49.261	4.563	11.8	2.1	42.0
4	-49.26	4.532	11.8	2.0	40.8
5	-47.978	3.639	9.9	1.3	10.2
6	-47.168	3.967	9.9	1.6	22.6
7	-46.829	3.881	9.9	1.5	19.4
8	-45.847	3.465	7.3	1.2	8.9
9	-45.744	3.384	7.3	1.2	6.1
10*	-43.923	2.762	10		
11	-48.304	4.321	9.9	1.9	37.4
12	-47.496	4.076	9.9	1.7	27.0
13	-47.622	4.129	9.9	1.7	29.4
14	-46.823	3.716	9.9	1.3	13.4
15*	-3.032	2.685	9.9		
16	-45.8	3.704	9.9	1.3	12.6
17	-46.395	3.72	7.3	1.5	19.7
18*	0.495	3.047	7.3		
19	-46.851	4.112	9.9	1.7	29.0
20	-46.39	3.925	7.3	1.7	27.6
21	-46.076	3.868	7.3	1.6	25.6
22	-45.842	3.788	7.3	1.6	22.0
23*	-44.233	2.928	7.3		

注：带"*"的数据中，15 为管虫壁，18 为样品顶端附着的一个小珊瑚的外壁，10 和 23 为表皮样品。

对碳酸盐岩烟囱体的抛光面进行电子探针线扫描分析，获取 Ca、Mg 元素的 X 射线强度在烟囱体截面空间上的变化曲线（图 7-35，图 7-36）。剖面 I 为一个从中心到外层的完整剖面，Ca 元素变化曲线表现为中心区域（充填的流体通道）Ca 含量最高，外层含量其次，而中间层含量相对较低。Mg 元素总体变化平稳，由中心向外略有降低趋势。与烟囱体截面特征对比，Ca、Mg 含量的变化与晕层的分布关系密切，即亮色部分的 Ca、Mg 含量最高，其矿物成分以方解石为主，而暗色晕层含较高的黏土和碎屑矿物，剖面 II 也表现出相同的特征。

（三）烟囱体截面碳氧同位素演化规律

对 23 个分样的碳氧同位素分析结果如表 7-7 所示，可以看出，样品的 δ^{13}C 值介于 -50.136‰～-43.923‰，δ^{18}O 值介于 2.762‰～4.848‰；总体上，从内层到外层 δ^{13}C

与 $\delta^{18}O$ 表现为反向协同变化趋势（图 7-37）， $\delta^{13}C$ 值逐渐升高， $\delta^{18}O$ 值逐渐降低，至外表层， $\delta^{13}C$ 值急剧升高， $\delta^{18}O$ 值急剧降低（如 10 号和 23 号分样）。此外还可以看出，虫孔附近（如 1 号、12 号、14 号、15 号、16 号）的 $\delta^{13}C$ 较高， $\delta^{18}O$ 值较低。

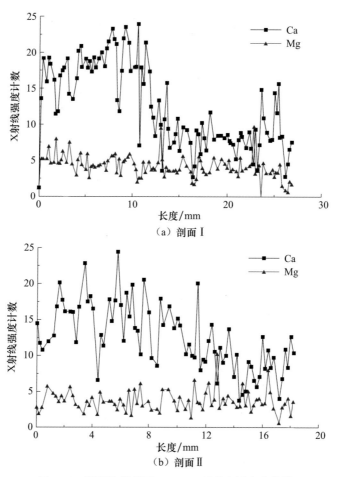

（a）剖面 I

（b）剖面 II

图 7-36　烟囱体横截面 Ca、Mg 元素含量变化曲线

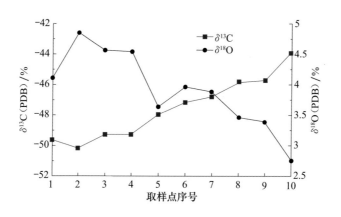

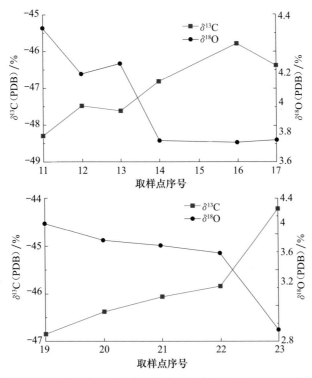

图 7-37 由烟囱体中心部位向外表碳氧同位素变化特征，各取样点位置见图 7-37

（四）富甲烷冷泉流体各端元流体成分的相对贡献

所研究的样品具有非常轻的碳同位素组成（-50.136‰~-43.923‰），与正常海相碳酸盐岩（$\delta^{13}C$ 为 -5‰~5‰，PDB）区别明显，表明其碳源来自甲烷，即烟囱体并非正常海水沉淀的产物，而是由从海底上升的富甲烷冷泉流体在微生物作用下由甲烷厌氧氧化作用形成（Boetius et al., 2000; Han et al., 2004）。

碳酸盐岩的氧同位素组成是碳酸盐矿物相、沉淀温度、沉淀流体氧同位素组成的综合体现（Urey, 1974），流体的 pH 也对碳酸盐岩的氧同位素组成有一定的影响（Zeebe, 1999）。样品含有粉砂质石英和黏土矿物，表明其形成于海水-沉积物界面以下，同时又因该样品保留有管虫虫孔遗迹，说明该样品形成于海底下较浅部位而不会太深，可以假定其成岩环境的 pH 与底层海水的 pH 近似。因此，如果碳酸盐岩的矿物成分和形成温度已知，根据碳酸盐矿物相-水体系的氧同位素分馏方程就可以计算出流体的氧同位素组成，为流体示踪提供依据。

Kim 和 O'Neil（1997）根据实验提出了方解石-水体系的分馏方程为

$$10^3\ln\alpha_{方解石-水} = 18.03 \times 10^3/T - 32.42 \qquad （7-7）$$

值得注意的是，Kim 和 O'Neil（1997）的实验结果是以他们新测定的 25℃时酸分馏系数 $\alpha_{CO_2-CaCO_3} = 1.01050$ 给出的，为了便于与其他计算方法进行比较，把式（7-7）按 25℃时酸分馏系数 $\alpha_{CO_2-CaCO_3} = 1.01025$ 进行校正，校正以后得到的公式为

$$10^3\ln\alpha_{方解石-水} = 18.03 \times 10^3/T - 32.17 \qquad （7-8）$$

方解石晶格中 Mg 的混入可能对方解石-水体系的氧同位素分馏系数有一定的影响，Tarutani 等（1969）认为方解石中的 Mg 每升高 1%（摩尔分数），$1000\ln\alpha_{方解石-水}$ 升高 0.06‰，在流体重建时对方解石中的 Mg 效应也进行校正。经铀系定年，该样品的年龄为 144.5ka±12.7ka（Han et al.，2014），显微镜下观察样品具有泥晶结构，未见明显重结晶作用（韩喜球等，2013；Han et al.，2013），因此可以认为该碳酸盐岩样品基本记录了当时成岩时流体的物理和化学条件。取样位置目前的水深为 533m，当今底层水的温度约 7.8℃。但 144.5ka±12.7ka 前，正值低海面时期（氧同位素 6 期），古海平面高度比现在低约 100m，当时南海中层水温度可能较现今低 2～3℃（Han et al.，2014），根据研究区水体的温度剖面（CTD 22）（Suess et al.，2005; 黄永样等，2008），海平面若从 533m 上升到 433m，水体温度可以升高 1.3～1.6℃，也就是说，该样品形成时底层水的温度比现今可能低 1℃左右。

表 7-7 为古流体的 $\delta^{18}O$ 值的计算结果。从表 7-7 可知，烟囱体壁沉淀时古流体的 $\delta^{18}O$ 为 1.3‰～1.9‰（SMOW），中央流体通道内的沉淀物形成时，古流体的 $\delta^{18}O$ 为 1.6‰～2.3‰（SMOW），远高于现代海水 $\delta^{18}O$ 值［0‰（SMOW）］，也比末次冰盛期海水 $\delta^{18}O$ 值高［1.05‰（SMOW）］（Duplessy et al.，2002），说明该样品形成时除了古海水，还有更富 ^{18}O 的流体的加入。

海底富 ^{18}O 流体的来源主要有两种：一种与水合物分解有关，另一种与黏土脱水有关。由于水合物形成时倾向于富集 ^{18}O，当其大量分解释放时，所产生的流体具有 $\delta^{18}O$ 值较高的特征。根据实测，水合物分解释放产生的流体的 $\delta^{18}O$ 值一般可达 3.5‰（SMOW）（Kvenvolden and Kastner, 1990; Martin et al., 1996; Matsumoto and Borowski, 2000）。受沉积物的压实作用和地热梯度的双重作用，海底深埋藏的矿物容易发生脱水作用释放结构水形成次生矿物。最主要的反应包括蒙脱石转化为伊利石，蛋白石脱水和更深部的一些变质反应。其中蒙伊转化发生在 60～160℃，即发生在海底以下至少 2km 深的地方。在转化过程中所释放出来的水富 ^{18}O，其 $\delta^{18}O$ 值可高达 10‰（SMOW），甚至更高（Sheppard and Gilg, 1996）。从甲烷的来源看，所研究的样品具有非常轻的碳同位素组成，说明其源自生物成因甲烷。与热成因甲烷不同，生物成因甲烷来自浅部地层，其源区的温压条件并不能满足蒙脱石向伊利石转化。如果流体来源的深度很深，应该携带有热成因甲烷，事实上，根据样品的 $\delta^{13}C$ 值，热成因甲烷的贡献不显著，反映了黏土脱水的贡献非常有限。因此，所研究样品具有较重的氧同位素组成主要与水合物分解释放出较富 ^{18}O 的流体有关。

根据二端元混合原理，对成岩混合流体中水合物分解释放产生的富 ^{18}O 流体［$\delta^{18}O$ 为 3.5‰（SMOW）］同期海水［$\delta^{18}O$ 为 1‰（SMOW）］在烟囱体形成过程中的相对贡献进行计算（表 7-7），得出水合物分解释放流体的贡献为 6.1%～53.6%，且由中心向外贡献程度逐渐减小（图 7-38）。

（五）烟囱体成岩模式

在甲烷-硫酸盐转换带，甲烷在古菌和硫酸盐还原菌的共同作用下被氧化成 CO_2 并以 HCO_3^- 形式与海水中赋存的 HCO_3^- 混合。混合后的 HCO_3^- 与流体中的 Ca^{2+} 和 Mg^{2+} 结合形成高镁方解石，其碳同位素组成继承了甲烷碳和海水中溶解无机碳的同位素特征。冷泉碳酸盐岩的氧同位素组成则是古孔隙水氧同位素特征的反映。所研究的烟囱样品具有从内到外碳同位素逐渐升高的趋势，解释为流体中分别源自海水 HCO_3^- 和源自甲烷氧化形成的 HCO_3^- 混合程度发生演化的表征。靠近烟囱体中央流体通道附近，深部上升流体贡献相对较大，因此，其碳氧同位素更多地继承了深部上升流体携带的甲烷的碳氧同位素特征。而对于烟囱体外壁部位，由于富甲烷流体沿通道上升并向周边沉积物扩散过程中有越来越多的海水 HCO_3^- 贡献，导致所形成的烟囱外壁具有较重的碳同位素组成。同样道理，在中央流体通道附近，因深部上升的富甲烷流

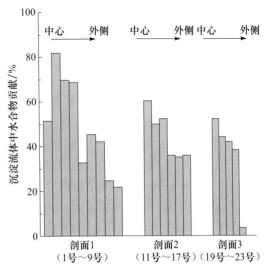

图 7-38 沉淀流体中水合物分解释放流体的相对贡献

体较强劲，使海水在流体中的贡献相对较小，从烟囱体中心到外侧，流体状态逐渐从集中流过渡到扩散流，深部上升流的贡献越来越弱，下渗海水的贡献越来越大，以致所形成的烟囱体从中心到外侧具有 $\delta^{13}C$ 逐渐升高而 $\delta^{18}O$ 逐渐降低的特点。

烟囱状冷泉碳酸盐岩的成岩模式可用图 7-39 进行直观表示。即在冷泉活动区，由于沉积物压实作用，来自深部的富甲烷冷泉流体上涌，在硫酸盐-甲烷转换带附近，所携带的甲烷在古菌和硫酸盐还原菌的共同作用下被氧化生成 CO_2 并形成 HCO_3^-，致使流体的碱度升高，碳酸盐矿物在通道外围一定范围内的沉积物孔隙中发生沉淀，松散沉积物发生碳酸盐胶结和成岩作用，形成碳酸盐质烟囱体。随着时间的推移，流体通道可逐渐被所沉淀的碳酸盐矿物充填堵塞，因此通道内的碳酸盐矿物成分比较纯净，碎屑矿物少见。最终，因海底冲刷侵蚀作用，烟囱体呈暴露或半埋藏状态。烟囱体的大小和形态特征取决于冷泉流体活动的强度和沉积物的物性如粒度和孔隙度大小。

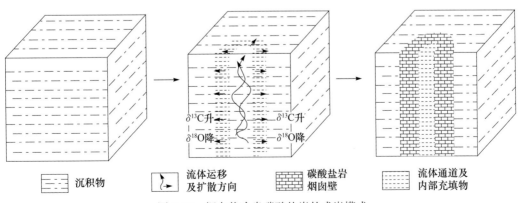

图 7-39 烟囱状冷泉碳酸盐岩的成岩模式

五、生物标志物、微生物种群特征及其控制因素

（一）样品采集与测试分析

九龙甲烷礁（22°03′N，118°46′E）位于南海北部东沙群岛东北部陆坡，是 2004 年 6 月中德合作 SO 177 航次发现的大片碳酸盐岩区，总面积约 430km²，为世界上面积最大的冷泉碳酸盐岩分布区域，3 个站点的水深范围分别为 473～498m（site 1）、533～555m（site 2）及 762～768m（site 3），海底多处可见大量的管状、烟囱状、面包圈状、板状和块状的自生碳酸盐岩产出，或孤立地躺在海底上，或从沉积物里突兀地伸出来，来自喷口的双壳类生物壳体呈斑状散布其间，巨大的碳酸盐岩建隆在海底屹立（Kohring et al., 1994; Suess et al., 2005）。$\delta^{13}C$ 测定表明九龙甲烷礁的 $\delta^{13}C$ 值平均约为 -50‰，表明其碳源主要为生物成因的甲烷（Han et al., 2008），分子标志化合物测定对此也有很好的证明（$\delta^{13}C$ 低至 -137‰）（Birgel et al., 2008）。

1. 分析方法

将样品干燥，磨碎至 200 目，用二氯甲烷与甲醇（9:1）混合溶剂索氏抽提 72h。抽提前，向抽提液接收瓶中加入适量经活化处理的铜片，用以脱去样品中可能存在的元素硫。抽提完成后，将接收瓶中抽提物旋转蒸发浓缩，并转移到合适的瓶子中，再用氮气吹干得可溶有机质。将所得有机质用 KOH/CH₃OH（1mol/L）溶液皂化（即 70℃加热回流 2h），皂化液加入适量蒸馏水后用正己烷萃取得中性组分，然后在剩余溶液中加入 10% 的 HCl 将 pH 调为 1，再用正己烷萃取其中的酸性组分。酸性组分浓缩后，氮气吹干恒重，加入 BF₃-CH₃OH 1～2mL 后，放入 60℃烘箱加热 1h 以上。衍生化后的脂肪酸甲酯，用正己烷进行萃取，氮气吹干准备上机。获得的中性组分进行硅胶氧化铝柱层析，硅胶柱用 100～200 目活化后的硅胶氧化铝填充而成，将有机质转移至硅胶层析柱后，依次用 3 倍体积的正己烷、正己烷与二氯甲烷（体积比为 6:4）、甲醇洗脱，分别得烷烃组分、芳香烃和醇类组分，将醇类组分进行 BSTFA 衍生化处理。最后将所得饱和烃、芳烃、醇衍生物和脂肪酸甲酯组分上机 GC, GC-MS 和 GC-IRMS 分析测定。

2. 仪器分析及升温程序

化合物通过连有 Thermo Scientific TRACE GC ULTRA 气相色谱的 Thermo Scientific DSQⅡ进行测定。气相色谱分离通过 DB-1 毛细管柱（60m×0.32mm×0.25μm）进行。升温程序为 100℃始温，保留 3min，然后以 3℃/min 速度升到 315℃，保留 30min。氦气为载气，流速为 1mL/min。色谱-同位素质谱（GC-IR-MS）分析：化合物通过连有 Hew lett-Packard7890 气相色谱的 GV IsoPrime 100 系统进行单体烃碳同位素测定。色谱柱为 DB-1 柱（60m×0.32mm×0.25μm）。氦气为载气，流速为 1mL/min。每个样品至少测试 2 次，同位素测定误差小于 0.6‰。碳同位素以 δ 表示，V-PDB 标准。并对脂肪酸甲酯化和醇衍生物增加的碳进行了校正。

（二）结果分析

1. 饱和烃

正构烷烃是饱和烃组分中的主要成分，由 $n\mathrm{C}_{14}$ 至 $n\mathrm{C}_{35}$ 的正构烷烃组成并以化合物

nC$_{31}$含量最高（图 7-40）。长链正构烷烃在所有样品的饱和烃中均占有很高的比例。样品 TVG14-C2 中的长链正构烷烃所占饱和烃的比例最高，达 76%；样品 TVG3-C2、TVG13-C3 和 TVG8-C5 中正构烷烃所占饱和烃比例分别为 44%、49% 和 61%。由 nC$_{14}$ 至 nC$_{21}$ 组成的短链正构烷烃占 TVG13-C3 样品总饱和烃的 29%，在其他各样品中大概占饱和烃总量的 19%。

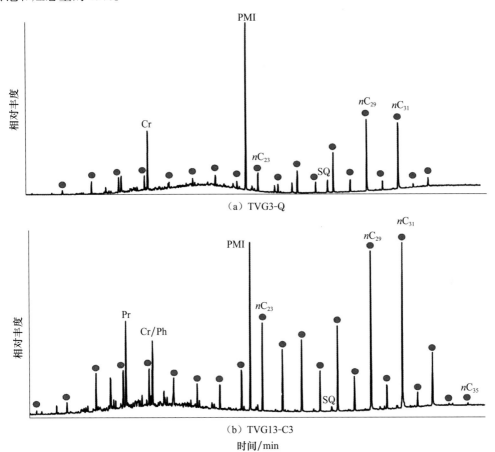

（a）TVG3-Q

（b）TVG13-C3

时间/min

图 7-40　冷泉碳酸盐岩样品 TVG3-C2 和 TVG13-C3 饱和烃气相色谱图
Cr. crocetane；PMI. 2,6,10,15,19-五甲基二十碳烷；Pr. 姥鲛烷；Ph. 植烷；Sq. 角鲨烷；
灰色圆点代表正构烷烃

尾尾相连的类异戊二烯烃 PMI 及角鲨烷普遍存在于饱和烃中，而藏花烷（crocetane）只在样品 TVG3-C2 中大量存在并与植烷共溢出（Cr/Ph 大概为 7：3），其他样品均未检出。在样品 TVG3-C2 中，PMI 是丰度最高的化合物，占饱和烃总量的 23%。在其他站位的 TVG13-C2、TVG14-C2 和 TVG8-C5 中，PMI 分别占饱和烃总量的 9%、7% 和 4%。植烷在这些样品中分别占有 5%、2% 和 4% 的比例。另外两个具有头尾相连的类异戊二烯化合物分别是姥鲛烷和角鲨烷。

绝大多数正构烷烃的 δ^{13}C 值为 -40.8‰～-26.6‰，除了 TVG3-C2 中的 nC$_{21}$（-76.3‰）、nC$_{22}$（-54.8‰）和 nC$_{23}$（-54.8‰）。最亏损碳同位素的化合物为 PMI，碳同位素值为 -138.7‰～-123.1‰。样品 TVG3-C2 和 TVG8-C5 中检测到的角鲨烷

碳同位素值分别为 -111.8‰ 和 -131.8‰。TVG3-C2 中共溢出的 Cr/Ph 峰碳同位素为 -94.4‰，其他样品中植烷碳同位素则表现出了非渗漏特征（-47.0‰～-32.0‰）。

2. 羧酸

正构饱和脂肪酸在羧酸组分中占有极大的比例，占羧酸总量的 70%～90%。碳数分布从 $nC_{12:0}$～$nC_{28:0}$ 并以 $nC_{16:0}$（占羧酸总量的 20%～28%）或 $nC_{24:0}$（占羧酸总量的 2%～9%）为主峰碳。同时短链正构脂肪酸在所有样品中均占羧酸总量的 65% 左右。支链的异构 -/ 反异构 - 脂肪酸 -C_{13}，-C_{15} 和 -C_{17} 及异构的 -$C_{14:0}$ 和 -$C_{16:0}$ 脂肪酸在样品 TVG3-C2 和 TVG13-C3 中占总酸含量的 13%～15%，在 TVG14-C2 和 TVG8-C5 中占 5%～7%。anteiso/iso-C_{15} FA 比值在样品 TVG3-C2 中为 3.1，在其他样品中则为 1.3～1.6。另外，17β(H),21β(H)-32- 二升藿烷酸存在于所有的样品中并占总酸含量的 1%～4%。单不饱和脂肪酸（MUFAs，$C_{16:1}$ 和 $C_{18:1}$）也只占很低的含量比值（低于 4%）。在样品 TVG3-C2 中，共溢峰 PMI- 烷酸 /$nC_{22:0}$ 和植烷酸各占 6% 和 2%。同时其他样品只含有极低含量的 PMI- 烷酸 /$nC_{22:0}$ 和植烷酸（图 7-41）。

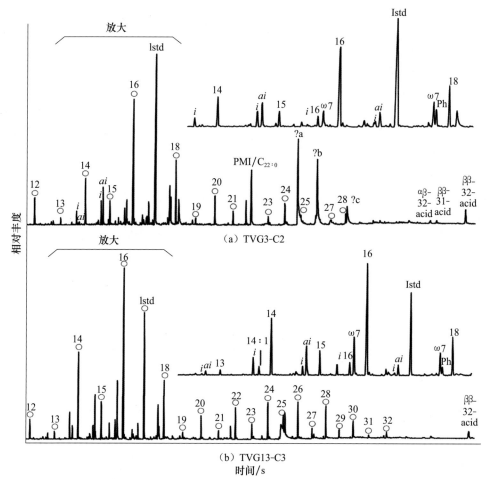

图 7-41 冷泉碳酸盐岩样品 TVG3-C2 和 TVG13-C3 酸类化合物的气相色谱图

Istd. 内标；PMI. PMI- 烷酸；ββ-31-acid. 17β（H）,21β（H）-31- 藿烷酸；ββ-32-acid. 17β（H）,21β（H）-32- 藿烷酸；αβ-32-acid. 17β（H）,21β（H）-32- 藿烷酸；白色圆点为正构脂肪酸；数字代表正构脂肪酸的碳数

大多数正构脂肪酸的碳同位素值为 -48.9‰～-25.2‰，除了 TVG3-C2 中的 $nC_{21:0}$ 碳同位素值为 -78.0‰。碳同位素最低的化合物 TVG3-C2 和 TVG8-C 中的植烷酸、碳同位素值分别为 -103.7‰ 和 -93.3‰，同时 TVG3-C2 中的共溢峰 PMI- 烷酸 /$nC_{22:0}$ 则稍微富集 ^{13}C，碳同位素值为 -89.2‰。TVG3-C2 中支链的异构 -/ 反异构 - 脂肪酸 -C_{15} 和 -C_{17} 的碳同位素值为 -90‰～-63.5‰。在其他样品中的碳同位素值为 -75.6‰～-29.3‰。样品中的单不饱和脂肪的碳同位素值最高为 -29.4‰～-25.2‰。样品 TVG3-C2 中的 17β（H），21β（H）-32- 二升藿烷酸碳同位素组成为 -69.8‰，在其他样品中的平均值是 -35‰。

3. 醇

饱和的正构脂肪醇在样品 TVG3-C2 中占有较高的比例，主要碳数分布于 nC_{12}～nC_{30}，并以 nC_{22}（TVG3-C2 和 TVG13-C3）和 nC_{24}（TVG14-C2 和 TVG8-C5）为特征。短链正构脂肪酸（nC_{14}～nC_{20}）占醇总量的 10%～20%。中长链正构脂肪醇在样品 TVG13-C3 中所含比例最低为 19%，在其他 3 个样品中则占有总醇含量的 42%～62%。在样品 TVG13-C3 中，类异戊二烯醚古醇和羟基古醇为含量最高的两个化合物，分别占总醇含量的 25% 和 33%。同时具有类异戊二烯结构的植醇只占有很低的含量。样品 TVG3-C2 同样含有较高比例的古醇和羟基古醇，各占总醇含量的 10% 和 9%，植醇的含量大概为 3%。在样品 TVG14-C2 和 TVG8-C5 中，古醇和羟基古醇各占总醇含量的 4% 和 1%。另外，所有样品中都检测到少量的 2-O- 植基甘油醚和 3-O- 植基甘油醚和单烷基甘油醚（MAGEs）。同时检测到大量的二烷基甘油二醚（DAGEs），DAGEs 在样品 TVG3-C2、TVG14-C2 和 TVG8-C5 中所占总醇比例为 12%～16%，在样品 TVG13-C3 占 7%。异构 -C_{15}/ 反异构 -C_{15} 醇在所有样品中均有检出（图 7-42）。

正构脂肪醇的碳同位素组成为 -83.5‰～-28.3‰，最低的碳同位素值存在于 TVG13-C3 中。类异戊二烯醚古醇和羟基古醇的碳同位素值为 -140.0‰～-126.7‰，同时植基甘油醚和植醇的碳同位素值为 -141.5‰～-126.7‰。DAGEs 系列化合物的碳同位素值为 -128.5‰～-93.0‰。另外两个亏损 ^{13}C 的化合物为异构 -/ 反异构 -C_{15}，其碳同位素值为 -129.5‰～-51.4‰。

（三）生物标志物组成特征及其控制因素

1. 南海东沙自生碳酸盐岩中的生物标志物组成特征

样品中检测到大量指示甲烷厌氧氧化作用的来源于古菌和硫酸盐还原菌生物标志物。来源于古菌的生物标志物包括 PMI、crocetane、角鲨烷、植烷酸、植醇、2-O- 植基甘油醚和 3-O- 植基甘油醚、古醇及羟基古醇。来源于硫酸盐还原菌的生物标志物包括异构 -$C_{15:0}$ 脂肪酸 / 反异构 -$C_{15:0}$ 脂肪酸和异构 -$C_{17:0}$ 脂肪酸 / 反异构 -$C_{17:0}$ 脂肪酸等。另外，检测到大量的系列 I 和系列 II 的 DAGEs。强烈亏损 ^{13}C 的来源于古菌和硫酸盐还原菌的生物标志结合固体碳酸盐岩的碳同位素值（-56.3‰～-35.7‰）（Han et al., 2008; Tong et al., 2013），说明环境中存在大量古菌及硫酸盐还原菌，且自生碳酸盐岩形成于甲烷厌氧氧化作用（Elvert et al., 1999; Pancost et al., 2000; Hinrichs. et al., 2000; Pape et al., 2005; Birgel et al., 2011）。

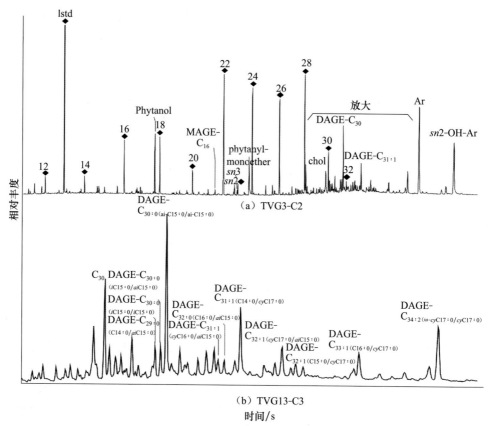

图 7-42　冷泉碳酸盐岩样品 TVG3-C2 和 TVG13-C3 醇类化合物的气相色谱图及样品 TVG3-C2

DAGEs m/z130+133（B）

Istd：内标；MAGE：单烷基甘油醚；DAGE：二烷基甘油二醚；Ar：古醇；sn2-OH-Ar：sn2-羟基古醇；chol：
甾醇；◆正构脂肪醇

　　绝大多数短链的正构烷烃，正构脂肪酸和正构脂肪醇，以及但不饱和酸的碳同位素
值为 −48.9‰～−25.2‰，说明其主要来源于海洋浮游藻类（Eglinton and Hamilton, 1963；
Venkatesan and Kaplan, 1987；Carrie et al., 1998）。而长链的正构烷烃（占总饱和烃含量的
43%～76%），长链正构脂肪酸（占羧酸总量的 3%～10%）和中 / 长链正构脂肪醇（占
醇总量的 19%～62%）的碳同位素组成大概为 −33‰～−28‰。无论是长链的正构烷烃、
正构脂肪酸和正构脂肪醇的组分分布特征还是碳同位素组成都说明它们主要来源于陆
源高等植物的输入（Eglinton and Hamilton, 1963；Simoneit, 1977；Naraoka and Ishiwatari,
2000；Pape et al., 2005）。长链化合物所占的比例说明外源有机质的输入在渗漏碳酸盐岩
的形成过程中占很大比例。

2. 控制冷泉渗漏环境中各类型微生物种群的环境因素

　　亏损 [13]C 的 PMI、crocetane 及其不饱和同系物被广泛地发现于现代和古代的冷泉
渗漏碳酸盐岩中，并通常被用作指示参与到甲烷厌氧氧化作用中的古菌生物标志物
（Elvert et al., 1999, 2000；Pancost et al., 2000；Hinrichs et al., 2000；Birgel and Reckmann,

2008; Birgel et al., 2011）。在样品 TVG3-C2 中存在大量的亏损 ^{13}C 的 PMI 和 crocetane，而在其他几个样品中均只存在少的 PMI。PMI 的碳同位素值分布于 −138.7‰～ −123.1‰，证明自生碳酸盐岩的碳源主要是生物成因甲烷。亏损 ^{13}C 的 crocetane 是第一个被鉴定出来用于指示甲烷来源碳的生物标志物。高含量的强烈亏损 ^{13}C 的 crocetane 在大多数以古菌种群 ANME-2 为主的环境中都有发现，而几乎不存于 ANME-1 种群系统中（Niemann and Elvert, 2008; Peckmann et al., 2009）。PMI 几乎在所有的甲烷厌氧氧化环境中都曾被检测到（Niemann and Elvert, 2008）。因此，样品 TVG13-C2 中高含量且亏损 ^{13}C 的 crocetane 成为微生物种群 ANME-2 存在有力证据。相反，微生物种群 ΛNME-2 在其他样品形成的环境少量存在或根本不存在。^{13}C 亏损的角鲨烷也普遍存在于古代石灰岩和现代冷泉系统中（Elvert et al., 2000; Peckmann et al., 2004, 2009; Birgel et al., 2006; 于晓果等, 2008; Damsté et al., 2008; Gontharet et al., 2009）。Risatti 等（1984）曾报道角鲨烷和 PMI 同时存在于培养的古菌中。冷泉碳酸盐岩中高含量的角鲨烷常常被认为与古菌的输入有关（Ten et al., 1988; Peters et al., 2005）。尽管到目前为止，并未在厌氧的古菌环境中发现大量的角鲨烷，但由于南海东沙自生碳酸盐岩中角鲨烷和 PMI 相接近的碳同位素组成，似乎说明角鲨烷与 PMI 一样来源于相似的古菌。

另外三个具有类异戊二烯链的化合物是植物酸、PMI 烷酸和植醇。样品 TVG3-C2 和 TVG8-C5 中检测到的植烷酸具有与古菌生物标志物相类似的碳同位素组成。而冷泉渗漏环境检测的植烷酸也通常被认为是来源于古菌（Bouloubassi et al., 2006）。冷泉系统中的 PMI- 烷酸的母质被认为是规则的类异戊二烯类化合物，很有可能是来源于 ANME-2 或其他未知古菌种群的 $C_{20,25}sn-2$ 羟基二醚（Tachibana, 1994; Birgel et al., 2006; Stadnitskaia et al., 2008a, 2008b）。另外，各样品中的植醇都具有与古菌和羟基古醇相接近的碳同位素组成。相似的分子结构特征和非常相近的碳同位素组成特征都说明植醇极有可能是古菌和羟基古醇的降解产物。

强烈亏损 ^{13}C 的古醇和羟基古醇普遍存在于冷泉渗漏环境的甲烷古菌中（Niemann and Elvert, 2008）。高含量的羟基古醇通常被认为与 ANME-2 古菌种群相关，古醇则存在于各种古菌和古菌种群 ANME-1 中（Koga et al., 1993; Blumenberg et al., 2004; Elvert et al., 2005; Niemann and Elvert, 2008）。$sn2$-OH-Ar/Ar 比值在样品 TVG14-C2 和 TVG8-C5 中分别为 0.3 和 0.4，显示主导的微生物种群为 ANME-1，同时该比值在样品 TVG3-C2 和 TVG13-C3 中分别为 0.9 和 1.3，代表了 ANME-1 和 ANME-2 的混合种群特征（Blumenberg et al., 2004; Elvert et al., 2005; Niemann and Elvert, 2008）。然而，样品 TVG3-C2 中高含量的 crocetane 证明自生碳酸盐岩形成过程中的主导微生物种群为 ANME-2。其他样品中均未检出 crocetane，因此样品 TVG13-C3、TVG14-C2 和 TVG8-C5 形成过程中，环境中的主导微生物种群很可能是 ANME-1/DSS。

在甲烷厌氧氧化作用过程中，古菌种群 ANME-1 和 ANME-2 通常与硫酸盐还原菌 Desulfosarcina/Desulfococcus group（DSS）相结合（Boetius et al., 2000; Orphan et al., 2001; Knittel et al., 2005）。样品中检测到的典型硫酸盐还原菌相关的生物标志物为异构 -/ 反异构 -C_{15} 和 -C_{17} 脂肪酸。在样品 TVG3-C2 和 TVG13-C3 中，异构 -/

反异构 $-C_{15}$ 都表现出亏损的碳同位素特征（$-90.0‰ \sim -45.2‰$），而在样品 TVG8-C5 和 TVG14-C2 中表现出的非渗漏特征说明异构 $-$/反异构 $-C_{15}$ 可能来源于多种混合母质或并未受到亏损 ^{13}C 的渗漏甲烷的影响。样品 TVG13-C3 含有较高含量的 $aiC_{15:0}$，其 $aiC_{15:0}/iC_{15:0}$ 比值为 3.1，说明环境中的主导微生物种群为 ANME-1（Blumenberg et al., 2004; Niemann and Elvert, 2008）。TVG3-C2 的 $aiC_{15}/isoC_{15}$ 比值为 1.5，与主导微生物种群 ANME-2/DSS 的判断相一致。由于样品 TVG8-C5 和 TVG14-C2 中的 $aiC_{15}/isoC_{15}$ 脂肪酸来源的不确定性而未将 $aiC_{15}/isoC_{15}$ 比值作为判断主导微生物种群的标准。

许多不同种类的细菌都能合成藿烷酸化合物，而这些藿烷酸化合物普遍存在于冷泉渗漏环境中。在所有研究的样品中均检测到 17β(H),21β(H)-32- 藿烷酸。尽管它的碳同位素值与来源于硫酸盐还原菌的 $isoC_{15:0}/aiC_{15:0}$ 脂肪酸相接近，但关于冷泉碳酸盐岩中藿烷酸化合物的来源并未有统一的认识。如 Pancost 等（2000）和 Thiel 等（2003）将藿烷酸的来源归因于硫酸盐还原菌和其他细菌。相反，Birgel 等（2011）在墨西哥湾冷泉碳酸盐岩中发现很有可能是藿烷酸化合物来源母质的有氧甲烷菌标志物。在本次研究，样品 TVG3-C2 中的 17β(H),21β(H)-32- 藿烷酸较亏损 ^{13}C（$-69.8‰$），说明通过有氧甲烷菌直接摄入了甲烷来源的碳。尽管没有其他指示有氧甲烷菌存在明显证据，但样品 TVG3-C2 中 17β(H),21β(H)-32- 藿烷酸化合物亏损的碳同位素特征及与 Birgel 等（2011）所检测的墨西哥湾样品相似的矿物组成特征，都说明有氧甲烷菌很可能是样品 TVG3-C2 中藿烷酸化合物的来源母质。而样品 TVG13-C3、TVG14-C2 和 TVG8-C5 中 17β(H),21β(H)-32 藿烷酸均表现出非渗漏特征，并与来源于硫酸盐还原菌的 $isoC_{15:0}/aiC_{15:0}$ 脂肪酸碳同位素相接近，说明这些样品中藿烷酸化合物很可能来源于硫酸盐还原菌。

样品中检测到大量暂时被认为来源于硫酸盐还原菌的非类异戊二烯二烷基甘油醚（DAGEs）。在南海东沙碳酸盐岩中检测到大多数的 DAGE-I 化合物和所有的 DAGE-II 化合物，以 DAGE-$C_{30:0（aiC15:0/aiC15:0）}$ 化合物含量最高。尽管先前的研究常将 DAGEs 化合物归因于与古菌种群 ANME-1 相结合的硫酸盐还原菌（Aloisi et al., 2002; Stadnitskaia et al., 2005; Bouloubassi et al., 2006），但越来越多的研究发现在古菌种群 ANME-2 主导的渗漏环境中也存在大量的 DAGEs。样品 TVG3-C2 中含量丰富的 DAGEs 也印证了这种说法。如同本节的研究一样，Chevalier 等（2010）报道了 Nordic 边缘碳酸盐岩结壳中 DAGEs 与硫酸盐还原菌 iso 脂肪酸 /anteiso 脂肪酸之间存在很大的碳同位素差距。研究者认为这些更大亏损 ^{13}C 的 DAGEs 来源于未知的微生物或不同于已报道的硫酸盐还原菌 DSS 分支的其他种属（Chevalier et al., 2010; 2011）。另外，硫酸盐还原菌来源的生物标志化合物与古菌生物标志物相比较富集 ^{13}C，这是因为硫酸盐还原菌是自养的 CO_2 吸收者，而古菌可以同时吸收甲烷和 CO_2（Hinrichs and Boetius, 2002; Wegener et al., 2008）。无论是 DAGEs 的组成分布特征还是与脂肪酸较大的碳同位素差距均与有些报道相似。然而目前，无论是能够合成 DAGEs 的其他的硫酸盐还原菌分支还是不依赖硫酸盐还原菌产生 DAGEs 的甲烷厌氧氧化作用都尚未得到证实（Ettwig et al., 2008; Beal et al., 2009）。因此关于如何解释

DAGEs 极低的碳同位素组成或其先驱化合物的研究急待开展。样品中亏损 ^{13}C 的异构 $-$/ 反异构 $-C_{15}$ 醇则很有可能是醚键断裂的产物。

亏损 ^{13}C 的正构烷烃 nC_{23} 在所有样品中均有检出，其碳同位素值为 $-59.9‰\sim$ $-37.2‰$。亏损 ^{13}C 的正构烷烃 nC_{23} 曾在现代冷泉沉积物、相关菌席及古代甲烷渗漏石灰岩中检测到（Thiel et al., 2001; Peckmann et al., 2009），被认为是甲烷厌氧氧化相关的产物甚至可能来源于古菌（Thiel et al., 2001）。然而，在 Marmara（Turkey）海沉积物岩心的研究中发现亏损 ^{13}C 的不饱和是 7, 14- 二十三烯烃，该化合物能通过加氢作用合成正构烷烃 nC_{23}，并与 JS1 菌同时出现在甲烷厌氧氧化带中（Chevalier et al., 2013）。尽管到目前为止，还没有人工培育的 Candidate Division JS1 菌，但亏损的碳同位素特征、nC_{23} 的链状结构特征及相关的不饱和二十三烷烯使 Candidate Division JS1 菌成为最有可能合成 nC_{23} 的细菌微生物（Burton et al., 1993）。样品 TVG3-C2 中另外三个亏损 ^{13}C 的化合物分别是 nC_{21}（$-77.6‰$）、nC_{22}（$-54.8‰$）和正构脂肪酸 $nC_{21:0}$（$-78.0‰$），这些化合物与 nC_{23} 具有相近的碳同位素组成特征和直链的碳骨架结构，说明它们极有可能来源于未知的细菌，但仍与甲烷厌氧来源相关。

不同的标志物组成分布特征说明冷泉碳酸盐岩形成过程中的微生物种群不同。南海东沙冷泉碳酸盐岩形成过程中的主导微生物种群可以划分为两类：ANME-1（高镁方解石；样品 TVG14-C2 和 TVG8-C5; OH-Ar/Ar-ratio: 0.3～0.4; 无 crocetane）和 ANME-2（文石；样品 TVG3-C2; OH-Ar/Ar-ratio: 0.9; $anteiso/isoC_{15:0}$:1.5; 丰富的 crocetane）。Crocetane 的缺失、未有明确指向的 $sn2$-OH/Ar 比值（1.3）及高比值的 $anteisoC_{15:0}/isoC_{15:0}$（3.1）说明样品 TVG13-C3 形成过程中微生物种群 ANME-1 和 ANME-2 同时存在。

前人的研究认为，文石和高镁方解石的沉积条件不同。文石主要形成于高碱度、丰富的硫酸盐含量和接近水 – 沉积物的海底表面（Burton, 1993; Savard et al., 1996; Aloisi et al., 2000; Greinert et al., 2001），而高镁方解石更容易结晶于低碱度和低硫酸盐含量的环境（Greinert et al., 2001）。微生物种群 ANME-2/DSS 主要存在于高甲烷含量的海底表面，这与文石的形成环境相一致（Elvert et al., 2005; Knittel et al., 2005）。另外，Elvert 等（2005）和 Knittel 等（2005）研究认为，古菌种群 ANME-1 对氧气更加敏感并主要存在于中低甲烷浓度和更深的沉积物中。因此，冷泉碳酸盐岩的文石样品 TVG3-C2，主导微生物种群 ANME-2 形成于甲烷含量高、碱度高、硫酸盐丰富和更接近海底表面的沉积环境中。相反，样品 TVG14-C2 和 TVG8-C5 的主导微生物种群为 ANME-1，形成于中低甲烷含量、低碱度和低硫酸盐含量的沉积环境中。

在研究样品中，除了文石和高镁方解石碳酸盐岩中检测到的不同的特征性生物标志物，高镁方解石碳酸盐岩还具有比文石碳酸盐岩更低的碳同位素值。而这个微小的差距很可能与自生碳酸盐岩形成过程中甲烷来源碳的贡献的变化相关（Stadnitskaia et al., 2008a，2008b）。由于文石碳酸盐岩更接近海底表面，所以海底表面的海水对文石碳酸盐岩的贡献导致其具有比高镁方解石碳酸盐岩稍高的碳同位素特征。

因此，影响微生物种群的因素很可能是甲烷的流量。如在偏氧化环境中的高的甲烷分压，碱度和硫酸盐含量代表了较高甲烷流量，也导致冷泉碳酸盐岩更容易形成于海底表面（Greinert et al., 2001; Feng et al., 2009），而这些环境条件更加适合微生物种群 ANME-2/DSS 的生存。相反，古菌种群 ANME-1/DSS 则更能适应较低的甲烷流量。

（四）结论

通过有机地球化学方法对南海北部陆坡九龙甲烷礁的一个文石结壳和三个高镁方解石块体进行生物标志物的类型、组成分布特征和稳定碳同位素研究，发现冷泉碳酸盐岩中存在大量来源于甲烷厌氧氧化古菌（碳同位素低至 -141.5‰）和硫酸盐还原菌来源的生物标志物（碳同位素低至 -128.5‰），包括 C_{20}-C_{30} 的类异戊二烯烃（PMI 及 crocetane）、类异戊二烯烷酸（植烷酸及 PMI-烷酸），古醇和 $sn2$-羟基古醇类异戊二烯醚。而细菌来源的生物标志物包括异构/反异构脂肪酸、单烷基甘油醚（MAGEs）、二烷基甘油二醚（DAGEs）、正构烷烃、正构脂肪酸和系列藿烷酸化合物。

由于不同的特征性生物标志物可指示不同的微生物种群，$ai/isoC_{15:0}$ 脂肪酸比值较低及高含量的 crocetane 证明文石碳酸盐岩（TVG3-C2）形成过程中的微生物种群主要为ANME-2，而高镁方解石碳酸盐岩（TVG8-C5 和 TVG14-C2）形成过程中的主导微生物种群为 ANME-1。同时有研究认为冷泉碳酸盐岩中的文石代表高甲烷渗漏速率及高效率的甲烷氧化，且文石更容易形成于高碱度、高硫酸盐含量、接近于海底表面的沉积环境中，这与微生物种群 ANME-2 常常出现在高甲烷分压的海底表面环境中一致，微生物种群 ANME-1 则主要存在于海底表面以下甲烷浓度较低的沉积物中。因此控制冷泉系统中微生物种群的因素主要是海底的生物地球化学环境，即甲烷供应量、硫酸盐含量、碱度及厌氧度等。

参 考 文 献

包建平，朱翠山，马安来，等. 2002. 生物降解原油中生物标志化合物组成的定量研究. 江汉石油学院学报，24：22-26.

卞云华，王律江，汪品先，等. 1992. 底栖有孔虫指示含氧量与古生产力——南海北部陆坡晚第四纪的实例. 南海晚第四纪古海洋学研究，233：1227-1233.

陈多福，黄永样，冯东，等. 2005. 南海北部冷泉碳酸盐岩和石化微生物细菌及地质意义. 矿物岩石地球化学通报，24(3)：185-189.

陈芳，庄畅，张光学，等. 2014. 南海东沙海域末次冰期异常沉积事件与水合物分解. 地球科学（中国地质大学学报），39(11)：1617-1626.

陈选博，韩喜球. 2013. 南海东北陆坡烟囱状冷泉碳酸盐岩生长剖面的碳氧同位素特征与生长模式. 沉积学报，31(1)：50-55.

陈忠，杨华平. 2008. 南海东沙西南海域冷泉碳酸盐岩特征及其意义. 现代地质，22(3)：382-389.

陈忠，颜文，陈木宏，等. 2006a. 南海北部大陆坡冷泉碳酸盐结核的发现：海底天然气渗漏活动的新证据. 科学通报，51(9)：1065-1072.

陈忠，颜文，陈木宏，等．2006b．海底天然气水合物分解与甲烷归宿研究进展．地球科学进展，21(4)：394-400．

成玉，李顺诚．1997．香港气溶胶烃类物质组成、分布及来源初探．地球化学，26：45-53．

成玉，盛国英，闵玉顺，等．1999．珠江三角洲气溶胶中正构烷烃分布规律、来源及其时空变化．环境科学学报，19：96-100．

丁巍伟，王渝明，陈汉林，等．2004．台西南盆地构造特征与演化．浙江大学学报（理学版），31(2)：216-220．

段毅，徐雁前．1996．南沙海洋柱状沉积物的有机地球化学研究．海洋通报，4：42-48．

冯东，陈多福，苏正，等．2005．海底天然气渗漏系统微生物作用及冷泉碳酸盐岩的特征．现代地质，19(1)：26-32．

韩喜球，杨克红，黄永样．2013．南海东沙东北冷泉流体的来源和性质：来自烟囱状冷泉碳酸盐岩的证据．科学通报，58(19)：1865-1873．

何家雄，颜文，马文宏，等．2010．南海准被动陆缘深水油气与水合物共生意义．西南石油大学学报（自然科学版），32(6)：5-10．

何云龙，解习农，李俊良，等．2010．琼东南盆地陆坡体系发育特征及其控制因素．地质科技情报，29：118-122．

何云龙，解习农，陆永潮，等．2011．琼东南盆地深水块体流构成及其沉积特征．地球科学，36(5)：905-913．

胡建芳，彭平安，贾国东，等．2003．三万年来南沙海区古环境重建：生物标志物定量与单体碳同位素研究．沉积学报，21：211-218．

黄永样，Suess E，吴能友．2008．南海北部陆坡甲烷和天然气水合物地质——中德合作 SO-177 航次成果专报．北京：地质出版社．

黄云碧．2006．气相色谱法测定气溶胶中的烃类有机物．西南科技大学学报，21：75-78．

蒋少涌，杨涛，薛紫晨，等．2005．南海北部海区海底沉积物中孔隙水的 Cl^- 和 SO_4^{2-} 浓度异常特征及其对天然气水合物的指示意义．现代地质，19(1)：45-54．

陆红锋，陈芳，廖志良，等．2007．南海东北部 HD196A 岩心的自生条状黄铁矿．地质学报，81：519-525．

陆红锋，刘坚，陈芳，等．2012．南海东北部硫酸盐还原－甲烷厌氧氧化界面——海底强烈甲烷渗溢的记录．海洋地质与第四纪地质，32(1)：93-98．

栾锡武．2009．天然气水合物的上届面——硫酸盐还原－甲烷厌氧氧化界面．海洋地质与第四纪地质，29(2)：91-102．

牛红云，赵欣，戴朝霞，等．2005．南京市大气气溶胶中颗粒物和正构烷烃特征及来源分析．环境污染与防治，27：363-366．

曲莹．2012．南海北部陆坡冷泉区晚更新世以来底栖有孔虫与甲烷喷溢．北京：中国地质大学（北京）硕士学位论文．

史继杨，向明菊，徐世平．2000．前寒武纪地层中的生物标志物与生命演化．沉积学报，18：634-638．

苏明，解习农，姜涛，等．2011．琼东南盆地裂后期 S40 界面特征及其地质意义．地球科学，36：

886-894.

苏丕波, 雷怀彦, 梁金强, 等. 2010. 神狐海域气源特征及其对天然气水合物成藏的指示意义. 天然气工业, 10: 103-108.

唐小玲, 毕新慧, 陈颖军, 等. 2005. 广州市空气颗粒物中烃类物质的粒径分布. 地球化学, 34: 508-514.

田军, 汪品先, 成鑫荣. 2004. 南海 ODP1143 站底栖有孔虫 Cibicidoides 与 Uvigerina 稳定氧碳同位素值的均衡试验. 地球科学, 29(1): 1-6.

同济大学海洋地质系. 1989. 古海洋学概论. 上海: 同济大学出版社.

王启军, 陈建渝. 1988. 油气地球化学. 武汉: 中国地质大学出版社.

王淑红, 宋海斌, 颜文. 2005. 外界条件变化对天然气水合物相平衡曲线及稳定带厚度的影响. 地球物理学进展, 20(3): 761-768.

王淑红, 颜文, 陈忠, 等. 2010. 南海天然气水合物分解的碳同位素证据. 地球科学: 中国地质大学学报, 35(4), 526-532.

邬黛黛, 吴能友, 叶瑛, 等. 2009. 南海北部陆坡九龙甲烷礁冷泉碳酸盐岩沉积岩石学特征. 热带海洋学报, 28(3): 74-81.

吴能友, 张海啟, 杨胜雄, 等. 2007. 南海神狐海域天然气水合物成藏系统初探. 天然气工业, 27(9): 1-7.

吴能友, 杨胜雄, 王宏斌, 等. 2009. 南海北部陆坡神狐海域天然气水合物成藏的流体运移体系. 地球物理学报, 52: 1641-1650.

吴庆余, 殷实, 盛国英, 等. 1992. 发现于浮游硅藻中的长链正烷烃. 科学通报, 37: 2266-2269.

向荣, 方力, 陈忠, 等. 2012. 东沙西南海域表层底栖有孔虫碳同位素对冷泉活动的指示. 海洋地质与第四纪地质. 32(4): 17-24.

谢蕾, 王家生, 吴能友, 等. 2013. 南海北部神狐海域浅表层沉积物中自生黄铁矿及其泥火山指示意义. 中国科学: 地球科学, (3): 351-359.

杨睿, 阎贫, 吴能友, 等. 2014. 南海神狐水合物钻探区不同形态流体地震反射特征与水合物产出的关系. 海洋学研究, 32(4): 19-26.

姚伯初. 1998. 南海北部陆缘天然气水合物初探. 海洋地质与第四纪地质, 18(4): 12-19.

叶黎明, 初凤友, 葛倩, 等. 2013. 新仙女木末期南海北部天然气水合物分解事件. 地球科学（中国地质大学学报）, 38(6): 1299-1308.

于晓果, 韩喜球, 李宏亮, 等. 2008. 南海东沙东北部甲烷缺氧氧化作用的生物标志化合物及其碳同位素组成. 海洋学报, 30(3): 77-84.

周洋, 苏新, 吴聪, 等. 2014. 南海东沙海域末次冰期异常沉积事件与水合物分解. 地球科学: 中国地质大学学报, 39(11): 1517-1526.

庄畅, 陈芳, 程思海, 等. 2015. 南海北部天然气水合物远景区末次冰期以来底栖有孔虫稳定同位素特征及其影响因素. 第四纪研究, 35(2): 422-432.

Aharon P, Schwarcz H P, Roberts H H. 1997. Radiometric dating of submarine hydrocarbon seeps in the Gulf of Mexico. Geological Society of America Bulletin, 109(5): 568-579.

Aloisi G, Bouloubassi I, Heijs S K, et al. 2002. CH₄-consuming microorganisms and the formation of carbonate crusts at cold seeps. Earth and Planetary Science Letters, 203: 195-203.

Aloisi G, Pierre C, Rouchy J M, et al. 2000. Methane-related authigenic carbonates of eastern Mediterranean Sea mud volcanoes and their possible relation to gas hydrate destabilization. Earth and Planetary Science Letters, 184: 321-338.

Aquino N F R, Trendel J M, Restle A, et al.1981. Occurrence and formation of tricyclic and tetracyclic terpanes in sediments and petroleum// Bjorøy M. Advances in Organic Geochemistry. New York: John Wiley and Sons: 659-667.

Beal E J, House C H, Orphan V J. 2009. Manganese-and iron-dependent marine methane oxidation. Science, 325: 184-187.

Bernhard J M, Buck K R, Barry J P. 2001. Monterey Bay cold-seep biota: Assemblages, abundance, and ultrastructure of living foraminifera. Deep-Sea Research Part I-Oceanographic Research Papers, 48(10): 2233-2249.

Birgel D, Peckmann J. 2008. Aerobic methanotrophy at ancient marine methane seeps: Asynthesis. Organic Geochemistry, 39: 1659-1667.

Birgel D, Thiel V, Hinrichs, K U, et al. 2006. Lipid biomarker patterns of methane-seep microbialites from the Mesozoic convergent margin of California. Organic Geochemistry, 37: 1289-1302.

Birgel D, Elvert M, Han X, et al. 2008. 13C-depleted biphytanic diacids as tracers of past anaerobic oxidation of methane. Organic Geochemistry, 39: 152-156.

Birgel D, Feng D, Roberts H H, et al. 2011. Changing redox conditions at cold seeps as revealed by authigenic carbonates from Alaminos Canyon, northern Gulf of Mexico. Chemical Geology, 285: 82-96.

Blumenberg M, Seifert R, Reitner J, et al. 2004. Membrane lipid patterns typify distinct anaerobic methanotrophic consortia// Proceedings of the National Academy of Sciences of the United States of America, 30: 11111-11116.

Boetius A, Ravenschlag K, Schubert C J, et al. 2000. A marine microbial consortium apparently mediating anaerobic oxidation of methane. Nature, 407: 623-626.

Bohrmann G, Greinert J, Suess E, et al. 1998. Authigenic carbonates from the Cascadia subduction zone and their relation to gas hydrate stability. Geology, 26(7): 647-650.

Bohrmann G, Tréhu A M, Baldauf J, et al. 2002. Ocean drilling program leg 204 scientific prospectus drilling: Gashydrates on hydrate ridge, cascadia continental margin. Taxes: College Station, 50.

Booth J S, Rowe M M, Fischer K M. 1996. Offshore gas hydrate sample database. U.S. Geological Survey Open-File Report, 96: 1-17.

Borowski W S. 1998. Pore-water sulfate concentration gradients, isotopic compositions, and diagenetic processes overlying continental margin, methane-rich sediments associated with gas hydrate. Chapel Hill: The University of North Carolina.

Borowski W S, Paull C K, Ussler Ⅲ W. 1996. Marine pore water sulfate profiles indicate in situ methane flux from underlying gas hydrate. Geology, 24: 655-658.

Borowski W S, Paull C K, Ussler Ⅲ W. 1999. Global and local variations of interstitial sulfate gradients in deep-water, continental margin sediments: Sensitivity to underlying methane and gas hydrate. Marine

Geology, 159: 131-154.

Borowski W S, Hoehler T M, Alperin M J, et al. 2000. Significance of anaerobic methane oxidation in methane-rich sediments overlying the Black Ridge gas hydrates// Proceedings of ODP Scientific Reports, 164: 87-99.

Bouloubassi I, Aloisi G, Pancost R D, et al. 2006. Archaeal and bacterial lipids in authigenic carbonate crusts from eastern Mediterranean mud volcanoes. Organic Geochemistry, 37: 484-500.

Bowman J P, Cavanagh J, Austin J J, et al. 1996. Novel Psychrobacter species from Antarctic ornithogenic soils. International Journal of Systematic Bacteriology, 46: 841-848.

Bray E E, Evans E D. 1961. Distribution of n-paraffins as a clue to recognition of source beds. Geochimica et Cosmochimica Acta, 22: 2-15.

Broecker W, Barker S, Clark E, et al. 2006. Anomalous radiocarbon ages for foraminifera shells. Paleoceanography, 21(2): 268-283.

Burton, E A.1993. Controls on marine carbonate cement mineralogy: Review and reassessment. Chemical Geology, 105: 163-179.

Campbell K A. 2006. Hydrocarbon seep and hydrothermal vent paleoenvironments and paleontology: Past developments and future research directions. Palaeogeography, Palaeoclimatology, Palaeoecology, 232(24): 362-374.

Canfield D E. 1991. Sulfate reduction in deep-sea sediments. American Journal of Science, 291: 177-188.

Cannariato K G, Stott L D.2004. Evidence against clathrate-derived methane release to Santa Barbara Basin surface waters. Geochemistry, Geophysics, Geosystems, 5(5): 1120-1135.

Carrie R H, Mitchell L, Black K D. 1998. Fatty acids in surface sediment at the Hebridean shelf edge, west of Scotland. Organic Geochemistry, 29: 1583-1593.

Chen D, Huang Y, Yuan X, et al. 2005. Seep carbonates and preserved methane oxidizing archaea and sulfate reducing bacteria fossils suggest recent gas venting on the seafloor in the Northeastern South China Sea. Marine and Petroleum Geology, 22(5): 613-621.

Cheng H, Edwards R L, Hoff J, et al. 2000. The half-lives of uranium-234 and thorium-230. Chemical Geology, 169(1-2): 17-33.

Cheng H, Fleitmann D, Edwards R L, et al. 2009a. Timing and structure of the 8.2 kyr B.P. event inferred from $\delta^{18}O$ records of stalagmites from China, Oman, and Brazil. Geology, 37: 1007-1010.

Cheng H, Edwards R L, Broecker W S, et al. 2009b. Ice age terminations. Science, 326: 248-252.

Chevalier N, Bouloubassi I, Stadnitskaia A, et al. 2010. Distributions and carbon isotopic compositions of lipid biomarkers in authigenic carbonate crusts from the Nordic Margin(Norwegian Sea). Organic Geochemistry, 41: 885-890.

Chevalier N, Bouloubassi I, Birgel D, et al. 2011. Authigenic carbonates at cold seeps in the Marmara Sea(Turkey): A lipid biomarker and stable carbon and oxygen isotope investigation. Marine Geology, 288: 112-121.

Chevalier N, Bouloubassi I, Birgel D, et al. 2013. Microbial methane turnover at Marmara Sea cold seeps: A combined 16S rRNA and lipid biomarker investigation. Geobiology, 11: 55-71.

Clark R C, Blumer M.1967. Distribution of n-paraffins in marine organisms and sediment. Limnology and Oceanography, 12: 79-87.

Cochonat P, Cadet J P, Lallemant S J, et al. 2002. Slope instabilities and gravity processes in fluid migration and tectonically active environment in the eastern Nankai accretionary wedge(KAIKO-Tokai'96 cruise). Marine Geology, 187(1-2): 193-202.

Collister J W, Rieley G R, Stern B, et al.1994. Compound-specific $\delta^{13}C$ analyses of leaf lipids from plants with differing carbon dioxide metabolism. Organic Geochemistry, 21: 619-627.

Corliss B H.1985. Microhabitats of benthic foraminifera within deep-sea sediments. Nature. 314(6010): 435-438.

Cowei B R, Slater G F, Bernier L, et al. 2009. Carbon isotope fractionation in phospholipid fatty acid biomarkers of bacteria and fungi native to an acid mine drainage lake. Organic Geochemistry, 40: 956-962.

Cranwell P A. 1973. Chain-length distribution of n-alkanes from lake sediments in relation to post-glacial environmental change. Freshwater Biology, 3: 259-265.

Damsté J S S, Kuypers M M, Pancost R D, et al. 2008. The carbon isotopic response of algae,(cyano)bacteria, archaea and higher plants to the late Cenomanian perturbation of the global carbon cycle:Insights from biomarkers in black shales from the Cape Verde Basin(DSDP Site 367). Organic Geochemistry, 39:1703-1718.

de Grande S M B, Aquino Neto F R, Mello M R.1993. Extended tricyclic terpanes in sediments and petroleums. Organic Geochemistry, 20: 1039-1047.

Dickens G R. 2001. Sulfate profiles and barium fronts in sediment on the Blake Ridge: Present and past methane fluxes through a large gas hydrate reservoir. Geochim Cosmochim Acta, 65:529-543.

Duplessy J, Labeyrie L, Waelbroeck C. 2002. Constraints on the ocean oxygen isotopic enrichment between the Last Glacial Maximum and the Holocene: Paleoceanographic implications. Quaternary Science Reviews, 21(1-3): 315-330.

Eglinton G, Hamilton R J. 1963. The distribution of alkanes// Swain T. Chemical Plant Taxonomy. New York: Academic Press.

Elvert M, Suess E, Whiticar M J. 1999. Anaerobic methane oxidation associated with marine gas hydrates: Superlight Cisotopes from saturated and unsaturated C_{20} and C_{25} irregular isoprenoids. Naturwissenschaften, 86: 295-300.

Elvert M, Suess E, Greinert J, et al.2000. Archaea mediating anaerobic methane oxidation in deep-sea sediments at cold seeps of the eastern Aleutian subduction zone. Organic Geochemistry, 31: 1175-1187.

Elvert M, Hopmans E C, Treude T, et al. 2005. Spatial variations of methanotrophic consortia at cold methane seeps: Implications from a high-resolution molecular and isotopic approach. Geobiology, 3: 195-209.

Emiliani C. 1955. Pleistocene temperatures. Journal of Geology, 63(6): 538-578.

Ettwig K, Shima S, van de Pas-Schoonen K T, et al. 2008. Denitrifying bacteria anaerobically oxidize methane in the absence of Archaea. Environmental Microbiology, 10: 3164-3173.

Fang J, Hasiotis S T, Gupta S D, et al. 2007. Microbial biomass and community structure of a stromatolite from an acid mine drainage system as determined by lipid analysis. Chemical Geology, 243:191-204.

Fang Y, Chu F. 2008. The relationship of sulfate-methane interface, the methane flux and the underlying gas hydrate. Marine Science Bulletin, 10(1):28-37.

Farrimond P, Bevan J C, Bishop A N.1996. Hopanoid hydrocarbon maturation by an igneous intrusion. Organic Geochemistry, 25:149-164.

Farrimond P, Bevan J C, Bishop A N. 1999. Tricyclic terpane maturity parameters: Response to heating by an igneous intrusion. Organic Geochemistry, 30:1011-1019.

Feng D, Chen D, Peckmann J. 2009. Rare earth elements in seep carbonates as tracers of variable redox conditions at ancient hydrocarbon seeps. Terra Nova, 21:49-56.

Fontanier C, Koho K A, Goni-Urriza M S, et al. 2014. Benthic foraminifera from the deep-water Niger delta(Gulf of Guinea): Assessing present-day and past activity of hydrate pockmarks. Deep-Sea Research Part I-Oceanographic Research Papers, 94:87-106.

Freese E, Sass H, Rütters H, et al. 2008. Variable temperature-related changes in fatty acid composition of bacterial isolates from German Wadden sea sediments representing different bacterial phyla. Organic Chemistry, 39:1427-1438.

Fritz P, Smith D G W. 1970. The isotopic composition of secondary dolomites. Geochimica et Cosmochimica Acta , 34(11):1161-1173.

Ge L, Jiang S. 2013. Sr isotopic compositions of clod seep carbonates from the South China Sea and the Panoche Hills(California, USA)and their significance in palaeooceanography. Journal of Asian Earth Sciences, 65:34-41.

Greinert J, Bohrmann G, Suess E. 2001. Gas hydrate-associated carbonates and methane-venting at Hydrate Ridge: Classification, distribution and origin of authigenic lithologies// Paull C K, Dillon W P. Natural Gas Hydrates: Occurrence, Distribution and Detection. Geophys Monogr, Washington, DC: American Geophys Union.

Gontharet S, Stadnitskaia A, Bouloubassi I, et al. 2009. Palaeo methane-seepage history traced by biomarker patterns in a carbonate crust, Nile deep-sea fan(Eastern Mediterranean Sea). Marine Geology, 261:105-113.

Gussone N, Eisenhauer A, Tiedemann R, et al. 2004.Reconstruction of Caribbean sea surface temperature and salinity fluctuations in response to the pliocene closure of the Central American Gateway and radiative forcing, using delta Ca-44/40, delta O-18 and Mg/Ca ratios . Earth and Planetary Science Letters,227(3-4): 201-214.

Han J, Calvin M. 1969. Occurrence of C_{22}-C_{25} isoprenoids in Bell Creek crude oil. Geochim Cosmochim Acta, 33: 783-742.

Han J, McCarthy E D, van Hoeven W. 1980. Organic geochemical studies. II. A preliminary report on the distribution of aliphatic hydrocarbon in algae, bacteria and in a recent lake sediment//Proceedings of the National Academy of Science, 59:29-33.

Han X Q, Suess E, Sahling H, et al. 2004. Fluid venting activity on the Costa Rica margin: new results from authigenic carbonates. International Journal of Earth Sciences, 93:596-611.

Han X Q, Suess E, Huang Y Y, et al. 2008. Jiulong methane reef: Microbial mediation of seep carbonates in the South China Sea. Marine Geology, 249:243-256.

Han X Q, Yang K H, Huang Y Y. 2013. Origin and nature of cold seep in northeastern Dongsha area, South China Sea: Evidence from chimney-like seep carbonates. Chinece Science Bulletin, 58(30):3689-3697.

Han X Q, Suess E, Liebetrau V, et al. 2014. Past methane release events and environmental conditions at the upper continental slope of the South China Sea: Constraints by seep carbonates. International Journal of Earth Sciences,103(7):1873-1887.

Harvey H R.1994. Fatty acids and sterols as source markers of organic matter in sediments of the North Carolina continental slope. Deep Sea Research Part II: Topical Studies in Oceanography, 41:783-796.

Henderson G M, Bayon G, Pierre C, et al. 2006. Constraints on the dynamic of gas hydrates in Niger Delta sediments from U/Th dating of cold-seep carbonates. Geochimica et Cosmochimica Acta, 70(18): A245-A245.

Herguera A G, Hovland M, Dimitrov L I, et al. 2002. The geological methane budget at Continental Margins and its influence on climate change. Geofluids, 2(2):109-126.

Hesse R. 2003.Pore water anomalies of submarine gas-hydrate zones as tool to assess hydrate abundance and distribution in the subsurface: What have we learned in the past decade. Earth-Science Reviews, 61(1-2): 149-179.

Hill T M, Kennett J P, Spero H J. 2003. Foraminifera as indicators of methane-rich environments: A study of modern methane seeps in Santa Barbara Channel, California. Marine Micropaleontology, 49(1-2):123-138.

Hill T M, Kennett J P, Valentine D L. 2004. Isotopic evidence for the incorporation of methane-derived carbon into foraminifera from modern methane seeps, Hydrate Ridge, Northeast Pacific. Geochimica et Cosmochimica Acta, 68(22):4619-4627.

Hinrichs K-U, Boetius A. 2002. The anaerobic oxidation of methane: New insights in microbial ecology and biogeochemistry// Wefer G, Billett D, Hebbeln D, et al. Ocean Margin Systems. Berlin: Springer-Verlag.

Hinrichs K-U, Summons R E, Orphan V, et al. 2000. Molecular and isotopic analysis of anaerobic methane-oxidizing communities in marine sediments. Organic Geochemistry, 31:1685-1701.

Hinrichs K-U, Hmelo L R, Sylva S P. 2003. Molecular fossil record of elevated methane levels in late pleistocene coastal waters. Science, 299(5610):1214-1217.

Hiruta A, Snyder G T, Tomaru H, et al. 2009. Geochemical constraints for the formation and dissociation of gas hydrate in an area of high methane flux, eastern margin of the Japan Sea. Earth And Planetary Science Letters, 279(3-4):326-339.

Imbrie J, Berger A, Boyle E, et al. 1993. On the structure and origin of major glaciation cycles 2. The 100000-year cycle. Paleoceanography, 8(6):699-735.

Johnson R W, Calder J A. 1973. Early diagenesis of fatty acids and hydrocarbons in a salt marsh environment. Geochimica et Cosmochimica Acta, 73:1943-1955.

Jones J G. 1969. Studies on lipids of soil micro/organisms with particular reference to hydrocarbons. Journal of General Microbiology, 59:145-152.

Jones J G, Young B V. 1970. Major paraffin constituents of microbial cells with particular reference to Chromatium sp. Archives of Microbiology, 70:82-88.

Judd A G, Hovland M, Dimitrov L I, et al. 2002. The geological methane budget at Continental Margins and its influence on climate change. Geofluids, 2(2): 109-126.

Keigwin L D. 2002. Late Pleistocene-Holocene paleoceanography and ventilation of the Gulf of California. Journal of Oceanography, 8(2):421-432.

Kennett J P. 2002. Methane hydrates in Quaternary climate change:The clathrate gun hypothesis. EOS Transactions American Geophysical Union, 83(45): 513-516.

Kennett J P, Cannariato K G, Hendy I L, et al. 2000. Carbon isotopic evidence for methane hydrate instability during quaternary interstadials. Science, 288(5463):128-133.

Kim S T, O'Neil J R. 1997. Equilibrium and nonequilibrium oxygen isotope effects in synthetic carbonates. Geochimica et Cosmochimica Acta , 61(16):3461-3475.

Kim S T, O'Neil J R, Hillaire-Marcel C, et al. 2007. Oxygen isotope fractionation between synthetic aragonite and water:Influence of temperature and Mg^{2+} concentration. Geochimica et Cosmochimica Acta , 71(19):4704-4715.

Knittel K, Loekann T, Boetius A, et al. 2005. Diversity and distribution of methanotrophic archaea at cold seeps. Applied and Environmental Microbiology, 71:467-479.

Koga Y, Nishihara M, Morii H, et al. 1993. Ether polar lipids of methanogenic bacteria:Structures, comparative aspects, and biosyntheses. Microbiological Reviews, 57:164-182.

Kohring L L, Ringelberg D B, Devereux R, et al. 1994. Comparison of phylogenetic relationships based on phospholipid fatty acid profiles and ribosomal RNA sequence similarities among disimilatory sulfate-reducing bacteria. FEMS Microbiology Letters, 119: 303-308.

Kornacki A S, Kendrick J W, Berry J L. 1994. Impact of oil and gas vent sand slicks on petroleum exploration in the deep water Gulf of Mexico. Geo-Marine Letters, 14:160-169.

Kvenvolden K A, Kastner M. 1990. Gas hydrates of the peruvian outer continental margin// Proceedings of the Ocean Drilling Program Scientific Results, Initial Reports.

Lambeck K, Esat T M , Potter E K. 2002. Links between climate and sea levels for the past three million years. Nature, 419(6903):199-206.

Lei H Y, Cao C, Ou W J, et al. 2012. Carbon and oxygen isotope characteristics of foraminifera from northern South China Sea sediments and their significance to late Quaternary hydrate decomposition. Journal of Central South University, 19(06): 1728-1740.

Li Y H, Gregory S. 1974. Diffusion of ions in sea water and in deep-sea sediments. Geochim Cosmochim Acta, 38:703.

Lu S T, Ruth E, Kaplan I R.1989. Pyrolysis of kerogens in the absence and presence of montmorillonite-I. The generation, degradation and isomerization of steranes and triterpanes at 200 and 300°C. Organic Geochemistry, 14: 491-499.

Lu Y, Sun X M, Lin Z Y, et al. 2014. Authigenic carbonate mineralogy, south China Sea and its relationship with cold seep activity. Acta Geologica Sinica-English Edition, 88:1473-1474.

MacDonald I R, Leifer I, Sassen R, et al. 2002. Transfer of hydrocarbons from natural seeps to the water column and atmosphere. Geofluids, 2:95-107.

Mackensen A, Wollenburg J, Licari L. 2006. Low δ^{13}C in tests of live epibenthic and endobenthic foraminifera at a site of active methane seepage. Paleoceanography. 21(2): PA 2022.

Mackenzie A S.1984. Applications of biological markers in petroleum geochemistry// Brooks J, Walte D H. Advances in Petroleum Geochemistry. Vol. 1. London:Academic Press.

Mackenzie A S, Hoffmann C F, Maxwell J R.1980. Molecular parameters of maturation in the Toarcian shales, Paris Basin, France-I. Changes in the configurations of acyclic isoprenoid alkanes, steranes and triterpanes. Geochimica et Cosmochimica Acta, 44:1709-1721.

MagalhãesV H, Pinheiro L M, Ivanov M K, et al.2012. Formation processes of methane-derived authigenic carbonates from the Gulf of Cadiz. Sedimentary Geology , 243-244:155-168.

Malinverno A, Pohlman J W. 2011. Modeling sulfate reduction in methane hydrate-bearing continental margin sediments:Does a sulfate-methane transition require anaerobic oxidation of methane. Geochemistry Geophysics Geosystems, 12: 1-18.

Martin J B, Kastner M, Henry P, et al.1996. Chemical and isotopic evidence for sources of fluids in a mud volcano field seaward of the Barbados accretionary wedge. Journal of Geophysical Research, 101:20325-20345.

Martin J B, Bernhard J M, Curtis J, et al. 2010. Combined carbonate carbon isotopic and cellular ultrastructural studies of individual benthic foraminifera:Method description. Paleoceanography, 25(2).

Martin R A, Nesbitt E A , Campbell K A. 2007. Carbon stable isotopic composition of benthic foraminifera from Pliocene cold methane seeps, Cascadia accretionary margin. Palaeogeography Palaeoclimatology Palaeoecology, 246(2-4):260-277.

Maslin M, Mikkelsen N, Vilela C, et al.1998. Sea-level-and gas-hydrate-controlled catastrophic sediment failures of the Amazon Fan. Geology, 26(12):1107-1110.

Matsumoto R, Borowski W S. 2000.Gas hydrate estimates from newly determined oxygen isotope fractionation (aGH-IW) and d18O anomalies of the interstitial waters: Leg 164, Blake Ridge// Paull C K, Matsumoto R, Wallace P J, et al. Proceedings, Ocean Drilling Program Scientific Results, Volume 164. College Station, Texas, Ocean Drilling Program.

Matsumoto R, Okuda Y, Aoyama C. 2004. Methane Plumes over a marine gas hydrate in the Eastern Margin of the Sea of Japan: A proposed mechanism for the transport of significant subsurface methane to shallow water // AGU Fall Meeting Abstracts, San Francisco, dostract no: 1113-0575.

McCorkle D C, Corliss B H, Farnham C A.1997. Vertical distributions and stable isotopic compositions of live(stained)benthic foraminifera from the North Carolina and California continental margins. Deep-Sea Research Part I-Oceanographic Research Papers,44(6):983-1024.

Meyers P A. 2003. Applications of organic geochemistry to paleolimnolocal reconstructions:A summary of examples from the Laurentian Great Lakes. Organic Geochemistry, 34:261-289.

Mienert J, Vanneste M, Bunz S, et al.2005. Ocean warming and gas hydrate stability on the mid-Norwegian margin at the Storegga Slide. Marine and Petroleum Geology, 22(1-2):233-244.

Millo C, Sarnthein M, Erlenkeuser H, et al. 2005. Methane-driven late Pleistocene $\delta^{13}C$ minima and overflow reversals in the southwestern Greenland Sea. Geology, 33(11):873-876.

Naehr T H, Eichhubl P, Orphan V J, et al. 2007. Authigenic carbonate formation at hydrocarbon seeps in continental margin sediments:A comparative study. Deep Sea Research Part II:Topical Studies in Oceanography, 54(11-13):1268-1291.

Naraoka H, Ishiwatari R. 2000. Molecular and isotopic abundances of long-chain n-fatty acids in open marine sediments of the western North Pacific. Chemical Geology, 165:23-36.

Niemann H, Elvert M. 2008. Diagnostic lipid biomarker and stable carbon isotope signatures of microbial communities mediating the anaerobic oxidation of methane with sulphate. Organic Geochemistry, 39:1668-1677.

Ohkushi K, Ahagon N, Uchida M, et al. 2005. Foraminiferal isotope anomalies from northwestern Pacific marginal sediments. Geochemistry Geophysics Geosystems, 6(4): 4005.

Ohkouchi N. 1995. Lipids as biogeochemical tracers in the late Quaternary. Tokyo:University of Tokyo.

Oro J, Tornabene T G, Nooner D W et al. 1967. Aliphatic hydrocarbons and fatty acids of some marine and fresh water microorganisms. Journal of Bacteriology, 93:1811-1818.

Orphan V J, Hinrichs K U, Ussler, W, et al. 2001. Comparative analysis of methaneoxidizing archaea and sulfate-reducing bacteria in anoxic marine sediments. Applied and Environmental Microbiology, 67:1922-1934.

Ourisson G, Albrecht P, Rohmer M. 1982. Predictive microbial biochemistry-from molecular fossils to procaryotic membranes. Trends in Biochemical Sciences, 7:236-239.

Ourisson G, Albrecht P, Rohmer M. 1984. Microbial origin of fossil fuels. Scientific American, 251:44-51.

Palacas J G, Monopolis D, Nicolaou C A, et al. 1986. Geochemical correlation of surface and subsurface oils, western Greece. Organic Geochemistry, 10:417-423.

Pancost R D, Damsté J S S, de Lint S, et al. 2000. the MEDINAUT shipboard scientific party. Biomarker evidence for widespread anaerobic methane oxidation in Mediterranean sediments by a consortium of methanogenic archaea and Bacteria. Applied and Environmental Microbiology, 66:1126-1132.

Panieri G. 2003. Benthic foraminifera response to methane release in an Adriatic Sea pockmark. Rivista Italiana di Paleontologia e Stratigrafia, 109(3):549-562.

Panieri G. 2005. Benthic foraminifera associated with a hydrocarbon seep in the Rockall Trough(NE Atlantic). Geobios, 38(2):247-255.

Panieri G, Camerlenghi A, Conti S, et al. 2009. Methane seepages recorded in benthic foraminifera from Miocene seep carbonates, Northern Apennines(Italy). Palaeogeography Palaeoclimatology Palaeoecology, 284(3-4):271-282.

Panieri G, Aharon P, Sen Gupta B K, et al. 2014. Late Holocene foraminifera of Blake Ridge diapir:Assemblage variation and stable-isotope record in gas-hydrate bearing sediments. Marine Geology, 353:99-107.

Pape T, Blumenberg M, Seifert R,et al. 2005. Lipid geochemistry of ethane-seep-related Black Sea carbonates. Palaeogeography Palaeoclimatology Palaeoecology, 227:31-47.

Paytan A, Kastner M, Martin E E, et al. 1993. Marine barite as a monitor of seawater strontium isotope composition. Nature, 366:445-449.

Peckmann J, Thiel V, Reitner J, et al.2004. microbial mat of a large sulfur bacterium preserved in a Miocene methane-seep limestone. Geomicrobiology Journal, 21:247-255.

Peckmann J, Birgel D, Kiel S.2009. Molecular fossils reveal fluid composition and flow intensity at a Cretaceous seep. Geology, 37:847-850.

Peters K E, Moldowan J M, Sundararaman P. 1990. Effects of hydrous pyrolysis on biomarker thermal maturity parameters:Monterey phosphatic and siliceous members. Organic Geochemistry, 15:249-265.

Peters K E, Walters C C, Moldowan J M. 2005. The Biomarker Guide. Cambridge: University Press.

Petit J R, Jouzel J, Raynaud D, et al. 1999. Climate and atmospheric history of the past 420000 years from the Vostok ice core, Antarctica. Nature. 399(6735):429-436.

Rathburn A E, Levin L A, Held Z, et al. 2000. Benthic foraminifera associated with cold methane seeps on the northern California margin:Ecology and stable isotopic composition. Marine Micropaleontology. 38(3-4):247-266.

Rathburn A E, Pérez M E, Martin J B, et al. 2003. Relationships between the distribution and stable isotopic composition of living benthic foraminifera and cold methane seep biogeochemistry in Monterey Bay, California. Geochemistry Geophysics Geosystems, 4(12):343-358.

Reeburgh W S. 1976. Methane consumption in Cariaco Trench waters and sediments. Earth and Planetary Science Letters, 28:337-344.

Risatti J B, Rowland S J, Yon D A, et al.1984. Stereochemical studies of acyclic isoprenoid-XII. Lipids of methanogenic bacteria and possible contributions to sediments. Organic Geochemistry, 6:93-104.

Roberts H H, Aharon P.1994. Hydrocarbon-derived carbonate buildups of the northern Gulf of Mexico continental slope:A review of submersible investigations. Geo-Marine Letters , 14:135-148.

Roberts H H, Feng D, Joye S B.2010. Cold seep carbonates of the middle and lower continental slope, northern Gulf of Mexico. Deep Sea Research Part II:Topical Studies in Oceanography , 57(21-23):2040-2054.

Rodriguez N M, Paull C K, Borowski W S. 2000. Zonation of authigenic carbonates within gas hydrate-bearing sedimentary sections on the Black Ridge:Offshore southeastern north America// Paull C K, et al. Gas Hydrate Sampling on the Black Ridge and Carolina Rise. Proceedings Ocean Drilling Program Scientific Results, 164. College Station:TX(Ocean Drilling Program): 301-312.

Rohmer M, Bouvier-Nave P, Ourisson G.1984. Distribution of hopanoid triterpenes in prokaryotes. Microbiology, 130(5):1137-1150.

Romanenko L A, Lysenko A M, Rohde et al. 2004. Psychrobacter maritimussp. nov. and Psychrobacter arenosus sp. nov., isolated from coastal sea ice and sediments of the Sea of Japan. International Journal of Systematic and Evolutionary Microbiology, 54:1741-1745.

Ruppel T, Osten W, Sawodny O. 2011. Model-based feedforward control of large deformable mirrors. European Journal of Control, 17(3):261-272.

Sackett W M. 1978. Carbon and hydrogen isotope effects during thermo-catalytic production of hydrocarbons in laboratory simulation experiments. Geochimica et Cosmochimica Acta , 42(6):571-580.

Sassen R, Sweet S T, Milkov A V, et al.2001. Stability of thermogenic gas hydrate in the Gulf of Mexico:Constraints on models of Climate Change// Paull C K, Dillon W P. Natural Gas Hydrates: Occurrence, Distribution, and Detection. Washington DC:American Geophysical Union.

Savard M M, Beauchamp B, Veizer J. 1996. Significance of aragonite cements around cretaceous marine methane seeps. Journal of Sedimentary Research, 66:430-438.

Seifert W K, Moldowan J M.1980. The effect of thermal stress on source-rock quality as measured by hopane stereochemistry. Physics and Chemistry of the Earth, 12:229-237.

Seifert W K, Moldowan J M. 1986. Use of biological markers in petroleum exploration. Methods in Geochemistry and Geophysics, 24:261-290.

Seifert W K, Moldowan J M. 2002. Applications of steranes, terpanes and monoaromatics to the maturation, migration and source of crude oils. Geochimica et Cosmochimica Acta, 42:77-95.

Shackleton N J.1977. Oxygen isotope stratigraphic record of late pleistocene. Philosophical Transactions of the Royal Society of London Series B-Biological Sciences, 280(972):169-182.

Shackleton N J, Hall M A, Pate D. 1995. Pliocene stable isotope stratigraphy of Site 864// Pisias N G, Mayer L A Janecek T R, et al. Proceedings of the Ocean Drilling Program, Scientific Results, College Station, TX (Ocean Drilling Program), 138: 337-355.

Shen C C, Edwards R L, Cheng H, et al.2002. Uranium and thorium isotopic and concentration measurements by magnetic sector inductively coupled plasma mass spectrometry. Chemical Geology, 185(3-4):165-178.

Sheppard S M F, Gilg H A. 1996. Stable isotope geochemistry of clay minerals. Clay Minerals, 31:1-24.

Shivaji S, Reddy G S N, Raghavan P U M, et al. 2004. Psychrobacter salsus sp. nov. and Psychrobacter adeliensis sp. nov., isolated from fast ice from Adelie Land, Antarctica. Systematic and Applied Microbiology,27:628-635.

Simoneit B R T. 1977. The Black Sea, a sink for terrigenous lipids. Deep-Sea Research, 24:813-830.

Stadnitskaia A, Muyzer G, Abbas B, et al.2005. Biomarker and 16S rDNA evidence for anaerobic oxidation of methane and related carbonate precipitation in deep-sea mud volcanoes of the Sorokin Trough, Black Sea. Marine Geology, 217:67-96.

Stadnitskaia A, Bouloubassi I, Elvert M, et al. 2008a. Extended hydroxyarchaeol, a novel lipid biomarker for anaerobic methanotrophy in cold seepage habitats. Organic Geochemistry, 39:1007-1014.

Stadnitskaia A, Nadezhkin D, Abbas B,et al. 2008b. Carbonate formation by anaerobic oxidation of methane:evidence from lipid biomarker and fossil 16S rDNA. Geochimica et Cosmochimica Acta, 72:1824-1836.

Stott L D, Bunn T, Prokopenko M, et al. 2002. Does the oxidation of methane leave an isotopic fingerprint in the geologic record? art. no. 1012. Geochemistry Geophysics Geosystems, 3(2): 1012.

Suess E, Torres M E, Bohrmann G, et al. 1999. Gas hydrate destabilization:Enhanced dewatering, benthic material turnover and large methane plumes at the Cascadia convergent margin. Earth and Planetary Science Letters , 170(1-2):1-15.

Suess E, Huang Y, Wu N, et al. 2005. South China Sea continental margin:Geological methane budget and environmental effects of methane emissions and gas hydrates. RV SONNE Gruise Report, 177: 1-154.

Tachibana A. 1994. A novel prenyltransferase, farnesylgeranyl diphosphate synthase, from the haloalkaliphilic archaeon, Natronobacterium pharaonis. Febs Letters, 341:291-294.

Tarutani T, Clayton R N, Mayeda T K. 1969. The effect of polymorphism and magnesium substitution on oxygen isotope fractionation between calcium carbonate and water. Geochimica et Cosmochimica Acta, 33:987-996.

Ten Haven H L, Deleebw J W, Damste J S S, et al. 1988. Application of biological markers in the recognition of palaeohypersaline environments// Kelts K, Fleet A, Talbot M. Lacustrine Petroleum Source Rocks. Oxford:Blackwell Press.

Teschner M, Bosecker K. 1986. Chemical reactions and stability of biomarkers and stableisotope during in vitrobiodegradation of petroleum. Organic Geochemistry, 10:463-471.

Thiel V, Peckmann J, Schmale O, et al. 2001. A new straight-chain hydrocarbon biomarker associated with anaerobic methane cycling. Organic Geochemistry, 32:1019-1023.

Thiel V, Blumenberg M, Pape T, et al. 2003. Unexpected ccurrence of hopanoids at gas seeps in the Black Sea. Organic Geochemistry, 34:81-87.

Thomas C J, Blair N E, Alperin M J, et al. 2002. Organic carbon deposition on the North Carolina continental slope off Cape Hetters(USA). Deep Sea Res Part II, 49(20): 4687-4709.

Thomas K K, Evelyn S K. 2009. The occurrence of short chain n-alkanes with an even over odd predominance in higher plants and soils. Organic Geochemistry,41:88-95.

Tong H P, Feng D, Cheng H, et al. 2013. Authigenic carbonates from seeps on the northern continental slope of the South China Sea:New insights into fluid sources and geochronology. Marine and Petroleum Geology, 43:260-271.

Torres M E, Mix A C , Rugh W D. 2005. Precise delta C-13 analysis of dissolved inorganic carbon in natural waters using automated headspace sampling and continuous-flow mass spectrometry. Limnology and Oceanography-Methods, 3:349-360.

Uchida M, Ohkushi K, Kimoto K, et al. 2008. Radiocarbon-based carbon source quantification of anomalous isotopic foraminifera in last glacial sediments in the western North Pacific. Geochemistry Geophysics Geosystems, 9(4).

Urey H C. 1947.The thermodynamic properties of isotopic substances. Journal of the Chemical Society(Resumed), 152:562-581.

Veizer J, Ala D, Amzy K, et al. 1999. $^{87}Sr/^{86}Sr$, $\delta^{13}C$ and $\delta^{18}O$ evolution of Paleozoic seawater. Chemical Geology, 161(1-3):59-88.

Venkatesan M I, Kaplan I R. 1987. The lipid geochemistry of Antarctic marine sediments:Bransfield strait. Marine Chemistry, 21:347-375.

Vestal J R, White D C. 1989. Lipid analysis in microbial ecology:quantitative approaches to the study of microbial communities. Bioscience, 39:535-541.

Volkman J K, Eglinton G, Corner E D S, et al. 1980. Long-chain alkenes and alkenones in the marine coccolithophorid Emiliania huxleyi. Phytochemistry, 19:2619-2622.

Volkman J K. 1983. Lipid composition of coastal marine sediments from the Peru upwelling region// Bjoroy M, et al. Advances in Organic Geochemistry. New York: John Wiley and Sons.

Wakeham S G, Hedges J I, Lee C, et al. 1997. Compositions and transport of lipid biomarkers through the water column and surficial sediments of the equatorial Pacific Ocean. Deep Sea Research Part II:Topical Studies in Oceanography, 44:2131-2162.

Wakeham S G. 1995. Lipid biomarkers for heterotrophic alteration of suspended particulate organic matter in oxygenated and anoxic water columns of the ocean. Deep Sea Research Part I:Oceanographic Research Papers, 42(10):1749-1771.

Wang L, Jian Z, Chen J. 1997. Late Quaternary pteropods in the South China Sea:Carbonate preservation and paleoenvironmental variation. Marine Micropaleontology, 32(1):115-126.

Wang P X, Prell W L, Blum P. 2000. Proceedings of Ocean Drilling Program, Initial Reports, 184. Taxes: College Station, TX(Ocean Drilling Program): 1-71.

Wang P, Prell W L, Blum P. 2002. Proceeding of the Ocean Drilling Program, Initial Reports 184. Taxes: College Station, 623.

Wang S H, Yan B, Yan W. 2013. Tracing seafloor methane emissions with benthic foraminifera in the Baiyun Sag of the northern South China Sea. Environmental Earth Sciences, 70(3):1143-1150.

Warren J. 2000. Dolomite:Occurrence, evolution and economically important associations. Earth-Science Reviews, 52:1-81.

Weaver C E. 1989. Clays, muds, and shales(Developments in Sedimentology). Amsterdam: Elsevier Science Publishers.

Wefer G, Heinze P M, Berger W H. 1994. Clues to ancient methane release. Nature, 369(6478):282-282.

Wegener G, Niemann H, Elvert M, et al. 2008. Similation of methane and inorganic carbon by microbial communities mediating the anaerobic oxidation of methane. Environmental Microbiology, 10:2287-2298.

Westrich J T, Berner R A. 1984. The role of sedimentary organic matter in bacterial sulfate reduction:The G model tested. Limnol Oceanogr, 29:236-249.

Whiticar M J, Faber E, Schoell M. 1986. Biogenic methane formation in marine and fresh-water environments:CO_2 reduction vs. acetate fermentation—Isotope evidence. Geochimica et Cosmochimica Acta , 50(5):693-709.

Wilkinson S G. 1988. Gram-negative bacteria//Ratledge C, Wilkinson S G. Microbial Lipids. London: Academic Press.

Wu S, Han Q, Ma Y, et al. 2009. Petroleum system in deepwater basins of the northern South China Sea. Journal of Earth Science, 20(1):124-135.

Wu S, Zhang G, Huang Y, et al.2005. Gas hydrate occurrence on the northern slope of the South China Sea. Marine and Petroleum Geology , 22(1):403-412.

Yang T, Jiang S, Ge L, et al. 2010. Geochemical characteristics of pore water in shallow sediments from Shenhu area of South China Sea and their significance for gas hydrate occurrence. Chinese Science Bulletin, 55(8):752-760.

Yang T, Jiang S, Yang J. 2008. Dissolved inorganic carbon(DIC)and its carbon isotopic composition in sediments in sediment pore waters from the Shenhu Area, northern South China Sea. Journal of Oceanography, 64:303-310.

Yoon J H, Lee C H, Yeo S H, et al. 2005. Psychrobacter aquimaris sp. nov. and Psychrobacter namhaensis sp. nov., isolated from sea water of the South Sea in Korea. International Journal of Systematic and Evolutionary Microbiology, 55:1007-1013.

Zahn R, Winn K, Samthein M. 1986. Benthic foraminiferal delta ^{13}C and accumulation rates of organic carbon:Uvigerina peregrine group and cibicidoides wuellerstorfi. Paleoceanography, 1(1): 27-42.

Zeebe R E. 1999. An explanation of the effect of seawater carbonate concentration on foraminiferal oxygen isotopes. Geochimica et Cosmochimica Acta, 63(13-14):2001-2007.

Zelles L, Palojärvi A, Kandeler E, et al. 1997. Changes in soil microbial properties and phospholipid fatty acid fractions after chloroform fumigation. Soil Biology and Biochemistry, 29:1325-1336.

Zhang F, Xu H, Donishi H, et al. 2012. Dissolved sulfide-catalyzed precipitation of disordered dolomite:Implications for the formation mechanism of sedimentary dolomite. Geochimica et Cosmochimica Acta, 97:148-165.

Zhang H, Yang S, Wu N, et al. 2007. Successful and surprising results for China's first gas hydrate drilling expedition. Fire in the Ice:Methane Hydrate Newsletter(USDOE-NETL), 7(3):6-9.

Zheng G D, Xu W, Fortin D, et al. 2016. Sulfur speciation in marine sediments impacted by gas emissions in the northern part of the South China Sea. Marine and Petroleum Geology, 73:181-187.

Zhu W, Huang B, Mi L, et al. 2009. Geochemistry, origin, and deep-water exploration potential of natural gases in the Pearl River Mouth and Qiongdongnan basins, South China Sea. AAPG bulletin, 93(6):741-761.

第八章 | 南海北部天然气水合物的地球物理异常特征研究

第一节 水合物地球物理特征研究

一、含水合物地层速度特征

（一）水合物识别的岩石物理学基础

实际钻探结果表明，含有天然气水合物的地层具有低密度和高速度特征，而含游离气的地层有地震波速度明显变低的特点。表8-1列出了由岩石物理学实验得到的几种物质的密度和纵波速度，数据表明水合物的速度明显高于海水的速度。可以推测当地层孔隙空间内的海水被水合物替换后，含水合物地层的速度明显增大。岩石物理学实验结果解释了水合物地层的钻探结果。

通过对水合物在沉积层中的赋存模式的研究，Ecker等（2000）提出3种水合物储集模型（图8-1）。总的来说，当研究水合物对地层弹性性质产生影响时，可以将这3种模型分为两种情况：水合物是孔隙流体的一部分（模型A）和水合物是固体骨架的一部分［（模型B（附着型）和模型C（胶结型）］。对于前一种情况，水合物主要影响孔隙流体的弹性性质，而对于后一种情况，水合物主要影响固体骨架的弹性模量及改变储层参数（使孔隙度降低等）。

表 8-1　各种物质的弹性参数

名称	密度 /（kg/m³）	速度 /（m/s）
岩石	2650	5480～5950
水合物	767	3300
气体	88.48	340
石油	790～960	
海水	1035	1480

通过 Gassmann 方程可以了解水合物对孔隙流体和岩石骨架的弹性性质的影响。根据 Gassmann 方程可知，饱和流体沉积物的体积模量和剪切模量为

$$K_{sat} = K \frac{\Phi K_{dry} - (1+\Phi) K_f K_{dry} / K + K_f}{(1-\Phi) K_f + \Phi K - K_f K_{dry} / K} \tag{8-1}$$

$$G_{sat} = G_{dry} \tag{8-2}$$

式中，Φ 为孔隙度；K 为固相体积模量；K_{dry} 和 G_{dry} 分别为不含孔隙流体时骨架的体积模量和剪切模量；K_f 为饱和度 S_w 的孔隙流体的体积模量，它是水的体积模量 K_w 和气体的体积模量 K_g 的等应力平均，即

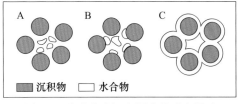

图 8-1　水合物在沉积层中的赋存模型

$$K_f = \frac{S_w}{K_w} + \frac{1 - S_w}{K_g} \qquad （8\text{-}3）$$

当水合物是孔隙流体一部分和固体骨架一部分时，分别影响流体体积模量 K_f 和固相弹性模量 K、G。

1. 水合物为孔隙流体的一部分

此时孔隙流体的体积模量是水的体积模量和水合物的体积模量 K_h 的平均：

$$K_f = \frac{S_w}{K_w} + \frac{1 - S_w}{K_h} \qquad （8\text{-}4）$$

也就是说在这种情况下，水合物的存在通过改变孔隙流体的体积模量来改变饱和流体沉积物的弹性模量。

2. 水合物为固体骨架的一部分

这种情况下，天然气水合物的存在会降低孔隙度，并改变固相的弹性模量。减小的孔隙度为

$$\Phi_r = \Phi S_w = \Phi(1 - S_h) \qquad （8\text{-}5）$$

式中，S_h 为天然气水合物饱和度，根据 Hill 平均，改变后的固相弹性模量为

$$K = \frac{1}{2}\left[f_h K_h + (1 - f_h)K_s + \left(\frac{f_h}{K_h} + \frac{1 - f_h}{K_s} \right) \right] \qquad （8\text{-}6）$$

$$G = \frac{1}{2}\left[f_h G_h + (1 - f_h)G_s + \left(\frac{f_h}{G_h} + \frac{1 - f_h}{G_s} \right) \right] \qquad （8\text{-}7）$$

式中，$f_h = \dfrac{\Phi(1 - S_w)}{1 - \Phi S_w}$；$K_s$ 和 G_s 分别为原来固相的体积模量和剪切模量；K_h 和 G_h 分别为纯水合物的体积模量和剪切模量。孔隙度和弹性模量改变后才能用于岩石骨架的弹性模量的计算。

计算出上述两种情况下含水合物地层的弹性模量之后，该地层的纵波速度 V_p 和横波速度 V_s 就可以用此弹性模量和体积密度 ρ_B 表示为

$$V_p = \sqrt{\frac{\left(K_{sat} + \dfrac{4}{3} G_{sat} \right)}{\rho_B}} \qquad （8\text{-}8）$$

$$V_s = \frac{\sqrt{G_{sat}}}{\rho_B} \qquad （8\text{-}9）$$

正演模拟研究：为了研究含水合物地层弹性参数的变化特征，从 Ecker 等（2000）

提出的水合物赋存模式出发，利用 Gassmann 方程研究含水合物地层的弹性参数与水合物饱和度的对应关系。通常当地层的孔隙度很高时（大于 80%），水合物才以模式 A 赋存于地层中，当地层孔隙度很小时（小于 20%），水合物以模式 C 赋存于地层中。对于海底未固结成岩的地层，通常水合物以模式 B 赋存。因此只对模式 B 研究含水合物地层的弹性参数特征。

　　理论计算时有关参数取值：假定砂岩是由 60% 的黏土、35% 的方解石和 5% 的石英组成，这 3 种矿物成分及高黏土含量与砂岩的钻井描述一致。计算得到的固体基质弹性参数为：体积模量 35GPa，剪切模量 13.8GPa，密度 2650kg/m^3。

（二）地震波速度随饱和度的变化

　　理论计算基于 Ecker 等（2000）提出的水合物沉积模型 B，利用 Gassmann 方程计算流体饱和多孔隙介质的纵横波速度。

　　图 8-2 给出了纵波、横波的速度随天然气水合物饱和度的变化曲线。计算时假定含水合物地层的孔隙度为 45%。随着水合物饱和度的增加，纵、横波速度都增加，这与实际情况完全相符。

　　当地层含有游离气时，假设地层的孔隙度为 45%，地震波的纵横波速度随游离气饱和度的变化情况如图 8-3 所示，可以看出，随游离气饱和度的增大，纵波速度逐渐减小，横波速度略有增大，这个结果与样品标本的实验室结果是一致的。

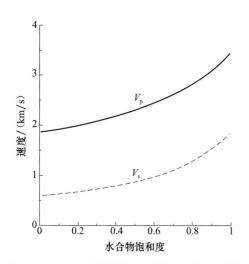 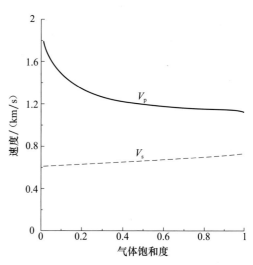

图 8-2　对于水合物模型 B，纵波速度（实线）和横波（虚线）随水合物饱和度的变化曲线

图 8-3　地层含有游离气时计算得到的纵波速度（实线）和横波（虚线）随游离气饱和度的变化曲线孔隙度设定为 45%

（三）含水合物地层的纵横波速度比和泊松比随孔隙度和饱和度的变化规律

　　图 8-4 给出的纵横波速度比（V_p/V_s）随孔隙度的变化曲线，当水合物的饱和度一定

时，V_p/V_s 随孔隙度的增大而增大，但当孔隙完全被水合物饱和时，V_p/V_s 随孔隙度的增大而减小。图 8-5 的纵横波速度比（V_p/V_s）随水合物饱和度的变化曲线说明，当孔隙度一定时，V_p/V_s 的比值随水合物饱和度的增大而逐渐减小，孔隙度越大，其减小的速率越快。当孔隙度为零时，V_p/V_s 大致等于 2。

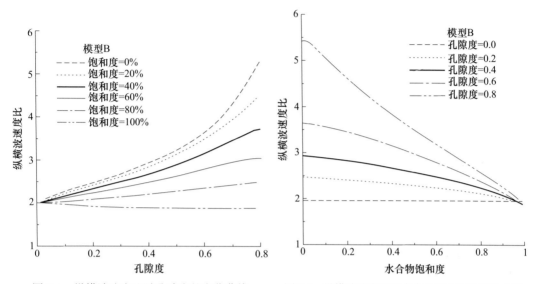

图 8-4　纵横波速度比随孔隙度的变化曲线　　图 8-5　纵横波速度比随水合物饱和度的变化曲线

图 8-6 是不同的水合物饱和度下泊松比随孔隙度的变化曲线，图 8-7 是不同的孔隙度下泊松比随水合物饱和度的变化曲线。可以看出泊松比变化与纵横波速度比（V_p/V_s）变化具有大致相同的规律，在通常的孔隙度范围，浅海沉积岩的泊松比为 0.4～0.5，这与 Ostrander（1984）收集的试验结果一致。对于模型 B，当孔隙度一定时，随天然气水合物饱和度的增大，泊松比逐渐减小；当水合物饱和度一定时，随孔隙度的增大，泊松比也增大，但当完全被水合物饱和时，随着孔隙度的增大，泊松比反而减小。

（四）含水合物地层纵横波速度增量比特征

BSR 是水合物识别的主要标志之一。为了进一步提高水合物识别的可靠性，地层含水合物纵横波速度增大这一特征被用来识别水合物。然而非水合物因素也能引起地层的纵横波速度增加。为了区分水合物和非水合物因素引起的高速特征，本次项目研究了纵横波速度增量比。发现对于海底未固结成岩的疏松地层来说，含水合物地层的纵横波速度增量比远远大于其他非水合物因素引起的纵横波速度增量比。这一特征用布莱克脊 995 井纵横波速度测井资料得到证实。应用实例表明，纵横波速度增量比不仅能够用于识别水合物，还能够用于了解含水合物地层的内部变化特征。

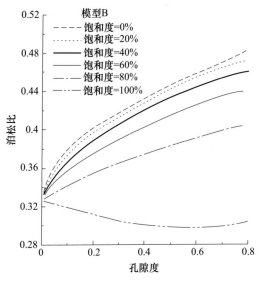

图 8-6　泊松比随孔隙度的变化曲线　　　　图 8-7　泊松比随水合物饱和度的变化曲线

1. 纵横波速度增量比与水合物的关系

Dvorkin 和 Nur（1996）、Dvorkin 等（1999）、Helgerud 等（1999）、Echer 等（2000）提出未固结地层的岩石物理模型，并利用 Gassmann 计算未固结成岩地层的纵横波速度。本节利用 Echer 等（2000）给出的地层骨架矿物组分（35% 方解石 +5% 石英 +60黏土）和纵横波速度公式计算速度［式（8-8），式（8-9）］。

假设给定孔隙度的水饱和地层的部分孔隙空间分别被水合物、碳酸岩、砂、黏土、与水合物有关的自生矿物（如黄铁矿等）充填，利用上述公式计算纵横波速度。以未充填时水饱和地层的纵横波速度为参考值，求得充填后对应各种充填物的纵横波速度增量。各种充填物的弹性参数（Mavko and Mukerji, 1996，Echer et al., 2000）如表 8-2 所示。

图 8-8 是原始孔隙度为 40% 时纵横波速度增量比随充填物百分比含量变化的曲线，横轴的饱和度为以孔隙空间为 1 充填物所占的百分比含量。

图 8-9～图 8-11 分别是孔隙度为 50%、60% 和 70% 情况下的纵横波速度增量随充填物百分比含量变化的曲线。

表 8-2　各种充填物的弹性参数

矿物	$\rho/(\text{g/cm}^3)$	$G/10^9\text{Pa}$	$K/10^9\text{Pa}$	$V_p/(\text{m/s})$
砂	2.63	44	38	5480～5950
方解石	2.71	32	76.8	6400～7000
黏土	2.53	6.666	21.2	1800～2440
水合物	0.767	2.54	6.414	3300
水	1	0	2.2	1480

续表

矿物	$\rho/(\mathrm{g/cm^3})$	$G/10^9\mathrm{Pa}$	$K/10^9\mathrm{Pa}$	$V_p/(\mathrm{m/s})$
气	0.088	0	0.108	350
石灰岩	2.65	44.53	23.17	5335
蛋白石	2	12.58	14.219	3935
黄铁矿	4.93	132.5	147.4	8100
石膏	2.31	30	58	
重晶石	4.51	23.8	54.5	4370
天青石	3.96	21.4	81.9	5280
硬石膏	2.98	29.1	56.1	5640
石英 5%+ 黏土 60%+ 方解石 35%	2.63	13.8	35	

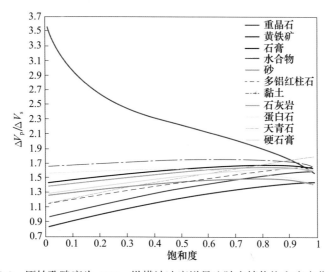

图 8-8 原始孔隙度为 40%，纵横波速度增量比随充填物饱和度变化曲线

由图 8-8～图 8-11 可见：①当地层含水合物时，纵横波速度增量比明显大于其他充填物引起的纵横波速度增量比；②对水合物来说，随着饱和度的增加，纵横波速度增量比降低，降低的速率与原始孔隙度有关，且低饱和度的降低速率大意味着在低饱和度情况下，纵横波速度增量比对水合物饱和度的变化十分敏感；③对于其他充填物来说，随着充填物百分比含量的增加，纵横波速度增量比增大，变化率几乎是常数；④对于给定的原始饱和度，存在一个阈值，充填水合物引起的纵横波速度增量比大于该阈值，充填其他非水合物物质引起的纵横波速度增量比小于该阈值，意味着利用纵横波速度增量比能够区分地层的高速异常是水合物引起的还是非水合物因素引起的；⑤这个阈值的大小与地层原始孔隙度有关，随着原始孔隙度的增加，该阈值减小。

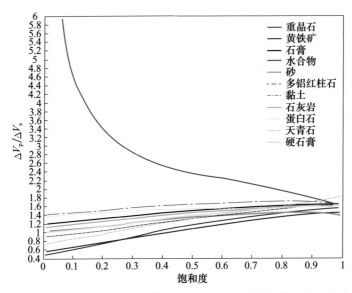

图 8-9　原始孔隙度为 50%，纵横波速度增量比随充填物饱和度变化曲线

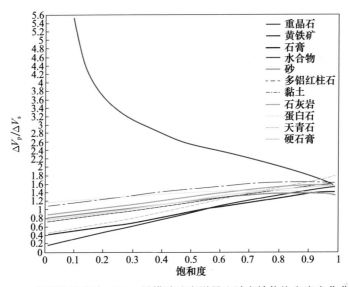

图 8-10　原始孔隙度为 60%，纵横波速度增量比随充填物饱和度变化曲线

2. 纵横波速度测井资料验证

图 8-12 是 ODP 164 航次的 995 井（Paull et al., 1996）的纵波和横波速度测井曲线。测井资料表明这里地层的孔隙度高达 70%。取纵横波速度增量比的阈值为 1.7。根据纵波和横波测井数据求得各深度处的纵横波速度增量比。当比值小于 1.7 或速度增量为负值时，取比值为零。图 8-13 中蓝点的坐标为海底以下深度和纵横波速度增量比。由图 8-13 可知，蓝点密集区域与水合物带吻合（Paull et al., 1996）。BSR 之下仍有少量点的纵横波速度增量比大于阈值，这一现象有待进一步研究。

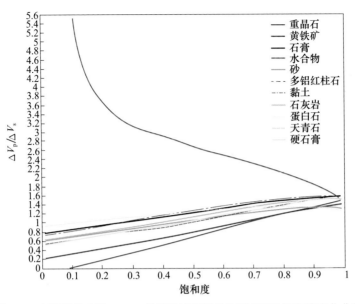

图 8-11　原始孔隙度为 70%，纵横波速度增量比随充填物饱和度变化曲线

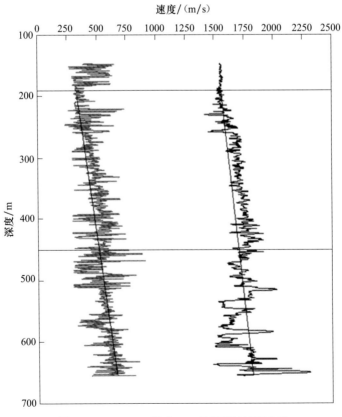

图 8-12　ODP 164 航次 995 井纵横波速度曲线

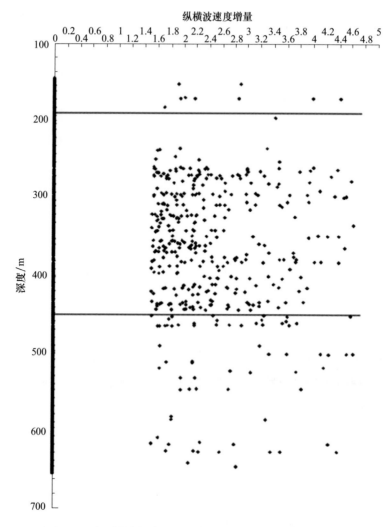

图 8-13　由测井资料求得的纵横波速度增量比随深度的变化

图中蓝点表示对应深度处的纵横波速度增量比大于 1.7

　　实际应用用 ODP 164 航次的地震数据反演纵横波速度，进而求得纵横波速度比剖面。如图 8-14 所示，增量比值大于 1.7 用白色表示。否则用黑色表示。该剖面的白色区域表明存在水合物。其底边界与 BSR 吻合。顶界与 997 井和 995 井水合物带的顶基本吻合（Paull et al., 1996）。该增量比剖面反映出含水合物地层内部的不均匀性。这种不均匀性与水合物分布特征有关。

　　其他地区的实际应用表明，该方法只适用于未固结成岩地层，不适应于已经成岩的地层。

（五）结论

　　（1）与水饱和地层相比，地层含水合物纵、横波速度增大，纵波速度与横波速度比减小，泊松比减小。

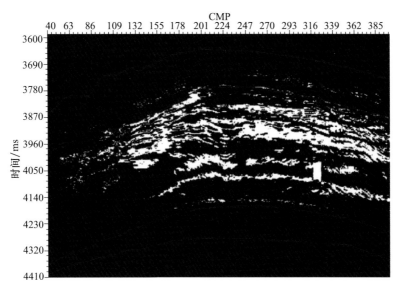

图 8-14　布莱克脊纵横波速度增量比剖面

（2）与水饱和地层相比，地层含水合物密度降低。

（3）单从纵波速度并不能唯一地识别水合物。利用纵横波速度增量比能够区分水合物和非水合物因素引起的高速异常，不仅可以提高识别水合物的可信度，还可以反映含水合物地层内部的不均匀性。

二、含水合物地层渗透率特征

众所周知，速度是识别水合物和估计其饱和度的重要参数，速度信息已经得到较好的应用。实验结果表明，水合物对渗透率的影响也很大。因此认识水合物饱和度与渗透率的关系，对提高水合物识别的可靠性和水合物分布规律具有重要意义。2008 年，Minagawa 等（2008）在水合物分解实验中通过核磁共振测得水合物饱和度与渗透率之间的关系。如图 8-15 实心红点所示；由图 8-15 可见，在低饱和度情况下渗透率随饱和度增加迅速降低，之后渗透率随饱和度增加而缓慢变化，当水合物饱和度大于 26% 时，渗透率随着饱和度增加快速降低。

Minagawa 等（2008）采用 SDR 模型，建立了渗透率与水合物饱和度之间的关系，并且发现在这一模型下的计算结果与其在水合物分解实验中以 Darcy 定律测得的结果非常接近，误差在 2 因子乘或除的范围之内 [图 8-15，实心红点为实验测定结果，空心红点为 NMR 谱（SDR）计算结果]，红色曲线就是用 SDR 模型计算的结果，虽然与 Masuda 模型 N=10 和 LBNL（Lawrence Bereley National Laboratory）的模型接近，但从趋势上看，渗透率明显出现由骤降到平缓再到骤降的过程。本书随即也利用 SDR 模型研究渗透率与水合物饱和度之间的关系，发现 Minagawa 等（2008）给出的数值模拟结果是错误的，SDR 模型并不能反映渗透率明显出现由骤降到平缓再到骤降的过程（图 8-16）。

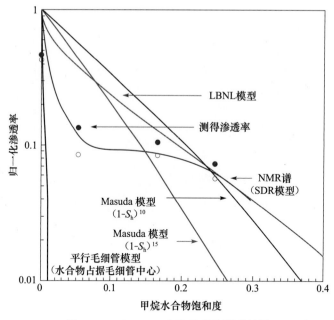

图 8-15 Minagawa 实验及其他模型结果

采用 SDR 模型对渗透率进行数值模拟，没有考虑孔隙连通性对渗透率的影响。本节着重解决这一问题，建立新的水合物生长的概念模型，从微观上模拟水合物的生长过程并探讨其对渗透率的影响。

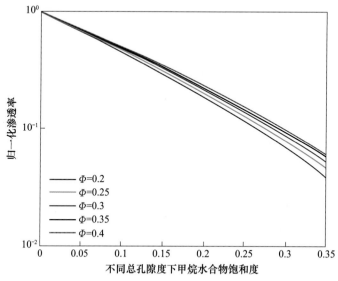

图 8-16 采用 SDR 模型计算渗透率与水合物饱和度的变化关系

细砂孔隙度、弛豫时间不变

（一）三维孔隙介质模型的建立

本节第一部分介绍了水合物与骨架颗粒相互作用的各种模式，为了更好地反映水合物在孔隙空间中的生长情况，本节根据各种作用模式，建立与之相应的孔隙介质模型。

将孔隙空间分成孔隙体、孔隙通道两部分，建立如图 8-17 所示的三维理想孔隙介质模型。由于地层结构复杂多变，为了简化模型，将地层看成是由单一粗砂构成的岩层，并假设地层中粗砂颗粒粒度均一、排列均匀。

孔隙介质模型

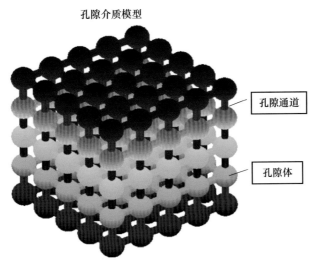

图 8-17 三维孔隙介质模型

由于水合物在细砂中的生长受到抑制，本节的介质模型只适用于粗砂孔隙中，代表粗砂的孔隙空间。

图 8-17 中球体表示孔隙体，也就是实际地层中的大孔隙部分；圆柱管表示孔隙通道，也就是骨架颗粒之间结合比较紧密的部分。为方便起见，孔隙体与孔隙通道之间也有规则的排列。孔隙体与孔隙通道的半径可以根据实际地层情况进行修改，使孔隙模型符合实际地层的变化。

将水合物与骨架颗粒的 3 种作用方式映射到孔隙介质模型中可知，A 种、B 种方式，也就是水合物作为胶结物的方式可与水合物在孔隙通道中生长相对应，而 C 种水合物在孔隙中心生成的方式对应水合物在孔隙体中的生长。因此，孔隙体与孔隙通道的划分有物理依据的支持，可以反映水合物在实际地层的生成情况，从而为渗透率的数值模拟奠定基础。

建立管-球孔隙介质模型后，下一步考虑求取渗透率的方法。SDR 模型没有引入孔隙连通性对渗透率的影响。本节采用 Darcy 定律与 Poiseuille 方程相结合的方法，对这一问题进行深入探讨，形成具有创新性的数值模拟方法。

（二）Darcy 定律与 Poiseuille 方程相结合的模拟方法

Darcy 定律是测量渗透率的基本定律，Poiseuille 方程是液体的一般流动规律，二者结合形成的模型对渗透率的数值模拟颇具意义。

1. Darcy 定律

Darcy 定律是反映水在岩土孔隙中渗流规律的实验定律，也是计算渗透率的核心方法，其公式为

$$Q = \frac{k}{\eta} \frac{\Delta p}{\Delta l} S \qquad (8-10)$$

式中，Q 为单位时间内流体的流量；k 为所求的多孔隙介质渗透率；η 为流体黏滞度；S 为横截面积；Δp 为压强差；Δl 为渗流路径的长度。

在数值模拟中，每一阶段的 Q、Δp 等物理变量必须通过实验装置测定，无法通过数学方法进行模拟计算，因此不能直接利用 Darcy 定律模拟渗透率与饱和度的关系。

2. Poiseuille 方程

如果液体的流动形式满足 Poiseuille 方程（布贝尔等，1994），对半径为 r 的毛细管，有

$$Q = \frac{\pi r^4}{8\eta} \frac{\Delta p}{\Delta l} \qquad (8-11)$$

将 Darcy 定律与 Poiseuille 方程结合，形成求取渗透率的模型，把式（8-11）代入式（8-10），渗透率为

$$k = \frac{r^2}{8} \frac{\pi r^2}{S} = \frac{r^2}{8} \frac{\pi r^2 \Delta l}{S \Delta l} = \frac{r^2}{8} \Phi \qquad (8-12)$$

式中，毛细管半径 r 为孔隙半径；Φ 为孔隙度，等于岩土内孔隙体积 $\pi r^2 \Delta l$ 与岩土体积 $S \Delta l$ 之比。对于孔隙介质的 r 与 Φ，可以通过微观模型进行分析计算，这为数值模拟提供了便利。

值得一提的是，在其他条件不变的情况下，孔隙度 Φ 的大小由孔隙半径 r 决定，因此在下面的数值模型中，着重考虑渗透率与孔隙半径平方之间的关系。

将 Darcy 定律与 Poiseuille 方程相结合的方法（简称 DP 模型）应用到建立的管–球孔隙介质模型之中。

（三）数值模拟方法在模型中的应用

对于多孔隙空间来说，渗透率的大小高度依赖方向。因此，分别计算 x、y、z 三个方向的渗透率 k_x、k_y、k_z，而所求的渗透率是这三个方向的几何平均值。假设流体沿方向流动，对流体通过的每一层孔隙做截面，分析流体在整体和每一截面上的流动情况（图 8-18）。

孔隙体、孔隙通道之间存在两种连接关系；流体的流动方式与这两种连接息息

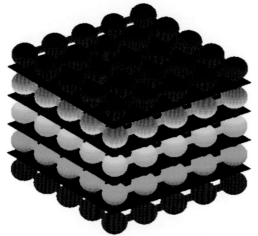

图 8-18　孔隙通道截面

相关。

1. 孔隙体、孔隙通道之间的串、并联关系

以 z 轴方向为例，流体从顶端流经底端的一个通道可看成是由球（孔隙体）和圆柱（孔隙通道）"串联"而成的管道（图 8-19），而整个孔隙空间又可以看成这些管道的集合。

这些"串联"的管道之间存在"并联"关系。将图 8-18 的任意截面投影到二维平面上（图 8-20）以圆圈代表孔隙通道，由于流体可以流经平面上的任意孔隙通道，孔隙通道之间存在一种"并联"关系。同理，同一截面上，孔隙体之间也是"并联"的。

综合来看，图 8-17 的孔隙模型可以看成是由孔隙体、孔隙通道串联而成的管道并联后的结果。

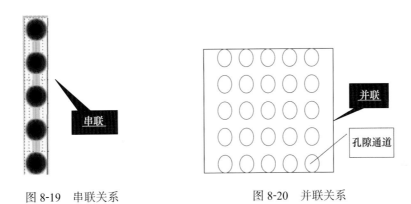

图 8-19　串联关系　　　　　　　　　图 8-20　并联关系

2. 串、并联后渗透率的计算

从式（8-12）可知，渗透率由孔隙半径的平方决定，也可看作由毛细管的截面面积所决定。根据上面的串连关系，截面之间面积的关系为

$$\frac{1}{A_{z_i}} = \sum \frac{1}{A_{z_{ij}}}, \qquad A_{z_{ij}} \sim r_{ij}^2 \qquad (8\text{-}13)$$

式中，A_{z_i} 为第 i 条管道串联后的流通面积，$A_{z_{ij}}$ 代表第 i 条管道上孔隙体或孔隙通道横截面 j 的面积，且面积与孔隙半径的平方成正比。

孔隙体、孔隙通道并联后，最后的流通面积 A_z 为各管道面积的加和，即

$$A_z = \sum A_{z_i} \qquad (8\text{-}14)$$

将这些面积与式（8-12）相对应，形成计算渗透率的新模型。这里把孔隙体与孔隙通道分割成两个独立的区域，分别分析流体在孔隙体、孔隙通道中的流通能力。

如图 8-21 所示，孔隙通道可直接看成管道，而对于孔隙体，它的流通能力由嵌入其中的管道，也就是图 8-21 的 B 部分决定，管道之外的 C 部分对渗透率的变化无影响。

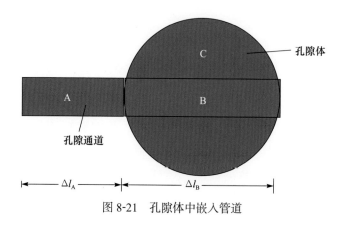

图 8-21　孔隙体中嵌入管道

从图 8-21 可知，孔隙体中的管道半径与孔隙通道相同，但长度有所不同，因此在计算时要对长度进行归一化。

孔隙体与孔隙通道"串联"后，渗透率是流体流经管道路径的综合反映。由于渗透率与截面面积存在正比关系，串联后的渗透率也可以通过式（8-13）的倒数和关系表现出来。对于一个 z 方向上的串联管道 i，渗透率为

$$\frac{1}{KZ_{\text{channel}\_i}} = \frac{1}{KZ_{\text{throat}\_i}} + \frac{1}{KZ_{\text{body}\_i}\dfrac{\Delta l_{\text{throat}}}{\Delta l_{\text{body}}}} \quad （8\text{-}15）$$

式中，KZ_{channel_i} 为 z 轴方向上串联管道 i 的渗透率；KZ_{throat_i} 为孔隙通道串联后的渗透率；KZ_{body_i} 为孔隙体串联后的渗透率；$\dfrac{\Delta l_{\text{throat}}}{\Delta l_{\text{body}}}$ 为孔隙通道与孔隙体中管道的长度比。

而对于串联的孔隙通道和孔隙体，其渗透率通过下列式子计算。

$$\frac{1}{KZ_{\text{throat}\_i}} = \sum_j \frac{1}{KZ_{T_j,i}} \quad （8\text{-}16）$$

$$\frac{1}{KZ_{\text{body}\_i}} = \sum_k \frac{1}{KZ_{B_k,i}} \quad （8\text{-}17）$$

式中，T_j 为第 j 层的孔隙通道；B_k 为第 k 层的孔隙体。至于式（8-16）、式（8-17）中孔隙剩余半径平方的计算方法，将在下文模拟水合物生成过程加以描述。

计算单个串联管道的渗透率后，将所有管道并联加和形成 z 轴方向上的渗透率

$$KZ_{\text{Total}} = \sum_i KZ_{\text{channel}\_i} \quad （8\text{-}18）$$

模型的渗透率受 x、y、z 3 个方向的共同作用，因此模型渗透率是 3 个方向渗透率的几何平均值：

$$K_{\text{Total}} = \sqrt[3]{KX_{\text{Total}}KY_{\text{Total}}KZ_{\text{Total}}} \quad （8\text{-}19）$$

至此，Darcy 定律与 Poiseuille 方程相结合的方法已完整地应用于所建立的孔隙介质模型。下一步进入具体的水合物生成模拟中。

（四）模拟水合物的生长过程

水合物生成后，孔隙空间的几何结构与连通性都发生变化，而本章主要强调孔隙的变化对渗透率的作用。为此建立一个水合物生长的模拟过程，研究水合物生长时渗透率的发展趋势。

假设 Minagawa 的实验结果在微观机制上受孔隙空间的影响。

1. Minagawa 实验中水合物生长过程的设想

对于 Minagawa 的实验结果，可能的解释为：①水合物开始分解时，首先从孔隙通道中释放出来，通道的畅通有利于流体的流动，因此渗透率开始增加，与此同时，水合物也从与孔隙通道相连的孔隙体中释放出来，在孔隙体中形成一个与孔隙通道半径相同的管状流动通道（图 8-21 中的 B）；②水合物进一步分解，但孔隙体内流动通道之外的部分（图 8-21 中的 C）对渗透率的变化没有显著影响，因此形成实验中观察到的渗透率平稳下降阶段；③水合物分解到一定程度后，剩余封闭的孔隙通道完全打开，渗透率迅速上升到终点。

水合物的生成过程与之相反，因此渗透率呈现图 8-15 从骤降到平缓再到骤降的 3 个阶段。

2. 模拟水合物的生长过程

根据上面的解释，采用与 Minagawa 实验相反的过程，让水合物晶体随机地在管 – 球模型（图 8-17）中生成，观察渗透率是否会出现与图 8-15 相似的变化趋势。

把水合物的生长过程看成向小球（孔隙体）和管道（孔隙通道）扔晶体小球的过程，因为二者极具相似性。随着水合物饱和度的增加，晶体小球逐渐增多并占据孔隙空间；当孔隙空间下降到一定门限值时，水合物开始堵塞管道，阻塞流体在管道内的流通，因此流体流经管道的速度下降，流通能力变弱，相应的渗透率也随之降低。

上述模拟过程主要涉及 3 个方面的问题，即水合物生成的位置、水合物的产状及水合物的生成方向。

1）水合物的生成位置

向孔隙空间扔小球的过程中，最关键的问题是小球投掷的位置，即水合物的生成位置，它对孔隙连通性的影响至关重要。

根据晶体的成核机制，水合物的生成可分为均匀成核与非均匀成核（潘普林，1981）两种形式，对应的小球投掷方式也有两种形式。

（1）均匀的核化作用。

假设水合物均匀地分布在孔隙体和孔隙通道中，也就是说水合物在孔隙空间中没有优先的生成位置。那么水合物成核的概率相同，即 $P_{body}:P_{throat}=1:1$。如果在孔隙介质模型中，孔隙体 V_{body} 占据 80% 的孔隙空间，孔隙通道 V_{throat} 占据 20% 的孔隙空间，则分配比率 $P_{body}V_{body}:P_{throat}V_{throat}=(1\times80):(1\times20)$。下面介绍具体生成位置的数值模拟过程。

第一，判断晶体放入孔隙体还是孔隙通道。以蒙特卡洛法（姚姚，1997）生成区间［0,1］的随机数，如果随机数在［0,0.8］，将晶体放入孔隙体中；否则放入孔隙通道中。

第二，选择具体的孔隙体或孔隙通道。将所有的孔隙体或孔隙通道按 1,2,3,…,n 标号。生成区间［0,1］的随机数，根据随机数选择水合物放入的位置。比如，标号从 1～100，随机数为 0.62，那么将晶体放入标号为 62 的孔隙体或孔隙通道中。

第三，随着孔隙空间逐渐被水合物占据，水合物饱和度增大，孔隙体与孔隙通道的体积比也随之发生变化。因此分配比率不再是 80：20，而是根据剩余有效孔隙体积 V_{body}：V_{throat} 而定。

（2）非均匀的核化作用。

假定水合物有优先成核位置，也就是说，它在孔隙空间是非均匀核化的。又假设水合物在孔隙通道成核的概率是孔隙体 4 倍，即 P_{body}：P_{throat}=1：4，则水合物的分配比率为 $P_{body}V_{body}$：$V_{throat}P_{throat}$=（1×80）：（4×20），即 50%：50%。

模拟成核位置时，生成区间［0,1］的随机数，如果随机数在［0,0.5］，将晶体放入孔隙体中；否则，放入孔隙通道中。接下来的步骤与均匀核化作用相同，只是随着孔隙空间逐渐被水合物占据，分配比率变为 V_{body}：$4V_{throat}$。

综上所述，水合物生成位置的模拟过程按以下 3 个步骤进行：①生成随机数；②比较随机数与分配比率，确定晶体分配到孔隙体还是孔隙空间；③再生成随机数，选择分配到孔隙体或孔隙通道位置（标号）。

这里对水合物优先在孔隙通道中成核的假设给出说明。学者普遍认为，对于孔隙极小的黏土质粉砂质岩石，当其处于束缚水饱和状态时，由于毛细管压力的存在及甲烷气的无法伸入，水合物的形成会受到抑制（Brewer et al.，1997）。而本章的管-球模型只涉及可动水流动的粗砂孔隙，并不包含黏土质粉砂质岩石成分，也就不存在水合物能否在孔隙通道中生成的争议。

孔隙介质模型将粗砂孔隙架构分成孔隙体（球）和孔隙通道（管）两部分。在扩散自旋作用下，孔隙体与孔隙通道耦合在一起，且在核磁共振实验中，孔隙体与孔隙通道产生的信号属于同一个弛豫时间峰，如 Kleinberg 等（2003a）的实验结果。在孔隙通道内部或周围的非均匀核化可能源于通道的狭窄，这一点已由 Clennell 等（1999）证实。Nimblett 和 Ruppel（2003）在对水合物生成期间渗透率变化的理论研究中也发现，相较于大孔隙，水合物生成后造成的渗透堵塞更快地体现在小孔隙中。尽管水合物的表面属性尚未可知，但不能排除水合物在孔隙通道优先生成这种非均匀核化的可能性。而这正是本次模拟中水合物晶体优先在孔隙通道中生成的假设基础。

相反，由于模型中孔隙体总体积远大于孔隙通道，从分配比率来看，均匀核化过程已涵盖水合物优先在孔隙体中生成的这种情形，因此不需要再把它单独划分出来进行讨论。

2）水合物的产状与生成方向

除了水合物的生成位置，水合物的产状与生成方向也是数值模拟所关注的问题。为了计算简便，在这里将水合物统一看成标准球状晶体。每次向孔隙空间投掷一个水合物小球，直到模拟试验结束为止。

由于孔壁具有吸附作用，水合物首先沿着孔壁生长，之后慢慢向孔隙中心生成。如图 8-22 所示，水合物先在贴着孔壁的位置 1～6 生成，最后才在位置 7 生成。因为存在这种方向特性，在具体的模拟过程中也要对这些位置进行标号，保证水合物由外围至中心的生长方式。

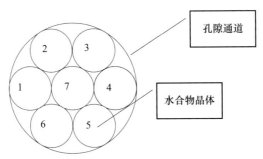

图 8-22　水合物的生成方向

对于每个通道，剩余截面积用 a_s 计算：

$$a_s = \pi r_{\text{throat}}^2 - N\pi r_{\text{hydrate}}^2 \tag{8-20}$$

式中，r_{throat} 为孔隙通道的半径；N 为截面中水合物小球的个数；r_{hydrate} 为小球的半径。截面的剩余面积可近似的代替式（8-12）剩余半径的平方求取渗透率。

对于单个孔隙通道，渗透率也是流体通过每一层水合物晶体小球后流通能力的综合反映。因此，从微观上来说，可以将每一层水合物对渗透率的影响详细分析考虑。

在孔隙通道内，对每一层晶体小球中心位置做截面。如图 8-23 所示，如果孔隙通道可以容纳四层晶体小球，则做 4 个截面（图 8-24）。

图 8-23　孔隙通道容纳晶体小球

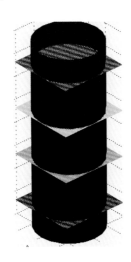

图 8-24　孔隙通道截面

从图 8-24 可知，孔隙通道内部层与层之间也是串联关系，计算渗透率时也符合式（8-16）的倒数之和的关系。也就是说，每个孔隙通道的渗透率为

$$\frac{1}{K_T} = \sum_j \frac{1}{(\text{unblocked cross sectional area})_j} \tag{8-21}$$

同理，孔隙体里嵌入的管道也可以分成多个截面对其渗透率进行计算，不同的地方有两点：一是孔隙体内的管道不是 1 条，而是 3 条，x、y、z 3 个方向各有一条，模拟起来情况更加复杂，尤其对于 3 条管道交汇的部分，计算时要特别注意，因为水合物在这一区域内生成时对 3 个方向的渗透率都有影响；二是孔隙体中管道之外的大部分空间对渗透率没有影响。在表面吸附的作用下，模拟时水合物首先在不涉及渗透率变化的空间生成，也就是图 8-21 的 C 部分。这些空间逐渐被占据后，生成位置向中心移动，直到移到管道内部，影响渗透率变化，最后堵塞管道，无法再有新的水合物生成为止。

而对于管道堵塞的情况，无论是孔隙体还是孔隙通道，都需要设定一个门槛值，这在实际计算机模拟中尤为重要。

从孔隙模型建立到渗透率求取方法（DP 模型）与孔隙模型的结合，再到水合物生成过程的模拟，以上环节构成了一套完整的渗透率数值模拟方法。这套方法，通过水合物生成的不同位置及方向，从微观上包含了孔隙连通性对渗透率的影响。下面采用这个模拟过程模拟相对渗透率随水合物饱和度的变化关系，同时分析影响渗透率曲线的因素。

（五）试验结果分析

根据上述方法模拟水合物生成的过程，改变成核率和初始孔隙度，比较这些因素对模拟结果的影响。

1. 模拟试验

试验中采用孔隙度 15%～45% 的样本进行相对渗透率的数值模拟。取一组参数，孔隙体半径 R_{body}=47.5μm，孔隙通道长 h_{throat}=40μm，半径 r_{throat}=15μm，晶体小球半径 $r_{hydrate}$=5μm，量纲与 Minagawa 的实验样品相同。

开始时采用均匀核化过程，取成核率之比 $g = P_{throat} : P_{body}$=1，对其进行数值模拟。随后变换成核率，令 g=3,5,10。

上文提到，水合物小球的生成位置由蒙特卡洛法随机分配而得，为了消除这种随机性对渗透率模拟值的影响，采用 100 次独立模拟结果的对数平均值作为每一饱和度下的最终模拟值，即

$$\lg K_{final} = \frac{1}{N} \sum_{m=1}^{N} \lg K_{Total\_m} \qquad N = 100 \tag{8-22}$$

所以

$$K_{final} = \exp\left(\frac{1}{N} \sum_{m=1}^{N} \lg K_{Total\_m}\right) \qquad N = 100 \tag{8-23}$$

式中，K_{Total_m} 为第 m 次独立模拟结果的渗透率值。

图 8-25 中红色散点与图 8-15 中的实心红点相对应，都代表实验测定的渗透率值，

其余 4 条曲线为不同成核率下渗透率的模拟值。比较模拟结果与 Minagawa 结果可知，采用 Darcy 定律与 Poiseuille 方程结合方法模拟后，虽然模拟的相对渗透率曲线都略高于 Minagawa 的实验结果，但渗透率与水合物饱和度的变化趋势却与 Minagawa 实验一样，都出现了由骤降到缓降再到骤降的过程。同时这也符合本节关于水合物晶体分解对渗透率的影响的设想。

接下来变换参数，分析在 Darcy 定律与 Poiseuille 方程相结合的方法下影响渗透率曲线的因素。

2. 影响渗透率的因素分析

做两组对比模拟试验，分别比较成核率及初始孔隙度对渗透率变化的影响且对影响方式做规律性分析。

1）成核率对渗透率的影响

图 8-25 中成核率对渗透率的模拟结果影响重大。为了确定这种影响是否具有规律性，取不同孔隙通道长 h_{throat} 做对比分析。

设 R_{body}=47.5μm，r_{throat}=15μm，$r_{hydrate}$=5μm。取成核率之比 g=1,3,5,10，分别比较 h_{throat}=30μm，40μm，50μm，100μm 时，不同成核率下相对渗透率随饱和度的变化。

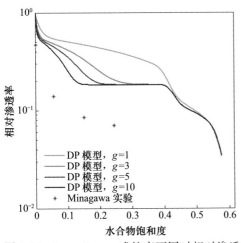

图 8-25　h_{throat}=40μm，成核率不同时相对渗透率随饱和度的变化趋势

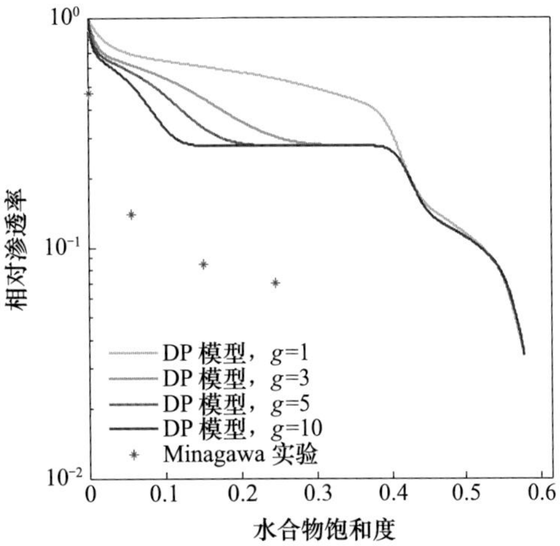

图 8-26　h_{throat}=30μm，成核率不同时相对渗透率随饱和度的变化趋势

从图 8-25～图 8-28 可以观察到，无论 h_{throat} 多大（在任意初始孔隙度下），成核率对渗透率的模拟都有规律性的影响作用：孔隙通道的成核率越高，渗透率下降得越快。也就是说，水合物越优先在孔隙通道中生成，渗透率的下降越明显，曲线平直的部分也越长。这也就证明孔隙喉道的阻塞与否是决定孔隙渗透能力的主要因素。

2）初始孔隙度对渗透率的影响

孔隙通道长度 h_{throat} 的变化可以反映初始孔隙度 Φ 的变化，因为在其他参数不变的情况下，孔隙通道越长，孔隙模型占整个岩石样品的体积分数就越低，初始孔隙度也越小。因此，不同的 h_{throat} 意味着不同的初始孔隙度，也意味着不同的孔隙通道、孔隙体积比，如

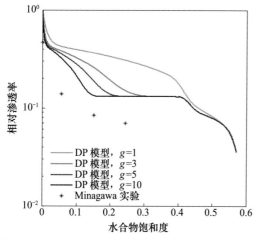

图 8-27　$h_{\text{throat}}=50\mu m$，成核率不同时相对渗透率随　　图 8-28　$h_{\text{throat}}=100\mu m$，成核率不同时相对渗
饱和度的变化趋势　　　　　　　　　　透率随饱和度的变化趋势

$$
\begin{aligned}
h &= 30\mu m, & \Phi &= 0.2966, & V_{\text{throat}} : V_{\text{body}} &= 1:8.8207 \\
h &= 40\mu m, & \Phi &= 0.2523, & V_{\text{throat}} : V_{\text{body}} &= 1:6.6155 \\
h &= 50\mu m, & \Phi &= 0.2169, & V_{\text{throat}} : V_{\text{body}} &= 1:5.2924 \\
h &= 100\mu m & \Phi &= 0.1154, & V_{\text{throat}} : V_{\text{body}} &= 1:6.6155
\end{aligned}
\tag{8-24}
$$

将上一组对比试验的结果进行重新整合，分析初始孔隙度对渗透率模拟值的影响。

设 $R_{\text{body}}=47.5\mu m$，$r_{\text{throat}}=15\mu m$，$t_{\text{hydrate}}=5\mu m$，变化参数 h_{throat}，令 $h_{\text{throat}}=30\mu m$，$40\mu m$，$50\mu m$，$100\mu m$，分别比较 $g=1,3,5,10$ 时不同初始孔隙度下相对渗透率随饱和度的变化（图 8-29～图 8-32）。

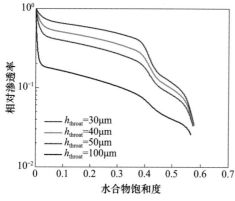
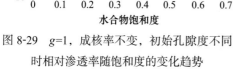
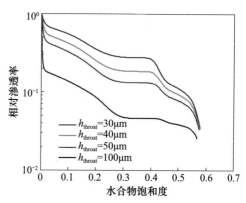

图 8-29　$g=1$，成核率不变，初始孔隙度不同　　图 8-30　$g=3$，成核率不变，初始孔隙度不同
时相对渗透率随饱和度的变化趋势　　　　　时相对渗透率随饱和度的变化趋势

从图 8-29～图 8-32 可知，无论成核率多大，在成核率固定的情况下初始孔隙度越大，渗透率下降得越慢。这从另一个侧面说明孔隙通道对渗透率的关键性影响。如式（8-24），初始孔隙度越大，则孔隙空间中孔隙体的比例越高，对渗透率的作用也越滞后。

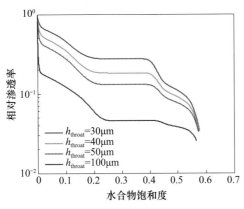 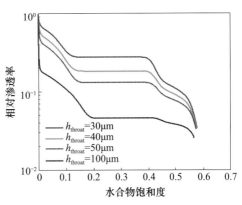

图 8-31 $g=5$，成核率不变，初始孔隙度不同时相对渗透率随饱和度的变化趋势　　图 8-32 $g=10$，成核率不变，初始孔隙度不同时相对渗透率随饱和度的变化趋势

3）模拟结果的稳定性分析

在本章的数值试验中，为排除随机分配小球对结果的影响，采用 100 次独立模拟结果的对数平均值作为最终模拟值，现对这 100 次结果进行统计分析，以确定模拟结果的稳定性和可靠性。

对任意参数组合下渗透率的 100 次独立试验的结果作分析，选择 S_h=0.05, 0.1, 0.15, 0.2, 0.25, 0.3, 0.35, 0.4, 0.45, 0.5, 0.55 处的渗透率做统计，观察渗透率模拟值的分布情况。

以 h_{throat}=40μm，R_{body}=47.5μm，r_{throat}=15μm，$r_{hydrate}$=5μm，成核率比 g=3 这组参数为例的统计结果如下（图 8-33～图 8-43）。

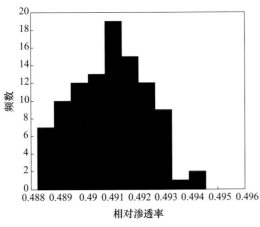 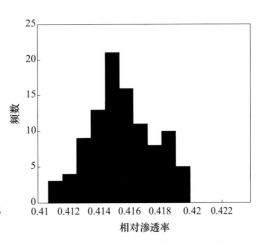

图 8-33 $g=3$，S_h=0.05 时模拟值的分布　　　图 8-34 $g=3$，S_h=0.1 时模拟值的分布

从图 8-34～图 8-44 可知，除 S_h=0.35 外，其他饱和度下渗透率模拟值都近似正态分布。也就是说，模拟值在一定区域内稳定，可靠性较高。当成核率比 g=1, 5, 10 或 h_{throat}=30μm, 50μm, 100μm 时，同样对 100 次的独立试验做统计分析，模拟结果也基本都符合正态分布，证明此方法较为可信。

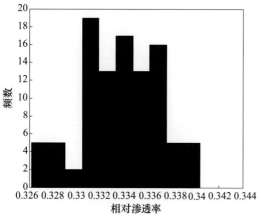

图 8-35　$g=3$，$S_h=0.15$ 时模拟值的分布

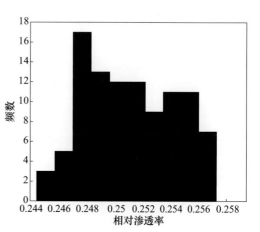

图 8-36　$g=3$，$S_h=0.2$ 时模拟值的分布

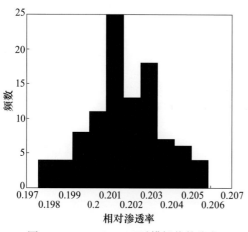

图 8-37　$g=3$，$S_h=0.25$ 时模拟值的分布

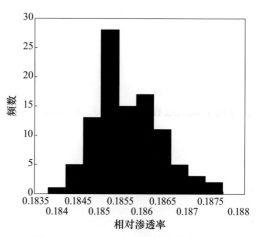

图 8-38　$g=3$，$S_h=0.3$ 时模拟值的分布

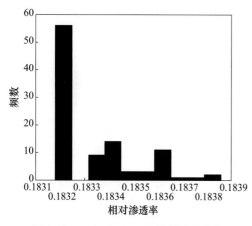

图 8-39　$g=3$，$S_h=0.35$ 时模拟值的分布

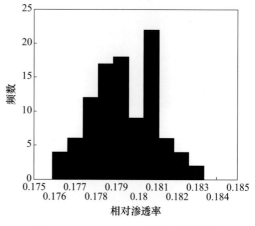

图 8-40　$g=3$，$S_h=0.4$ 时模拟值的分布

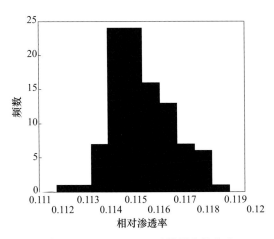

图 8-41 $g=3$, $S_h=0.45$ 时模拟值的分布

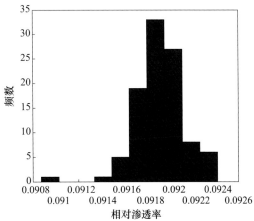

图 8-42 $g=3$, $S_h=0.5$ 时模拟值的分布

（六）小结

本节以建立的管-球孔隙介质模型为基础，采用 Darcy 定律与 Poiseuille 方程相结合的方法，建立计算渗透率的新模型。同时，把水合物生成的过程看成向孔隙空间扔小球的过程，从微观上探索水合物的生长及孔隙的变化对渗透率的影响。引入成核率这一概念分析孔隙体、孔隙通道各自对渗透率的影响程度。试验结果证明，包含成核率因素后，渗透率与水合物饱和度的变化关系与 Minagawa 实验结果相近，也与预期的结果相符。

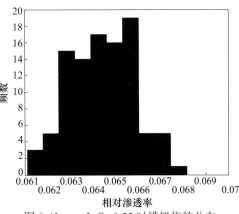

图 8-43 $g=3$, $S_h=0.55$ 时模拟值的分布

采用两组对比试验分别探讨成核率和初始孔隙度对渗透率的影响。结果表明，初始孔隙度越小，而水合物在孔隙通道的成核率越高，渗透率下降得越快。这正好反映了孔隙通道对渗透率的关键性影响。

模拟试验中为消除蒙特卡洛随机分配产生的影响，每一组参数的渗透率都是 100 次独立模拟的对数平均值。选取 11 个饱和度下的 100 次模拟值做统计分析，模拟结果的正态分布形式证明整个模拟过程的稳定性和可靠性。

本节首次提出了串联、并联式的 DP 模型和扔小球式的水合物生长模拟过程。从模拟结果看，渗透率与饱和度的变化关系比较符合预期的结果，为未来进一步将模型应用到实际地层中提供条件。

（七）各种模拟方法结果综合比较

前面分别介绍了 SDR 模型的实验过程及结果，SDR 模型的数值模拟法及 Darcy 定律与 Poiseuille 方程相结合方法的模拟结果。本节对所有实验、模拟结果做综合的比较分析。

1. 其他数值模拟方法

首先，对 Minagawa 实验图 8-15 的 Masuda 模型和 LBNL 模型做以说明。

1）Masuda 模型

东京大学的 Masuda 等（1997）修改了平行毛细管模型的参数，使渗透率与饱和度的关系变为

$$k = (1 - S_h)^N \qquad (8\text{-}25)$$

在其模型中，选择 $N=10$ 或 $N=15$ 作为参数代入式（8-25）。

2）LBNL 模型

Moridis 等（1998）根据 van Genuchten（1980）和 Parker（1987）的理论建立求取渗透率的 LBNL 模型：

$$k = S_w^{\frac{1}{2}} \left[1 - (1 - S_w^{\frac{1}{m}})^m \right]^2 \qquad (8\text{-}26)$$

式中，对于砂岩和泥岩，$m=0.46$。

2. 各种模拟方法结果综合比较

将本节 SDR 模型、Darcy 定律和 Poiseuille 方程相结合方法（DP 模型）的模拟结果与 Minagawa 实验图中的各种结果做对比。

1）SDR 模型模拟结果与 Minagawa 实验图的对比

选取 SDR 模拟试验一的部分结果与 Minagawa 的实验结果、Masuda 模型 $N=10$ 及 LB 模型模拟结果作比较。

从图 8-44 可知，与 Minagawa 实验图的其他模型结果相比，SDR 模型 $\Phi_b=0.15$ 时的渗透率曲线与 Masuda 模型 $N=10$ 的模拟值非常接近。

虽然 SDR 模型模拟值与 Minagawa 实验结果值相差一个数量级之内，但从发展趋势上来看存在着较大的差异，并未体现出渗透率下降的迅速和平缓阶段。

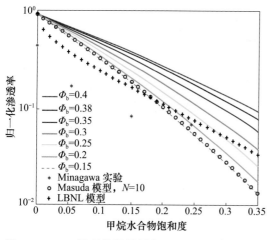

图 8-44　SDR 模型模拟结果与 Minagawa 实验图的比较

2）DP 模型模拟结果与 Minagawa 实验图的对比

分别将图 8-15 的 Minagawa 的实验结果、Masuda 模型（$N=10$）及 LBNL 模型与 Darcy 定律和 Poiseuille 方程相结合方法（DP 模型）在不同初始孔隙度下的模拟结果置于图 8-45～图 8-48（不同的孔隙通道长度 h_{throat} 代表不同的初始孔隙度）。

从图 8-45～图 8-48 可知，在 Darcy 定律和 Poiseuille 方程相结合方法下，渗透率的变化与 Minagawa 实验结果相近，经历了由骤降到缓降再到骤降的过程。虽然从数值上来看实验值与模拟值吻合程度并不甚理想，但结果都在一个数量级范围以内。

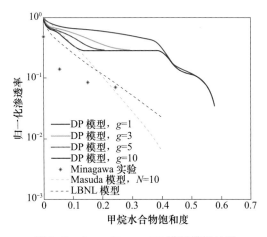

图 8-45 h_{throat}=30μm，DP 模型模拟结果
与 Minagawa 实验图的比较

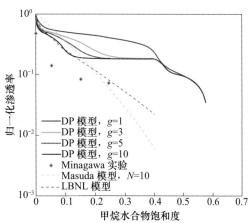

图 8-46 h_{throat}=40μm，DP 模型模拟结果
与 Minagawa 实验图的比较

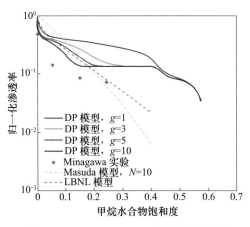

图 8-47 h_{throat}=50μm，DP 模型模拟结果
与 Minagawa 实验图的比较

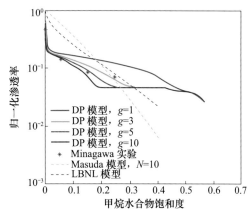

图 8-48 h_{throat}=100μm，DP 模型模拟结果
与 Minagawa 实验图的比较

3. 小结

本节对所有的数值模拟结果与 Minagawa 实验图 8-15 中的结果做综合比较分析。

直接采用 SDR 模型模拟时，渗透率曲线与 Masuda 模型 N=10 的变化趋势相似，与实验测定值在一个数量级范围以内，但未出现渗透率的平缓下降阶段。

而在 Darcy 定律和 Poiseuille 方程相结合方法下，渗透率的变化与 Minagawa 实验结果相近，经历了由骤降到缓降，再到骤降的过程。虽然从数值上看吻合程度并不甚理想，但 DP 模型模拟值、Minagawa 实验值、Masuda 模型和 LBNL 模型的计算结果都在一个数量级范围以内，就证明 DP 模型具有一定的可靠性。

综合来看，DP 模型取得了比较好的模拟效果，主要原因可能在于它将水合物生成后孔隙结构和连通性的变化对渗透率的影响包含在内。

第二节　羽状流特征研究

　　世界上已发现多处羽状流发育区，羽状流与天然气水合物存在密切相关，其发育区常发现天然气水合物（Charloua et al., 2004; Solomon et al., 2005; Eberhard et al., 2006; 栾锡武等，2010）。利用地震方法寻找水合物，以往主要集中在海底以下水合物赋存地层的地震响应，而海水中的地震信息在处理地震资料时往往直接被切除。目前海水中气泡（包括水合物气泡羽状流）产生的地震响应已引起关注（Paull et al., 1995; Sassen et al., 2001; Shipboard Scientific Party, 2002; Heeschen et al., 2003），但只是对其地震反射特征进行了分析和解释，并没有对其地震响应进行深入研究，而气泡地震响应与其半径、含量及海底水合物甲烷气通量等因素相关，可通过研究羽状流的地震响应探讨与天然气水合物相关的问题。

　　本节首先对含气泡水体声学特征作系统的阐述；在此基础上进行羽状流数值模拟研究：建立了羽状流水体模型，获得羽状流炮集地震记录及叠前深度偏移剖面；最后进行羽状流地震响应特征研究：从炮集地震记录及叠加剖面提取对模型参量气含量敏感的地震属性，并初步建立羽状流气含量与地震属性之间的关系。

一、含气泡水体声学特征研究

（一）含气泡水体特征

　　空气溶解于水时，声速不会发生变化，即使溶解于水中的空气达到饱和状态也是如此，但当空气不是溶解于水中而是以气泡形式存在于水中时，水中声速将发生较大变化，即使有少量气泡存在（刘伯胜和刘家熠，2010）。处于水中的小气泡比大气泡稳定，深水中的气泡比浅水中的气泡稳定；在气泡浮升的某一时刻，大、小气泡呈现依次分层的特点（徐麦容和刘成云，2008）。海水中声速本身就具有垂直分层的特点（刘伯胜和刘家熠，2010），因为影响海水声速变化的 3 个要素（温度、盐度和压强）都随深度而变，且都有分层特点，但不含气泡的海水，这种分层特点的速度变化不大，大约在 30m/s 以内。实际探测结果显示，水合物分解的气泡上升到海水中，对海水整体密度的影响很小（Hu et al., 2012）；羽状流处气泡半径大都在毫米级（Eberhard et al., 2006），根据地震波散射理论（吴如山和安艺敬一，1993），水体中气泡对地震波产生散射作用，进而在地震剖面产生响应，而地震响应特征将受气泡的大小及气含量的影响。

（二）含气泡水体声波特征研究

　　姚文苇（2008）研究气泡对声传播的影响，给出含气泡介质内声速的表达式，研究气泡体积分数（气泡含量）和声波频率与声速的关系，但对气泡含量和气泡半径两个参量对声速的影响没有深入细致地研究。根据姚文苇推导的含气泡水体声速模型，可以从气泡含量和气泡半径两方面探讨含气泡的海水中声波速度的变化情况。

1. 含气泡的水体声速

液体中溶入气体及空化过程中产生的气泡会改变液体内的压力分布（刘海军和安宇，2004），从而使液体的声学特性发生改变。以气泡壁处声压和径向振动速度为边界条件，姚文苇（2008）推导出含气泡介质内声速的表达式：

$$c_m^2 = \frac{K\left(3K_b - \rho\omega^2 a^2 - \frac{2\sigma}{a}\right) + \rho\omega^2 R^2 \phi\left(K - K_b + \frac{2\sigma}{3a}\right)}{3K_b - \rho\omega^2 a^2 - \frac{2\sigma}{a} + 3\phi\left(K - K_b + \frac{2\sigma}{3a}\right)}$$

$$\frac{\left(\rho + 2\rho_b + \frac{4\sigma}{\omega^2 a^3}\right) + 2\phi\left(\rho - \rho_b - \frac{2\sigma}{\omega^2 a^3}\right)}{\rho\left(\rho + 2\rho_b + \frac{4\sigma}{\omega^2 a^3}\right) - \phi\rho\left(\rho - \rho_b - \frac{2\sigma}{\omega^2 a^3}\right)} \tag{8-27}$$

式中，c_m 为气液混合体的声速，m/s；K 为液体体积模量，N/m²；K_b 为气体体积模量，N/m²；ρ 为液体密度，kg/m³；ρ_b 为气体密度，kg/m³；ω 为频率，Hz；a 为气泡半径，m；σ 为液体表面张力，N/m²；R 为假定含气泡两相混合区为球形时的半径，m；ϕ 为气泡含量，或气泡体积分数，即半径为 R 的球形区域内气泡所占据的体积分数，当 R 固定时，此参数由气泡数量和大小共同决定，%。公式推导过程中忽略了热传导及其他一些次要因素，并假定含气泡两相混合区所含气泡的半径相等（姚文苇，2008）。

式（8-27）中 K、K_b、ρ、ρ_b 和 σ 为固定值参量，ω、a、ϕ 和 R 为给定可变参量，由此给定参量，通过此公式可计算不同气泡半径和不同气泡含量的含气泡的海水声波速度。

2. 气泡半径随海水深度的变化

海底溢出的天然气水合物气泡从海底向上升的过程中，随着压力的减小，气泡半径将会增大，即气泡半径大小与所处的海水深度有关。祝令国（2009）在研究尾流气泡声散射规律中给出了气泡半径随深度变化公式：

$$\left(\rho g z + P_0 + \frac{2\sigma}{R}\right)R^{3\lambda} = \left(\rho g z_0 + P_0 + \frac{2\sigma}{R_0}\right)R_0^{3\lambda} \tag{8-28}$$

式中，海水密度 ρ=1023kg/m³；海水表面张力 σ=0.0738N/m；g=9.8N/m；海面大气压强 P_0=1.0135×10⁵Pa；空气的比热比 λ=1.4。式（8-28）假定气泡与周围介质之间不发生热交换现象，并忽略气体扩散的影响，根据热力学第一定律，PV^λ 值在气泡运动过程中是一常数，已知气泡在初始深度 z_0 时的半径 R_0，可推知某一深度 z 时的半径 R。

根据式（8-28）代入以上参量，给出海底溢出气泡的初始深度（1350m）和半径大小（2.1×10⁻³m），可计算出气泡半径随海水深度的变化（图8-49）。

图8-49 所显示的规律和理论相同，即随着海水深度减小，压力减小，气泡半径将变大。根据此规律可进一步研究不同海水深度下气泡半径对声波速度的影响。

3. 气泡半径对海水声速的影响

根据文献（Eberhard et al., 2006），由深海海底逸出的天然气水合物气泡半径范围是

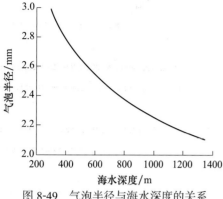

图 8-49　气泡半径与海水深度的关系

$5.0\times10^{-4}\sim5.0\times10^{-3}$m，考虑到实际情况下还有一些微小的气泡存在，以及研究更微小气泡存在下海水的声波速度变化情况，本节将气泡半径的变化范围设定在 $5.0\times10^{-5}\sim5.0\times10^{-3}$m。根据式（8-27），给定参数值，$K=2.34\times10^{9}$N/m^2，$K_b=1.4\times10^{5}$N/m^2，$\rho=1023$kg/m^3，$\rho_b=1.29$kg/m^3，$\sigma=7.38\times10^{-2}$N/m^2，$\omega=2\pi f$，$f=25$Hz，$R=1.0$m，计算出不同气泡含量在半径 $5.0\times10^{-5}\sim5.0\times10^{-3}$m 内声波速度的变化情况（图 8-50）。

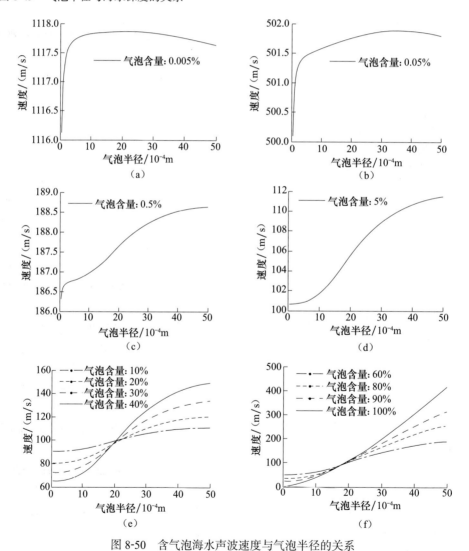

图 8-50　含气泡海水声波速度与气泡半径的关系

从图 8-50 可以看出，在气泡半径 $5.0\times10^{-5}\sim5.0\times10^{-3}$m 内，声速表现出两种模式：

①在气泡含量很少时，如图 8-50（a）和图 8-50（b）所示，随着气泡半径的增大，声速先逐渐增大，然后保持平稳，最后缓慢减小，且声速变化范围较小，仅为 2m/s；②在气泡含量逐渐增大时，如图 8-50（c）~图 8-50（f）所示，随着气泡半径的增大，声速都逐渐增大，且气泡含量不同，声速变化范围不同。

图 8-50（e）和图 8-50（f）具有共同特征，即在半径小于 2.0×10^{-3}m 时，气泡含量大、速度小，在半径大于 2.0×10^{-3}m 时，气泡含量大、速度大，且图 8-50（f）比图 8-50（e）两条线相交的范围相对宽。由此可以总结出，存在一个临界半径 r_c，即 $r_c = 2.0 \times 10^{-3}$m。在气泡含量较大（5% 以上），当气泡半径小于临界半径 r_c 时，随着气泡含量的增加，声速逐渐降低；当气泡半径大于临界半径 r_c 时，随着气泡含量的增加，声速逐渐增大。

随着气泡半径的增大，声速逐渐增大，由于当气泡含量一定时，随着气泡半径的增大气泡数量将减小，进而对海水的声速影响减小，所以随着气泡半径的增大，气液混合体的声速将增大。

4. 气泡含量随海水深度的变化

海底溢出的天然气水合物气泡从海底向上升的过程中，随着压力的减小，气泡半径将增大，则气泡的体积含量也将发生变化。假设在深度 z_1 处气泡半径和含量分别为 a_1 和 ϕ_1，在深度 z_2 处气泡半径和含量分别为 a_2 和 ϕ_2。假设气泡上升过程中气液混和体的总体积 V 不变，气泡个数 n 不变，则气泡半径和含量之间存在如下关系：

$$\phi_1 = \frac{\frac{4}{3}\pi a_1^3 n}{V}, \quad \phi_2 = \frac{\frac{4}{3}\pi a_2^3 n}{V} \qquad （8-29）$$

又由式（8-29）可以得到如下关系：

$$\frac{\phi_1}{\phi_2} = \left(\frac{a_1}{a_2}\right)^3 \qquad （8-30）$$

根据式（8-30）可以通过气泡半径随深度变化（图 8-49）得到气泡含量也随深度变化，如图 8-51 所示。

气泡含量为体积含量，因而图 8-51 所显示的规律与气泡半径（图 8-49）相同，即随着海水深度减小，压力减小，气泡含量将变大。

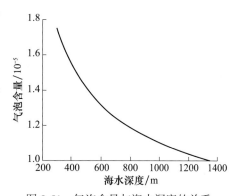

图 8-51　气泡含量与海水深度的关系

5. 气泡含量对海水声速的影响

由于所探讨的气泡含量变化范围较大，5.0×10^{-4}%~100%，所以将气泡含量分成以下 5 部分分别研究声波速度的变化情况，第 1 部分：气泡含量变化范围 5.0×10^{-4}%~5.0×10^{-3}%；第 2 部分：气泡含量变化范围 5.0×10^{-3}%~5.0×10^{-2}%；第 3 部分：气泡含量变化范围 5.0×10^{-2}%~5.0×10^{-1}%；第 4 部分：气泡含量变化范围 5.0×10^{-1}%~5.0%；第 5 部分：气泡含量变化范围 1.0%~100%。这 5 部分气泡含量连续变化。

与前面相同，给定式（8-27）的各参数值，并给定气泡半径，半径在 5.0×10^{-5}~

5.0×10^{-3} m 内选出，计算出不同气泡含量下气液混合体的声速的变化情况，如图 8-52 所示。

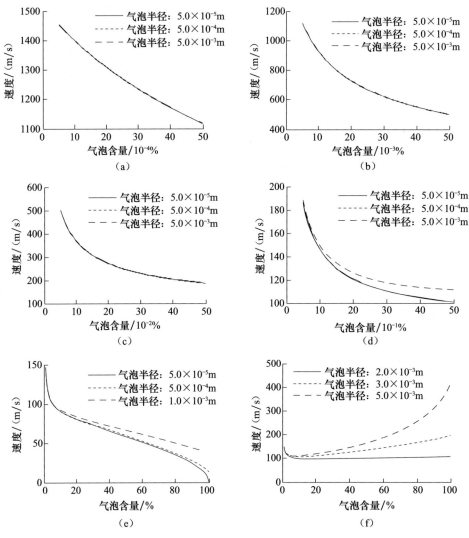

图 8-52 含气泡海水声波速度与气泡含量的关系

从图 8-52 可以看出，随着气泡含量的增加，气液混合体的声波速度形成两种变化模式：①气泡含量少于 5% 时，在气泡半径 $5.0 \times 10^{-5} \sim 5.0 \times 10^{-3}$ m 范围内，随着气泡含量的增加，声速逐渐减小，如图 8-52（a）～图 8-52（d）所示；②气泡含量大于 5% 时，在气泡半径 $5.0 \times 10^{-5} \sim 1.0 \times 10^{-3}$ m 范围内，随着气泡含量的增加，声速都逐渐减小，如图 8-52（e）所示，当气泡半径大于临界半径 $r_c = 2.0 \times 10^{-3}$ m 时，随着气泡含量的增加，声速先减小后逐渐增大，如图 8-52（f）所示。在气泡含量逐渐增大的不同阶段，声速降低的幅度及声速的变化范围不同。

图 8-52（f）中，在气泡含量变化过程中速度出现先减小后逐渐增大的现象，说明

在海水中混入少量气体或在气体中混入少量海水会显著改变原介质的物理属性，其密度、压缩性等物理属性将发生变化，从而引起速度先减小后增大的变化模式。

图 8-52（a）～图 8-52（e）中，随着气泡含量的增大，海水中声速逐渐降低，是由于液体中声波速度逐渐变成气体声波速度。

6. 小结

通过对含气泡的海水水体声速的研究，得出以下认识。

（1）海底溢出的天然气水合物气泡从海底向上升的过程中，气泡半径与海水深度的关系为随着海水深度变浅，气泡半径逐渐增大，气泡半径的改变将对海水声速产生影响。

（2）气液混合体声速与气泡半径和气泡含量有如下关系。气泡半径在 5.0×10^{-5}～5.0×10^{-3}m 范围内，随着气泡半径的增大，声速表现出两种模式：①在气泡含量很小时，声速先逐渐增大，然后保持平稳，最后缓慢减小，且声速变化范围较小；②在气泡含量逐渐增大时，声速都逐渐增大，且气泡含量不同，声速变化范围不同。随着气泡含量的增加，声速形成两种变化模式：①气泡含量少于 5% 时，在气泡半径 5.0×10^{-5}～5.0×10^{-3}m 范围内，声速都逐渐减小；②气泡含量大于 5% 时，在气泡半径 5.0×10^{-5}～1.0×10^{-3}m 范围内，即小于临界半径 $r_c = 2.0 \times 10^{-3}$m 时，声速都逐渐减小，当气泡半径大于临界半径 $r_c = 2.0 \times 10^{-3}$m 时，声速先减小后逐渐增大。在气泡含量逐渐增大的不同阶段，声速降低的幅度及声速的变化范围不同。

二、羽状流数值模拟研究

（一）羽状流模型的建立

1. 建模思路

含羽状流的海水介质中，气泡的存在会改变海水的声学特性，即影响海水的声波速度。由于羽状流气泡随机分布在海水中，该气 - 液双相介质也应属于随机介质，可根据含气泡海水声波速度模型及随机介质理论（Ikele et al., 1993; Li and Liu, 2011）建立羽状流模型。

根据前面探讨的含气泡水体声学特征及海水中羽状流的特性，所建立的羽状流模型中声波速度需满足以下条件。

（1）羽状流中不同位置的气泡含量和气泡半径不同，所以模型内速度应随机变化。

（2）速度的变化与气泡含量和气泡半径大小有关。

（3）气泡含量和气泡半径随海水深度变化，但在某一深度范围内，将模型沿深度范围分层，每层深度相同，每层内有一背景气泡半径和背景气泡含量，层内其他位置的气泡含量和气泡半径将围绕背景值随机扰动变化。

（4）根据气泡在水中上升速度和气泡半径的变化情况（Eberhard et al., 2006; 鞠花等, 2011），即羽状流中的气泡在 1000m 深度范围内要经历气泡半径变大、破碎成小气泡和溶解到海水等过程。所以羽状流模型 1000m 深度范围分 3 个周期，每个周期内，随着海水深度变浅，气泡半径和含量都为先增大后减小的变化规律。

（5）为了得到较好的成像效果，在模型底部加 250m 的均匀层（速度 1520m/s）。

考虑到建模的目的是重点研究羽状流产生的地震响应，所以模型的设计既要具有实际意义又要对实际羽状流做适当的简化。参考南海含气泡羽状流地震剖面，根据以上建模条件实现了羽状流水体模型（图 8-53）。

2. 羽状流速度体的算法实现

按以上建模思想，实现羽状流区域速度体［图 8-53（b）］的具体算法如下。

（1）羽状流速度体规模，横向 200m，纵向深 1000m，横纵向网格步长 1m。

（2）模型分层，每层纵向上采用 20 个网格，即 20m。

（3）每层赋予背景气泡半径和含量（Tryon and Brown, 2004），背景气泡半径变化范围是 $2.0 \times 10^{-4} \sim 5.0 \times 10^{-3} \sim 2.0 \times 10^{-4}$m，背景气泡含量变化范围是 $1.8 \times 10^{-6} \sim 4.8 \times 10^{-5} \sim 1.8 \times 10^{-6}$。

（4）实现层内气泡半径和含量随机变化（Ikele et al., 1993）：

每层内的气泡半径

$$r(x,z) = r_0 + \delta r(x,z) = r_0[1 + \sigma_1(x,z)] \quad (8\text{-}31)$$

式中，$r(x,z)$ 为气泡半径；r_0 为每层的背景半径；$\delta r(x,z)$ 为随机扰动的气泡半径；$\sigma_1(x,z)$ 为具有一定均值和方差的二阶平稳的空间随机过程（Korn, 1993; Li et al., 2013）。

每层内的气泡含量

$$\varphi(x,z) = \varphi_0 + \delta\varphi(x,z) = \varphi_0(1 + \sigma_2(x,z)) \quad (8\text{-}32)$$

式中，$\varphi(x,z)$ 为气泡含量；φ_0 为每层的背景含量；$\delta\varphi(x,z)$ 为随机扰动的气泡含量；$\sigma_2(x,z)$ 为具有一定均值和方差的二阶平稳的空间随机过程（Korn, 1993; Li et al., 2013）。

由于羽状流处于海水中，故将羽状流速度体［图 8-53（b）］置于海水速度模型内，如图 8-53（a）所示，单一蓝色区域为速度均一的海水，速度均为 1500m/s，中间为羽状流。整个羽状流水体模型规格为：模型横向 3600m，纵向深 1350m。

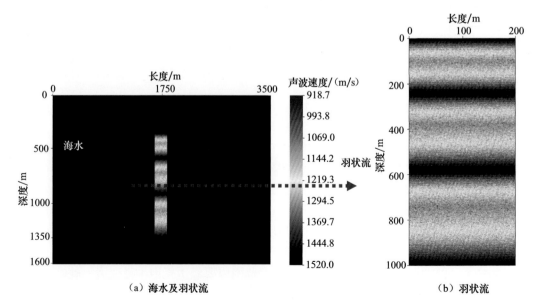

图 8-53　改进的羽状流水体模型

从图 8-53 可以看出，模型能够反映出实际羽状流的特征、羽状流中气泡半径和含量的变化规律。

图 8-53（b）中羽状流 3 个周期（由浅到深顺序）气泡背景半径和背景含量取值如下。

第一个周期：气泡背景半径变化范围是 $4.6×10^{-4}$～$4.6×10^{-3}$～$4.6×10^{-4}$m，背景气泡含量变化范围是 $1.8×10^{-6}$～$4.6×10^{-5}$～$1.8×10^{-6}$m。

第二个周期：气泡背景半径变化范围是 $4.8×10^{-4}$m～$4.8×10^{-3}$m～$4.8×10^{-4}$m，背景气泡含量变化范围是 $1.6×10^{-6}$～$4.8×10^{-5}$～$1.6×10^{-6}$m。

第三个周期：气泡背景半径变化范围是 $5.0×10^{-4}$m～$5.0×10^{-3}$m～$5.0×10^{-4}$m，背景气泡含量变化范围是 $1.5×10^{-6}$～$5.0×10^{-5}$～$1.5×10^{-6}$m。

考虑到随着海水深度变浅，压力减小，气泡半径增大，含量增加，同时伴随着气泡破碎成小气泡及气泡个数变化等现象，所以 3 个周期的背景半径和含量起止数值不同。

3. 半径不变，含量改变的羽状流水体模型

为研究气泡含量的改变对地震响应特征的影响，建立以下 6 个羽状流水体模型。这 6 个模型中气泡半径变化范围相同，含量不同，相当于气泡个数在改变，即气泡含量增加（半径不变），气泡个数增加；气泡含量减小（半径不变），气泡个数减小。为了便于区分，6 个模型分别命名为 m_1，m_2，m_3，m_4，m_5，m_6。

6 个模型的气泡半径如下。

第一个周期：气泡背景半径变化范围是 $4.6×10^{-4}$～$4.6×10^{-3}$～$4.6×10^{-4}$m。

第二个周期：气泡背景半径变化范围是 $4.8×10^{-4}$～$4.8×10^{-3}$～$4.8×10^{-4}$m。

第三个周期：气泡背景半径变化范围是 $5.0×10^{-4}$～$5.0×10^{-3}$～$5.0×10^{-4}$m。

6 个模型的气泡含量如表 8-3 所示。

表 8-3 6 个模型的背景气泡含量

模型	第一个周期气泡背景含量	第二个周期气泡背景含量	第三个周期气泡背景含量
m_1	$0.8×10^{-6}$～$3.6×10^{-5}$～$0.8×10^{-6}$	$0.6×10^{-6}$～$3.8×10^{-5}$～$0.6×10^{-6}$	$0.5×10^{-6}$～$4.0×10^{-5}$～$0.5×10^{-6}$
m_2	$1.3×10^{-6}$～$4.1×10^{-5}$～$1.3×10^{-6}$	$1.1×10^{-6}$～$4.3×10^{-5}$～$1.1×10^{-6}$	$1.0×10^{-6}$～$4.5×10^{-5}$～$1.0×10^{-6}$
m_3	$1.8×10^{-6}$～$4.6×10^{-5}$～$1.8×10^{-6}$	$1.6×10^{-6}$～$4.8×10^{-5}$～$1.6×10^{-6}$	$1.5×10^{-6}$～$5.0×10^{-5}$～$1.5×10^{-6}$
m_4	$2.3×10^{-6}$～$5.1×10^{-5}$～$2.3×10^{-6}$	$2.1×10^{-6}$～$5.3×10^{-5}$～$2.1×10^{-6}$	$2.0×10^{-6}$～$5.5×10^{-5}$～$2.0×10^{-6}$
m_5	$2.8×10^{-6}$～$5.6×10^{-5}$～$2.8×10^{-6}$	$2.6×10^{-6}$～$5.8×10^{-5}$～$2.6×10^{-6}$	$2.5×10^{-6}$～$6.0×10^{-5}$～$2.5×10^{-6}$
m_6	$3.3×10^{-6}$～$6.1×10^{-5}$～$3.3×10^{-6}$	$3.1×10^{-6}$～$6.3×10^{-5}$～$6.1×10^{-6}$	$3.0×10^{-6}$～$6.5×10^{-5}$～$3.0×10^{-6}$

各模型规格与图 8-53 相同，只是气泡背景含量的值不同，故此处不列出各模型图。

4. 含量不变，半径改变的羽状流水体模型

为研究气泡半径的改变对地震响应特征的影响，建立以下 4 个羽状流水体模型。这 4 个模型中气泡含量变化范围相同，半径不同，相当于气泡个数在改变，即气泡半径增加（含量不变），气泡个数减小；气泡半径减小（含量不变），气泡个数增加。为了便于区分，4 个模型分别命名为：m_7，m_8，m_9，m_10。

4 个模型的气泡含量如下。

第一个周期：气泡背景含量变化范围是 $3.3×10^{-6}$～$6.1×10^{-5}$～$3.3×10^{-6}$m。

第二个周期：气泡背景含量变化范围是 $3.1\times10^{-6}\sim6.3\times10^{-5}\sim3.1\times10^{-6}m$。

第三个周期：气泡背景含量变化范围是 $3.0\times10^{-6}\sim6.5\times10^{-5}\sim3.0\times10^{-6}m$。

4 个模型的气泡半径如表 8-4 所示。

表 8-4　4 个模型的背景气泡半径

模型	第一个周期气泡背景半径 /m	第二个周期气泡背景半径 /m	第三个周期气泡背景半径 /m
m_7	$0.6\times10^{-4}\sim0.6\times10^{-3}\sim0.6\times10^{-4}$	$0.8\times10^{-4}\sim0.8\times10^{-3}\sim0.8\times10^{-4}$	$1.0\times10^{-4}\sim1.0\times10^{-3}\sim1.0\times10^{-4}$
m_8	$2.6\times10^{-4}\sim2.6\times10^{-3}\sim2.6\times10^{-4}$	$2.8\times10^{-4}\sim2.8\times10^{-3}\sim2.8\times10^{-4}$	$3.0\times10^{-4}\sim3.0\times10^{-3}\sim3.0\times10^{-4}$
m_9	$4.6\times10^{-4}\sim4.6\times10^{-3}\sim4.6\times10^{-4}$	$4.8\times10^{-4}\sim4.8\times10^{-3}\sim4.8\times10^{-4}$	$5.0\times10^{-4}\sim5.0\times10^{-3}\sim5.0\times10^{-4}$
m_10	$6.6\times10^{-4}\sim6.6\times10^{-3}\sim6.6\times10^{-4}$	$6.8\times10^{-4}\sim6.8\times10^{-3}\sim6.8\times10^{-4}$	$7.0\times10^{-4}\sim7.0\times10^{-3}\sim7.0\times10^{-4}$

各模型规格与图 8-53 相同，只是背景半径的值不同，故此处也不列出各模型图。

5. 羽状流层内速度变化情况

为了观察每一层内羽状流气泡半径、含量及速度的变化情况，抽取羽状流模型第 30 层的气泡半径、气泡含量及羽状流速度，分别如图 8-54（a）～图 8-54（c）所示。羽状流模型第 30 层背景半径为 $r_0=3.51\times10^{-3}m$，如图 8-54（a）红线所示；羽状流模型第 30 层背景含量为 $\phi_0=3.37\times10^{-5}$，如图 8-54（b）蓝线所示；由气泡半径和含量得到的羽状流速度如图 8-54（c）所示。

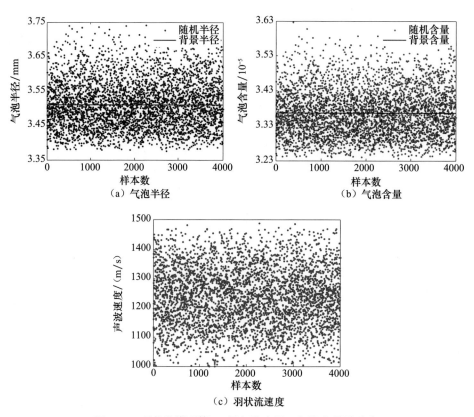

图 8-54　羽状流模型第 30 层气泡半径、气泡含量及速度

从图 8-54（a）和图 8-54（b）可以看出，羽状流区域气泡半径和含量围绕层背景值呈随机扰动状态，对比图 8-54（a）与图 8-54（b），气泡半径和气泡含量有相关性，这是由于此处的气泡含量是指积含量，气泡半径越大，气泡含量越大。由随机扰动的气泡半径和气泡含量得到的羽状流区域声波速度也随机变化，如图 8-54（c）所示，由此，达到预期建模目的。

（二）羽状流模型的数值模拟

1. 羽状流地震记录

为进一步探讨羽状流地震响应特征，对以上建立的 10 个羽状流模型进行地震波场数值模拟，采用有限差分解二维声波方程的方法对羽状流水体模型进行正演模拟。利用 SU 中的 sufdmod2 命令进行正演模拟。

采集参数：测线长度 3500m，深度 1600m，网格剖分为 1m×1m。震源子波主频为 145Hz。观测系统：全排列接收，排列固定，炮点移动。激发：左→右放炮，炮间距 20m，共 166 炮，炮点深度 20m；道间距 1m，共 3500 道，排列长度 3500m，最小偏移距 0m，记录长度 3000ms，采样率 0.328ms。

分别抽取 2 个含量和 2 个半径改变的模型炮集地震记录（炮点在中间位置）为例说明羽状流地震波场特征（图 8-55）。

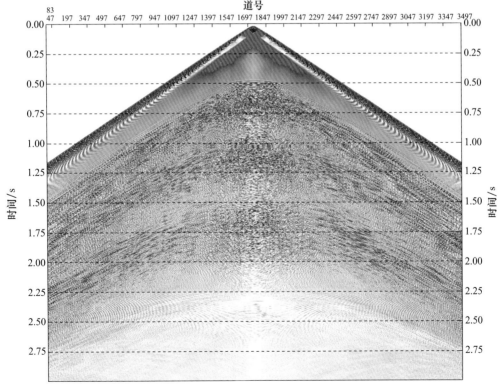

（a）m_1

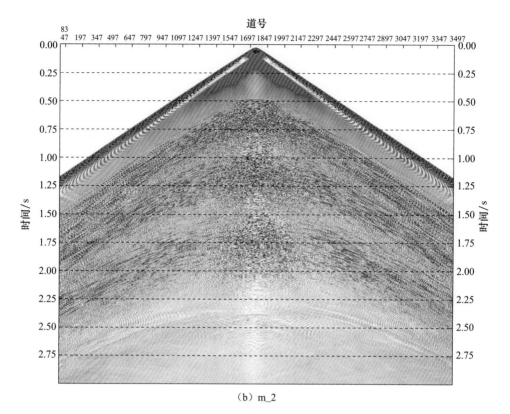

（b）m_2

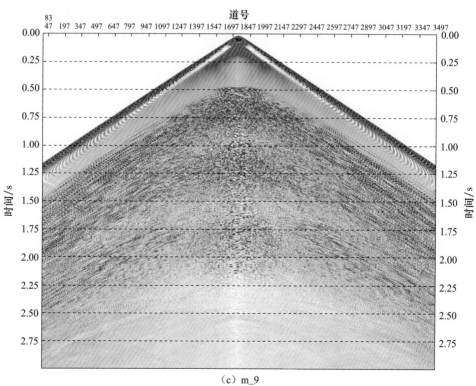

（c）m_9

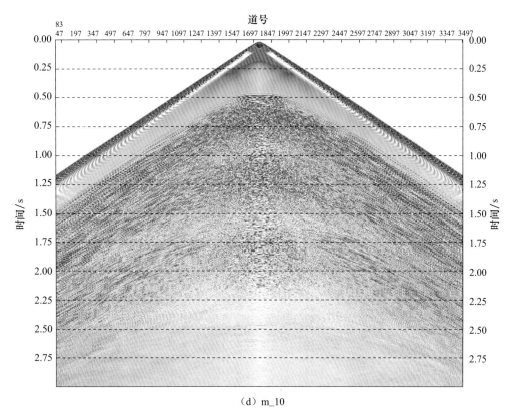

（d）m_10

图 8-55　羽状流水体模型的炮集地震记录

图 8-55 炮集记录中羽状流所在位置的地震波场具有明显的散射波场特征，在单炮地震记录上具有如下特征。

（1）能量特征：羽状流所在位置的散射波能量最强，向两侧能量逐步减弱，向上下方能量减弱更快；气泡越大、越多的部位能量越强。

（2）波形特征：气泡部位的地震波形表现为以气泡所在部位为顶点的散射波系列，气泡分布密度较高部位相干加强。

（3）位置特征：散射波能量较强部位旅行时极小值总是位于羽状流正上方，与激发点位置无关。

（4）周期特征：图 8-55 炮集记录将模型（图 8-53）的周期特征展现出来，特别在炮集记录中间位置的羽状流更明显，且 3 个周期的能量从上往下逐渐减弱，这是由几何扩散的影响及模型参数（半径或含量）的不同引起。

图 8-55 炮集记录中羽状流的散射波场特征与尹军杰（2005）对非均匀介质模型的散射波场特征研究结论一致，说明局部分布的羽状流随机介质的宏观表现与非均匀介质相同，同时也与实际羽状流地震剖面中含羽状流区域波动现象对应（Li et al., 2013），即有羽状流气泡区域散射波能量强，其他区域能量弱，而羽状流区域散射波能量的强弱与气泡半径大小及气泡含量有关，这也是下一步要研究的内容。以上分析结论为散射波识别水合物气泡羽状流提供了理论参考。

由式（8-31）和式（8-32）可以得到每层内各位置的气泡半径和含量，它们围绕背景值随机扰动，此扰动是根据随机过程理论产生（Li et al., 2013），模型中气泡半径和气泡含量的随机扰动均值为零，标准偏差为 0.02。

（5）产生随机变化的速度体，将模型中每个位置的半径和含量代入式（8-27），并给出其他参量值（Li et al., 2013），得到羽状流速度体模型，如图 8-53（b）所示。

2. 羽状流模型叠前深度偏移剖面

建模前期选用叠前时间偏移，虽然效果还可以，但还是存在干扰能量，导致边界收敛效果不佳。后期采用叠前深度偏移处理。叠前深度偏移速度文件需要深度域，偏移所用速度为模型每层背景半径和背景含量求出的背景速度，再和深度对应，具体实现有相应 Matlab 程序对应。羽状流炮集记录处理流程如图 8-56 所示。

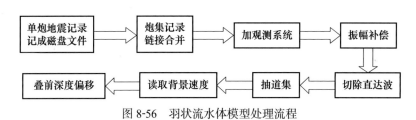

图 8-56　羽状流水体模型处理流程

按图 8-56 的处理流程，利用 Focus 处理软件对改进羽状流水体模型炮集地震记录进行地震资料处理，获得各自叠前深度偏移剖面，分别抽取 2 个含量和 2 个半径改变的模型叠加剖面，来分析叠加剖面特征（图 8-57）。

羽状流模型（图 8-53）与其偏移剖面（图 8-57）对比可以得出以下结论。

（1）利用羽状流的散射波能够清晰成像，边界收敛较好。

（2）羽状流纵向上位于模型的 350～1350m、横向上位于 1650～1850m 范围内，在剖面上纵向上位于 350～1350m、横向上位于 1650～1850m 范围内，成像精度较高。

（3）剖面上羽状流每个周期中部能量较强与所给模型气泡半径较大、含量较高相对应。

（4）模型（图 8-53）的周期特征能够较好成像，第一周期成像效果好于第二、三周期。

（5）羽状流水体模型通过叠前深度偏移能够较好成像，但当模型层内速度扰动较大时，同向轴较难拉平，能量归位不好，还需进一步探讨其原因及解决办法。

以上利用改进方法建立的羽状流水体模型通过叠前深度偏移能够较好成像，该地震资料处理方法为散射成像寻找天然气水合物气泡羽状流提供了理论参考，该成果为研究羽状流产生的地震响应奠定基础。

三、羽状流地震响应特征研究

对本节前面产生的 10 个模型的炮集地震记录（只取中间放炮的地震记录）和叠前深度偏移剖面提取地震属性（包含振幅、频率及相位属性），找出对模型参量（气泡背景半径和背景含量）敏感的地震属性。从地震属性剖面上找出气泡半径或含量与地震属

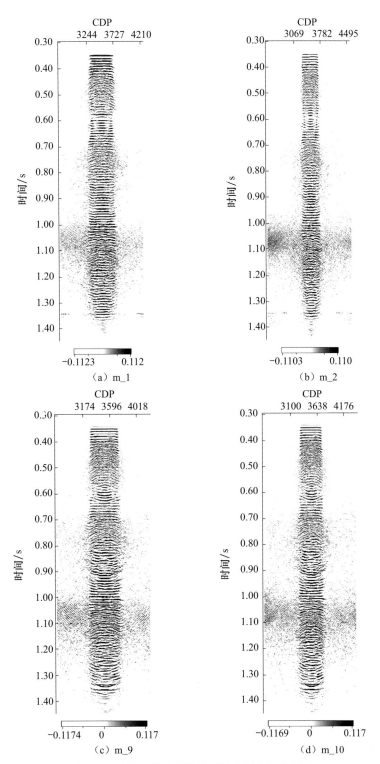

图 8-57 改进羽状流水体模型叠前深度偏移剖面

颜色由浅至深表示振幅强度变化

性之间的定性关系，再抽取属性剖面中某区域或某道地震属性与气泡半径或含量建立定量关系。

在 Landmark 的 "Trace Attributes" 模块里提取地震属性，将提取的属性数据再记成 segy 格式，用 Jason 软件画属性剖面图。气泡半径改变的模型提取的地震属性对气泡半径不敏感，因而这里只列出与气泡含量敏感的地震属性。

（一）炮集地震属性

对 6 个模型的叠前炮集数据提取 29 种地震属性，找出对气泡含量敏感的属性（图 8-58）。

肉眼观察以上炮集属性剖面，可能是由于色标范围选取不恰当或数据较多，气泡含量的改变对各属性无明显变化，只是各属性剖面中 3 个周期的属性特点不同，基本是深层属性能量强，浅层能量弱。因此将取出剖面中某道或某区域的属性值进行量化对比。在属性剖面图中，对每一种属性，分别抽取 6 个模型对应的属性剖面，图中相同位置矩形区域的属性值的均值与气泡含量建立对应关系（图 8-59），横坐标为 6 个模型（对应气泡含量逐渐增大），纵坐标为各属性参数值，每个图中有 3 条属性值曲线，每条对应一个周期，各点属性值为每个周期内相同位置矩形区域的属性平均值。

从图 8-59 可以看出，随着气泡含量的逐渐增大，各属性值在每个周期上的变化特点不同，具体如下。Reflection Strength 属性：随着气泡含量的增大，第一、二和三周期属性值都有明显的线性增大特点，第三周期增大的幅度不大。Arc Length 属性：随着气泡含量的增大，第一、二周期属性值有明显的线性增大特点，第三周期有下降趋势，但下降的幅度不大。RMS Amplitude 属性：随着气泡含量的增大，第一、二和三周期属性值都有较好的线性增大特点，其中第一、二周期增大的幅度较大。Absolute Amplitude 属性：与 RMS Amplitude 属性特点相同，随着气泡含量的增大，第一、二和三周期属性值都有较好的线性增大特点，其中第一、二周期增大的幅度较大。

可以看出，随着气泡含量的增大，以上 4 个属性变化较明显，说明气泡含量的改变对地震响应有影响，且各属性值也表现出明显的线性变化规律。其原因是气泡含量的改变对声速的影响很大，导致羽状流的地震响应变化很明显；另一方面，气含量增大，无论是由于气泡半径增大引起，还是由于大气泡破碎成多个小气泡致使气泡个数增多进而导致气含量增大，以上两个原因都将使地震波的散射加强，散射能量增大，因此各地震属性值随着气含量的增大而增大。

（二）叠加剖面地震属性

对 6 个模型的叠加剖面提取以上 29 种地震属性，找出对气泡含量敏感的属性，由于图较多，这里只列出 4 个模型为例说明气泡含量的改变对地震响应的影响。只提取叠加剖面中羽状流区域属性，每个图含 4 个不同含量对应的属性图（图 8-60）。

肉眼观察以上各叠加属性剖面，可能是由于色标范围选取不恰当或数据较多，气泡含量的改变对各属性无明显变化，只是各属性剖面中 3 个周期的属性特点不同，基本是

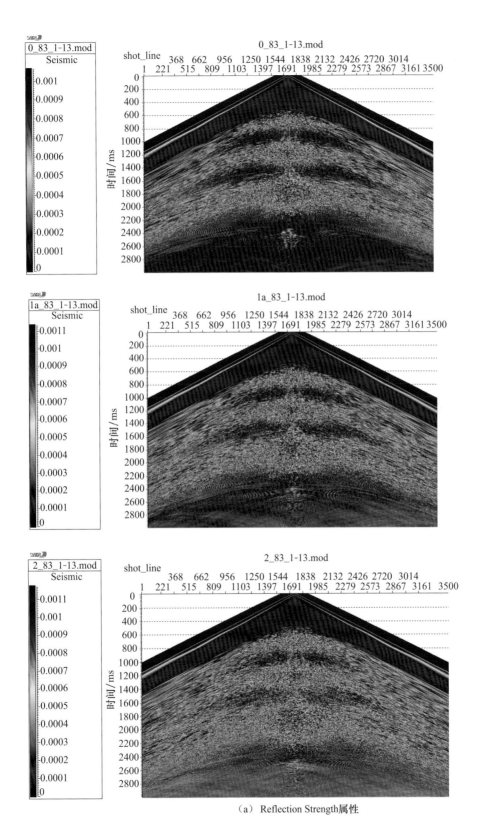

（a）Reflection Strength属性

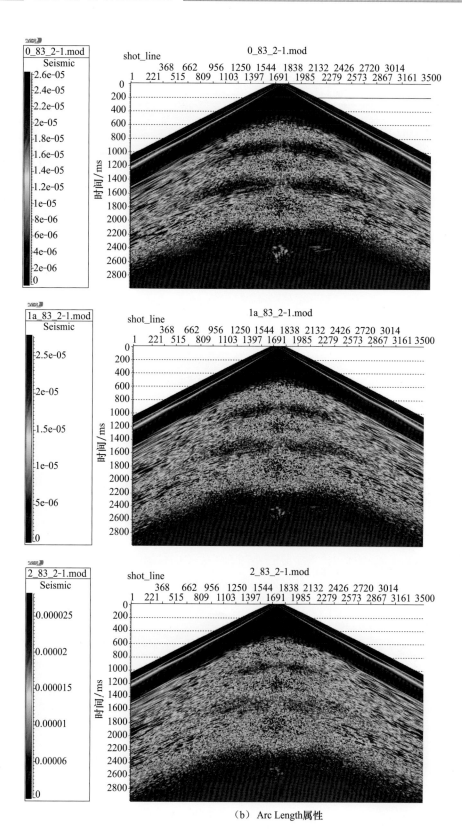

（b）Arc Length属性

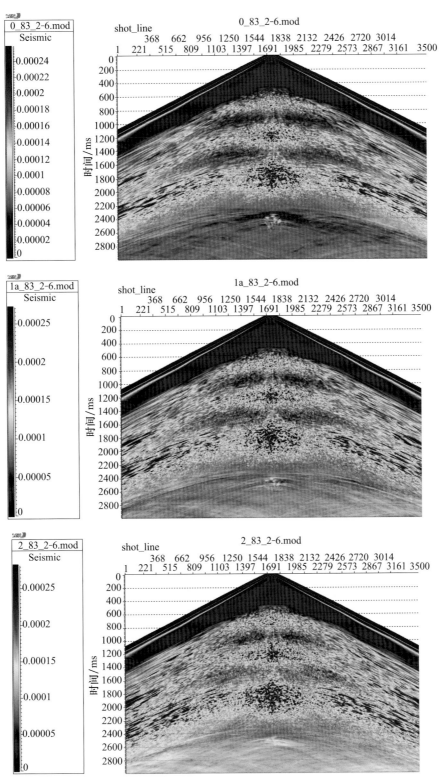

（c）RMS Amplitude属性

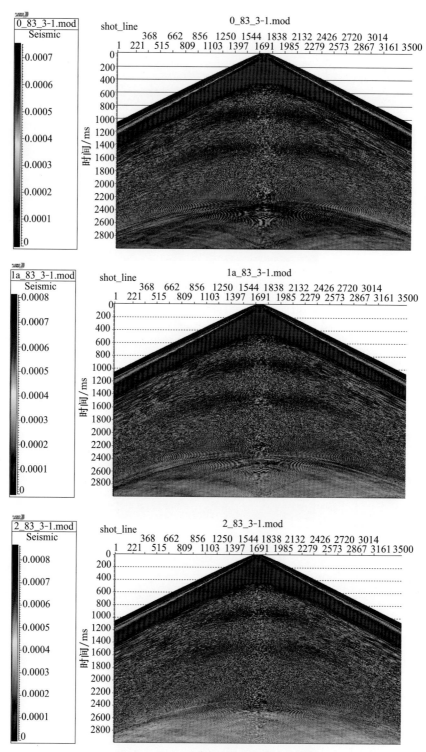

（d）Absolute Amplitude属性

图 8-58　含量改变下炮集各敏感地震属性

图（a）、（b）、（c）、（d）由上到下依次为 m_1、m_3 和 m_5

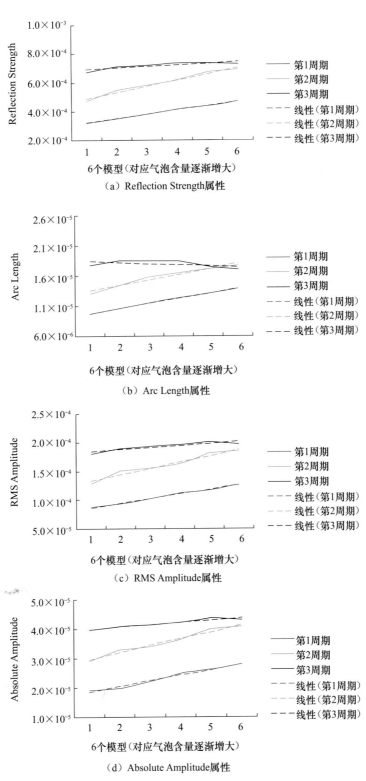

（a）Reflection Strength属性

（b）Arc Length属性

（c）RMS Amplitude属性

（d）Absolute Amplitude属性

图 8-59　含量改变下抽取炮集属性剖面定量显示

深层属性能量强，浅层能量弱。取出剖面中某区域的属性值进行量化对比。抽取羽状流中间区域地震属性，分 3 个周期分别对比。针对以上 4 种敏感属性，分别抽取前 6 个模型对应的属性剖面图中相同位置的属性值与气泡含量建立对应关系，如图 8-61 所示，横坐标为 6 个模型（对应气泡含量逐渐增大），纵坐标为各属性参数值，每个图有 3 条属性值曲线，每条对应一个周期，各点属性值为每个周期内相同区域属性值平均值。

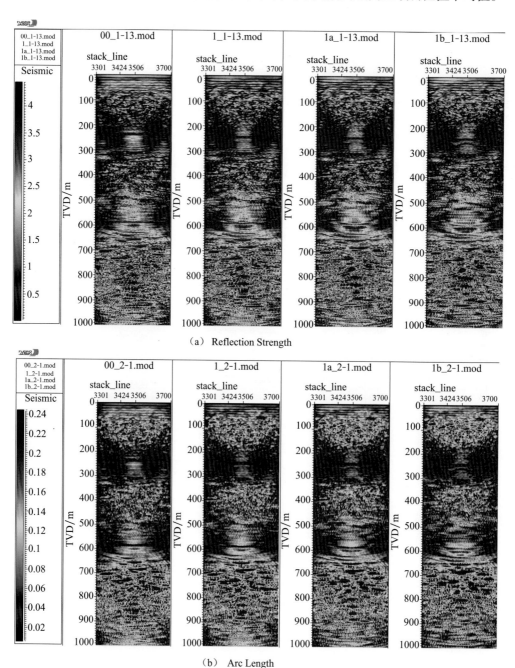

（a）Reflection Strength

（b）Arc Length

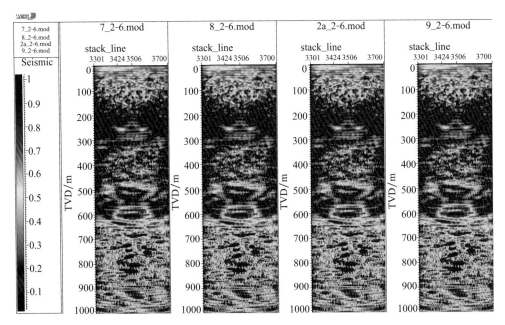

（c）RMS Amplitude

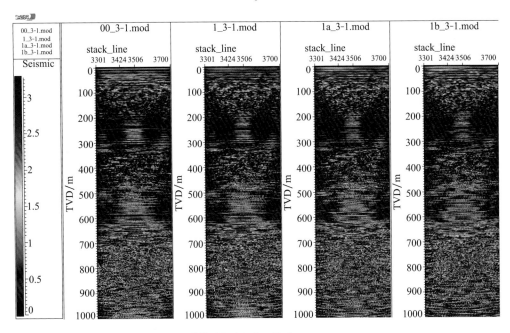

（d）Absolute Amplitude

图 8-60　含量改变下叠加剖面各敏感地震属性

　　从图 8-61 可以看出，随着气泡含量的逐渐增大，各属性值在每个周期上的变化特点不同，具体如下。Reflection Strength 属性：随着气泡含量的增大，第一、三周期属性值稍有增大趋势，第二周期有下降趋势。Arc Length 属性：随着气泡含量的增大，

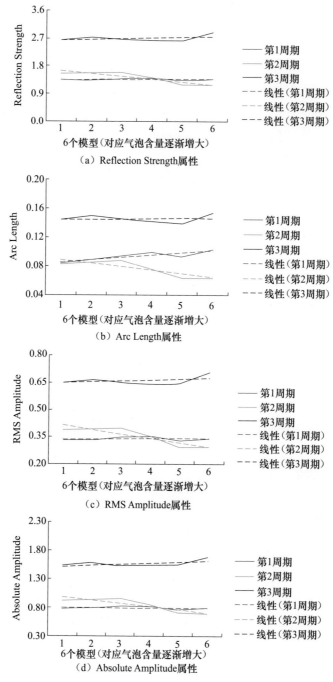

图 8-61　含量改变下抽取叠加剖面属性定量显示

第一、三周期的属性值有增大趋势，第二周期不明显，第二周期的属性值有下降趋势。
RMS Amplitude 属性：随着气泡含量的增大，第一、三周期的属性值稍有增大趋势，第
二周期的属性值有下降趋势。Absolute Amplitude 属性：随着气泡含量的增大，第一、

三周期的属性值稍有增大趋势，第二周期的属性值有下降趋势。

可以看出，与叠前炮集的属性类似，随着气泡含量的增大，各属性值也都发生变化，这说明气泡含量的改变，对地震响应有影响，而且各属性值也表现出明显的变化规律。分析其原因，与叠前炮集记录情况相同，气泡含量的改变对声速的影响很大，导致羽状流的地震响应很明显。

另外，炮集和叠加剖面地震属性中，3 个周期的属性值变化特点不同，这是因为 3 个周期处在不同深度范围，气泡含量变化范围也不同，所以变化规律有可能不一致。

四、小结

由羽状流研究现状可知，世界上已发现多处羽状流发育区，羽状流与天然气水合物存在密切相关，其发育区常发现天然气水合物。以往地震对水合物的研究主要集中在海底以下水合物赋存地层的地震响应，而海水中的地震响应研究较少。目前海水中气泡（包括水合物气泡羽状流）产生的地震响应已引起学者关注，但只是对其地震反射特征进行分析和解释，并没有对其地震响应进行深入研究，而气泡地震响应与气泡半径、气泡含量及海底水合物甲烷气通量等因素有关，所以可通过研究羽状流的地震响应探讨与天然气水合物相关问题。

在分析含气泡水体声波特性及实际羽状流特征基础上，通过含气泡介质声速模型及随机介质理论建立羽状流水体模型。

利用有限差分方法对模型进行正演模拟，单炮地震记录上显示羽状流产生的散射波，羽状流所在位置的散射波能量强，散射波能量较强部位旅行时极小值总是位于羽状流正上方，与激发点位置无关。炮集地震记录叠前深度偏移剖面显示羽状流的散射波能够清晰成像，且成像精度较高，效果较好。

对羽状流叠前炮集记录和叠加剖面分别提取地震属性，找到了对模型参量气泡半径和气泡含量敏感的地震属性，即 Reflection Strength、Arc Length、RMS Amplitude 和 Absolute Amplitude。并得到有意义的结论：气泡含量增大，与振幅有关的地震属性值也明显增大；气泡半径改变不会引起地震属性的明显变化，这主要是由于气泡含量对羽状流声波速度影响较大，而气泡半径对其声速影响微弱。

主要成果结论如下。

（1）羽状流散射波场特征结论为散射波识别气泡羽状流提供了理论参考。

（2）找到了适合羽状流散射地震波场成像的方法——叠前深度偏移地震处理方法，为处理羽状流实际地震资料提供理论指导。

（3）羽状流气泡含量的改变会引起地震响应的明显变化，且含量高，与振幅有关的地震属性值也明显增大。

因羽状流与天然气水合物的存在密切相关，以上对羽状流数值模拟研究所得到的 3 点成果结论可为天然气水合物的识别提供理论基础。

第三节 水合物识别技术研究

一、含水合物地层渗透率估计

在含水合物地层中，水合物晶体的形成会对岩石孔隙特征产生影响，进而直接影响地层的渗透率，因此渗透率参数在含水合物地层特性分析中具有重要的意义。目前关于含水合物地层渗透率的计算主要包括经验公式及数值模拟两种方法，如 Masuda 等（1997）及 Moridis 等（1998）建立渗透率与含水合物饱和度之间的经验关系；Kleinberg 等（2003a，2003b）根据核磁共振理论提出 SDR 含水合物地层渗透率模拟模型，本章第一节通过建立管-球孔隙介质模型，提出一种 Darcy 定律与 Poiseuille 方程相结合的含水合物地层渗透率模拟方法。

本节以南海神狐海域为例，提出一个估计含水合物地层渗透率的方法。首先对不含水合物的原状地层的渗透率进行估计，通过定量分析水合物对地层渗透率的影响，对原状地层的渗透率进行修正，从而实现对含水合物地层渗透率的估计。考虑水合物在地层中有多种赋存状态，本书还对不同赋存状态的水合物对地层渗透率的影响分别进行讨论，并对比了水合物的赋存状态对地层渗透率影响的差异。

（一）原状地层渗透率估计

1. Kozeny-Carman 方程

一般认为，多孔介质的渗透率与介质的孔隙特征有关，以此为基础，大量的经验和半经验公式相继提出，其中最著名也是应用最为广泛的当属 Kozeny-Carman 方程。Kozeny-Carman 方程提供了一种利用介质的孔隙度、比表面积、颗粒粒径及孔隙的迂曲度估计渗透率的方法。根据 Kozeny-Carman 方程，多孔介质的渗透率 κ 可以表示为（Bear，1972）：

$$\kappa = \frac{\Phi^3}{c_\kappa \tau^2 (1-\Phi)^2 S^2} = \frac{\Phi^3}{36 c_\kappa \tau^2 (1-\Phi)^2} d^2 \tag{8-33}$$

式中，Φ 为介质的孔隙度；c_κ 为 Kozeny 常数；τ 为孔隙的迂曲度；S 为固体相的比表面积；d 为颗粒的粒径。

对于大多数岩石来说，组成岩石的颗粒往往有不同的粒径，因而在研究岩石渗透率过程中，颗粒粒径大小不一致对岩石渗透率的影响不容忽视。针对这种情况，Panda 和 Lake（1994）对 Kozeny-Carman 方程进行推广，假设构成介质的颗粒粒径满足某一分布，则有

$$\kappa = \frac{\bar{D}_p^2 \Phi^3}{36 c_\kappa \tau^2 (1-\Phi)^2} \left[\frac{\left(\gamma C_{D_p}^3 + 3 C_{D_p}^2 + 1 \right)^2}{\left(1 + C_{D_p}^2 \right)^2} \right] \tag{8-34}$$

式中，$\bar{D}_p$ 为颗粒粒径的均值；C_{D_p} 为标准差率；γ 为颗粒粒径分布的三阶原点矩。式

（8-34）包含了粒径统计分布的统计量（$\bar{D}_p$、C_{D_p}、γ）、孔隙度和迂曲度，对于任意粒径统计分布类型的介质都适用。

对于含水合物地层来说，粒径统计分布的统计量可通过分析岩心，根据岩石粒级组分的分布情况获得。而要获得原状地层的渗透率参数，必须获得原状地层的孔隙度参数，鉴于利用实际测井资料求取的孔隙度都不可避免地受水合物影响，因而估计原状地层的孔隙度便成为渗透率估计的关键，下面就对原状地层的孔隙度估计进行详细介绍。

2. 体积模量法估计原状地层孔隙度

体积模量法求取孔隙度的基本原理是假设地层在压实过程中固体骨架的体积不变，而孔隙空间随上覆压力的增加而减小，利用表层的初始孔隙度便可递推各深度处的孔隙度。假设 Φ 和 Φ_{n+1} 分别为第 n 层和 $n+1$ 层的地层孔隙度，则递推公式为

$$\Phi_{n+1} = 1 - \frac{1-\Phi_n}{1 - \dfrac{\rho_n g \mathrm{d}h}{K_{\mathrm{sat}}(\Phi_n)}} \qquad (8\text{-}35)$$

式中，$\rho_n = (1-\Phi_n)(\rho_s - \rho_f)$，$\rho_s$ 和 ρ_f 分别为固体骨架和骨架中流体的密度；g 为重力加速度；$\mathrm{d}h$ 为地层厚度增量；$K_{\mathrm{sat}}(\Phi_n)$ 为第 n 层的水饱和地层体积模量，可以由 Gassmann 方程计算得到

$$K_{\mathrm{sat}}(\Phi_n) = K \frac{\Phi_n K_{\mathrm{dry}} - (1+\Phi_n) K_f K_{\mathrm{dry}} / K + K_f}{(1-\Phi_n) K_f + \Phi_n K - K_f K_{\mathrm{dry}} / K} \qquad (8\text{-}36)$$

式中，K 为组成岩石的固体颗粒的体积模量，可以由 Hill 平均公式计算得到

$$K = \frac{1}{2} \left[\sum_{i=1}^{m} f_i K_i + \left(\sum_{i=1}^{m} \frac{f_i}{K_i} \right)^{-1} \right] \qquad (8\text{-}37)$$

式中，m 为矿物组分的种类数；f_i 为第 i 种矿物占固体基质的体积分数；K_i 为第 i 种矿物的体积模量。而式（8-36）中的干岩石骨架体积模量 K_{dry} 根据 Hashin-Shtrikman-Hertz-Mindlin 理论，可以分为两种情况计算（Dvorkin et al., 1999）：

$$K_{\mathrm{dry}} = \begin{cases} \left[\dfrac{\dfrac{\Phi}{\Phi_c}}{K_{\mathrm{HM}} + \dfrac{4}{3} G_{\mathrm{HM}}} + \dfrac{1 - \Phi/\Phi_c}{K + \dfrac{4}{3} G_{\mathrm{HM}}} \right]^{-1} - \dfrac{4}{3} G_{\mathrm{HM}}, & \Phi < \Phi_c \\[20pt] \left[\dfrac{\dfrac{1-\Phi}{1-\Phi_c}}{K_{\mathrm{HM}} + \dfrac{4}{3} G_{\mathrm{HM}}} + \dfrac{\dfrac{\Phi - \Phi_c}{1-\Phi_c}}{\dfrac{4}{3} G_{\mathrm{HM}}} \right]^{-1} - \dfrac{4}{3} G_{\mathrm{HM}}, & \Phi \geqslant \Phi_c \end{cases} \qquad (8\text{-}38)$$

式中，临界孔隙度 Φ_c 为由颗粒密集、随机堆积的孔隙度，一般为 38%；K_{HM} 和 G_{HM} 分别为临界孔隙度（$\Phi_c = 38\%$）条件下的有效体积和剪切模量，可以由 Hertz-Mindlin 理论计算得到（Mindlin, 1949）：

$$
\begin{cases}
K_{\mathrm{HM}} = \left[\dfrac{G^2 n^2 (1 - \varPhi_{\mathrm{c}})^2}{18\pi^2 (1 - \nu)^2} P \right]^{\frac{1}{3}} \\[4mm]
G_{\mathrm{HM}} = \dfrac{5 - 4\nu}{5(2 - \nu)} \left[\dfrac{3G^2 n^2 (1 - \varPhi_{\mathrm{c}})^2}{2\pi^2 (1 - \nu)^2} P \right]^{\frac{1}{3}}
\end{cases}
\tag{8-39}
$$

其中，G 为组成岩石的固体颗粒的剪切模量；ν 为固体相的泊松比；n 为每个颗粒接触点的平均数；P 为有效压力。

3. 原状地层渗透率估计

根据体积模量法估计得到原状地层孔隙度参数，再根据岩石粒级组分情况，利用式（8-34）便可以对原状地层的渗透率进行估计，为了验证该流程的正确性，以南海神狐海域 SH2 井为例，表 8-5 和表 8-6 分别给出 SH2 井的岩石粒级组分和矿物组成情况，且根据岩心资料分析结果，SH2 井附近的岩石粒级和矿物组成情况随深度变化不大（陈芳等，2011）。

表 8-5　SH2 井岩石粒级组分

粒级	直径范围 /mm	含量 /%
极细砂	0.125～0.063	1.85
粗粉砂	0.063～0.032	12.71
中粉砂	0.032～0.016	27.28
细粉砂	0.016～0.008	32.85
极细粉砂	0.008～0.004	25.32

表 8-6　SH2 井岩石矿物组成

矿物分成	体积模量 /GPa	剪切模量 /GPa	密度 /（g/cm³）	体积分数
石英	36.6	45	2.65	0.3
白云母	61.5	41.1	2.79	0.2
斜长石	75.6	25.6	2.63	0.8
黏土矿物	20.9	6.85	2.58	0.22
方解石	76.8	32	2.71	0.2

根据体积模量孔隙度估计方法，利用表 8-6 给出的岩石矿物组成可对 SH2 井的原状地层孔隙度进行估计（图 8-62），图 8-62 蓝色曲线为实际测井资料估计的孔隙度，红色曲线为利用体积模量法估计的原状地层曲线。可以看出原状地层孔隙度与实际地层孔隙度的趋势吻合得很好，在 200～250m 实际地层孔隙度的明显缩小可以认为由地层含水合物引起的。

利用估计的原状地层孔隙度，再根据表 8-5 的岩石粒级组分情况，利用式（8-34）的 Kozeny-Carman 方程便可以估计 SH2 井的渗透率（图 8-63）。图 8-63（a）为原状地

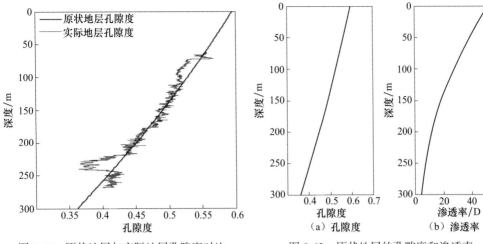

图 8-62　原状地层与实际地层孔隙度对比　　　图 8-63　原状地层的孔隙度和渗透率

层孔隙度，图 8-63（b）为估计的原状地层渗透率。从图 8-63 可以看出，随着地层深度增加，地层孔隙度逐渐减小，渗透率也逐渐降低。

（二）含水合物地层渗透率估计

一般认为，水合物在岩石中有 3 种赋存状态：①水合物胶结岩石颗粒接触面；②水合物附着在岩石骨架上，作为岩石骨架的一部分；③水合物形成于孔隙中心，不与岩石骨架有任何接触。水合物不同的赋存状态对岩石孔隙特征的影响不同，因而对地层渗透率的影响就不同，下面分别从水合物的 3 种赋存状态入手研究水合物对岩石渗透率的影响。

1. 水合物胶结岩石颗粒接触面

水合物胶结岩石颗粒接触面一方面使地层孔隙度减小，另一方面使岩石颗粒粒径增加，假设地层中水合物饱和度为 S_h，则

$$\begin{cases} \Phi'/\Phi = \left(1 - S_h\right) \\ d'/d = \left(\dfrac{1-\Phi'}{1-\Phi}\right)^{1/3} \end{cases} \tag{8-40}$$

式中，Φ 和 Φ' 分别为胶结前后的岩石孔隙度；d 和 d' 分别为胶结前后的岩石颗粒粒径。根据式（8-33）的 Kozeny–Carman 方程，水合物胶结岩石骨架之后使地层渗透率变为

$$\kappa' = \frac{\Phi'^3}{36c_\kappa \tau^2 \left(1-\Phi'\right)^2} d'^2 \tag{8-41}$$

假设原状地层的渗透率为 κ，根据式（8-40），含水合物前后地层的渗透率关系为

$$\kappa'/\kappa = \left(1 - S_h\right)^3 \left(\frac{1-\Phi}{1-\Phi+\Phi S_h}\right)^{\frac{4}{3}} \tag{8-42}$$

从式（8-42）可以看出，含水合物前后的地层渗透率之比一方面与水合物饱和

度有关，另一方面与岩石初始孔隙度也有关。将式（8-42）绘制如图 8-64 所示的示意图，可以看出，随着水合物饱和度增加，岩石渗透率迅速减小，且随着初始孔隙度的增加，渗透率减小的速率也增加。根据式（8-42），利用水合物饱和度信息和原状地层孔隙度信息可对原状地层渗透率进行修正，从而得到含水合物地层的渗透率参数。

图 8-65 即为 SH2 井考虑水合物胶结岩石颗粒之后的渗透率估计情况，图 8-65（a）为水合物饱和度曲线，图 8-65（b）为计算的渗透率曲线，其中红色虚线为原状地层渗透率，蓝色曲线为含水合物地层渗透率，可以看出在含水合物区域地层渗透率明显偏离原状地层特征，渗透率明显减小，且与水合物饱和度呈明显的负相关性，即水合物饱和度越大，含水合物地层渗透率越小。

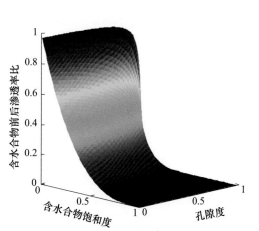

图 8-64　当水合物胶结岩石颗粒接触面时含水合物前后的地层渗透率关系图

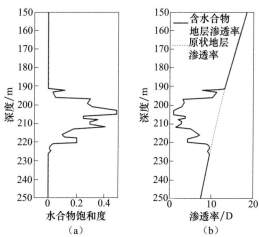

图 8-65　当水合物胶结岩石颗粒接触面时含水合物地层渗透率计算情况

2. 水合物附着在岩石骨架上

当水合物附着于岩石颗粒上成为固体骨架一部分，其直接影响为岩石孔隙的孔径减小，此时应用 Kozeny-Carman 方程难以直接研究对渗透率的影响，可以改用平行毛细管模型分析含水合物地层渗透率特征。将岩石孔隙看作毛细管，流体在毛细管内流动形式满足 Poiseuille 方程，对半径为 r 的毛细管，管道里的流速 Q 可以写作（Scheidegger，1960）

$$Q = \frac{\pi r^4}{8\eta} \frac{\Delta p}{\Delta l} \tag{8-43}$$

式中，η 为流体黏度；Δp 为压力差；Δl 为渗流路径的长度。已知达西定律

$$Q = \frac{\kappa A}{\eta} \frac{\Delta p}{\Delta l} \tag{8-44}$$

式中，A 为横截面积，由式（8-43）和式（8-44）可得管道内的渗透率

$$\kappa = \frac{\pi r^4}{8A} \qquad (8\text{-}45)$$

水合物附着在岩石颗粒上，使岩石孔隙的孔径减小，假设毛细管半径从 r 减小至 a，根据式（8-45），此时管道内的有效渗透率为

$$\kappa'' = \frac{\pi a^4}{8A} \qquad (8\text{-}46)$$

假设地层中水合物饱和度为 S_h，则有

$$a^2 = r^2 \left(1 - S_h\right) \qquad (8\text{-}47)$$

由式（8-45）～式（8-47）可得

$$\kappa'' / \kappa = \left(1 - S_h\right)^2 \qquad (8\text{-}48)$$

从式（8-48）可以看出，与水合物胶结岩石颗粒不同，当水合物作为岩石骨架一部分时，含水合物前后的地层渗透率之比只与水合物饱和度有关。将式（8-48）绘制如图 8-66 所示的示意图，可以看出随着水合物饱和度增加，岩石渗透率逐渐减小。根据式（8-48），利用水合物饱和度信息就可以对原状地层渗透率进行修正，从而得到含水合物地层的渗透率参数。

图 8-67 即为 SH2 井考虑水合物附着岩石骨架之后的渗透率估计情况，图 8-67（a）为水合物饱和度曲线，图 8-67（b）为计算的渗透率曲线，其中红色虚线为原状地层渗透率，蓝色曲线为含水合物地层渗透率，可以看出在含水合物区域，地层渗透率明显偏离原状地层特征，渗透率明显减小，且水合物饱和度越大，含水合物地层渗透率越小。

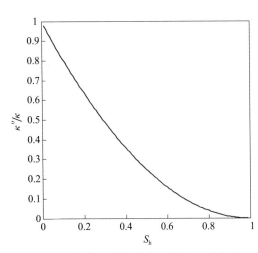

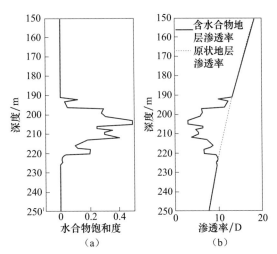

图 8-66　当水合物附着在岩石骨架上时含水合物前后的地层渗透率关系图

图 8-67　当水合物附着在岩石骨架上时含水合物地层渗透率估计

3. 水合物形成于孔隙中心

当水合物在岩石孔隙中心形成时，对流体流动产生阻碍，使流体在毛细管内进行环流，此时仍可以采用平行毛细管模型分析含水合物地层渗透率特征。假设毛细管半径为

r，毛细管中心水合物晶体的半径为 b，则此时毛细管内流量为（Lamb，1945）：

$$Q = \frac{\pi}{8\eta}\frac{\Delta p}{\Delta l}\left[r^4 - b^4 - \frac{(r^2 - b^2)^2}{\lg\left(\dfrac{r}{b}\right)}\right] \tag{8-49}$$

仍与式（8-44）的达西定律结合，得

$$\kappa''' = \frac{\pi}{8A}\left[r^4 - b^4 - \frac{(r^2 - b^2)^2}{\lg\left(\dfrac{r}{b}\right)}\right] \tag{8-50}$$

已知水合物饱和度为

$$S_{\mathrm{h}} = \left(\frac{b}{r}\right)^2 \tag{8-51}$$

将式（8-51）代入式（8-50），可得

$$\kappa''' = \frac{\pi r^4}{8A}\left[1 - S_{\mathrm{h}}^2 - \frac{(1 - S_{\mathrm{h}})^2}{\lg\left(\dfrac{1}{\sqrt{S_{\mathrm{h}}}}\right)}\right] \tag{8-52}$$

因此，地层含水合物前后的渗透率之比为

$$\kappa''' / \kappa = \left[1 - S_{\mathrm{h}}^2 - \frac{(1 - S_{\mathrm{h}})^2}{\lg\left(\dfrac{1}{\sqrt{S_{\mathrm{h}}}}\right)}\right] \tag{8-53}$$

从式（8-53）可以看出，水合物在岩石孔隙中心形成后，含水合物前后的地层渗透率之比仍只与水合物饱和度有关。将式（8-53）绘制如图 8-68 所示的示意图，可以看出，随着水合物饱和度增加，岩石渗透率迅速减小。根据式（8-53），利用水合物饱和度信息就可以对原状地层渗透率进行修正，从而得到含水合物地层的渗透率参数。

图 8-69 即为 SH2 井考虑水合物形成于岩石孔隙中心之后的渗透率估计情况，图 8-69（a）为水合物饱和度曲线，图 8-69（b）为计算的渗透率曲线，其中红色虚线为原状地层渗透率，蓝色曲线为含水合物地层渗透率，可以看出，在含水合物区域，渗透率发生明显的减小，且水合物饱和度越大，含水合物地层渗透率越小。

（三）结果分析

为了对比水合物在地层不同的赋存方式对地层渗透率影响的差别，作如图 8-70 所示的示意图。图 8-70（a）为水合物饱和度曲线，图 8-70（b）为水合物在地层中不同的赋存方式下分别计算的渗透率曲线，其中红色曲线为原状地层渗透率，可以看出，不论水合物在地层中以哪种状态赋存，都会使地层渗透率减小，且与水合物饱和度呈现负相关，即水合物饱和度增加，地层渗透率减小。而在水合物的 3 种赋存状态中，

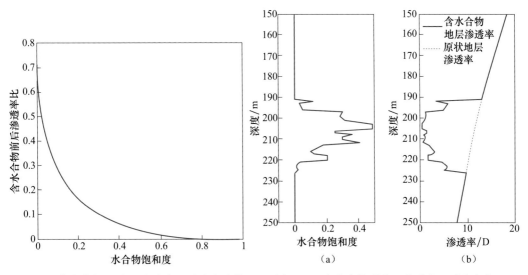

图 8-68　当水合物形成于孔隙中心时含水合物
前后的地层渗透率关系图

图 8-69　当水合物形成于孔隙中心时含水合
物地层渗透率估计

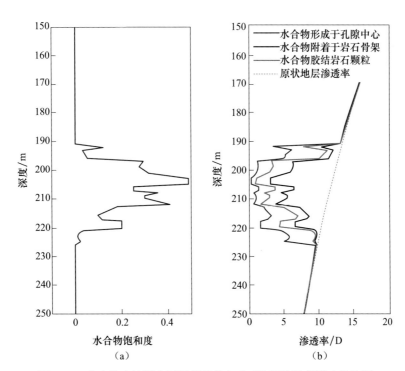

图 8-70　水合物在地层中不同的赋存方式对地层渗透率影响的差别

当水合物形成于孔隙中心时，其对岩石渗透率的影响最大，当水合物胶结岩石颗粒时，其对岩石渗透率的影响次之，当水合物附着于岩石骨架时，其对岩石渗透率的影响相对较小。

（四）结论

（1）含水合物地层渗透率的估计可分为两步，第一步是对不含水合物的原状地层的渗透率进行估计，第二步是通过定量分析水合物对地层渗透率的影响，对原状地层的渗透率进行修正，从而实现对含水合物地层渗透率的估计。

（2）不同赋存状态的水合物对地层渗透率的影响不同，我国南海神狐海域的水合物3种赋存状态中，当水合物形成于孔隙中心时，其对岩石渗透率的影响最大，当水合物胶结岩石颗粒时，其对岩石渗透率的影响次之，当水合物附着于岩石骨架时，其对岩石渗透率的影响相对较小。

二、CRS 成像技术研究

针对渗漏型天然气水合物储层特性，基于 CRS 技术的天然气水合物地震资料特殊处理方法进行"崎岖海底天然气水合物储层 CRS 成像技术研究"。

海底天然气水合物受低温和高压等因素的控制，主要存储在 300～500m 水深的海底沉积物中，地震资料上海底天然气水合物储层识别特征之一为 BSR。若在崎岖海底情况下，BSR 使海底天然气水合物储层波场发生畸变，严重影响叠加和偏移的成像效果。崎岖海底天然气水合物储层 CRS 叠加方法直接从崎岖海底开始进行椭圆展开成像处理，进行崎岖海底成像点空间位置的整体变化和相应的反射旅行时校正的纵向分量和横向分量校正，有效地解决崎岖海底和复杂地下构造的成像和速度建模。数值试算和实际应用表明基于崎岖海底天然气水合物储层 CRS 叠加方法比常规方法更为真实可靠，实现了天然气水合物储层高精度的高分辨率、高信噪比、高保真度和高清晰度成像。

（一）研究现状

复杂介质中地震波的传播问题是当前的一个研究热点，其中地下结构复杂问题已取得重大进展，而崎岖海底和存在崎岖海底、地下结构都复杂的问题虽已引起人们的强烈关注，但研究程度较低。崎岖海底问题对于任何一种地震资料成像方法都是一大难题，因为它不仅导致严重的地震激发接收问题，也使地震波在崎岖海底的传播变得异常复杂，且地震能量衰减明显，高频损失严重，所得地震资料品质较差，信噪比低，分辨率低，同相轴变形严重且不连续，反射信息杂乱，波组特征不明显，严重影响地震资料的精度、水平叠加质量和叠前偏移的成像效果（伊尔马滋，2006）。

目前，在解决崎岖海底和复杂构造成像问题时通常采用海底静校正、折射静校正、剩余静校正等静校正技术组合消除崎岖海底的影响，然后进行成像处理，其原理简单易实现，资源耗费少，但其处理精度不能满足复杂地表问题的要求。许多学者做了大量的研究工作，不仅形成了层析静校正、综合全局快速寻优静校正、波场延拓基准面静校正等种类繁多的静校正技术系列，也形成了一些直接从崎岖海底进行偏移成像以消除起伏地表影响的成像技术（Berryhill，1979；林依华等，2000；何英等，2002）。其研究思路主要集中在以下几个方面：采用中间基准面解决崎岖海底静校正问题，再进行叠前深度偏移处理；采用静校正与深度域成像一体化研究思路，在做好真地表剩余静校正基础上，开展从崎岖海底出发的叠前深度偏移处理；直接从崎岖海底出发的波动方程成像方法研究。上述研究思路不同，但焦点都集中在消除崎岖海底对深度域成像的影响这一关键问题上。

　　Berryhilll（1979）首先提出波动方程基准面校正的概念，几年后将它扩展到叠前。Reshef（1991）提出"逐步累加"波场外推的概念，解决崎岖海底变化剧烈对地下构造成像的影响问题。Beasley 和 Lynn（1992）提出很有新意的"零速度层"概念，利用波动方程从崎岖海底进行偏移。何英等（2002）借鉴 Beasley 和 Lynn（1992）提出的"零速层"的概念与 Reshef 提出的"逐步一累加"法的思路，根据地震波在真实介质中的传播特性及波的可叠加性提出"波场上延"法。杨锴等在美国 SEG 年会上提出了一种地形基准面校正算子（TDO）计算方法，对地形和速度变化较大的地区除了重建基准面，还能把采集面上空间不规则采样的数据映射到基准面上，成为规则采样的数据（Yang et al.，2007）。此外，还有基于共反射面元（CRS）和共聚焦点（CFP）技术的崎岖海底基准面重建技术（李振春等，2006，2007）。基于共聚焦点技术的崎岖海底基准面重建为解决此类问题提供了一种新的思路。在崎岖海底之上以海平面为基准面，在基准面上求取一系列的聚焦算子，这些包含了崎岖海底信息的聚焦算子可用来跟初始炮记录作用进行波场重建生成新的炮记录。重建后的炮记录基本消除了崎岖海底的影响。崎岖海底 CRS 叠加技术不需对叠前数据做静校正，而且在得到叠加剖面后可以利用叠加得到的波场参数剖面实现基准面重建。崎岖海底 CRS 叠加得出的剖面与常规处理剖面相比有较高的信噪比和同相轴连续性。与水平地表 CRS 叠加不同的是，在复杂地表 CRS 叠加的时距公式中，波场三参数耦合，难以通过简化 CRS 道集的方法将它们全部分离并逐个优化。这类技术将是崎岖海底资料处理的一种有效手段，但尚需不断完善和发展。

　　椭圆展开共反射点叠加方法（周青春等，2009a，2009b；Zhou et al.，2009）对复杂地下构造具有很强的叠加成像和准确速度求取能力，联合叠后时间偏移和叠前时间偏移技术可较好地解决地下复杂构造成像问题，但它基于海底近似水平的假设。对于崎岖海底的地震资料，由于静校正技术改变了炮点和检波点的实际空间位置，使波场发生畸变，影响后续叠加偏移效果，为此研究发展了基于崎岖海底的椭圆展开 CRP 叠加方法。具体方法是对椭圆展开 CRP 叠加算子引入反映崎岖海底的时间校正参数，消除崎岖海底的影响，达到直接从崎岖海底进行展开成像的目的。即不对叠前数据进行任何的静校正处理，直接从崎岖海底开始进行速度扫描和椭圆展开成像处理，将时间校正量隐含地包括在其中，这种校正不但包含旅行时的纵向校正分量，同时包含旅行时的横向校正分量。因此，基于崎岖海底的椭圆展开 CRP 方法可以有效地解决崎岖海底和复杂地下构造成像问题。

（二）方法原理

1. 基于崎岖海底的椭圆展开 CRS 时间校正

图 8-71 为只有一组炮检对 S-R 时的反射射线图。给定坐标系 (x, z)。崎岖海底用函

数 $z=f(x)$ 表示。在崎岖海底上等效变换的激发 S 和接收点 R 不在同一水平面上，其坐标分别为 (x_s, z_s) 和 (x_r, z_r)，相应延拓变换的炮检距 $l=[(x_r-x_s)^2+(z_r-z_s)^2]^{1/2}$。地下介质均匀，地震波的传播速度为 v，双程旅行时为 t，反射点为 O，法线在 S-R 线上的点 A 到 S 的距离为 l。

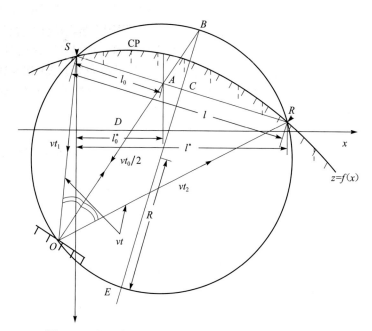

图 8-71 基于崎岖海底的椭圆展开 CRS 算法基本原理图

按照椭圆展开 CRS 变换公式

$$\frac{t_0^2}{t^2-\dfrac{l^2}{v^2}}+\frac{\left(l_0-\dfrac{l}{2}\right)^2}{\dfrac{l^2}{4}}=1 \tag{8-54}$$

对 t 时刻的信号进行变换，可以求出法线 OA 的长度 $vt_0/2$

$$\overline{OA}=\frac{vt_0}{2}=\left[\frac{l_0(l-l_0)}{l^2}(v^2t^2-l^2)\right]^{\frac{1}{2}} \tag{8-55}$$

式中，t_0 为沿法向的双程旅行时。若 vt、$vt_0/2$、l_0 和 l 为已知，就能知道可能的反射点 O 的位置（周青春等，2009a, 2009b; Zhou et al., 2009）。过 S、R 和 O 三点做一个圆，圆的半径为 R'

$$R'=l\frac{t^2}{t_0\sqrt{t^2-t_0^2}} \tag{8-56}$$

做 S-R 连线的中垂线，它与圆的交点分别为 B 点和 E 点，与 S-R 连线的交点为 C 点，则 C 点坐标为

$$x_c = \frac{x_s + x_r}{2}$$

$$z_c = \frac{z_s + z_r}{2} \tag{8-57}$$

线段 AC 的长度为

$$\overline{AC} = \left| \frac{l}{2} - l_0 \right| \tag{8-58}$$

可以证明，过 O 点的法线 OA（即 SOR 的角平分线）与圆的交点也在 B 点。因为 SB 弧段和 BR 弧段长度相等，反射角与入射角相等。

把 B 点叫作法线的极点。在该圆上任意一点，其反射界面的法线都交于 B 点。设 OB 段的双程旅行时为 $\bar{t}_0$，根据几何关系，可以得到下列关系式。

A 点坐标：

$$x_A = x_s + \frac{l_0}{l}(x_r - x_s)$$

$$z_A = z_s + \frac{l_0}{l}(z_r - z_s) \tag{8-59}$$

$$\overline{OB} = \frac{v\bar{t}_0}{2} = \frac{2l_0(l - l_0)}{l^2} \frac{v^2 t^2}{v t_0} \tag{8-60}$$

$$\overline{AB} = \frac{v\bar{t}_0}{2} - \frac{v t_0}{2} = \frac{2l_0(l - l_0)}{v t_0} \tag{8-61}$$

B 点坐标：

$$x_B = x_C + \frac{P}{\sqrt{1 + \left(\dfrac{x_s - x_r}{z_s - z_r}\right)^2}}$$

$$z_B = z_C + \frac{P\left(\dfrac{x_s - x_r}{z_r - z_s}\right)}{\sqrt{1 + \left(\dfrac{x_s - x_r}{z_s - z_r}\right)^2}} \tag{8-62}$$

式中

$$P = \left[\frac{l^4 - 4v^2 t^2 \left(l_0 + \dfrac{l}{2}\right)^2}{4(v^2 t^2 - l^2)} \right]^{\frac{1}{2}} \tag{8-63}$$

设所选取的基准面的纵坐标为 z_{level}，OA 与基准面的交点为 D 点，则 D 点便是新的成像位置。利用得到的上述关系式可求出 D 点坐标和 $\overline{AD}$ 段的长度。D 点坐标为 z_{level} 给定，则有

$$x_{\text{level}} = \left[z_{\text{level}} - \frac{lz_s + l_0(z_r - z_s)}{l} \right] \left\{ \frac{2P(z_r - z_s) - l(x_s + x_r) + 2[lx_s + l_0(x_r - x_s)]}{2P(x_s - x_r) - l(z_s + z_r) + 2[lz_s + l_0(z_r - z_s)]} \right\} \quad (8\text{-}64)$$

所以校正段 $\overline{AD}$ 的长度为

$$\overline{AD} = \left[(x_{\text{level}} - x_A)^2 + (z_{\text{level}} - z_A)^2 \right]^{1/2} \quad (8\text{-}65)$$

设 Δt_0 为 $\overline{AD}$ 段的法向双程旅行时时差，则有

$$\overline{AD} - 2v\Delta t_0 \quad (8\text{-}66)$$

当 A 点位于基准面之上（例如海面）时，Δt_0 算符为负，意味着校正后的法向双程旅行时减少。反之算符为正，意味着校正后的法向双程旅行时增加。利用式（8-64）～式（8-66）可以完成自成像位置 A 向所定义的基准面上的成像位置 D 的转移，并可实现相应的基准面时差校正。这样理论上就可以利用椭圆展开 CRS 技术方法解决崎岖海底引起的校正问题，为叠加成像打下基础。

对每一炮检对的每一时间采样点应用该算子，将它们逐一变换到基准面上，最后把法线长度换算成 t_0，从而得到相对于基准面的叠加时间剖面。

2. 时间校正后叠加成像

利用包络线形成叠加时间剖面的方法构成椭圆展开 CRS 变换的基础（周青春等，2009a, 2009b; Zhou et al., 2009）。如果所有等效变换炮点和检波点都位于同一条直线上（高程相等），炮集地震记录多次覆盖，那么相邻的炮集地震记录在进行椭圆展开 CRS 变换后其等时线形成包络线，有效信号叠加加强，噪音干涉削弱。假设介质速度已知，如果等效变换炮点和检波点位于崎岖海底上，那么叠加条件就随崎岖海底起伏的增加而变差。介质速度的非均质性也导致叠加条件变差。

一般来讲，只有求取的平均速度和均方根速度不依赖界面形状和折射条件时才会考虑崎岖海底的影响。在传统 CMP 方法中，利用 CMP 对称分选无法考虑崎岖海底的影响。这是因为 CMP 方法的速度不是具有均方根速度物理定义的速度，而仅仅是一个叠加参数。

椭圆展开 CRS 方法求取和使用的是极限有效速度，理论上它与反射界面的形状无关。在实际应用时，它与均方根速度有如下关系（Kondrashkov and Aniskovich, 1998; 周青春等，2009a, 2009b; Zhou et al., 2009）：当反射界面的倾角不大于 24° 时，椭圆展开 CRS 有效速度等于均方根速度；当考虑速度横向变化（双参数）时，甚至当界面的倾角在 60° 以内时，椭圆展开 CRS 有效速度与均方根速度基本一致（图 8-72）。在这一点上传统 CMP 方法很难做到。因此，当崎岖海底起伏很大时，利用椭圆展开 CRS 方法也能得到时间剖面。

解决时间域叠加问题的基础基于这样一个事实：在位于崎岖海底的众多炮检对当中总能找到这样的一些炮检对，它们的等时面 $F(x, z, t, v)$ 具有共反射点。也就是说，对于该点状目标来说，相应等时面的切线相交于一点，这个点就位于绕射点上。根据切变换和椭圆展开 CRS 变换理论，相应于 CRS 的椭圆展开 CRS 等时线族 $F(l_0, t_0, v)$ 具有公切点（图 8-73）。

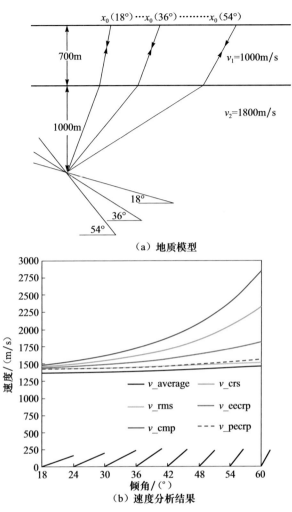

图 8-72　各种速度分析方法分析结果对地层倾角的依赖性

图 8-73 显示了两组不在同一水平面上的炮检对。两组炮检对的椭圆形等时面在 CRS 相切，即具有相同的法线。为方便起见，两组炮检对的法线点正好位于它们连线的交点上，基准面恰好经过该法向点，椭圆展开 CRS 变换后的等时线 $F(l_0, t_0, v)$ 也相切。切点就是 CRS 在叠加时间域的影像。

3. 理论数值试算

图 8-74 展示了 3 组炮检对，它们位于崎岖海底上，但其等时面有公切点，也就是说界面的法线位于同一直线上。把 3 组炮检对的法线在它们与基准线（面）的交点上（Cp50）做成相同的长度。在图 8-74（a）所示的模型中，$S2$-$R2$ 和 $S3$-$R3$ 炮检对的法线点正好位于它们的交点上。$S1$-$R1$ 的法线点位于基准面的下方。实际上等效变换炮点和检波点位置可以是任意的，由崎岖海底决定。图 8-74（b）~图 8-74（d）分别给出了 3 个炮检对的等时面 $F(x, z, t, v)$，它们依赖于各自的 S-R 线，并通过反射点（用小圆圈标出）。在等时面的内侧，在一系列点上给出下行波和上行波射线的路径及相

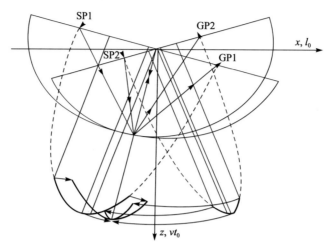

图 8-73　两个炮检对的等时面 $F(x, z, t, v)$ 具有共反射点, 与之相对应的椭圆展开 CRS 等时面 $F(l_0, t_0, v)$ 具有公切点

应的法线, 后者与基准面相交, 对于 $S2$-$R2$ 和 $S3$-$R3$ 来说, 基准线位于 S-R 线的下方。而对于 $S1$-$R1$ 来说, 基准线位于其上方, 这时可以看到法线彼此相交, 即焦散（所有射线在一点相交, 相交面积为零, 能量变为无穷大）。

图 8-74（e）～图 8-74（g）分别表示相应的等时线 $F'(l_0, vt_0/2)$, 其中, $S2$-$R2$ 和 $S3$-$R3$ 的等时线向下凹, $S1$-$R1$ 的等时线则向上凸起。3 个炮检对的等时线具有公切点 [图 8-74（h）]。

在计算机上对该简单模型进行模拟和处理, 处理结果与计算结果相吻合（图 8-75）, 说明理论上利用该方法处理崎岖海底成像问题是可行的。

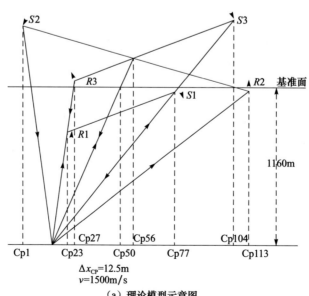

（a）理论模型示意图

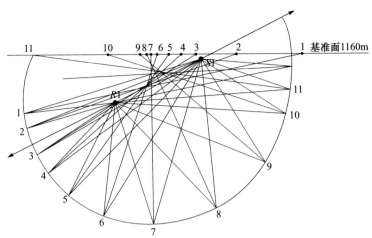

（b）S1-R1炮检对的等时线、射线路径、对应的法线在基准面的点及长度

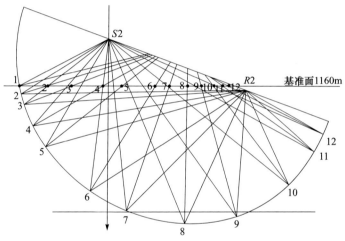

（c）S2-R2炮检对的等时线、射线路径、对应的法线在基准面的点及长度

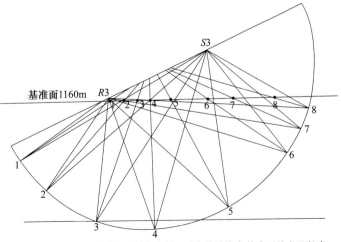

（d）S3-R3炮检对的等时线、射线路径、对应的法线在基准面的点及长度

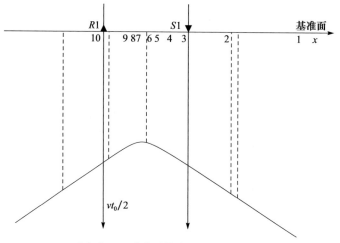

（e）与S1-R1炮检对等时线对应的t_0曲线

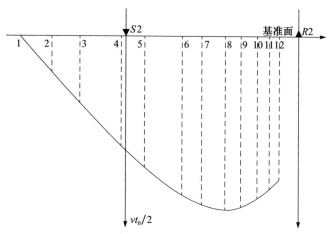

（f）与S2-R2炮检对等时线对应的t_0曲线

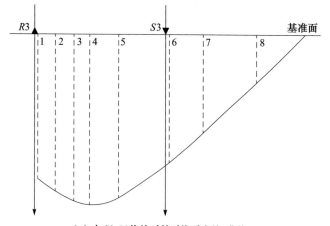

（g）与S3-R3炮检对等时线对应的t_0曲线

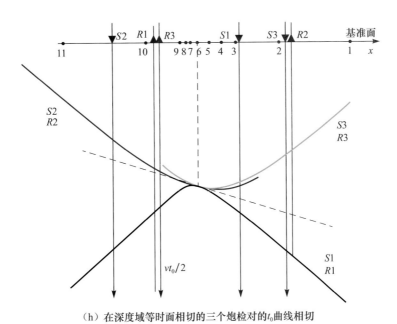

（h）在深度域等时面相切的三个炮检对的t_0曲线相切

图 8-74 不在一条水平线上的 3 个炮检对的等时面具有公切点，

即具有共反射点

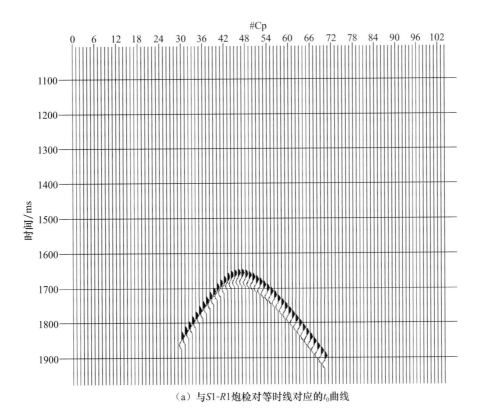

（a）与 $S1$-$R1$ 炮检对等时线对应的 t_0 曲线

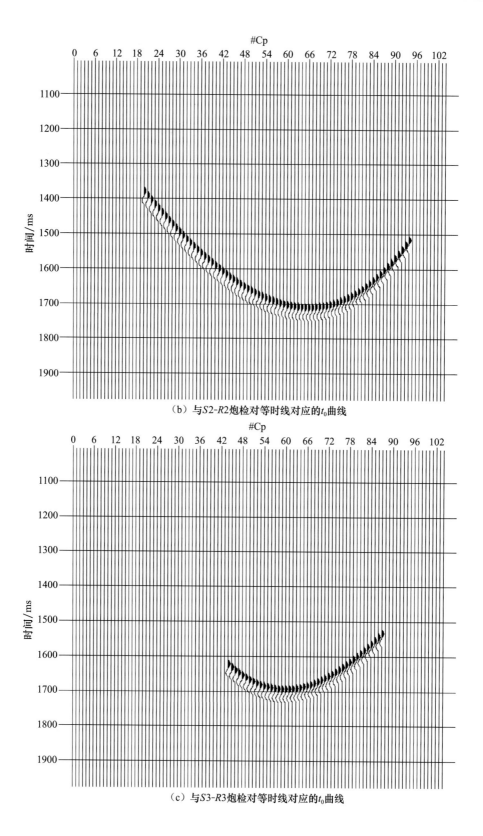

（b）与S2-R2炮检对等时线对应的t_0曲线

（c）与S3-R3炮检对等时线对应的t_0曲线

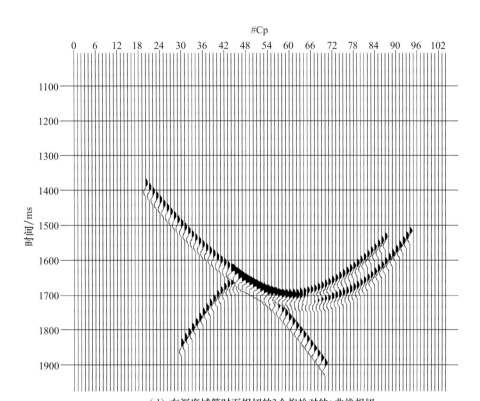

（d）在深度域等时面相切的3个炮检对的 t_0 曲线相切

图 8-75　对应图 8-74 模型的模拟运算结果

4. 应用效果分析

2009 年 3 月中国海洋大学研发了海上多道高分辨率深层地震仪系统，该系统是全新的海洋地震全数字式拖缆，在国际上也是最先进全新的海洋地震全数字式拖缆仪器系统，较目前国内模拟地震拖缆系统适用性更强，其分辨率和信噪比更高。该拖缆每段 24 个通道，可自由组合成 24～1940 道的系统。拖缆的直径仅为 38mm，其壁厚为 1/8in[①]，既便于运输和投放，又坚固耐用。由于采用了 6.25m 道间距和 1/16～4ms 宽带技术，它可以在石油勘探、海洋工程、地层剖面测量中获得高分辨率的地震资料。首次在存在天然气水合物区域南海东沙附近进行海上高分辨率崎岖海底地震资料采集。测线记录长度为 3s，采样间隔为 1ms，覆盖次数为 6 次。20km 的叠加测线段的崎岖海底变化为 1800～2600m。从单炮记录显示上看，崎岖海底问题严重，波场严重畸变，资料噪音背景严重，信噪比很低。

该测线段崎岖海底复杂，因而采用基于崎岖海底的椭圆展开 CRS 叠加方法。图 8-76 为基于崎岖海底的椭圆展开 CRS 叠加和常规 CMP 处理后的最终叠加效果对比，基于崎岖海底的椭圆展开 CRS 叠加处理大大提高了叠加剖面的信噪比和分辨率。尽管二者的整体构造态势类似，但仍能看到一些形态的差异。尽管常规方法获得的剖面的同相轴的连续性和光滑性较好，结果到底是否真实地反映了地下的构造形态还有待商榷，但基于崎岖海底的椭圆展开 CRS 方法提高了资料的信噪比和分辨率，复杂构造部位的成像相对更

[①]　1in=2.54cm。

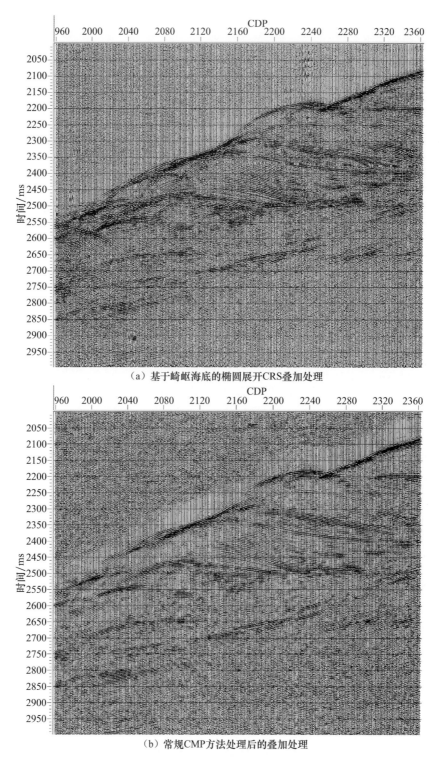

（a）基于崎岖海底的椭圆展开CRS叠加处理

（b）常规CMP方法处理后的叠加处理

图 8-76　试验测线段进行基于崎岖海底的椭圆展开 CRS 叠加处理和常规 CMP 方法处理后的叠加处理
结果对比

为清晰。由于基于崎岖海底的椭圆展开 CRS 方法使用简单的最大叠加能量原理进行速度分析和叠加成像，事先也未对数据做任何近似处理，所以其结果比常规 CMP 静校正结果更加真实可靠。基于崎岖海底的椭圆展开 CRS 叠加方法实现了天然气水合物储层高精度的高分辨率、高信噪比、高保真度和高清晰度成像，特别是天然气水合物识别特征之一的似海底反射成像，提高了识别和预测 BSR 现象和储层的能力。

5. 小结

针对崎岖海底天然气水合物储层特性，研究并提出了基于崎岖海底开始进行椭圆展开成像处理，进行崎岖海底成像点空间位置的整体变化和相应的反射旅行时校正的纵向分量和横向分量校正，有效地解决崎岖海底和复杂地下构造的成像和速度建模的 CRS 叠加方法。数值试算和实际应用表明，基于崎岖海底天然气水合物储层 CRS 叠加方法比常规方法更为真实可靠，实现了天然气水合物储层高精度的高分辨率、高信噪比、高保真度和高清晰度 CRS 叠加成像。可开发出一套有效的对应崎岖海底天然气水合物储层的地震资料处理方法和处理流程，提高地震资料处理质量，提高地震成像的准确性，提高勘探精度，减少勘探风险，同时为下一步开展基于 CRS 技术的天然气水合物地震资料处理方法和叠前属性非线性反演方法提供新理论。基础资料可为分析天然气水合物储层渗透率与速度、密度、孔隙度、含水饱和度、含气饱和度、泥质含量、吸收系数、品质因数的关系，特别是与横波吸收系数及横波品质因数的关系，预测天然气水合物储层的物理地质基础参数，初步建立天然气水合物储层预测模式提供基础保障。

三、高精度速度反演技术研究

众多的研究表明水合物的赋存与层速度的显著升高呈高度的正相关。因此含水合物地层的速度分析是水合物勘查中地震数据分析的重要内容。利用反射地震资料进行含水合物地层的速度分析主要从地震波的走时分析和波形反演两方面入手（马在田等，2000；宋海斌等，2001）。利用走时进行速度分析的方法可以反演尺度稍大的地层；利用波形反演则可以反演更小尺度的速度结构。

（一）基于走时的高密度速度

常规的走时地震速度分析通常服务于地震成像，得到的成像速度一般属于框架速度，无论在空间还是时间或深度方面，其分析尺度都较大，精细度不高。一般认为通过 Dix 公式计算层速度时，若层厚小于 200ms，层速度因误差放大而变得很不可靠。而钻井证实的含水合物地层厚度通常较薄，这对基于走时的速度分析提出挑战。针对南海含水合物地层的层厚较薄、资料品质较高等特点，提出进行含水合物地层高密度、高精度速度分析的具体方案，该方案具有稳定性好、实用性强的特点。首先通过叠前时间偏移获得的数据计算高密度的高分辨率速度谱，然后通过自动速度拾取等方法获得精细的均方根速度场，最终利用 Dix 公式转换为层速度场。研究实例表明速度场横向稳定、细节丰富，但绝对幅度偏差较大。对结果进行分析和有效信息提取可以发现，层速度场的中低频段比较可靠。层速度场的中低频段信息正是地震波形数据本身缺失的信息，利用其构造波形反演的低频模型优势比较明显。

速度分析采用传统的谱分析技术，该方法抗噪能力强，采用叠前时间偏移后的道集数据计算速度谱，因绕射波收敛、构造基本归位，谱的可靠性大大提高。谱分析技术在实际操作中与层析成像解大型稀疏欠定方程组的方法相比，稳定性更好。在计算速度谱时可采用尖脉冲替代原来的波形进行速度扫描。脉冲数据具有无限频宽，在速度谱上的能量团更小、更有区分度，这样可以在很大程度上提高速度的分辨能力。这里的尖脉冲也可以是尖锐的某种子波，不一定是单个样点。用脉冲替代波形的主要目的是挑选出主要的层位，而靠得很近的波形和非主要层位在替代的过程中被排除，同时有效提高数据的分辨能力。利用脉冲数据就像层析成像利用拾取的走时数据一样，但不必人为拾取，可行性较好。由于利用脉冲代表层位后，一定窗口内仅保留了主要的层位（脉冲界面），从而数据相对比较纯净，保证了速度谱计算的稳健性。谱分析时采用高密度速度谱，每个 CDP、每个时间样点均计算速度谱，速度的扫描间隔缩小到 1m/s。由此得到的速度谱在空间和时间上具有高密度特征，且在时间上达到较高的分辨能力，从而保证了拾取的速度可以达到更高的精度。对这样的高密度、高分辨率速度谱进行在一定约束条件下的自动拾取，可得到空间高密度、时间高分辨率、速度高精度的均方根速度。

对高精度的均方根速度进行整理，剔除在空间上较孤立、时间上太接近且非主要层位的谱点，可得到质量较好的均方根速度场，同时也可得到主要的层位信息。利用均方根速度和层位信息则可得到质量较高的时间域层速度信息。对该层速度信息进行进一步处理，滤掉不可靠的高频成分，即获得可靠的有效层速度成分。

该技术流程可简要描述为：预处理—叠前时间偏移—数据界面化（脉冲替代波形）—计算高密度速度谱—速度谱自动拾取—高密度 RMS 速度整理—RMS 速度转为层速度—有效层速度信息提取。

本书选择南海一条二维高分辨率地震测线进行测试。该地震测线位于陆坡区，地势不平坦，这给地震速度反演造成一定困难。但海水相对较深，埋深浅（相对于海底），地层时代较新，岩性较单一，采集的地震数据频带宽、有效频带信噪比相对较高，目标层段不受海底多次波的影响等，这些又是进行地震速度反演的有利条件。

图 8-77 为该测线数据叠前时间偏移叠加剖面。从剖面看海底地形变化剧烈，构造比较复杂，存在明显的 BSR 特征。

对每个 CDP 的每个时间样点（1ms 采样）均计算速度谱，从而形成高密度速度谱（速度的扫描间隔为 1m/s）。对高密度的速度谱自动判别并拾取，得到高密度、高精度的速度拾取点。利用该速度场进行叠前时间偏移数据的叠加成像，其成像质量相对于框架速度成像的质量也得到显著提高。特别是在地层形态变化比较复杂、常规速度分析控制点不足的地方改善更加显著。

利用 DIX 公式对均方根速度进行转换，得到对应的层速度场。速度分析获得的均方根速度场为高密度速度场，不仅每个 CDP 都进行了拾取，在深度方向上拾取的层位也比较密集，远远小于通常界定的 200ms 的 DIX 公式适用范围。因而层速度的误差不可避免地存在放大的现象。这些误差主要体现在幅度值上，而速度的相对大小关系是正确的。经过仔细分析，该部分误差主要存在于层位很薄的条件下，体现为不可靠的高频

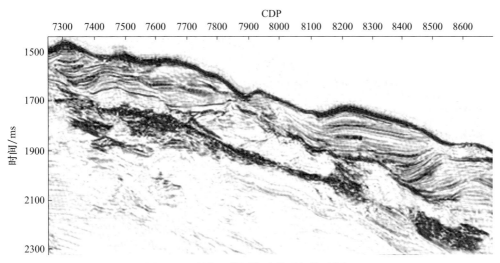

图 8-77 研究区某测线叠前时间偏移剖面

信息（大于 15Hz）。而在 15Hz 以下的速度成分是稳定的，其幅度和分布与剖面吻合度较好。图 8-78 为消除了不可靠的高频信息的层速度场（叠合了偏移剖面）。

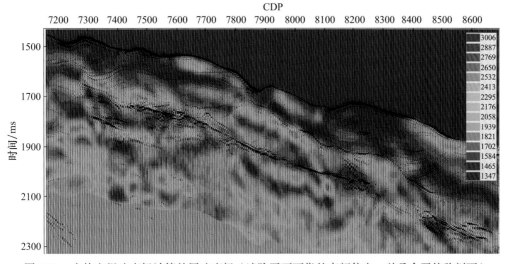

图 8-78 由均方根速度场计算的层速度场（滤除了不可靠的高频信息，并叠合了偏移剖面）

利用附近的钻井资料进行标定，确定目的层段。对目的层段的高密度层速度分析结果进行总结：随着海水变深，目的层段的速度异常逐渐变小，具有速度异常的层位厚度也逐渐变薄。该结论与该测线附近的几口钻井结果比较吻合。

值得一提的是，获得了高密度层速度场的频谱成分。去掉零频率附近的背景速度后，得到中低频率的速度异常（速度扰动）（图 8-79）。该速度扰动的主要频谱能量分布在 0~10Hz 频段，频谱大致呈指数形态分布。这部分低频信息正是地震波形缺失的成分，具有非常高的价值。

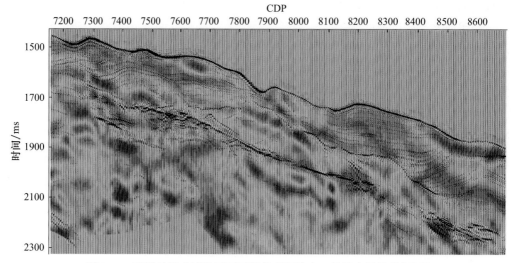

图 8-79 速度异常（滤除了不可靠的高频信息，并叠合了偏移剖面）

高密度精细走时速度分析是框架速度分析的有力补充。精细走时速度分析思路充分挖掘地震数据的潜力，提高了时间方向的分辨能力和空间方向的分析密度，注重实用性，同时克服了层析成像等狭义反演方法不稳定的缺点，提高了速度分析的精度。对具体的数据而言，若在空间方向上速度场比较稳定，则应承认该速度分析方法是稳定的。该方法是高精度的精细速度分析方法，可为进一步的波形反演打下坚实的基础。

（二）基于波形的相对速度反演

在忽略了密度的影响的情况下，利用 Born 近似解一维声波方程，可以得到相对速度（由于密度的存在实际为相对阻抗）的反演公式（张宝金，2003）。研究中对水合物反射地震调查数据进行保真反射系数成像，然后进行一维逆散射反演。利用波形反演通常只能获得波形尺度的相对速度，缺失的低频成分一般利用测井等数据进行补充。在进行高密度速度分析过程中获得较可靠的速度低频成分，因此对 Born 逆散射结果与高密速度分析结果进行了数据融合。

对于二维声波方程逆散射研究，Wu 等（1994）研究了地震波场散射问题，分别给出体散射（volume scattering）和边界散射（boundary scattering）的散射公式。两个公式分别从速度扰动和反射系数两个角度描述了散射波的产生。通过对比，可以建立速度扰动和反射系数在二维空间的对应关系，它们之间相差一个系数（$ik/2$）。由此可以对逆散射的过程进行分解，首先计算反射系数，然后计算速度的扰动，这在数值计算时是非常有利的。因为在背景速度稍微复杂的情况下，获得波场的解析解相当困难。也正是因为波场的解析解的表达制约着逆散射的理论及应用研究。反射系数的保真成像目前发展比较成熟，数值计算相对容易。在此基础上进行速度扰动的计算更加可行。把二维逆散射速度反演分解为反射系数成像和一维逆散射反演，按照这个思路进行实例研究。

利用前文高密度速度分析的结果（图 8-78），在去掉了零频率附近的背景速度以后，得到了中低频率的速度异常（图 8-79）。该速度扰动的主要频谱能量分布在 0～10Hz 频段。这部分低频信息正是地震波形所缺失的成分，具有非常高的价值。利用一维逆散射公式获得了对应数据频带的反演结果（图 8-80）。图 8-81 为融合了速度异常和相对阻抗（或相对速度）的介质图像，从其频谱看，包含了比较全尺度的信息。各种尺度信息相协调，识别水合物更加容易。

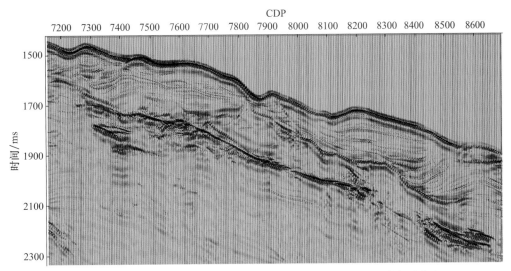

图 8-80　利用 Born 逆散射反演的相对速度（数据成分与地震数据类似）

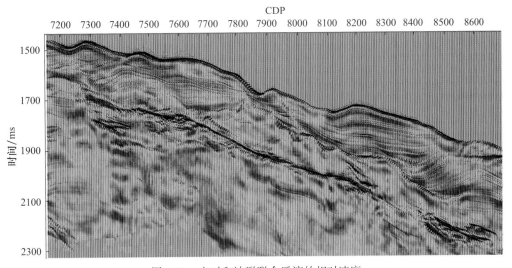

图 8-81　走时和波形联合反演的相对速度

把图 8-79 和图 8-80 的数据进行融合的结果，其数据成分更加丰富

四、天然气水合物识别方法

（一）基于 BSR 的水合物识别方法

1. BSR

海洋沉积物中存在天然气水合物的最直接证据是具有异常地震反射层，位于海底之下几百米处与海底地形近于平行，通常称这种异常地震反射层为 BSR。自 20 世纪 60 年代在地震剖面中观察到 BSR 以来，众多学者公认 BSR 与海洋沉积物中气水合物的存在有关。现在已证实 BSR 代表海底沉积物中天然气水合物稳定带基底。

BSR 曾被解释为自生含铁碳酸盐矿物薄层的反射、厚的高速层。BSR 与天然气水合物层之间有关的证据首先是在布莱克脊进行的深海钻探计划航测线 Ⅱ 上发现的，BSR 上部沉积物中释放出大量的甲烷。前人研究表明，当水合物成矿带的下面有游离气时，成矿带的底面与游离气的顶面是一个波阻抗差很大的反射界面，可以形成强反射，且该界面是由高波阻抗到低波阻抗的反射界面（水合物成矿带是高速体，含气地层通常速度下降，因此含游离气地层是低速体），这与海底（由低波阻抗到高波阻抗）刚好相反，从而造成两组反射极性相反。受天然气水合物形成的压力和温度的限制，水合物成矿带平行于海底，其底面也平行于海底。因此 BSR 近似平行于海底。

2. BSR 的地震特征

作为识别天然气水合物的重要标志，BSR 有如下地震特征。

1）近似平行于海底的强反射

图 8-82 是布莱克脊一线地震剖面。该剖面过 995 井和 997 井。剖面中部 4100～4200ms 有一近似平行于海底的强反射，国外的研究结果表明该强反射是 BSR，995 井与 997 井资料表明其是水合物成矿带的底面。由图 8-82 可见 BSR 与其下的倾斜地层相交，其上是一近似平行于海底的弱反射带。

2）BSR 与海底反射极性相反

道积分反映的是相对波阻抗，即反映波阻抗的变化。在道积分剖面上能反映波阻抗由低到高、由高到低的变化，而这些变化正是引起 BSR 与海底反射极性相反的原因。

图 8-83 是布莱克脊地震剖面的道积分剖面。由图 8-83 可见，海底反射由蓝变红，而 BSR 由红变蓝，反映了二者极性相反的性质。

3）BSR 与空白带伴生

BSR 是水合物成矿带底面的反射。而水合物成矿带通常是物性相对均匀的地质体。在地震剖面上表现为一个平行于海底的弱反射带，称为空白带。

图 8-84 是布莱克脊一线叠加剖面的彩色显示。由图 8-84 可见，剖面中部在 3810～4150ms 反射很弱，是空白带。井资料表明这里是水合物成矿带。

4）BSR 之上的空白带是高速地质体

水合物成矿带是高速地质体。因此 BSR 之上是高速体，BSR 之下是低速体。

图 8-85 是布莱克脊一线速度反演的结果。反演结果表明水合物成矿带（在 CMP220 处，3850～4150ms）是高速体。其上、下地层的速度比成矿带低，特别是 BSR 之下，含游离气地层低速特征更为明显。该线的井资料证实水合物带为高速地层。

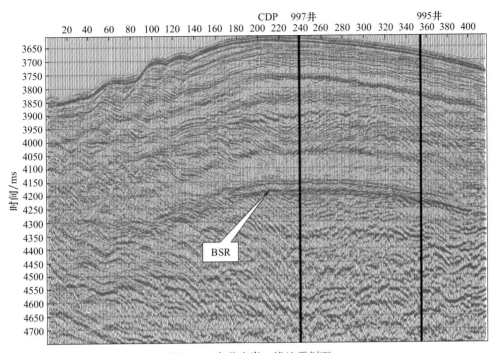

图 8-82 布莱克脊一线地震剖面

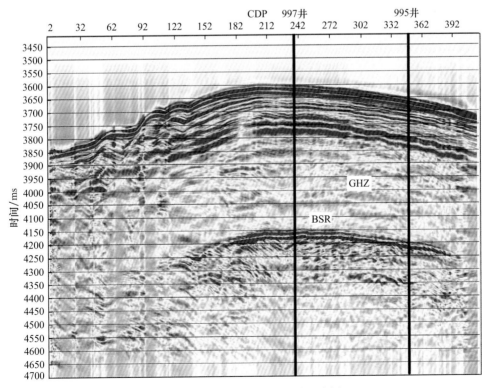

图 8-83 布莱克脊地震剖面的道积分剖面

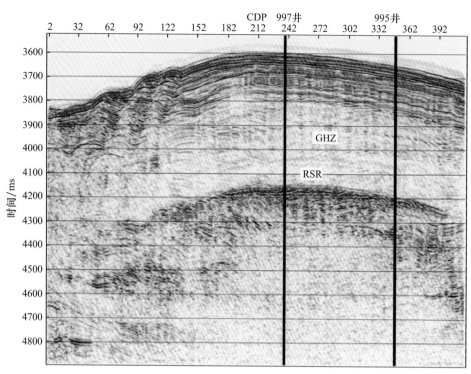

图 8-84　布莱克脊一线叠加剖面的彩色显示

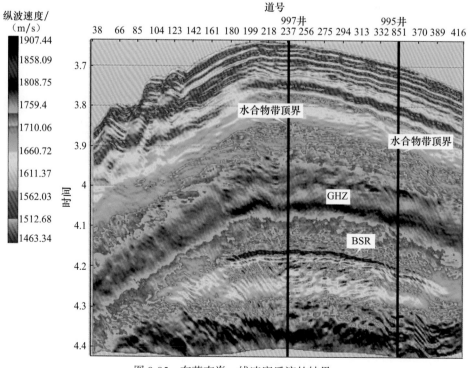

图 8-85　布莱克脊一线速度反演的结果

3. BSR 在检测水合物中的作用

BSR 的形成与天然气水合物成矿带和其下游离气的存在有关。加之其在地震剖面上特征明显，容易识别，因此 BSR 是识别天然气水合物的重要标志。

需要说明的是，BSR 不是水合物存在的必要条件，即存在没有 BSR 但仍然有水合物的情况。图 8-86 是布莱克脊二线地震剖面，该剖面上不存在 BSR。但 994 井资料表明，这里有水合物。

同样 BSR 在地震剖面上只是一强反射同相轴。只要海底存在高速地层，其底面就可以产生强反射，且与海底反射极性相反。众所周知，除水合物外，其他因素也可以产生高速地层。因此，地震剖面上具有 BSR 特征的同相轴不能作为水合物存在的充分条件。

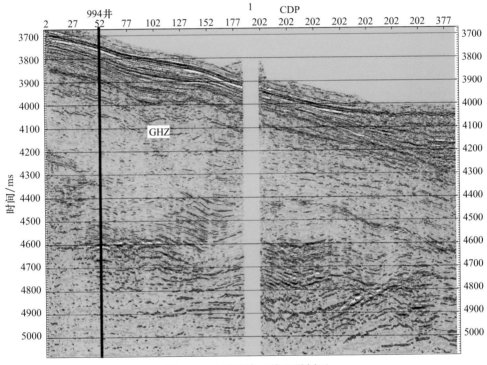

图 8-86 布莱克脊二线地震剖面

（二）基于地层弹性参数的天然气水合物识别方法

理论研究结果表明，含水合物或游离气地层的弹性特征是地层含水合物，纵横波速度增大、泊松比降低，横波速度与纵波速度比增大；地层含游离气，纵波速度降低，横波速度变化不大，泊松比减小，横波速度与纵波速度比增大。利用这些弹性特征结合 BSR 可以提高水合物识别的可信度。

1. 含水合物地层的速度特征

图 8-87～图 8-92 分别为布莱克脊的弹性参数剖面。

图 8-85 的纵波速度剖面表明 BSR 之上的弱反射带是高速地层，其下是低速地层。由纵、横波速度剖面可以推断 BSR 之下的低速地层含游离气。图 8-87 是 AVO 反演得到的

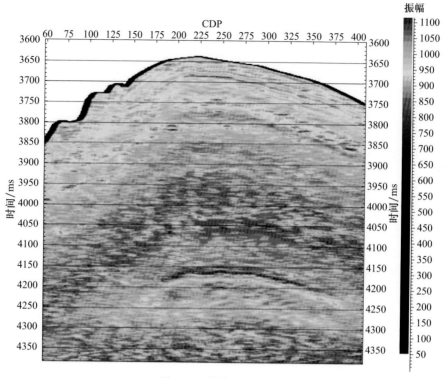

图 8-87　横波速度剖面

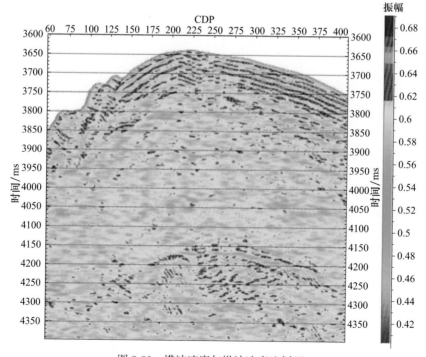

图 8-88　横波速度与纵波速度比剖面

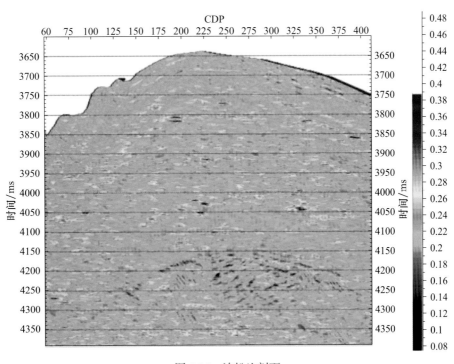

图 8-89 泊松比剖面

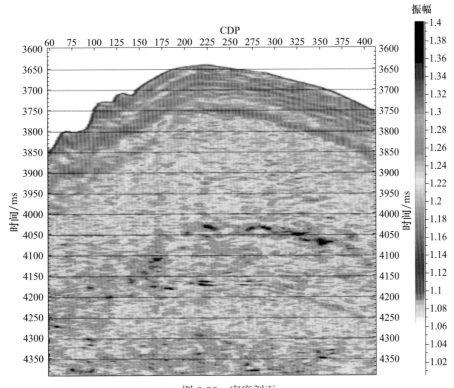

图 8-90 密度剖面

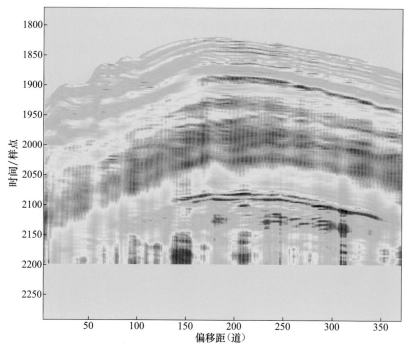

图 8-91　纵波速度异常剖面

纵轴单位是样点，采样间隔为 2ms

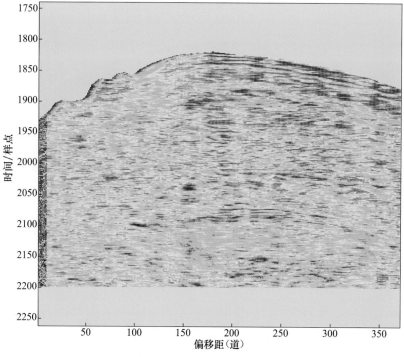

图 8-92　横波速度异常剖面

纵轴单位是样点，采样间隔为 2ms

横波速度剖面。图 8-88 是横波速度与纵波速度比剖面。纵波速度剖面中的平行于海底的高速带，其横波速度与纵波速度比为低值。BSR 之下的纵波速度低值区，横波速度与纵波速度比表现为高值。图 8-89 是泊松比剖面，高速带的泊松比比上部低速带的泊松比小，BSR 之下的纵波低速区，其泊松比明显降低。图 8-90 是密度剖面，地层含气密度降低。

图 8-91 是纵波速度异常剖面，即图 8-90 的纵波速度与纵波纯水线（水饱和地层纵波速度）的差剖面。由图 8-91 可见，水合物分布带为正（红色和黄色）异常带，负异常带（蓝色）含气。图 8-92 是横波速度异常剖面，即图 8-87 的横波速度与横波纯水线（水饱和地层横波速度）的差剖面。水合物分布带的横波速度异常仍为正（红色）。含气带的横波速度异常明显，不同于纵波速度异常，异常值基本为正值，但接近于零。众所周知，钻井证实布莱克脊存在水合物和游离气，其地震特征与理论研究一致。

2. 纵横波速度增量比识别水合物

理论和岩石物理实验研究都表明地层含水合物，其纵横波速度增大。但其他因素也能导致地层纵横波速度增大，如孔隙度减小、孔隙空间含钙质矿物等，说明含水合物是地层速度增大的原因之一，但不是唯一的因素。如何区分水合物引起的速度异常和非水合物引起的速度异常，对提高水合物识别的可信度至关重要。在本章第一节我们开展了纵横波速度增量比与水合物饱和度关系研究。当水合物在地层中的赋存状态为 B 模式时，纵横波速度增量比与水合物饱和度关系如图 8-88 所示。由图 8-88 可见：①非水合物因素引起的地层的纵横波速度增量比值集中度好，数值变化范围很小，而水合物引起的地层的纵横波速度增量比值变化范围很大；②在低饱和度情况下，水合物引起的地层的纵横波速度增量比值很大，远大于非水合物因素引起的地层的纵横波速度增量比值，二者分离度很好；③随着地层孔隙度增大，区分水合物和非水合物的速度增量比的分界点也增大，如孔隙度为 60% 时，只要饱和度小于 75%，很容易区分水合物和非水合物引起的速度异常。

根据目前国际上水合物的钻井资料，水合物的饱和度多小于 50%。由上述研究结果可知，当水合物的饱和度多小于 50% 时，水合物引起的纵横波速度增量比值远远大于非水合物引起的纵横波速度增量比值。因此利用纵横波速度增量比值识别水合物，可大大提高水合物识别结果的可信度。

由图 8-93 可见，比值越大意味着水合物饱和度越小。目前该弹性特征只能用于识别水合物，即有没有水合物。不能用于解释水合物的含量。

（三）基于地震属性的天然气水合物识别方法

当上下地层的速度差、密度差较小时，Shuey（1985）给出纵波反射系数表达式：

$$R(\theta) \approx \frac{1}{2}\left(1 - 4\frac{V_s^2}{V_p^2}\sin^2\theta\right)\frac{\Delta\rho}{\rho} + \frac{\sec^2\theta}{2}\frac{\Delta V_p}{V_p} - 4\frac{V_s^2}{V_p^2}\sin^2\theta\frac{\Delta V_s}{V_s} \quad (8\text{-}67)$$

$$\approx I + G\sin^2\theta + C\sin^2\theta\tan^2\theta$$

式中，$I = \frac{1}{2}\left(\frac{\Delta V_p}{V_p} + \frac{\Delta\rho}{\rho}\right)$；$G = \frac{1}{2}\frac{\Delta V_p}{V_p} - 2\frac{V_s^2}{V_p^2}\left(\frac{\Delta\rho}{\rho} + \frac{2\Delta V_s}{V_s}\right)$；$C = \frac{1}{2}\frac{\Delta V_p}{V_p}$；$I$ 和 G 分别为截距和梯度。

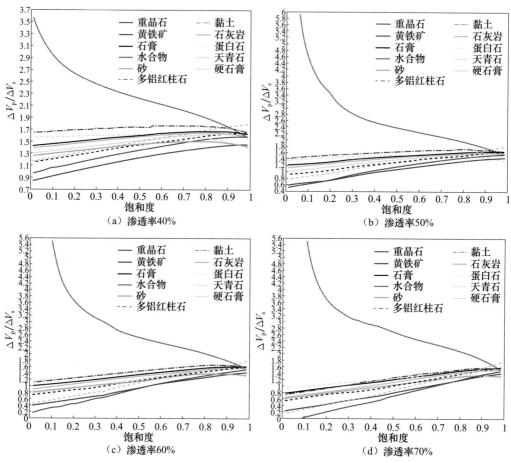

图 8-93　孔隙度为 40%、50%、60% 和 70% 情况下，孔隙空间充填物不同，纵横波速度增量比随充填物饱和度变化曲线

　　Smith 和 Gidlow（1987）提出了流体因子的概念，令

$$\Delta F = \frac{\Delta V_p}{V_p} - K \frac{V_s}{V_p} \frac{\Delta V_s}{V_s} \tag{8-68}$$

计算中取 $K=1.16$（Castagna 系数）。

　　P 波反射剖面：

$$R_p = \frac{1}{2}\left(\frac{\Delta V_p}{V_p} + \frac{\Delta \rho}{\rho}\right) = I \tag{8-69}$$

　　S 波反射剖面：

$$R_s \approx \frac{1}{2}\left(\frac{\Delta V_s}{V_s} + \frac{\Delta \rho}{\rho}\right) \tag{8-70}$$

　　R_p-R_s 剖面：

$$R_p - R_s = \frac{1}{2}\left(\frac{\Delta V_p}{V_p} - \frac{\Delta V_s}{V_s}\right) \tag{8-71}$$

$$\mu\rho = R_s^2, \quad \lambda\rho = R_p^2 - 2R_s^2 \tag{8-72}$$

为了依据地震属性识别水合物，进行了如下研究。

图 8-94 和图 8-95 是理论计算的含水合物地层的体积模量与剪切模量的交汇图，红点代表水饱和（水合物饱和度为零）情况下的交汇点，随着水合物饱和度的增加，体积模量与剪切模量增大，增大的幅度与孔隙度有关。

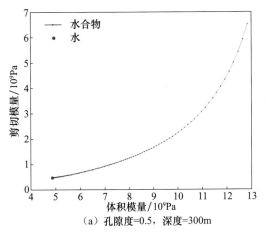

图 8-94　孔隙度为 50% 情况下的体积模量
与剪切模量交汇图

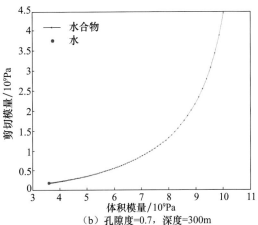

图 8-95　孔隙度为 70% 情况下的体积模量
与剪切模量交汇图

（四）神狐 621 线水合物识别

图 8-96 是 621 线偏移剖面。在 CDP 715～CDP 1327 段，1.7～2s 有 BSR 显示（尽管不典型）。图 8-97 是该线的道积分剖面，可见反极性特征不明显。图 8-98 是该线的截距剖面，BSR 之上存在空白带。图 8-99 是 621 线瞬时相位剖面。该剖面清晰地显示了 BSR 切割同相轴的现象。图 8-100 是 621 线瞬时频率剖面，该剖面清晰显示出 BSR 下方存在着气体通道，表明生成水合物的气源来自下方。图 8-101 是反演得到的 621 线的纵波速度剖面，图 8-102 是对应的横波速度剖面。显然，速度信息并不能将含水合物层与其他高速地层分开。换句话说，仅利用纵横波速度剖面很难区分含水合物地层。图 8-103 是 621 线纵横波速度增量比剖面。根据本章第一节成果，将大于阈值的速度增量比用白色显示，小于阈值的增量比用黑色显示。因此，图 8-103 白色的区域表明存在水合物。为了便于解释，将水合物分布区投影到偏移剖面上（图 8-104）。图 8-104 说明含水合物区域与 BSR 之间对应得并不好。为了进一步验证这个识别结果的正确性，利用模量交汇图印证这个识别结果，为此在 BSR 之上取两个区域（图 8-105），根据速度增量比，由左向右不含水合物和含水合物，分别对不含水合物和含水合物的两个区域做体积模量和剪切模量交汇图。理论研究表明，地层含水合物其体积模量和剪切模量都增大。图 8-106（a）是不含水合物区域的交汇图，图 8-106（b）是含水合物区域的交汇图，图 8-106（c）将两个交汇图合并到一起。由图 8-106 可见，速度增量比识别结果与模量交汇图显示结果一致。

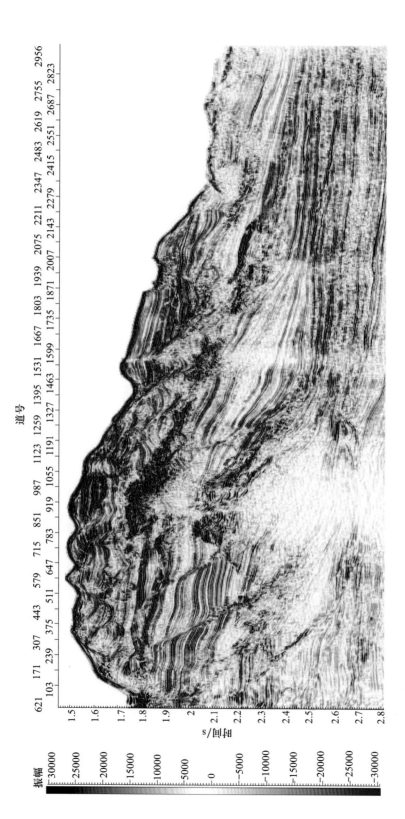

图 8-96　621线偏移剖面

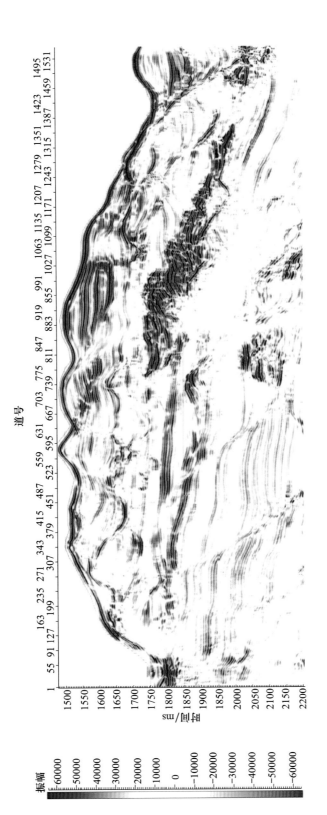

图 8-97　621线的道积分剖面

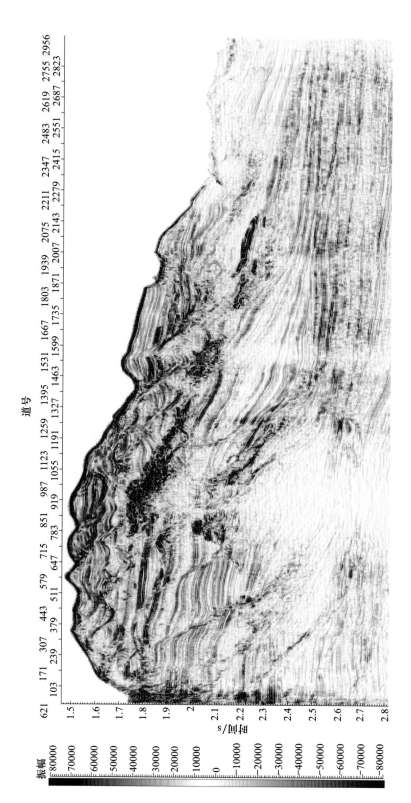

图 8-98 621线的截距剖面

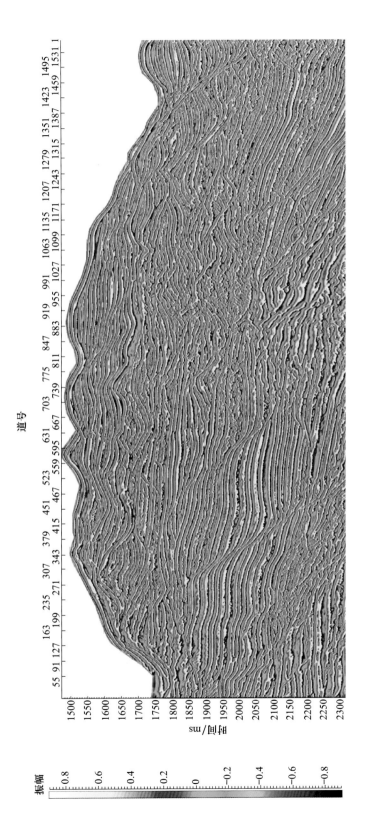

图 8-99 621线瞬时相位剖面

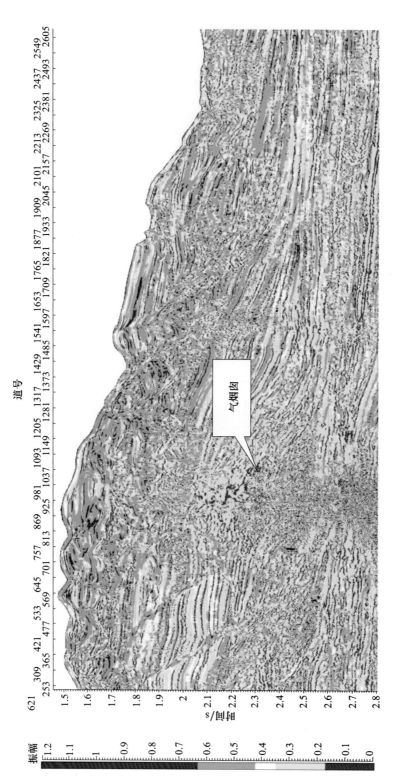

图 8-100 621线瞬时频率剖面

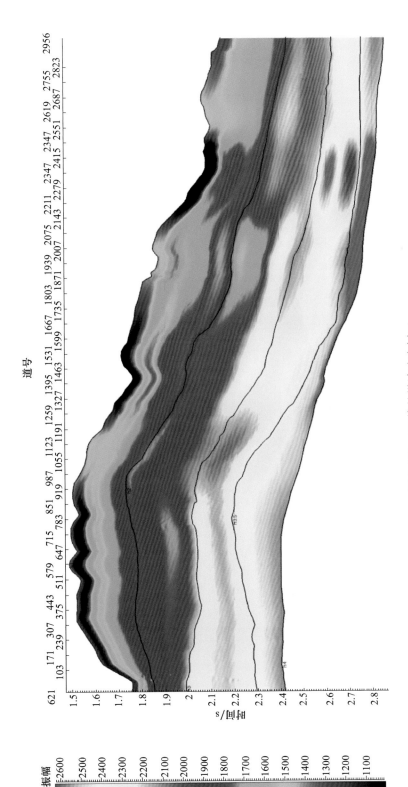

图 8-101 621线的纵波速度剖面

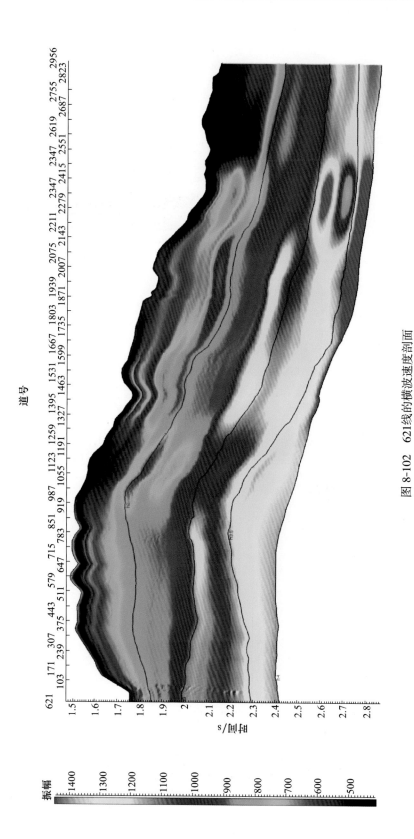

图 8-102　621线的横波速度剖面

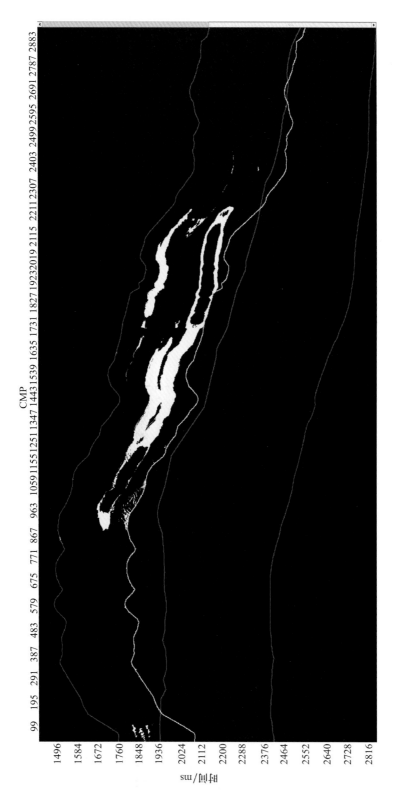

图 8-103　621线纵横波速度增量比剖面

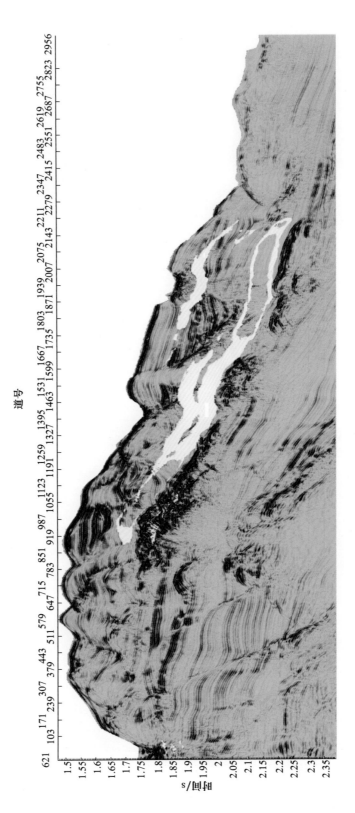

图 8-104　含水合物分布的偏移剖面

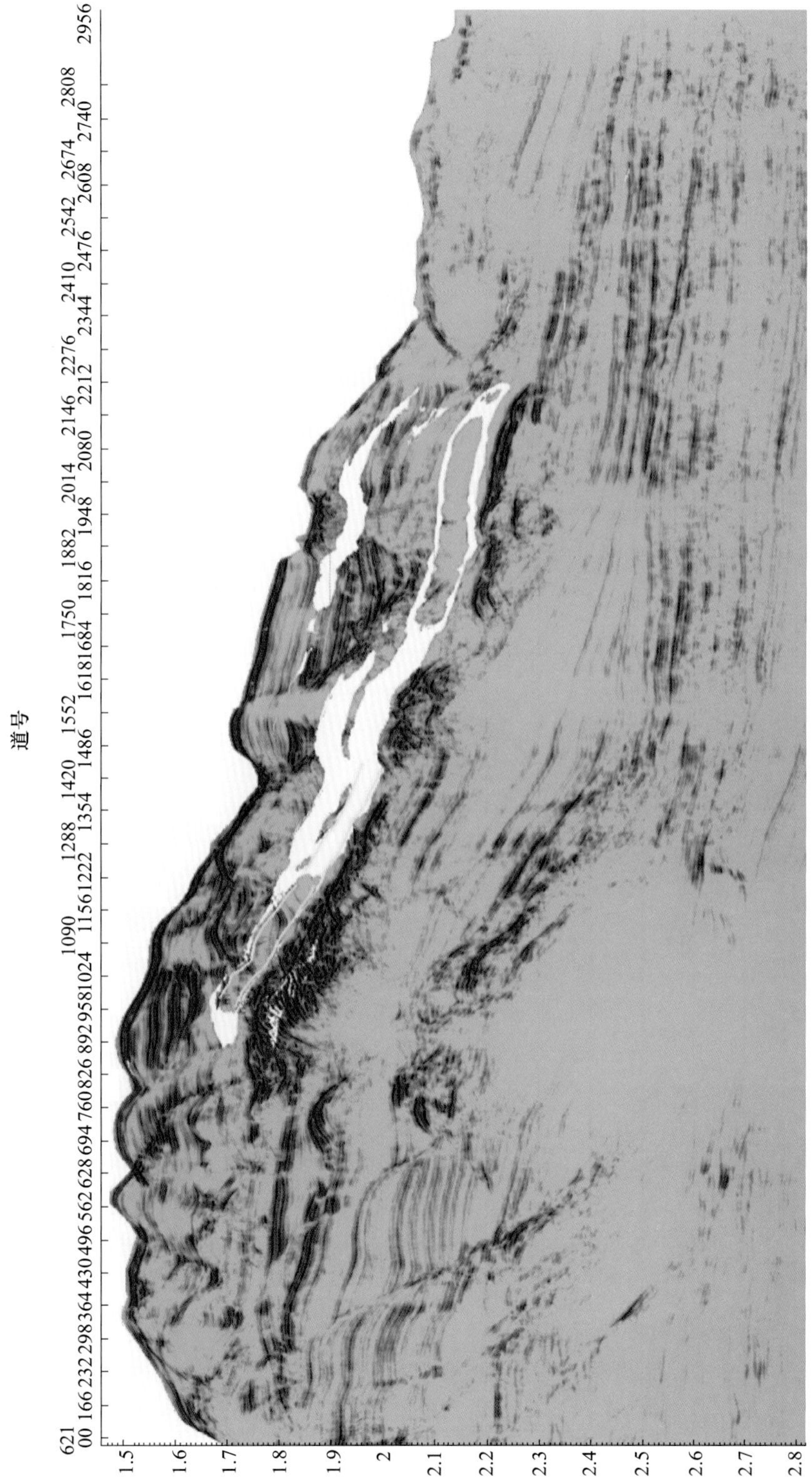

图 8-105 在偏移剖面的BSR之上取4个区域

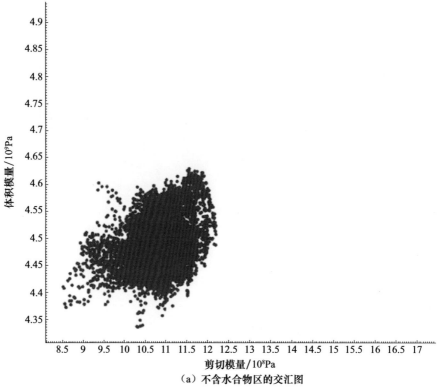

（a）不含水合物区的交汇图

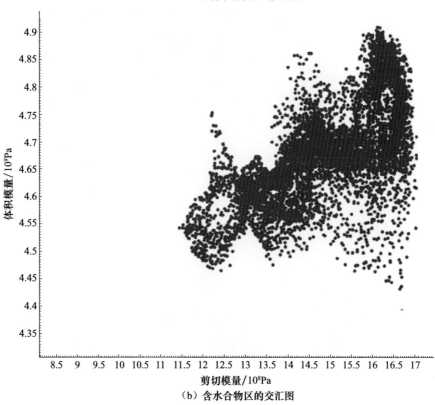

（b）含水合物区的交汇图

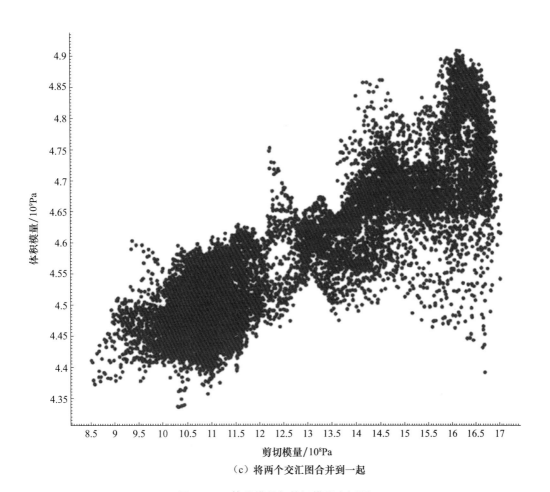

（c）将两个交汇图合到一起

图 8-106 体积模量与剪切模量交汇图

（五）小结

我国南海反映水合物的 BSR 特征不够典型。由于地质构造和地层成因复杂，高速度特征不能唯一地反映水合物的存在。因此研究提高水合物识别结果的可靠性十分重要。纵横波速度增量比是一种有效且实用的技术。这种方法与属性交汇图相互印证，进一步提高了水合物识别的可靠性。另外，综合利用 BSR 特征、速度特征、速度增量比和属性交汇图技术识别水合物，可以大幅度提高识别结果的可靠性。

第四节 南海水合物地球物理响应及地质特征分析

一、试验线羽状流探测及地质认识

（一）羽状流特征

天然气沿断层、裂隙、底辟、气烟囱或高渗透率地层等向上运移到达海底，高通量气体进入海水，在水体中形成羽状流体，被称之为羽状流。羽状流发育地区常发现富含天然气水合物的海底沉积物，比如墨西哥湾、卡斯卡迪亚南北水合物脊、日本南海海槽和鄂霍次克海等地。由于海水和天然气存在较大的声波阻抗差异，声波在海水中传播中遇到气泡时会产生强烈的散射过程，因此羽状流可以利用浅层声学成像或多道地震成像识别。在南海北部珠江口盆地神狐水合物钻探区，利用地震资料识别了水体中羽状流（图 8-107）。

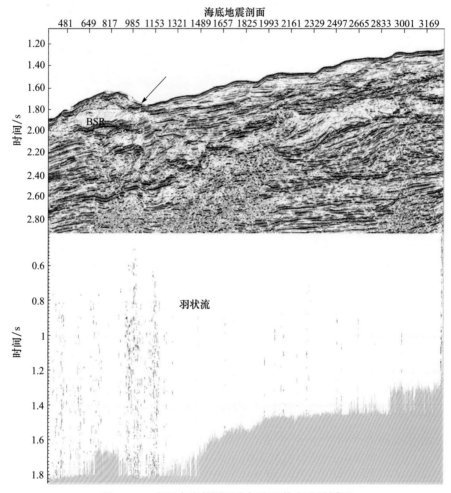

图 8-107　我国南海某测区含气泡羽状流地震剖面

　　该羽状流位于珠江口盆地某一海底峡谷处（图 8-108），峡谷脊部由于侵蚀、局部垮塌、底流等作用，在脊部呈现大量类似于麻坑的海底凹陷。结合地震资料分析发现，大量凹陷与麻坑并不相同。羽状流附近为强 BSR 发育区。在 BSR 下存在一地震烟囱，在烟囱内部，地震反射同相轴出现下拉特征，烟囱内部出现局部模糊反射，在烟囱内部出现低频异常，表明该烟囱为气烟囱。三维地震资料的相干属性清楚地刻画了断层特征。相似性不好表明沉积环境相差较大，因此在断层位置相似性差。从相干剖面羽状流处能够识别出由于峡谷侵蚀或者底流作用而形成的断层或裂隙（图 8-109）。

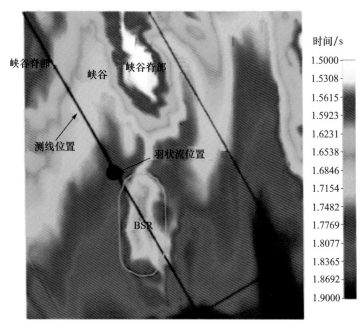

图 8-108 发现羽状流位置的海底地形地貌特征及识别 BSR

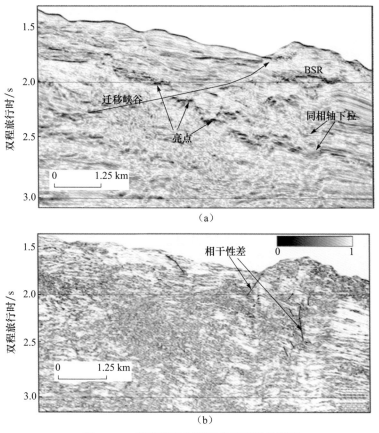

图 8-109 羽状流识别剖面的相干属性剖面

因此在神狐发现的该羽状流形成于断层、气烟囱等强流体渗漏的地区，该地区发育的海底峡谷的侵蚀作用可能使局部位置水合物发生分解。从世界典型海域发现羽状流区域看，在不同海域、不同环境下均发现了羽状流。

1. 卡斯凯迪亚大陆边缘

在卡斯凯迪亚大陆边缘的南北水合物脊发现了大量的甲烷气泡的羽状流。水合物脊长 25km，宽 15km，位于卡斯凯迪亚增生大陆边缘，由胡安德富卡板块俯冲至北美板块之下而形成的一个向海快速堆积的增生楔。俯冲板块沉积为含有大量砂质和粉砂质的浊流沉积，富含有机质的沉积物和孔隙流体的快速输入形成一个广泛分布冷泉、甲烷气和天然气水合物的动态水文地质条件。在增生楔深部的矿物脱水和成岩作用使流体活动增强，流体选择各种不同运移通道向上运移。在海底麻坑附近，利用 200kHz 声学水柱剖面仪进行声学探测，该仪器被放置在 150m 水深处，通过垂直和向上定位来进行探测。结合水下机器人和船上声呐确定其位置，在麻坑上面探测到羽状气泡（图 8-110）。

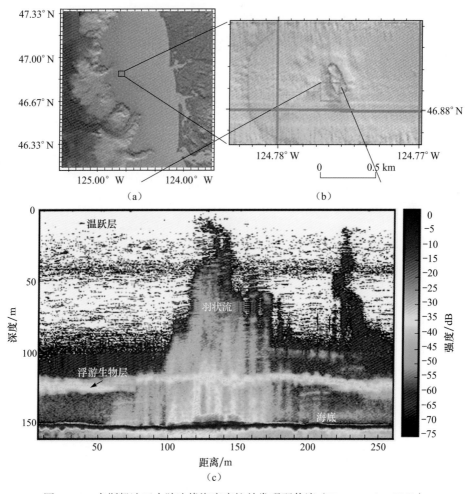

图 8-110　卡斯凯迪亚大陆边缘海底麻坑处发现羽状流（Tryon et al., 2002）

为了圈定渗漏流体的性质，ODP 204 航次在水合物脊西侧的逆冲断层进行钻探，经过该站位的 BSR 向海底方向弯曲。一个 50m 高的碳酸盐尖礁在南水合物脊 250m 处被发现（图 8-111），在南部和北部的水合物脊发现了大量的甲烷气泡，表明从水合物稳定带沉积物中向海底快速渗漏甲烷气体。钻探结果确认 BSR 的弯曲是由 BSR 以下热流体沿着断层向上运移导致的。

在水合物脊北部，一个水文条件活跃的地区上面覆盖一个大块裂隙分布的碳酸盐化学礁体和光滑岩面（1.5km² 左右），应该是长期的厌氧甲烷氧化和碳酸盐岩沉淀的结果。含水和甲

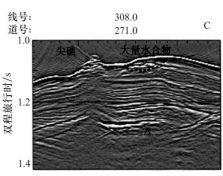

图 8-111　卡斯凯迪亚大陆边缘南水合物脊过脉状水合物的任意 3D 地震剖面（Tréhu et al., 2004）

烷气体的集中喷出形成了广泛分布但空间上不均匀发育的冷泉和幕式喷发的甲烷喷口，冷泉与甲烷喷口可能与碳酸盐岩壳体上的裂隙有关。游离气的喷出只在局部地势的高点可以观测到。

在水合物脊地区，构造作用应该是流体喷发的主要驱动力量，特别是流体在深部的运移，但在浅部，其他驱动机制如流体喷发驱动对运移气体的抽动和水对气体的夹带作用、上覆沉积物中浮力驱动的断裂作用、运移流体通道和潮汐作用驱动的流体振动等是流体喷发的主要驱动力量。气体运移系统可以在较长时间内维持间歇性活跃，尽管气体需要进入水合物稳定带内 70~100m。随机抓取的水合物样品呈现气泡状，说明游离气可以出现在水合物稳定带内。通常认为水合物的快速形成阻隔了水和气体分子，使气体不能与水接触形成水合物。

2. 布莱克海台

在布莱克海台底辟之上 2167m 水深的地区发生海底微生物成因气的渗漏，从麻坑分布的海底到 320m 深的水体内在声学成像剖面上识别出气体羽状流，同时发育化能合成生物群落。布莱克海台位于美国卡罗来纳南部以东 400km 的大西洋洋脊，是一个由等深流沉积物堆积形成的大陆隆。布莱克海台和邻近的卡罗来纳陆隆是天然气水合物广泛分布的地区。同位素和成分分析说明天然气水合物中的甲烷气主要是微生物成因的。在卡罗来纳海槽的底部分布有大约 19 个底辟。这些底辟中的一些上升直达海底，影响 BSR 的分布。

地震剖面上可以看到一个断裂从海底向下到达底辟之上的丘状构造的脊部。旁侧声呐和取心等证据说明在这条断裂发生活跃的海底渗漏。该地区发生持续的渗漏，海底存在依靠甲烷和硫化氢生存的生物群落。海底渗漏的气源可能与 BSR 有关，BSR 沿丘状构造和断层面向上移。气体可能在游离相和水合物相之间发生循环，因为沉积物埋深和陆隆沉积物的沉降作用导致温压条件变化。在某些地方，沉积物到达水合物稳定以下，如果水合物分解形成的游离气向上运移然后重新形成水合物，水合物稳定带内部沉积物中的天然气水合物将增多。伴随水合物充填稳定带的孔隙空间，孔隙度将降低。相反地，稳定带以下的沉积物孔隙度变得相对较大、失去水合物胶结后变得松散。这样气体

和流体在水合物封盖的下部聚集。气体流体可能会沿断裂发生聚集型的溢出形成水体中的羽状流。

3. 日本海东缘

在日本海汇聚边缘的东侧，古近纪—新近纪沉积物厚度大、有机质丰富，是日本最好的油气区。2003～2004年，在对该区南部的Naoetsu盆地中的UT-04海岭进行调查时，日本METI和JOGMEC意外地发现与气体活动有关的较大的麻坑、浅表层含气沉积物及含气泥丘。地震调查证实海底之下约170m处存在BSRs。

2004年东京大学再次对该区进行调查。高精度地形图显示，在UT-04海岭上有6个直径在150～500m的麻坑。地震剖面上具杂乱反射结构的是泥底辟，在地形图上表现为众多的低幅度的泥丘。在回声探测图像上，该区甲烷羽状流为直立的或轻微偏斜的圆锥体，多数羽状流能上升到海平面之下200～300m，每个羽状流的直径向下变大，到海底可达300～500m。在该区发现了36个甲烷羽状流。2004年调查发现，海岭上的大型麻坑与海底渗漏和羽状流没有直接的关系，大型麻坑是通过较强的气体喷发形成的。15个活塞岩心分别取自麻坑、泥丘、海岭斜坡及盆地内，除了1个水合物岩心外，另外14个岩心由415～510m长的生物搅动的暗灰色粉砂及黑色薄层粉砂和黏土的互层组成。由于脱气和水合物分解，沉积物岩心在取出时有轻微的嘶嘶声和发泡现象。水合物岩心由大块的水合物和小块的碳酸岩盐结核组成。水合物化学组分中甲烷含量大于99%，甲烷为热成因气。碳酸盐结核直径在1～5cm之间，X射线衍射分析结果为自生碳酸盐中的镁方解石和文石。

船上地球化学测量表明，UT-04海岭之上和附近的整个水柱中的甲烷含量很高，达4～180nmol/L，为活跃的海底渗漏和羽状流的反映。底水甲烷含量高，达6～45nmol/L，中部水的甲烷含量达4～6nmol/L，其间甲烷含量偶尔高达20～180nmol/L。这种异常峰值可能是上浮的甲烷气泡进入水样造成的。200m浅水中的甲烷含量也很高，达18～35nmol/L，而表层水甲烷含量仅有4～5nmol/L。在Naoetsu盆地UT-04海岭的表层沉积物中，目前天然气水合物仍在形成，气体来自深部的热成因气。UT-04海岭之上的海水和上覆大气中高甲烷浓度的原因是存在活跃的甲烷渗漏。

4. 鄂霍次克海

利用旁扫声呐成像，在鄂霍次克海的海底探测到冷泉羽状流并取到水合物样品（图8-112）。冷泉喷口喷出的气体，以气泡群的形式由海底通过水体向上迁移，从而形成冷泉气柱。考察船上的水体声学剖面系统能够很好地对冷泉气柱进行成像。如图8-112所示，在水体声学剖面上，冷泉气柱表现为细而高的柱形，柱体高度一般为200～400m，宽度为100～150m。现场对气柱区水体的化学成分测量表明，气柱区甲烷浓度非常高。

在冷泉气柱的位置，旁扫声呐图像也出现异常。由于调查区位于中下陆坡，其海底地形平缓地由200m向1300m过渡，坡度较缓，每百米坡降一般在15m。在较小的范围内，海底基本上是平坦的。在大部分调查测线上，旁扫声呐图像上没有任何海底起伏、海底障碍物等异常显示。在冷泉气柱的位置，旁扫声呐图像出现亮斑异常（图8-112）。

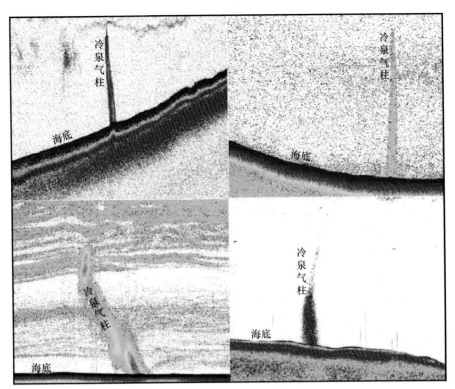

图 8-112 鄂霍次克海发现的羽状流

二、试验线水合物探测及地质认识

（一）试验线含水合物层的地质条件

从全球天然气水合物的成藏及分布特征看，流体运移活跃的地区是水合物成藏的优势区域。流体活动可能是由构造背景控制的，如墨西哥湾的盐丘或印度克里希那-噶达瓦里盆地的泥底辟构造运动。流体活动在地震剖面上表现为特定的反射形态，如空白反射带、气烟囱和声学杂乱反射，地下流体运动还形成海底异常构造，如麻坑、丘状隆起等。从高分辨率多波束资料中可以清晰地观测到克里希那-噶达瓦里盆地海底存在穹窿状隆起。在地震剖面上也有丘状隆起的反射和褶皱状的海底地层。海底观测到的小型褶皱由逆冲构造形成，高角度逆冲断层发育在隆起沉积物的脊部。在隆起的深度，地层被大量断裂错段。

白云凹陷沉积环境属深水陆坡区，发育大型峡谷体系，峡谷水道、等深流沉积、块体搬运体系及深海、半深海沉积互相叠置，互相影响，形成复杂多变的沉积样式。水合物钻探区位于峡谷的侧翼部位，峡谷从陆架坡折区延伸 30～60km，峡谷宽度 1～5.7km，自中中新世以来峡谷在重力流和沿岸强底流作用下发生迁移（Zhu et al., 2010）。从 BSR 形态看，BSR 位于海底下双程走时 250ms 处，在水合物稳定带内不连续。其中强 BSR 下存在一个气体向上运移通道，气烟囱、裂隙或多边形断层比较发育，而且强 BSR 之上的反射层出现振幅空白现象。钻探区 5 个站位的 4 个气体样品、2 个顶空气样品和 113 个沉积物样品的 $\delta^{13}C_1$ 为 $-54.1‰\sim-62.2‰$，而 $C_1/(C_2+C_3)$ 值均大于或接近 1000，根据气体成因和来源的判断依据，该海域气体成因是微生物气或以微生物气为主的混合气。沉积物样品的酸解烃甲烷碳同位素分析显示，$\delta^{13}C_1$ 值明显偏高，均大于 $-50‰$，而 $C_1/(C_2+C_3)$ 值较低，乙烷、丙烷等重烃组分含量较高，湿度比也较高，显示出其属于典型热解气（黄霞等，2010；付少英和陆敬安，2010）。因此该地区水合物形成的甲烷气体除了水合物稳定带的生物成因气，还包含大量的中深部沿着断层、裂隙、海底扇、气烟囱、侵蚀面、水道等运移到水合物稳定带的热成因气。其中峡谷的迁移、浊积水道的冲蚀与沉积、块体搬运体系沉积及气烟囱等深部流体活动对水合物的分布和成藏具有重要影响。

1. 气烟囱

烟囱是流体（或天然气）在超压、构造低应力和泥页岩封隔等综合作用下，深部流体运移到浅部地层形成的异常反射区。气烟囱是地下油气藏中的天然气渗漏到海底或地面的通道。Heggland（1997）认为气烟囱是与近海底埋藏火山口有关，气体可通过其直达海底，具有明显的含气异常，并与下伏深部储层密切相关的特殊构造。有专家认为气烟囱类似气体羽状流，是位于含气构造之上的构造，常具有由于地震能量反射造成的较差的地震反射特征，在含油气盆地极为常见。流体渗漏区的地震剖面呈现模糊反射、同相轴下拉、相邻地层的强反射等异常特征，常伴随亮点出现。地震波在通过含气地层时，信号衰减较大，因此，在瞬时频率剖面上气烟囱区为低频率异常区。由于较轻气体比较容易通过地层的毛细管压力向上运移，油和水一般通过渗透性高的地层、断层和裂隙发生运移，因此地震剖面识别的烟囱一般是气烟囱。

从静态的角度看，其形态似裂隙、裂缝；而从动态的角度分析，它又具幕式张合的特征，气烟囱既包括垂向泄压形成的底辟伴生构造，也包括侧向泄压形成的层间伴生构造。因此，气烟囱是流体作用而引发的一种特殊的伴生构造，是由于天然气（或流体）垂向运移在地震剖面上形成的异常反射，是受气藏超压、构造低应力和泥页岩封隔层综合作用而形成的。剖面上具有明显的柱状外形，平面上可为椭圆状或锥形体，是流体（烃类、气体和水等）运移的主要通道，受流体活动性影响具有明显的幕式张合特征，在地震剖面上受裂缝内流体性质影响常表现为气体扰动造成的弱振幅、弱连续性特征，但局部也可能具有强振幅、连续的特征。气烟囱常与一系列的地质现象相关，如麻坑、断层、滑坡等。

气烟囱与天然气水合物关系密切。在含水合物层发现大量的烟囱构造，该烟囱由水合物形成，造成地震波速度增加而形成地层上拱，如韩国郁龙盆地发现的地震烟囱内，钻探到脉状天然气水合物（图 8-113）。在地震剖面上气烟囱、管状构造者反射空白带分布广泛，许多气烟囱向下延伸连接到深部断裂（Horozal et al., 2009）。气烟囱表现为地震空白带，内部反射层被上拉。一些小的管状构造冲出海底，形成隆起、麻坑或者海底凹陷。这些气烟囱可能代表流体垂向运移的通道（Hovland and Judd, 1988），垂向通道实际上是相互连通的裂隙网络。气烟囱之上冲出海底的丘状突起可能是自生碳酸盐岩，或是与冷泉有关的水合物结核（Sager et al., 2003）。气烟囱内部的反射轴上拉可能由于热或热化学效应（Hornbach et al., 2005），在气烟囱内发现高富集的脉状天然气水合物（图 8-113）。流体垂向运移往往把能量集中在一个窄的通道内发生（Hornbach et al.,

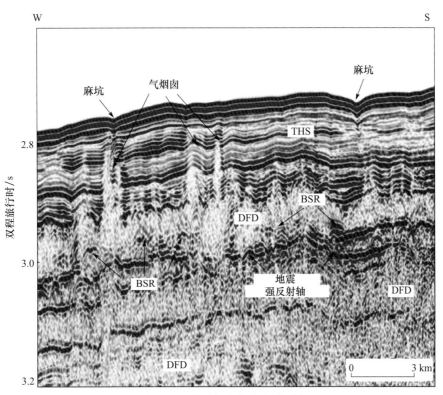

图 8-113 韩国郁凌盆地地震测线

气烟囱内发现脉状水合物

2005），气烟囱一般越往上越窄。南海北部的神狐水合物钻探区和琼东南盆地，BSR 与气烟囱具有良好的相关性。

2007 年，在神狐海域细粒粉砂和黏土质粉砂钻探到水合物样品区。在水合物稳定带内，未发现指示水合物高富集的气烟囱构造，在水合物稳定带下存在气烟囱，大量流体通过气烟囱向上运移，使下部流体聚集在水合物稳定带下，流体聚集使空隙内形成超压，流体释放。利用水合物勘探的三维地震资料的相干切片，能够看到气烟囱的圆形区域（图 8-114）；从地震剖面看，在气烟囱内部可能存在大量的裂隙，流体沿裂隙向上运移至水合物稳定，形成反射轴的下拉强反射（EA）异常和声学空白反射。

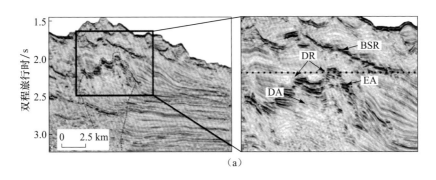

（a）

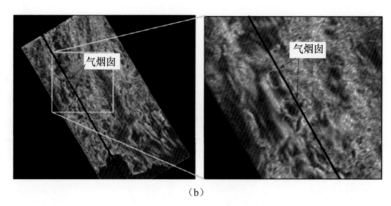

（b）

图 8-114　过 SH2 井地震剖面的气烟囱反射（Sun et al. 2012）

2. 块体搬运体系

块体搬运体系（mass transport deposits, MTDs）是指在一定的地质作用下沉积物沿大陆斜坡、峡谷 / 水道、隆起（火山、底辟、盐丘等）翼部、水道侧壁产生的重力流。MTDs 分为 3 个结构单元，即头部拉张区、体部滑移区和趾部挤压区，不同位置的地震特征不同。MTDs 头部位于整个沉积体系的上端，即 MTDs 开始形成的部位为地质薄弱带，当遭受地震或天然气水合物分解等因素触发时，地质体便开始沿断裂面或滑坡面向下滑移，岩体受拉张作用达到一定程度时发生崩塌或翻落，此部位一般发育张性构造，如滑坡陡壁、滑塌沟谷、滑坡台阶、犁式断裂等。MTDs 的上端以一个或多个陡倾斜面为标志，这些断面向深部逐渐变缓，并成为 MTDs 的滑脱或底部剪切面。MTDs 的头部范围以一个或多个陡倾斜面为标志，在斜坡顶部形成陡崖，倾斜角度在 15°～35°，称为后壁。在多波束测深、高分辨率地震剖面和旁侧声纳图像上，后壁很容易识别。这些断面向深部逐渐变缓，并成为滑坡体系的底部剪切面。

丘状滑坡体是 MTDs 的主体，一般即使遭受强烈的变形也可保持内部层序不变，压实好、滑移速度快的滑坡体内部层序完整性较好。MTDs 上部地层主要由混杂沉积物组成，然而在中下部地层多由深海沉积物或陆源碎屑物质组成。底部剪切面是位于 MTDs 下部的一套沉积物液化和饱含流体活动的地层，是 MTDs 向下运动的滑脱构造面。MTDs 的底部剪切面可能是平坦的，但更多的时候 MTDs 的搬运会对底部剪切面造成侵蚀，局部侵蚀严重的区域会形成明显的阶梯状轮廓，有的地方会形成滑脱构造或坡坪构造。在底部剪切面下面，地层不受影响，而上部 MTDs 则发生严重变形或保持原有层位，变形程度与其压实程度有关。沉积物流堆积体是 MTDs 向深海盆地推进、挤压，转变至沉积物流后形成的，常呈串珠状向深海延伸，一般距离滑坡体较远，是 MTDs 转变为浊流的产物，单个堆积体往往呈丘状或舌状展布，震动所产生的前缘斜坡内部常发现逆冲断层、挤压变形等复杂的构造特征。

MTDs 一般发生在水道上部的泥岩地层，MTDs 层与上覆和下伏正常沉积的地层具有明显不同的物性参数，如电阻率、密度等物性参数在 MTDs 顶部和底部都具有明显变化。钻井资料显示，MTDs 层内电阻率约增加 10%，未排水岩心测试其剪切模量增加约 20%，其底部一般具有低电阻率、低伽马和低孔隙度异常。MTDs 地层在地震剖面呈不连续的、低振幅或透明状反射。在测井曲线上，由于搬运过程导致的胶结使电阻率明显增加，而在岩心中也能够清楚地看到 MTDs 在搬运中由于受挤压而形成的褶皱。利用地震剖面识别 MTDs 主要有 4 个依据：①逆冲断层；②底部存在大量擦痕而不是侵蚀；③地震相，MTDs 主要有两种地震相，一种是杂乱的、半透明的弱振幅，另一种是不连续的层状相；④底部连续的强反射。

琼东南盆地存在 MTDs 的地震资料，从地震剖面看，MTDs 层具有弱振幅（局部中-强振幅）、连续性差、杂乱的、半透明的地震相（图 8-115）。其内部反射整体比较杂乱，局部发育正断层、褶皱及逆冲断层构造。根据 MTDs 的内部反射特征，从琼东南盆地水合物发育区识别出多期 MTDs［图 8-115（a）］，MTDs 底部为强反射，局部发育逆冲断层［图 8-115（b）］，流动过程中与下伏地层发生摩擦，形成大量擦痕（图 8-116）。水合物区发育的多期 MTDs 为整个块体搬运体系的中间及头部位置，处于挤压应力环境，MTDs 已经演变为碎屑流，水合物稳定带内的多个强反射是 MTDs 底部与下伏地层间的波阻抗差形成的强反射。

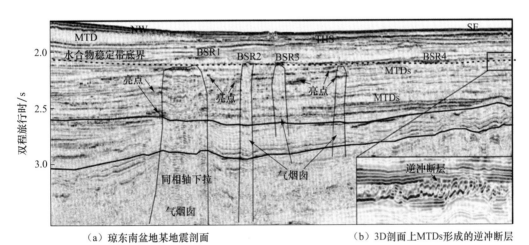

（a）琼东南盆地某地震剖面　　　　　　　　　（b）3D剖面上MTDs形成的逆冲断层

图 8-115　琼东南盆地存在 MTDs 的地震资料

气烟囱区呈空白反射、同相轴下拉及强反射；MTDs 区呈杂乱的均匀反射，底部为强反射

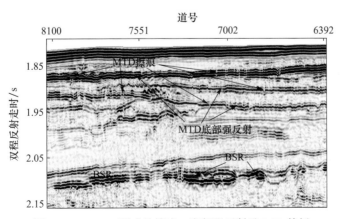

图 8-116　MTDs 形成的擦痕、底部强反射及 BSR 特征

在韩国郁陵盆地水合物钻探区发现 MTDs 底部呈典型的 BSR 特征，如强振幅、极性反转、空白反射等（Riedel et al., 2013）。从 UBGH1-4 井看，MTDs 可能是北东方向流动，其顶部反射是不规则的（图 8-117）。在南海北部的神狐水合物钻探区，未发现水合物 SH6 井的测井资料显示存在 3 个异常区，如高电阻率、高密度、低孔隙度、高伽马值、略微增加或者增加的纵波速度等（图 8-118）。通过合成地震记录对比，发现该异常区在地震剖面上呈弱振幅、杂乱反射，在 MTD3 的底部与 BSR 特征相似，且位于水合物稳定带内。在水合物稳定带下，发现大量强反射异常，从测井资料看在 270m 深度出现低速异常层，速度为 1300m/s，表明地层含有游离气。过 SH6 井和 SH9 井的二维地震剖面的纵波速度在强反射之上表现出不连续的高速层。测井曲线最深达海底以下 286m，由地震剖面上底界的强反射可以解释出 3 段 MTDs。每一段 MTDs 对应测井曲线上的高电阻率和速度，MTD3 在地震上表现为低振幅、不连续反射，其底界与水合物稳定带底界相吻合，而在二维地震剖面上解释为 BSR。由于 MTDs 在搬运变形过程中发生脱水、层理破坏、孔隙度降低等变化，沉积物被重塑，发生再次胶结和压实作用，沉积层渗透率降低，造成 MTDs 层与上覆和下伏正常沉积的地层具有明显不同的物性参数，其底部常为强反射，形成与水合物层相似的似海底反射。白云凹陷峡谷沉积区 MTDs 规模有限，且不断受到浊流的侵蚀和底流的改造，对水合物成藏影响呈现不均一性。

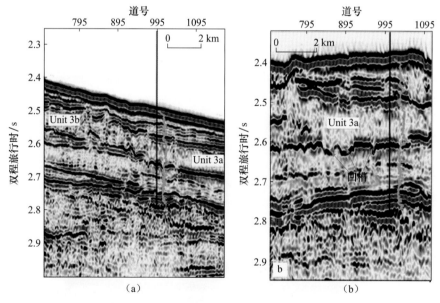

图 8-117　过 UBGH1-4 井主测线及联络线的地震剖面和电阻率异常曲线（Scholz et al., 2012）

3. 迁移峡谷

在白云凹陷所在的陆坡区发育复杂的海底峡谷水道系统，而且这些峡谷系统均发育在水深约 200m 的陆架坡折以下。在多波束测深的地形地貌立体图上，白云凹陷北坡珠江口外海底大峡谷东侧的 17 条深水峡谷水道表现为近似平行排列、近 NS 方向延伸的似线型特征，且与陆坡斜交，在峡谷水道的下游或末端附近，走向均由向南突

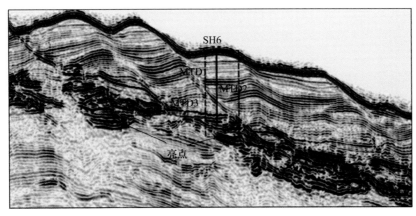

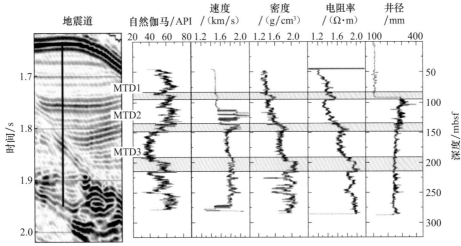

图 8-118　过 SH6 井地震剖面及测井曲线

阴影区为高电阻率、高密度和略微变化速度区

然转为向东，部分峡谷水道转为近 WE 走向。峡谷水道起源于陆架坡折以下，末端终止于白云凹陷北坡约 1500m 水深处。深水峡谷水道长 30~60km，宽 1~5.7km，起伏 50~300m。峡谷水道轴部呈上凹型，其轴部坡度在峡谷水道延伸方向由上而下为 10°~0.5°，谷道形态随峡谷水道轴部坡度的下降变化很大。

依据峡谷水道的形态特征和所发育的地层年代，将其分为 3 个演化阶段，包括下切阶段（中中新世）、侧向迁移阶段（晚中新世）和垂向叠置阶段（上新世-第四纪）。在不同的演化阶段，峡谷水道形成的主控因素不同。从横切水道剖面图（图 8-119）发现，峡谷水道两翼呈不对称性，南西翼较缓，表现向北东明显侧向迁移的前积特征；北西翼较陡，以侵蚀作用为主。这与纯粹由浊流作用形成的深水浊积峡谷水道的沉积演化特征存在较大差异。平直浊积峡谷水道两翼常呈对称性；曲流浊积峡谷水道由于受科里奥利力作用，弯曲处两翼常呈不对称性。假设研究区峡谷水道受科里奥利力作用的影响，在北半球科里奥利力应该使浊流向右偏（南西方向），南西翼因受浊流侵蚀作用而相对较陡，北东翼相对较缓。事实上，研究区峡谷水道的横剖面特征与此相反。因而，峡谷水道不是由纯粹的浊流侵蚀冲刷—沉积充填—披覆作用形成，而是由浊流与底流的耦合作用形成。

　　白云峡谷的沉积—迁移对水合物成藏具有重要的影响。一方面，峡谷迁移对水合物稳定带基底造成较大的影响，由于峡谷下切具有地层冷却作用，温压条件的变化必然影响水合物稳定带基底的变化：峡谷东侧不断侧向侵蚀，峡谷西侧不断侧向沉积，因此稳定带基底随之发生移动。因此白云峡谷两侧存在不同的 BSR 分布特征，陡坡一侧以多轴、穿层、连续性好 BSR 为特征，而缓坡一侧以单轴、穿层连续性好 BSR 为特征，并可见明显的双 BSR 反射（图 8-119）。

　　在峡谷迁移过程中，对东侧地层削截侵蚀，造成水合物的分解、气体横向运移逸散，以及较多的峡谷侧壁垮塌，不利于水合物成藏；而峡谷西侧不断沉积底流搬运的泥质沉积物，细粒的底流沉积是水合物成藏的良好盖层，且埋藏的相对粗粒沉积的峡谷水道可以作为水合物成藏的良好储层，图 8-120 为峡谷迁移对水合物成藏的模式图（王真真等，2014）。

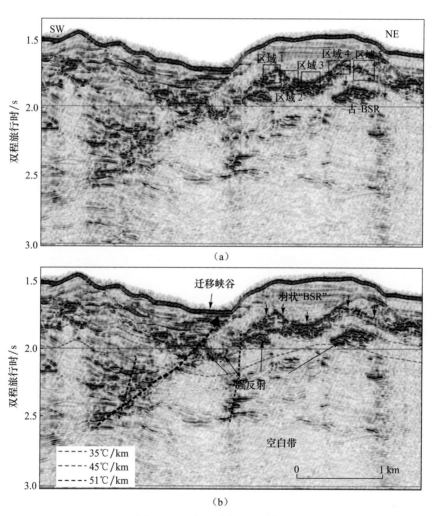

图 8-119　白云峡谷 BSR 特征

峡谷侧翼 BSR 变化，峡谷向北东方向迁移，峡谷右侧被侵蚀，BSR 下移；左侧沉积，BSR 上移

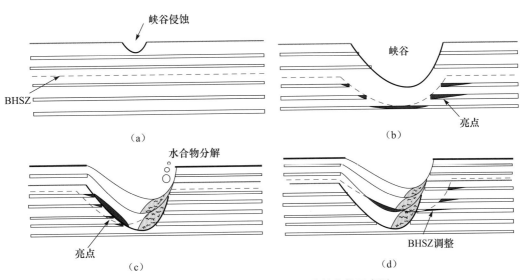

图 8-120 水合物稳定带随峡谷迁移的变化示意图

(二) 试验线含水合物层测井异常

试验线过水合物钻探 SH2 井，距离 SH3 井和 SH7 井较近，从地震资料看，该区域为强 BSR 区，BSR 上出现振幅空白。在峡谷不同位置，BSR 特征不同，BSR 分为 3 种类型（表 8-7，图 8-121）。I 型 BSR 主要分布于峡谷沉积脊部位置，属于沉积速率高、侵蚀速率低的位置，成藏环境较为稳定，其特征最为典型，主要为单轴连续强反射，近似平行海底，与海底反射极性反转［图 8-121（a），图 8-121（b）］，可能指示饱和度较高的水合物储层。II 型 BSR 主要分布于峡谷侵蚀侧翼一侧，特征为多轴不连续［图 8-121（c）］，振幅较强，指示了下部较多的游离气。峡谷侵蚀侧翼一侧侵蚀作用较强，沉积作用较弱，强振幅反射可能与水合物分解产生游离气有关。III 型 BSR 分布于峡谷底部沉积物中，其反射特征非常杂乱、不连续［图 8-121（d）］，可能与峡谷中 MTDs 有关。

表 8-7 白云凹陷水合物 BSR 分类特征

BSR 类型	地震反射特征	区域分布特征
I 型 BSR	单轴、穿层、平行海底、强振幅、极性反转、连续性好	脊部顶部及沉积侧翼一侧
II 型 BSR	多轴、穿层、平行海底、强振幅、极性反转、连续性较好	脊部侵蚀侧翼一侧
III 型 BSR	多轴、近似平行海底、强振幅、极性反转、连续性较差	峡谷处，分布广泛

从 SH2 井测井资料看，在深度 195～220m 出现高纵波速度、高电阻率、略微降低的密度测井异常，厚度为 25m（图 8-122）。从测井资料看，井径变化导致测井测量

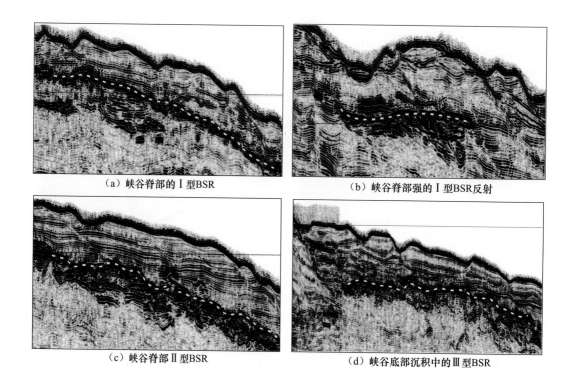

（a）峡谷脊部的Ⅰ型BSR　　　　　　　　（b）峡谷脊部强的Ⅰ型BSR反射

（c）峡谷脊部Ⅱ型BSR　　　　　　　　　（d）峡谷底部沉积中的Ⅲ型BSR

图 8-121　不同类型 BSR 典型剖面

的密度发生变化。从密度–速度交会图 8-123 能够看到低密度和低速度的异常区（蓝点）；含水合物层为相对低密度和高速度的异常区（红点）；正常地层沉积地层速度与密度呈线性关系（图 8-123）。从氯离子异常计算的结果看，水合物饱和度超过孔隙 25%，最高达 47%，在相对较高的含水合物层，孔隙度相对较高（Wang et al., 2011）。

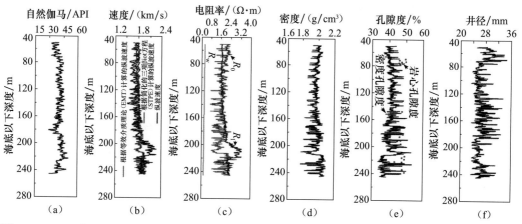

图 8-122　SH2 井测井资料、密度、孔隙度及基于不同方法计算的饱和水纵波速度（蓝线）和饱和水电阻率（红线）

从 SH7 井的测井资料看（图 8-124），在海底以下深度 150～175m 存在电阻率增高；在深度 120m 以下地层，纵波速度出现明显增加，但是在深度 120～150m，电阻率并没有明显变化，而且伽马测井曲线也没有明显变化，表明岩性没有明显变化，但井径变化相对较大，井径的变化导致测井资料存在一定误差。基于不同交汇分析，计算该井的饱和水地层电阻率和孔隙共生水电阻率，并基于阿尔奇方程计算水合物饱和度，水合物位于海底以下 150～175m，饱和度最高达 40% 左右。从识别含水合物层与不含水合物的地层因子与孔隙度交汇图来看，能够明显地区别含水合物层与不含水合物层（图 8-125）。孔隙充填型水合物的

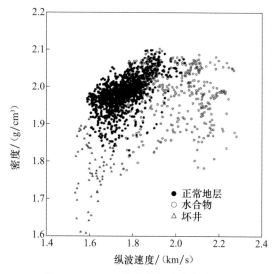

图 8-123　SH2 井密度与速度交会图

含水合物层电阻率增加和纵波速度同时增加十分明显，含水合物层密度略微降低。因此在利用测井资料识别含水合物层时，要综合考虑速度、电阻率、密度和井径变化先等因素。利用测井的交汇分析，能够有效识别含水合物造成的异常地层。

神狐水合物钻探区，SH3 井的测井异常与 SH2 井不同，在岩心 X 射线成像表明地层含有天然气的位置，声波测井低纵波速度异常，电阻率高电阻率异常，测井异常显示地

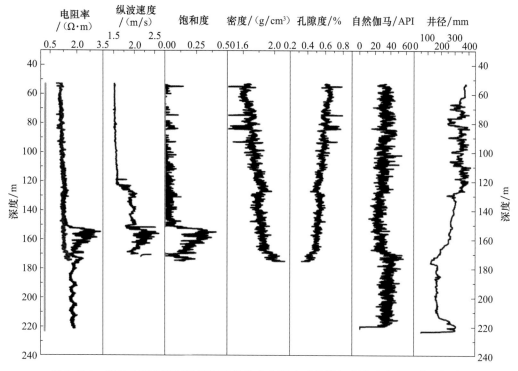

图 8-124　SH7 井测井资料及计算的饱和水电阻率（蓝线）和孔隙水电阻率（绿线）

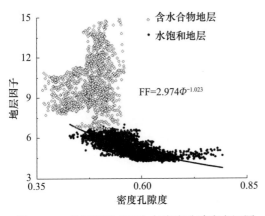

图 8-125　地层因子（FF）与密度孔隙度交汇图

$$FF=2.974\Phi^{-1.023}$$

层含有游离气，但氯离子显示异常低值（图 8-126）。构造活动及钻井过程都可能造成水合物的分解释放出游离气，游离气和水合物都是电的绝缘体，具有较高电阻率。目前已经在多个盆地发现水合物分解及其水合物和游离气的共存，如 ODP 204 航次 1245 井和 1247 井的测井资料显示在水合物稳定带内局部地层，纵波速度略微低于饱和水速度，而横波速度略微增加，该异常的原因是沉积物中水合物和游离气共存。而 1250 井附近存在双 BSR，双 BSR 可能由海底侵蚀、海平面变化、局部地温梯度变化或气体化学组分差异造成。水合物钻井过程可能导致井孔附近水合物发生分解，导致测井时出现低纵波速度异常，而水合物分解产生的游离气量与分解的水合物量相当。

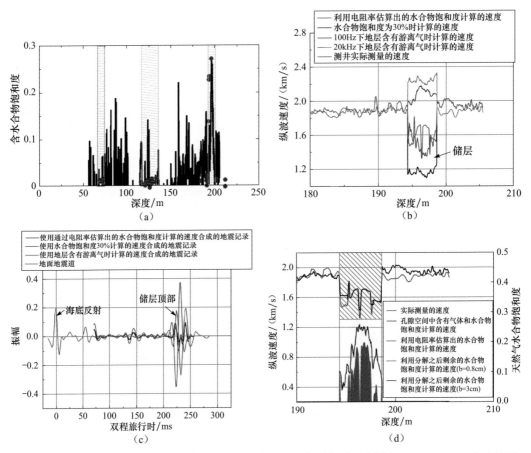

图 8-126　利用电缆测井资料、地震资料，识别了由于水合物钻探导致在深度 190～200m 含水合物层，部分天然气水合物发生分解，利用 White 模型估算了水合物分解量

神狐水合物钻探 SH3 井钻井资料显示在深度 120m 以下，井径变化不大，表明测井资料可靠。在深度 190~205m 出现高电阻率异常，水合物和游离气都是电绝缘体，该异常可能由地层含有水合物或含有游离气造成。地层含水合物时出现速度正异常，而含游离气时出现负异常。在深度 194~198m 处，纵波速度低至 1100m/s，该层位出现低纵波速度异常，但该低纵波可能由地层含有原位游离气造成，也可能由水合物分解产生的游离气造成。钻探取心的氯离子异常分析表明该层存在天然气水合物。为了定量研究地层水合物分解情况，利用地震资料，通过不同速度模型进行合成记录对比，确定地层是由于水合物部分发生分解造成的。基于阿尔奇方程利用电阻率和氯离子异常估算的水合物饱和度［图 8-126（a）］，局部地层水合物饱和度达 27%；假设孔隙空间充填水合物时，分别将利用电阻率估算出的水合物饱和度计算的速度、水合物饱和度为 30% 计算的速度，不同频率下地层含有游离气时计算的速度以及测井测量速度进行对比［图 8-126（b）］，在测井频带地层完全含有游离气，计算的速度小于测井测量的速度，表明假设游离气饱和度偏高，游离气部分分解。合成地震记录尽管存在振幅差异，但假设地层含有水合物时在低速异常段与地震资料相吻合［图 8-126（c）］；基于不同 White 模型参数，估算水合物分解量［图 8-126（d）］，水合物分解约 20%（Wang et al., 2012）。

（三）试验线水合物 AVO 特征

南海北部天然气水合物钻探表明在细粒泥质或黏土质粉砂沉积物中水合物饱和度高达 48%，均匀饱和度为 20% 左右，但含水合物层厚度约 20m。BSR 呈多轴的强反射，局部与地层相交、平行海底、极性与海底相反，BSR 下出现强反射异常，流体运移活跃，在地震剖面出现声学空白反射、同相轴下拉、杂乱反射、低振幅异常、亮点、暗点、强振幅异常等与流体运移有关的反射异常特征。利用过水合物钻探井的地震资料、振幅随偏移距变化（AVO）或振幅随入射角变化（AVA）研究水合物下伏地层的游离气的分布特征。

1. 横波速度

在南海水合物钻探中没有进行横波测井，首先利用 SH2 井的密度测井计算地层孔隙度，结合矿物组分的分析资料（图 8-127），利用有效介质理论计算纵波、横波速度，通过将理论计算的纵波速度与声波测井速度进行比较，获得相应的横波测井资料（图 8-128）。

2. BSR 反射系数

Bortfeld（1961）、Shuey（1985）学者对 AVO 进行了大量研究。本书基于岩石物性及测井资料，通过正演计算研究 BSR 处水合物和游离气反射系数，地层孔隙为 45%，岩石物性利用 SH2 井岩性资料，水合物饱和度为 20%，游离气分别呈均匀和不均匀的块状分布。随着入射角增加，反射系数绝对值增加；相同水合物和游离气饱和度下，游离气呈均匀分布的反射系数大于游离气呈不均匀分布的反射系数（图 8-129）。

精确的 Zoeppritz 方程十分复杂，因此不能用来进行弹性特性的反演。对比不同方程在 BSR 处反射系数随入射角变化（图 8-130），从对比看，Bortfeld 方程与精确的

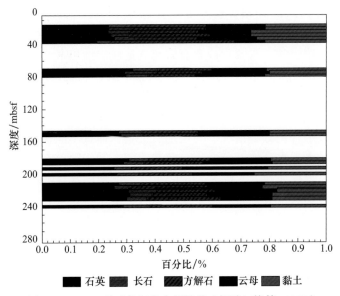

图 8-127　SH2 井矿物组分分析结果（据陆红锋等，2009）

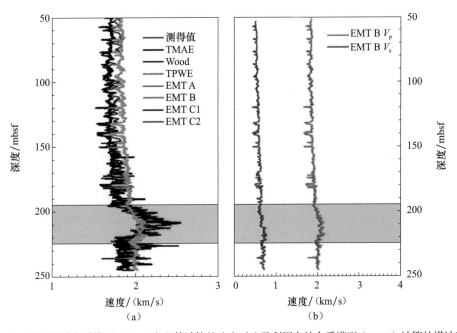

图 8-128　利用有效介质模型、Wood 方程等计算的速度对比及利用有效介质模型（EMT）计算的横波速度

Zoeppritz 方程最接近；在低游离气饱和度时，Shuey 方程也能近似接近精确的 Zoeppritz 方程，其主要贡献是确定岩石特性与近、中、远角度范围的对应关系。不同角度下，近道、中道和远道的影响不同，因此可忽略远道影响，利用交汇分析来进行岩性估计。Bortfeld 方程强调的是流体项和刚性项，可以解释流体替代问题时的分析。

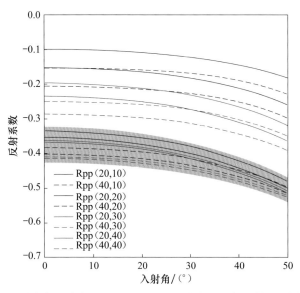

图 8-129 游离气呈均匀（阴影）和不均匀分布时反射系数随入射角变化

针对 SH2 井附近的地震资料进行保幅处理，假设孔隙为 45%，水合物饱和度为 25% 时，计算不同游离气饱和度下 BSR 上反射系数随入射角变化，利用海底反射与多次被反射，计算 BSR 附近反射系数随入射角变化，并与计算的反射系数进行对比（图 8-131），可以看出，在游离气呈均匀分布时，游离气饱和度非常低（接近 0），理论计算的反射系数随入射角变化与从地震资料计算的反射系数相近；而游离气呈块状不均匀分布时，游离气饱和度为 3%～10%，两种方法获得反射系数相似。尽管两种游离气分布模式都可以解释反射系数大小，但游离气呈均匀分布时，计算反射系数随入射角变化，大入射角时反射系数变化较大，与从地震资料提取变化趋势略微不同；而游离气呈块状分布时，不同入射角下反射系数变化不明显，与地震提取反射系数相一致。

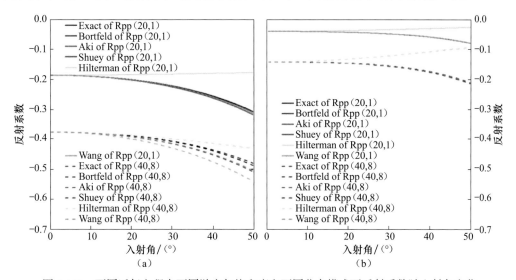

图 8-130 不同近似方程在不同游离气饱和度和不同分布模式下反射系数随入射角变化

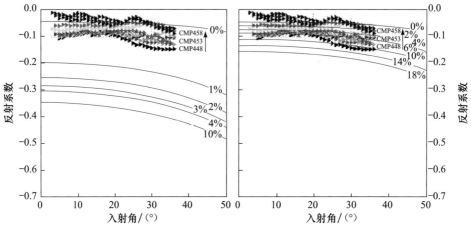

图 8-131　在 CMP448-458 附近反射系数随入射角变化（Qian et al., 2014）

三、孔隙充填型水合物地球物理响应及地质特征分析

（一）孔隙充填型水合物测井异常分析

孔隙充填型水合物指天然气水合物均匀生成在孔隙空间，生成的水合物很难直接利用肉眼观测到。水合物成藏的岩性既可以是砂岩储层也可以是细粒泥质或粉砂沉积物。天然气水合物胶结沉积物颗粒，增加沉积物体积模量和剪切模量，因此含水合物层具有高速度异常；水合物密度与水密度相似，因此含水合物层密度变化不大。由于水合物是电的绝缘体，含水合物层具有高电阻率异常。在神狐天然气水合物钻探的泥质或粉砂沉积物中，水合物充填在孔隙空间，含水合物层具有高声波速度、高电阻率异常特征（图 8-132）。

在利用测井资料识别孔隙充填型水合物时，要结合地层的区域地质环境差异，利用测井识别的异常进行水合物识别研究。墨西哥湾西北部的 Diana 盆地，得克萨斯 Galveston 南部 160mi，平均水深 1478m，盆地边界是相对较浅的盐体，含有大量上新世-更新世砂岩层，大量盐体侵入上新世及更新世的砂岩和泥岩地层。新近系沉积环境由块体搬运沉积体系（MTD）和深水浊流沉积物组成，盆地中有 5 个油气田，主要为 Diana（EB945）、南 Diana（AC65）、Marshall（EB949）、Madison（AC24）和 Hoover（AC25）。勘探区 BSR 不明显或不存在，主要通过油气系统进行水合物研究。前期油气系统的地质解释表明深水相存在复杂的砂岩分布，包括有限的供给水道系统、有限的水道复合体和朵叶体。

图 8-133 为钻井曲线及地震剖面，水合物稳定带内主要有 5 个小层。层 1 厚约 76.2m，剖面上呈平行、连续反射，为半深海的泥质沉积。层 2 厚约 152.4m，地震上为低频、未成层的均匀相，以泥质为主，顶部含有薄的砂质沉积物，主要为不含砂的 MTD 层。层 3 厚度为 36.58m 的砂质沉积物，顶部具有强波峰，底部具有强波谷。层 4 相对较薄，约 76.2m，为泥质和粉砂质与砂质的互层，呈连续、平行的反射特征。层

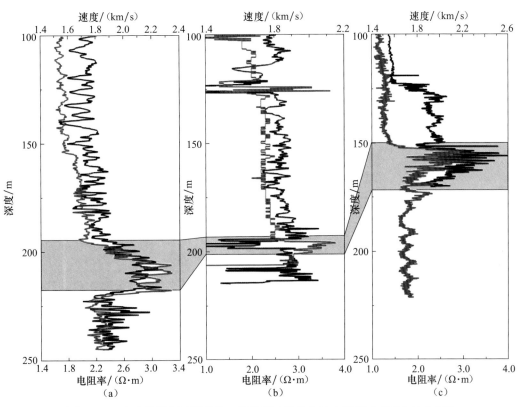

图 8-132　水合物钻探区测井的 P 波速度（黑色）和电阻率（蓝色）连井曲线

阴影区为取心证实含水合物层

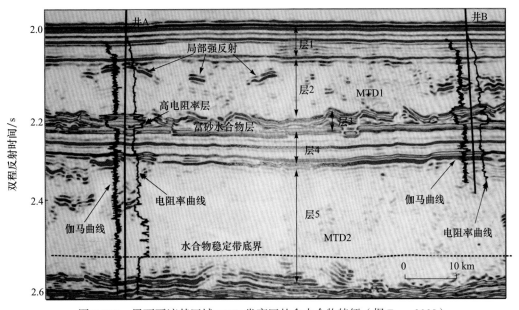

图 8-133　墨西哥湾某区域 MTD 发育区的含水合物特征（据 Frye, 2008）

5 是以泥质为主的不含砂的 MTD，具有杂乱反射和成层性差的反射特征。随钻测井表明，井 B 在层 3 位置，总的砂层厚度达 38.1m，不含泥质沉积物。伽马测井曲线有一个明显降低，电阻率在该层段为 2.0Ω·m，随后降低到背景电阻率。纵波速度在该层段未见明显增加，这正好与实验室观测到细粒沉积物区低水合物含量纵波速度变化不大相吻合。

（二）孔隙充填型水合物储层特征

天然气水合物钻探获得的样品研究表明，原地天然气水合物的物理性质存在很大的差异，孔隙充填型水合物主要存在于粗粒沉积物的孔隙空间和分散在细粒沉积物。极地地区砂岩储层的天然气水合物资源，水合物饱和度高达 80%，是接近商业开发的天然气水合物资源。Collett 等（2008）评估的阿拉斯加北坡天然气水合物资源表明，大约 $2.42 \times 10^{12} m^3$ 技术上可开采的天然气资源储存在北阿拉斯加渗透性砂岩为主的天然气水合物藏中。海洋环境中砂岩储层中的天然气水合物仅次于极地砂岩储层，具有良好的资源前景，水合物饱和度为中等到高浓度的水合物矿藏。墨西哥湾地区砂岩储层中的天然气水合物矿藏含有大约 $190 \times 10^{12} m^3$ 的天然气。且研究表明天然气水合物稳定带内浅层沉积物中储层质量好的砂岩中水合物资源量大于以前评价的资源量。

大量分布在细粒泥质沉积物中的水合物分布尽管十分广泛，但从目前的开发技术来看，其资源前景不大。最近，日本南海海槽、墨西哥湾 GC818 和 KC151 及 ODP 311 和 ODP 204 航次等天然气水合物钻探表明，砂岩储层天然气水合物饱和度相对较高，能够达到中等及以上饱和度。早在 1999 年，Clennell 等（1999）就指出天然气水合物最容易在粗粒沉积物（＞63μm）中形成，且水合物饱和度变化与砂岩含量变化有关。

在日本南海海槽，利用随钻测井、电缆测井和压力取心表明在浊流砂体中存在天然气水合物。通过测井资料分析，在 4 个富砂的地层（浊流扇沉积）识别出天然气水合物，天然气水合物填充在沉积物的孔隙中，在某些地层饱和度可达 80%（Akihisa et al., 2002; Matsumoto et al., 2004; Tsuji et al., 2009）。水合物在浊流砂岩层厚度不到 1m，总厚度约 12~14m。高富集的天然气水合物层的底部深度与预测的 BSR 深度相吻合。南海海槽测井揭示浊流砂岩孔隙中水合物的存在，却没有观察到天然气水合物的赋存和储量与 BSR 性质之间的关系。

测井资料仅能反映井孔附近水合物富集特征，必须通过地震资料反映水合物在空间的分布，岩心表明水合物出现在泥岩和浊流砂岩互层的砂岩沉积物的粒间孔隙中，厚度从几厘米到 1m 左右。3 砂层内水合物厚度为 104m，如此厚的水合物层在速度上也表现为高纵波速度。BSR 与水合物稳定带底部（GHSZ）吻合，但是在某些井，高饱和度水合物层与水合物稳定带顶部并不吻合，在某些井处，高饱和度水合物层位于 GHSZ 底部的上部地层，在 GHSZ 附近无明显 BSR 出现。含水合物砂岩层的声波速度也出现高速异常，表明含有高浓度的水合物。

（三）孔隙充填型水合物饱和度估算方法

孔隙充填型水合物均匀分布在孔隙空间，利用测井资料获得电阻率、速度等参数，基于不同方法能够估算水合物饱和度；利用测井与地震资料相结合，也能估算水合物空间分布特征。

1. 基于电阻率曲线估算天然气水合物饱和度

利用电阻率曲线估算天然气水合物饱和度，必须已知 Archie 常数 a 和 m。与饱和水地层相比，水合物储层具有较高的电阻率（R_t）。天然气水合物饱和度可以由地层孔隙度和测量电阻率计算得到。饱和水孔隙度由 Archie 公式表示为

$$R_0 = aR_w\Phi^{-m} \tag{8-73}$$

式中，R_w 为共生水电阻率；a 和 m 分别为 Archie 常数；Φ 为孔隙度，由测井曲线计算得到。地层因子 FF 定义为 R_0/R_w，带入式（8-73）得

$$\mathrm{FF} = \frac{R_0}{R_w} = a\Phi^{-m} \tag{8-74}$$

Archie 常数 a 和 m 可以由地层因子和饱和水沉积物孔隙度的交会图获得。饱和水沉积物利用 Archie 公式指数拟合的结果是 $\mathrm{FF}=2.974^{-1.023}$，其中 $R^2=0.61$。共生水电阻率与海水盐度、地温梯度有关，利用 Arp's 方程计算：

$$R_{w2} = R_{w1}\frac{T_1 + 21.5}{T_2 + 21.5} \tag{8-75}$$

神狐地区 SH7 站位的地温梯度为 43.65℃/km，盐度为 32×10^{-6}。

在天然气水合物沉积层中，含水饱和度表示为

$$S_w = (R_0/R_t)^{1/n} \tag{8-76}$$

式中，n 为饱和度指数，是一个经验参数。由式（8-76）可得天然气水合物饱和度：

$$S_h = 1 - S_w = 1 - \left(\frac{aR_w}{\Phi^m R_t}\right)^{\frac{1}{n}} \tag{8-77}$$

图 8-134 显示了 SH7 站位的天然气水合物饱和度曲线，计算过程所用的参数 $a=2.974$，$m=1.023$，$n=2$。

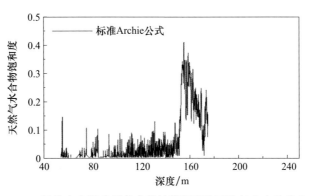

图 8-134　SH7 站位由电阻率测井曲线计算得到的天然气水合物饱和度曲线

2. 基于声波阻抗估算天然气水合物饱和度

测井数据可提供井位点处高分辨率信息。可以利用地震数据外沿井中的信息得到水合物在空间的分布和饱和度。天然气水合物浓度也可以利用阿奇公式由声波阻抗（由声

波速度和密度得到）估算得到。

1）饱和水孔隙度

饱和水孔隙度 Φ_f 定义为 $\Phi_f=S_w\Phi$，与水饱和沉积层中的总孔隙度相同，但比水合物沉积层中的总孔隙度小。假设区域背景电阻率剖面在各点相同，利用式（8-78）来估算天然气水合物浓度：

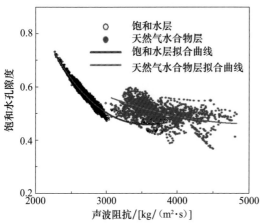

$$S_h = 1 - S_w = 1 - \frac{\Phi_f}{\Phi} = 1 - \left(\frac{R_0 \Phi_f^m}{aR_w}\right)^{\frac{1}{n}} \quad （8-78）$$

式中，参数 R_0、a、m 和 n 由 SH7 站位确定，仅饱和水孔隙度参数未知。

假设饱和水沉积层是均一、正常压实的，声波阻抗（I）与饱和水孔隙度（Φ_f）之间应该是一条平滑的曲线，随着深度增加 Φ_f 减小，I 值增加。沉积物中含天然气水合物层声波阻抗增大，饱和水孔隙度降低。在天然气水合物储层内，由水饱和沉积层内背景趋势可得饱和水孔隙度与声波阻抗之间的

图 8-135　SH7 站位饱和水孔隙度与声波阻抗交会图

关系。利用 SH7 站位的测井数据（图 8-135）拟合声波阻抗和孔隙度之间的关系，得

$$\Phi = -3.086 \times 10^{-11} I^3 + 4.467 \times 10^{-7} I^2 - 0.002011 I + 3.465 \quad （8-79）$$

式中，I 为声波阻抗，$kg/(m^3 \cdot s)$；$R_2=0.966$。天然气水合物储层内拟合的饱和水孔隙度跟声波阻抗的关系是

$$\Phi_f = 2.38 \times 10^{-8} I^2 - 2.43 \times 10^{-4} I + 0.977 \quad （8-80）$$

式中，$R_2=0.34$。

2）声波阻抗反演

利用地震数据计算声波阻抗对烃类含量进行估算的方法开始于 20 世纪 70 年代，也已经用于估算水合物饱和度。反演利用稀疏脉冲反演（CSSI）模块。因为地震数据是带限信号，CSSI 声波阻抗需要增加由井控制的低频趋势获得的低频信息，才能得到完整的声波阻抗剖面。稀疏脉冲反演的目标函数为

$$F_{obj} = \sum (r_i)^p + \lambda^q \sum (d_i - s_i)^q \quad （8-81）$$

式中，i 为时间序列；r_i 为时间 i 时的反射系数；d_i 是地震数据；s_i 是合成的地震记录；q 和 p 为经验指数，因子 p（反射范数）和 q（地震匹配范数）分别为默认的参数值，取 0.9 和 2；λ 为数据匹配权重因子，λ 因子用来控制不匹配范数之间的平衡，λ 值较小时，会加重反射系数权重，输出结果声波阻抗值中会有一些剧烈抖动，清晰度不高，还会有较大的残值。随着 λ 逐渐接近"真"值，数据匹配提高，输出波阻抗剖面可以更好地反映沉积物的物理性质。λ 值的优化要根据信号的信噪比、相关性匹配、地震数据匹配和反射系数匹配等确定。此处匹配权重因子 $\lambda=10$，经验指数 p 和 q 分别为 1 和 2。反演获得的声波阻抗剖面如图 8-136（b）所示。由式（8-75）～式（8-78）和式（8-80），利用 SH7 站位测井数据获得饱和水孔隙度剖面［图 8-136（c）］。

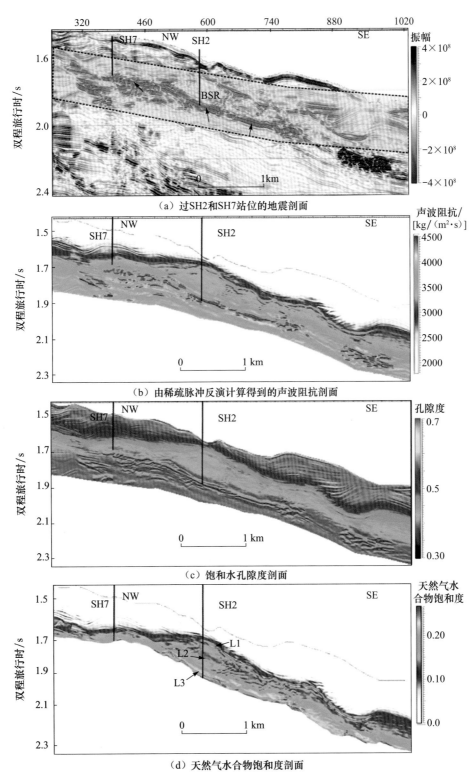

（a）过SH2和SH7站位的地震剖面

（b）由稀疏脉冲反演计算得到的声波阻抗剖面

（c）饱和水孔隙度剖面

（d）天然气水合物饱和度剖面

图 8-136 神狐海域天然气水合物饱合度估计

3）地震剖面计算的水合物饱和度

由饱和水孔隙度剖面利用饱和度公式估算天然气水合物饱和度剖面 [（图 8-136（d）]，其中 a=2.974，m=1.023，n=2.0。地震数据计算的天然气水合物层的厚度大于测井曲线计算的厚度。由地震数据估算的 BSR 上的水合物饱和度占孔隙空间 10%～23%，略小于由测井曲线估算得到的饱和度值。从地震数据计算的神狐海域天然气水合物饱和度占孔隙空间的 10%～23%，局部饱和度高达 27%，天然气水合物饱和度横向具有明显的不均匀性。

四、裂隙充填型水合物地球物理响应及地质特征分析

裂隙充填型是仅次于砂岩储层而具有开发资源前景的天然气水合物。目前在许多细粒泥质沉积物中钻探到该类型水合物，如印度克里希纳-戈达里瓦盆地、韩国郁龙盆地、墨西哥湾等（表 8-8）。

表 8-8　裂隙型水合物井位及其分布

井位		深度 /mbsf	地球物理异常		倾角 /(°)
			随钻电阻率	速度	
印度	NGHP01-5A[1]	57～94	略微增加，范围 2～4Ω·m	未见明显增加	62～88
	NGHP01-5B[1]	61～91	略微增加，范围 2～3Ω·m	未见明显增加	40～86
	NGHP01-6A[2]	138～190	变化不明显，1～2Ω·m	未见明显增加，约 1600m/s	71～81
	NGHP01-7A[2]	77～152	略微增加，范围 2～3Ω·m	未见明显增加	76～86
	NGHP01-10A[2]	28～158	明显增加，5～80Ω·m，局部达 200Ω·m	明显增加，1600～1900m/s，局部达 2000m/s	41～83
JIP1	KC151-2[1]	220～250	略微增加，1～2Ω·m，局部达 4Ω·m	无	40～75
	KC151-3[1]	220～300	略微增加，1～2Ω·m，局部达 4Ω·m	无	42～88
JIP2	GC955-H[3]	192～292.6 229～348	略微增加，1～10Ω·m	未见明显增加	61～87
	WR313-G[4]	248～396	略微增加，2～5Ω·m，局部大于 10Ω·m	未见明显增加	65～86
	WR313-H[4]	175～325	略微增加，2～5Ω·m，局部达 10Ω·m	未见明显增加	>80
UBGH1-10[5]		9～149	明显增加，10～100Ω·m，局部达 1000Ω·m	明显增加，1600～1800m/s，局部达 2150m/s	不详

（一）裂隙充填型水合物分布

在细粒泥质沉积物和高的毛细管吸入压力环境下，气压超出水平应力时裂隙扩张会主导流体运移。流体推沉积物颗粒，为水合物形成提供空间。海洋浅层沉积物一般是未固结成岩的软沉积，沉积物容易发生地下再次活化而发生形变。天然气水合物表明细粒

沉积物的裂隙和透镜体中形成水合物，最近在大陆边缘裂隙系统内钻探到水合物样品。利用水合物原位井孔成像和压力取心的 X 射线成像观察到裂隙内充填水合物。充填在裂隙内水合物的平面特征一般只有几米，水合物生成可能与原位甲烷生成作用或甲烷溶解度有关。克里希那—嘎达瓦里盆地沉积物最大厚度约 8km，沉积了二叠纪到现在的沉积物，包含了前缘盆地、三角洲、陆架陆坡沉积平原、深海水道和深水水下扇状复合体等地质背景下沉积的物质，是一个典型的被动型大陆边缘盆地。由于奎师那河和哥达瓦里河注入带来大量沉积物，在盆地浅层（<200m）沉积物主要以细粒冲击沉积为主。两条河流带来的沉积物和生物有机质输入，使克里希那—嘎达瓦里盆地成为天然气水合物发育的有利地带。其构造格架由一系列的大规模正断层组控制，沿着断层进行沉积，出现相邻的盆地间的碗状的盆地沉积物。在 3D 地震和多波束资料上，克里希那—嘎达瓦里盆地中的地貌特征是东南向的滑坡，上面叠加强烈的趾状逆冲断层。利用地震相干技术在 NGHP01-10 井附近识别出大量小的断层。按照断层走向分成两类：A 类断层，主要走向是顺时针 NNW-SSE 的 A 和 SW-NE 的 A′ 组成；B 类断层，由走向 NNE-SSW 的 B 和 NEE-SWW 的 B′ 组成。这两种类型的断层都由两个走向相差 60° 左右的分支组成，两个分支大都是成对出现的，呈现 X 形状。两种类型的断层相互切割，形成棋盘状断层。

（二）裂隙充填型水合物异常特征

天然气水合物是电的绝缘体，与不含水合物饱和水地层相比，含天然气水合物的地层具有高电阻率异常。含水合物层一般是未固结地层，水合物可能充填在孔隙空间或包裹、胶结砂岩沉积物颗粒，因此砂岩沉积层含有水合物时弹性波速度大于沉积层含流体的速度，速度增加量与水合物含量呈正比。海底软沉积物变形形成的裂隙或矿物脱水（蒙脱石-伊利石转换）形成多边形断层，其裂隙倾角一般较大，这种次生的孔隙空间是细粒沉积物水合物形成有利区域。利用 3D 地震资料、随钻测井（LWD）和钻头电阻仪（RAB）识别裂隙地层，3D 地震资料通过相干属性分析能够确定断层或裂隙走向，反映其横向的连续性。利用 RAB 对井壁进行 360° 测量，沿井孔柱面进行展开成像，含水合物层为高电阻率的亮点反射层。在井孔 RAB 成像上，裂隙具有正弦特征，大多数裂隙都非常陡，大部分超过 60°（图 8-137）。在地震上很难对这些陡倾角成像，但如果裂隙是定向排列或延伸到井的孔附近，地震资料就可以显示其走向方向。压力取心的 X 射线成像能够清楚显示裂隙内脉状、球状和裂隙充填水合物（Collett et al.，2008）。

印度海域 NGHP01-10A 井裂隙充填水合物的速度变化并不明显（图 8-137）。纵波速度变化不明显有两种可能的原因：一是由于流体、测量方式产生能量频散，纵波速度难以准确测量；二是由于裂隙内充填水合物饱和度不高，不能影响测量的纵波速度。LWD 电阻率数据显示裂隙充填水合物时，含水合物层电阻率明显增加，局部层电阻率非常高。含水合物和垂直裂隙充填水合物时，地层具有各向异性，基于各向同性的 Archie 方程计算水合物饱和度方法不适用于裂隙充填水合物饱和度估算。水合物电阻（R_h）远大于地层电阻率（R_f），NGH01-10 站位和 UBGH1-10 井的压力取心 X 射线成像清楚显示高角度裂隙，因此在垂直钻井中，LWD 电阻率测井具有明显的高电阻率异常，局部层电阻率高达 200Ω·m（图 8-137）。

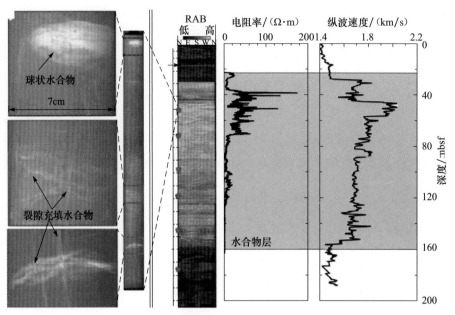

图 8-137　NGHP01-10 井含水合物层电阻率和纵波速度曲线及海底下 50m 深度压力曲线的 X 射线成像
水合物呈球状或脉状充填在裂隙

NGHP01-10 站位处经钻探，表明主要沉积物是泥质沉积，原始粒间孔隙度非常小，缺少天然气水合物储集的空间。NGHP01-10 站位的天然气水合物储存在泥质沉积物的裂隙中。与渗透性砂岩层中水合物储存在原生孔隙中不同，泥质沉积物中水合物大多储存在次生孔隙中。水合物形成时，大量烃类气体在泥质沉积物中聚集，向上运移。

（三）裂隙充填型水合物控制因素

研究表明天然气可通过断层、裂隙或者其他高渗透性的通道运移进入天然气水合物稳定带。许多研究者提出在海洋环境中水合物充填的裂隙是水合物富集的主要地方，或是在形成层状水合物时气体运移的通道（Milkov and Sassen, 2002; Kleinberg, 2003a, 2003b）。水合物脊地区复杂的裂隙网络可能是天然气运移的主要方式，裂隙充填是一种重要的水合物赋存方式。裂隙走向与区域主应力方向平行，具有定向特性。墨西哥湾联合钻探计划（JIP）第二航段揭示在墨西哥湾存在 3 种天然气水合物储层：砂层中的各向同性储层、泥质中的高角度裂隙储层和粉砂质泥岩中的层状储层。Cook（2010）利用电阻率测井资料研究了墨西哥湾 KC151-2 站位裂隙控制的水合物产出方式，认为水合物主要存在于裂隙中，气体可能通过渗透性较好的裂隙进入水合物稳定带，裂隙网络的形成是区域应力作用的结果，气体的膨胀作用和水合物形成的鼓胀作用增加了次生孔隙空间。韩国郁凌盆地的主要沉积相包括 MTD、近海的泥质与砂质浊积岩互层。MTD 的底部出现裂隙，裂隙方向与 MTD 运动方向垂直。裂隙的出现可能是由于在 MTD 形成时的差异流体运移，或与沉积后压实到时的流体排除有关（Riedel et al., 2013）。天然气水合物以高角度裂隙充填为主，也存在孔隙充填或者块状产出方式（Kim et al., 2013）。印度克里希那-噶达瓦里盆地在 NGHP01-10 站位发现充填在裂隙中的天然气水合物，饱和度很高，储层厚度达到了近 130m。在细粒泥质沉积物中，水合物并不占据孔隙体积，而是迫使颗粒张开形成层状、脉状和球状的水合物。

形成天然气水合物需要合适的温压、充足的气源、水等条件，裂隙产生主要有 3 种机制：水力压裂、剪切力断裂和水合物形成引起的鼓胀作用，断裂发育、流体活动剧烈的区域应该是裂隙充填型天然气水合物发育的优势区域。

岩性是影响水合物储层条件的关键因素。在海洋环境中由于天然气水合物赋存的深度一般较浅，沉积物尚未成岩，用沉积物颗粒大小刻画相当于"岩性"的影响因素。沉积物颗粒大小决定沉积层的孔隙度、渗透率等物性参数，对天然气水合物的产出状态具有很大影响。

印度克里希纳-戈达瓦里盆地在 21 个站位进行钻探，共在 14 个站位发现裂隙储层或者是裂隙砂质混合储层，沉积物以泥质或者泥质粉砂混合物为主，没有发现裂隙型天然气水合物的站位，水合物主要赋存在砂质或者粉砂的孔隙空间里（Collett et al.，2008）。韩国郁陵盆地主要是细粒沉积物，在盆地南部水合物稳定带内主要是 MTD 沉积，还包括一些近海泥质和浊积岩互层。在 UBGH1-4 站位发现的水合物主要位于薄的近海泥质和砂质浊积岩互层中（Riedel and Shankar，2012），在 MTD 内部发现的水合物含量较低。MTD 底部的裂隙产生可能是与沉积以后重力压实的排水有关，或与 MTD 形成时的差异流体运移产生的内部挤压力有关。在近海泥质和浊积岩互层中形成的裂隙充填天然气水合物饱和度较高。JIP 第二航段共钻探了 7 个站位（Cook，2010），在其中的 4 口井中发现 3 种不同类型的天然气水合物储层，在砂岩中是孔隙充填的各向同性储层，在泥岩中是高角度裂隙充填的各向异性储层，在粉砂质泥岩中出现层状水合物。

构造作用对天然气水合物成藏具有控制作用，构造作用产生的断裂或泥火山是气体运移进入水合物稳定带的有利通道（Milkov and Sassen，2002）。构造作用形成的断裂带往往是水力压力形成裂隙的发育地带，断裂不仅是流体运移通道，而且为水合物成核提供空间。但是裂隙充填型水合物形成尽管与裂隙主应力方向具有一定关系，但以泥质为主的细粒沉积物中脉状、层状等水合物的形成是受气体侵入的裂隙张开影响。与单相流系统不同，双相流系统中沉积物内裂隙形成与相邻孔隙的压力差有关，由于两相流体不混合，气体相与水相之间的压力差不会耗散，如果压力能够克服颗粒间压缩和摩擦力，就会形成裂隙。如印度克里希纳-戈达瓦里盆地发现的裂隙充填型水合物。克里希纳-戈达瓦里盆地是印度东部海岸被动大陆边缘的一部分，克里希纳河与戈达瓦里河注入发育巨厚沉积层，泥质沉积构造运动是其一大特点，超压泥质地层运动诱发的重力驱动构造运动活跃，断裂系统自中新世发育。主要的构造格架被几条穿透较深的大断裂控制，断裂活动的同时发生沉积作用，在后续的断裂之间形成穹窿状的隆起。断裂按走向可分为两组（图 8-138），两组断裂交叉呈 X 状（Riedel et al.，2013）。除了剪切作用形成的大断裂，后期巨厚沉积发育逆冲断层形成异常孔隙压力，诱发水力压裂作用也会在细粒泥质沉积物中形成次生裂隙（Daigle and Dugan，2010）。深度成像剖面在大断裂周围识别出大量小断裂和裂隙。X 状断裂与次生裂隙形成渗透性良好的裂隙网络。因此，利用印度海域的二维地震资料与随钻测井资料，通过反演获得含水合物层的纵波速度剖面，利用垂直入射法计算 BSR 处反射系数，BSR 位置平均反射系数约为 -0.06‰，明显小于其他海域（一

般为 -0.1‰～-0.2‰），该 BSR 相对比较弱。通过分析 BSR 下部地层流体运移、裂隙发育特征及其甲烷溶解度变化，再结合地震资料，认为 BSR 下方发育的裂隙及裂隙内游离气不均匀分布是导致该区域弱 BSR 的一个重要原因。同样在印度 07 井也发现了裂隙充填型水合物，但是水合物厚度相对小于 10 井，从过 07 井地震剖面看，该区域存在连续 BSR，脉状水合物层为一个局部强反射层，而且该强反射层与 BSR 相连。

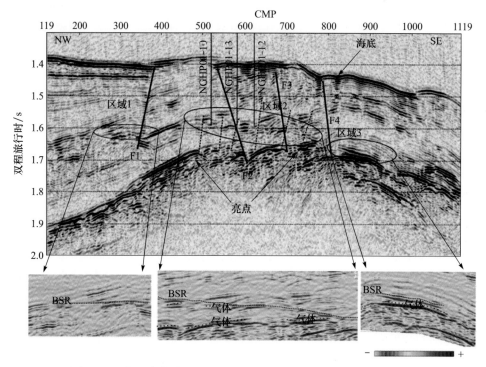

图 8-138　克里希纳-戈达瓦里盆地 GDSW16 地震测线以及 BSR 识别

（四）裂隙充填型水合物饱和度估算方法

1. 裂隙充填型水合物特征分析

裂隙充填型的水合物与孔隙充填型水合物不同，含水合物层的裂隙倾角一般较陡，由于受构造应力作用，裂隙分布与构造主应力有关，一般定向排列，类似裂隙介质而具有各向异性。裂隙充填型天然气水合物是仅次于极地和海洋砂岩储层的分布类型，印度被动大陆边缘是裂隙充填型水合物较为典型的一个区域。在印度克里希纳 - 戈达瓦里盆地 NGHP01-10 井的泥质沉积物中钻探到高饱和度水合物，压力取心和 X 射线成像显示水合物呈固态结核状或脉状分布在高角度的裂隙中。

不同学者提出多种理论和半经验模型，利用速度、电阻率测井资料估算均匀各向同性的孔隙充填型天然气水合物的饱和度。但当利用随钻电阻率测井基于 Archie 公式计算的 NGHP01-10A 井水合物饱和度占孔隙空间 80%，而利用压力取心计算的水合物饱和度占孔隙空间 20% 左右，两种不同方法计算结果相差较大。细粒沉积物中水合物呈脉状充填在裂隙中，裂隙倾角与区域构造应力有关，这种定向裂隙导致含水合物层出现各向异性。利用孔隙充填型假设水合物呈均匀分布的各向同性的速度模型计算水合物饱和度时产生较大误差，与压力取心计算结果差异较大（Lee and Collett, 2009）。关于定向排列裂隙导致的各向异性，前人进行大量研究，存在多种模型，如层状介质模型、裂隙嵌于孔隙介质中模型、周期性薄互层与扩容模型等。不同模型具有不同假设条件，基于这些模型都可以利用速度研究裂隙充填型水合物的饱和度。但在实际应用中裂隙方向是一个影响估算水合物饱和度精度的一个关键因素。假设裂隙中完全充填水合物，裂隙充填型水合物储层可以利用两种端元的层状介质模型来研究，一种是裂隙端元，充填水合物；另一个端元是各向同性的饱和水沉积物。虽然考虑了裂隙引起的各向异性，但在应用中需要假定裂隙沿固定方向，水平裂隙或者垂直裂隙，没有考虑裂隙倾角变化，计算过程仅用纵波速度或横波速度中的一个，导致计算结果与实测压力取心结果相比存在一定误差。

NGHP01-10、NGHP01-12、NGHP01-13、NGHP01-21等多个站位发现裂隙充填型天然气水合物，NGHP01-10站位水深1038m。NGHP01-10A井是钻探到的水合物饱和度最高井之一，裂隙充填型水合物厚度达135m，裂隙倾角为41°～88°，纵波速度明显增高，局部达2000m/s，电阻率达几十至上百欧姆米（图8-137）。NGHP01-10D井位于相邻25m处，该井位进行纵横波速度测井。NGHP01-13站位位于相邻500m处，电阻率测井出现异常高值，没有进行声波测井。NGHP01-12站位位于250m处，压力取心显示裂隙充填型水合物在深度70m处，饱和度达30%。过该井的地震剖面显示裂隙充填型水合物的BSR并不明显，含水合物层呈现振幅空白现象，不同站位裂隙充填型水合物厚度和位置略微不同。NGHP01-10井附近出现的裂隙充填型水合物恰好位于断层交汇处，且下部聚集了大量的游离气。

NGHP01-10站位有A、B、C和D四个孔，其中NGHP01-10A进行随钻测井，但没有测量横波速度；在B、C井孔进行压力取心；D孔先做压力取心，然后进行纵波、横波、密度等电缆测井（图8-139）。由于NGHP01-10D井仅测量了深部含水合物层数据，无法确定饱和水的背景速度，而A孔测井资料为深度20～180m。在深度30～150m出现纵波速度增加，大于利用简化的三相介质理论计算的饱和水速度，表明地层含有水合物。

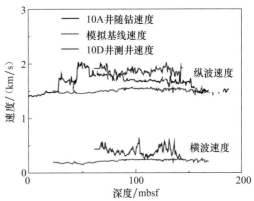

图8-139 NGHP01-10站A、D孔测井速度值及模拟基线速度值

2. 基于各向异性速度模型饱和度估算

当裂隙为垂直和水平时，利用纵波或横波速度都可以计算水合物饱和度。由于水合物密度略微小于海水的密度，利用密度计算孔隙度近似等于地层总孔隙度（Lee and Collett, 2009），计算的孔隙为饱和水地层孔隙与裂隙充填水合物孔隙。当裂隙内充填水合物体积分数（V_h）增加时，饱和水孔隙度降低（Φ_{ll}），即

$$\Phi_{ll} = \frac{\Phi_t - V_h}{1 - V_h} \tag{8-82}$$

Φ_t 由密度测井计算得到

$$\Phi_t = \frac{\rho_g - \rho_b}{\rho_g - \rho_w} \qquad (8\text{-}83)$$

式中，ρ_g 为颗粒骨架密度，取 ρ_g=2.75 g/cm³；ρ_w 为海水密度，取 ρ_w=1.03 g/cm³；ρ_b 为沉积物密度，由密度测井获得。

裂隙充填型水合物饱和度（S_h）为

$$S_h = V_h / \Phi_t \qquad (8\text{-}84)$$

在垂直井孔中，同时测量了纵波和横波速度，纵波和横波速度模型能够同时反演水合物饱和度和裂隙倾角。利用 NGHP01-10D 井纵波和横波速度估算水合物饱和度和裂隙倾角。在垂直井孔中，仅能测量到横向极化横波速度 V_s^h。利用层状速度模型和沉积物组分资料，估算 NGHP01-10D 井岩性资料，基于纵波速度、横波速度和纵横波速度联合计算水合物饱和度（图 8-140）。假设裂隙倾角为水平时，利用纵波速度计算的水合物饱和度为 25%～40%，平均饱和度为 34% 左右；而利用横波速度计算的水合物饱和度为 25%～75%，平均饱和度为 60% 左右。在水平裂隙时，横波速度计算的饱和度远大于纵波速度计算结果。假设为垂直裂隙时，纵波速度计算饱和度为 10%～25%，平均饱和度为 20% 左右，横波计算饱和度为 5%～15%，平均为 8% 左右。在垂直裂隙时，横波速度计算饱和度小于纵波速度计算结果。利用纵波和横波速度联合计算时，计算的水合物饱和度为 10%～25%，平均饱和度为 24% 左右，裂隙倾角变化范围为 75°～85°（图 8-141）。图 8-142 给出 NGHP01-10B 和 10D 不同深度的压力取心计算的水合物饱和

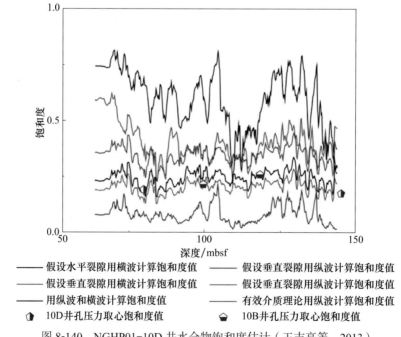

图 8-140　NGHP01-10D 井水合物饱和度估计（王吉亮等，2013）

NGHP01-10D 井基于水平和垂直裂隙倾角，利用纵波和横波速度估算的水合物饱和度及利用有效介质模型计算的水合物饱和度与压力取心计算的饱和度对比

度，可以看出，假设为垂直裂隙，利用纵波速度计算饱和度与纵横波速度联合计算的水合物饱和度与压力取心计算结果相吻合，在该井位，纵横波速度的联合计算的饱和度吻合更好些。在 10D 井没有测量裂隙倾角，从 10A 井测量裂隙倾角主要分布范围为 $60° \sim 88°$。

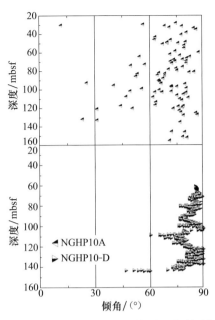

图 8-141　NGHP01-10A 井测量的裂隙倾角和利用纵波和横波联合反演得到的 10D 井裂隙倾角对比

3. 基于地质统计的含水合物层饱和度估算

地质统计反演是以地质信息（包括地震、钻井、测井等）为基础，应用随机函数理论和地质统计学方法（变差函数分析、直方图分析、相关分析等），结合传统的地震反演技术，在每一个地震道（或多个地震道）产生多个可选的等概率反演结果的一种地震反演方法。在反演过程中，首先应分析反演属性（如密度、伽马等变量）与波阻抗之间的相关关系，如果相关性较小，说明通过波阻抗来反演（或模拟）测井属性（如密度、伽马等）的可靠性较低；反之，则说明运用地质统计反演方法可以对测井属性进行有效预测。在反演过程中，首先统计随机变量的直方图分布，统计随机变量的变差函数，确定随机变量在不同方向上的变程。反演的变量可以是波阻抗或测井属性，在反演之前，首先分析不同的测井属性与波阻抗之间的相关关系，根据这种相关性，建立波阻抗属性与测井属性之间的协同反演方程。

地质统计学参数分析是地质统计反演的前提和基础，主要有 3 个参数：概率密度函数（probability density function, PDF）、变差函数和云变换。在利用声波阻抗反演水合物饱和度时，首先利用各向异性方法基于测井资料计算水合物的饱和度，通过直方图分析井上的声波阻抗与水合物饱和度之间的关系（图 8-142），确定 PDF 函数；变差函数是地质统计反演的主要工具和手段，通过测井上的样本点曲线，确定纵向变差和横向变差，该参数是一个大概值，对反演结果起软约束作用，关键因素还是地震资料。在印度裂隙充填型水合物区使用横向变程是 1200，纵向变程是 20ms。

基于地质统计学模拟研究声波阻抗与水合物饱和度之间的关系，图 8-143 是通过地质统计学反演的声波阻抗与常规叠后约束稀疏脉冲反演的结果。理论上可以得到与测井资料相同的分辨率，但由于它是一种基于模型的地震反演，具有多解性。

从图 8-142（c）声波阻抗与水合物饱和度交汇图可以看出，在确定性反演时，一个声波阻抗对应一个水合物饱和度值，但由于该相关系数比较小，仅利用一个值去拟合时，反演计算的水合物饱和度不准确，而地质统计学反演时考虑的是箭头范围内的水合物饱和度值都考虑进来，将这些可能的值作为一个概率的分布来考虑，因此这种带着地质统计学的思路更科学。图 8-144 为分别基于确定性反演和地质统计学反演的声波阻抗估算的水合物饱和度剖面。

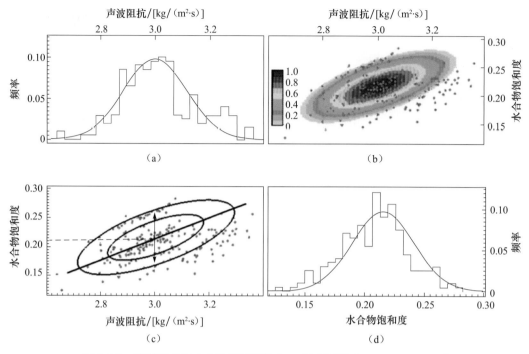

图 8-142　声波阻抗与水合物饱和度的 PDF 和交汇图（Wang et al., 2013）

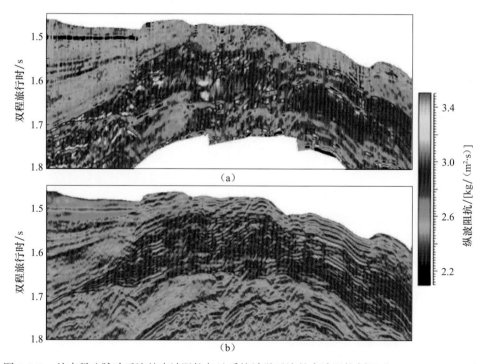

图 8-143　约束稀疏脉冲反演的声波阻抗与地质统计学反演的声波阻抗剖面（Wang et al., 2013）。

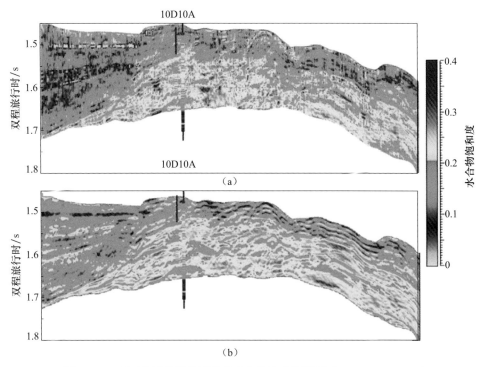

图 8-144　基于地质统计学反演的水合物饱和度剖面（Wang et al., 2013）

参 考 文 献

布贝尔 T，库索 O，甄斯纳 B. 1994. 孔隙介质声学. 许云泽. 北京：石油工业出版社.

陈芳，周洋，苏新. 2011. 南海神狐海域含水合物层粒度变化及与水合物饱和度的关系. 海洋地质与第四纪地质，31(5)：95-100.

付少英，陆敬安. 2010. 神狐海域天然气水合物的特征及其气源. 海洋地质动态，26(9)：6-10.

何英，王华忠，马在田，等. 2002. 复杂地形条件下波动方程叠前深度成像. 勘探地球物理进展，25(3)：13-19.

黄霞，祝有海，卢振权，等. 2010. 南海北部天然气水合物钻探区烃类气体成因类型研究. 现代地质，24(3)：576-580.

鞠花，陈刚，李国栋. 2011. 静水中气泡上升运动特性的数值模拟研究. 西安理工大学学报，27(3)：344-349.

李振春，孙小东，刘洪. 2006. 复杂地表条件下共反射面元（CRS）叠加方法研究. 地球物理学报，49(6)：17941801.

李振春，安琪，马光凯，等. 2007. 基于共聚焦点技术的起伏地表基准面重建. 勘探地球物理进展，30(5)：373-376.

林依华，尹成，周熙襄，等. 2000. 一种新的求解静校正的全局快速寻优法. 石油地球物理勘探，35(1)：1-12.

刘伯胜，刘家熠. 2010. 水声学原理. 第二版. 哈尔滨：哈尔滨工程大学出版社.

刘海军，安宇. 2004. 空化单气泡外围压强分布. 物理学报，3(5)：1406-1411.

陆红锋，陈弘，陈芳，等. 2009. 南海神狐海域天然气水合物钻孔沉积物矿物学特征. 南海地质研究，20：28-37.

栾锡武，刘鸿，岳保静，等. 2010. 海底冷泉在旁扫声纳图像上的识别. 现代地质，24(3)：474-480.

马在田，宋海斌，孙建国. 2000. 海洋天然气水合物的地球物理探测高新技术. 地球物理学进展，15(3)：1-6.

潘普林 B R. 1981. 晶体生长. 刘如水，沈德中，张红武，等译. 北京：中国建筑工业出版社.

宋海斌，松林修，杨胜雄，等. 2001，海洋天然气水合物的地球物理研究（Ⅱ）：地震方法. 地球物理学进展，16(3)：110-118.

王吉亮，王秀娟，钱进. 等. 2013. 裂隙充填型天然气水合物的各向异性分析及饱和度估算研究——以印度东海岸 NGHP01-10D 井为例. 地球物理学报，56(4)：1312-1320.

王真真，王秀娟，郭依群，等. 2014. 白云凹陷陆坡峡谷沉积与迁移特征及其对天然气水合物成藏的影响. 海洋地质与第四纪地质，34(3)：105-113.

吴如山，安艺敬一. 1993. 地震波的散射与衰减. 李裕澈，卢寿德，等译. 北京：地震出版社.

徐麦容，刘成云. 2008. 水中浮升气泡的半径和速度变化. 大学物理，27(11)：14-17.

姚姚. 1997. 蒙特卡洛非线性反演方法及应用. 北京：冶金工业出版社.

姚文苇. 2008. 气泡对声传播影响的研究. 陕西教育学院学报，24(1)：107-109.

伊尔马滋. 2006. 地震资料分析——地震资料处理、反演和解释. 刘怀山，等译. 北京：石油工业出版社.

尹军杰. 2005. 地震散射波场特征的数值模拟研究. 北京：中国地质大学（北京）博士学位论文.

张宝金. 2003. 地震波参数反演及其可信度分析. 上海：同济大学博士学位论文.

周青春，刘怀山，Kondrashkov V V，等. 2009a. 椭圆展开共反射点叠加方法的应用研究. 地球物理学报，52(1)：222-232.

周青春，刘怀山，Kondrashkov V V，等. 2009b. 参数展开共反射点叠加方法研究. 地球物理学报，52(7)：1881-1890.

祝令国. 2009. 尾流气泡声散射规律研究. 舰船科学技术，l31(10)：64-65，68.

Akihisa K, Tezuka K, Senoh O, et al. 2002. Well log evaluation of gas hydrate saturation in the MITI Nankai Trough well, offshore southeast Japan//Proceedings of the Society of Petrophysics and Well Log Analysts 43rd Annual Logging Symposium, Houston.

Bear J. 1972. Dynamics of Fluid in Porous Media. New York: Elsevier.

Beaslef C J, Lynn W. 1992. The zero veloeity layer: Migration from irregular surfaces. Geophysics, 57(11): 1435-1443.

Berryhill J R. 1979. Wave-equation datuming. Geophysics, 44(8): 1329-1344.

Bortfeld R. 1961. Approximations of the reflection and transmission coefficients of plane longitudinal and transverse waves. Geophysical Prospecting, 9(4): 485-502.

Brewer P G, Orr Jr F M, Friederich G, et al. 1997. Deep-ocean field test of methane hydrate formation from a remotely operated vehicle. Geology, 25(5): 407-410.

Charloua J L, Donvala J P, Fouquet Y. 2004. Physical and chemical characterization of gas hydrates and associated methane plumes in the Congo-Angola Basin. Chemical Geology,(205): 405-425.

Clennell M B, Hovland M, Booth J S, et al. 1999. Formation of natural gas hydrates in marine sediments, 1. Conceptual model of gas hydrate growth conditioned by host sediment properties. Journal of Geophysical Researoh Solid Earth, 104(B10): 22985-23003.

Collett T S, Riedel M, Cochran J, et al. 2008. Geologic controls on the occurrence of gas hydrates in the Indian continental margin: Results of the Indian National Gas Hydrate Program(NGHP)expedition 01 initial reports. San Antonio: AAPG Annual Convention.

Cook A E. 2010. Gas hydrate-filled fracture reservoirs on continental margins. Submitted in partial fulfillment of the requirements for the degree of Doctor of Philosophy in the Graduate School of Arts and Sciences. New York: the Columbia University.

Daigle H, Dugan B. 2010. Origin and evolution of fracture-hosted methane hydrate deposits. Journal of Geophysical Research, 115(B11): 226-234.

Dvorkin J, Nur A. 1996. Elasticity of high-porosity sandstones: Theory for two north sea datasets. Geophysics, 61: 1363-1370.

Dvorkin J, Prasad M, Sakai A, et al. 1999. Elasticity of marine sediments: Rock physics modeling. Geophysical Research Letters, 26(12): 1781-1784.

Eberhard J, Sauter S I, Muyakshin J C, et al. 2006. Methane discharge from a deep-sea submarine mud volcano into the upper water column by gas hydrate-coated methane bubbles. Earth and Planetary Science Letters, 2006(243): 354-365.

Ecker C, Dvorkin J, Nur A. 2000. Estimating the amount of gas hydrate and free gas from marine seismic data. Geophysics, 65: 565-573.

Frye M. 2008. Preliminary evaluation of in-place gas hydrate resources: Gulf of Mexico outer continental shelf. Minerals Management Service Report 2008-004, 136.

Heeschen K U, Tre'hu A M, Collier R W, et al. 2003. Distribution and height of methane bubble plumes on the Cascadia Margin characterized by acoustic imaging. Geophysical Research Letters, 30(12): 1643.

Helgerud M B, Dvorkin J, Nur A, et al.1999. Elastic-wave velocity in marine sediments with gas hydrates: Effective medium modeling. Geophysical Research Letters, 26: 2012-2024.

Hornbach M J, Ruppel C, Saffer D M, et al. 2005. Coupled geophysical constraints on heat flow and fluid flux at a salt diaper. Geophysical Research Letters, 32.

Horozal S, Lee G H, Yi B Y, et al. 2009. Seismic indicators of gas hydrate and associated gas in the Ulleung Basin, East Sea Japan Sea and implications of heat flows derived from depths of the bottom-simulating reflector. Marine Geology, 258(1-4): 126-138.

Hovland M, Judd A G. 1988. Seabed pockmarks and seepages: Impact on geology, biology, and the marine environment. London: Graham and Trotman.

Hu L, Yvon-Lewis S A, Kessler J D, et al. 2012. Methane fluxes to the atmosphere from deepwater hydrocarbon seeps in the northern Gulf of Mexico. Journal of Geophysical Research, 117(C1): 92-99.

Ikele L T, Yung S K, Daube F. 1993. 2-D random Media with ellipsoidal autocorrelation functions. Geophysics, 58(9): 1359-1372.

Kim G Y, Narantsetseg B, Ryu B J, et al. 2013. Fracture orientation and induced anisotropy of gas hydrate-bearing sediments in seismic chimney-like-structures of the Ulleung Basin, East Sea. Marine and Petroleum Geology, 47: 182-194.

Kleinberg R L, Flaum C, Griffin D D, et al. 2003a. Deep sea NMR: Methane hydrate growth habit in porous media and its relationship to hydraulic permeability, deposit accumulation and submarine slope stability. Journal of Geophysical Research, 108(B10): 2508 -2524.

Kleinberg R L, Flaum C, Straley P G, et al. 2003b. Seafloor nuclear magnetic resonance assay of methane hydrate in sediment and rock. Journal of Geophysical Research, 108(B10), 2137-2149.

Kondrashkov V V, Aniskovich E M. 1998. Fundamentals of the Parametric Development of reflections as a universal method for seismic data processing. Izvestiya, Physics of the Solid Earth, 34(2): 127-144.

Korn M. 1993. Seismic wave in random media. Journal of Applied Geophysics, 29: 247-269.

Lamb H. 1945. Hydrodynamics. New York: Dover Publications: 331-332.

Lee M W, Collett T S. 2009. Gas hydrate saturations estimated from fractured reservoir at Site NGHP-01-10, Krishna-Godavari Basin, India. Journal of Geophysical Research, 114(B7): 261-281.

Li C P, Liu X W. 2011. Study on the scales of heterogeneous geologic bodies in random media. Applied Geophysics, 8(4): 363-369.

Li C P, Liu X W, Gou L M, et al.2013. Numerical simulation of bubble plumes in overlying water of gas hydrate in the cold seepage active region. Science China: Earth Sciences, 56(4): 579-587.

Masuda Y, Naganawa S, Ando S. 1997. Numerical calculation of gas production performance from reservoirs containing natural gas hydrates//SPE Asia Pacific Oil and Gas Conference, San Antonio.

Matsumoto R, Tomaru H, Lu H. 2004. Detection and evaluation of gas hydrates in the eastern Nankai Trough by integrated geochemical and geophysical methods. Resource Geology, 54: 53-68.

Mavko G, Mukerji T. 1996. Rock physics and relative entropy measures for quantifying the value of additional information in pore fluid indicators: Eos. Transactions American Geophysical Union, 77: 735.

Milkov A V, Sassen R. 2002. Economic geology of offshore gas hydrate accumulations and provinces. Marine and Petroleum Geology, 19: 1-11.

Minagawa H, Nishikawa Y, Ikeda I. 2008. Relation between permeability and pore-size distribution of methane-hydrate-bearing sediments//Offshore Technology Conference, Houston.

Mindlin R D. 1949. Compliance of elastic bodies in contact. Journal of Applied Mechanics 16: 259-268.

Moridis G, Apps J, Pruess K, et al. 1998. EOSHYDR: A tough2 module for CH_4-hydrate release and flow in the subsurface. LBNL Report No. 42386.

Nimblett J, Ruppel C. 2003. Permeability evolution during the formation of gas hydrates in marine sediments. Journal of Geophysical Research, 108(B9): 2420-2416.

Ostrander W J. 1984. Plane-wave reflection coefficients for gas sands at nonnormal angles of incidence. Geophysics, 49(10): 1637-1648.

Panda M N, Lake L W. 1994. Estimation of single-phase permeability from parameters of particle-size distribution. AAPG Bulletin, 78(7): 1028-1039.

Parker J C, Lenhard R J, Kuppusamy T. 1987. A parametric model for constitutive properties governing multiphase flow in porous media. Water Resources Research, 23: 614-618.

Paull C K, Ussler W I, Borowski W S, et al. 1995. Methane-rich plumes on the Carolina continental rise: Associations with gas hydrates. Geology, 23(1): 89-92.

Paull C K, Matsumoto R, Wallace P, et al. 1996. Gas hydrate sampling on the Blake Ridge and Carolina Rise: Covering Leg 164 of the Cruises of the drilling vessel JOIDES Resolution, Halifax, Nova Scotia, to Miami, Florida, sites 991-997, 31 October-19 December 1995// Proceedings of the Ocean Drilling Program, Part A: Initial Reports, 164: 175-240.

Qian J, Wang X J, Wu S G, et al. 2014. AVO analysis of BSR and free gas within fined-grained sediments in the Shenhu area, South China Sea. Geophysical Research, 35(2): 210-225.

Reshef M. 1991. Depth migration from irregular surfaces with the depth extrapolation methods. Geophysics, 56(l): 119-122.

Riedel M, Shankar U. 2012. Combining impedance inversion and seismic similarity for robust gas hydrate concentration assessments: A case study from the Krishna-Godavari basin, East Coast of India. Marine and Petroleum Geology, 36: 35-49.

Riedel M, Collett T S, Kim H S, et al. 2013. Large-scale depositional characteristics of the Ulleung Basin and its impact on electrical resistivity and Archie-parameters for gas hydrate saturation estimates. Marine and Petroleum Geology, 47: 222-235.

Sager W W, MacDonald I R, Hou R. 2003. Geophysical signatures of mud mounds at hydrocarbon seeps on the Louisiana continental slope, northern Gulf of Mexico. Marine Geology, 198: 97-132.

Sassen R, Losh S L, Cathles III L, et al. 2001. Massive vein-filling gas hydrate: relation to ongoing gas migration from the deep subsurface in the Gulf of Mexico. Marine and Petroleum Geology,(18): 551-560.

Sauter E J, Muyakshin S I, Charlou J L, et al. 2006. Methane discharge from a deep sea submarine mud volcano into the upper water column by gas hydrate-coated methane bubbles. Earth and Planetary Science Letters, 243(3-4): 354-365.

Scheidegger A E. 1960. The Physics of Flow Through Porous Media. London: Macmillan.

Scholz N A, Riedel M, Bahk J J, et al. 2012. Mass transport deposits and gas hydrate occurrences in the Ulleung Basin, East Sea-Part 1: Mapping sedimentation patterns using seismic coherency. Marine and Petroleum Geology, 35(1): 91-104.

Shipboard Scientific Party. 2002. Ocean Drilling Program, Leg 204 Preliminary Report, Drilling Gas Hydrates on Hydrate Ridge, Cascadia Continental Margin, Texas A&M University, 1000 Discovery Drive, College Station TX 77845-9547.

Shuey R T. 1985. A simplication of the Zoeppritz equations. Geophysics, 50: 609-614.

Smith G C, Gidlow P M. 1987. Weighted stacking for rock property estimation and detection of gas. Geophysical Prospecting, 35: 993-1014.

Solomon E A, Kastner M, Robertson G, et al. 2005. Insights into the dynamics of in situ gas hydrate formation and dissociation at the Bush Hill gas hydrate field, Gull of Mexico//Proceedings of the Fifth International Conference on Gas Hydrates(ICGH5), Trondheim.

Sun Y B, Wu S G, Dong D D, et al. 2012. Gas hydrates associated with gas chimneys in fine-grained sediments of the northern South China Sea. Marine Geology, 311-314: 32-40.

Tryon M D, Brown K M. 2004. Fluid and chemical cycling at Bush Hill: Implications for gas and hydrate-rich environments. Geochemistry Geophysics Geosystems, 5(12): 1-7.

Tryon, M D, Brown K M, Torres M E. 2002. Fluid and chemical flux in and out of sediments hosting methane hydrate deposits on Hydrate Ridge, OR, II: Hydrological processes. Earth and Planetary Science Letters, 201: 541-557.

Trénu A M, Long P E, Torres M E, et al. 2004. Three-dimensional distribution of gas hydrate beneath the seafloor: constraints from ODP Leg204. Earth and Planetary Science Letters, 222(3-4): 845-862.

Tsuji Y, Fujii T, Hayashi M, et al. 2009. Methane-hydrate occurrence and distribution in the eastern Nankai Trough, Japan: Findings of the METI Tokai-oki to Kumano-nada Methane Hydrate Drilling Program// Collett T, Johnson A, Knapp C, et al. Natural Gas Hydrates-Energy Resource Potential and Associated Geologic Hazards. AAPG Memoir 89: 385-400.

van Genuchten M T. 1980. A closed form equation for predicting the hydraulic conductivity of unsaturated soils. Soil Science Society of America Journal, 44: 892-898.

Wang X J, Hutchinson D R, Wu S G, et al. 2011. Elevated gas hydrate saturation within silt and silty clay sediments in the Shenhu area, South China Sea. Journal of Geophysical Research: Solid Earth, 116: B05102, 1-18.

Wang X J, Lee M, Wu S G, et al. 2012. Identification of gas hydrate dissociation from wireline-log data in the Shenhu area, South China Sea. Geophysics, 77(3): 125-134.

Wang X J, Sain K, Satyavani N, et al. 2013. Gas hydrates saturation using the geostatistical inversion in fractured reservoir in the Krishna-Godavari basin, offshore eastern India. Marine and Petroleum Geology, 45: 224-235.

Wu R S, Fernanda, Huang L J. 1994. Multifrequency backscattering tomography for constant and vertically varying backgrounds. International Journal of Imaging Systems and Technology, 5(1): 7-21.

Yang K, Jiang F, Cheng J B, et al. 2007. An integrated wave equation datuming scheme for the over thrust data based on the one-way extra polator//Expanded Abstracts of 77 SEG Annual Meeting, San Antonio.

Zhou Q C, Liu H S, Kondrashkov V V, et al. 2009. Ellipse evolving common reflection point velocity analysis and its applieation to oil and gas detection. Journal of Geophysics and Engineering, 6(3): 53-60.

Zhu M Z, Grahamb S, Pang X, et al. 2010. Characteristics of migrating submarine canyons from the middle Miocene to present: Implications for paleoceanographic circulation, northern South China Sea. Marine and Petroleum Geology, 27: 307-319.

第九章 | 南海北部天然气成藏系统

近十年来，天然气水合物研究取得重要进展。但是，正如 Dickens（2003）指出的，甲烷是如何产生、如何传输，又是如何在沉积层中形成天然气水合物的过程还不明确。虽然科学家从不同角度注意到形成天然气水合物的烃类气体从哪里来（如原地、下部或深部），经过何种作用（如扩散或对流作用等），如何在天然气水合物稳定带中形成天然气水合物等作用过程，在研究中也注意到烃类气体供应问题、断裂通道及烃类流体运移问题、岩层和构造对天然气水合物产状与分布影响或控制问题的重要性，并就其中的某一个或某些方面单独开展过研究，但没有将三者作为一个有机整体在时空尺度上开展有关天然气水合物成藏的系统研究，即缺乏对天然气水合物成藏过程的系统认识，缺乏对天然气水合物成藏要素匹配关系的研究。

为了更好地研究南海北部陆坡，特别是神狐海域的天然气水合物成藏系统，本章从地质系统论角度出发，尝试提出天然气水合物成藏系统的概念，分别从烃类生成体系、流体运移体系、天然气水合物成藏就位体系对天然气水合物成藏过程进行初步的探讨。

第一节　天然气水合物成藏系统

一、概念

理论预测认为，全球 90% 的海域存在天然气水合物，但实际上到目前为止只在有限的海域中发现天然气水合物，如美国布莱克脊、加拿大外海卡斯凯迪亚大陆边缘、墨西哥湾、北加利福尼亚外海、日本南海海槽、中美州危地马拉外海、俄罗斯黑海、里海、鄂霍次克海、巴伦支海、挪威近海、西非大陆边缘等。随着勘查技术的不断进步，将会有越来越多的天然气水合物产地被发现。但这种理论预测和实际产出的不一致性是一个不争的事实。

微观上，BSR 是指示天然气水合物产出的已知最好间接标志，但地震 BSR 并非总是与天然气水合物相对应，如在天然气水合物产出情况下有时并没有 BSR 显示（Holbrook，2001）；沉积物孔隙水中氯离子浓度降低常常指示天然气水合物的存在，但有时也并非如此，甚至相反，如"水合物海岭"区（hydrate ridge）天然气水合物产出层段沉积物孔隙水中氯离子浓度反而升高（Tréhu et al.，2003）。这些标志或异常并未与天然气水合物建立起严格的必然联系。

在世界范围内已知的或由 BSR 等间接指标指示的天然气水合物在垂直方向和水平方向上的分布十分不连续且不均匀（Tréhu et al.，2003；Bünz et al.，2003；苏新，2004），虽然一些科学家认为这种分布的不均匀性可能受流体来源和沉积物属性的控制（Bünz et al.，2003），或受到气体及流体来源与流量变化、岩石学属性和特征、地质构造和古海洋环境、微生物活动等因素及营力的控制与影响（苏新，2004），但具体什么因素控制天然气水合物成藏并不十分清楚。虽然不同地质因素控制下具有不同的成藏地质模式，但各地区地质构造环境和天然气水合物成藏所需条件各异，国外学者分别从成藏机理、成藏气源和成藏动力学角度建立了相应的成藏地质模式，如①基于气体来源，包括原地细菌生成模式和孔隙流体扩散模式；②基于胶结形式的低温冷冻模式、海侵加压模式和成岩作用模式；③基于流体驱动方式的常压周期渗流模式和超压周期流动模式。这些模式仅仅强调某一方面因素对成藏的影响，缺乏考虑多种地质作用及物理、化学因素对成藏作用的综合影响。我国学者也提出扩散型和渗漏型两类概念型天然气水合物成藏模式（樊栓狮等，2004；陈多福等，2005）这些模式仍需要得到天然气水合物具体产出特征的检验。

应该说，是否有充足气体的供应是其中一个重要因素。理论和实验都证实只有存在着充足气体供应时，即气体浓度大于其溶解度时，天然气水合物才能在其稳定带内产出。模拟结果显示，气体的充足供应是形成天然气水合物不可或缺的条件（Lu et al.，2008；卢振权等，2008）。除了烃类气体的供应条件（烃类气体的生成潜力问题），从动态过程来考虑，控制天然气水合物的形成还涉及其他因素，如烃类气体到达天然气水合物稳定带的途径（原地供给或扩散或对流运移）、天然气水合物形成的条件和环境（包括温压条件、构造因素、沉积环境等）等。研究形成天然气水合物所必需的气体供应源、气体怎样达到天然气水合物稳定带内、气体如何在天然气水合物稳定带内与水分子结合形成天然气水合物，是提高天然气水合准确预测的一项重要工作。

过去以系统思想体现的含油气系统理论在石油和天然气勘查中取得很好的应用效果，以致该含油气系统理论日臻成熟并广泛应用于石油和天然气的地质勘查实践中，该含油气系统理论对油气勘查理论和实践产生重要推动作用。天然气水合物的组成以烃类气体为主，与常规油气的成藏过程在某些方面可能有一定的相似性，如它们必须存在着烃类的（生成）供应、烃类的（长或短距离）运移等。目前，研究天然气水合物的趋势是运用系统思想开展天然气水合物气体供应、气体运移、天然气水合物聚集成藏之间的内在联系，即天然气水合物成藏系统研究（gas hydrate geological system）。虽然它与石油地质学中"含油气系统（petroleum system）"概念有些类似，但"天然气水合物成藏系统"是建立在天然气水合物形成过程自身特点基础上，与含油气系统仍然存在一些区别。油气地质上"含油气系统"最初用来解释成熟烃源岩和油气藏之间的关系，指一个动态的在一定地质空间和时间范围内起作用的石油生成和聚集的物理化学系统，包括油气生成、运移、聚集、再分配及散失过程，由成熟生烃岩、油气运移通道体系及相关的油气藏（油气圈闭）组成（龚再升等，1997）。而天然气水合物在自然界中的产出则不需要圈闭条件，只受温压条件的控制，当温压条件合适时烃类气体即可与水结合聚集成天然气水合物藏。科学家在文献中曾使用过"天然气水合物系统（gas hydrate system）"、"甲烷水合物系统（methane hydrate system）"、"天然气水合物油气系统（gas hydrate petroleum system）"等（Xu and Ruppel, 1999; Bünz et al., 2003; Milkov et al., 2005），但除了 Xu 和 Ruppel（1999）在文中指出"天然气水合物系统"是指由天然气水合物、游离甲烷气体、水 + 溶解甲烷组成的一个三相两组分动态系统，大多数科学家均未对其给出一个明确的定义或说明，主要只指游离气体和水都存在的相平衡系统，或指深海环境甲烷氧化和硫酸盐还原等有机生态系统（吴能友等，2006），或指天然气水合物在温度和压力平衡条件下地质因素（主要是地层和流体发育体系）对其形成过程的约束（Bünz et al., 2003），或指对与"天然气水合物油气系统"有关的地质控制系统，或指流体运移构造系统等单一体系或过程。在过去天然气水合物研究中，未见有专门"天然气水合物成藏系统"方面的报道。

二、天然气水合物成藏系统的组成

天然气水合物成藏系统至少应该包括烃类生成体系（如烃类气体供应问题）、流体运移体系（如断裂通道运移及烃类运移问题）、成藏就位体系（如岩层和构造对天然气水合物产状与分布影响与控制问题）。它们反映了天然气水合物从形成到保存的地质作用过程及地质要素的组合，共同组成了天然气水合物成藏系统（表9-1）。

1. 烃类气体生成体系

根据相图和前人研究，合适的地温梯度、底水温度、水深条件、气体组成、孔隙水盐度等是形成天然气水合物的基本要求。Xu和Ruppel（1999）还认为，只有当溶于流体中的甲烷过饱和时（超过在海水中的溶解度）且甲烷流量超过其对应的甲烷扩散传输速率临界值时才能形成天然气水合物。虽然有时由于局部水分供应不足而未能形成天然气水合物（Soloviev and Ginsburg, 1997），但甲烷等烃类气体的供应是形成天然气水合物的关键。

在甲烷等烃类气体最初来源问题上，前人研究认为，它们要么由沉积物中有机质转化而来，或直接来源于深部的游离气，即一般认为形成天然气水合物的甲烷等烃类气体主要有两种成因来源：一是生物成因，二是热解成因。此外，还有认为形成天然气水合物的甲烷可能来自于火山热液流体（狄永军等，2003）。不过，人们讨论更多的是生物成因或热解成因，且习惯上将生物成因与原地提供相互等同，将热解成因与深部运移联系一起。形成天然气水合物的烃类气体大多是这两种成因来源的混合，只是这些甲烷来源的相对重要性目前还不是很清楚（Davie and Buffett, 2003）。

表9-1 天然气水合物成藏系统组成及其基本要素

成藏系统组成	基本要素	
烃类生成体系	稳定条件	温度
		压力
		气体组分
		孔隙水盐度
	气体来源	可用性和有效性
流体运移体系	水	可用性和有效性、获得和运移，包括水合物结构内的水
	气体运移	获得和运移、方式和路径，包括水合物结构内的气体
成藏就位体系	水合物成藏	沉积物、饱和度、分布、含水合物层及其开采潜力
	时间	关系不大，但有一定的影响

在布莱克脊和秘鲁大陆边缘区，天然气水合物稳定带内沉积物中总有机碳平均含量均较高（1.5%和3%），这些有机物质足以经原地转化成生物成因甲烷为形成天然气水合物所用，但许多证据表明，甲烷从微生物产气带进入天然气水合物稳定带中存在向上和侧向运移作用，如布莱克脊天然气水合物分布区（Borowski，2004）。

在卡斯凯迪亚大陆边缘区、日本南海海槽区和智利三联点区，天然气水合物稳定带内沉积物中总有机碳平均含量均较低（<1%、约0.5%和<0.5%），显然由这些有机碳在原地转化为生物成因甲烷不足以形成天然气水合物，深部甲烷来源应是天然气水合物中甲烷的一种主要供应机制（Hyndman and Davis，1992）。

近年来，科学家还注意到天然气水合物与其下部的游离气藏或气体储集体或油气储集体等之间可能存在联系（Sassen et al.，2001；Pecher et al.，2001a，2001b；Torres et al.，2002；Bünz et al.，2003；Davie and Buffett，2003；Torres et al.，2004；Mienert et al.，2005），如分别在卡斯凯迪亚"水合物海岭"区、秘鲁近海利马盆地、智利三联点区、墨西哥湾、挪威大陆边缘Storegga区、加拿大麦肯齐三角洲和阿拉斯加北坡识别出天然气水合物稳定带下部存在着过高压的游离气藏或气体储集体或油气储集体，可为天然气水合物研究提供一种新的思路。因此浅部微生物成因来源和深部热解成因来源的烃类气体及其供应量构成了天然气水合物成藏体系的烃类生成体系。

2. 多相流体运移体系

在布莱克海台区，过去一直认为天然气水合物中甲烷是有机质原地转化即生物成因来源，但最近通过对地震资料处理分析（Gorman et al.，2002；Holbrook et al.，2002）及模拟分析（Davie and Buffett，2003；Flemings et al.，2003），认为该区存在甲烷气体向上运移或毛细管作用。定量模拟结果显示，该区经沉积物压实驱动运移而来的甲烷占形成天然气水合物总量的15%～30%（Gering et al.，2003）。在其他海域，如以生物成因气体组成的秘鲁大陆边缘天然气水合物区（Suess and von Huene，1988），以热解成因气体组成的卡斯凯迪亚大陆边缘"水合物海岭"区（Tryon et al.，2002）、墨西哥湾天然气水合物区（Sassen et al.，1999）、智利三联点（Chile Triple Junction）天然气水合物区（Behrmann et al.，1992）、日本南海海槽（Nankai Trough）天然气水合物区（Taira et al.，1991）、挪威大陆边缘Storegga天然气水合物区（Bünz et al.，2003）等均存在大量与天然气水合物形成有关的深部来源甲烷烃类气体的运移作用。Milkov等（2003）还在Cascadia大陆边缘"水合物海岭"区BSR之上和BSR之下层位的沉积物中进行了甲烷含量的直接测量，结果显示在有烃类气体从深部增生复合体向海底运移的较小区域内，沉积物中甲烷含量高，天然气水合物和游离气含量均丰富；相反，在大片缺少该系统的区域内，沉积物中甲烷含量低，天然气水合物含量也较少，游离气几乎没有，显示出气体运移在天然气水合物形成中的重要作用。可以说不论是由微生物成因还是热解成因甲烷形成的天然气水合物，大多都存在着流体运移的供给，流体运移是天然气水合物形成过程中的一种普遍现象。

Fehn等（2007）通过对与天然气水合物密切相关的孔隙水中碘含量及 ^{129}I 垂向分布规律示踪分析，认为不管是活动大陆边缘还是被动大陆边缘的天然气水合物，均存在深部富含烃类气体（有机质）流体的向上运移作用，如主动大陆边缘区的加拿大外海"水合物海岭"区、秘鲁大陆边缘、日本南海海槽、美国布莱克海台区等，被动大陆边缘区的黑海、墨西哥湾等，这些地区的天然气水合物形成均与深部富含有机质生成的流体向上释放和运移作用有关，其中这些地区海底的泥火山即是流体释放的一种表征现象。虽然在被动大陆边缘区流体释放现象如海底泥火山等并不特别发育，但是地球化学调查结果显示同样存在着富含烃类气体流体运移过程（Borowski, 2004）。

流体运移的通道在天然气水合物形成过程中发挥着关键作用，与天然气水合物形成过程密切相关。在已知的或推断的天然气水合物产区，根据其地质产状或地震资料特征均可清晰地辨别这种流体运移通道体系。在布莱克海台天然气水合物区，地震剖面上观察到正断层或垂直通道（Gorman et al., 2002）穿越 BSR 现象，其周期性破裂可以为大量甲烷从深部储层向上运移提供一种主通道（Rowe and Gettrast, 1993a, 1993b）。Holbrook 等（2002）也认为该区凹陷周缘存在甲烷逃逸断裂构造和侧向运移沉积构造。在 Cascadia 大陆边缘"水合物海岭"区，Hyndman 和 Davis（1992）、Pecher 等（2001a, 2001b）在多年前就指出气体运移通道为形成天然气水合物提供充足甲烷供应的重要性，Torres 等（2002）通过地震资料在 BSR 到海底的整个天然气水合物稳定带中均观测到断层发育，并用图示的形式解释了甲烷深部流体沿着断裂通道穿过 BSR 及天然气水合物稳定带一直通达海底等不同作用。Tréhu 等（2003）还在该区 ODP 204 航次中发现一个特殊的地震反射层"A"，从 BSR 下方 200 多米深处斜穿而上，根据其沉积物组成、测井数据和孔隙水锂离子含量特征及沉积物顶空气和保压取心样品分析结果，推测为一个把气体和流体从下伏增生体传送到水合物海岭峰脊的重要通道或"铅管状"（plumbing）运移体系。在秘鲁大陆边缘（Pecher et al., 2001a, 2001b）、墨西哥湾（Hutchinson and Hart, 2004）、挪威大陆边缘 Storegga 区（Bünz et al., 2003）、西南非大陆边缘（Ben-Avraham et al., 2002）等天然气水合物或 BSR 分布区，均直接观测到或在地震剖面上识别出大量的多边形断层系或"扫帚状"、"烟囱状"等构造，这些断裂系有的止于天然气水合物稳定带之下，有的则直接到达海底。可见，天然气水合物成藏体系的多相流体运移体系主要指携带烃类气体的多相流体在不同通道下的运移作用，包括扩散运移和对流运移作用及各种流体的运移通道。

3. 天然气水合物成藏就位体系

要形成天然气水合物藏还受天然气水合物稳定带本身特性的制约。除温压条件外，岩性特征和构造条件是控制天然气水合物形成分布的两种主要因素（Gorman et al., 2002; Tréhu et al., 2003）。Lu 和 McMchan（2004）通过实验表明，在砂质沉积物中天然气水合物的饱和度可达 79%～100%，泥砂中可达到 15%～40%，砂质黏土泥中只有 2%～6%，这些结果与美国布来克海台、日本南海海槽、加拿大 Mallik 天然气水合物样品中观察的结果一致。在实际中，卡斯凯迪亚大陆边缘"水合物海岭"区（Tréhu et al., 2003）、挪威中部大陆边缘 Storegga 区（Bunz et al., 2003）等天然气水合物明显受岩性控制，主要充填于砂或砾沉积物孔隙中，而泥质沉积物如淤泥和黏土中不含天然气水合物，或天然气水合物含量低。其他地区如情况也类似。此外在自然界中，天然气水合物产出也明显受构造控制，不仅受到断层几何特征的影响，还受断层封闭程度的影响，如在卡斯凯迪亚大陆边缘"水合物海岭"区，地震反射资料显示天然气水合物向"水合物海岭"的构造冠部集中（Torres et al., 2004）；在日本南海海槽（Taira et al., 1991），天然气水合物均产于背斜的下部或冠部或断裂状翼部。可以看出构造和岩性是天然气水合物产出的两个最主要影响因素，它们和天然气水合物形成的基本温压条件共同构成天然气水合物成藏系统的成藏就位体系。

三、天然气水合物成藏系统研究的意义

天然气水合物成藏系统是一种复杂系统。烃类生成体系、流体运移体系、成藏就位体系是对天然气水合物成藏系统组成部分的一种概括，彼此之间在时间和空间上的有效匹配将共同决定天然气水合物的成藏特征。对一个天然气水合物成藏系统来说，烃类生成体系、流体运移体系、成藏就位体系这 3 个方面要素都相当重要，它们相互作用共同控制着天然气水合物的形成与分布。对天然气水合物成藏系统的认识有助于加强对天然气水合物成藏地质过程的认识。

在布莱克海台区，天然气水合物成藏系统烃类生成体系中的气体以微生物成因为主，但其主体烃类气体的供应则位于天然气水合物稳定带底界之下的沉积物中，既可能来源于该区天然气水合物稳定带底界之下沉积物中的有机质在微生物作用下形成的烃类气体，也可能来源于先期形成的天然气水合物深埋在其稳定带之下发生分解释放的烃类气体。其流体运移体系和成藏就位体系特征虽然不很明显，但该区最富集的天然气水合物除了分布在其稳定带底界附近层段，还赋存在断裂层段内，表明流体运移体系和成藏就位体系对天然气水合物产状的控制作用。

在"水合物海岭"区，天然气水合物的烃类气体显示以热解成因为主，其烃类生成体系明显表现为深部供应，烃类气体的目标来源还不清楚，很可能与"AC"反射层之下的"穹隆"构造有关。其流体运移体系特征非常明显，特别是流体运移通道，即反射层"A"对流体运移的作用。该区流体运移体系与成藏就位体系的配合决定天然气水合物的产出特征，使该区天然气水合物主要分布在峰脊部流体运移作用强烈的区域，像"蘑菇"状。

墨西哥湾北部陆坡既是天然气水合物广泛分布的区域，也是常规油气藏富集区，该区天然气水合物成藏系统的烃类生成体系与深部油气储集体密切相关，很可能由其储集体演化而成。该区盐底辟非常发育，盐底辟作用形成的各种断裂为流体运移体系提供重要通道。同时，盐底辟形成的各种断裂及微型盆地边缘区是天然气水合物赋存的主要场所，构成天然气水合物成藏就位体系的组成部分。

过去普遍关心的是挪威近海"Storrega 滑塌体"区天然气水合物其分解引起的海底地质灾害问题，实际上其天然气水合物成藏系统的烃类生成体系、流体运移体系、成藏就位体系对天然气水合物分布的控制作用非常明显。该区古近系"穹隆"被认为是天然气水合物烃类气体的主要来源，是烃类生成体系的重要组成。连接该"穹隆"和浅部 Naust 组沉积层的网状断裂是流体携带烃类生成体系的烃类气体向上运移的重要通道，构成了该区天然气水合物成藏系统的流体运移体系。网状断裂穿越的 Kai 组沉积层虽然部分处于天然气水合物稳定带内，但由于其颗粒较细，未见有天然气水合物产出；浅部冰成碎屑流沉积对流体运移的屏障作用也阻止了天然气水合物的产出，均未能形成有效

的天然气水合物成藏就位体系。相反在 Naust 组底部及其与冰成碎屑流沉积结合的过渡区是天然气水合物富集场所，物性特征及温压条件能形成有效的天然气水合物成藏就位体系。

我国在南海北部已开展了大量的天然气水合物调查研究，发现许多指示天然气水合物存在的各种地质地球物理和地球化学标志，特别是神狐海域天然气水合物钻探采集到天然气水合物实物样品，实现了天然气水合物勘查的历史性突破。但南海天然气水合物资源的分布状况怎样，如何在更大范围内认识天然气水合物资源的产状和规模是当前乃至更长时期的一项艰巨任务。因此，迫切需要新的勘探理论更好地指导南海天然气水合物下一步勘探工作。加强该区天然气水合物成藏系统研究，不仅对丰富天然气水合物地质成藏与勘查理论具有重要的科学探索意义，还对该区天然气水合物野外调查与勘查实践具有重要的现实指导意义。我国科学家已开始注意到天然气水合物成藏系统的重要性（吴能友等，2008），并根据天然气水合物成藏基本条件、浅表层沉积物孔隙水地球化学特征及其所反映的气源和天然气水合物分布特征，结合南海天然气水合物首次钻探资料，对其北部陆坡神狐海域天然气水合物的成藏系统作初步探讨（吴能友等，2007）。

第二节　南海北部天然气水合物成藏模式与分布

天然气水合物是一种非常规的天然气矿藏，其形成与分布除了需要特定时空演化下的温压条件，还需要合适的成藏地质条件匹配。在不同地质因素控制下可形成不同的成藏地质模式。目前对于天然气水合物形成地质模式的分析和研究，国内外相关的文献相对较少，是水合物研究中的薄弱环节。近年来，随着美国布莱克海台、凯斯凯迪亚大陆边缘水合物脊、墨西哥湾、日本南海海槽、印度大陆边缘、南海北部大陆边缘天然气水合物钻探的实施，天然气水合物成藏机制研究有了长足的进展，国外学者分别从成藏机理、成藏气源和成藏动力学角度建立相应的成藏地质模式。其中按成藏气体来源天然气水合物成藏可分为两种类型：第一类为生物成因型，由生物化学甲烷形成；第二类为热成因型，由热成因的甲烷、乙烷或丙烷等轻的烃类气体形成。目前这两类水合物都已被发现和证实。在黑海这两类水合物同时存在，其中热成因型水合物主要聚集在泥火山发育地区和背斜部位，而生物成因型水合物主要分布于大陆坡脚和古河流堆积的水下锥形体，在水合物的底部常常出现 BSR 和垂向速度-振幅异常（VAMP）。从目前已经发现的天然气水合物的分布情况来看，水合物的形成与其所处的地质构造环境密切相关，不同的构造背景及流体活动机制往往导致不同的水合物形成机理和分布规律。认识各种构造环境中的天然气水合物形成机理对海域天然气水合物调查与研究具有重要的科学指导意义。

南海北部陆坡具有良好的天然气水合物资源远景，是天然气水合物发育的理想场所。2007 年，中国地质调查局在神狐海域实施天然气水合物钻探，采集到天然气水合物实物样品。针对我国天然气水合物调查研究成果，我国科学家提出扩散型和渗漏型两类概念型成藏模式（Chen et al., 2006），但这些模式仍需要得到天然气水合物具体产出特征的检验。调查研究表明，南海北部陆坡含油气盆地发育，气源丰富，类型众多，深部热解气、浅层微生物气均有可能形成天然气水合物，南海北部陆坡天然气水合物资源的分布状况怎样，如何在更大范围内认识天然气水合物资源的产状和规模是当前乃至更长时期的一项艰巨任务。虽然部分学者分别就烃类气体供应问题、烃类运移条件、岩层和构造对天然气水合物产状与分布影响或控制做过各个方面的研究，但还没有将它们作为一个有机整体在时空尺度上开展天然气水合物的成藏系统研究。

本节从天然气水合物成藏系统理论出发，针对南海北部陆坡各研究区的典型地震剖面，围绕天然气水合物"成藏"这一核心问题，通过南海北部陆坡地质、地球物理、地球化学和钻探及测井等资料的综合分析，结合天然气水合物数值模拟，并综合项目各课题研究成果，对南海北部陆坡各研究海域天然气水合物的运聚成藏地质模式进行初步探讨，分别构建南海北部陆坡神狐海域、琼东南海域及东沙海域天然气水合物的典型运聚成藏地质模式，以期对体系中的具体研究对象进行深入研究，对南海北部陆坡各海域天然气水合物成藏系统有深入的认识。

一、神狐海域天然气水合物成藏地质模式

高分辨率地震资料解释结果显示，神狐海域研究区中中新统—始新统的沉积厚度较高，达 $500\sim5500m$，尤其在珠二拗陷一带厚度高达 2000m 以上，其中始新统文昌组为中深湖相泥岩，在白云凹陷中面积达 $1900km^2$，厚度 $1700\sim3000m$；下渐新统恩平组为沼泽相、河流相和滨-浅湖相沉积，在白云凹陷中分布面积为 $2860km^2$，厚度 $1100\sim2300m$。这两套烃源岩在邻区钻探中已证实是珠江口盆地主要烃源岩（张树林，2008）。文昌组、恩平组烃源岩大量的生烃，而以高沉积速率的深水细粒为主的充填作用导致白云凹陷形成超压，随后的东沙运动使白云凹陷发育大型底辟构造和大量北西西向张扭断裂，压力随之得到释放，逐步形成今天趋于正常地层压力的状态。超压存在说明油气运移曾经不畅，现今白云凹陷趋于正常压力，表明超压得到有效释放，油气运移通畅，大量油气已经运移出来。因此可以认为晚期底辟和断裂产生的垂向通道为油气垂向输导的有效通道。

油气勘探也显示白云凹陷北坡天然气藏具有晚期断裂控制成藏的特点，同时白云凹陷深水区同样存在大量具有底辟构造和断裂相关的浅层亮点气异常反射，证明凹陷深部的油气被垂直输导到浅部地层，显然，白云凹陷存在晚期活动的断裂和底辟带的垂向输导系统，可以大大改善天然气的垂向运移条件。前人盆地模拟表明，文昌组和恩平组两套烃源岩层在开平凹陷现在处在生、排烃高峰期，在白云凹陷已处在产生裂解气的阶段。另外，离该测线不远处，有我国第一口深水钻井 LW3-11 井，该井钻遇大量天然气，初步估算储量超过 $1000\times10^8m^3$。据此推测，该区域深部烃源岩在一定程度上可以产生大量热解气，这些热解气通过合适的断层与底辟为天然气水合物的成藏提供一定的热解气源。同时近海油气勘探表明，南海北部边缘盆地生物气的烃源岩分布相当广泛，纵向上从上中新统至第四系，甚至在局部区域的中中新统的不同层段均有分布；区域上盆地内均有大套浅海相和半深海相的泥质烃源岩展布，其有机质丰度相对较高，已达到

作为生物气烃源岩的标准，且具有一定的生烃潜力。在珠江口盆地东部白云凹陷北斜坡PY34-1和PY30-1构造的浅层已发现生物气气藏。根据数值模拟结果及地质成藏背景，构建了神狐海域天然气水合物成藏地质模式。

1. 断裂构造型成藏模式

断裂构造型成藏模式以神狐海域HS600地质模型为代表，HS600位于白云凹陷东凹，深度热解烃源岩具有良好的生气能力，天然气水合物稳定域下断层比较发育，天然气水合物主要富集于上部稳定域内被泥岩层遮挡的砂岩层中，主要通过深海平原生物气横向迁移和深部热解气的垂向运移混合成因，其天然气水合物的成藏地质模式具体表现为当热解烃源岩进入裂解气窗开始产气时气体先沿下部的砂岩层向上运移，或以活动断裂为主要运移通道向上运移，当进入储集层后生成大量气体并在合适的条件下在源岩上部断陷盆地或其他有利构造部位形成一定规模的天然气气藏，同时这些深源高成熟气体持续以断裂为主要运移通道，或随超压孔隙流体向上运移，这些气体运移至浅部，与浅部生物成因气混合在一起，在合适的温压域内形成天然气水合物（图9-1）。

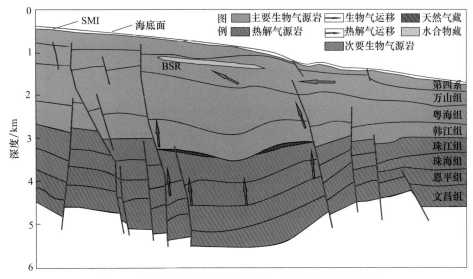

图9-1 神狐海域断裂构造型天然气水合物成藏地质模式

2. 岩性控制型成藏地质模式

该模式以HS622a地质模型为代表，HS622a位于白云凹陷东凹与主凹之间，深部热解气源虽然生气潜力较大，但由于天然气水合物带下深部断裂不发育，对天然气水合物成藏贡献不大。模拟结果显示浅部3000m以下地层有机质一直处于未成熟-低成熟阶段，中中新世以来，这些气体有机质不断产生生物气，而这些气源在流体势与砂岩疏导层的控制下侧向汇聚运移至浅层天然气水合物稳定域带良好的盖层下形成天然气水合物藏，由于不断产生的生物气，天然气水合物富集于上部稳定域内被泥岩层遮挡的砂岩层中，先期形成的天然气水合物继承性发育，所以运聚成藏具有很好的匹配性，能够形成一定规模的以生物型气源为主的天然气水合物藏（图9-2）。

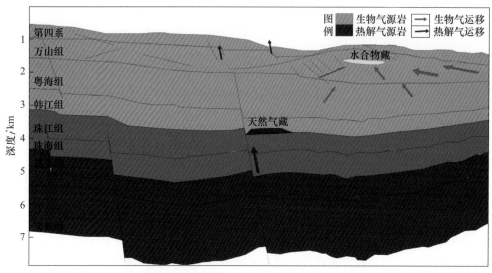

图 9-2　神狐海域岩性控制型天然气水合物成藏地质模式

3. 气烟囱构造型天然气水合物的成藏地质模式

该模式以 HSL411 测线地质模型为代表，该测线附近的 LW3-1 井为一个大型气田，中中新世和渐新世具有丰富的烃源岩和充足的气源，且断层比较发育，在井附近存在大片模糊反射区，该模糊反射可能是深部泄气造成的成像不清楚。断裂在中中新世仍在活动，文昌组、恩平组生成的油气沿断裂、扇三角洲砂岩和不整合面做垂向运移，使深部气体沿着这些活动的断层进入珠海－珠江－韩江组储盖组合中，而在晚中新世后断裂的不活动性使断层具有封闭的特征，这样大量的气体在合适温度、压力条件形成天然气水合物。在该测线西南部存在一个烟囱构造，烟囱构造起源于深部地层，能够把深部热成因的气体运移到浅部，为深部气体向上运移提供良好通道。在烟囱构造上部发现 BSR 及振幅异常，BSR 上存在弱反射、极性反转等，也说明烟囱构造贯通了下部气源岩系与上部水合物稳定带，改善了天然气的垂向运移条件，为水合物的形成创造了十分优越的构造条件。对 HSL411 测线进行分析，认为该区域水合物成因很可能为混合成因，主要为生物气横向迁移和深部热解气的垂向迁移的复合而成（图 9-3）。

二、琼东南海域天然气水合物成藏地质模式

琼东南研究区的断裂构造较发育。现有研究成果表明，晚白垩世以后华南陆缘受拉张应力作用，地壳和岩石圈厚度减薄，陆缘向洋扩展，形成一系列北东—北东东向断陷。这些断陷经历了早始新世—渐新世的断陷、中新世早—中期拗陷沉降、晚中新世以后的块断升降 3 个演化阶段。晚中新世以来均为正断层；深部断层断距较大，浅部断层断距较小；平面上多数断层集中分布在隆起和拗陷的分界处；垂向上大部分断层都是从基底断起。同时调查结果表明琼东南盆地气烟囱较发育，且烟囱构造对琼东南盆地水合物成藏具有重要作用，是该区域水合物成藏的另外一种重要的地质模式。根据地质成藏背景、数值模拟结果及作者的研究成果，构建琼东南盆地典型的天然气水合物成藏地质模式。

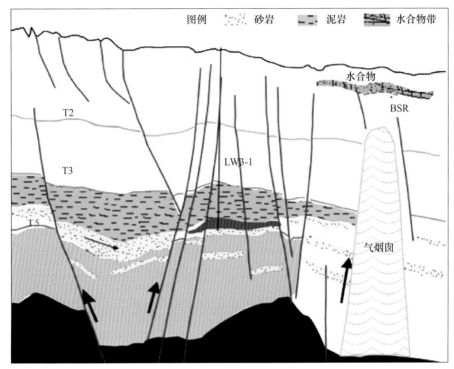

图 9-3 神狐海域烟囱构造型天然气水合物的成藏地质模式

1. 凸起断阶带型天然气水合物的成藏地质模式

琼东南凸起断阶带型成藏地质模式以测线 HQ1280 为代表，该测线位于研究区的西南端，在中央拗陷带中新统地层以上几乎没有断裂发育，剖面南端隆起带发育有浅层小断裂，中新统地层以下断层发育较多且断距很大，大多属于同沉积断层，由于同向正断层具有较强的流体纵向及侧向输导能力，深洼区的油气沿砂岩输导层向构造高部位发生侧向运移，在断距较大的同向正断层控制的断块区或沉积相变带聚集成气藏。同时这些深源高成熟气体持续以断裂为主要运移通道或随超压孔隙流体向上运移，这些气体运移至浅部与浅部生物成因气混合在一起，在合适的温压域内形成天然气水合物藏，根据气源发育条件及运移方式模拟结果，剖面隆起部分应以热解气源为主，拗陷带则以生物气源为主（图 9-4）。

2. 凹陷垂向型成藏地质模式

该模式以测线 HQL444 为代表，该测线位于盆地的西侧边缘，横跨盆地中央拗陷带与南部断阶带的交界，剖面呈北东-南西走向。该测线上深部断层比较发育，而且有 2 条大的断层 F1、F2，贯穿了深部烃源岩与浅层天然气水合物稳定域，位于 BSR 标志之下，具备深部热成因气向上运移的条件。此处天然气水合物供应应该有深源热解气的贡献，断层 F2 右边剖面 BSR 下面未有明显的构造断裂，缺乏深源气体的运移通道，推测此处形成天然气水合物的气源由浅部的生物成因气贡献。断层 F1 左边剖面浅层断裂比较发育，且深源气体发育，在流体势能的控制下，天然气水合物稳定域下中新统以来的生物气及深源热解气均对天然气水合物成藏具有较大贡献（图 9-5）。

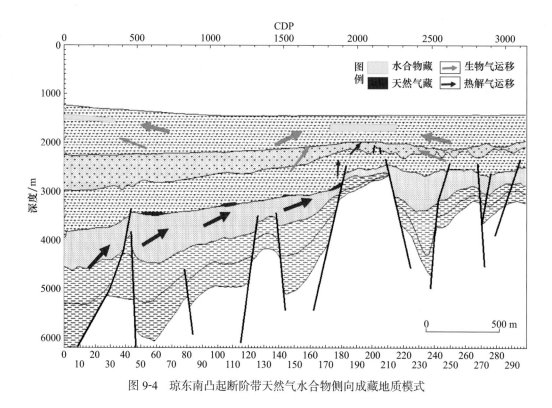

图 9-4　琼东南凸起断阶带天然气水合物侧向成藏地质模式

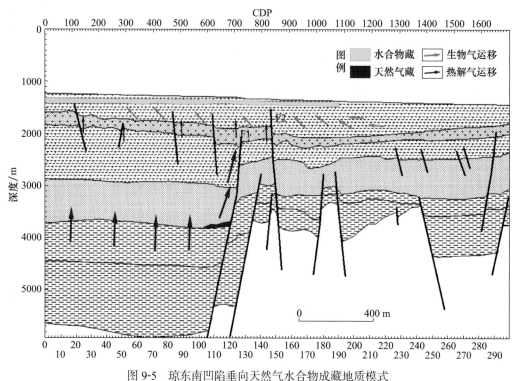

图 9-5　琼东南凹陷垂向天然气水合物成藏地质模式

3. 气烟囱构造型成藏地质模式

该模式以 HQ1244 测线部分地震剖面为典型，该测线剖面 BSR 上出现振幅空白、极性反转等反射特征；BSR 下出现模糊反射带，类似烟囱的气体运移通道。此外，由距离该测线较近的 YA35-1 钻井资料来看，在烟囱构造根部地层存在一个厚度约 800m 的泥岩地层。分析认为该区域水合物很可能是生物成因气体，该盆地含有多个生烃地层。烟囱构造能够把水合物稳定域之下的气体运移到浅部地层稳定域形成天然气水合物矿藏（图 9-6）。

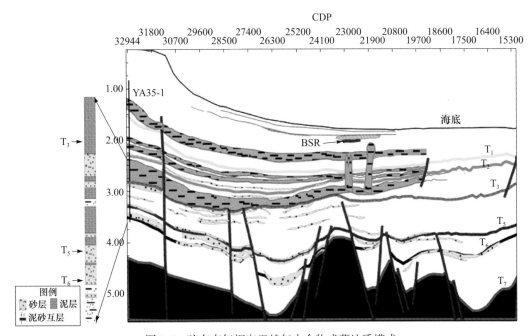

图 9-6 琼东南气烟囱天然气水合物成藏地质模式

三、东沙海域天然气水合物成藏地质模式

东沙海域研究区主要位于台西南盆地，另有一部分则地处东沙隆起区，其中东沙隆起区位于研究区西部，北东走向，呈北窄南宽的条带状分布，其北部与珠一拗陷相接，西南与珠二拗陷相接，东部和东南部以大断层为界与台西南盆地相接。在隆起区上新生代厚度较薄，一般为 100~500m，大面积缺失古近纪沉积。在新生代时期，除中晚渐新世接受沉积外，长期处于隆起位置。台西南盆地则位于研究区东部，其西北部以大断层为界与东沙隆起为邻，区内沉积厚度大部分在 2000m 以上，岩浆活动较强烈，大部分岩浆作用受控于断层发育情况，与断层相伴分布，构造走向与北东向为主，局部为北西向和北北东向。台西南盆地包括东沙东拗陷、潮汕拗陷和东沙东隆起三个二级构造单元。其中，研究区块测线仅覆盖了部分东沙东拗陷，另两个二级构造单元则未出现。东沙东拗陷新生代沉积厚度最大，平均达 3000m 以上，沉积中心向西北方向延伸出研究区外。根据地质成藏背景、数值模拟结果及本书研究成果，构建东沙海域典型的天然气

水合物成藏地质模式。

1. 东沙隆起带成藏地质模式

根据东沙海域天然气水合物所处构造带不同，分成两种典型成藏模式：一种发育于东沙隆起区的天然气水合物，由于隆起区新生代厚度较薄，沉积物有限，所生成的生物气不足以聚集成藏，这种情况下，天然气水合物气源只能由来自邻近凹陷区的深部热解气供应。这些深源热解气以垂直大断裂为运移通道，通过这些大断裂垂向运移至天然气水合物稳定域内成藏（图 9-7）。

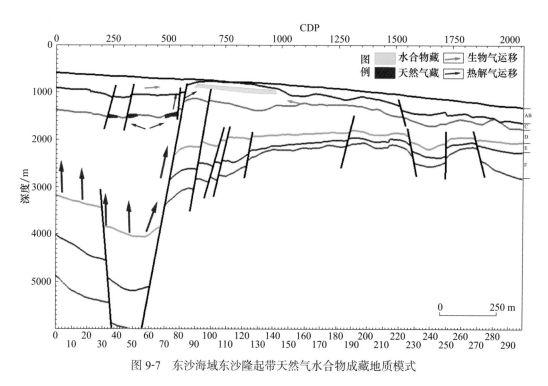

图 9-7　东沙海域东沙隆起带天然气水合物成藏地质模式

2. 台西南盆地成藏地质模式

位于台西南盆地的测线 HD152 剖面的天然气水合物成藏代表该区域另外一种成藏模式。根据广州海洋地质调查局的研究成果，该区 BSR 主要分布的含砂率区间为40%～80%（梁金强等，2002）。含砂率越大，储集空间越大，孔隙水也越多，对流体的运移也比较有利，加之该区中深部断裂比较发育，烃气产生后首先沿着断裂区运移，随着天然气沿断层向上运移并遇到孔隙度相对较大、可渗透的砂岩层时，其中一部分气体沿这些砂岩层继续向上运移，当深部运移中的热成因天然气运移至生物气源区时与微生物成因的天然气发生混合并储集于构造或地层圈闭中，不断生气必然导致气压的改变，在流体势的作用下，这些被圈闭的气体继续向上运移，在进入特定的温压带后转变为天然气水合物，然后形成自己的圈闭。由于该区域深部热解气源岩热演化程度相对较低，热解气源有限，该区天然气水合物藏的气源主要来自天然气水合物稳定域下伏生物气源岩产生的生物气。这些生物气主要通过发育的断裂垂向和侧向运聚至稳定域成藏（图 9-8）。

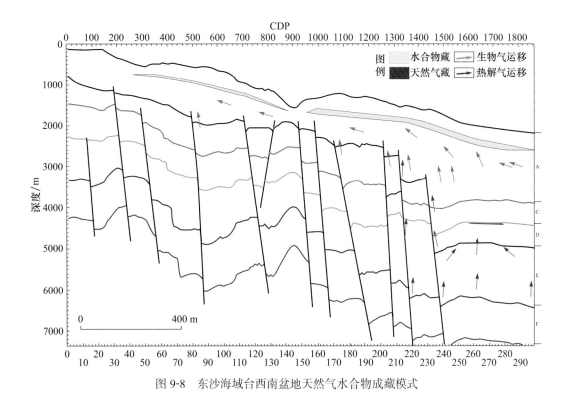

图 9-8　东沙海域台西南盆地天然气水合物成藏模式

四、南海北部天然气水合物成藏分布特征

受盆地群空间展布样式和水合物稳定域发育特征的双重控制，南海北部水合物空间上明显呈现为两个成矿带。

水合物第一富集带为现今水深大于 2000m、新生代中小型沉积盆地发育的古斜坡区域，以生物气源的水合物为主要类型，该富集带东起台西南盆地、笔架盆地，往西到尖峰北盆地、双峰北盆地、双峰南盆地，一直到西沙海槽盆地。水合物成藏模拟和地震判别标志均指示该区域水合物广泛产出，如东沙 HD152、东沙 HS536 剖面、神狐 HS600 线深水部分。一是因为这些盆地新生代沉积厚度大，多数厚度超过 3km，且多发育始新统深湖相烃源岩，巨厚的沉积层中分散有机质成熟度低，绝大多数现今仍然处于生物气演化阶段，能够为水合物成藏提供物源；二是因为这些区域在渐新世末—早中新世期间就较早被海水淹没，大多数这类盆地的浅层较早地出现水合物稳定域，能够长期圈闭固化盆地深部的迁移到浅层的热解气和浅层沉积层自身产出的生物气。水合物主要富集于这些深水盆地的边缘古斜坡带，呈厚层状发育。

天然气水合物第二富集带为现今水深 800～1300m、新生代大型沉积盆地发育的区域。该富集带以热解气源水合物为主要类型、部分有混合气源水合物型，富水合物地段多受盆地边缘断层控制。由东而西分为 3 个区域，东区为台西南盆地北坡带，中间区域为珠江口盆地南缘的白云凹陷南坡，西区则为琼东南盆地的深水带。该富集带紧邻几个大型新生代沉积盆地，这些盆地新生代沉积厚度大，多数厚度超过 5km，并且多发育始新统—渐新统深湖相烃源岩，该套烃源岩在晚中新世—上新世先后进入高成熟阶段，生成大量的热解气。3个区域，水合物稳定域厚度由东而西由厚变薄，以东沙台西南盆地北缘水合物最为富集，水合物呈厚层状产出，中间白云凹陷南坡次之，而西区琼东南盆地的深水带水合物稳定域厚度相对较小，水合物层薄，饱和度较低，但断裂发育地段应该有较为富集的水合物。

第三节　南海神狐钻探区天然气水合物成藏特征

天然气水合物成藏是一个复杂的过程，其成藏过程涉及气体的生成、流体的运移及成藏富集，三者彼此之间在时间和空间上的有效匹配将共同决定天然气水合物的成藏特征及地质成藏模式。2007年，中国地质调查局在神狐海域实施天然气水合物钻探，成功钻获了天然气水合物实物样品，为研究南海天然气水合物产出区的成藏富集特征提供了一个天然的理想场所。本节从天然气水合物成藏系统理论出发，以神狐钻探区为例，根据神狐海域天然物产出区地质、地球物理、地球化学和钻探及测井等资料的综合分析，对神狐海域水合物产出区的成藏特征进行详细的分析，并针对南海北部陆坡各研究区的典型地震剖面，围绕天然气水合物"成藏"这一核心问题，通过南海北部陆坡地质、地球物理、地球化学等资料的综合分析，结合天然气水合物地球物理研究、天然气水合物成藏演化的实验模拟和数值模拟研究成果，对南海北部陆坡各研究区成藏地质模式进行初步探讨，并分别构建南海北部陆坡神狐海域、琼东南海域及东沙海域天然气水合物的典型成藏地质模式。以期对体系中的具体研究对象进行深入研究，对南海北部陆坡各海域天然气水合物成藏系统有深入的认识。

2007年4月21日～6月12日，广州海洋地质调查局租赁辉固公司"Bavenit"号钻探船在神狐海域实施水合物钻探，通过两个航段的钻探，钻探站位8个（现场编号为SH1、SH2、SH3、SH4、SH5、SH6、SH7和SH9站位），其中SH1、SH2、SH3、SH5、SH7、SH9站位对应为原设计站位中的SH-2-1、SH-2-4、SH-2-2、SH-3-2、SH-2-5、SH-3-3站位，SH4、SH6对应为辉固公司建议的FUGRO2和FUGRO1站位。完成先导孔钻探8个（SH1A、SH2A、SH3A、SH4A、SH5A、SH6A、SH7A和SH9A），完成取心孔钻探5个（SH1B、SH2B、SH3B、SH5C和SH7B），在SH2B、SH3B和SH7B这3个钻孔获取了天然气水合物实物样品（图9-9）。钻探工程包括钻探、电缆测井、取心、原位温度测量和孔隙水取样和样品采集等工作。现场对岩心进行了X射线影像、红外扫描、孔隙水地球化学、气体组分等测试分析。本节通过相关测试与研究结果，对神狐海域钻探区水合物富集特征进行详细分析。

一、水合物产出特征

根据钻探资料综合分析，在3个发现水合物的站位中，天然气水合物呈分散状富集在"BSR"之上稳定带下部泥质粉砂中，为扩散型水合物。SH3、SH2和SH7站位水合物分布区间分别为190～201m、191～224.5m和153～180m，含水合物层厚度分别为

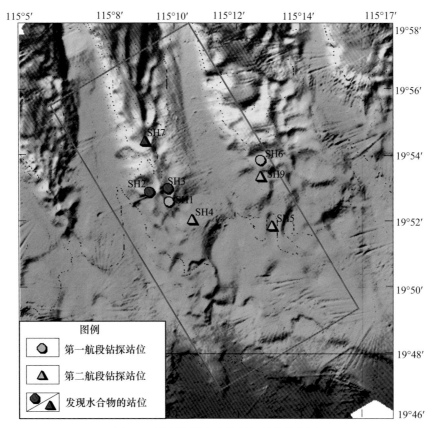

图 9-9　神狐海域完成的钻探站位分布图

11m、33.5m 和 27m（图 9-10）。根据沉积物孔隙水盐度计算，3 个站位中水合物的饱和度分别为 12.5%～25.5%、25%～46% 和 20%～43%。含水合物样品气体组分及同位素分析表明，钻探区水合物富集层位气体主要为甲烷，甲烷含量界于 62.11%～99.89%，平均含量达到 98.1%。气体 $\delta^{13}C$ 范围为 $-54.1‰～-62.2‰$，δD 范围为 $-180‰～-225‰$。天然气水合物的烃类气体主要是微生物通过 CO_2 还原的形式生成的甲烷气。

通过对钻探岩心的水合物全岩衍射测试分析，除冰和碳酸钙衍射峰外，还存在（320）、（400）、（420）、（421）、（510）、（521）、（433）、（530）等衍射峰。通过与 I 型水合物的衍射图谱对比，发现其中最强衍射峰（320）、（400）、（421）和（433）等与 I 型水合物标准的特征峰一致吻合（图 9-11），揭示了钻探岩心中存在 I 型水合物的衍射特征，即以甲烷为烃类组分、具立方晶体结构的天然气水合物类型。天然气水合物样品化学组分分析表明，甲烷平均含量为 98.1%，大部分样品的乙烷含量小于 0.1%，气态烃的 C_1/C_2 值较高，界于 130～11995，显示了甲烷水合物的特征，与本次 X 射线衍射分析图谱特征反映的结果一致。天然气水合物成藏演化数值模拟研究表明，神狐海域当前的水合物是在上新世末—更新世早期构造活动基础上聚集演化而来，控制的主要因素是海底沉积速率和水流速率（一定程度上反映了甲烷通量），其形成演化经历了两个阶段：第一阶段发生在距今 1.5Ma 之前构造活动形成的断裂体系中，沉积体中快速的水

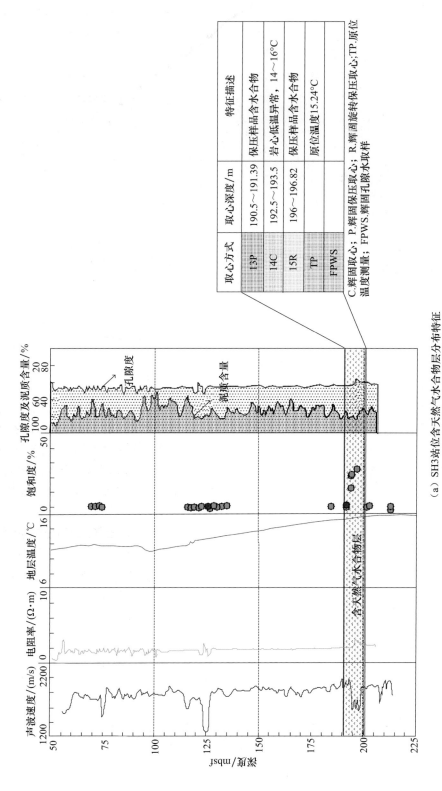

（a）SH3站位含天然气水合物层分布特征

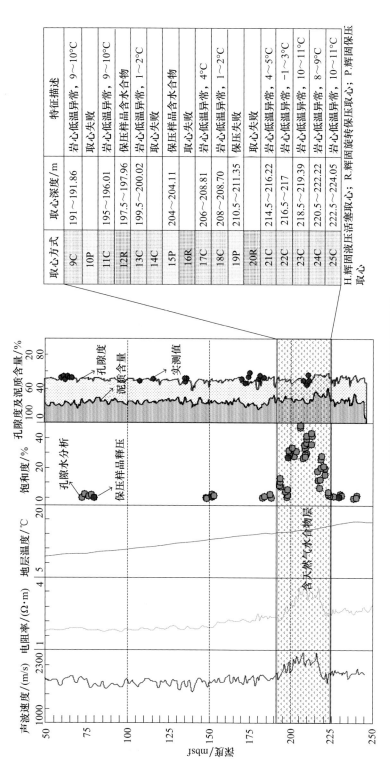

取心方式	取心深度/m	特征描述
9C	191～191.86	岩心低温异常，9～10℃
10P		取心失败
11C	195～196.01	岩心低温异常，9～10℃
12R	197.5～197.96	保压样品含水合物
13C	199.5～200.02	岩心低温异常，1～2℃
14C		取心失败
15P	204～204.11	保压样品含水合物
16R		取心失败
17C	206～208.81	岩心低温异常，4℃
18C	208～208.70	岩心低温异常，1～2℃
19P	210.5～211.35	保压失败
20R		取心失败
21C	214.5～216.22	岩心低温异常，4～5℃
22C	216.5～217	岩心低温异常，-1～3℃
23C	218.5～219.39	岩心低温异常，10～11℃
24C	220.5～222.22	岩心低温异常，8～9℃
25C	222.5～224.05	岩心低温异常，10～11℃

H.辉固液压活塞取心；R.辉固旋转保压取心；P.辉固保压取心

（b）SH2站位含天然气水合物层分布特征

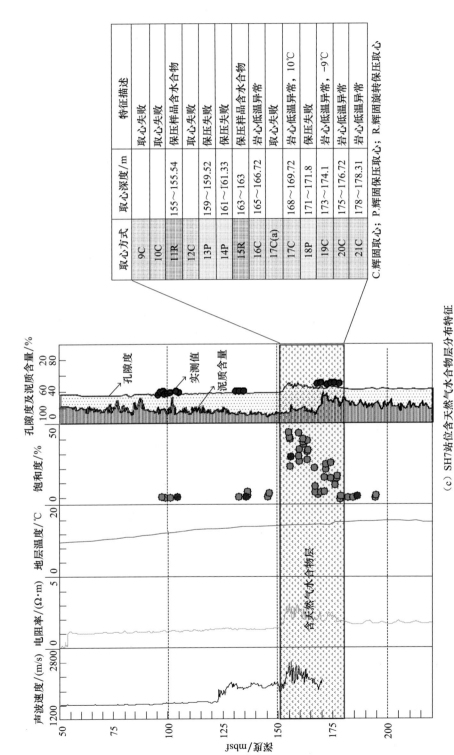

取心方式	取心深度/m	特征描述
9C		取心失败
10C		取心失败
11R	155~155.54	保压样品含水合物
12C		取心失败
13P	159~159.52	保压失败
14P	161~161.33	保压失败
15R	163~163	保压样品含水合物
16C	165~166.72	岩心低温异常
17C(a)		取心失败
17C	168~169.72	岩心低温异常，10℃
18P	171~171.8	保压失败
19C	173~174.1	岩心低温异常，-9℃
20C	175~176.72	岩心低温异常
21C	178~178.31	岩心低温异常

C.辉固取心；P.辉固保压取心；R.辉固旋转保压取心

（c）SH7站位含天然气水合物层分布特征

图 9-10　神狐海域含天然气水合物层分布特征

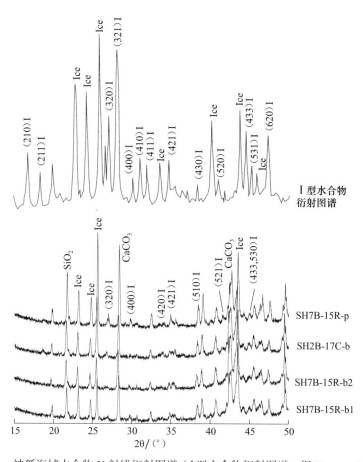

图 9-11　神狐海域水合物 X 射线衍射图谱（Ⅰ型水合物衍射图谱，据 Yeon et al., 2009）

Ice 为冰的衍射峰（320），Ⅰ-Ⅰ型水合物衍射峰指数；衍射图中冰衍射峰的形成主要是因为液氮的低温导致了制样
过程中有冰块形成，同时由于沉积物碳酸钙含量比较高，在衍射图中明显存在碳酸钙的衍射峰

流速率和甲烷供给导致水合物的快速生成，在 4 万年内形成了饱和度达 20% 的甲烷水合物；第二阶段发生在 1.5Ma 以来，黏土质粉砂沉积使沉积体渗透性骤减，引起水流速率降低和甲烷供给不足，因而在海底浅层沉积体中无法生成水合物，仅在水合物稳定带底部有缓慢的水合物增长，并因此形成了神狐海域当前观测到的水合物产出特征。

二、水合物富集层位

由 SH1B、SH5C、SH7B 这 3 个钻孔岩心的测年分析可知，SH1B 岩心底界年龄为 8.3～9.6Ma，相当于中新世晚期。SH5C 岩心的底界年龄约为 4.5Ma，相当于上新世早期。SH7B 岩心的底界年龄为 7.0～7.5Ma，相当于中新世晚期。利用钻井分层对地震资料层位进行标定，钻探区内上新统—更新统界面（T_1）在地震剖面上为连续不间断沉积，中新统—上新统界面（T_2）在地震剖面上为局部不整合界面。区内钻井所揭示的最老地层为上中新统，天然气水合物主要发育在上中新统上部和上新统的底部。

钻探揭示，强 BSR 是神狐海域水合物赋存的主要标志，在钻探区含水合物层的底界明显表现为强 BSR 特征，反射强度与沉积物孔隙中水合物饱和度有关。而在非水合物区或没有发现水合物的站位附近，BSR 较弱或不明显。BSR 深度与钻探揭示的含水合物层底界基本一致（表 9-2），证实利用 BSR 预测水合物的可靠性较高。在钻前对水合物分布层位的预测中一般认为振幅空白带是天然气水合物存在的区域，但在发现水合物的 SH2站位、SH3 站位及 SH7 站位，尽管振幅空白带十分明显，但水合物赋存位置都只在 BSR之上 10～40m 范围。钻前通过波阻抗反演、速度分析、AVO 反演及地震属性分析手段预测水合物带，但由于地震分辨率有限，含水合物层厚度预测结果与实际钻探情况相差较大，表明常规的地震解释技术难以准确地刻画出含水合物带。此外，在传统的地震解释中，振幅增强体、气体渗漏、反射同相轴下拉等特征构成的"速度－振幅异常结构"被认为是水合物地震识别中的经典模式，SH5 站位所在的地震剖面该特征最为明显，但钻探未发现水合物，可见，水合物地震解释存在多解性。

表 9-2　钻探站位含水合物深度对比表

站位名称	BSR 深度 /m	预测水合物分布区间 /m	水合物实际分布区间 /m
SH3	201	46～201	190～201
SH2	221	125～221	191～224.5
SH7	178	100～178	153～180

三、水合物储层特征

根据各钻孔岩心剖面特征和沉积物涂片分析的结果，钻探区内的沉积物颜色差异较大，但沉积物类型较单一，水合物呈分散浸染状分布在松散的以粗粉砂、中粉砂、细粉砂和极细粉砂为主要组分的沉积物中，富含有孔虫和钙质超微化石，硅质生物贫乏。相当于 0.008～0.063mm 粒级的沉积物，粉砂平均含量介于 72.89%～74.75%。含水合物地层的沉积物组分与上下不含水合物的层位相比沉积物类型差别不大。根据 SH2B、SH5C、SH7B 孔沉积物孔隙度分析结果，全新统—更新统、上新统、上中新统的孔隙度分别为 54%～77%、43.5%～62% 和 41%～50%，SH2B 孔和 SH7B 孔含水合物层段平均孔隙度分别为 47.38% 和 44.97%。可见晚中新世以来的沉积物都具有较大的孔隙空间，能够成为天然气水合物的良好富集层。

钻探区沉积物主要由陆源物质和海洋生物碳酸盐组成，晚中新世以陆源沉积为主，早上新世陆源输入减少，生物碳酸盐发育，更新世以来呈明显的陆源输入和生物碳酸盐交替变化的特点，明显受冰期—间冰期旋回控制。海洋表层生产力经历了由低到高的变化过程，晚中新世—早更新世硅质生物极度贫乏，中更新世晚期以来硅质生物大量发育，表层生产力明显增强。

根据 SH1B、SH2B、SH5C、SH7B 钻孔沉积速率分析结果，4 个钻孔更新世平均沉积速率分别为 4.818cm/ka、7.265cm/ka、6.08cm/ka 和 7.678cm/ka，SH1B 孔、SH5C 孔和SH7B 孔上新世平均沉积速率约为 2.62cm/ka、5.51cm/ka 和 3.67cm/ka。虽然各钻孔不同时代的沉积速率具有一定的差异，但总体上沉积速率都较高。从水合物稳定带沉积速率分析，SH1B 孔晚中新世沉积层的平均沉积速率大于 5.82cm/ka，SH5C 孔沉积速率更高，但 SH1B孔和 SH5C 孔并未获得水合物样品，而 SH7B 孔含水合物层的沉积速率较 SH1B 孔和 SH5C

孔要低，约为 4.49cm/ka，可见沉积速率不是控制水合物聚集成藏的主要因素。

四、地层温度

钻探区地温梯度变化较大，钻探区水合物形成与分解的临界温度大约在 16℃，超过这个温度时，地层中的甲烷只能以游离气的形式存在，难以形成水合物。在 SH1、SH2、SH3、SH5、SH7 进行原位地层温度测量的 5 个站位中，地温梯度分别为 47.53℃/km、46.95℃/km、49.34℃/km、67.60℃/km 和 43.65℃/km。其中，SH5 站位的地温梯度要比其他钻井高出约 20℃/km，显然与高热流背景有关。钻探区的热流分布在细节上呈现两高两低的现象。最北部热流值基本小于 78.00mW/m²。中北部热流值有所上升，热流值介于 78.00～96.00mW/m²，呈现出 NWW-NEE 方向展布的三个热岛。西部的 5 个钻探站位，即 SH1、SH2、SH3、SH4 和 SH7 都位于热流值小于 76mW/m² 的背景区域，尤其发现天然气水合物实物的 SH2、SH3 和 SH7 钻位均位于热力值的低值中心区域（图 9-12）。东部的 3 个钻探站位，即 SH5、SH6 和 SH9 都位于热流值大于 80mW/m² 背景区域，其中 SH6 和 SH9 已经靠近中北部的热岛。最南部的热流值全部高于 84 mW/m²。钻探区热流特征明显被其北方和南方的两块高热流地带包夹，形成了热流值相对较低的区域，SH2、SH3 和 SH7 这 3 个发现水合物的站位都位于热流分布的低值区域，热流值介于 66～75mW/m²，而除了 SH1 之外的其他非天然气水合物站位，其热流值全部介于 76～90mW/m²。

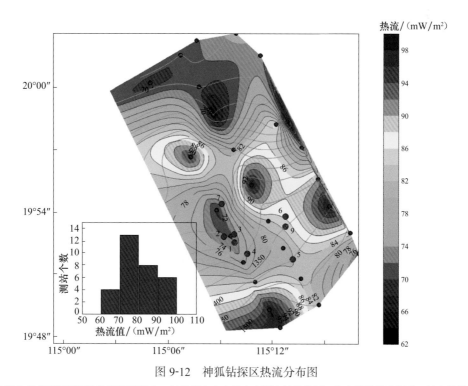

图 9-12 神狐钻探区热流分布图

蓝色实心点表示海底探针热流数据测点，红色实心点表示本次研究钻位位置，红色等值线为温度，绿色等值线为海水深度

五、流体活动

在天然气水合物形成过程中，水分子中只有90%的晶格被气体充填时才能形成水合物，也就是在STP条件下单位体积的水必须充填着150体积的甲烷（Yamamoto et al.，1976）。而甲烷在海水中的溶解度相当低，标准状态下大约为0.045，可见形成天然气水合物所需的甲烷远大于甲烷在海水中的溶解度，这就决定了水合物只能形成于具有丰富气源的地区。对钻探区相关资料的分析发现，钻探区内流体活动比较强烈。研究表明，神狐海域自中新世末以来发生过两期构造活动，在5～2Ma，是南海新构造运动较为活跃的地区。新构造运动诱发深部超压泥质岩类的塑性流动，形成气烟囱（gas chimney），其上覆地层发育高角度的断裂和垂向裂隙系统，构成流体渗漏的主要通道，不同时期发育的断裂体系共同为天然气水合物的成藏创造了十分优越的条件。神狐海域气烟囱体主要沿北西西向断裂，呈带状分布，与BSR的分布存在极大的相关性，BSR主要发育于气烟囱的顶部。特别是钻探已证实在发现水合物的SH2、SH3和SH7这3个站位，气体渗漏特征更加明显（图9-13，图9-14），流体活动与BSR的分布存在着较大的相关性，水合物富集带的底部为强BSR，BSR下部为振幅增强反射体（气体聚集区），再往下为气体渗漏区，渗漏区上部断层发育，进一步促使气体向水合物稳定渗漏和扩散，控制水合物矿藏的形成（图9-15）。在发现水合物的站位中，水合物稳定带附近甲烷的通量比较大，现场样品分析表明，在发现水合物的站位中，沉积物中甲烷浓度超过形成水合物时的临界值，而在没有发现水合物的站位，沉积物中的甲烷欠饱和，其含量达不到形成水合物所需的甲烷量。综上所述，沉积物中的气体通量是控制神狐海域水合物形成的关键因素，气体通量又主要受断裂的控制，虽然该区能为天然气水合物的富集提供良好的沉积条件，但沉积条件不是水合物成藏的主要因素。

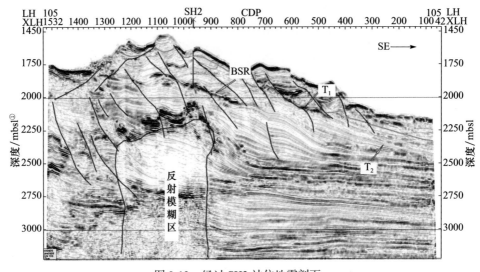

图9-13 经过SH2站位地震剖面

---

① mbsl 表示海平面以下的深度。

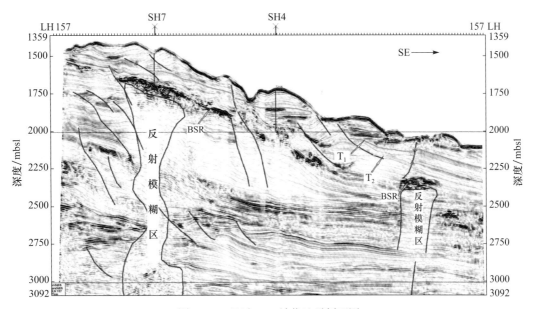

图 9-14 经过 SH7 站位地震剖面图

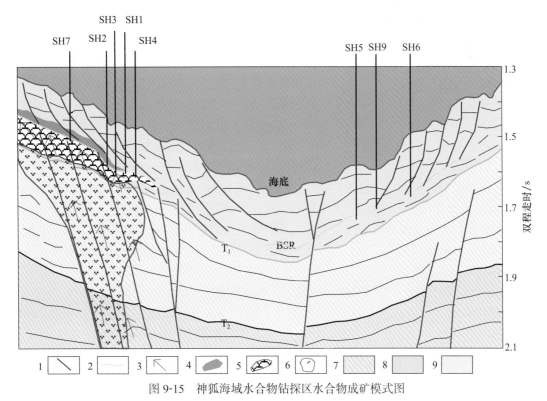

图 9-15 神狐海域水合物钻探区水合物成矿模式图

1.断层；2.BSR；3.气体运移方向；4.水合物分布带；5.游离气富集带；6.气体逸散区；7.全新世—更新世沉积地层；8.上新世沉积地层；9.晚中新世沉积地层

第四节　神狐海域天然气水合物开发潜力评价研究

天然气水合物的形成需要低温高压环境，并伴随着反应放热过程，但当其所处的低温高压环境被破坏后，水合物可能发生分解。天然气水合物作为潜在的替代能源具有巨大的资源潜力，同时，其作为碳循环的重要环节也是全球气候变化的重要影响因素。因此，世界各国对于天然气水合物的研究表现出浓厚的兴趣。然而，天然气水合物能否真正在世界能源领域有所贡献取决于如何最终将天然气有效开采出来（Moridis et al.，2004）。

目前认为主要有 3 种途径开采水合物中的天然气（Moridis et al.，2004）：①降压法，使系统压力低于天然气水合物的相平衡压力（Sloan，1998；郝永卯等，2006）；②热激发，通过加热使系统温度高于天然气水合物的相平衡温度（Sloan，1998；Moridis et al.，2004；杜庆军等，2007）；③阻抗剂，通过加入化学阻抗剂改变水合物的相平衡（Sloan，1998）。这 3 种方法都是通过改变水合物系统的相平衡点，使水合物分解释放出天然气。其中降压法被认为是最简洁、高效和节能的天然气水合物开发手段（Moridis et al.，2004，2005，2007，2008；Moridis and Reagan，2007a，2007b）；但使用阻抗剂不光工艺操作复杂、代价昂贵，而且事实上很难有效将阻抗剂打入沉积体中，抑或引起的地层压力升高掩盖了阻抗剂的作用效果；而热激发法在实验模拟和数值模拟都有广泛应用（Moridis et al.，2005，2007，2008；杜庆军等，2006；Moridis and Reagan，2007a，2007b），但其开发效率较低，在将来天然气水合物开发实践中能否采用尚无结论。

南海北部陆坡是目前我国天然气水合物调查研究的重点区域，而神狐海域被认为是其中最有希望的区域之一。神狐海域处于南海北部陆坡中段，界于西沙海槽和东沙海岛，构造上处于珠江口盆地珠二拗陷白云凹陷，自中新世以来进入构造沉降，沉积速率高，为该区天然气水合物发育创造了良好地质条件。在神狐海域 1000～7000m 的新生代沉积地层中，有机质含量为 0.46%～1.9%（McDonnell et al.，2000；Wang et al.，2000；Wu et al.，2008），提供了水合物发育的物质基础。综合地质、地球物理、地球化学和地热调查显示，南海北部神狐海域是天然气水合物发育的有利场所。基于天然气水合物的产出标志，广州海洋地质调查局在神狐海域进行了钻探取心研究（Wu et al.，2010），并证明在 SH2、SH3 和 SH7 钻位砂泥沉积中甲烷水合物的存在，其水深为 1108～1235m，最厚水合物层达 40m，位于 SH2 站位，其水合物饱和度为 0%～48%，上下均为可渗透的含水层，且并无明显游离气藏发育，属于典型的Ⅲ类水合物藏（Moridis and Kowalsky，2006）。

神狐海域水合物虽已被拟定为我国水合物勘探开发的重点靶区，但对于如何开发及开发潜力仍没有具体认识，缺乏具体的开采方案和经济效益评估标准。本节将利用国际上普遍认可和广泛使用 TOUGH+HYDRATE 模拟器（Moridis et al.，2007；Li et al.，2010；Su et al.，2010），在垂直单井中进行降压操作，对神狐海域天然气水合物藏的开采潜力进行数值试验研究，观察天然气水合物降压分解过程中各种特征参数的变化，分析水合物在降压开发过程中的产气效率，论证利用垂直单井对神狐海域天然气水合物进行开采的可行性。

一、开发潜力评价模型

本书中的水合物系统参照于神狐海域 SH2 钻位，其水深 1235m，水合物层厚 40m，水合物层之上 188m 的沉积层为可渗透的含水层，下伏相同沉积介质的含水层（Wu et al., 2008, 2010），井孔位于圆柱型模拟系统的中心，井孔配置如图 9-16 所示，与韩国东海 Ullcung 盆地天然气水合物开采的设计类似（Moridis et al., 2007），但本节井孔设计中生产井段（套管凿孔段）只是水合物层中间约 1/3 段（14m），这是因为神狐海域水合物层上下均为可渗透的含水层，缺乏低渗透封闭盖层的保护，水合物分解气可能进入上覆含水层逃逸，而这种设计中生产井孔上下的水合物层可充当暂时的封闭，以防气体逃逸和阻止上下含水层中的水过早侵入，因此可减少产水量和能力损失，但当井孔周围的水合物完全分解后，水合物自身封闭消失，产气效率可能会受到影响。

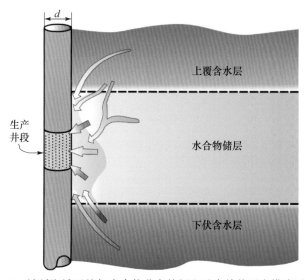

图 9-16 神狐海域天然气水合物分布特征和垂直单井开发模式示意图

降压是水合物开采的最有效途径（Moridis et al., 2004, 2005, 2007, 2008; Moridis and Reagan, 2007a, 2007b），在本节水合物开采潜力的数值模拟评价研究中仍采用降压法。为全面评价神狐海域水合物藏的开采潜力，本节将采用绝对指标和相对指标，绝对指标包括水合物分解速率 Q_R、气体的产出速率 Q_P 和累计气量 V_P，即要求水合物分解效率和气体产出速率足够高，而相对指标包括产水量和气水体积比 $R_{GW}=V_G/V_W$，水在水合物开采中不可避免，但水的井孔提升必然消耗大量能量，并使气体的开采效益降低，而且水处理还涉及环境问题。

神狐海域水合物模拟开采系统的几何结构和配置特征如图 9-17 所示，在水合物层上下各有 20m 厚的含水层，认为其在 30 年的开采中足以保障与水合物层的能量交换，位于圆柱系统中央的井孔半径 r_w=0.1m，模拟域半径为100m。圆柱体模拟系统被以（r,z）格式进行网格离散划分成105×242=25410个网格块，其中25200个网格块是活动的，其内部的温度和压力等参数随开采的进行而不断发生变化。在越靠近井孔的位置，物理化学过程变化越剧烈，对气体开发模拟的影响越关键（Moridis et al., 2007; Moridis and Reagan, 2007a, 2007b），因而在井周围的径向网格离散尤为密集。在垂直方向上对水合物层进行了等厚划分，Δz=0.25m，这种细密划分对于精细的水合物开发模拟是相当必要的（Moridis et al., 2007; Moridis and Reagan, 2007a, 2007b; Li et al., 2010; Su et al., 2010），有利于辨析温、压、流场的细微变化，展示水合物饱和度在纵向上的分布特征。

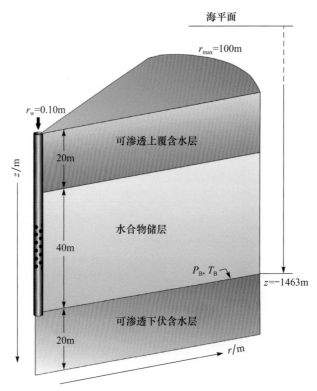

图9-17　神狐海域水合物垂直单井开发模拟系统示意图

本节水合物开发数值模拟研究采用TOUGH+HYDRATE模拟器（Moridis et al., 2005），该模拟器可以模拟复杂地质体中甲烷水合物储层中的非等温反应、相平衡及流体和热的流动，包含水合物形成和分解的平衡模型和动力学模型（Moridis et al., 2007; Moridis and Reagan, 2007a, 2007b），可模拟解释系统中的热状态和多达4种物质（水、甲烷、水合物、阻抗剂）在各相之间的分布，可能的相态有气、液、冰和水合物。因此代码中共解决了15种相组合问题，可以描述甲烷水合物分解中的任何相构成，描述体系中的相变和一些典型问题，如表面速溶现象。本节计算利用水合物平衡分解模型（Moridis et al., 2007; Moridis and Reagan, 2007a, 2007b），因此需要同时解100800个耦合方程。

储层中各参数的初始条件和TOUGH+HYDRATE模拟器中参数与早期研究类似

（Moridis et al., 2007; Moridis and Reagan, 2007a, 2007b; Li et al., 2010; Su et al., 2010）。为确保黏性流体方程（Navier-Stokes equation）在理论上正确，认为井孔为"似孔隙"介质，井孔内部流体为达西流（Moridis et al., 2007）。早期研究已经证实了这种近似的正确性（Moridis et al., 2007; Moridis and Reagan, 2007a, 2007b; Li et al., 2010; Su et al., 2010）。这种"似孔隙介质"的孔隙度为1，具有最高的轴向渗透率 $\kappa = 10^{-9} \sim 10^{-8} \mathrm{m}^2$（1000～10000 D），径向渗透率为 $\kappa = 10^{-12} \sim 10^{-11} \mathrm{m}^2$（1～10 D），毛细管力 $P_c = 0$，相对渗透率是各相饱和度的线形函数，具有非常低的气体残余饱和度 $S_{\mathrm{irG}} = 0.005$（Moridis et al., 2007）。

二、开发潜力评价

本节以SH2站位的水合物产出特征为依据，进行神狐海域水合物降压开采潜力的数值模拟研究，相关特性和参数条件见表9-3。由钻井测试分析已知，神狐海域水合物天然气中 CH_4 的质量分数超过99%，在模拟计算中认为是纯甲烷组分，沉积介质的平均孔隙度为0.38，水合物饱和度为0.4，孔隙水盐度为3%（质量分数）（Wu et al., 2010），基于水合物沉积介质的泥砂岩特征，估计沉积体渗透率为 $1.0 \times 10^{-14} \mathrm{m}^2$（10mD）。利用以上参数进行神狐海域天然气水合物模拟开发，并去井孔恒压为3MPa，开采期为30年。

表 9-3 模拟计算参数和水合物藏特征参数

参数	参考值
上下边界厚度 /m	0.001
上下含水层厚度 /m	20
水合物层厚度 /m	40
模拟域半径 r_{max}/m	100
井孔压力 P_{w}/MPa	3
井孔半径 r_{w}/m	0.1
水合物层底界深度 /m	1463
地温梯度 G_{T}/（℃/m）	0.047
气体组分	100% CH_4
初始饱和度	$S_{\mathrm{H}} = 0.40$、$S_{\mathrm{A}} = 0.60$
孔隙水盐度 X（质量分数）/%	3
沉积渗透率 κ/mD	10
颗粒格架密度 ρ_{R}/（kg/m³）	2600
孔隙度 Φ	0.38
水力系数 k_{g}	$k_{\mathrm{g}} = \kappa/\Phi C_{\mathrm{g}} \mu_{\mathrm{g}}$（Cathles，2007）
干岩热导率 $k_{\Theta \mathrm{RD}}$/[W/（m·K）]	1.0
湿岩热导率 $k_{\Theta \mathrm{RW}}$/[W/（m·K）]	3.1
热导率计算模型（Moridis et al., 2005）	$k_{\Theta \mathrm{C}} = k_{\Theta \mathrm{RD}} + (S_{\mathrm{A}}^{1/2} + S_{\mathrm{H}}^{1/2})(k_{\Theta \mathrm{RW}} - k_{\Theta \mathrm{RD}}) + \Phi S_{\mathrm{I}} k_{\Theta \mathrm{I}}$

参数	参考值
毛细管力模型（van Genuchten, 1980）	$P_{cap}=-P_0\left[\left(S^*\right)^{-1/\lambda}-1\right]^{-\lambda}$ $S^*=\left(S_A-S_{irA}\right)/\left(S_{mxA}-S_{irA}\right)$。$S_A$ 为水相饱和度；S_{mxA} 为混合水相饱和度
S_{irA}	1
λ	0.45
P_0	0.1MPa
相对渗透率模型	$k_{rA}=\left(S_A^*\right)^n$ $k_{rG}=\left(S_G^*\right)^n$ $S_A^*=\left(S_A-S_{irA}\right)/\left(1-S_{irA}\right)$ $S_G^*=\left(S_G-S_{irG}\right)/\left(1-S_{irA}\right)$ OPM model
n	5（Moridis et al., 2008）
S_{irG}	0.03
S_{irA}	0.30

1. 产气开发效率分析

图 9-18 为不同体积速率演化过程的对比，即井孔中的总甲烷产出速率 Q_{PT}、游离甲烷气产出速率 Q_{PG} 和储层中水合物释放出甲烷气体的速率 Q_R。在 30 年的模拟开采中，Q_{PT}、Q_{PG} 和 Q_R 都是递减的。$Q_{PT}>Q_{PG}$ 是因为水中有大量的溶解气存在，在井孔压力释放后析出，补给了气体产量；而 Q_{PT} 远大于 Q_R，说明水合物分解气量较少，井孔产出的气体除来自水合物分解产生外，主要源于储层中的溶解气。

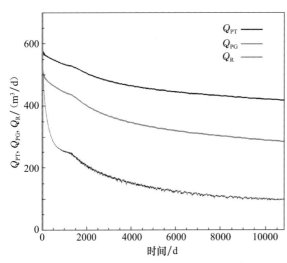

图 9-18　神狐海域天然气水合物在垂直单井降压开发过程中的 Q_{PT}、Q_{PG} 和 Q_R 的演化

具体来说，开采初期 Q_R 快速下跌，最大分解速率 $Q_R=0.32ST$[①] m^3/s（$=2.75\times10^4$ m^3/d）出现在初始点上，这是因为在水合物层中压力梯度降低，水合物分解的驱动力减小，也由于储层自身较低的水力传导系数 k_g，分解的甲烷气滞留在储层中而不能被及时产出，致使水合物分解前缘的压力维持在较高水平，另外，水合物分解导致了生产井周围形成低温区，延缓了水合物的进一步快速分解。但后期的 Q_{PT} 和 Q_{PG} 维持相对稳定，是因为井孔产气速率除了依赖于 Q_R，还决定于井孔与储层之间的压力梯度 ∇p，以及沉积体的水力传导系数，而这两个参数在储层系统中是相对稳定的。因此 30 年开采的平均总产气速率虽仅为 463m^3/d，但也比水合物释放

---

① ST 指标准温度。

气体的平均速率（157m³/d）高约两倍。

图 9-18 还显示了井孔气体产出速率和水合物分解气体速率的下跌，指示了井孔周围水合物层自身封闭的突破效应。在初始阶段，由于生产井上下具有含水合物的低渗透封闭，一定程度上阻止了上覆和下伏含水层中的孔隙水进入储层，保证在早期水合物开发中降压操作的高效性，但在开采进行 1300d 后，水合物自身封闭破坏，在压力降的驱动下含水层中的水开始涌入水合物储层，削弱了井孔与水合物分解前缘之间的压力梯度，致使水合物分解速率和气体产出速率下降，因此 Q_{PT}、Q_{PG} 和 Q_R 曲线上出现拐点，此后的气体速率快速下落。在拐点之后，井孔气体产出速率的下跌幅度小于水合物分解气体速率的降低，这是因为生产井中的产水量明显增长，水中溶解气弥补了产气量的衰减。

图 9-19 表征了井孔累计产气总量 V_{PT}、游离气总量 V_{PG}、水合物分解产气总量 V_R 及储层中滞留的气体总量 V_G。井孔产气总量明显大于游离气总产量和水合物分解气量。随着时间演化 V_R 和 V_G 增量明显减小，而且在开采 4600d 后增量呈现负值，储层中的滞留气量减小，说明在开采后期降压开发效率的下降。30 年的累计产甲烷气量 $V_{PT}=5.0\times10^6$ST m³，但仅有 1.7×10^6 STm³（V_R）的甲烷气来自水合物分解。$V_R=0.34V_{PT}$，$V_{PG}=0.75V_{PT}$，因而产出的溶解气量 $V_{DG}=V_{PT}-V_R+V_G=3.2\times10^6$ST m³，占总产气量的近 68%。

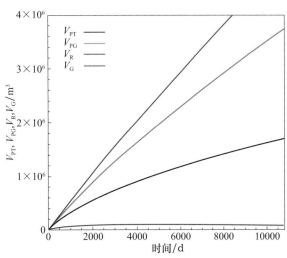

图 9-19　神狐海域天然气水合物在垂直单井降压开发过程中 V_{PT}、V_{PG}、V_R 和 V_G 的演化

图 9-19 显示了垂直单井开发过程中的井孔产水速率 Q_W（$M_W/1030$）和气水量的体积比 R_{GW}。整个开发过程中 Q_W 持续升高，并在 1300d 时出现跳跃性增长。在拐点位置的产水速率为 8.6×10^4kg/d（$=86$t/d$=83.5$m³/d），而到开采末期增加到 1.25×10^5 kg/d（$=125$t/d$=121.8$m³/d）。产水量的快速增长与水合物分解速率及产气速率的降低具有一致性，都是由于水合物自身封闭破坏，含水层中的水大量涌入所致。图 9-19 也显示了神狐海域水合物藏的经济效率，R_{GW}（V_{PT}/V_W）从最初的 30 快速跌至开采末期的 4.3，也就是说生产 1m³ 的水最多可以产出标准状况下的 30m³ 的甲烷气，而到开采末期仅能产出 4.3m³ 的气体，水作为副产品在水合物开发中占有很高的比重。R_{GW} 可作为评价神狐海域水合物开发潜力和经济效益的辅助标准。图 9-19 说明若对神狐海域天然气水合物采用垂直单井开发，将在产水和水处理方面浪费巨大。

2. 物理特征演化分析

水合物降压开采过程中，由于井孔压力维持恒定，储层中压力分布没有显著的变化，系统中主要的物理特征参数包括温度、水合物饱和度、气体饱和度和盐度。对特征参数变化的时空分布研究，有助于直观认识水合物分解过程，解析开发过程中各种速率参数的变化，判断储层体系的状态。在图 9-20～图 9-24 中，$z=-60$ 的虚线指示了含水合物层的底界，$z=-20m$ 为含水合物层的顶界，并只显示半径 60m 内的分布特征。

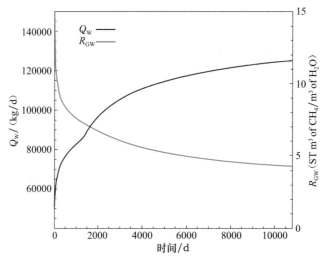

图 9-20　神狐海域天然气水合物在垂直单井降压开发过程中 Q_W 和 R_{GW} 演化

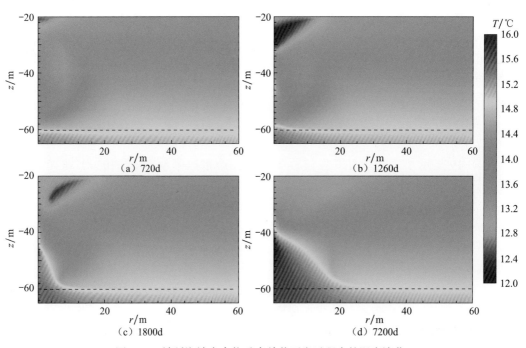

图 9-21　神狐海域水合物垂直单井开发过程中的温度演化

1）温度演化

图 9-21 温度分布演化图显示在浅层的冷却和底层的变热。在初始阶段温度降低是

因为水合物分解为吸热反应过程，但后来冷温区逐渐淡化和消失，是由于水合物分解速率降低，周围热区对冷区进行热量传导补给，同时孔隙水的流动和产出消弱了温度差。水合物层底部温度升高是因为底部热水大量注入使热水流经区温度抬升，因此在底部的水合物分解速率相对较快，这在水合物饱和度分布图可得到印证；同样水合物层顶部温度降低是由顶层冷水的下灌所致，水合物封闭破坏后冷水在压力梯度作用下或直接经无水合物区、途径含水合物层渗流进入井孔，使渗流区温度下降。

2）水合物饱和度演化

图 9-22 显示水合物饱和度 S_H 的时空演化特征。由于神狐海域水合物藏的产出类型和井孔配置特征，水合物分解模式比较独特。分解模式主要包括水合物分解沿渗滤井段径向推进，并在水合物层下界面处分解效率表现突出；上下分解界面和水合物分解前缘具有明显的特征变化；井孔周围的水合物自身封闭突破和后期的水洪效应。前二者是水合物降压开发的典型特征，而神狐海域水合物开发最独特的变化模式是水合物分解首先在中间层段推进，在水合物自身封闭突破后水合物分解速率减缓，说明降压开发效率减小。

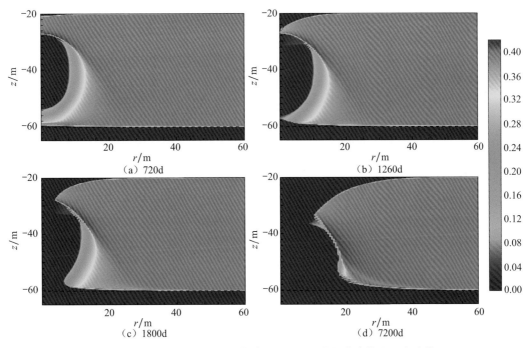

图 9-22 神狐海域水合物垂直单井开发过程中的水合物饱和度演化

水合物饱和度分布的变化最能说明水合物分解过程和演化特征。水合物分解起初沿渗滤井孔进行，而后在水合物层下界面处加强，早期的水合物自身封闭作用阻碍了含水层中的水大量涌入储层，但随着水合物分解面的径向增大，水合物封闭层越来越薄［图 9-22（a）］；在开发进行到 1260d 时，水合物封闭已被基本突破，此时已分解的水合物仅占系统总量的 1.18%［图 9-22（b）］；在开采进行 1300d 时水合物封闭被完全突破，含水层中的孔隙水可轻易流向井孔低压区，这与产水量的抬升特征是一致的［图 9-22（c），图 9-22（d）］；而后的水合物分解速率也随压力梯度的减小而日益降低，在从封闭突破点（t=1260d）到开采结束（t=7200d）中，水合物分解量仅占系统总量的 2.8%，在后一半的开采时间（3600d）内分解的水合物仅为模拟系统总量的 1.22%。

3）气体饱和度演化

图 9-23 显示的气体饱和度分布指示生产井与水合物分解前缘之间的气体轮廓。在开采早期［图 9-23（a），图 9-23（b）］游离气被包围在井孔周围的无水合物区，但在水合物封闭被破坏之后［图 9-23（c），图 9-23（d）］，气区形态发生明显变化，气层厚度开始变薄，并逐渐形成一个长尾，右端尾部指向水合物分解前缘，气区连接开采井与水合物下界面。气区变小是因为水合物分解速率减小和持续的开采，这与水合物饱和度演化特征（图 9-22）及开采表现特征（图 9-18～图 9-20）一致。图 9-23 也反映在水合物开采过程中没有发生最初担心的气体逃逸现象，纵然水合物储层缺乏低渗透的上覆层，这是由于整个沉积系统的渗透率普遍偏低，加上采用垂直井降压开发，井孔位置具有明显的低压，限制了气体向上的显著逃逸。此外，含水区面积增大，在开采后期，深部孔隙水穿过水合物下界面线，向上涌入到水合物层，压缩了含气区空间，导致产水量增长，同时削弱了井孔降压操作的实际功效。

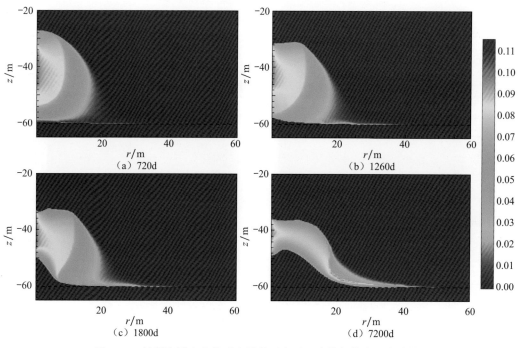

图 9-23　神狐海域水合物垂直单井开发过程中的气体饱和度演化

4）盐度演化

孔隙水盐度（表示为质量分数）分布反映了水合物分解过程中的稀释效应，由于盐不能进入水合物晶格，水合物分解释放淡水会使孔隙水盐度减小。因此，低盐度区

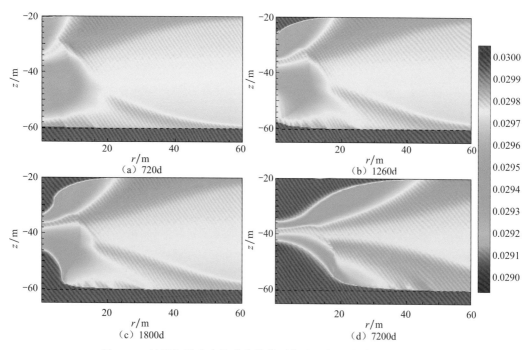

图 9-24 神狐海域水合物垂直单井开发过程中的孔隙水盐度演化

代表了水合物分解最剧烈部位（Moridis et al., 2007），此外，由于井孔位置原位流体的持续产出、稀释和补给，盐度分布具有复杂的表现特征。图 9-24 中两个明显的盐度降低区出现在水合物分解前缘，表现为绿蓝色；水合物层中黄色区域反映一定程度的淡化，是由轻微的水合物分解稀释和原位流体排放引起；而橙色区域是外部原始孔隙水的补给所致，橙色区的延伸指示盐水的补给路径；位于储层中间的低盐度区逐渐减薄，说明水合物分解速率下降和盐度淡化能力减弱；水合物封闭被完全分解后，来自含水层中的孔隙水开始入侵无水合物区，如井孔周围的红色区域指示原始孔隙水入侵的高盐度特征。

因此，以南海北部陆坡神狐海域 SH2 站位的天然气水合物产出特征为依据，在垂直单井中进行降压操作，研究神狐海域天然气水合物藏的开发潜力，以水合物分解效率和气体产能为绝对标准，以产水量和气水体积比为相对标准，评价神狐海域天然气水合物在垂直单井开发中的经济潜力。生产井附近的水合物层，作为自身封闭防止含水层中的水在开采早期进入水合物储层，提高天然气的产出效率。在恒定 3MPa 井孔压力下没有发生冰阻现象，未见次生水合物发育。在整个开采阶段水合物分解速率和井孔产气速率持续降低，并在开采进行 1300d 时，由于水合物自身封闭破坏开发效率出现跳跃性衰减，与此同时，产水量持续增长。30 年的平均总产气速率为 463 ST m³/d，平均产游离气速率为 157 ST m³/d，但大多气体来源于孔隙水溶解气，而非水合物分解产生，每天平均的产水量为 110m³，气水体积比的平均值为 4.2（ST m³CH₄/m³H₂O）。绝对标准和相对标准都说明，对低渗透的神狐海域天然气水合物采用垂直单井开发不具有经济可行性。

参 考 文 献

陈多福, 冯东, 陈光谦, 等. 2005. 海底天然气渗漏系统演化特征及对形成水合物的影响. 沉积学报, 23(2).

狄永军, 郭正府, 李凯明, 等. 2003. 天然气水合物成因探讨. 地球科学进展, 18(1): 138-143.

杜庆军, 陈月明, 李淑霞, 等. 2007. 天然气水合物注热开采数学模型. 石油勘探与开发, 34(4): 470-473.

樊栓狮, 刘锋, 陈多福. 2004. 海洋天然气水合物的形成机理探讨. 天然气地球科学, 15(5): 524-530.

龚再升, 李思田, 谢泰俊, 等. 1997. 南海北部大陆边缘盆地分析与油气聚集. 北京: 科学出版社.

郝永卯, 薄启炜, 陈月明, 等. 2006. 天然气水合物降压开采实验研究. 石油勘探与开发, 33(2): 217-220.

梁金强, 刘学伟, 杨木壮, 等. 2002. 海洋天然气水合物地球物理解释方法研究. 广州: 广州海洋地质调查局.

卢振权, 金春爽, 王明君, 等. 2008. 天然气水合物形成条件与含量影响因素的半定量分析. 地球物理学报, 51(1): 125-132.

苏新. 2004. 海洋天然气水合物分布与 "气－水－沉积物" 动态体系——大洋钻探 204 航次调查初步结果的启示. 中国科学: D 辑, 34(12): 1091-1099.

吴能友, 王宏斌, 陆红锋, 等. 2006. 地质－生物系统中的甲烷研究——德国天然气水合物研究现状综述. 海洋地质动态, 2006, 22(5): 1-7.

吴能友, 张海啟, 杨胜雄, 等. 2007. 南海神狐海域天然气水合物成藏系统初探. 天然气工业, 27(9): 1-6.

吴能友, 梁金强, 王宏斌, 等. 2008. 海洋天然气水合物成藏系统研究进展. 现代地质, 22(3): 356-362.

张树林. 2008. 中国海域天然气水合物勘探研究新进展. 天然气工业, 28(1): 154-158.

Behrmann J H, Lewis S D, Musgrave S D, et al. 1992. Proceedings of Ocean Drilling Program, Initial Reports, 141. College Station: Texas A&M University.

Ben-Avraham Z, Smith G, Reshef M, et al. 2002. Gas hydrate and mud volcanoes on the southwest African continental margin off South Africa. Geology, 30(10): 927-930.

Borowski W S. 2004. A review of methane and gas hydrates in the dynamic, stratified system of the Blake Ridge region, offshore southeastern North America. Chemical Geology, 205(3): 311-346.

Bünz S, Mienert J, Berndt C. 2003. Geological controls on the Storegga gas-hydrate system of the mid-Norwegian continental margin. Earth and Planetary Science Letters, 209(3): 291-307.

Cathles L M. 2007. Changes in sub-water table fluid flow at the end of the Proterozoic and its implications for gas pulsars and MVT lead-zinc deposits. Geofluids, 7: 209-226.

Chen D F, Su Z, Cathles L M. 2006. Types of gas hydrates in marine environments and their thermodynamic characteristics. Terrestrial, Atmospheric and Oceanic Sciences, 17: 723-737.

Davie M K, Buffett B A. 2003. Sources of methane for marine gas hydrate: Inferences from a comparison of observations and numerical models. Earth and Planetary Science Letters, 206(1): 51-63.

Dickens G R. 2003. Rethinking the global carbon cycle with a large, dynamic and microbially mediated gas hydrate capacitor. Earth and Planetary Science Letters, 213(3): 169-183.

Fehn U, Snyder G T, Muramatsu Y. 2007. Iodine as a tracer of organic material: 129I results from gas hydrate systems and fore arc fluids. Journal of Geochemical Exploration, 95(1): 66-80.

Flemings P B, Liu X, Winters W J. 2003. Critical pressure and multiphase flow in Blake Ridge gas hydrates. Geology, 31(12): 1057-1060.

Gering K L. 2003. Simulations of methane hydrate phenomena over geologic timescales. Part I: Effect of sediment compaction rates on methane hydrate and free gas accumulations. Earth and Planetary Science Letters, 206(1): 65-81.

Gorman A R, Holbrook W S, Hornbach M J, et al. 2002. Migration of methane gas through the hydrate stability zone in a low-flux hydrate province. Geology, 30(4): 327-330.

Holbrook W S. 2001. Seismic studies of the Blake Ridge: Implications for hydrate distribution, methane expulsion, and free gas dynamics. Natural Gas Hydrates: Occurrence Distribution and Detection, 2001: 235-256.

Holbrook W S, Lizarralde D, Pecher I A, et al. 2002. Escape of methane gas through sediment waves in a large methane hydrate province. Geology, 30(5): 467-470.

Hutchinson D R, Hart P E. 2004. Cruise report for G1-03-GM, USGS gas hydrates cruise, R/V gyre, Northern Gulf of Mexico.

Hyndman R D, Davis E E. 1992. A mechanism for the formation of methane hydrate and seafloor bottom-simulating reflectors by vertical fluid expulsion. Journal of Geophysical Research: Solid Earth, 97(B5): 7025-7041.

Li G, Moridis G J, Zhang K, et al. 2000. Evaluation of gas production potential from marine gas hydrate deposits in Shenhu area of South China Sea. Energy Fuels, 24: 6018-6033.

Lu S, McMechan G A. 2004. Elastic impedance inversion of multichannel seismic data from unconsolidated sediments containing gas hydrate and free gas. Geophysics, 69(1): 164-179.

Lu W, Chou I M, Burruss R C. 2008. Determination of methane concentrations in water in equilibrium with sI methane hydrate in the absence of a vapor phase by in situ Raman spectroscopy. Geochimica et Cosmochimica Acta, 72(2): 412-422.

Mcdonnell S L, Max M D, Cherkis N Z, et al. 2000. Tectono-sedimentary controls on the likelihood of gas hydrate occurrence near Taiwan. Marine Petroleum and Geology, 17(8): 929-936.

Mienert J, Vanneste M, Bünz S, et al. 2005. Ocean warming and gas hydrate stability on the mid-Norwegian margin at the Storegga Slide. Marine and Petroleum Geology, 22(1): 233-244.

Milkov A V, Claypool G E, Lee Y J, et al. 2005. Gas hydrate systems at Hydrate Ridge offshore Oregon inferred from molecular and isotopic properties of hydrate-bound and void gases. Geochimica et Cosmochimica Acta, 69(4): 1007-1026.

Moridis G J, Kowalsky M. 2006. Gas production from unconfined Class 2 hydrate accumulations in the oceanic subsurface// Max M, Johnson A H, Dillon W P, et al. Economic Geology of Natural Gas Hydrates. Amsterdam: Kluwer Academic/Plenum Publishers: 249-266.

Moridis G J, Reagan M T. 2007a. Gas production from oceanic class 2 hydrate accumulations//Offshore Technology Conference, Houston.

Moridis G J, Reagan M T. 2007b. Strategies for gas production from oceanic class 3 hydrate accumulations// Offshore Technology Conference, Houston.

Moridis G J, Collett T, Dallimore S, et al. 2004. Numerical studies of gas production from several methane hydrate zones at the Mallik Site, Mackenzie Delta, Canada. Journal of Petroleum Science and Engineering, 43: 219-239.

Moridis G J, Kowalsky M B, Pruess K. 2005. A code for the simulation of system behavior in hydrate-bearing geologic media. Berkeley: Lawrence Berkeley National Laboratory.

Moridis G J, Kowalsky M B, Pruess K. 2007. Depressurization-induced gas production from class 1 hydrate deposits. SPE Reservoir Evaluation and Engineering, 10(5): 458-481.

Moridis G J, Collett T S, Boswell R, et al. 2008. Toward production from gas hydrates: Current status, assessment of resources, and simulation-based evaluation of technology and potential. Keystone: SPE Unconventional Reservoirs Conference: 1-43.

Pecher I A, Kukowski N, Huebscher C, et al. 2001a. The link between bottom-simulating reflections and methane flux into the gas hydrate stability zone-new evidence from Lima Basin, Peru Margin. Earth and Planetary Science Letters, 185(3): 343-354.

Pecher I A, Kukowski N, Ranero C S R, et al. 2001b. Gas hydrates along the Peru and Middle America trench systems. Natural Gas Hydrates: Occurrence Distribution and Detection: 257-271.

Rowe M M, Gettrust J F. 1993a. Faulted structure of the bottom simulating reflector on the Blake Ridge, western North Atlantic. Geology, 21(9): 833-836.

Rowe M M, Gettrust J F. 1993b. Fine structure of methane hydrate-bearing sediments on the Blake Outer Ridge as determined from deep-tow multichannel seismic data. Bay St. Louis Naval Research Lab Stennis Space Center Ms Ocean Sciences Branch.

Sassen R, Joye S, Sweet S T, et al. 1999. Thermogenic gas hydrates and hydrocarbon gases in complex chemosynthetic communities, Gulf of Mexico continental slope. Organic Geochemistry, 30(7): 485-497.

Sassen R, Losh S L, Cathles L, et al. 2001. Massive vein-filling gas hydrate: Relation to ongoing gas migration from the deep subsurface in the Gulf of Mexico. Marine and Petroleum Geology, 18(5): 551-560.

Sloan E D.1998. Clathrate Hydrates of Natural Gases .Second edition. New York: Marcel Dekker Inc.: 1-628.

Sloan E D, Koh C A. 2008. Clathrate Hydrates of Natural Gases. 3rd ed. Boca Raton: CRC Press.

Soloviev V A, Ginsburg G D. 1997. Water segregation in the course of gas hydrate formation and accumulation in submarine gas-seepage fields. Marine geology, 137(1): 59-68.

Su Z, Moridis G J, Zhang K, et al. 2010. Numerical investigation of gas production strategy for the hydrate deposits in the Shenhu area//Offshore Technology Conference, Houston.

Suess E, von Huene R. 1988. Ocean Drilling Program Leg 112, Peru continental margin: Part 2, Sedimentary history and diagenesis in a coastal upwelling environment. Geology, 16(10): 939-943.

Taira A, Hill I, Firth J V. 1991. Proceedings of Ocean Drilling Program, Initial Reports, 131. College Station: Texas A&M University.

Torres M E, McManus J, Hammond D E, et al. 2002. Fluid and chemical fluxes in and out of sediments hosting methane hydrate deposits on Hydrate Ridge, OR, I: Hydrological provinces. Earth and Planetary Science Letters, 201(3): 525-540.

Torres M E, Wallmann K, Tréhu A M, et al. 2004. Gas hydrate growth, methane transport, and chloride enrichment at the southern summit of Hydrate Ridge, Cascadia margin off Oregon. Earth and Planetary Science Letters, 226(1): 225-241.

Tréhu A M, et al. 2003. Proceedings of the Ocean Drilling Program Initial Report. College Station: Texas A&M University.

Tryon M D, Brown K M, Torres M E. 2002. Fluid and chemical flux in and out of sediments hosting methane hydrate deposits on Hydrate Ridge, OR, II: Hydrological processes. Earth and Planetary Science Letters, 201(3): 541-557.

van Genuchten M T. 1980. Closed-form equation for predicting the hydraulic conductivity of unsaturated soils. Soil Science Society of America Journal, 44: 892-898.

Wang P, Prell W, Blum P. 2000, Ocean Drilling Program Leg 184 scientific prospectus South China Sea, site 1144, 184//Wang P, Prell W, Blum P. Proceedings of the Ocean Drilling Program, Initial Reports. College Station: Ocean Drilling Program, Publications Distribution Center: 1-97.

Wu N Y, Yang S X, Zhang H Q, et al. 2008. Preliminary discussion on gas hydrate reservoir system of Shenhu Area, North Slope of South China Sea//Proceedings of the 6th International Conference on Gas Hydrates(ICGH 2008), Vancouver.

Wu N Y, Yang S X, Zhang H Q, et al. 2010. Gas hydrate system of Shenhu Area, Northern South China Sea: Wire-line logging, geochemical results and preliminary resources estimates//Offshore Technology Conference, Houston.

Xu W, Ruppel C. 1999. Predicting the occurrence, distribution, and evolution of methane gas hydrate in porous marine sediments. Journal of Geophysical Research: Solid Earth, 104(B3): 5081-5095.

Yamamoto S, Alcauskas J B, Crozier T E. 1976. Solubility of methane in distilled water and seawater. Journal of Chemical and Engineering Data, 21(1): 78-80.

Yeon S H, Seol J, Seo Y J, et al. 2009. Effect of interlayer ions on methane hydrate formation in clay sediments. The Journal of Physical Chemistry B, 113(5):1245-1248.

第十章 | 天然气水合物开采中的多相流动机理和相关基础理论研究

第一节　天然气水合物藏开发技术和方法

一、降压法开采技术

降压法开采天然气水合物藏主要是通过降低天然气水合物沉积层压力促使天然气水合物分解。开采过程中，通过控制井口压力使井底压力低于地层温度下天然气水合物的平衡压力，进而使天然气水合物分解，分解出的气体由井筒采出（Stoll and Bryan, 1979; Cook and Laubitz, 1981; Ross and Andersson, 1982）。有时天然气水合物藏下方存在常规油气藏资源（Cook and Leaist, 1983; Asher, 1987; Waite et al., 2002），因此常规的开采方案是钻井穿过含天然气水合物的地层至常规油气藏层，先采出常规天然气，待产量降低后降低开采压力，使上方的天然气水合物分解，分解出的天然气补充给常规气藏。通过控制天然气的采出速度可控制储层压力，进而控制地层天然气水合物的分解速率（Biot, 1955; Gustafsson et al., 1979; 黄犊子等，2005）。

二、加热法开采技术

注热法是利用传热、电磁、微波等手段提高局部地区水合物的温度，使其偏离平衡条件从而分解释放出气体。注热法主要包括注蒸汽开采、注热水开采、井下电磁加热法和微波加热法等（Handa, 1986, Rueff et al., 1988; 顾铁车等，2006）。

注热法与降压法的主要区别在于（Cox, 1983; Lievois, 1987; Anderson, 2003）降压法钻井后不注入热量，而注热法在钻井后通过注入井注入热流体对含天然气水合物的地层进行加热，提高水合物藏局部温度，破坏水合物的相平衡条件，使天然气水合物分解。

与降压法相比，注热法的主要缺点是开采效率较低（梅东海等，1997a；裴俊红和郭天氏，1998；孙志高等，2002）。因为注热法需要在降压法的基础上再注入外部热量，且部分注入热量被用于加热注入井周边的岩石层，特别是在永久冻土地带，即使采用绝热管道，冻土层也会降低传递给水合物藏的有效热量（Sloan, 1998; 孙志高和樊栓狮，2001；孙志高等，2001）。

为了解决注热法的热量损失问题，俄罗斯科学家（梅东海等，1997b; Tohidi et al., 2001）曾提出将热流体注入天然气水合物稳定带底部，热量向上传导，可提高热量的利用效率。俄罗斯科学家还提出一种利用地层热水加热水合物层的思路（Handa and Stupin, 1992; Bondarev et al., 1996; 梅东海等，1997b），即抽取水合物稳定带以下地层中温度较高的地层水至水合物层，利用地热资源加热水合物层使天然气水合物分解

（Tsutomu et al., 1999; Lu and Ryo, 2002; Seo et al., 2002），但目前这种方案仍处于理论探讨层面（Turner et al., 2005; Winters et al., 2007, 张卫东等，2008）。

总体而言，注热法是目前研究较多、较深入的一种天然气水合物藏开采技术，至今已提出多种注热方式，但这些方式在应用时各有优点和不足。如蒸汽注热在薄水合物藏区域的热损失很大，只有在厚段水合物藏区域才有较高的热效率。注入热水的热损失较蒸汽注热小，但水合物藏空隙率限制了该方法的使用（张剑等，2005; Riedel et al., 2006; 刁少波等，2008; Seo et al., 2009）。采用水力压裂工艺可改善水的注入率，但连通效应又将产生较低的传质效率。电磁加热法和微波加热法目前只是存在于少数研究者的设想中。相对而言，注热盐水开采水合物藏技术效果较好，盐水具有抑制水合物生成的作用，在采气过程中不会出现水合物二次生成而诱发堵塞孔隙和堵塞井眼等问题（Tsimpanogiannis and Lichtner, 2007; 胡高伟等，2008; 杨新等，2008）。为提高热效率，应尽量提高含盐度，使用饱和或超饱和盐水。若采用地热层的热盐水，地热层的温度便是盐水温度的上限，地热层盐水温度一般在121~204℃。但由于盐水对水合物生成的抑制效果，这种注热开采方法实际上已相当于注剂法开采（Riestenberg et al., 2003）。

三、注化学药剂法开采技术

注剂法开采水合物藏，即在钻井的基础上通过注入化学剂改变水合物的平衡条件，从而达到开采水合物藏的目的。注剂法与注热法在水合物藏开采的很多表现如气液流动基本相同，其主要区别在于注剂法和注热法促使水合物分解的作用机理不同。注热法是通过注入热量改变水合物藏的温度，使得水合物在自身性质不变的情况下，偏离平衡条件而分解，而注剂法则主要通过注入化学剂改变水合物自身的性质，具体为在温度相同的条件下提高水合物的平衡压力或在压力相同的条件下降低水合物的平衡温度，从而达到分解水合物的目的。这是因为温度相同时，含化学剂的水合物体系的平衡压力比不含化学剂的水合物体系的平衡压力更高。

目前研究较多的化学剂有盐水、甲醇和乙二醇等。相对而言，甲醇的作用效果好于乙二醇，Messoyakha气田水合物藏的开采初期（Kelleher et al., 2007），往两口井底部层段注入甲醇后，其产量增加6倍，但甲醇的毒性使其在很多地区的使用受限。目前研究较多的化学剂是乙二醇。

研究者对注剂法开采天然气水合物藏进行实验和模型研究。实验研究结果表明，水合物的分解速率与化学剂种类、注入浓度、注入压力和温度有关。一般而言，天然气水合物藏的产气速率随化学剂注入速率和注入浓度的提高而提高。

四、新型天然气水合物藏开采技术

除了以上常规开采方法，还有置换法、直接开采法等天然气水合物藏开采方法。置换法指利用天然气与其他水合物生成气之间平衡条件的差别，在适宜的压力下注入较易生成水合物的气体如二氧化碳等，与天然气水合物接触并达到气-固平衡，使水合物中的部分天然气组分（主要是甲烷）释放出来，二氧化碳进入水合物相。整个置换过程中水合物藏的宏观结构基本不变，因此不会影响水合物藏的力学稳定性（Ren et al., 2010）。这种方法的另一个优点是在采出天然气的同时将二氧化碳等温室气体埋藏于地下，减少空气中的二氧化碳含量，从而减小其温室效应。但其面临的主要问题是反应速率慢，置换效率很低。另外由于大多数地层水合物都是不饱和的，注入地下的二氧化碳可能首先与游离水反应，从而降低了置换效率。直接开采法指使用特殊设备直接开采水合物岩层，在保温条件下用轮船将其运至陆地再分解，做进一步处理，这种方法目前研究较少（Tonnet and Herri, 2009）。

第二节　水合物沉积物渗透率和热导率测定研究

一、渗透率测定研究

当沉积物（沙子）中不含水合物时，其有效渗透率也称绝对渗透率，是一个只与沉积物颗粒特性、流体物性等相关的物理量，不受体系流体流速的影响。为了探索不同沙子粒径、孔隙度及水合物饱和度情况下沉积物中气水相有效渗透率变化特征，首先需要精确测定不含水合物沉积物体系的绝对渗透率，从而进一步研究体系各相流体渗透率之间的相互关系。研究设计的一维实验装置能够实现不同方向上渗透率的测试，并消除以往实验装置在低流量情况下流体串流的现象，能够更精确地测量不同状态下体系渗透率变化特征。首先进行了不含水合物渗透率测定实验，结果如图 10-1 所示。

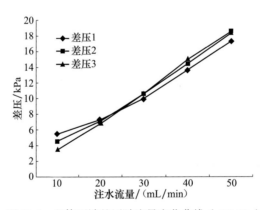

图 10-1　釜体两端差压随流量变化曲线（6.3MPa）

可以看出随着注入水流量的不断增大，反应釜两端的压力差呈线性增长。此外，不同实验组下的测量结果具有很好的重复性，进一步验证了装置的可靠性和可重复性。

图 10-2 为 6.3MPa 下体系绝对渗透率在不同流量下的理论计算值。可以看出在不同流量情况下，体系的绝对渗透率基本一致，只有在低流量（10mL/min）下绝对渗透率略偏低，这可能是由于沙子中残余少量自由气，在低流量情况下对液相水的影响相对突出，造成所测水相渗透率相对偏低。当实验时间足够长，残余气基本被完全排出，此时低流量情况下渗透率与其他流量下一致，如第三组测试实验（渗透率 3）。

图 10-3 与图 10-4 为不同压力下体系绝对渗透率对比，可以看出两者基本一致，表明体系绝对渗透率是一个不受压力变化的物理量。

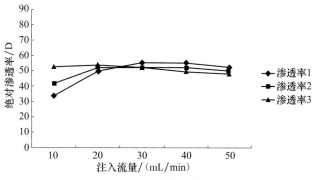

图 10-2　6.3MPa 下体系绝对渗透率

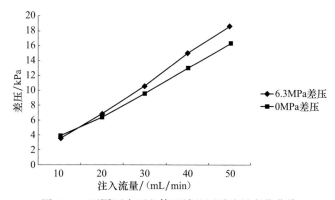

图 10-3　不同压力下釜体两端差压随流量变化曲线

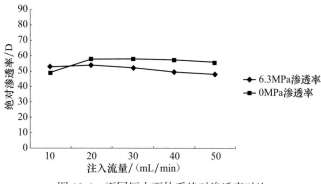

图 10-4　不同压力下体系绝对渗透率对比

当沉积物（沙子）中生成水合物后，其有效渗透率相对降低，从而影响体系的气、液流动特性。探索不同沙子粒径、孔隙度及水合物饱和度情况下沉积物中气水相有效渗透率变化特征是天然气水合物开采过程中多相流动的一项基础理论研究，在一维实验装置上进行含水合物沉积物有效渗透率的测定实验。

如图 10-5 给出了实验过程中体系温度压力变化曲线，可以看出，由于注水带入热量，从入口段开始温度缓慢上升，会导致一部分水合物分解，因此当温度上升至一定值时，需停止实验（该实验中取 10℃），以免水合物分解过多，误差增大。

图 10-6 为实验过程中体系有效渗透率变化情况。可以看出在不同流量情况下，体

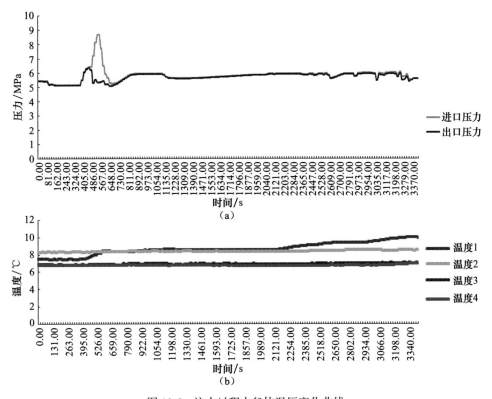

图 10-5　注水过程中釜体温压变化曲线

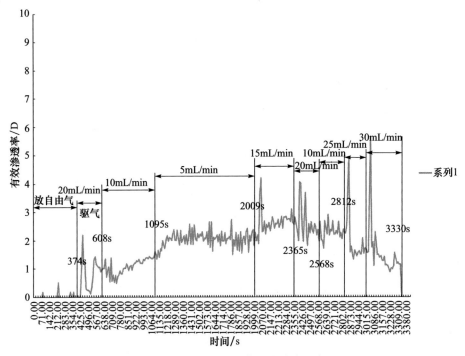

图 10-6　实验过程中体系有效渗透率

系有效渗透率波动较小,但是当实验进行一定程度时,带入的热量较多,造成水合物分解情况加剧,使体系渗透率发生改变。该实验中在水合物饱和度为 11.94% 情况下体系有效渗透率大约为 2D,对比不含水合物体系的渗透率可以看出,含水合物体系的渗透率明显的降低。

二、热导率测定研究

含水合物沉积物的热导率测定是研究沉积物中天然气水合物分解过程传热、传质的规律的重要内容,本书采用瞬态测量 + 稳态测量共同测量导热系数。以热探针为基础,在反应釜中生成水合物,然后一定的热量从反应釜轴线沿着径向传导,开始计时,测量温度的变化。

设计的反应釜如图 10-7 所示,热探针处于圆柱形反应釜的轴线处,在反应釜上有 3 个热探针用来测量不同径向处的温度。

图 10-8 与图 10-9 分别给出了含水合物沉积物中导热系数测量实验中热探针温度变化过程,实验条件与结果由表 10-1 给出。从表 10-1 可以看出,水合物饱和度对体系整体导热系数的影响不是很大,这是因为水导热系数 [约 0.5W/(m·K)] 与纯甲烷水合物 [0.5～0.6W/(m·K)] 比较接近,在不同的水合物饱和度下,由于水合物的生成,水的饱和度相应减小,而水与水合物总的饱和度基本保持不变,因而体系总的导热系数变化不大。

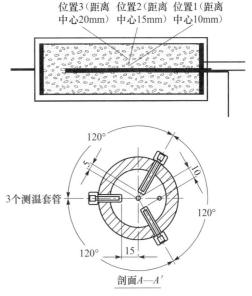

图 10-7 测量装置示意图

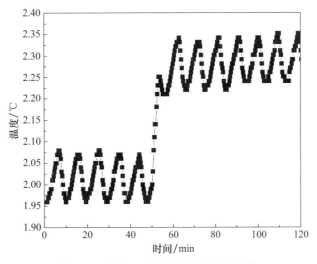

图 10-8 实验 1 热探针温度随时间变化

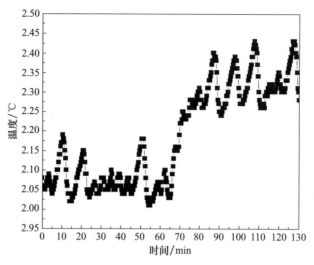

图 10-9　实验 2 热探针温度随时间变化

表 10-1　含水合物沉积物导热系数测量结果

实验	水合物饱和度 /%	气体饱和度 /%	水饱和度 /%	温度 /℃	温升 /℃	导热系数 /[W/(m·K)]
实验 1	10.5	9.5	80	2.15	0.27	1.55
实验 2	40	10	50	2.20	0.26	1.61

第三节　水合物沉积物分解渗流特性的核磁共振实验研究

一、填砂模拟沉积层中水合物分解特性的 MRI 实验及分析

在建立的水合物沉积物 MRI 实验装置上，采用四氢呋喃水合物为研究对象进行分解特性的 MRI 成像实验。

实验中使用了 BZ-4、BZ-3、BZ-2、BZ-1 和 BZ-04 这 5 种填砂模拟沉积层，其具体参数如表 10-2 所示。

表 10-2　填砂模拟沉积层的参数

填砂编号	粒径范围 /mm	孔隙度 /%
BZ-4	3.962～4.699	44.7
BZ-3	2.500～3.500	43.9
BZ-2	1.500～2.500	41.6
BZ-1	0.991～1.397	40.5
BZ-04	0.350～0.500	37.5

　　水合物完全生成并稳定 5h 后开始分解实验。分解过程中样品管温度从 3℃升高到 8℃或 5.5℃。为保证实验的可重复性，每组实验进行 4 次。图 10-10 是 8℃时水合物分解过程的 MRI 图像。暗色的部分是填砂颗粒和水合物，亮色的部分是分解后的四氢呋喃溶液。随着水合物分解，固相的水合物变为液相的四氢呋喃溶液，图像的亮度逐渐增强。初始状态 5 种填砂沉积层中四氢呋喃水合物的饱和度是不同的。从图 10-10 可以直观地看出样品的 MRI 信号强度均匀地增加，可以认为 5 种填砂模拟沉积层中四氢呋喃水合物的分解都是比较均匀的。这种均匀性可能由于加热速率比较小，加热过程缓慢且模拟沉积层的导热性较好所致。

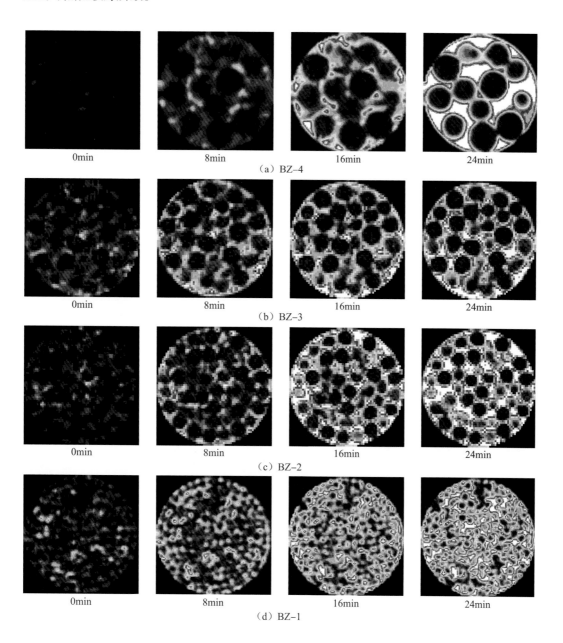

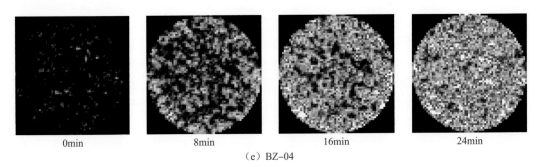

（e）BZ-04

图 10-10　8℃填砂模拟沉积层中四氢呋喃水合物分解 MRI 图像

当分解温度升高到较高温度时加热速率增大，可以看到分解部分呈一个环形从样品的边缘向内推进。如图 10-11 所示，当分解温度为 8℃时，四氢呋喃水合物的分解比较均匀，没有出现环形的分解前缘。分解温度设定为 20℃时，明显出现环形的分解前缘。提高分解温度时可以明显地观察到水合物首先从管壁处开始分解，并随时间逐渐向内推进，而不是比较均匀的分解。

当出现分解前缘时，由于分解产生四氢呋喃溶液，溶液和水合物界面产生热阻，不利于热量进一步向样品内部传递，特别是气体水合物分解后产生气体热阻对热量传递的影响会更大。因此从对水合物的分解控制效果来看，希望分解过程是均匀的，所以在采用热分解方式时有必要控制加热速率。

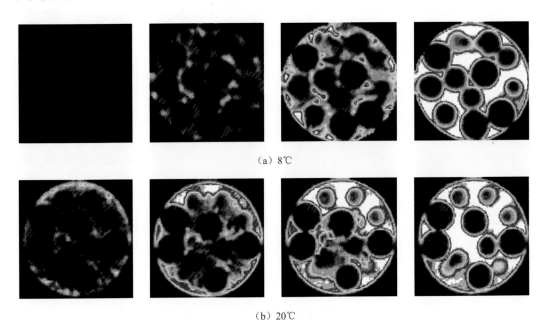

（a）8℃

（b）20℃

图 10-11　BZ-4 填砂模拟沉积层中不同温度下四氢呋喃水合物分解特性的 MRI 图像

水合物在 5 种填砂模拟沉积层中分解过程的饱和度变化可以由图 10-11 所示的 MRI 图像数据中反演得到。

图 10-12 是 8℃时分解过程中四氢呋喃水合物饱和度的变化曲线。随着分解过程的进行，分解速率先逐渐增大，而后逐渐减小直到分解结束。

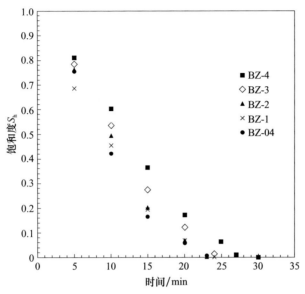

图 10-12 分解过程中四氢呋喃水合物饱和度的变化曲线

样品在 5.5℃和 8℃完全分解所用的时间如图 10-13 和图 10-14 所示。

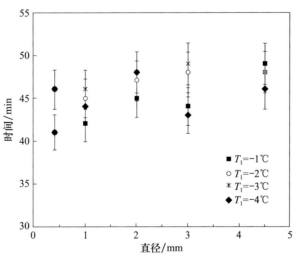

图 10-13 5.5℃完全分解所需的时间

T_1 为生成温度，误差范围 ±5%

由此可见，分解速率和最终分解时间最主要的决定因素是分解温度或加热速率，而不是颗粒粒径或生成温度的大小。常理认为，填砂粒径越小，导热面积越大，分解速率应该越快。但在实验中水合物在粒径不同的填砂中完全分解所用的时间并没有明显的

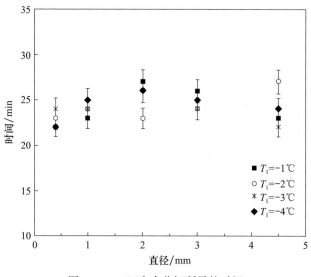

图 10-14　8℃完全分解所需的时间

T_1 为生成温度，误差范围 ±5%

差异。但对于有没有沉积层的存在这种差异却是很明显的，对于纯四氢呋喃溶液，分解同体积的水合物在 5.5℃需要 110min，而在 8℃时需要 65min。在填砂模拟沉积层中，这两个温度下的完全分解时间却为 40～50min 和 20～30min，远远小于纯溶液体系中的分解时间。这说明沉积层对水合物分解的传热产生较大影响，实验中的填砂模拟沉积层增大了导热系数，使四氢呋喃水合物的分解速率增大。

通过对四氢呋喃水合物的分解过程的 MRI 图像分析，得出以下结论：MRI 可以有效地监控四氢呋喃水合物的分解过程，确定水合物相和非水合物相的空间分布，计算水合物饱和度，为研究水合物生长与分解动力学提供了一种新的手段；沉积层中四氢呋喃水合物的分解速率主要取决于分解温度，与分解温度相比，颗粒粒径大小对分解速率的影响很小。

二、填砂模拟沉积层中单相、气液两相流体流动的 MRI 成像测速实验

利用 MRI 测速实验方法可对单相液体及气液两相流体在填砂模拟沉积层中的流动进行速度测量实验。

首先对去离子水在 BZ-06 填砂模拟沉积层（粒径 0.50～0.71 mm，孔隙度 39.2%）中的流动进行 MRI 测速。图 10-15 为流量 1mL/min 和 3mL/min 时水在 BZ-06 填砂中流动的流速分布。

从 MRI 速度分布来看，纯水在填砂模拟沉积层中的孔隙通道内形成渗流。局部孔隙通道中流速比其他地方大，这些孔隙通道是沉积层中流通性能较好的流道，一旦通道被打开，水就会一直沿着这些通道流动。随着流量的增大，能够打开的通道数量也越多，通道中的流速也随之增大。

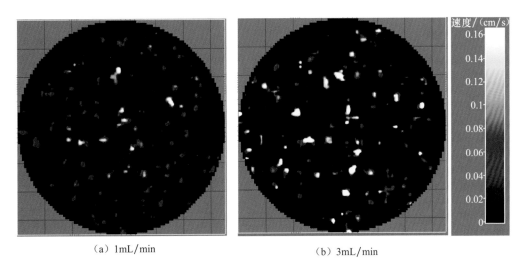

（a）1mL/min　　　　　　　　　　（b）3mL/min

图 10-15　纯水在 BZ-06 填砂中流动的 MRI 速度分布

同时对 CO_2 与水的气液两相流动进行实验，不同横截面位置处的孔隙度和 CO_2 的饱和度可以从 MRI 图像的亮度分布中获得。得到的水和 CO_2 在不同位置处的达西速度曲线分别如图 10-16 和图 10-17 所示。

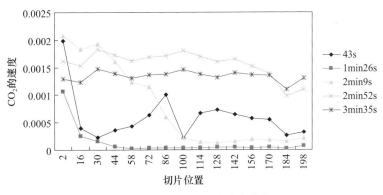

图 10-16　CO_2 的速度分布曲线

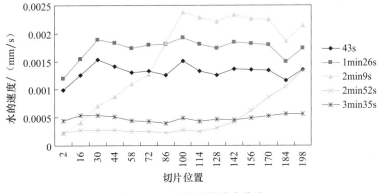

图 10-17　水的速度分布曲线

图 10-16 显示了随着 CO_2 的注入过程的进行，样品管不同位置处 CO_2 的速度变化情况。43s 和 1min 26s 时驱替过程刚刚开始，样品管入口处 CO_2 速度很大，随着位置的不断深入，其速度急剧减小，管中大多数位置 CO_2 的速度几乎为零；2min 9s 时，由所得的 MRI 图像可知，CO_2 已占据管子的前半部分，此图线也显示在管子前半部分 CO_2 的速度很大，并在 CO_2 与水相接处速度急剧降低，被水所占区域 CO_2 速度仍然很小；到 2min 52s 及 3min 35s 时，驱替过程接近尾声，CO_2 的速度曲线接近水平，且上升至 0.0015mm/s，但 2min 52s 时，由于管子末端水未完全驱替干净，其产生的阻力使 CO_2 的速度在管子前部时高于 3min 35s 时 CO_2 的速度，并在 CO_2 与水相接处速度有所减小，并降低到 3min 35s 时的速度以下。

而水被 CO_2 驱替时的速度分布情况显示在图 10-17 中。43s 时速度曲线接近水平，在进口处由于 CO_2 的进入导致水的流速较低；1min 26s 时速度曲线仍显示水平，但由于驱替的深入，CO_2 的推动使得其速度明显比 43s 时的速度高；2min 9s 时水的速度在前半部分成线性变化，在中部达到最高之后保持不变；2min 52s 时水的速度明显降低，在管子前部降低到 0.0005mm/s 以下，末端成线性变化；水在 3min 35s 时驱替过程结束，水的速度不再发生变化并全部达到 0.0005mm/s 以下。

上述所得 CO_2 和水在填砂模拟沉积层中的速度曲线很好地描述了实际情况，因而证明本节所用的达西速度计算方法可以用来计算多孔介质中的速度分布，且所得速度曲线能够为多孔介质中的速度分布的数值模拟提供实验依据。

三、多孔介质内气、水两相流场与温度场的 MRI 成像实验模拟

应用 MRI 对水合物生成的多孔介质进行扫描，获得多孔介质中天然气水合物的三维可视化图像，同时利用开发的核磁共振成像流速测量脉冲序列对天然气水合物在核磁管中的注热分解过程进行测试。

通过控制压力及注入热流速度分解测试分析天然气水合物沉积物在降压分解过程的储层内部结构变化规律，以及下端注热分解过程多孔介质中热流体流动过程，该部分的实验测试主要为后续的数值模拟天然气水合物分解过程内部渗透率及相对渗透率提供数值岩心，并与数值模拟储层中的多相流动进行对比。

1. 天然气水合物降压分解过程内部储层结构变化规律

通过 3D 重建获得水合物生成及分解过程不同时刻的三维骨骼结构图，图 10-18 为天然气水合物降压分解过程及储层内部结构的变化规律（为后续数值模拟不同阶段的渗透率提供数值岩心），通过在线测量发现在核磁反应釜中不添加抑制剂的条件下水合物生成饱和度相对较低，在 20% 左右，同时水合物的生成主要在反应釜壁面附近，这可能与第三界面效应有关。

2. 天然气水合物沉积物中注入热流体开采过程中热流体速度分布规律

实验选用自旋回波和改进的自旋回波多断面扫描（SEMS）序列成像，对下端注热天然气水合物分解过程进行在线测量，通过测试获得水合物分解界面不同时刻的质子信号图，并进行相位变化可获得天然气水合物多孔介质中同一界面不同时刻的速度分布图像，如图 10-19 所示。

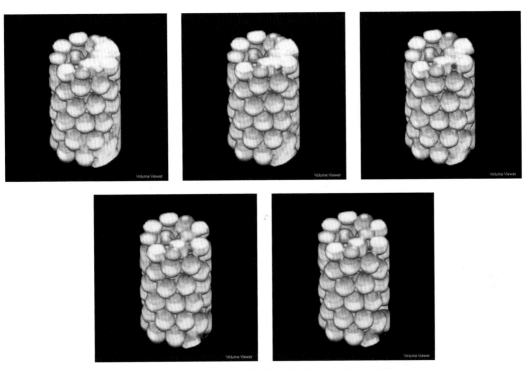

图 10-18　天然气水合物分解降压分解过程 3D 结构

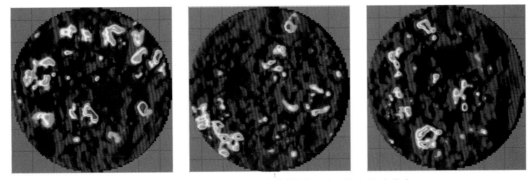

图 10-19　不同时刻天然气水合物同一界面热流流速分布

如图 10-19 所示，热流体注入过程速度分布具有较大的随机性，在水合物核磁反应釜的界面周围相应有较高的流速，这可能与该区域水合物分解量较大、孔隙结构变化较为明显有关，该实验主要是初步获得了水合物分解界面流速场，对于流动规律的分析仍需深入，并与数值模拟结果进行相应的对比。

3. 天然气水合物分解过程的流动分析

由于甲烷水合物生成速率缓慢，容易出现生成不均匀和饱和度低等情况影响实验观察，故实验采用的水是 1000ppm 的 SDS 溶液，以加速甲烷水合物均匀快速的生成。在天然气水合物生成结束之后，向岩心管中以指定速度注入25℃的去离子水，设定背压阀至指定压力，使水合物开始分解。同时，利用核磁共振仪器对天然气水合物分解过程中的流动进行即时成像。

图10-20为天然气水合物注热分解的实时图像，其中白色部分为自由水，采像时间间隔为20min。分解条件为压力3MPa，注入速度为0.5mL/min，注入温度为25℃。

整个注入的过程中并没有出现明显的驱替界面，注入的水从采像区域的右下角进入，并很快沿右侧管壁从右上角窜出。从第四张图片可明显地看出在水合物未分解区域中的自由水含量明显下降，说明天然气水合物分解产生的自由气体会将其附近的自由水从空隙中驱出，从而占满空隙。随着注入时间的推移，水合物逐渐分解缩小，至最后仍有少量气体未驱出完全，在空隙中形成气泡。

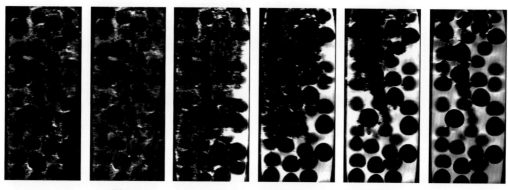

图10-20 3MPa, 0.5mL/min, 25℃水驱 CH_4 水合物纵截面

图10-21为天然气水合物在分解压力为6MPa，注入速度为0.5mL/min，注入温度为25℃情况下的实时分解图像，采像时间间隔为20min。

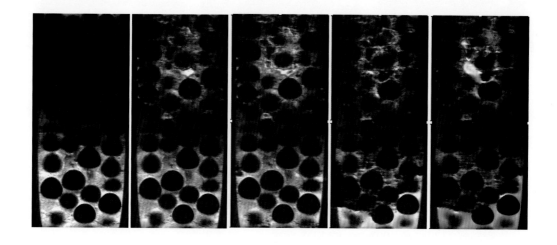

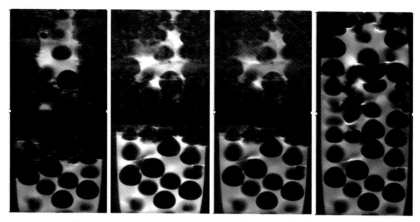

图 10-21　6MPa, 0.5mL/min, 25℃水驱 CH₄ 水合物纵截面

　　实验一开始热流注入便使水合物分解，形成气团聚集在视野上部，之后水又沿中部的孔道直接窜出。但与 3MPa 分解情况不同的是，随着水的注入，天然气水合物量并没有随之减少，相反产生二次生成的现象，致使注热开采效率明显降低。之后随着热流的注入，采样区域内温度也随之升高，天然气水合物才被热流置换驱出，同 3MPa 实验，仍有甲烷气泡残留。

第四节　LBM 数值模拟技术应用于沉积物中水合物分解渗流特性研究

一、LBM 数值模型的建立与验证

　　多相多组分流存在广泛，宏观动力学行为复杂，往往伴随组分扩散、相变、相界面的产生及运动等。传统流体动力学模型和模拟方法面临很大困难。在物理本质上，多相多组分体系的宏观动力学行为是组分或相之间微观相互作用的宏观体现。因此如果能够建立一种流体模型，使这些相互作用得到正确的描述，就可以从底层描述这类复杂的流动。格子 Boltzmann 方法（LBM）的微观本质和介观特点为建立这种模型提供了可行的框架。格子 Boltzmann 方法出现后，多相多组分模型的研究一直是这一领域的主题之一。多相多组分的格子 Boltzmann 方法发展至此，主要有颜色模型、Shan-Chen 模型及自由能模型等。这些模型分别从不同的角度描述流体内各组分间的相互作用。1993 年 Shan 和 Chen 提出一种多相多组分格子 Boltzmann 模型，这一模型的最大特点是用一种伪势直接描述分子间相互作用。此后 Shan 和 Doolen 对基本模型做了改进。伪势模型直接对微观相互作用力进行描述，能够反映多相多组分流体动力学的物理本质，因而得到比较广泛的应用。本书的模拟计算均采用伪势模型。

　　模型可以模拟任意数量的不同分子量的组分，设有组分 S 种。第 k 组分的格子 Boltzmann 方程形式如下：

$$f_i^k(x+e_i, t+1) = f_i^k(x,t) + \Omega_i^k(x,t)$$

（10-1）

为简化，碰撞项采用线性化的单松弛时间形式：

$$\Omega_i^k(x,t) = \frac{-1}{\tau_k}\Big[f_i^k(x,t) - f_i^{k(eq)}(x,t) \Big] \tag{10-2}$$

式中，$f_i^k(x,t)$ 为 t 时刻 x 点处 k 组分的分布函数，$k=1,2,3,\cdots,S$，表示组分，$i=0,1,2,\cdots,b$，表示方向；τ_k 为第 k 相平均碰撞时间，并决定第 k 相流体的黏度；$f_i^{k(eq)}(x,t)$ 为相应的平衡态分布函数。

对 D2Q9 模型，平衡态分布函数可取形式如下：

$$f_i^{k(eq)} = \begin{cases} \alpha_k n_k - \dfrac{2}{3} n_k (u_k^{eq})^2 & i=0 \\[2mm] \dfrac{(1-\alpha_k)n_k}{5} + \dfrac{1}{3} n_k e_i u_k^{eq} + \dfrac{1}{2} n_k (e_i u_k^{eq})^2 - \dfrac{1}{6} n_k (u_k^{eq})^2 & i=1,\cdots,4 \\[2mm] \dfrac{(1-\alpha_k)n_k}{20} + \dfrac{1}{12} n_k e_i u_k^{eq} + \dfrac{1}{8} n_k (e_i u_k^{eq})^2 - \dfrac{1}{24} n_k (u_k^{eq})^2 & i=5,\cdots,8 \end{cases} \tag{10-3}$$

式中，n_k 为壁面数量密度；u_k 为等效速度；e_i 为离散速度向量

$$\begin{aligned} & e_0 = (0,0) \\ & e_1 = (1,0), \ e_2 = (0,1), \ e_3 = (-1,0), \ e_4 = (0,-1) \\ & e_5 = (1,1), \ e_6 = (-1,1), \ e_7 = (-1,-1), \ e_8 = (1,-1) \end{aligned} \tag{10-4}$$

α_k 为自由参数，与声速有关，即 $c_s^k = \dfrac{3}{5}(1-\alpha_k)$。为了模拟不同分子质量的流体，令 $(c_s^k)^2 m_k = c_0^2$，其中 $c_0^2 = \dfrac{1}{3}$，m_k 为第 k 相流体的分子质量，$m_k \geqslant 1$。

在伪势模型中，分子间的作用力通过对平衡态速度的影响来改变平衡态分布

$$\rho^k u^{k(eq)} = \rho^k u' + \tau_k F_k \tag{10-5}$$

式中，$\rho_k = m_k n_k$。

相间相互作用力为 0 时，为使碰撞满足动量守恒，Shan 和 Doolen 重新定义了平衡速度计算式中的 u' 项

$$u' = \left(\sum_{k=1}^{s} \frac{\rho^k u^k}{\tau_k} \right) \Big/ \left(\sum_{k=1}^{s} \frac{\rho^k}{\tau_k} \right) \tag{10-6}$$

F_k 包括 3 个部分：第 k 组分与其他流体组分间的相互作用力 F_{1k}，第 k 组分与固体壁面的相互作用力 F_{2k}，第 k 组分所受质量力 F_{3k}。计算式如下：

$$F_{1k} = -\psi_k(x) \sum_{x'} \sum_{\bar{k}=1}^{s} G_{k\bar{k}}(x,x') \psi_{\bar{k}}(x')(x'-x) \tag{10-7}$$

式中

$$G_{k\bar{k}}(x,x') = \begin{cases} g_{k\bar{k}}(x,x'), & |x-x'| = e_i (i=1,\cdots,4) \\ g_{k\bar{k}}(x,x')/4, & |x-x'| = e_i (i=5,\cdots,8) \\ 0, & \text{其他} \end{cases} \tag{10-8}$$

$\psi_k(x)$ 为 $n_k(x)$ 的函数，为简便一般直接取为 $n_k(x)$。计算相互作用势后，碰撞不再满

足局部动量守恒。但是可以发现在 $G_{k\bar{k}}$ 为对称矩阵及边界处无动量交换的情况下整个计算区域上流体满足动量守恒。

$$F_{2k} = -\psi_k(x)\sum_{x'} g_{kw} n_w(x')(x' - x)$$ （10-9）

式中，n_w 为壁面数量密度；g_{kw} 为第 k 相同固体壁面间的作用力参数，当 $g_{kw}>0$ 时，第 k 相为非润湿性流体，$g_{kw}<0$ 时为润湿性流体。

$$F_{3k} = m_k n_k g$$ （10-10）

式中，g 为单位质量受力。

显然，计算相互作用势后，流体内部节点碰撞不再满足局部动量守恒。但可以发现在 $g_{k\bar{k}}$ 为对称矩阵及边界处无动量交换的情况下整个计算区域上流体满足动量守恒。

用 Chapman-Enskog 方法可得到混合流体的连续方程和动量方程：

$$\frac{\partial \rho}{\partial t} + \nabla(\rho u) = 0$$ （10-11）

$$\rho\left[\frac{\partial u}{\partial t} + (u\nabla)u\right] = -\nabla p + \nabla\left[\rho v(\nabla u + u\nabla)\right] + \rho g$$ （10-12）

式中，$\rho = \sum_k \rho_k$ 为混合流体的密度。

总速度 u 定义为

$$\rho u = \sum_k \rho_k u_k + 0.5\sum_k F_k$$ （10-13）

压力 p 定义为

$$p = \frac{1}{3}\sum_k n_k + \frac{3}{2}\sum_{k,\bar{k}} G_{k\bar{k}}\psi_k\psi_{\bar{k}}$$ （10-14）

黏度 v 定义为

$$v = \frac{1}{3}\left(\sum_k \frac{\rho_k}{\rho}\tau_k - \frac{1}{2}\right)$$ （10-15）

采用格子 Boltzmann 方法中的伪势模型建立数值计算模型。

为验证建立的模型的正确性，应用该模型对两个算例静态气泡和层状两相流进行模拟。

首先应用该模型对静态气泡的特性进行模拟。静态气泡在日常生活中较为常见，Young-Laplace 定律描述气泡内外压力差与气泡半径的关系，表述为

$$P_i - P_o = \frac{2\rho}{R}$$ （10-16）

式中，P_i 为气泡内部压力；P_o 为气泡外部压力。

在对二维静态气泡的模拟计算中，流体区域设为 101×101 格子，在方形流体区域的 4 个边界上均采用周期边界条件。形成气泡的流体相记为 0 相，气泡外流体相记为 1 相。初始在以（50,50）为圆心，R 为半径的区域内，n_0 设为 2.0，n_1 为 0.0002，圆外区域 n_0 为 0.0002，n_1 为 2.0，分子质量 m_0、m_1 均设为 1.0。驰豫时间 $\tau_0=1.5$，$\tau_1=1.5$。经过

测试，$G_{0,1}$ 值应取 0.2 左右。

1. 对 Young-Laplace 定律的模拟

为验证 Young-Laplace 定律，在初始时设定不同的半径值，R 分别取 10、15、20、25、30。在计算收敛后，将 0、1 两相密度比为 1∶1 的位置作为气泡界面。

表 10-3、表 10-4 给出了不同初始半径下 $G_{k\bar{k}}$ 为 0.2、0.22 时，计算收敛后气泡的最终半径、内外压力差及相应的界面张力。

表 10-3 $G_{k\bar{k}}$=0.2 时计算结果

参数	初始半径 R/mm					
	10	15	18	20	25	30
最终半径 /mm	9.5890	14.7352	17.6767	19.7982	24.7908	29.7356
压力差 /kPa	0.0430	0.0275	0.0228	0.0204	0.0162	0.0135
界面张力 /（N/S²）	0.4121	0.4057	0.4036	0.4035	0.4021	0.4025

表 10-4 $G_{k\bar{k}}$=0.22 时计算结果

参数	初始半径 R/mm					
	10	15	18	20	25	30
最终半径 /mm	9.6174	14.7634	17.6853	19.8146	24.7915	29.7245
气泡内外压力差 /kPa	0.0458	0.0295	0.0244	0.0218	0.0174	0.0145
界面张力 /（N/S²）	0.4409	0.4353	0.4321	0.4322	0.4303	0.4303

根据表 10-3、表 10-4 的数据得到结果如图 10-22 所示。对表 10-3 数据的最小二乘拟合结果：斜率 0.4172，截差为 -0.0006；对表 10-4 数据拟合结果：斜率 0.4467，截差为 -0.0007。这两种情况下的模拟结果都显示出与 Young-Laplace 定律很好的吻合，验证了模型的正确性。另外从图 10-22 可明显看出 $G_{k\bar{k}}$ 增大使界面张力增大。

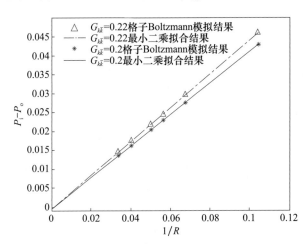

图 10-22 $G_{k\bar{k}}$=0.2、0.22 时气泡内外压力差与半径倒数的关系图

2. 相间力参数 $G_{k\bar{k}}$ 对模拟结果的影响

在伪势模型中由于存在构造的相间力，在两相的界面处存在虚假流动如图 10-23 所

示，且相间力的大小也关系着两相的混相程度大小。在模拟两相问题时，既要减小虚假流动又要减小两相混相程度。用模拟区域上速度的模的最大值 V 衡量虚假流动的大小，用气泡外流体区域各节点中 0 相流体的密度最小值 ρ_{0min} 衡量两相流体的混相程度。

图 10-23 为伪势模型模拟静态气泡所得的速度场。从图 10-23 可见，在相界面附近有最大的虚假速度，这是因为相界面处的模型构造的保持相分离的相间力最大。

表 10-5 给出了不同初始半径下 $G_{k\bar{k}}$ 为 0.2、0.22 时的值。

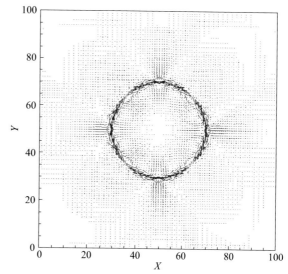

图 10-23 气泡模拟中速度矢量图

表 10-5 $G_{k\bar{k}}$=0.2、0.22 时 V 和 ρ_{0min} 的结果

参数	$G_{k\bar{k}}$	R					
		10	15	18	20	25	30
$V/(\text{mm/s})$	0.2	0.0341	0.0407	0.0395	0.0444	0.0434	0.0436
	0.22	0.0383	0.0520	0.0458	0.0559	0.0519	0.0508
ρ_{0min}	0.2	0.0054	0.0045	0.0046	0.0042	0.0041	0.0041
	0.22	0.0045	0.0037	0.0039	0.0035	0.035	0.0035

从表 10-5 可以看出：$G_{k\bar{k}}$=0.22 时虚假流动情况要比 $G_{k\bar{k}}$=0.2 时严重，但其混相程度要比 $G_{k\bar{k}}$=0.2 时小。因此在进行数值模拟时，应综合考虑两个方面因素选取合适的 $G_{k\bar{k}}$ 值。

3. 气泡内外黏度比不同时的模拟

取 τ_0=1.5、τ_0=1.0、τ_0=1.5、τ_0=0.83、τ_0=1.5、τ_0=0.75，即黏度比为 1:2、1:3、1:4 这 3 种情况计算，考察内外黏度不同时模拟结果与 Laplace 定律的吻合性。在此模拟中 $G_{k\bar{k}}$ 取值 0.2。

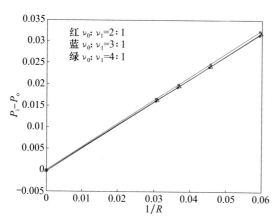

图 10-24 气泡内外黏度比分别为 2:1、3:1、4:1 时气泡内外压力差与半径倒数的关系

由图 10-24 和表 10-6 结果显示，在气泡内外黏度不同时，其模拟结果仍与 Young-Laplace 定律很好地吻合。且从图 10-24 可以看到对于不同的黏度，所得的拟合直线几乎重合。

表 10-6　图 10-24 中数据的最小二乘拟合结果

黏度比	拟合直线	界面张力（直线斜率）	截差
2：1	红	0.53022	-3.1187×10^{-6}
3：1	蓝	0.53782	-0.00034513
4：1	绿	0.54191	-6.705×10^{-5}

然后应用该模型对管内层状两相流进行模拟（图 10-25）。

在二维管道中，充满两种不混溶的流体 A、B。设 $|x|<a$ 的区域中流体为 A，$a<|x|<b$ 的区域中流体为 B，$y=a$、$y=-a$ 为两相流体的分界面，两种流体的动力黏度分别为 v_A 和 v_B。若两种流体同时受 y 方向上单位质量力 G_r，则根据 Navier–Stokes 方程可得到管道内流体流速的解析解。

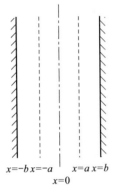

$x=-b$ $x=-a$　$x=a$ $x=b$

$x=0$

图 10-25　层状两相
流示意图

$a<|x|<b$ 时

$$u(x) = \frac{G_r}{2v_B}(b^2 - x^2) \qquad (10\text{-}17)$$

$|x|<a$ 时

$$u(x) = \frac{G_r}{2v_A}(a^2 - x^2) + \frac{G_r}{2v_B}(b^2 - a^2) \qquad (10\text{-}18)$$

对这一问题，流场区域划为 120×240 的网格。左右边界即固体壁面采用半步长反弹格式，上下边界采用周期格式；单位质量力 G_r 设为 -1.0×10^{-5}；相间力参数 G 取值为 0.185。由模型中黏度计算式可以看到通过取不同的驰豫时间可模拟不同黏度的流体。在这里取 3 组驰豫时间 $\tau_A=0.75$、$\tau_B=1.0$，$\tau_A=1.0$、$\tau_B=1.0$，$\tau_A=1.0$、$\tau_B=0.75$，

使 $v_A:v_B=1:2$，$1:1$，$2:1$，分别计算这 3 种情况下的流体速度。

图 10-26 为不同黏度下的流体速度的理论解和数值解。

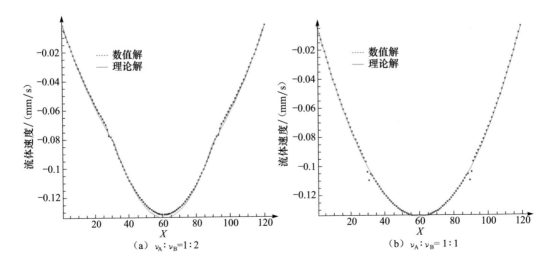

（a）$v_A:v_B=1:2$　　　　　　　　　　（b）$v_A:v_B=1:1$

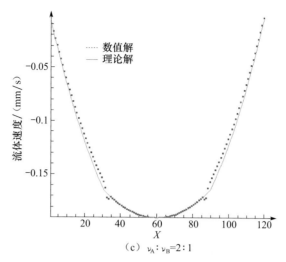

（c）$\nu_A : \nu_B = 2 : 1$

图 10-26　几种不同黏度比下层状两相流的理论解与数值解

由模型中相间力的计算式可知相间力与参数 G_{kk} 成正比，因此 G_{kk} 不宜过大，若 G_{kk} 值过大会使相界面处速度不连续（图 10-27）。

由图 10-27 看出解析解与数值解吻合较好，但在相界面处数值解与解析解有所背离。这是模型中为使两种流体非混相而构造的相间力造成的数值误差。将流速模拟结果与解析解对比，可见有很好的吻合。故验证了伪势模型的正确性和可用性。在以下的模拟计算中均采用伪势（Shan–Chen）模型。

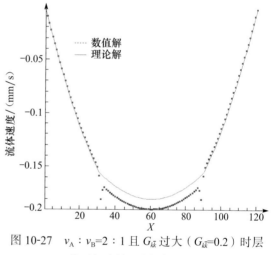

图 10-27　$\nu_A : \nu_B = 2 : 1$ 且 G_{kk} 过大（$G_{kk} = 0.2$）时层状两相流的理论解与数值解

二、LBM 方法应用于复杂微通道内单相和多相流动的初步研究

当多孔介质中的孔隙尺度很小时，微尺度效应不能忽略。利用 LBM 方法考察了复杂微通道内的单相和多相流动特性。

1. 单相流体在带粗糙元的直微通道内的流动

模拟结果如图 10-28 和图 10-29 所示，可以得知带矩形粗糙元和三角形粗糙元的微通道除了在近粗糙元区域流体流场大致相同，在带有矩形粗糙元的壁面附近形成一些漩涡，且这些漩涡的位置、大小、形状和粗糙元的几何形状有着密切的关系。在三角形粗糙元的壁面附近，流场产生明显扭曲现象。

2. 单相流体在带粗糙元的弯曲通道内的流动

带粗糙元的弯曲微通道如图 10-30 所示，弯曲通道的流场如图 10-31 所示，从中可以得知，在弯曲通道内的折弯处产生一些漩涡，漩涡的数量、大小、形状和弯曲通道的

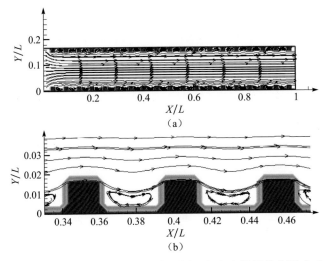

图 10-28　矩形粗糙元复杂通道的流场（a）和局部放大图（b）

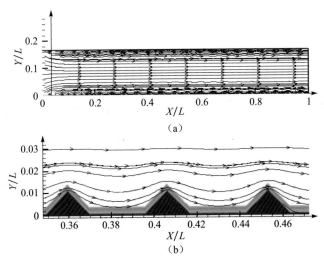

图 10-29　三角形粗糙元复杂通道的流场（a）和局部放大图（b）

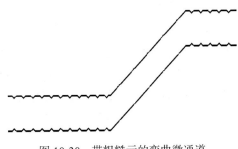

图 10-30　带粗糙元的弯曲微通道

几何形状及粗糙元的形状有着密切关系。这些漩涡在很大程度上影响整个流场。因此，在研究弯曲微通道的流动时，通道和粗糙元的几何形状不能被忽视。

3. 气液两相流体在光滑直通道内的流动

采用 Shan-Chen 两相模型模拟水滴在光滑直通道内的流体特性。从结果可知，系数 G_t=0.4

与 0.35 时，水滴的表面上的接触接小于 90°，通道上下壁面为亲水表面；G_t=0.3、0.25 和 0.2 时，水滴的水平表面上的接触角在 90°～150°，表面为疏水表面；G_t=0.15、0.1 和

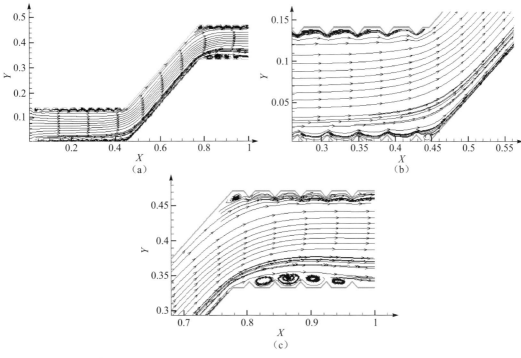

图 10-31 弯曲微通道的流场（a）及局部放大图［（b）、（c）］

0.02 时，水滴在表面上的接触角超过 150°，为超疏水表面，其中，G_t=0.02 为接触角为 180° 的理想超疏水表面，实际中不存在这样的表面。

表 10-7 表面润湿性与 G_t 的关系

表面类型	模拟选用的 G_t 值
亲水表面	0.4，0.35
疏水表面	0.3，0.25，0.2
超疏水表面	0.15，0.1
理想超疏水表面	0.02

模拟结果显示，表面的浸润特性对流动的影响很大，图 10-32 给出了 G_t=0.4 和 0.02 时流动相界面分布情况，其中深蓝色为气体，红色为液体。从图 10-32 可以看到，在亲水表面（G_t=0.4）通道内，液体会吸附在表面上。而在超疏水（G_t=0.02）通道内，液体与壁面之间存在一个微小的空隙，即液体与壁面之间存在一个微薄的空气层。

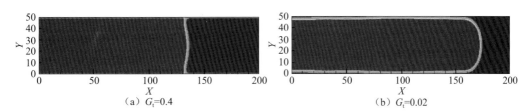

（a）G_t=0.4   （b）G_t=0.02

图 10-32 不同浸润特性光滑表面流动相界面分布（t=600）

4. 气液两相流体在粗糙直通道内的流动

用规则的矩形凸起与凹槽来近似代表超疏水表面的粗糙元，结构如图 10-33 所示，其中浅蓝色矩形区域为均匀分布的粗糙元。取 $w=s=5\mu m$，$h=10\mu m$ 进行模拟计算。

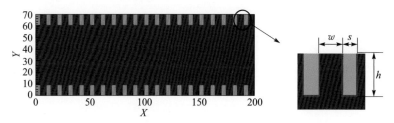

图 10-33　矩形粗糙元粗糙壁面直通道流动计算域

图 10-34 给出了流动达到稳定状态时，不同浸润性通道内流体相界面分布。

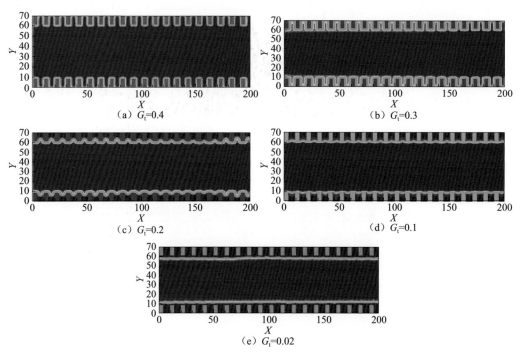

图 10-34　不同浸润特性粗糙表面流动相界面分布（稳定状态）

图 10-34 中深蓝色代表气体，浅蓝色代表固体粗糙元，红色代表液体。亲水表面（$G_t=0.4$）通道内的流动，液体充满粗糙元凹槽内部［图 10-34（a）］；随着 G_t 值的减小，即通道表面的疏水性能逐渐增强，液体在流动过程中进入凹槽内部的液体也越来越少，气体填充在凹槽底部，形成气团［图 10-34（b）～图 10-34（d）］。当 $G_t=0.02$ 时，液体并不进入凹槽内部，从凹槽顶部横掠而过。

图 10-35 是 $G_t=0.02$ 时通道内局部的流线图，通道中心区域是液体的流动，凹槽内部为气团的运动，中心区域液体的流动驱使凹槽内部气团开始运动，并形成涡旋，漩涡

的上部运动方向与液体流速相同。

图 10-36 为不同壁面特性粗糙表面流动接触线的局部放大图，流体最前端在 X 方向的移动距离均为 195 格子。与光滑表面相比，粗糙表面对亲水表面和疏水表面上部的流动都有很大的影响，但是粗糙元的存在对理想的超疏水表面（$G_t=0.02$）上部的流动影响并不大，与光滑表面相比，流体接触线几乎没有什么变化。这是因为流体在绝对理想的超疏水表面上流动时，流体完全脱离固体表面。

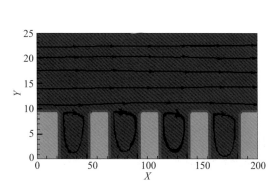

图 10-35　粗糙表面流动流线局部放大图

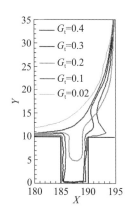

图 10-36　粗糙表面流动接触线局部放大图

三、含水合物均匀多孔介质孔渗饱特性的 LBM 数值模拟研究

应用上述模型，对多孔介质中的水合物分解过程饱和度的变化影响多孔介质渗透率的特性进行模拟。如图 10-37 所示，在 250×250 格子的计算域内红色圆形为半径为 25 的多孔介质骨架颗粒，绿色圆形为在孔隙空间中均匀生成的水合物，假定初始状态骨架颗粒形成的孔隙中心填充圆形水合物颗粒，水合物颗粒半径分别为 R=25、20、15、10 和 5，模拟水合物分解过程饱和度的变化，白色线为流体在孔隙通道中的流线。

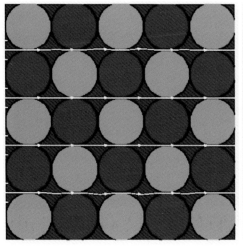

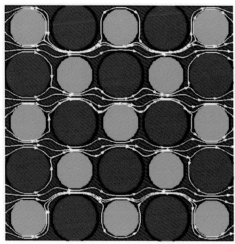

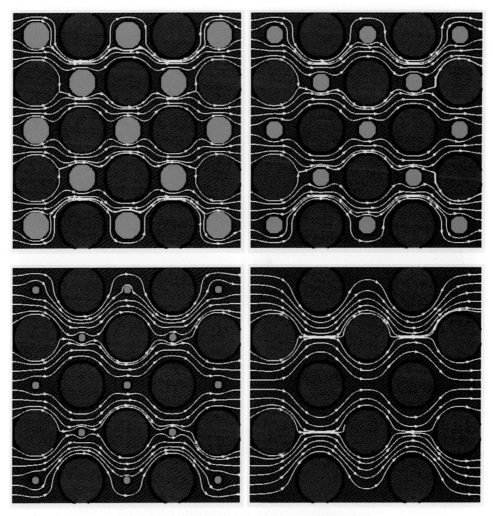

图 10-37　多孔隙空间水合物分解过程模拟流线图

根据水合物的半径可计算孔隙度变化及水合物的饱和度 S_H。左右边界定义为压力边界，压力分别为 $p\_in=1.01$，$p\_out=1.0$，模拟黏度为 1 的流体从左向右流动。得到该计算域内流体的流量 Q 后，根据达西定律可计算该计算单元内的渗透率变化：

$$\kappa = \frac{Q\mu}{A\dfrac{\mathrm{d}p}{\mathrm{d}l}} \tag{10-19}$$

流体黏度 μ、截面积 A 和压力梯度都为常数，所以在此计算域内渗透率与流量成正比。假设水合物半径 $R=0$ 时的渗透率为 $\kappa_0=1$，有水合物存在情况下的渗透率为 κ_{SH}，相对渗透率定义为 $\kappa=\kappa_{SH}/\kappa_0$。由于 κ 和流量 Q 成正比，所以 $\kappa=Q_{SH}/Q_0$。Q_{SH} 为有水合物存在下的计算域总流量，Q_0 为没有水合物存在下的计算域总流量。计算结果如表 10-8 所示。

表 10-8　数值模拟结果

水合物半径	孔隙度 /%	饱和度 /%	截面总流量	相对渗透率
0	62.3	0	1.42	1
5	60.7	2.6	0.97	0.68
10	55.8	10.5	0.59	0.42
15	47.6	23.6	0.25	0.18
20	36.2	42.0	0.05	0.04
25	21.5	65.6	0.0007	0.00

　　水合物饱和度与相对渗透率之间的关系如图 10-38 所示。曲线为 Kozeny 颗粒经验模型水合物占据孔隙中心时相对渗透率与饱和度之间的关系。从图 10-38 可以看出，格子 Boltzmann 数值模拟得到的结果与 Kozeny 颗粒经验模型吻合得较好。

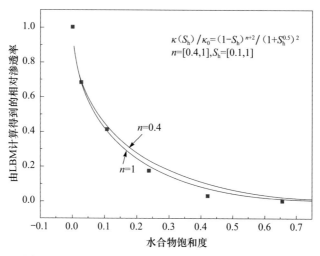

$$\kappa(S_h)/\kappa_0=(1-S_h)^{n+2}/(1+S_h^{0.5})^2$$
$$n=[0.4,1], S_h=[0.1,1]$$

图 10-38　格子 Boltzmann 模拟结果与经验模型的关系

四、LBM 模拟单相流体在多孔介质中的流场

　　开发与实际相结合的物理模型，先从简单均匀的多孔介质物理模型着手（图 10-39），物理模型描述如下：圆球颗粒均匀地分布在流场中，单相流体从左侧流入，从右侧流出。

　　在 LBM 模型中各参数设置如下。

　　计算域 300×300 格子，圆球颗粒 D=50mm，排列方式如图 10-39（红色圆形）所示。左、右边界为压力

图 10-39　流场中多孔介质模型

边界，左边界为进口 $p\_in=1.01$，右边界为出口 $p\_out=1$。图 10-40 为流场图，t 为时间步长。

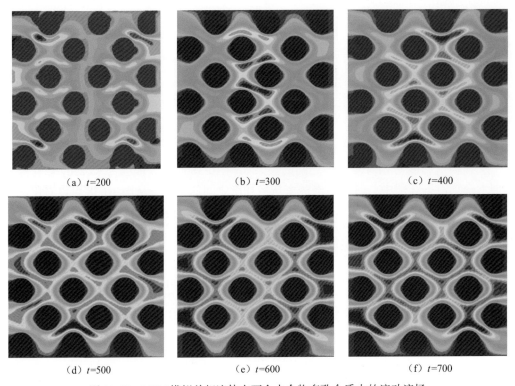

(a) $t=200$ (b) $t=300$ (c) $t=400$

(d) $t=500$ (e) $t=600$ (f) $t=700$

图 10-40 LBM 模拟单相流体在不含水合物多孔介质中的流动流场

在包含水合物的情况下，假设水合物作为骨架的一部分，但这部分骨架不断分解。在 LBM 模型中各参数设置如下。

计算域 300×300 格子，圆球颗粒 $D=50mm$，排列方式如图 10-39（红色圆形）所示。左、右边界为压力边界，左边界为进口 $p\_in=1.01$，右边界为出口 $p\_out=1$。假设水合物同样为规则圆形生长（绿色圆形），占据圆球颗粒中间的孔隙，饱和度根据水合物生长半径 R 计算，图 10-41 为流场图。

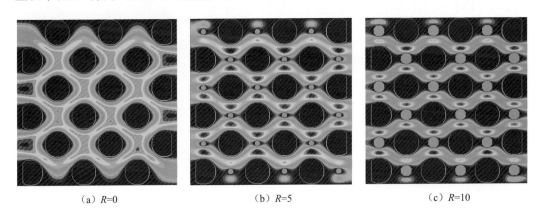

(a) $R=0$ (b) $R=5$ (c) $R=10$

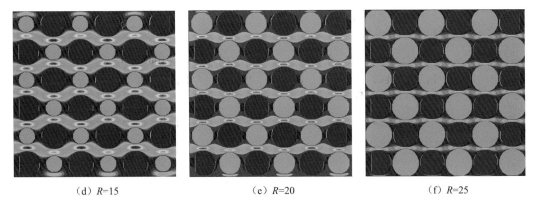

(d) R=15   (e) R=20   (f) R=25

图 10-41   LBM 模拟单相流体在含水合物多孔介质中的流动流场

五、对 MRI 图像处理后进行水合物分解过程模拟

应用 MRI 对水合物生成的多孔介质进行了扫描，获得的断面图像如图 10-42 所示。

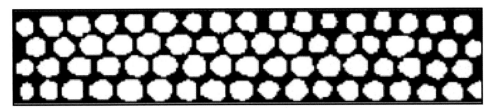

图 10-42   MRI 拍摄水合物骨架结构

经过阈值分割后将 MRI 灰度图像转化成为二值图像，此时的图像只包含 "0" 和 "1" 两种数值，其中 "0" 代表多孔介质的孔隙空间，"1" 代表多孔介质的骨架。这样就把图像转变成了一个可以描述多孔介质的数值矩阵，如图 10-43 所示为部分数值矩阵，为了获得合适的边界条件，在模型的 x 轴方向上人为添加了壁面。

图 10-43   数值化处理后的多孔介质模型

上述多孔介质模型尺寸为 240×52 像素，将其导入到 LBM 计算模型中，开展初步的多相流动数值模拟。

在这一环节忽略天然气水合物的存在，只考虑多孔介质。因此利用该模型计算出的渗透率就是该多孔介质的固有渗透率，即绝对渗透率。

利用 MRI 扫描出的可视化图像对 LBM 程序进行调试，模拟多孔介质中压力在 3MPa，流速为 0.5mL/min，水温为 25℃的水，浓度为 1000ppm SDS 的流动情况。

应用 MRI 对水合物生成的多孔介质进行扫描，获得多孔介质中天然气水合物的三维可视化图像，截取其中沿流动方向的纵向截面，同时利用开发的核磁共振成像流速测量脉冲序列对天然气水合物在核磁管中的注热分解过程进行测试。通过测试获得水合物分解界面不同时刻的质子信号图，并进行相位变化获得天然气水合物多孔介质中同一界面不同时刻的速度分布图像。图 10-44 为利用 LBM 读出的水合物骨架，图 10-45 为利用 LBM 模拟出的该骨架中的流体流动，图 10-46 为天然气水合物降压分解过程储层内部结构的变化情况。

图 10-44 利用 LBM 读出的水合物骨架

图 10-45 利用 LBM 模拟出图 10-44 骨架中的流体流动

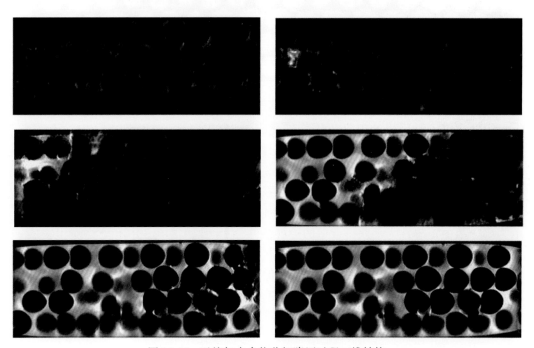

图 10-46 天然气水合物分解降压过程二维结构

经过阈值分割后将 MRI 灰度图像转化成为二值图像，此时的图像只包含 "0" 和 "1" 两种数值，其中 "0" 代表多孔介质的孔隙空间，"1" 代表多孔介质的骨架。这样就把图像转变成了一个可以描述多孔介质的数值矩阵，为了获得合适的边界条件，在模型的 X 轴方向上人为添加了壁面。

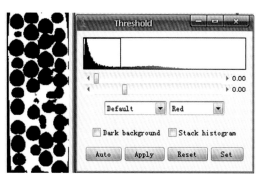

图 10-47　阈值分割调试过程图

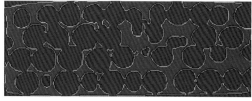

图 10-48　多孔介质二值图导入 LBM 程序中效果图

　　得到骨架结构后，模拟流体流动过程。图 10-47 为阈值分割调试过程。图 10-48 为多孔介质二值图导入 LBM 程序中效果图。图 10-49 为每隔 50 步长的流动图。

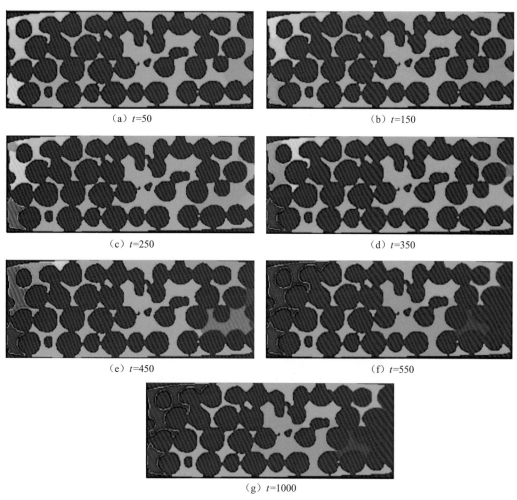

（a）t=50　　　　　　　　　　　　　（b）t=150

（c）t=250　　　　　　　　　　　　　（d）t=350

（e）t=450　　　　　　　　　　　　　（f）t=550

（g）t=1000

图 10-49　多孔介质二值图导入 LBM 程序中流动图

由图 10-49 可以看出，从 $t=550$ 之后，流动情况就不再改变。由于是三维扫描图截取到二维灰度图，在三维结构中孔隙度不为 0，截取到二维截面后，就会出现颗粒之间连接没有缝隙的情况，这样在导入到 LBM 程序中进行运算时就会出现孔隙度为 0，即流速为 0。该情况就是利用二维模型模拟天然气水合物降压分解过程流动过程必然会出现的弊端。

为此，对 MRI 灰度图重新进行阈值分割，重新阈值分割调试过程见图 10-50，目的是得到孔隙度不为 0 的二值图。尝试不同阈值分割方法得到结果仍为部分孔隙度为 0 的二值图。

在误差范围允许内进行人工处理，得到图 10-51 所示的二值图。

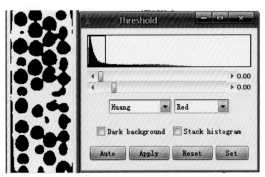

图 10-50　重新阈值分割调试过程图　　图 10-51　人工处理后多孔介质二值图导入 LBM 程序中效果图

程序的收敛情况随着导入的二值图的变化而变化，在运行过程中有一定难度，需要不停地调试。接下来对其流动进行模拟。

应用 MRI 对水合物生成的多孔介质进行扫描，获得多孔介质中天然气水合物的三维可视化图像，截取其中沿流动方向的纵向截面，同时利用开发的核磁共振成像流速测量脉冲序列对天然气水合物在核磁管中的注热分解过程进行测试。取其中 4 个分解时刻进行数据分析。

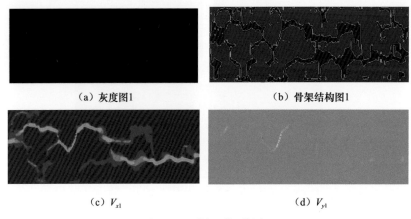

（a）灰度图 1　　　　　　　　　　（b）骨架结构图 1

（c）V_{x1}　　　　　　　　　　（d）V_{y1}

图 10-52　分解瞬间截图 1

图 10-52 为水合物分解初始时刻流动模拟图，其中灰度图 1 为 MRI 扫描出的灰度图，将其二值化后导入 LBM 程序中得到该时刻下水合物骨架结构图 1，50000 步长后分别得到 x 方向流动速度分布图 V_{x1}、y 方向流动速度分布图 V_{y1}。由于水合物以固体形态存在，在多孔介质中生成后将改变其骨架结构，目前对含水合物多孔介质的孔隙度有两种定义方法。一种将水合物看作岩石骨架的一部分，将岩石中水、气体积占岩石总体积的百分数作为孔隙度；另一种认为水合物是岩石孔隙的一部分，将孔隙度定义为岩石中水、气、水合物的体积占岩石总体积的百分数。本书由于对物质分辨只有"0"、"1"两个值，将未分解的水合物看成骨架结构部分。因此采用第一种定义，求得该瞬间的孔隙度为 23.655%。

相同的方法得到时刻 2、时刻 3 和最终时刻的流动模拟情况，如图 10-53～图 10-55 所示，并求得这 3 个时刻的孔隙度分别是 27.231%、32.446% 和 49.122%。

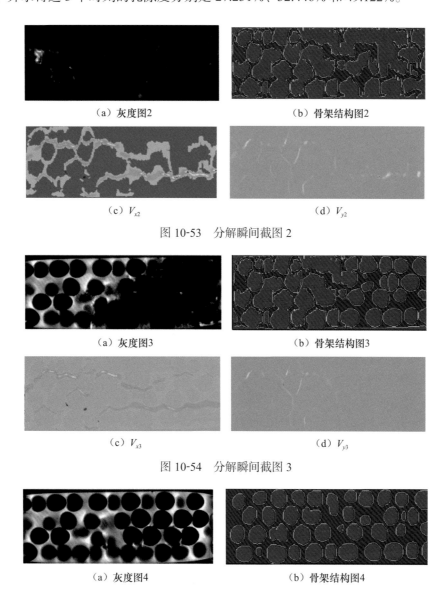

（a）灰度图2　　　　　　　　　　　　（b）骨架结构图2

（c）V_{x2}　　　　　　　　　　　　　　（d）V_{y2}

图 10-53　分解瞬间截图 2

（a）灰度图3　　　　　　　　　　　　（b）骨架结构图3

（c）V_{x3}　　　　　　　　　　　　　　（d）V_{y3}

图 10-54　分解瞬间截图 3

（a）灰度图4　　　　　　　　　　　　（b）骨架结构图4

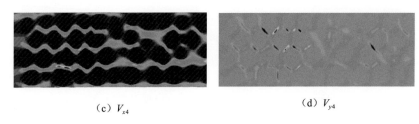

（c）V_{x4} （d）V_{y4}

图 10-55　分解瞬间截图 4

利用经验公式求得渗透率随时间步长的变化曲线如图 10-56 所示。

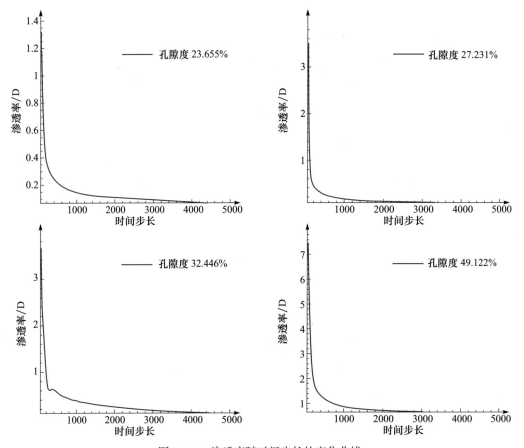

图 10-56　渗透率随时间步长的变化曲线

通过 4 个 V_x 图可以看出，孔隙度越高流速越快，多孔介质中流动就会越充分。将 4 个时刻的渗透率进行对比，如图 10-57 所示，发现同一时间步长孔隙度越高渗透率就会越高。

图 10-58 是 4 个时刻渗透率与水合物饱和度的变化曲线，各量均为无量纲量。

由图 10-58 可以看出，渗透率随着水合物饱和度增大而急剧下降。与 Kozeny 颗粒模型相符。

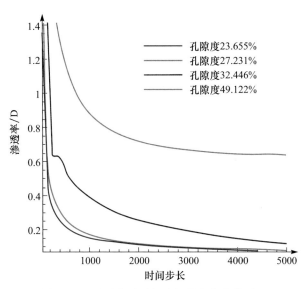

图 10-57 渗透率随时间步长的变化曲线对比

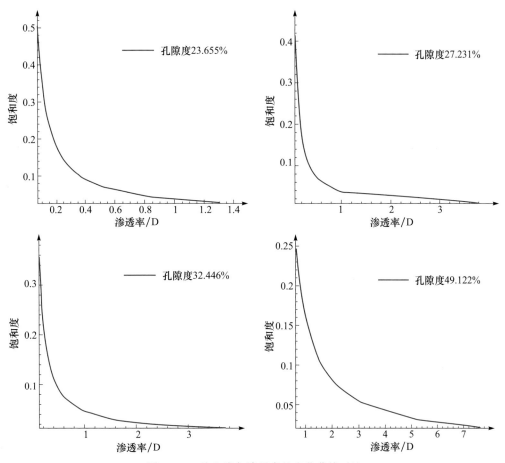

图 10-58 饱和度与渗透率的变化曲线对比

第五节　水合物相态变化过程传热和传质的分子模拟研究

一、天然气水合物微观性质的分子动力学模拟研究

为了解决对天然气水合物分解过程的微观机理等关键问题，利用分子动力学模拟方法对天然气水合物稳定结构及微观性质进行研究。分子动力学模拟从经典力学出发，把系统看成为微观粒子的集合，通过研究微观状态下的粒子在不同系综的运动方程，计算体系的构型积分，并以构型积分的结果为基础进一步计算体系的热力学量，从而得到体系的宏观特征和基本运动规律。由于分子动力学模拟基于原子间相互作用势，运用非常灵活，可以应用在多种不同体系中。

进行分子动力学模拟的第一步是确定起始构型，一个能量较低的起始构型是进行分子模拟的基础，一般分子的起始构型主要来自实验数据或量子化学计算。分子动力学在确定起始构型之后要赋予构成分子的各个原子速度，这一速度根据玻尔兹曼分布随机生成的，由于速度的分布符合玻尔兹曼统计，因此在这个阶段体系的温度是恒定的。另外，在随机生成各个原子的运动速度之后须进行调整，使体系总体在各个方向上的动量之和为零，即保证体系没有平动位移。

研究体系天然气水合物初始构象来源于 X 射线实验数据，采用 NVT 系综，DL_POLY 软件进行分子动力学模拟。模拟水分子采用三点式可变换分子间势能函数（simple points charge, SPC）描述水分子之间的相互作用，控制水分子的 O—H 键长为 0.09570nm，H—O—H 键角为 104.52°。分子对间的非键结范德瓦耳斯作用力（van der Waals force）采用 Lennard-Jones 势能计算。采用 Ewald 方法处理长程静电相互作用，结构优化使用最速下降（steepest descent）法和共轭梯度（conjugate gradient）法。各分子起始速度由 Maxwell-Boltzmann 分布随机产生，在周期性边界条件和时间平均等效于系综平均等假设的基础上，运用 Velocity Verlet 算法求解牛顿运动方程。截断半径为 1.200nm，截断距离之外的分子间相互作用能按平均密度近似方法进行校正，使用 Nose-Hoover 热溶方法分别将温度控制在 277K，时间步长为 0.5fs，模拟时间为 50ps。

目前发现的水合物主要分为 3 种结构：体心立方结构的水合物结构 I（SI）型，面心立方结构的水合物结构 II（SII）型，六方结构的水合物结构 H（SH）型。天然气水合物多以 SI 水合物形式存在，其中水分子作为主体分子，气体分子作为客体分子，二者之间无化学计量关系，其中主体之间由较强的氢键结合，而主、客体分子间的作用力为范德瓦耳斯力。通过分子动力学（MD）

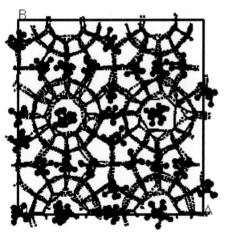

图 10-59　甲烷水合物稳定结构

研究得到稳定的 SI 甲烷水合物稳定构象，如图 10-59 所示，分析其微观性质如下。

1. 径向分布函数（radial distribution function，RDF）

RDF 是系统的区域密度与平均密度的比，表示分子或原子的分布状况。图 10-60 表示 SI 甲烷水合物的 H_2O 中 O 原子之间的 RDF（$g_{O-O(r)}$），从图 10-60 可以看出，第一个峰表示相邻 O 原子的分布距离，即笼状结构各顶点距离。SI 笼状结构大多是五边形，因此第一个峰出现位置相同，r 大约为 0.278 nm。

2. 密度分布

分子 m 在 z 方向的密度分布数定义如下：

$$L_x L_y \int_{-\frac{L_z}{2}}^{\frac{L_z}{2}} \rho_m(z)\mathrm{d}z = N_m \qquad （10-20）$$

式中，$\rho_m(z)$ 为分子 m 在 z 处的密度；N_m 是模拟盒子里面分子 m 的分子数；L_x，L_y 和 L_z 是盒子分别在 x，y 和 z 方向的尺寸。

图 10-61 表示 SI 甲烷水合物中水分子的 O 原子和甲烷分子的 C 原子的密度分布，从图 10-61 能看到水合物中水分子高密度峰和低密度峰的交替出现，显示出水合物中 H_2O 明显的重复结构。从图 10-61 可以看出

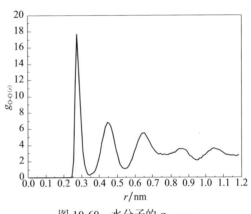

图 10-60 水分子的 $g_{O-O(r)}$

甲烷的密度分布出现周期性的峰高和峰谷，甲烷分子规则地分布于 SI 水合物的笼子中央，即笼子中央处甲烷分布较多出现密度分布峰高，笼子边沿处甲烷分布较少，甚至没有甲烷分布，因此密度分布出现峰谷。

3. 均方位移（mean square displacement, MSD）

MSD 可以反映模拟体系是固态还是液态。MSD 表达式如下：

$$\langle r^2(t) \rangle = \frac{1}{N}\sum_{i=1}^{N}\left(\left|r_i(t) - r_i(0)\right|^2\right) \qquad （10-21）$$

式中，$r_i(t)$ 为 i 原子在 t 时刻的位置；N 为原子总数；〈 〉为所有原子在整个时间段的系综平均。图 10-62 表示模拟过程中水合物水分子 MSD 与时间关系。从图 10-62 可以

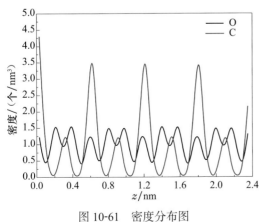

图 10-61 密度分布图　　　　　　　图 10-62 水合物的 MSD

看到水分子和甲烷分子的 MSD 基本成为一条平行于时间轴的直线，表明水合物还处于笼状晶体结构，水分子在相对固定的晶格点附近振动，MSD 不随时间变化。

二、天然气水合物热激法分解的传热、传质分子动力学模拟分析

天然气水合物的开采常用的方法有降压法、化学试剂法和热激法，其中热激法与降压法和化学试剂法相比开采速度较快，是目前较为高效的开采方法。本书采用 MD 模拟注入 340K 热水的 SI 甲烷水合物的分解过程，分析热激法甲烷水合物的传热、传质过程。图 10-63 为利用分子动力学模拟搭建的结构图。

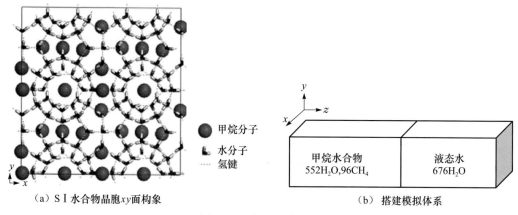

（a）SI 水合物晶胞 xy 面构象 　　　　　　　（b）搭建模拟体系

图 10-63　模拟搭建结构

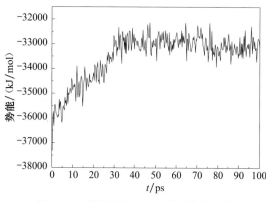

图 10-64　模拟进行 100ps 体系势能随化

1. 传热分析

水合物的分解是吸热过程，整个体系动能减少，势能增加。当水合物分解完全后，势能保持在一个平衡位置振动。从图 10-64 的势能变化过程可以看出在模拟进行 0～30ps 时，势能快速增加，达到 40ps 后势能处于平衡波动，体系达到平衡。研究表明模拟初期体系动能降低，随着水合物的分解，热量减少，水合物分解完全后热量不在传递，保持平衡状态。

2. 传质分析

由势能变化可知水合物分解主要发生在模拟过程前 40ps，分析 0～40ps 体系构象随模拟时间的变化过程。图 10-65 左边表示随时间整个体系的构象变化，为更明显表示水合物的传质过程，将添加的液态水分子除去，如图 10-65 右边所示。分别将水合物表层甲烷分子用不同颜色表示，灰色、白色和黑色小球分别表示 A 层、B 层和 C 层甲烷分子。从图 10-65 看出模拟进行 0ps 时水合物笼状结构完整，水分子与甲烷分子排列规整。模拟进

行 10ps 时，水合物表层（C 层）水分子排列混乱，笼状结构被破坏。甲烷分子扩散到 D 层，表明水合物开始分解，甲烷气体被释放，此时 A 层、B 层水分子和甲烷分子均无明显变化。研究表明，此时体系发生传质，从水合物表层向体相区域传质。

　　模拟进行 20ps 时，B 层水分子混乱，甲烷分子排列开始混乱，但由于笼状结构没有被完全破坏，甲烷没有向外层扩散，仅仅在 B 层内自扩散，A 层构象没有明显变化。模拟进行 30ps 时，A 层水分子开始混乱，甲烷分子少数扩散到 B 层。B 层笼状结构完全被破坏，甲烷分子扩散到 C 层，C 层甲烷分子向水层扩散。研究得出，模拟 20ps 时，传质从水合物内部逐层向外传递，扩散到体相区域。

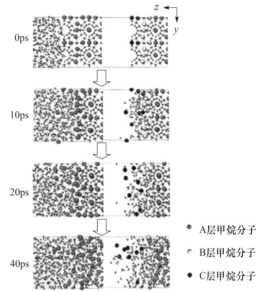

图 10-65　模拟体系构象随时间变化（图左部分），水合物各层构象随时间变化（图右部分）

　　模拟进行 40ps 后，整个水合物笼状结构完全被破坏，水分子呈液态水分布，甲烷分子游离在水分子之间。研究表明分解后，体系为气液混合物，传质呈现动态过程，原水合物层分子向体相扩散，体相分子向水合物层方向扩散，同时会反向扩散回原来的区域。

3. 分解过程传热、传质效果比较

　　注入 277K 液态水体系，模拟进行 100ps 时势能随时间变化如图 10-66（a）所示，从图 10-66（a）可以看出势能随模拟时间增加而增大，体系还处于势能缓慢上升阶段，没有达到平衡。势能值小于注入 340K 液态水体系势能值，表明此时水合物获得热能小于从注入 340K 液态水获得的热能，分子间运动相对较小，笼状结构被破坏较慢。研究表明高温下传热较快，利于水合物分解。

　　图 10-66（b）表示注入 277K 液态水体系模拟进行 100ps 时构象，其与图 10-65 模拟进行 10ps 时构象图相似，表明此时水合物仅表层结构被破坏，与注入 340K 液态水相比水合物分解缓慢，研究表明高温下体系传质速率较低温体系快。因此得出结论，热激法促进水合物分解，提高水合物的传热、传质速度，促进分解进行。

　　通过 MD 从微观角度分析甲烷水合物的传热、传质过程，分析热激法对水合物传热、传质的促进作用。模拟显示水合物表层与高温液态水接触，表层水分子获得热能分子运动激烈，传热速率增加，摆脱水分子间的氢键束缚，破坏水合物原有的水与水之间的氢键平衡，进而破坏其稳定的笼状结构。同时甲烷分子获得热能从笼子中挣脱，向外体系扩散，体系开始传质。水分子的运动将表层热量通过分子碰撞传递给内层水分子，水合物开始向内层分解，传热、传质同时从内层向外层传递。对比注入 277K 液态水体系模拟结果得出，热激法促进水合物传热和传质，提高水合物开采速度。

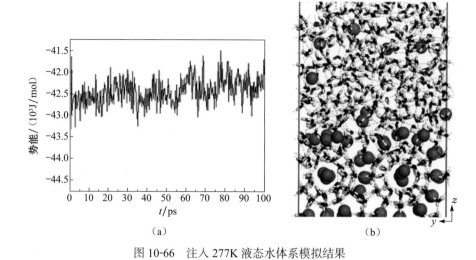

图 10-66　注入 277K 液态水体系模拟结果

三、天然气水合物降压法分解的传热、传质分子动力学模拟分析

降压法是在一定的温度下，降低水合物储层的压力到水合物相平衡压力以下，使水合物发生分解，该方法与热激法和化学试剂法相比能耗少，费用较低，是目前较为实用的开采方法。采用 MD 模拟 SI 甲烷水合物的分解过程，由实验得出降压法主要以传质为主，因此本次采用"真空移除法"分析降压法甲烷水合物的传质过程。

1. 传质分析

降压过程使水合物表层形成低压层，在低压层中分子自由度增大，因此水合物表层水分子有脱离水合物表层向低压层运动的趋势，产生驱动力，但由于水分子间的氢键作用，水分子被限制在水合物表层。然而水合物表层水分子间氢键形成的动态平衡被破坏，水分子氢键断裂，笼子结构被破坏，水合物开始分解。图 10-67 表示不同时间段模拟体系的构象变化，从图 10-67 可以看出降压分解传质过程分为 4 个阶段。

（1）表层甲烷分子首先向低压层扩散，表层水分子也有离开笼子的趋势，但由于氢键作用，水分子在表层运动，规则笼子被破坏，水合物开始分解。

（2）表层与内层产生浓度差，内层甲烷分子向表层扩散，内层水合物分解，扩散到表层的甲烷，继续向低压层扩散。

（3）水合物逐层分解，分解完全后，甲烷气体聚集成泡，慢慢向低压层扩散。

（4）低压层中甲烷气体饱和，剩余的甲烷气体游离在液态水中。

2. 分解过程传质效果比较

通过"真空移除法"降压分解模拟与普通的分解模拟对比，得出"真空移除法"降低水合物外压力，形成低压层，产生浓度梯度，因此促进分子的扩散和运动。"真空移除法"分析得出降压法分解水合物主要是分子的浓度梯度而形成的传质过程。将降压法甲烷水合物分解研究结果与热激法甲烷水合物分解模拟结果作对比，得出降压法甲烷水合物的分解速度与热激法相比较慢，其结果与实验结果一致。

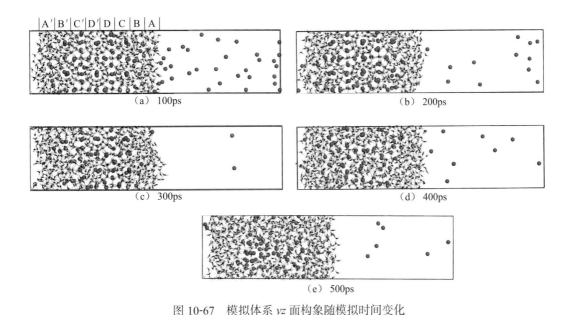

图 10-67　模拟体系 yz 面构象随模拟时间变化

通过 MD 从微观角度分析甲烷水合物的分解过程，分析降压法对水合物传质的促进作用，并采用"真空移除法"分析降压对甲烷水合物分解的促进作用。模拟得出降压使分子自由度增大，产生驱动力，但由于水分子间的氢键作用，水分子被限制在水合物表层。然而水合物表层水分子间氢键形成的动态平衡被破坏，水分子的氢键断裂，笼子结构被破坏，水合物开始分解。同时由于降压作用表层水分子运动激烈，表层与内层水分子间的氢键断裂，水合物逐层分解。模拟结果得出降压法促进水合物分解，其与热激法相比分解速度较慢。因此研究得出仅仅传质过程水合物分解速度较慢，必须结合传热过程才能提高分解速度。

四、天然气水合物注剂法分解的传热、传质分子动力学模拟分析

化学试剂法是采用注入化学试剂［如盐水、甲醇、乙二醇（EG）和丙三醇等］，有效地改变水合物形成的相平衡条件，降低水合物稳定储存温度，从而使水合物分解的方法。该方法能源消耗低，是较为实用的开采方法。本次采用 MD 模拟未注入和注入 EG 的情况下 SI 甲烷水合物的分解过程。

1. 传热分析

水合物的分解是吸热过程，整个体系动能减少，势能增加。当水合物分解完全后，势能保持在一个平衡位置振动。从图 10-68 的注入 EG 溶液的水合物体系势能变化过程中可以看出，模拟 0～280ps 势能快速增加，达到 280ps 后势能处于平衡波动，体系达到平衡。研究表明模拟初期体系动能降低，随着水合物的分解，热量减少，水合物分解完全后热量不再传递，保持平衡状态。图 10-69 表示未注入 EG 溶液的水合物体系势能变化过程，可以看出势能逐渐上升，模拟 400ps 势能仍处于上升阶段，未达到平衡。研究表明未注入 EG 溶液体系分解缓慢，注入 EG 溶液能促进水合物的分解。

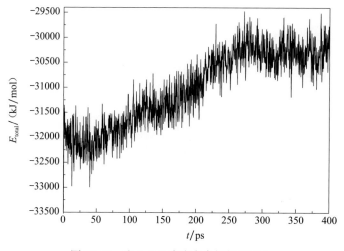

图 10-68　注入 EG 溶液水合物势能变化

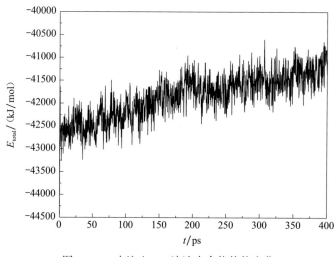

图 10-69　未注入 EG 溶液水合物势能变化

2. 传质分析

化学试剂 EG 含有两个羟基，极性较大的羟基与极性分子和极性基团有较强的亲和力，其与水分子之间有较强的相互作用。从分子结构来看，两个羟基与两个亚甲基相连形成 tGg′ 构象，两个亲水的羟基能与水分子相互吸引，形成氢键，两个厌水的亚甲基则位于远离水分子一侧。EG 分子能较强吸附在水合物表面，表层水分子随分子的运动将被 EG 吸附，摆脱内层水分子间的氢键束缚，破坏原有氢键平衡，使水分子不满足冰的 Bernal-Fowler 规则而离开原来的规则笼子，造成水合物表面笼状结构被破坏，水合物开始分解。图 10-70 表示不同时间段注入与未注入化学试剂的模拟体系的构象变化，从图 10-70 可以看出化学试剂法水合物分解传质过程分为 5 个阶段。

（1）EG 分子吸附与水合物表层。

（2）水合物表层水分子被 EG 吸附，破坏原有的氢键平衡，水分子排列混乱，笼状结构坍塌，甲烷从破裂的笼子中释放出来。

（3）EG 分子向分解的水合物层扩散，分解的甲烷气体向 EG 溶液扩散。

（4）EG 吸附内层的水分子，破坏氢键平衡，笼子结构逐层破裂。

（5）完全分解后 EG 溶液被分解的水合物中水分子稀释，甲烷分子游离在 EG 溶液中。

MD 模拟从微观角度分析甲烷水合物的分解机理，分析注入和未注入 EG 溶液对甲烷水合物分解的促进作用。EG 含有的两个羟基，能吸附于甲烷水合物表面与甲烷水合物中的水分子形成较强的氢键，将表面水分子吸引，破坏甲烷水合物原有的水与水之间的氢键平衡，进而破坏其稳定的笼状结构，达到促使晶体分解的效果。甲烷水合物是从表层开始分解，EG 扩散到水合物内层，甲烷分子从内层释放并扩散。研究表明 EG 分子对水合物的氢键破坏能力大于水分子，促进水合物分解，提高分解速度，注入化学试剂能促进水合物分解。

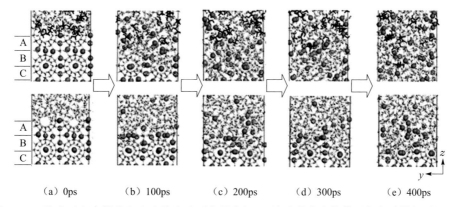

(a) 0ps　　　　(b) 100ps　　　　(c) 200ps　　　　(d) 300ps　　　　(e) 400ps

图 10-70　注入（上半部分）和未注入（下半部分）EG 溶液的水合物体系构象随模拟时间变化

第六节　沉积物中水合物分解动力学研究

一、沉积物中水合物分解动力学实验模拟

多孔介质中水合物分解动力学研究主要分析甲烷水合物在不同粒径及孔径的多孔介质中的分解动力学特性，考察反应的温度、多孔介质的粒径与孔径对甲烷水合物分解动力学的影响。实验的温度范围为 267～278K，压力范围为 6～10MPa。实验采用的多孔介质的粒径范围为 0.105～0.15mm，0.15～0.2mm，0.3～0.45mm；多孔介质的平均孔径为 9.03nm、12.95nm、17.96nm 与 33.2nm，主要研究反应的温度、多孔介质的粒径对水合物分解动力学的影响。

图 10-71 给出了实验分解过程中反应釜中温度随时间变化的曲线。反应釜中温度在整个分解过程中可以分为 3 个阶段。从图 10-71 可以看出，反应釜中的温度在分解过程

中一直低于水浴的温度。温度的变化曲线可以分为 3 个阶段。第一阶段，反应釜中的温度在短时间内明显地降低，对于初始生成压力 7.4MPa、8.4MPa 与 9.4MPa 的三组实验，分别在 1.6min、1.8min 与 1.9min 左右降低到最低温度。在此过程中，由于反应釜中压力降低到大气压，多孔介质中的水合物开始迅速地分解为水与甲烷气体，水合物分解及气体节流效应需要大量的热量，所需的热量大于水浴传导给反应釜的热量，因此造成反应釜中温度的降低。从图 10-71 可以看出，反应釜中的最低温度随初始生成压力的上升而降低。第二阶段，水合物的分解继续进行而反应釜的温度逐渐升高，这是由于在此阶段水合物分解所吸收的热量小于从水浴传导给反应釜中的热量。第三阶段，水合物的分解已结束，反应釜中的温度继续升高并逐渐升高到与水浴的温度相同。从图 10-71 可以看出，对于相同的水浴温度，某时刻反应釜中的温度随初始生成压力的上升而降低，这是由于对于较高的初始生成压力，多孔介质中有较多的水合物生成，而较多的水合物分解则需要吸收更多的热量。

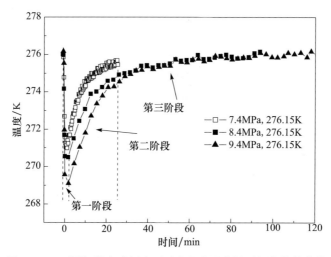

图 10-71　不同初始生成压力下反应釜中温度随时间变化的曲线

　　图 10-72 中给出了在初始生成压力为 9.4MPa，不同的水浴温度下的甲烷分解累积摩尔量及转化率随时间变化图，多孔介质粒径为 0.105~0.15mm，孔径为 12.95nm。从图 10-72 可以看出，分解后总的甲烷摩尔量随水浴温度的降低而增加。甲烷产生的速率也随水浴温度的降低而增加。这是由于对于相同的初始生成压力，在较低的水浴温度下，将有更多甲烷形成水合物，而甲烷分解的速率随水合物量的增加而增大。水合物的转化率速度随水浴温度的升高而增加，这可能与水合物的分解速率常数与气体扩散常数均随着温度的增加而增加有关。

　　图 10-73 给出分解过程中反应釜中温度随时间变化的曲线。反应釜中温度在整个分解过程中可以分为 3 个阶段。对于水浴温度 275.15K、276.15K 与 277.15K 的三组实验，反应釜中的温度分别在 2.2min、2.0min 与 1.9min 时达到最低值。对于相同的初始生成压力，分解过程中反应釜中的温度以及最低温度随着水浴温度的增加而增加。

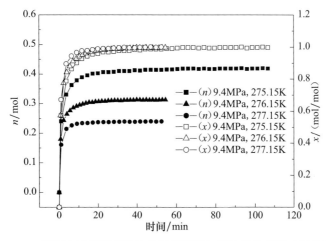

图 10-72　不同水浴温度下甲烷分解累积摩尔量及转化率随时间变化图

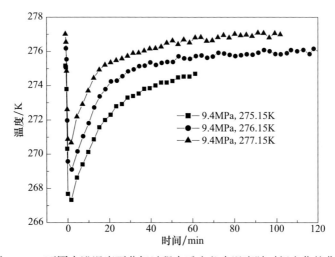

图 10-73　不同水浴温度下分解过程中反应釜中温度随时间变化的曲线

图 10-74 给出了不同粒径的多孔介质中实验的甲烷累计摩尔量随时间变化的曲线，实验的初始生成压力为 9.4MPa，水浴温度为 276.15K，多孔介质孔径为 12.95nm。从图 10-74 可以看出实验甲烷分解量基本相同。这说明对于相同的初始生成压力与相同的水浴温度，多孔介质中生成的甲烷水合物的量受多孔介质粒径大小的影响很小。从图 10-75 可以看出甲烷水合物分解的速度随多孔介质粒径的增加而变慢，且粒径为 0.30~0.45mm 的多孔介质中，甲烷产生的速率明显的较低。图 10-74 同时给出不同粒径的多孔介质中实验的水合物转化率随时间变化的曲线，可以看出水合物的转化速率也随着粒径的降低而增加。实验表明，多孔介质的粒径对水合物的分解速率及转化率速度影响明显，主要由随着多孔介质粒径的增大，多孔介质颗粒表面的比表面积减小的原因造成。同样的现象可以在其他初始生成压力与水浴温度的实验中观察到。

图 10-75 给出了不同粒径的多孔介质中实验的分解过程中反应釜中温度随时间变化

的曲线。对于多孔介质粒径 0.10～0.15mm、0.15～0.2mm 与 0.3～0.45mm，在温度变化的第一阶段，反应釜中的温度分别在 2.7min、2.0min 与 1.9min 时降低到最低值。从图 10-75 可以看出，对于相同的初始生成压力与水浴温度，反应釜中的最低温度随着粒径的增加而升高，而在达到最低温度之后，对于较大粒径的多孔介质，温度的升高比较缓慢，这是由于其水合物的分解速度较慢，分解持续的过程较长造成的，同样的现象可以在其他初始生成压力与水浴温度的实验中观察到。

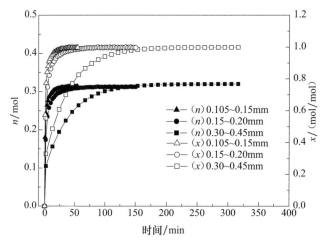

图 10-74　不同粒径多孔介质中甲烷分解累积摩尔量及转化率随时间变化图

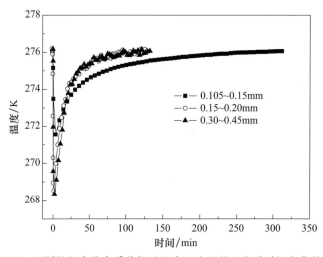

图 10-75　不同粒径多孔介质分解过程中反应釜的温度随时间变化的曲线

二、沉积物中水合物分解动力学模型分析

　　考虑多孔介质内部的复杂结构对水合物分解过程中传热、传质的影响，提出利用分形理论对多孔介质内部的复杂结构进行描述，进而能够更好地模拟水合物分解的传

热、传质过程。分形理论既是非线性科学的前沿和重要分支，又是一门新兴的横断学科。它的研究对象是自然界和非线性系统中出现的不光滑和不规则的几何形体。自相似原则和迭代生成原则是分形理论的重要原则。描述分形最主要的参量，简称分维。分形理论已被用于研究岩石的粗糙度、塑料的反应动力学及不规则材料的尺寸分布等方面。

　　自然界中真实颗粒的表面均为不规则的，对于此类不规则的颗粒，根据 Mandelbrot 的分形理论，颗粒的表面积与体积的关系可由下式表示：

$$S_r^{1/D} = AV^{1/3} \qquad (10\text{-}22)$$

式中，S_r 为平均半径 r 处的表面积；A 为常数；V 为平均半径 r 的颗粒的体积。

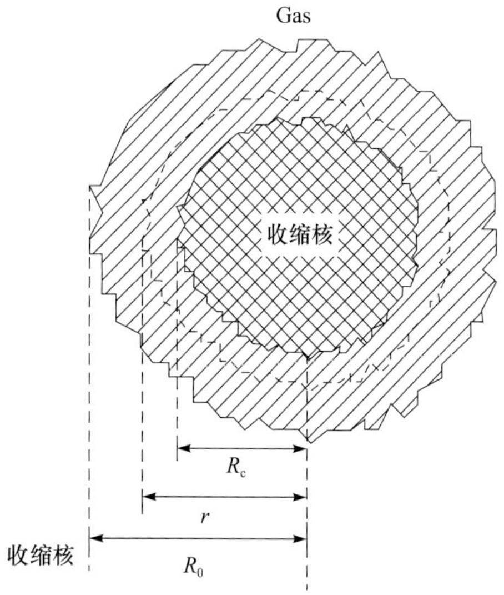

图 10-76　多孔介质中水合物分解的分形收缩核模型示意图

图 10-76 给出了多孔介质中水合物生成的分形收缩核模型的示意图。

　　分形表面积与颗粒半径之间的关系可由下式表示：

$$S_r = 4\pi K r^D \qquad (10\text{-}23)$$

式中，K 为常数；D 为颗粒的分形维数。

　　由式（10-22）、式（10-23）可得颗粒体积与颗粒半径之间的关系：

$$V = A^{-3}(4\pi K)^{\frac{3}{D}} r^3 \qquad (10\text{-}24)$$

　　水合物在多孔介质中的分解速率可由下式表示：

$$r_{\mathrm{e}} = \frac{-\mathrm{d}n_{\mathrm{m}}}{\mathrm{d}t} = S_{H,R_{\mathrm{c}}} k(f_{\mathrm{E}} - f^{*}) \qquad (10\text{-}25)$$

式中，r_{e} 为甲烷产生的速率；n_{m} 为甲烷的分解摩尔量；t 为反应的时间，$S_{H,R_{\mathrm{c}}}$ 为水合物在未分解核表面所占的面积；R_{c} 为未反应核的半径；k 为分解速率常数，由 Kim 等计算；f_{E} 水合物的平衡分解逸度；f^{*} 为甲烷在反应界面上的逸度。

　　与水合物在冰粒中分解类似，甲烷在半径 r 处的扩散速率为

$$r_{\mathrm{d}} = -\frac{\mathrm{d}n_{\mathrm{m}}}{\mathrm{d}t} = S_{H,r} D_{\mathrm{A}} \left(\frac{\mathrm{d}f_{\mathrm{m}}}{\mathrm{d}r} \right) \qquad (10\text{-}26)$$

式中，r_{d} 为甲烷的扩散速率；$S_{H,r}$ 为分解前甲烷水合物在半径 r 处所占的表面积；f_{m} 为甲烷在已分解区域中的逸度；D_{A} 为扩散速率常数，可由下式计算：

$$D_{\mathrm{A}} = \exp\left(\frac{B}{T} + C \right) \qquad (10\text{-}27)$$

式中，B 与 C 为常数。

　　在多孔介质中，水合物的体积可由下式计算：

$$V_H = V\alpha\phi \tag{10-28}$$

式中，V_H 为水合物的体积；α 为多孔介质中孔隙的体积分数；ϕ 为甲烷水合物占多孔介质中孔隙的体积分数，可由下式计算：

$$\phi = \frac{V_H}{V_P} = \frac{n_0 b}{\rho_H V_P} \tag{10-29}$$

式中，V_P 为多孔介质中孔隙的体积；n_0 为水合物生成过程中消耗的甲烷摩尔量；b 为水合物常数；ρ_H 为甲烷水合物的摩尔密度。

由于假设水合物是均匀地分布在多孔介质的孔隙中，且孔隙是均匀分布在多孔介质颗粒中，可以得到

$$S_{H,r} = C S_r \tag{10-30}$$

式中，C 为常数。

根据上述方程，可分别获得下列动力学方程：

$$\int_0^t (f_E - f^*)\mathrm{d}t = \frac{3\rho_m R_0^{3-D}}{A^3(4\pi K)^{\frac{-3}{D+1}}bk(3-D)}\left[1-\left(1-\frac{n}{n_0}\right)^{\frac{3-D}{3}}\right] \tag{10-31}$$

$$\int_0^t D_A(f^* - f_g)\mathrm{d}t = \frac{\rho_m R_0^{4-D}}{A^3(4\pi K)^{\frac{-3}{D+1}}(4-D)(D-1)b}\left[3-3\left(1-\frac{n}{n_0}\right)^{\frac{4-D}{3}}-(4-D)\frac{n}{n_0}\right] \tag{10-32}$$

式中，f_g 为天然气的逸度。通过式（10-31）与式（10-32），可以计算获得甲烷分解量随时间的变化值。

在分形收缩核模型中，D、K 与 A 是决定多孔介质分形特征的 3 个重要参数，利用孔径为 12.95nm 的多孔介质中甲烷水合物的分解实验数据，对 D、K 与 A 3 个参数进行回归，回归值分别为 2.57、1.7 与 4.29。利用回归参数值，对其他实验数据进行预测。表 10-9 给出了平均孔径为 12.95nm，粒径范围为 0.105～0.15mm 的实验预测结果，预测结果的最大误差为 4.49%，最小误差为 1.22%。图 10-77 给出了在水浴温度为 276.15K，初始生成压力为 7.4MPa、8.4MPa 与 10.4MPa 下实验的预测结果。图 10-78 给出了初始生成压力为 9.4MPa，不同温度下的预测结果。图 10-79 给出了不同孔径的多孔介质中的预测结果，实验水浴温度为 276.15K，初始生成压力为 9.4MPa，可以看出分形收缩核模型可以很好地预测多孔介质中甲烷水合物的分解过程。其他温度与压力条件下的预测结果在表 10-9 中给出。模拟计算的结果与实验结果比较吻合。

表 10-9　模型预测结果

序号	T/K	P_f/MPa	孔隙直径 /nm	颗粒直径 /mm	误差 /%
1	275.15	10.4			1.04
2	276.15	9.4			1.73
3	276.15	10.4	9.03	0.105～0.15	1.09
4	276.15	11.0			1.02
5	277.15	10.4			2.01

续表

序号	T/K	P_f/MPa	孔隙直径 /nm	颗粒直径 /mm	误差 /%
6	269.15	4.1			2.31
7	269.15	5.1			4.49
8	271.15	6.1			2.85
9	275.15	9.4	12.95	0.105～0.15	1.24
10	276.15	7.4			1.23
11	276.15	8.4			1.44
12	276.15	9.4			2.09
13	277.15	9.4			1.22
14	275.15	9.4			5.60
15	276.15	7.4			1.50
16	276.15	8.4	17.96	0.105～0.15	3.06
17	276.15	9.4			5.25
18	277.15	9.4			2.62
19	275.15	7.4			5.87
20	276.15	7.4			4.97
21	276.15	8.4	33.2	0.105～0.15	5.77
22	276.15	9.4			6.17
23	277.15	7.4			3.80

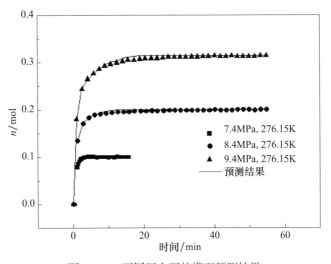

图 10-77 不同压力下的模型预测结果

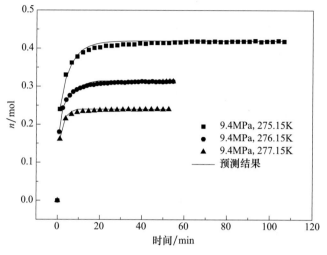

图 10-78　不同温度下的模型预测结果

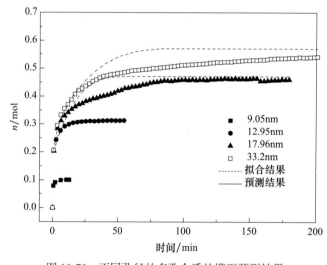

图 10-79　不同孔径的多孔介质的模型预测结果

本 章 小 结

（1）建成了适用于多孔介质中水合物分解多相渗流研究的 MRI 实验装置，对模拟填砂沉积层中水合物的分解特性参数进行基于 MRI 技术的定量分析，提出了一种新的微观流动可视化的实验研究方法。应用 MRI 成像进行微观渗流特性的初步研究，定量获取单一流体在多孔介质中的渗流速度，得到与理论值比较一致的结果；获得单一流体在填砂模拟沉积层中流动速度分布及气、液两相流体在填砂模拟沉积层中流动速度的分布；获得水合物沉积物中分解过程速度场与温度场的实验数据。

（2）从介观的角度，基于伪势模型建立了用于多孔介质内多相流动数值模拟的

LBM 模型，并验证了该模型的正确性和适用性。

（3）研究得到多个水合物相平衡模型在计算准确度与适用范围上的规律，引入 CPA 方程，并检验了在计算水合物复杂体系上的应用性能，得到交互作用参数对 CPA 方程计算结果的影响。同时，考虑到实际水合物赋存条件的盐度，引入 UNIFAC 电解质溶液模型，经检验计算准确度较高；基于分形理论，建立多孔沉积物中水合物分解动力学模型，成功预测不同温、压条件与多孔介质特性下水合物分解过程，通过分子模拟从微观层面对水合物结构进行研究，获得水合物分解过程的分子层面的变化规律。

（4）完成多孔介质中天然气水合物分解动力学实验研究，获得体系的温度、初始压力、多孔介质的粒径对水合物生成与分解动力学的影响规律；对实际南海沉积物样品特性参数进行测定，观察其微观结构，并对其相平衡数据进行实验测定，研究发现海底沉积物中水合物赋存规律。

（5）建立了海底沉积物中水合物分解宏观数值模拟平台，完成南海天然气水合物藏降压开采特性模拟研究，通过模拟结果认为沉积物中水合物开采需要注意排水采气的问题，上盖层的渗透率和水合物的饱和度对水合物开采有重要影响。

参 考 文 献

刁少波，业渝光，岳英杰，等.2008.多孔介质中水合物的热物理参数测量，岩矿测试，27(3)3：165-168.

顾轶东，林维正，张剑，等.2006.模拟岩芯中天然气水合物超声检测技术.声学技术，25(3)：218-221.

胡高伟，业渝光，张剑，等.2008.松散沉积物中天然气水合物生成、分解过程与声学特性的实验研究.现代地质，22(3)：465-474.

黄犊子，樊栓狮，梁德青，等.2005.水合物合成及导热系数测定.地球物理学报，48(5)：1125-1131.

梅东海，廖健，王璐琨.1997a.水合物平衡生成条件的测定及预测.高校化学工程学报，11(3)：113-116

梅东海，廖健，王璐琨，等.1997b.气体水合物平衡生成条件的测定及预测.高校化学工程学报，11(3)：225-230.

裘俊红，郭天民.1998.甲烷水合物在含抑制剂体系中的生成动力学.石油学报，14(1)：1-5.

孙志高，樊栓狮.2001.天然气水合物研究进展.天然气工业，1：18-21.

孙志高，石磊，樊栓狮，等.2001.天然气水合物相平衡测定方法研究，石油与天然气化工，30(4)：164-166.

孙志高，樊栓狮，郭开华，等.2002.天然气水合物分解热的确定.分析测试学报，21(3)：7-9.

杨新，孙长宇，王璐琨，等.2008.多孔介质中气体水合物分解方法及模型研究进展.天然气地球科学，19(4)：571-576.

张剑，业渝光，刁少波，等.2005.超声探测技术在天然气水合物模拟实验中的应用.现代地质，19(1)：113-118.

张卫东，刘永军，任韶然，等. 2008. 水合物沉积层声波速度模型. 中国石油大学学报（自然科学版），32(4)：60-63.

Anderson G K. 2003. Enthalpy of dissociation and hydration number of carbon dioxide hydrate from the Clapeyron equation. The Journal of Chemical Thermodynamics, 35: 1171-1183.

Asher G B.1987. Development of a computerized thermal conductivity measurement system utilizing the transient needle probe technique: An application to hydrates in porous media, Dissertation T-3335. Golden: Colorado School of Mines.

Biot M A. 1955.Theory of elasticity and consolidation for a porous anisotropic solid. Journal of Applied Physics, 26: 182-185.

Bondarev E A, Groisman A G, Savvin A Z. 1996. Porous medium effect on phase equilibrium of tetrahydrofuran hydrate//Proceedings of the 2nd International Conference on Natural Gas Hydrates, Toulouse.

Cook J G, Laubitz M J. 1981.The thermal conductivity of two clathrate hydrates// Proceedings of 17th International Thermal Conductivity Conference, Gaithersburg.

Cook J G, Leaist D G. 1983. An exploratory study of the thermal conductivity of methane hydrate. Geophysical Research Letters, 10: 397-399.

Cox J L. 1983. Natural Gas Hydrates: Properties,Occurrence and Recovery. Boston: Butterworth .

Gustafsson S E, Karawacki E, Khan M N. 1979. Transient hot-strip method for simultaneously measuring thermal conductivity and thermal diffusivity of solids and fluids. Journal of Physics D: Applied Physics, 12: 1411-1421

Handa Y P. 1986. Composition, enthalpy of dissociation, and heat capacities in the range 85 to 270 K for clathrate hydrates of methane, ethane, and propane, and enthalpy of dissociation of isobutene hydrate, as determined by heat-flow calorimeter. The Journal of Chemical Thermodynamics, 18: 915-921

Handa Y P, Stupin D. 1992. Thermodynamics properties and dissociation characteristics of methane and propane hydrates in 70-A-radius silica gel pores.Journal of Physical Chemistry, 96: 8599-8603.

Kelleher B P, Simpson A J, Rogers R E, et al. 2007. Effects of natural organic matter from sediments on the growth of marine gas hydrates. Marine Chemistry, 103(3-4): 237-249.

Lievois J S.1987. Development of an automated, high pressure heat flux calorimeter and its application to measure the heat of dissociation of methane hydrate. Houston: Rice University.

Lu H L, Ryo M. 2002. Preliminary experimental results of the stable P-T conditions of methane hydrate in A nannofossil-rich claystone collumn. Geochemical Journal, 36: 21-30.

Ren S R, Liu Y, Liu Y, et al. 2010. Acoustic velocity and electrical resistance of hydrate bearing sediments. Journal of Petroleum Science and Engineering, 70(1-2): 52-56.

Riedel M, Long P E, Collett T S. 2006. Estimates of in situ gas hydrate concentration from resistivity monitoring of gas hydrate bearing sediments during temperature equilibration. Marine Geology, 227(3-4): 215-225.

Riestenberg D, West O, Lee S, et al. 2003.Sediment surface effects on methane hydrate formation and dissociation. Marine Geology, 198(1-2): 181-190..

Ross R G, Andersson P. 1982. Clathrate and other solid phases in the tetrahydrofuran-water system: Thermal conductivity and heat capacity under pressure. Canadian Journal of Chemistry, 60: 881-892.

Rueff R M , Sloan E D, Yesavage V F. 1988. Heat capacity and heat of dissociation of methane hydrate. AIChE Journal, 34(9): 1468-1476.

Seo Y-j, Seol J, Yeon S-H, et al. 2009. Structural, mineralogical, and rheological properties of methane hydrates in Smectite Clays. Journal of Chemical & Engineering Data, 54(4): 1284-1291.

Seo Yongwon, Lee Huen, Uchida Tsutomu. 2002. Methane and carbon dioxide hydrate phase behavior in small porous silica gels : Three-phase equilibrium determination and hermodynamic modeling. Langmuir, 18: 9164-9170.

Sloan E D. 1998. Clathrate hydrates of Natural Gases. New York: Marcel Dekker, Inc.

Stoll R D, Bryan G M. 1979. Physical Properties of Sediments Containing Gas Hydrates, Journal of Geophysical Research, 84: 1629-1634.

Tohidi B, Anderson R, ClennellM B, et al. 2001.Visual observation of gas hydrate formation and dissociation in porous media by means of glass micromodels. Geology, 29(9): 867-870.

Tonnet N, Herri J-M. 2009. Methane hydrates bearing synthetic sediments-Experimental and numerical approaches of the dissociation. Chemical Engineering Science, 64(19): 4089-4100.

Tsimpanogiannis I N, Lichtner P C.2007. Parametric study of methane hydrate dissociation in oceanic sediments driven by thermal stimulation. Journal of Petroleum Science and Engineering, 56, (1-3): 165-175.

Tsutomu Uchida , Takao Ebinuma, Takeshi Ishizaki. 1999. Dissociation condition measurements of methane hydrates in confined small pores of porous glass. Journal of Physical Chemistry B, 103: 3659-3662.

Turner D J, Cherry R S, Sloan E D. 2005. Sensitivity of methane hydrate phase equilibria to sediment pore size. Fluid Phase Equilibria, 228-229: 505-510.

Waite W F, Pinkston J, Kirby S H. 2002. Preliminary laboratory thermal conductivity measurements in pure methane hydrate and methane hydrate-sediment mixtures: A progress report//Proceedings of the Fourth International Conference on Gas Hydrate, Yokohama: 728-733.

Winters W J, Waite W F, Mason D H, et al. 2007. Methane gas hydrate effect on sediment acoustic and strength properties. Journal of Petroleum Science and Engineering, 56, (1-3): 127-135.